Construction Management Best Practices 1

CM 프로젝트! 이것이 최고의 성공사례다

Construction Management Best Practices 1

CM 프로젝트! 이것이 최고의 성공사례다

1판 1쇄 발행 2006년 6월 20일
2판 1쇄 인쇄 2011년 8월 26일
2판 1쇄 발행 2011년 8월 31일

지은이 | 한미글로벌
발행인 | 김병계
발행처 | 도서출판 보문당
등록 | 1990년 6월 15일(제1-1066호)
주소 | 서울시 마포구 신수동 448-6 우) 121-110
전화 | 704-7025 / 704-0635
팩스 | 704-2324
홈페이지 | http://www.bomoondang.co.kr
전자우편 | bmdpub@empal.com

값 25,000원

ISBN 978-89-8413-182-8

CM 프로젝트!
이것이 최고의 성공사례다

CONSTRUCTION MANAGEMENT BEST PRACTICES 1

한미글로벌 지음

普文堂

권 / 두 / 언

건설 선진국인 영국에서는 1998년부터 「Rethinking Construction」이라는 범국가적인 건설산업 개혁운동을 펼쳐오고 있습니다. 이 운동을 전개함에 있어 가장 중요시하는 접근방법 중의 하나가 바로 각 프로젝트에서 발굴한 「Best Practices」를 수집, 정리하여 공유토록 하는 것입니다.

우리나라에 건설사업관리(CM)제도가 도입된 지도 벌써 15년이 지났습니다. 그 동안 CM 방식으로 수행되었거나 또는 현재 수행되고 있는 프로젝트의 수도 급속도로 늘어나고 있습니다. 하지만, 아쉽게도 우리 주변에서는 실제 CM업무 수행사례나 프로젝트에 적용된 Best Practices를 체계적으로 정리한 서적을 찾기가 힘듭니다.

여기에는 여러 가지 이유들이 복합적으로 작용하고 있습니다.

그 중 하나가 우리 건설업계가 기록 문화에 익숙하지 않다는 것입니다. 그런 탓에 업무 수행과정이나 결과를 기록으로 남기려는 노력들이 부족할 수밖에 없었습니다. 이러한 업계의 관행은 적지 않은 부작용을 야기해왔습니다. 프로젝트 수행 과정에서 취득한 산지식들이 공유되지 않고 개인의 자료로만 남거나 혹은 사장되어 결국에는 국가적, 사회적 낭비를 초래하는 경우도 많았습니다.

상호 모순되는 법체계나 프로젝트 수행 과정에서 투명성이 부족한 것도 이러한 현상을 심화시키는 원인으로 작용하였습니다. 정확한 기록을 남긴다는 것은 책임소재를 분명히 할 수 있음을 의미하는 반면, 지킬래야 지킬수도 없는 법규나 의사결정에 대한 책임을 희석시키려는 의도는 기록을 회피하거나 혹은 왜곡시키는 등 지극히 비합리적인 방향으로 흐르게 했던 것입니다.

최근들어 프로젝트 참여자들의 의식이 향상되고 사회의 투명성 또한 높아지면서 어느 정도 나아지기는 했지만, 우리 건설업계나 사회 전체의 기록문화는 여전히 개선의 여지가 많다는 생각입니다.

한미글로벌은 우리나라 건설업계가 안고 있는 이러한 문제점들을 지적하여 공론화하는 한편, 건설사업관리의 선진화를 위한다는 취지하에 새로운 시도를 하기로 결정하였습니다. 창립 10주년을 맞아 그 동안 한미글로벌이 수행한 프로젝트의 Best Practices와 실제 경험을 묶어 「Construction Management Best Practices 1」이라는 책자를 발간하기로 한 것입니다. 그리고 5년이 지난 2011년 8월, 1판의 내용을 수정 보완하여 2판을 발행하게 되었습니다.

이 책에서는 우리나라 CM이 적용된 최초의 공공분야 프로젝트인 서울월드컵주경기장을 비롯한 다수의 국내 CM 프로젝트뿐만 아니라, 세계 각국에서 수행된 한국국제협력단(KOICA) 프로젝트, 미국 및 말레이시아의 대표적인 CM 프로젝트 등 국내외의 총 11개 프로젝트에 대하여 각 프로젝트 별 개요, 적용된 CM 기법, CM 적용의 성과 및 시사점 등을 상세하게 기술하고 있습니다.

또한, 실제 현장에 적용된 업무처리 절차, 각종 양식이나 서식, 도면, 비교표 등 구체적인 자료들을 수록하여 현장에서 CM 업무를 수행하는 실무자는 물론, 건설사업관리 능력의 제고를 원하는 건설업계 종사자들이 활용할 수 있도록 하였으며, 실제 CM 업무 수행사례를 접하기 어려운 대학생들을 위한 교재로도 사용할 수 있도록 하였습니다.

특히, 이 책에는 각 프로젝트 단계별로 한미글로벌이 수행하는 설계관리, VE(Value Engineering), 원가관리, 공정관리, 품질관리, 안전관리 등 모든 제반 관리활동의 절차와 방법 등을 상세히 수록하고 있어, 현업을 수행하는 건설사업관리자는 물론, 발주자나 설계자, 시공자 등 여타 프로젝트 참여자들도 CM 업무에 대한 이해를 높일 수 있을 것이며, 결과적으로 프로젝트 관리 업무의 생산성이나 효율을 향상시킬 수 있는 계기가 될 수 있으리라 기대해 마지않습니다.

한미글로벌은 향후에도 이러한 형태의 서적 발간을 지속적으로 추진해 나갈 계획입니다. 여기에는 회사의 내부자료를 공개하거나 또는 프로젝트 관련 정보의 유출을 원치 않는 발주자의 입장 등 여러 제약이 따르지만, 우리나라 건설산업의 발전을 위한다는 목적과 굳은 의지가 있는 한 그러한 난관은 충분히 극복될 수 있으리라 믿습니다.

끝으로, 이 책에 담긴 내용들은 한미글로벌 CM단장들이 직접 참여하여 작성하였습니다. 바쁜 시간을 쪼개어가며 발간작업에 참여하다보니 표현이나 기술방법에 있어 다소 정제되지 못한 부분도 있습니다만, CM에 대한 깊은 열정을 가지고 작성한 글인 만큼 독자 여러분들께서 넓은 마음으로 이해해 주시기 바랍니다. 아울러, 부족한 부분은 증보판을 발간하면서 지속적으로 보완해 나갈 것임을 약속드립니다.

2011년 8월

한미글로벌 회장 김 종 훈

CONTENTS

Part 01

한국문화콘텐츠진흥원 (KOCCA) 프로젝트

C·O·N·T·E·N·T·S

1. 머리말

1997년 건설산업기본법에 건설사업관리(construction management)의 법적 기준이 마련된 후 공공과 민간사업에서 CM발주가 꾸준히 증가했으며, 그 결과로 2005년 공공사업에서 1,052억원의 CM용역이 발주되었다. 또한 민간사업에서 1,043억원을 수주하는 등 총 2,100억원 이상의 프로젝트가 발주된 것으로 조사되었다. 이는 2004년도 CM 발주금액인 1,580억원보다 30% 이상 증가[1)]한 결과로서 건설사업의 CM 발주가 활성화 될 수 있는 전환점을 맞고 있다고 할 수 있다.

문화관광부(현 문화체육관광부) 산하기관인 한국문화콘텐츠진흥원이 주관이 되어 2003년 발주한 문화콘텐츠콤플렉스 및 종합영상아카이브센터 조성사업(이하 문화콘텐츠콤플렉스 조성사업)은 발주자가 복수이고, 복잡한 프로젝트의 특성 때문에 발주자 측의 경험 있는 건설전문가가 필요한 실정이었다. 이에 복수발주자들 간의 의사결정의 조정 및 관리의 필요성이 대두되었을 뿐만 아니라, 사업비, 설계 및 공사품질, 사업기간, 준공 후 유지관리 및 운영 등에 대해 건설전문가의 자문을 받아 사업 전반에 대한 리스크를 최소화하고 안정적으로 사업목표를 달성할 필요성이 대두 되어 건설사업관리(CM)를 도입하게 되었다.

본 프로젝트는 한미글로벌이 수행하는 공공 프로젝트로는 최초로 설계시공분리발주방식(DBB : Design-Bid-Build)으로 수행되었으며, 설계 전 단계부터 시공단계 및 유지관리단계에 이르는 사업전반에 대한 관리를 CM이 담당하였다. 본 장의 목적은 설계시공분리발주에서 발생하는 사례에 대해 상세히 검토함으로써 CM업무의 이해를 돕고, 유사 CM프로젝

1) 한국건설일보사 건설뉴스 5면, 2006.2.8

트 수행에 도움을 주는 데에 있다.

본 장은 프로젝트의 설계 전(前) 단계(2003.11.17)부터 시공단계 지상 9층 코어골조공사(2006.4.30)까지 진행된 프로젝트 추진현황, CM 도입에 따른 프로젝트의 특성, 사업단계별 CM 수행사례, CM업무수행을 통한 교훈 등 건설사업관리 전반에 대하여 수행한 업무를 중심으로 다음과 같은 순서에 따라 기술하였다.

첫째, 프로젝트 추진현황에서는 프로젝트 추진배경 및 개요, 프로젝트 추진현황, 주요 설계현황, 주요 공사현황에 대하여 기술하였다.

둘째, CM적용에 따른 프로젝트의 특성과 관련해서는 CM도입의 필요성, 공공사업의 CM적용, 동일필지 내 2분할 독자개발방식, 설계시공분리발주방식(분리방식형) CM 적용, 복수사업 주체에 따른 프로젝트의 특수성, 사업예산의 효과적인 관리, 민 · 관 협업을 통한 시너지 효과에 대하여 기술하고자 하였다.

셋째, 사업단계별 CM 수행사례에서는 일반사항으로 CM 수행목표 및 업무범위, CM 조직구성 및 인원투입계획, 사업분류체계(WBS : Work Breakdown Structure)관리, 사업 관리정보시스템(PMIS : Project Management Information System)구축을 설명하고, 설계 및 발주단계 CM 수행사례에서는 설계단계별 일정관리, 사업비관리, 설계품질관리를, 시공단계 CM 수행사례에서는 공정관리, 공사비관리, 시공품질관리, 안전관리에 대하여 기술하고자 한다. 특히 설계 및 발주단계의 사업비관리와 관련해서는 사업추진을 위한 예산현황, 단계별 사업비관리 및 조정현황, 사업비관리 세부 절감실적, 사업비검토 보고현황, 설계검토를 통한 VE활동 현황, 사업범위 및 시방서(specification) 조정현황, 공사발주방식을 통한 조정현황, 사업비관리의 중요점 및 개선대책에 대하여 중점을 두어 기술함으로써 발주자에 대한 CM의 기여도에 대하여 설명하고자 한다.

마지막으로, CM 업무수행에 대한 교훈에서는 본 프로젝트 수행경험을 통하여 향후 프로젝트에서는 반드시 개선되어야 할 내용이 기술되었으며, 설계경기를 통한 설계자 선정 시 고려할 사항, 설계관리에 대한 CM 역량강화, CM 역할의 일관성 확보, 공공발주공사 특성에 적합한 CM 역량강화에 대하여 정리하였다.

2. 프로젝트 개요

2.1 프로젝트 추진현황

1) 프로젝트 추진배경 및 개요

(1) 프로젝트 추진배경

문화콘텐츠콤플렉스 조성사업은 참여정부의 '동북아 중심국가 추진사업' 중 동북아 비즈니스 거점화 전략의 하나인 'IT 디지털미디어산업 중심화 계획'의 일환으로 진행하게 되었다. 특히 IT 디지털미디어산업 중심화 계획은 문화콘텐츠산업을 국가기간산업으로 육성하기 위하여 문화와 첨단기술을 한자리에 집적하는 것을 목표로 하고 있다. 이에 따라 문화콘텐츠를 개발하고, 창작하며, 공급할 수 있는 새로운 개념의 문화콘텐츠산업 복합지원시설들을 통합 · 이전하여 시너지 효과를 창출하고자 문화콘텐츠콤플렉스 조성사업이 추진되었다. 또한 한국영상자료원의 종합영상아카이브센터 및 한국방송영상산업진흥원 시설 등과 연계하여 집적화 클러스터 형성을 목적으로 하고 있으며, 이를 통해 산업지원효과를 극대화하고 운영예산을 절감하는데 중점을 두고 사업이 추진되었다.

(2) 프로젝트 개요

서울 상암동 Digital Media City(이하 DMC)의 1단계 개발의 중점유치 대상인 C3(대지규모 3,000평)부지를 서울시가 무상으로 문화관광부에 공급함으로써, 이 부지를 문화관광부 산하기관에서 2개의 별도사업에 이용하게 되었다.[2)]

2) 이영범 외 4인(2003), "문화콘텐츠콤플렉스조성사업 개발기본계획", 한국문화콘텐츠진흥원.

표 2-1 프로젝트 개요

구 분	내 용
사 업 명	문화콘텐츠콤플렉스 및 종합영상아카이브센터 조성사업
대지위치	마포구 상암동 DMC내 C3 부지(공공지원업무용지)
발 주 자	한국문화콘텐츠진흥원, (재)한국게임산업개발원, 한국영상자료원
사업예산	약 600억원
사업기간	03. 11. 17 ~ 05. 7. 17(설계이전단계 ~ 유지관리단계)
연 면 적	43,609.72㎡(13,191.87평)
주요시설	업무시설, 근린생활시설, 관람집회시설
구 조	철골, 철근콘크리트 구조
규 모	지하 4층, 지상 14층

무상 임대 부지 중 한국방송영상산업진흥원은 대지 1,000평 규모로 DMS(Digital Magic Space) 건립을 선 추진하게 되었으며, 대지 2,000평 규모 내에서 한국문화콘텐츠진흥원과 (재)한국게임산업개발원이 연면적 10,000평 규모의 문화콘텐츠 기획, 제작, 유통 등의 기능을 복합적으로 수행할 수 있는 문화콘텐츠콤플렉스를 추진하였다. 또한 한국영상자료원은 연면적 3,000평 규모의 종합영상자료보존센터를 구축, 운영하도록 하였다.

2) 프로젝트 진행현황

(1) 프로젝트 추진연혁

2002년에 서울시와 문화관광부의 기본합의 이후, 2003년 본 사업에 대한 국고예산 반영이 추진됨에 따라 개발기본계획이 작성되었다. 사업 주체 간의 공동사업 추진 협약체결(2003.05.22)과 토지사용 승인 확정(2003.11.18) 이후 CM 용역계약(2003.11.17)을 시작으로 본격적으로 사업이 추진되었다.

(2) 조직구성

본 프로젝트는 〈그림 2-1〉과 같이 발주자 조직은 문화관광부 산하기관인 4개 기관으로 조직되어 있다. CM단은 한미글로벌과 유신건축이 8대 2의 지분으로 컨소시엄(consortium) 형태로 참여하였다. 주요 인원 구성은 단장을 비롯한 분야별 상주 및 비상주인력, 전문기술자문 인력으로 구성되어 있으며, 설계사 조직은 설계를 담당하는 설계사무소의 분야별 설계 직원들이 참여하였다. 현장 시공조직으로는 크게 시설공사와 물품계약공사로 나뉘어진다.

표 2-2 프로젝트 개요

일 정	내 용
2003. 11. 17	건설사업관리 용역계약
2003. 12. 26	기본설계 및 실시설계 용역업체(원양건축) 계약
2004. 08. 05	실시설계 100% 완료
2004. 08. 27	건축허가 완료
2004. 12. 01	시설공사 발주 및 계약완료
2004. 12. 14	기공식
2007. 03. 14	준공일
2007. 07. 16	건설사업관리 용역완료

시설공사는 전기공사업법 및 통신공사업법에 의거 조달청에서 분리 발주하여 건축공사(설비 및 설비소방공사 포함), 전기공사(전기소방공사 포함), 통신공사로 구성되었으며, 물품계약공사는 단가계약품목(레미콘, 철근, 시멘트)과 총액계약품목(엘리베이터, 공조기 등 15개 품목)으로 구성되었다.

그림 2-1 프로젝트 조직도

(3) 프로젝트 입지조건

본 프로젝트는 서울 서북부 핵심권역으로의 성장을 전제로, 영종도 신공항과 여의도, 일산신도시, 신촌부도심, 마포부도심, 도심지역을 연결하는 중심축으로서의 중요한 입지특성을 지니고 있다. 특히 서울시 및 정부사업용지로 DMC단지의 방송미디어산업의 클러스터인 C블럭의 중심부에 위치하여 양호한 입지조건을 갖추고 있다.

그림 2-2 프로젝트 위치

3) 주요 설계현황

(1) 부지현황 및 종단면계획

부지 북측으로는 DMC단지를 동서로 관통하는 곡선형 보행자 전용도로, 동측으로는 남북 사선방향으로 계획된 보행자 전용도로와 정보통신부 산하기관인 한국소프트웨어진흥원에서 발주하는 IT콤플렉스 현장과 인접하고 있다. 또한 서측으로는 한국영상산업진흥원의 DMS사업부지, 남측으로는 한독산학협동단지가 인접하여 조성되고 있다.

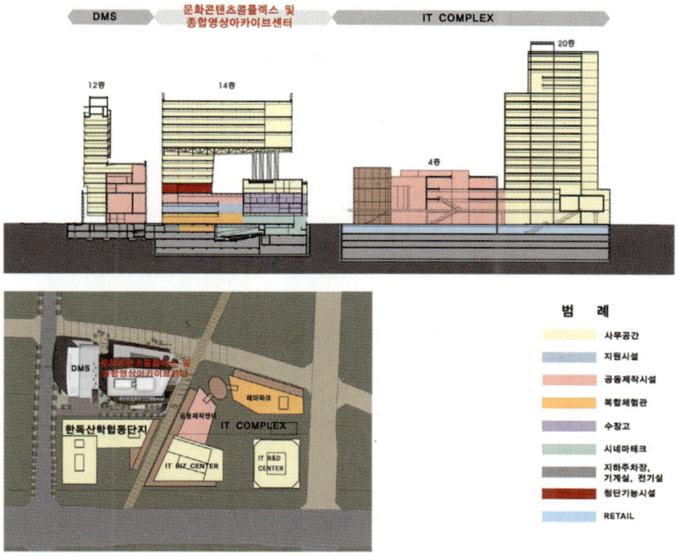

그림 2-3 프로젝트 개발계획

부지 종단면 계획시 지상은 항공고도제한으로 14층으로 계획되었다. 지상 저층부는 한국영상자료원의 필름 수장고와 한국문화콘텐츠진흥원의 복합체험 및 공동제작시설 등으로, 고층부에는 한국문화콘텐츠진흥원과 한국게임산업개발원의 사무공간으로 계획되었다. 지하층은 주차장과 영화관, 아케이드로 계획되었으며, 특히 지하 1, 2층 주차장은 DMC지구단위상세계획심의 결과를 적극 수용하여, 인접한 DMS 건물과 연결통로로 연결되도록 계획하였다.

(2) 조감도

건축설계 조건은 문화콘텐츠콤플렉스 건물로서의 상징성과 21세기 국제화시대에 부응할 수 있는 입면으로 주변 DMC 부지 내의 업무시설과의 조화를 이루고 미래 지향적인 건물 이미지를 부각시킨 입면이 되도록 요구되었다. 또한 〈그림 2-3〉에서와 같이 저층부는 한국영상자료원 측의 우드패널, 한국문화콘텐츠진흥원과 한국게임산업개발원 측의 알루미늄 패널 마감을 포함한 유리와 알루미늄 커튼월로 계획되었다. 중간층에는 보이드(void)로 공간계획을 하고, 4개의 기둥이 상층부 매스를 지지토록 하여 극적인 긴장감을 주도록 설계하였다.

그림 2-4 조감도

(3) 배치계획

보행자 동선은 부지의 북측 20m 보행자 전용도로 측에서 한국문화콘텐츠진흥원 및 한국게임산업개발원의 주출입구와 한국영상자료원의 주 출입구가 독립되도록 하였다. 또한 부출입 및 서비스 동선은 남측에서 접근토록 계획되었다. 차량동선계획은 서측 자동차 전용도로에서 진입하여 동남측 주차경사로를 경유하여 지하주차장으로 진출입이 가능하도록 하였다.

옥외공간은 DMS건물과의 사이에 북측에서 지하 1층의 아케이드로 진입이 가능한 옥외 선큰(sunken) 계단 및 조경을 계획하였고, 북동측 코너 또한 지하 1층 영화관으로 진입 가능한 옥외 선큰 계단을 설치하여, 옥외로부터 지하 1층으로의 접근성을 확보하였으며, 지상 5층 저층부 옥상에도 옥외관람석 및 식재를 포함한 조경시설이 설치되었다.

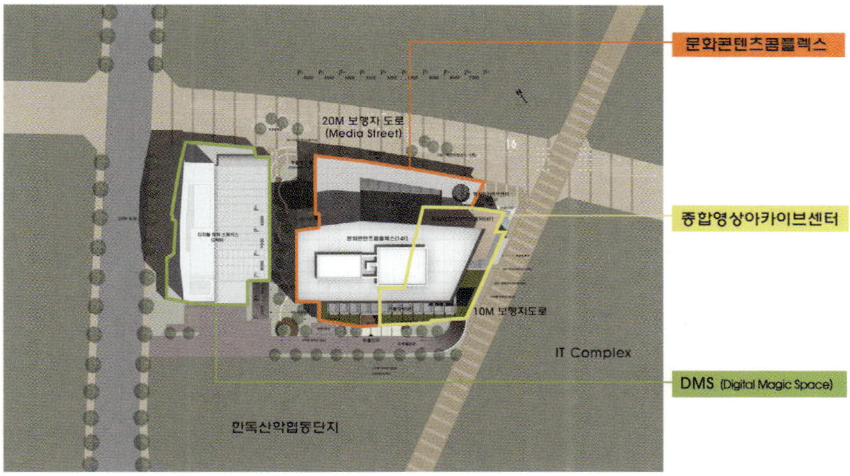

그림 2-5 배치도

4) 주요 공사현황

(1) 착공단계 부지현황(04.12.07)

당 현장은 마포구 상암동 DMC 지구단위계획지구 내 C3 블럭에 위치하며, 사업부지 현황은 〈그림 2-6〉과 같다.

그림 2-6 프로젝트 부지현황

(2) 공사현황

〈그림 2-7〉은 2006년 4월 당시의 현장사진으로 골조공사는 지상 9층 코어 및 PIT층 철골 트러스공사가 진행 중인 상황이다. 공사는 층당 3개 zone(우측 고층부 A zone, 저층부 B, C zone)으로 나누어 철근콘크리트 및 철골공사가 진행되었다.

그림 2-7 공사현황(2006년 04월 현장전경)

2.2 CM적용에 따른 프로젝트의 특성

1) CM도입의 필요성

(1) 건설산업의 대 · 내외적 환경변화

대외적으로는 WTO 체제의 출범으로 국가간의 보호벽이 철폐되고, 무한경쟁의 시대를 맞이하게 되었다. 1997년 건설산업기본법 제2조 6호에 건설사업관리 업무를 규정함으로써 CM에 대한 법적 기준이 마련되었고, 이후 국가를 당사자로 하는 계약에 관한 법률 시행령(1999년 신설)에 공공공사 CM계약의 근거를 마련하였다. 또한, 건설기술관리법에 CM업무의 수행범위 및 대가기준(2001년 신설)에 대하여 구체적으로 규정함으로서 CM 도입이 본궤도에 오르게 되었다.

대내적으로는 당 사업의 특성상 복합적이고 전문적인 건설기술이 요구되었으며, 다양한 이해관계자에 따른 의사결정에 대한 관리기술의 필요성으로 CM이 도입되게 되었다. 또한 발주자 측에서는 건설전문가 부족에 따른 사업비, 설계 및 공사품질, 사업기간, 준공 후 유지관리 및 운영 등 사업전반에 대한 리스크를 최소화함으로써 안정적으로 사업목표를 달성하고자 본 프로젝트에 CM을 도입하게 되었다.

(2) 사업추진 조직 및 다양한 이해관계자

본 프로젝트는 3개 기관의 발주자, 3개 공사(건축 및 설비소방공사, 전기 및 전기 소방공사, 통신공사)의 10개사 시공사, 건축설계사를 포함한 7개사의 설계협력업체, 15개 품목의 관급자재 공급업체로 구성되어 있다. 따라서 사업추진 조직 및 관련 이해관계자가 복잡하여 사업 초기에 의사결정 지연과 이에 따른 사업 전반에의 심각한 타격이 예상되었다. CM은 설계단계에서 발주자 의사결정을 신속하고 정확하게 완료하기 위하여 의사결정 항목을 미리 검토하고, 의사결정의 범위 및 내용에 따른 발주자의 결정권한을 확정함으로써, 예정된 일정에 따라 설계가 진행되도록 노력하였다.

(3) 사업예산 내 사업비관리의 필요성

CM 업무 중 사업예산관리는 가장 중요한 업무 중의 하나로서, 사업 초기부터 사업 완료까지 지속적으로 관리되어야 한다. 본 프로젝트는 사업진행에 따라 설계 및 시공단계, 그리고 유지관리 단계가 완료되기까지 정해진 예산 내에서 사업비를 관리함은 물론 복수 발주자에 의해 집행되는 다양한 방식(국고보조 및 임차보증금의 활용 등)의 예산집행계획을 만족시킬 수 있도록 내역체계 및 기준을 확립하는 등 CM 도입에 따른 기대효과가 클 것으로 예상되었다.

(4) 사업기간 내 사업완료의 필요성

발주자측면에서 본 프로젝트 사업기간의 준수는 다양한 협력사들의 입주 시기 및 임대수익과 직결되는 현안이다. 목표일정 대비 사업지연 시, 관련 입주기관의 입주시기 지연으로 인한 피해는 물론 발주자측의 연차별 예산집행계획에도 심각한 영향을 미치게 된다. 또한 장기계속공사로 계약되는 경우, 연차별 사업이 지연되면 연차별 집행예산의 미소진에 따른 사업비 축소로 이어질 수도 있다. 따라서 CM을 도입함으로써 사업완료 시점의 준수는 물론 연차별 사업일정관리를 통한 안정적인 예산집행도 기대할 수 있었다.

(5) 건설관련 전문조직의 필요성

지속적으로 건설사업을 발주하지 않고, 본 프로젝트와 같이 일회성으로 사업을 추진하는 정부산하기관 등의 발주자조직에는 건설관련 전문가조직의 부재로 사업 추진 시 어려움이 많다. 일회성 사업의 추진을 위해 별도의 TFT(Task Force Team)를 구성할 경우 예산부담 및 적정인력 구성의 어려움이 발생하고, 프로젝트 완료 시 인원정리에도 문제가 있어 이에 대한 대안으로 CM도입 필요성이 부각되었다.

(6) 프로젝트의 복잡화, 전문화

한국문화콘텐츠진흥원 및 한국게임산업개발원의 공동제작시설, 복합체험관, R&D센터, 콘텐츠아카데미, 다목적 홀, 임대아케이드 외에 한국영상자료원의 3개의 영화관, 영화필름수장고, 영화전시박물관, 자료열람실 등 매우 다양한 프로젝트의 대상 건물이 존재하였다. 또한 발주자 역시 복수이며, 입주기관이 다양하게 구성되어 있어서 이들의 수요를 모두 수렴할 수 있도록 다기능적이고, 전문적인 스페이스 프로그램이 요구되었다. 또한 동일필지 내 2분할 독자개발방식과 DMC 지구단위계획 심의내용을 반영한 인접 사업지와의 지하주차장 공동개발 등으로 각 분야 전문가들이 참여하는 통합관리의 필요성이 대두되었다.

(7) 프로젝트 리스크관리

본 프로젝트의 어려움은 크게 다음과 같았다. 우선 발주자가 복수로서 이에 따라 이해관계자들이 복잡하게 얽혀 있었으며, 예산집행계획의 일원화가 어렵다는 문제가 있었다. 또한 프로젝트의 규모가 크고 다양한 시설의 건설로 인하여 높은 전문성이 요구되었다. 따라서 사업예산관리, 설계품질관리, 시공 중 발생하는 각종 클레임에 대한 관리 등 프로젝트 수행과정 상의 리스크를 어떻게 관리하느냐가 매우 큰 문제로 대두되었으며 이러한 리스크의 관리 결과에 따라 사업의 성공여부가 결정될 것이라고 예측하였다.

2) 공공사업의 CM적용

(1) 건설관련 전문조직의 부재

대한주택공사, 한국도로공사 등 특정 유형의 사업을 지속적으로 수행하는 발주자의 경우는 풍부한 경험을 갖춘 인적자원으로 공공사업의 건설관련 전문조직이 조직되어 있는데 반하여, 지방자치기관의 자체사업이나 본 프로젝트와 같이 복수 발주자가 참여하는 일회성 공공사업의 경우는 발주자의 건설인력 수급의 경직성으로 건설관련 전문조직의 구성이 어렵다. 따라서 건설사업 전반에 대한 각종 리스크에 대응하고 발주자를 대행할 CM의 필요성이 부각되었다.

(2) 행정업무의 중요성

공공사업에서 발주자의 대리인 역할을 수행하기 위해서는 공직사회에 대한 이해가 선행되어야 하며, 국가계약법 및 각종 회계예규의 숙지, 국가종합전자조달시스템(나라장터)의 이해, 물가변동에 대한 절차, 하도급 승인절차, 선금 지급요령, 장기 계속공사의 사업예산 등 각종 행정절차 및 관련 감사규정 등에 대한 해박한 지식이 필요하다.

(3) 민간사업 CM적용과의 차이점

공공공사와 민간공사의 CM적용방식에는 많은 차이가 있다. 가장 큰 차이점은 '예산집행방식의 차이' 이다. 공공사업은 국고지원으로 사업을 추진함에 따라 연차별로 예산배정 및 집행이 이루어지므로, 민간사업보다 복잡하고 차별화되어 있다. 따라서 CM업무에 있어 공공사업 대한 폭넓은 지식과 경험이 요구된다.

둘째, CM 투입시점에 따라 CM 적용효과에 대한 영향의 폭이 크다는 점이다. 공공공사의 경우 사업기간 및 예산배정이 완료된 후에 CM이 투입되면 공기단축이나, 사업비절감 효과가 민간사업에 비해 상대적으로 적다는 단점이 있다. 일례로 시공단계에서 사업비절감을 하기 위해서는 건설교통부 훈령 『건설기술개발및관리등에관한운영기준』 제3장 건설기술개발보상 및 『공사계약일반조건』 19조 4의 신기술 및 신공법에 의한 설계변경에 규정하여 법적 근거는 마련하고 있으나, 복잡한 절차 및 발주자의 업무 부담 증가 등의 이유로 활성화되지 못하고 있다.

(4) 발주방식의 결정-분리방식형 건설사업관리방식

발주방식의 결정은 건설사업 초기단계의 중요한 의사결정 사항으로 어떠한 발주방식으로 건설사업을 운영하는가에 따라 사업에 미치는 영향이 매우 크다. 현재 국내에서 적용가능한 공공건설공사의 발주방식은 설계시공분리방식(Design-Bid-Build), 대안입찰방식(Alternative Tendering), 설계시공일괄방식(Design-Build), 건설 사업관리방식(Construction Management) 등이 가능하다.[3)]

건설사업관리가 적용되는 경우 설계와 시공의 발주형태는 크게 설계시공분리방식과 설계시공일괄방식으로 나눌 수 있다. 즉, CM은 설계시공분리방식 또는 설계시공일괄방식과 같은 발주방식과 효과적으로 조합될 수 있다. 설계시공분리발주방식은 설계경기를 통한 우수한 설계안을 확보할 수 있다는 장점이 있다. 또한 본 프로젝트의 특성상 설계단계 업무를 설계경기, 기본설계, 실시설계로 구분하여 진행함으로써 3개 기관의 참여로 인한 다양한 발주자의 의견을 설계단계에서 반영할 수 있으며, 사업계획의 변경을 최소화할 수 있다는 장점이 있었다. 따라서 본 프로젝트는 CM이 적용된 국내의 공공공사에서 일반적으로 적용되는 설계시공일괄방식이 아닌 설계시공분리발주방식을 적용하게 되었다. 또한 사업추진 조직이 다양하고, 이해당사자가 복잡하며, 정해진 예산 내에서 사업을 수행해야 하는 제약 조건들 때문에 발주자의 입장에서 전문적인 대리인 역할을 할 수 있는 건설사업관리방식이 병행되어 추진되었다.

결과적으로 설계시공분리발주방식에 용역형 건설사업관리(CM for Fee)의 혼합형태인 사업이 추진되었으며, 아쉬운 점은 발주방식의 결정 전에 CM투입이 결정되었다면 사업의 전반적 특성 - 설계품질, 공기, 사업비, 복잡성, 클레임요인 등 - 을 고려하여 보다 시너지효과를 거둘 수 있는 다양한 발주방식이 검토될 수 있었다는 것이다.

(5) 공공사업 CM적용의 시사점

2003년까지 수행된 공공사업의 CM은 상암동월드컵경기장, 인천국제공항 등 정부 주도로 수행되는 국책사업에 외국사의 권고 또는 발주자의 특수한 사정으로 도입되었다. 그러나

3) 서용칠(2003), "대형 공공건설사업의 발주방식 선정모델 개발", 서울시립대학교대학원, 공학박사학위논문.

월드컵주경기장의 성공적인 CM에 힘입어 2004년 대비 2005년 공공사업의 CM은 약 200% 이상의 놀라운 성장율을 보였다. 또한 2006년부터 실시되는 지방재정법의 시행에 맞추어 공공사업 CM시장은 더욱 더 활성화 될 것이라고 예상되고 있다. 따라서 공공사업에 있어 CM의 역할은 한층 더 커지게 될 것이고, 공공사업의 특수성을 고려한 CM 역량의 확보는 제도의 발전 가능성을 시험하는 잣대가 될 것으로 판단된다. 또한 공공프로젝트에 대한 CM 업무기준 및 범위의 세분화, 책임 감리업무와의 관계 재정립, 사후평가제도 도입, 건설사업관리자의 자격 및 교육 등 CM관련 법과 제도가 재정비를 될 경우 민간사업과 같이 공공사업의 경우도 CM이 발주자의 대행역할을 충분히 감당할 수 있을 것으로 판단된다.[4)]

3) 동일필지 내 2분할 독자방식 개발

(1) 개발의 배경

문화관광부 산하의 문화, 게임, 영상, 방송 분야 4개 기관이 서울시로부터 DMC단지 내 부지 3,000평을 30년 무상으로 임대받아 공동개발형식으로 사업을 추진토록 계획되었으나, 기관별 사업계획의 차별화와 이해관계에 따라 동일 필지 내 2개 부지로 분할선을 설정하여 1,000평의 부지에는 한국영상산업진흥원이 사업을 우선 진행하고, 본 프로젝트인 2,000평 부지에는 한국문화콘텐츠진흥원, 한국게임산업진흥원, 한국영상자료원 3개 기관이 후 진행하는 방식으로 사업을 추진하였다. 그러나 이러한 결정에 대해서는 아쉬움이 남는다. CM사가 좀 더 일찍 투입되었더라면 공동개발로 인한 사업상의 다양한 장점을 제안할 수 있었으며, 예산 및 사업일정을 고려한 합리적인 사업관리 대안의 제시가 가능했을 것으로 판단된다. 이를 바탕으로 공동개발이 추진되었더라면 공동개발에 따른 토지이용의 활용도를 높일 수 있음은 물론이고 독자개발에 따른 부대비용을 최소화하여 공공사업의 모범적 개발사례가 될 수 있었을 것이다.

(2) 건축인허가 등 행정처리 복잡

이러한 분할방식에 의한 사업추진에 따라 다음과 같은 문제가 발생하였다. 첫째, DMC

---

4) 한국CM협회의 발표에 따르면 2011년 상반기 공공공사 CM발주는 26건 540억원(발주공고금액 기준)으로 2010년 동기대비 건수는 18% 금액은 15%가 증가함. 이는 건설경기 장기침체 속에서도 공공사업의 CM발주가 확대되고 있음을 보여주는 것으로 공공기관 지방이전사업 등에 힘입어 2011년 하반기에도 CM발주가 계속 증가추세를 보일 것으로 예상됨.

지구단위계획심의 및 교통영향평가심의 과정이 복잡하였다. 당초 계획설계 시 2분할 별도사업으로 진행되어, 출입구를 포함한 지하주차장 계획이 한국영상산업진흥원과 별도로 반영되었으나, DMC 지구단위계획심의 결과에 따라 한국영상산업진흥원과 지하주차장이 연계되도록 계획되었으며, 이에 따라 교통영향평가심의 자료의 보완이 필요하였다.

둘째, 설계변경허가 및 관계전문기술자 변경신고의 행정절차가 요구되었다. 인허가의 복잡성을 예상하여 분필 가능여부를 검토하였으나, 한국영상산업진흥원의 지하건물이 대지분할선을 침범하여 건설되도록 사업주체간 사전 합의되어, 관할 구청에서는 분필이 불가한 것으로 확인되었다. 따라서 한국영상산업진흥원이 건축 허가를 먼저 득한 상태에서 당 사업은 건축허가가 아닌 설계변경허가로 행정처리되었으며, 프로젝트의 공사착공 시에는 한국영상산업진흥원에서 먼저 공사를 착공함으로써 착공계가 아닌 관계전문기술자 변경서류를 제출하였다. 또한 관련 서류에는 한국영상산업진흥원과 본 프로젝트의 각기 다른 발주자, 설계자, CM사(감리자), 시공사의 서명날인이 요구되었다. 사용승인 시에도 동일한 절차를 거쳐 행정처리가 진행되어야 했기 때문에 행정처리도 매우 복잡하였다.

(3) 동일필지 내 공동개발의 필요성

동일필지 내 2분할 독자개발로 사업이 추진된 후 CM이 투입됨에 따라 공동개발의 여러 장점을 살리지 못한 아쉬움이 크다. 물론 한국방송영상산업진흥원과의 지하주차장 공동계획과 본 프로젝트 3개 산하기관의 단일사업 추진은 높게 평가할 만한 부분이다. 그러나 CM이 사업초기에 투입되고, 산하기관이 아닌 문화관광부 주관으로 사업추진을 위한 통합건설조직을 발족하여 전체적인 예산 및 사업일정을 고려한 종합적 계획을 완성 후 동일필지내 공동개발로 사업을 추진하였다면 보다 효과적인 사업추진이 가능했을 것이다. 즉, 효율적인 토지이용계획이 가능했고 독자개발로 인한 각종 부대비용을 절감할 수 있었으며, 인허가 등 행정처리 간소화가 가능했을 것이다.

4) 설계시공분리발주방식의 CM 적용 시 주의점

(1) 고품질 설계안 확보 및 부실설계 방지

설계시공분리발주방식은 설계시공일괄발주방식에 비하여, 본 프로젝트와 같이 전체 사업일정에는 여유가 있으나 복수발주자에 의한 다양한 집단의 의사결정이 요구되는 설계에 적합한 발주방식이다. 즉, 발주자의 구체적인 사업계획이 확정되지 않은 경우 설계기간 동안 구체적인 사업계획의 수립 및 변경이 가능한 장점이 있다. 그러나 설계완료 후 공사가 진행됨으로써, 설계도서 및 내역서 품질이 미비한 경우는 설계시공일괄발주방식보다 설계변경에 따른 공사비 증가 리스크가 커지는 단점도 있다. 따라서 설계시공분리발주방식의 경우 설계단계의 품질관리는 전체 사업예산 내에서 프로젝트를 완료하는데 가장 중요한 부분으로 향후 CM용역 시 중점적으로 관리되어야 할 부분이라고 하겠다.

(2) 사업비관리의 특수성

통상적으로 설계시공분리발주방식에서는 설계완료 후 시공발주가 진행됨에 따라 설계단계별 정확한 사업비 추정이 매우 중요하다. 자칫 사업예산을 초과하는 설계가 될 경우 공사발주 이전 설계의 전반적인 수정이 불가피하다. 특히 설계경기에 의하여 설계안이 결정되는 경우 설계안 심사 시 사업비의 영향이 거의 고려되지 않는 현실로 볼 때, 설계경기 당선 안에 대한 개략공사비 검토에 대한 정확성은 실시설계의 방향뿐 아니라 사업 전체의 방향을 설정하는 틀로서, 그 중요성은 아무리 강조하여도 부족함이 없다. 본 프로젝트의 경우 설계경기 당선안의 개략공사비 검토결과, 당초 사업예산 600억원 대비 약 300억원 이상이 초과되었다. 따라서 설계검토에 의한 공사비 절감으로는 목표 사업비에 도달할 수 없어 마감재의 spec. 조정, 관급자재의 발주 조정, 낙찰차액 검토 및 별도 발주공사 범위의 확대 등 다각적인 노력이 추진되었으며, 이를 통하여 목표 사업비 내에서 공사수행이 가능하게 되었다.

(3) 설계 및 시공단계의 연계성 확보

설계시공분리발주방식은 공사착수와 실시설계가 병행되는 설계시공일괄발주방식과는 달리 설계가 완료되고 공사가 착공됨으로써, 발주자 및 CM 실무담당자가 설계 및 시공단계에 지속적으로 참여하지 않을 경우 프로젝트의 일관성을 담보할 수 없다. 즉 각 분야별 담당자가 설계단계 완료 후 시공단계에서 교체된다면 사업의 일관성이 확보되지 않아, 결과적으로 사업성과에 부정적인 영향을 미치게 된다는 점이다.

(4) 설계 및 내역서 검토에 대한 CM 역할의 중요성

설계시공분리발주방식에서 CM의 조기투입 중요성은 아무리 강조하여도 지나치지 않으며, 그 만큼 능력 있는 CM의 필요성도 크다고 하겠다. 설계시공분리방식의 성공적인 수행을 위해서는 첫째, CM에 의한 개략공사비의 정확한 검토가 필요하다. 정확도가 떨어질 경우 발주자로부터의 신뢰상실은 물론 사업존폐와도 직결된다. 둘째, CM의 공기, 공사비, 시공성 및 현장여건에 대한 심도 있는 검토가 필요하며 이를 반영한 충실한 설계도서가 작성되어야 한다는 점이다. 사전 검토가 미흡할 경우 시공단계에서 설계변경이 발생하게 되며 이는 공사비 증가 및 공기지연의 직접적인 원인이 된다. 셋째, 내역입찰의 경우 발주내역서의 철저한 검토가 필요하다. 내역입찰 시 물량변동의 책임은 발주자가 져야 한다. 따라서 CM 계약 시 사업비에 대한 철저한 검토가 이루어지도록 CM인원을 배치해야 하며, 사전 검토의 오류는 시공단계 설계변경 요건이 되며, 이는 발주자의 부담이 될 수 있다는 것을 명심해야 한다.

5) 복수 사업주체에 따른 프로젝트의 특수성

(1) 사업예산 집행의 특수성 : 내역서 작성체계 등

발주자가 3개 기관으로 구성되어 사업예산계획, 기성청구, 각종 예산집행 등의 업무가 2개 창구(한국문화콘텐츠진흥원 + 한국게임산업개발원, 한국영상산업진흥원)로 이원화하여 계획이 수립, 시행되었다. 2개 창구 중 한국문화콘텐츠진흥원과 한국게임산업개발원은 국고지원금과 자체충당금으로, 한국영상자료원은 전액 국고지원금으로 예산이 집행되었다. 따라서 건물은 1개 동이지만 예산집행 창구는 이원화됨에 따라, 내역서를 분리 작성해야 하는 어려움이 있었다. 또한 이원화된 각각의 내역은 전용공간과 공용공간(주차장 등)으로 구분하였으며, 공용공간의 내역 작성은 전체 면적에 대한 전용면적 비율로 산출한 후 발주자의 예산집행 창구별로 공사기성 청구가 가능하도록 기준을 수립, 관리하였다. 이에 따른 문제점은 발주자별 예산집행계획과 실제 기성청구 금액을 일치시키기가 어렵다는 것이다. 더욱이 발주자의 예산집행 계획이 변경될 경우 예산과 기성청구금액과 차이가 크게 발생하였으며, 이러한 경우는 발주자 상호 간의 협의를 통하여 기성청구금액 비율을 조정할 수 있도록 관리하였다.

(2) 건물 공간기능의 다양성 및 독특한 형태의 문제점

복수의 발주자 및 다양한 시설이 건설되는 프로젝트의 특성과 독특한 건물의 형태로 인한 문제가 발생하였으며, 이를 효과적으로 해결하기 위한 CM의 역할이 매우 중요하였다.

첫째, 복수 발주자에 의한 다양한 스페이스 프로그램의 요구로 본 프로젝트 기능과 공간이 복합화 되었다는 것이다. 지하층에는 공용주차장 및 한국영상자료원의 영화관시설, 한국문화콘텐츠진흥원의 아케이드 시설이 계획되었고, 지하 주차장은 인접사업지의 지하 1, 2층 주차장과 연계되도록 계획되었다. 지상층 저층부에는 한국문화콘텐츠진흥원과 한국게임산업개발원의 약 17m높이의 로비를 포함한 아트리움, 복합체험관, 공동제작시설, R&D센터, 다목적 홀과 한국영상자료원의 영화필름수장고, 영화박물관, 자료열람실이 계획되었다. 고층부에는 한국문화콘텐츠진흥원과 한국게임산업개발원의 입주단체 사무공간이 계획되었다. 이에 따른 문제점으로는 발주기관 상호 간의 이해관계가 상충하는 부분에 대한 계획안의 결정이다. 일례로 기본설계 시 한국영상자료원측은 저층부 수장고시설을 상층부 한국 문화콘텐츠진흥원과 한국게임산업개발원의 매스(mass)가 4개의 기둥으로 누르고 있는 듯한 디자인에 불만을 토로하였고, 5층 옥상정원의 사용권 문제 또한 논란의 대상이 된 바 있다. CM의 적극적인 조정 노력은 이러한 문제를 단기간 내에 원만하게 해결할 수 있도록 하였다.

둘째, 형태의 독특함이다. 본 프로젝트는 지상 9~14층의 50% 면적에 해당하는 하중을 높이 16m의 육중한 기둥(mega column) 4개가 독립기둥으로 지지토록 설계되어 있다. 따라서 형태의 독특함으로 인한 시각적 긴장감과 구조적 안전성 및 시공의 정밀성이 요구되었다. 일례로 실시설계 시 독립기둥 1개 파손 시 상층부 거주자에 대한 최소 피난시간의 확보가 가능하도록 세심한 부분까지 설계검토가 필요하였다.

(3) 의사결정 및 설계변경관리

프로젝트 초기 복수 발주자에 의한 의사결정 지연을 방지하기 위하여, 설계 내용에 따른 의사결정의 위계(hierarchy)를 설정하여 관리하였다. 특히 시공단계에서 발주자 승인이 필요한 사항은 사전협의를 통하여 조기에 결정하였다. 공용공간의 마감색상은 현장파견 발주자 직원이 승인하고, 사업주체별 전용공간은 해당 발주기관의 의사결정을 받도록 규정하여 효율적으로 업무를 진행하였다. 또한 기술검토를 통하여 결정이 가능한 사항에 대해서는 PMIS 상에서 전자결재로 CM 전결로 승인이 추진되도록 조정하였다.

(4) 준공 후 시설운영을 고려한 프로젝트 관리

복수 발주기관이 동일 프로젝트를 수행하는 경우 설계단계에서 준공 후 시설 운영에 대한 구체적인 계획이 확정되어야 한다. 시설운영의 통합, 또는 개별관리 여부가 결정되어야 하고, 자체운영 또는 아웃소싱 여부도 판단하여야 한다. 세부적인 사항으로는 설계단계에서 전산실 운영방식, 전기요금을 포함한 각종 공과금의 납부방식 등이 결정되어야 각종 시스템을 발주기관의 운영계획에 맞추어 설계할 수 있다. 만약 운영계획과 설계내용이 맞지 않으면, 준공 이후 적지 않은 추가비용의 발생을 감수하고라도 변경해야 하는 문제가 발생하게 된다. 또한 추가비용 부담으로 해결되면 다행이지만 변경이 불가한 경우는 불편함을 감수해야 한다. 따라서 프로젝트 완료 시 발주자가 원하는 방식으로 운영이 어렵다면 CM의 역할을 충실히 했다고 볼 수 없는 것이다. CM은 프로젝트의 성공적인 완성을 위해서 시설운영계획을 고려한 설계가 될 수 있도록, 발주자를 리드하여 설계단계에 시설운영계획을 사전에 확정하여야 한다.

6) 사업예산의 효과적인 관리

(1) 설계검토를 통한 사업비 절감 노력

설계경기 당선 안에 대한 개략공사비 검토결과 사업예산 600억원 대비 약 300억원 이상 예산초과가 발생함에 따라, 설계시작과 동시에 사업비 절감을 위한 설계검토(design review)작업에 집중하였다. 철저한 설계검토를 통해 기본설계가 90% 정도 진행된 단계에서 약 70억원, 실시설계가 90% 정도 진행된 단계에서 약 5.5억원의 사업비를 절감하여, 전체적으로 설계검토를 통하여 75.5억원의 사업비를 절감하였다. 분야별 주요 검토내용으로는 건축분야 경우, 지하층의 방습벽, 배수공법 등의 변경과 설계 부분의 조정, 마감성능의 검토 및 조정등이 이루어졌다. 구조분야의 경우 지상층 구조형식 및 기초지정공법을 변경하였으며, 설비분야의 경우 사무실 및 수장고의 공조방식을 검토, 조정하였다. 또한 전기분야는 초고속 정보통신의 등급조정, 전자교환기, 주차관제설비를 변경하였다.

(2) 공사 발주방식의 대안검토

실시설계 진행에 따라 공사 발주방식을 통한 사업비 절감방안을 검토하였다. 첫째, 토공사를 분할발주하는 안을 제안하였으나, 공공사업의 투명성 확보라는 대명제 하에 추진되지 못하였다. 둘째, 관급자재 범위를 확대하여 원가계산 상의 간접비를 줄이는 방안을 제안하였으며, 발주자의 동의를 얻어 레미콘, 철근, 시멘트 및 설비, 전기, 통신분야의 주요 장비를 관급으로 발주하여 약 10억원의 사업비를 절감하였다. 이에 따른 문제점으로 관급발주에 따른 행정업무의 추가부담은 물론 공사 진행에 따른 자재수습의 탄력적 관리가 어려웠다. 또한 엘리베이터 등 주요 장비의 관급자재 발주는 조달청의 중소기업 육성정책으로 일부 납품업체의 수준이 낮아 시공단계의 철저한 품질관리가 요구되었다.

(3) 공사범위 및 연면적 조정을 통한 사업비관리

독립공간의 마감 및 가변공간의 칸막이공사, 시설장비 등은 향후 추가 사업비 확보 시 단계적으로 추진될 수 있도록, 발주자와의 협의를 통하여 우선 순위를 정하여 공사범위를 조정하였다. 이를 통해 약 90억원의 사업비를 조정하였으며, 지하층 주차면적의 효율성을 극대화하고, 지하층 연면적을 조정하여 약 18억원의 사업비를 절감하였다.

7) 민 · 관 협업을 통한 시너지효과

(1) 민간사업과의 협업

부지의 남측은 한독산학협동단지에서 추진하는 사업으로 당초 설계도면 상에는 토공사 흙막이공법이 문화콘텐츠조성사업과 각기 독립적으로 CIP(Cast In Concrete Pile) 2열 + 스트러트(strut)지지공법으로 설계되어 있었다. CM은 양측 사업주체간 합의가 원만히 추진될 수 있도록 적극적으로 검토안을 제시한 결과, 〈그림 2-8〉과 같이 문화콘텐츠조성사업과 한독산학협동단지사업의 경계 흙막이공법을 오픈 컷(open-cut)공법으로 변경하였다.

(2) 공공사업과의 협업

부지의 서측은 동일필지 내에 문화관광부 산하기관인 한국방송영상산업진흥원의 DMS 사업이 추진되었으며, 당초 설계도면상 지하층이 DMS사업과 독립하여 개발되도록 설계되어 있었으나 DMC지구단위계획 심의결과에 따라 지하 1, 2층은 주차 연결통로를 확보하도록 개선되었다. 또한 토공사 흙막이공법의 경우 당초 설계도면 상에는 DMS사업은 시트파일(sheet pile) + 어스앵커(earth+anchor)로, 문화콘텐츠조성사업은 CIP 2열 + 스트러트(strut)지지공법으로 설계되어 있었으나, 지하 1, 2층은 오픈컷공법으로 변경하였고, 문화콘텐츠조성사업의 지하 3, 4층은 디월(D-wall) + 랙커(raker)공법으로 변경 · 추진하였다.

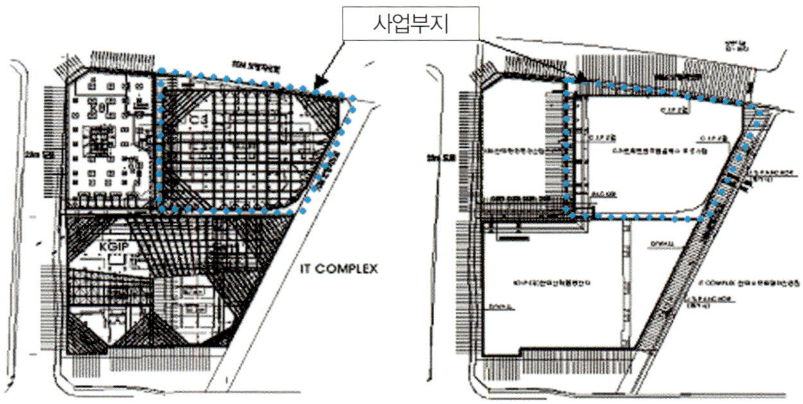

그림 2-8 흙막이공법 변경사례

결과적으로 남측 민간사업과, 서측 공공사업에 대한 지속적인 협업을 통하여 흙막이공사에 대한 안전성을 확보하는 효과를 가져왔다. 또한 공사비 절감측면에서는 문화콘텐츠조성사업에서만 약 10억원 이상의 절감효과를 거두게 되었으며, 인접부지를 포함한 블록 전체의 절감액은 2배를 상회할 것으로 기대되었다. 이는 CM적용의 효과라고 판단되며, 공공 및 민간사업간의 특수성을 극복하고 사업주체간의 윈윈(win-win) 효과를 도출해낸 성공적인 사례라고 하겠다.

3. 사업단계별 CM 수행사례

3.1 일반사항

1) CM 수행목표 및 업무범위

(1) CM 수행목표

CM 수행목표는 프로젝트의 특성에 대한 철저한 이해와 분석을 바탕으로 프로젝트 단계별로 전문적인 관리기법을 적용함과 동시에 본사 지원조직이 보유하고 있는 각 분야별 전문지식을 접목하여 관리함으로써, 책정된 예산과 사업기간 내에 최적의 품질을 갖춘 공사 목적물을 완성시키고자하는 발주자의 요구사항에 부응하는 것으로 정하였다.

(2) CM 업무 수행범위

본 프로젝트의 CM 업무 수행범위는 다음과 같다.

① 건설사업관리 일반 : 계획의 수립, 운영 및 조정 등에 관한 사업관리 일반

② 계약관리 : 시공자 등의 선정과 관련된 지원업무와 각종 설계변경, 클레임 및 분쟁에 관한 업무

③ 사업비관리 : 설계 및 시공단계의 사업예산 및 사업비 운영의 적정성 검토, 조정 등

④ 공정관리 : 설계 및 시공단계 공정계획, 운영 및 조정 등

⑤ 품질관리 : 설계 및 시공단계 품질과 환경에 관한 제반기준 및 계획의 검토, 조정 등

⑥ 안전관리 : 설계 및 시공단계 재해예방 및 건설안전 확보를 위한 제반준비 및 계획의 검토, 조정 등

⑦ 사업정보관리 : 설계 및 시공단계 각종문서, 도면, 기술자료 등의 체계적인 축적 및 관리

⑧ 설계감리 및 책임감리 업무 및 기타 계약에 정하는 사항

2) 조직구성

(1) 조직구성

본 프로젝트의 CM 조직은 단장을 비롯한 현장 상주 CM, 분야별 비상주 CM, 전문기술 분야 CM으로 분류되며, 상세 조직구성은 〈그림 3-1〉과 같다.

그림 3-1 CM 조직구성

(2) 인원투입계획

본 프로젝트의 인원투입계획은 사업단계에 따른 분야별 CM인원을 투입하였으며, 상세 계획은 〈표 3-1〉과 같다.

표 3-1 인원투입계획

(단위 : %)

구분	CM															전문 기술자문계책								
	책임건축	책임비상주	건축설계	건축공무	건축시공	토목	기계	전기	소방	통신	원가	공정	외국인	VE	구조	철골	커튼월	방수	조경	실내음향	전기음향	무대조명	무대시설	계
설계 이전 및 설계 단계	12	–	12	5.7	–	0.5	0.7	0.7	–	–	2.1	0.9	0.3	1.2	0.8	0.4	0.4	0.7	0.4	0.2	0.2	0.2	0.2	39.6
시공 및 시공 단계 이후	31.5	8.0	–	30	21.2	8.0	21	21	18	5.0	1.1	0.3	0.8	0.8	0.6	1.6	1.0	0.8	0.2	0.4	–	0.4	–	171.7
계	43.5	8.0	12	35.7	21.2	8.5	21.7	21.7	18	5.0	3.2	1.2	1.1	2.0	1.4	2.0	1.4	1.5	0.6	0.6	0.2	0.6	0.2	211.3

3) 사업분류체계(WBS)관리

사업분류체계(WBS: Work Breakdown Structure)는 사업초기 프로젝트 전반에 대한

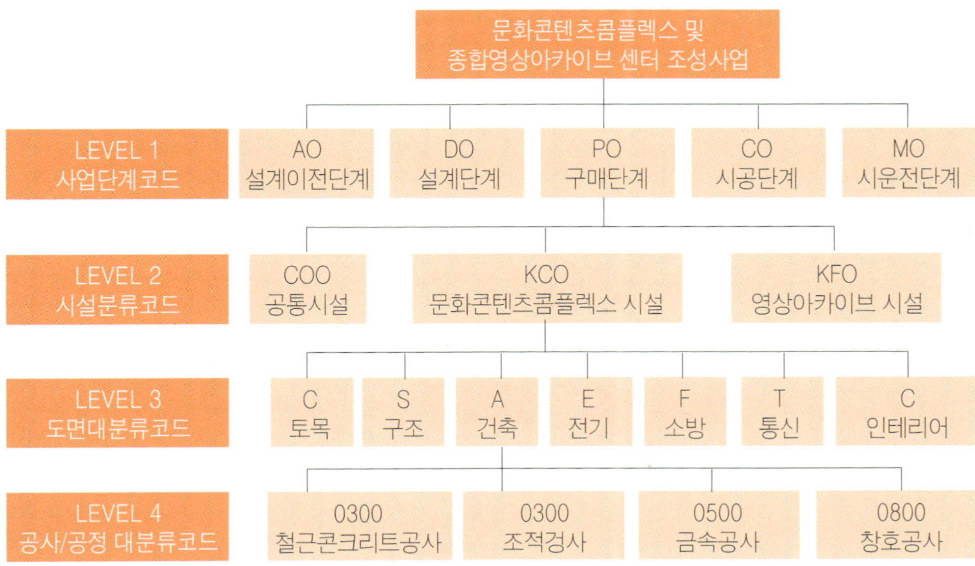

그림 3-2 사업분류체계(WBS)현황

최적의 정보를 체계적으로 분류함으로써, 사업단계별로 관리되고 조정되어야 하는 공종, 사업비, 설계도서 등의 성과물 및 사업자중심의 업무범위 기준을 정의한다. WBS의 작성 목적은 업무의 표준화 및 사업관리의 프로세스를 개선함으로써 정보의 공유 및 교환, 수집 및 분석 등이 가능하도록 종합보고체계를 구축하여 사업이 효율적으로 수행되도록 하는 것이다.

본 프로젝트는 〈그림 3-2〉에서와 같이 총 4단계로 WBS를 구성하였다. LEVEL-1은 사업단계별 코드이고, LEVEL-2는 시설분류코드, LEVEL-3은 도면 대분류코드, LEVEL-4는 공사/공종 대분류 코드이다. 각 단계별로는 〈그림 3-3〉과 같이 상세 코드를 작성하여 활용하였다.

LEVEL 2 시설분류 상세코드

- C00 공통시설
  - C01 공용시설: 로비, 승강기홀,복도, 주차장
  - C02 공용설비: 발전기실, 전기실, 공조실
- KC0 문화콘텐츠 콤플렉스 시설
  - KC1 공동제작 시설
  - KC2 복합체험관
  - KC3 사무공간
  - KC4 지원시설
- KF0 영상아카이브 시설
  - KF1 시네마테크
  - KF2 수장고시설
  - KF3 수장고 부속시설

그림 3-3 시설분류 분류체계

실례로 설계도면의 분류체계의 경우 〈그림 3-4〉와 같이 정의하였다. 도면 시트의 번호 'DB-A-0601' 은 '기본설계단계/건축도면/코어상세도 /01' 임을 나타낸다.

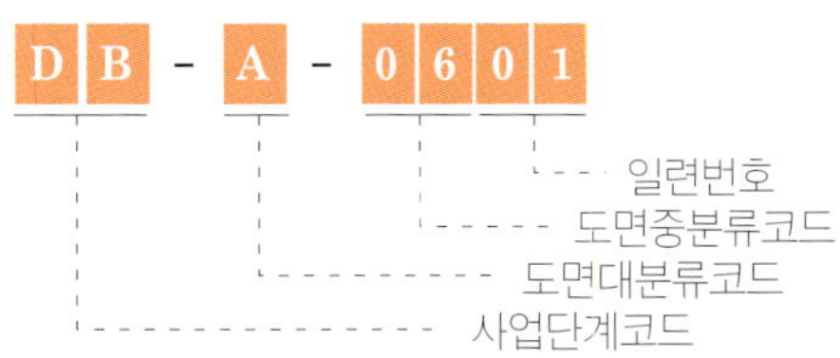

그림 3-4 설계도면 분류체계

4) 사업정보관리시스템(PMIS)의 구축

본 프로젝트는 초기 설계단계부터 사업관리정보시스템(PMIS: Project Management Information System)을 구축하도록 CM용역 계약서에 제안되어 있었으나, 발주자 예산부담(PMIS 구축은 발주자예산으로 집행됨)과 설계단계의 PMIS 운영효과에 대한 발주자의 신뢰부족으로, 당초 예상한 구축비보다 대폭 삭감된 비용으로 시공단계부터 PMIS가 구축되었다. CM은 설계단계부터 주요 PMIS업체의 실적 및 구축모듈, 사례, 구축비 등을 검토하여 발주자에 보고하였으며, 발주자는 2004년 12월초 최종 2개사를 선정한 후 최저가입찰자와 수의계약을 체결하였다. 계약 후 약 2개월에 걸쳐 2005년 2월말까지 1차 구축을 완료하고, 3월부터 오픈하여 본 프로젝트에 활용하기 시작하였다.

주요 모듈은 PMIS구축업체의 9개 기본모듈(사업관리, 설계관리, 공사비관리, 공정관리, 시공관리, 자원관리, 품질/안전/환경관리, 문서관리, 환경관리)을 중심으로 본 프로젝트의 특수성(관공사, 분리발주 등)을 고려한 필요부분을 보완하여 구축하였다. 짧은 구축기간으로 인하여 일부 모듈에 대해서는 지속적인 보완을 병행하였고, 구축완료 후 지속적으로 활용도가 상승하여, 공사 전반에 대한 효율성이 제고되어 결과적으로 발주자의 만족도도 향상되었다. 특히 활용도가 높은 부분은 시공관리, 품질/안전/환경관리, 문서관리부분으로, 시공관리 모듈은 CM사 및 3개 시공사의 일지 및 주간업무보고서, 월간공정보고, 업무보고서, 공사사진 항목으로 구성되고, 품질/안전/환경관리 모듈은 안전시정요구서, 폐기물처리현황, 부적합보고서(DN, NCR), 지시서, 안전관리비, 재해현황, 품질시험계획 및 총괄표 항목으로 구성되며, 문서관리모듈은 회의록관리, 문서함, 요청서, 통지서 항목으로 구성된다.

본 프로젝트의 PMIS 운영과정에서 도출된 주요 개선책은 다음과 같이 정리할 수 있다. 첫째, 발주자를 위한 PMIS 툴 개발이 필요하며, 복수 발주자로 구성됨에 따라 사업주체별 홈페이지, 인트라넷 등과의 인터페이스 및 중복여부 등을 고려하여 구축되어야 한다. 특히, 반복적인 프로젝트가 아닌 일회성 사업의 경우, 발주자는 PMIS 도입이 초기투자비 대비 효율이 떨어진다고 판단하기 쉽다. 더욱이 기존 PMIS 구축모듈은 시공사와 CM단 위주로 구성되어 발주자 측면에서는 절실한 필요성이 느끼지 못하게 되며, 불편함이 있지만 PMIS 구축 없이 오프라인으로 보고받으면 된다고 판단할 수 있다. 따라서 향후 신규프로젝트에 PMIS 도

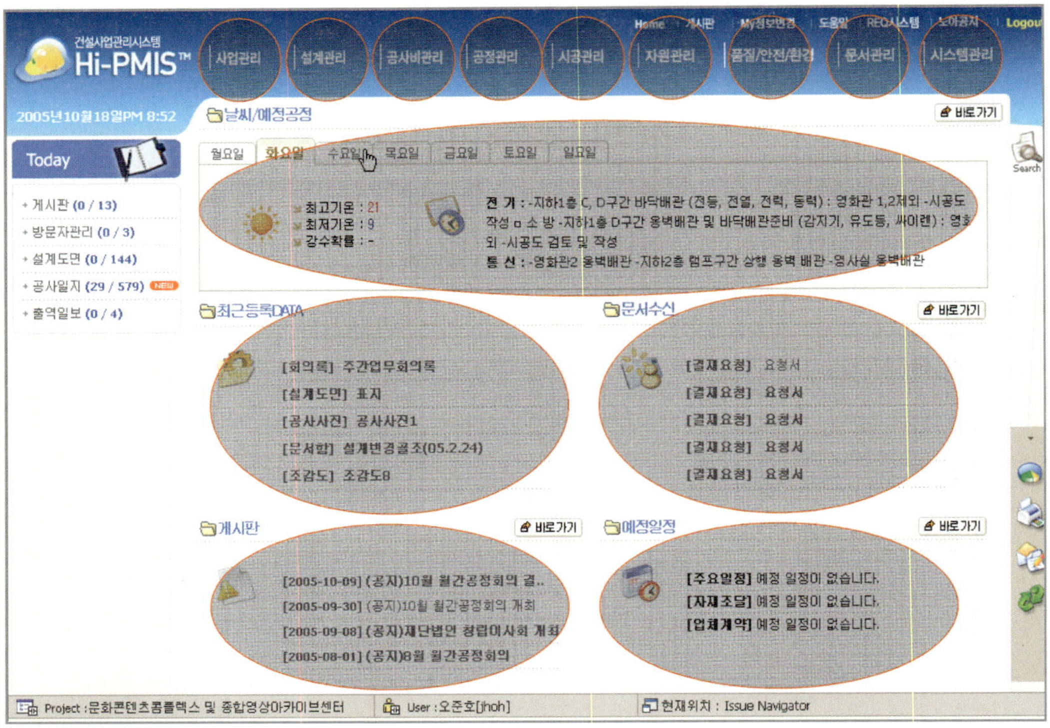

그림 3-5 사업정보관리시스템(PMIS) 초기화면

입 시에는 각종 보고 및 감사자료 대비 등 발주자 측면에서 활용성이 높은 다양한 툴의 개발이 필요하다고 판단된다.

둘째, 모듈구성은 다양성 보다는 운영효과성이 더욱 중요하다. 흔히 초기 PMIS 구축 시 무리하게 욕심을 내어 다양한 모듈과 기능을 설정하지만 운영단계에서는 인력의 부족, 기재내용의 과다 등으로 사용빈도가 저하되고, 자료가 업데이트가 되지 않는 경우가 빈번하다. 또한 일반적으로 시공사의 입력내용이 많으므로, 관련 실무자간의 사전협의를 통하여 실제 운영 가능한 범위 내에서 PMIS가 구축되어야 한다. 즉, PMIS의 구축 시에는 프로젝트의 특성, 운영인원의 유무, 운영예산 등을 종합적으로 고려하여야 한다.

셋째, 중복업무를 최대한 줄임으로써 PMIS 구축 취지를 살려야 한다. 본 프로젝트와 같은 공공사업의 경우 공문을 PMIS 상에서 전자결재로 처리하는 것을 원하지 않는 경우가 많다. 이러한 경우 공문은 PMIS 구성체계에서 과감히 제외하고 오프라인으로 처리하는 것도 중복업무를 줄이는 방법이다. 또한 PMIS에 저장된 자료는 출력하여 보관하지 않도록 발주자와 사전 협의를 하는 것도 중복업무를 줄이고, 업무의 효율을 높이는 방법이라고 할 수 있다.

넷째, 용역계약 시 PMIS 구축의 전과정(구축, 운영, 교육 및 종료 후 프로그램의 활용여부 등)에 대한 상세조건을 검토하여야 한다. PMIS는 구축종료 후 운영 시에도 프로젝트 진행에 따른 지속적인 교육과 문제점에 대한 신속한 보완이 요구된다. 또한 사업기간 종료 후 유지관리 관련 백업데이터의 활용과 관련한 프로그램의 계약방식(임대 또는 구매) 등이 중요하므로, 용역계약 전 제반사항에 대한 상세조건이 검토되어야 한다.

3.2 설계 및 발주단계 CM 수행사례

1) 설계단계별 일정관리

설계단계의 일정관리는 시각적으로 확인 가능한 시공단계와는 달리 설계도면의 작성량만으로 진도율을 판단할 수가 없다. 오히려 한 장의 도면을 완성하기 위해서 필요한 발주자의 요구사항, 기술검토를 통한 의사결정의 반영, 각종 인허가 행정처리, 모형제작에 이르기까

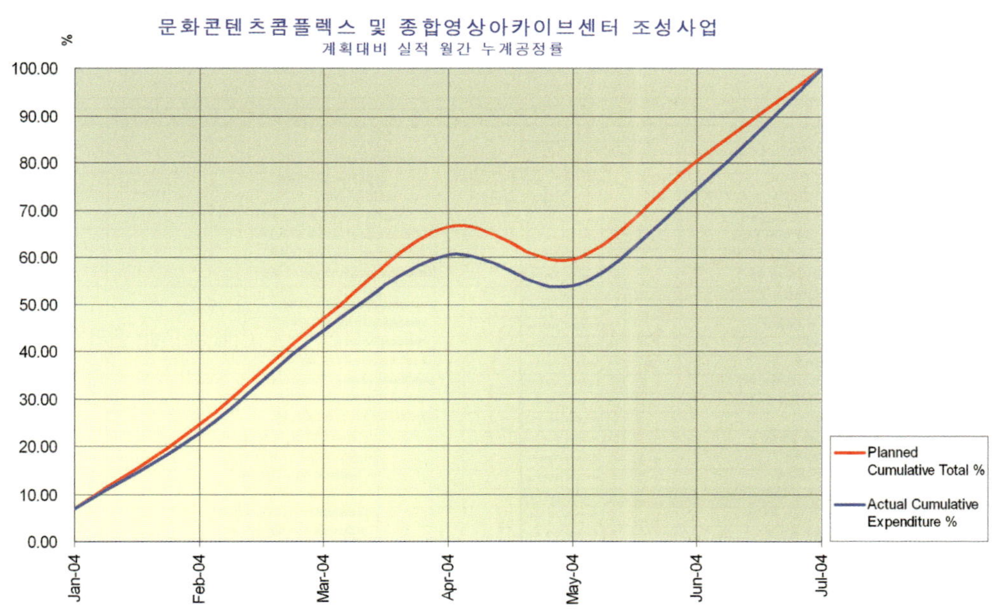

그림 3-6 월간누계 계획대비 실적현황

지 설계 전반에 대한 가중치를 산정한 후 통합적으로 관리하는 것이 바람직하다고 하겠다.

본 프로젝트의 설계기간은 2004년 1월 8일 착수 후 6개월 동안 완료토록 계획하였으나, 2월말 DMC 지구단위상세계획 심의결과에 따른 인접사업과의 지하주차장 공동계획 보완과 4월 초 한국영상자료원 연면적 증가(2,000평에서 2,500평으로 변경)에 따른 설계변경으로 인하여 설계가 지연되고 있었다. 때문에 4월말에는 계획공정(66.48%) 대비 실적공정(60.45%)율이 약 90%로서 10%의 공정지연이 발생하게 되었다. 이에 5월초에는 상기사유로 인한 공기연장 건을 발주자와 협의하여 설계종료일을 당초 6월에서 7월말로 30일 연장토록 합의하였다. 이 후 〈그림 3-6〉과 같이 5월부터는 계획 공정률을 재산정하여 관리하였으며, CM단의 체계적인 일정관리 하에 계획일정대로 설계를 진행하여 8월3일 실시설계 100% 완료하였다.

(1) 마스터스케줄(Master Schedule)에 의한 마일스톤(Milestone) 관리

사업 초기단계에서 설계단계, 시공단계, 시공 후 단계에 이르는 전체 사업에 대한 마스터스케줄을 작성하여, 사업 전반에 대한 주경로(critical path)를 검토하고, 발주자와 공동인식을 갖고 프로젝트 일정관리를 추진하였다.

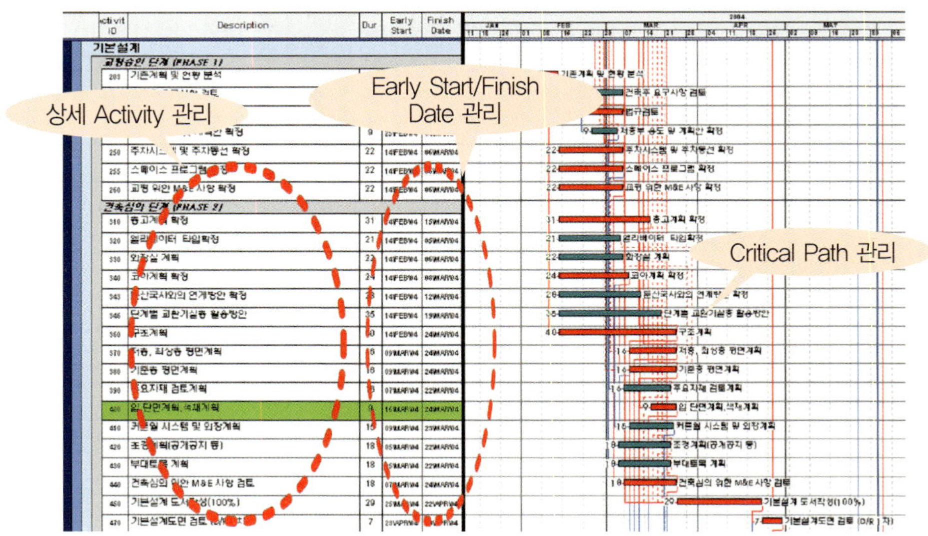

그림 3-7 마스터스케줄 관리현황

기본설계 착수부터 실시설계 종료 시 까지 인허가, 외부자문, CM단 검토, 설계사의 설계 분야별 주요 시스템 검토 및 제출일정을 포함한 마스터 스케줄이 작성되도록 설계자를 독려하였으며, CM의 분야별 실무자를 중심으로 주요 액티비티(activity)의 누락여부와 전후관계의 잘못된 부분을 보완한 후 마스터 스케줄을 최종 확정하였다.

(2) 설계보할[5]에 의한 일정관리

설계단계 진척율은 〈그림 3-8〉과 같이 보할기준을 적용하여 관리하였다. 첫째, 설계계약서의 기성지급 비율을 기준으로 일반설계업무와 인허가 행정업무를 80% 대 20%의 비율로 나누었다. 둘째, 일반 설계업무에 대한 세부분야별 보할은 설계사와 협력설계사의 계약금액 기준으로 보할 가중치를 설정하여, 건축 45%, 토목 3.75%, 구조 5.25%, 기계 9%, 전기 6.75%, 통신 2.25%, 소방 1.5%, 조경 1.5%, 인테리어 1.5%, 모형제작 1%, 기타업무 2.5%로

설계 진도율 계획대비 실적

인허가사항 / 기 본 설 계 / 실 시 설 계

문화콘텐츠콤플렉스 및 종합영상아카이브센터 조성사업

설계 단계별			기 본 설 계																	실 시 설 계													
구 분	보 할		1					2				3				4				5					6				7				
			3	10	17	24	31	7	14	21	28	6	13	20	27	3	10	17	24	1	8	15	22	29	5	12	19	26	3	10	17	24	31
DMC심의	계획	5.00%								1.70	1.70	1.60								0.36	0.36	0.36	0.36										
교통영향평가	계획	5.00%									1.00	1.00	1.00	1.00	1.00					0.33	0.33	0.33	0.33	0.33	0.33								
건축심의	계획	5.00%													1.00	1.00	1.00	1.00	1.00			1.00	1.00	1.00	1.00	1.00							
건축허가	계획	5.00%																									1.00	1.00	1.00	1.00	0.50	0.50	
건축	계획	45.00%		1.12	1.12	1.12	1.14	1.50	2.00	2.00	2.25	2.25	2.25	2.25	2.25	2.25	2.25	2.25	2.25	1.18	1.19	2.25	2.25	2.25	2.25	2.25	2.25	2.00	2.00	2.00	2.00	1.13	1.12
토목	계획	3.75%		0.02	0.02	0.03	0.04	0.19	0.20	0.20	0.20	0.17	0.17	0.17	0.20	0.19	0.20	0.20	0.20	0.09	0.09	0.19	0.20	0.20	0.20	0.20	0.20	0.17	0.16	0.16	0.16	0.16	0.14
구조	계획	5.25%		0.08	0.08	0.08	0.08	0.29	0.29	0.29	0.29	0.43	0.43	0.43	0.44	0.26	0.26	0.26	0.27	0.18	0.18	0.26	0.26	0.26	0.27	0.19	0.15	0.15	0.15	0.14	0.07	0.07	0.07
기계설비	계획	9.00%		0.29	0.29	0.29	0.30	0.36	0.36	0.36	0.36	0.49	0.49	0.49	0.51	0.42	0.40	0.40	0.40	0.26	0.26	0.42	0.40	0.40	0.40	0.40	0.40	0.40	0.33	0.30	0.36	0.30	0.30
전기설비	계획	6.75%		0.08	0.08	0.08	0.10	0.17	0.17	0.17	0.17	0.27	0.27	0.27	0.27	0.33	0.33	0.33	0.36	0.12	0.12	0.33	0.41	0.41	0.41	0.41	0.41	0.41	0.41	0.39	0.36	0.35	0.35
통신설비	계획	2.25%		0.02	0.02	0.02	0.03	0.06	0.07	0.07	0.07	0.05	0.05	0.06	0.07	0.10	0.10	0.11	0.11	0.04	0.04	0.10	0.10	0.11	0.16	0.16	0.16	0.16	0.16	0.14	0.16	0.13	0.12
소방설비	계획	1.50%						0.07	0.07	0.07	0.09	0.09	0.09	0.09	0.09	0.09	0.06	0.06	0.06	0.05	0.05	0.09	0.06	0.06	0.07	0.07	0.07	0.07	0.07	0.05	0.09	0.07	0.07
조경설비	계획	1.50%				0.02	0.04	0.07	0.07	0.08	0.09	0.07	0.07	0.08	0.09	0.07	0.07	0.07	0.08	0.05	0.05	0.07	0.07	0.07	0.08	0.08	0.08	0.08	0.07	0.06	0.06	0.05	0.05
인테리어/음향	계획	1.50%														0.10	0.10	0.10	0.10			0.10	0.10	0.10	0.13	0.15	0.15	0.15	0.15	0.13	0.12	0.12	0.10
모형제작	계획	1.00%																													0.40	0.30	0.30
기타업무 (답사,보고자료)	계획	2.50%		0.10	0.10	0.10	0.10	0.10	0.10	0.10	0.10	0.10	0.10	0.10	0.10	0.10	0.10	0.10	0.10	0.07	0.07	0.20	0.10	0.10	0.10	0.10	0.10	0.10	0.10	0.10	0.10	0.10	0.10
계 획	주간		0.00	1.71	1.71	1.74	1.83	2.81	3.33	5.04	6.32	6.52	4.92	4.94	6.02	4.91	4.87	4.88	4.93	2.73	2.74	4.70	5.64	5.29	5.40	5.01	5.97	4.69	4.60	4.47	4.38	3.28	2.73
	누계		0.00	1.71	3.42	5.16	6.99	9.80	13.13	18.17	24.49	31.01	35.93	40.87	46.89	51.80	56.67	61.55	66.48	41.10	43.84	48.54	54.18	59.47	64.87	69.88	75.85	80.54	85.14	89.61	93.99	97.27	100.00
실 적	주간		0.00	1.71	1.71	1.74	1.83	2.81	3.32	4.60	5.12	5.97	5.90	4.26	5.58	4.35	4.87	3.54	3.21	2.73	2.41	3.15	3.31	4.14	3.39	5.50	6.20	5.20	3.50	7.50	5.50	5.50	3.60
	누계		0.00	1.71	3.42	5.16	6.99	9.80	13.05	17.65	22.77	28.74	34.64	38.90	44.48	48.83	53.70	57.24	60.45	41.10	43.51	46.66	49.97	54.11	57.50	63.00	69.20	74.40	77.90	85.40	90.90	96.40	100.00

설계기간 변경에 따른 공정률 변경
:4월 23일
(6월에서 7월으로 30일 연장)

그림 3-8 보할에 의한 일정관리

5) 설계보할이란 전체 설계에 대한 각 항목별 가중치를 백분율로 산정한 것으로 전체 설계량 100%를 기준으로 각 항목별(인허가단계별, 상세분야별, 설계단계별) 가중치를 산정하여 계획공정 대비 실적공정을 확인할 수 있음.

나누었다. 셋째, 설계단계별 보할은 인허가를 포함한 전체 설계 예정계획에 따라 기본설계 43%, 실시설계 57%로 보할기준을 설정하였다.

(3) 업무점검표에 의한 일정관리

설계단계별로 각 분야에 대한 설계도면의 진도관리를 위하여 〈그림 3-9〉와 같이 업무점검표를 작성하여 관리하였다. 실시설계 전체 도면매수는 총 816매(건축:237매, 구조:122매, 기계:139매, 전기:81매, 통신:70매, 소방:63매, 토목:51매, 조경:11매 인테리어:42매)로, 설계착수 시 단계별(기본설계, DMC 심의, 건축허가, 실시설계 50%, 실시설계 100%)로 작성될 도면매수를 확정한 후 도면작업량에 대한 계획 대비 실적 진척률(25%, 50%, 75%, 100%)을 관리하였다.

건축		기본설계 (5/7)	DMC 자문심의 (6/21)	마포구청 건축허가 (미정)	실시설계 50%공정 (6/18)	실시설계 최종납품 (7/22)		작성자	검토자	SCALE	공정	2003년 12월 1월
도면번호	도면명											
DC-A-0000	표지	○	○	○	○	○		김봉진		NONE		
DC-A-0001	도면목록표	○		○	○	○		김봉진		NONE		
DC-A-0011	일반사항				○	○		김봉진		NONE		
DC-A-0021	설계개요,층별면적개요,투시도, 안내도	○	○	○	○	○		박해광		NONE		
DC-A-0022	실별 면적표	○				○		박해광		NONE		
DC-A-0023	층별면적산출근거표-1					○		박해광		1/400		
DC-A-0024	층별면적산출근거표-2					○		박해광		1/400		
DC-A-0025	층별면적산출근거표-3					○		박해광		1/400		
DC-A-0031	지구단위계획결정도 및 반영표	○	○	○	○	○		석진수		NONE		
DC-A-0032	현황측량도	○		○	○	○		김봉진		1/200		
DC-A-0041	배치도	○	○	○	○	○		석진수		1/200		
DC-A-0042	대지종단면도	○	○	○	○	○		김봉진		1/400		
DC-A-0043	대지횡단면도	○	○	○	○	○		김봉진		1/400		
DC-A-0044	우 · 오수처리계획도			○	○	○		김봉진		1/200		
DC-A-0051	교통종합개선안도					○		김종수		NONE		
DC-A-0052	교통체계도	○	○	○	○	○		김종수		1/200		
DC-A-0053	주차구획도	○		○	○	○		김종수		NONE		
DC-A-0054	주차시설상세도					○		김종수		NONE		
DC-A-0101	실내재료마감표-1	○			○	○		박찬정		NONE		

그림 3-9 업무점검표에 의한 일정관리

실시설계 완료단계에서는 업무점검표상의 계획일정을 준수하기 위해서 〈그림 3-10〉과 같이 주간단위(6/1, 6/18, 6/25, 7/2, 7/9)로 설계자와의 미팅을 통하여 분야별 도면작성 진도율을 확인함으로써, 예정된 일정까지 도면작성을 완료하도록 관리하였다.

도면번호	도면명 (건축)	마포구청 건축허가 (미정)	실시설계 50%공정 (6/18)	실시설계 최종납품 (7/22)	작성자	SCALE	6/5 예정 공정율	6/11 예정 공정율	6/18 예정 공정율	6/25 예정 공정율	7/2 예정 공정율	7/9 예정 공정율
DC-A-0000	표지	○	○	○	김봉진	NONE						
DC-A-0001	도면목록표	○	○	○	김봉진	NONE						
DC-A-0011	일반사항		○	○	김봉진	NONE						
DC-A-0021	**설계개요,층별면적개요,투시도, 안내도**	○	○	○	박해광	NONE						
DC-A-0022	실별 면적표			○	박해광	NONE						
DC-A-0023	층별면적산출근거표-1			○	박해광	1/400						
DC-A-0024	층별면적산출근거표-2			○	박해광	1/400						
DC-A-0025	층별면적산출근거표-3			○	박해광	1/400						
DC-A-0031	지구단위계획결정도 및 반영표	○	○	○	석진수	NONE						
DC-A-0032	현황측량도	○	○	○	김봉진	1/200						
DC-A-0041	배치도	○	○	○	석진수	1/200						
DC-A-0042	대지종단면도	○	○	○	김봉진	1/400						
DC-A-0043	대지횡단면도	○	○	○	김봉진	1/400						
DC-A-0044	우 · 오수처리계획도	○	○	○	김봉진	1/200						
DC-A-0051	교통종합개선안도			○	김종수	NONE						
DC-A-0052	교통체계도	○	○	○	김종수	1/200						
DC-A-0053	주차구획도	○	○	○	김종수	NONE						
DC-A-0054	주차시설상세도			○	김종수	NONE						

그림 3-10 주간단위 일정관리

2) 사업비관리

설계 및 공사발주단계의 사업비관리는 설계경기 당선작에 대한 검토를 시작으로 기본설계, 실시설계를 거쳐 공사발주를 통한 공사계약 완료 시까지의 전반적인 사업예산 관리업무를 포함한다. CM단은 사업예산 600억 이내에서 사업비가 관리될 수 있도록 사업내역의 검토, 설계검토를 통한 VE, 발주방식의 조정, 사업범위 및 자재성능 조정을 실시하였다. 이 과정에서 전체공사비가 569억으로 결정됨으로써, 약 30억 이상의 예비비(contingency)확보가 가능하였고, 결과적으로 발주자의 사업부담을 경감시키고 안정적으로 사업진행이 가능토록 관리할 수 있었다.

(1) 사업추진을 위한 예산현황

발주자가 문화관광부 산하 3개 기관 복수 사업주체로 구성됨에 따라 크게 2가지 분류의 예산계획이 확정되었다. 경상비를 제외한 당 사업예산은 첫째, 한국문화콘텐츠진흥원과 한국계임산업개발원이 통합하여 국고지원금(101억원)과 자체충당금 360억원을 합쳐 461억원을 확보하였다. 둘째, 한국영상자료원이 전액 국고지원금 180억원을 확보하여 전체적으로 641억의 사업예산이 확보되었다. 이중 설계비와 CM비로 각 19억원, 21.5억원을 제외하면, 시설분담금을 포함한 시설공사 전체 예산액은 600.5억원으로 계획되었다.

(2) 사업비관리 및 조정현황

설계경기 당선작에 대한 초기 개략공사비 검토결과 〈그림 3-11〉에서와 같이 기본 설계 진행(2004.03.05) 중에 977.6억원으로 추정되었던 예상공사비가 CM의 절감 노력을 통하여 기본설계 완료 시(2004.05.07)에는 875억으로 조정되어, 102억원의 사업비를 절감하였다. 한편, 실시설계가 50% 진행된 단계(2004.06.28)에서는 752억으로 조정되어 기본설계 대비 123억원의 사업비를 절감하였으며, 실시설계 완료 시(2004.08.03)에는 684억으로 또 한번 조정되어 실시설계 50% 진행단계 대비 68억원의 사업비를 추가로 절감하였다.

결과적으로 조달청 발주(2004.11.09)를 통한 낙찰차액이 발생함으로써 최종 공사비가

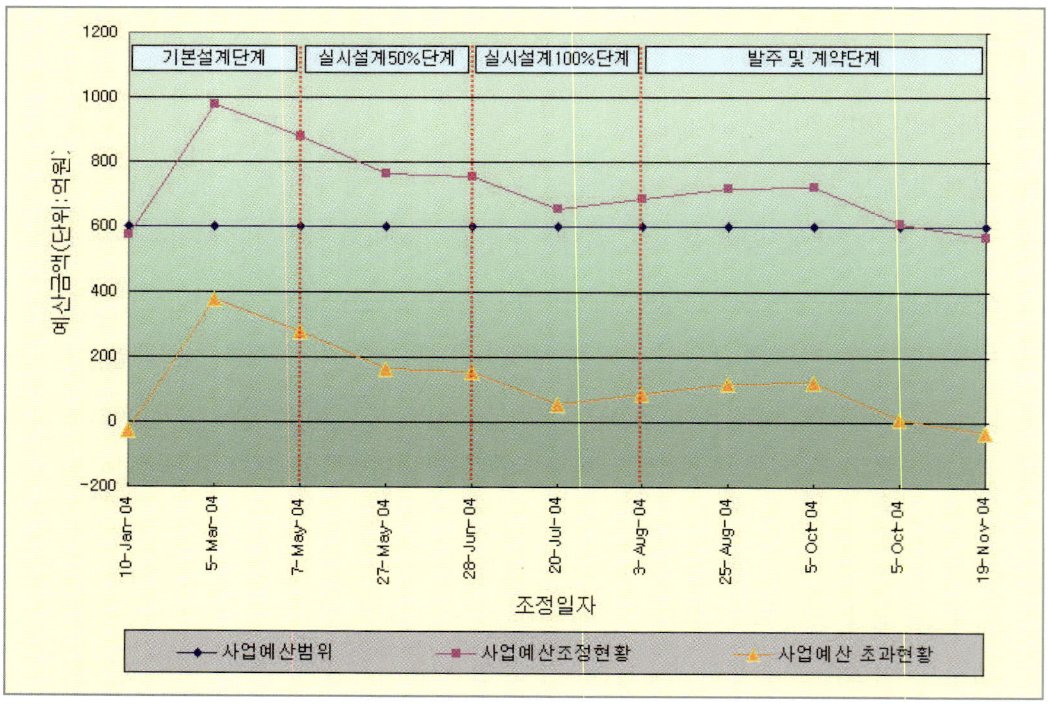

그림 3-11 사업비관리 현황

569억(관급 자재 110억 포함)으로 확정됨에 따라 사업예산인 600억원 이내에서 성공적으로 관리할 수 있었다. 사업비관리 상세 조정현황은 아래와 같다.

》 **사업비관리 세부 절감실적(977억원 → 684억원) ······ 총계 293억원**
① 기본설계 완료시까지 절감내용(977억원 → 875억원) ······ 합계 102억원
- 시설분담금의 본공사 제외 ······ 11억원
- 견적사무실과의 협의를 통한 개략공사비 조정검토 ······ 91억원
② 실시설계 50% 단계까지 절감내용(875억 → 752억) ······ 합계 123억원
- VE활동(1차)을 통한 설계검토 ······ 70억원
- 독립공간(다목적홀 등) 및 가변공간의 마감재 삭제 ······ 20억원
- 지하층 연면적 조정 ······ 18억원
- 기타사항 ······ 15억원
③ 실시설계 100% 단계까지 절감내용(752억 → 684억) ······ 합계 68억원
- VE활동(2차)을 통한 설계검토 ······ 5.5억원
- 마감재 및 시설장비의 본공사 제외 ······ 52.5억원
- 관급자재 구매방식을 통한 원가계산상의 간접비 절감 ······ 10억원

(3) 사업비 검토 보고현황

사업비절감을 위하여 〈표 3-2〉와 같이 설계단계 시 총 13회에 걸쳐 검토를 하였으며, 검토내용을 적기에 발주자에게 보고함으로써 발주자가 사업예산계획 작성을 적극적으로 지원하였다.

표 3-2 사업비검토 리스트

일 정	내 용
2003. 12. 26	현상설계 당선작에 대한 추정공사비 산정
2003. 12. 30	지하5층 추가에 따른 추정공사비 산정
2004. 02. 11	지상2개층 증축에 따른 추정공사비 산정
2004. 03. 10	개략공사비 내역서 검토
2004. 04. 13	공사비 구분 기준 검토
2004. 04. 20	예산내의 공사범위 검토
2004. 04. 29	건축 공사비내역서 검토
2004. 05. 15	사업비 초과에 대한 원인 분석
2004. 05. 27	추정공사비 조정방안 및 공사 발주/착공관련 검토
2004. 06. 21	추정공사비 현안사항 보고
2004. 07. 01	유사 프로젝트 공사비 조사
2004. 08. 03	Spec.-up에 따른 공사비 검토
2004. 09. 10	총사업비검토(조달청, 2004-179)

(4) 설계검토를 통한 VE활동 현황

VE활동을 위한 조직은 〈그림 3-12〉와 같이 VE 리더의 지휘 아래 CM팀 중 각 공종별로 1명씩 참여하는 VE 전담팀을 구성하고, 필요 시 발주자와 설계사가 참여토록 운영하였다.

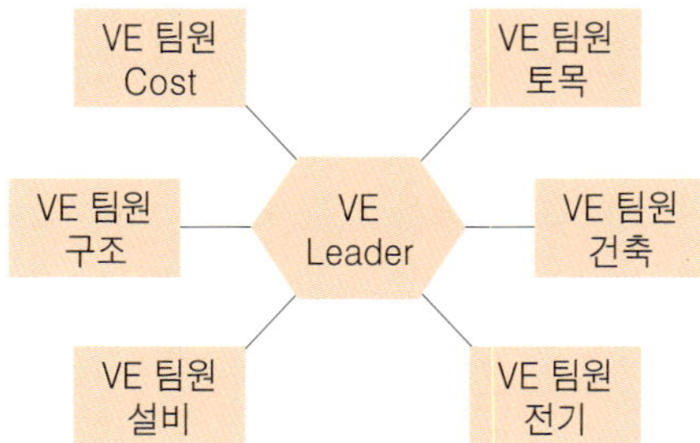

그림 3-12 VE활동 조직

기본설계 90%단계까지의 VE활동에 따른 분야별(건축, 토목, 구조, 설비, 전기) 설계검토를 통하여 약 70억원의 사업비를 절감하였다. 각 분야별 주요 절감내용으로는 건축분야는 지하층 방습벽 자재변경 등 19건을 제안하여 11억원, 토목분야는 흙막이공법 변경으로 11억원, 구조분야는 골조시스템 변경 등 5건을 제안하여 17억원, 설비분야는 사무실 공조방식 변경 등으로 9억원, 전기분야는 초고속 정보통신 기준 변경 등 5건을 제안하여 23억원의 절감효과를 얻을 수 있었다.

실시설계 50%단계까지의 VE활동을 통해서는 분야별로 총 5.5억원의 사업비를 절감하였다. 건축분야에서는 주차장 바닥 및 경사로 방수 삭제 등 11건을 제안하여 0.8억원, 토목분야는 흙막이 버팀대 축소로 3.1억원, 구조분야는 장스팬에 TSC(The SEN Steel Concrete) 보가 검토되었으나 반영되지 못하였고, 설비분야는 특수실 소화약제변경으로 1억원, 전기분야에서는 변압기 예비탱크 삭제를 제안하여 0.6억원을 절감할 수 있었다.

(5) 사업범위 및 Spec. 조정현황

사업범위 조정과 관련하여 〈표 3-3〉에서와 같이 소요실별 사업범위를 조정, 관리하였다. 특히 전체 준공과 관계없이 별도공사가 가능한 부분은, 설계는 진행하되 본 공사와 별도

표 3-3 사업예산 내 공사범위 조정현황

구 분		지하1층			지하1층 1층	1층		2층			3층	4층		5층		8층	14층	비 고
		복합 체험관-2	영 화 관	영화관 대기홀	카페 테리아	복합 체험관-1	영화 박물관	다목적 공연장	정보 자료실	영상자료 열람실	수장고	첨단기능 시 설	대회의실	시사실	세미나실	대회의실	식당	
마감	바닥	O	O	O	O	O	O	O	O	O	O	O	O	O	O	O	O	
	벽	O	O	O	O	O	O	O	O	O	O	O	O	O	O	O	O	
	천장	O	O	O	O	O	O	O	O	O	O	O	O	O	O	O	O	
무대공사		-	O	-	-	-	-	O	-	-	-	-	-	-	O	-	-	
무대조명		-	X	-	-	-	-	O	-	-	-	-	-	-	X	-	-	
스크린		-	O	-	-	-	-	-	-	-	-	-	-	-	-	-	-	
전동스크린/ 전자칠판		-	-	-	-	-	-	-	-	-	-	-	O	-	O	O	-	
영사기		-	X	-	-	-	-	-	-	-	-	-	-	-	-	-	-	
고화질프로젝트		-	-	-	-	-	-	-	-	-	-	-	O	-	O	O	-	O: 공사범위 X: 별도공사 -: 관련없음
A/V설비(음향)		-	O	-	-	-	X	O	-	-	-	-	O	-	O	O	-	
입장객관리설비		-	-	O	-	-	O	-	-	-	-	-	-	-	-	-	-	
항온항습시설		-	-	-	-	-	-	-	-	-	O	-	-	-	-	-	-	
조습판넬		-	-	-	-	-	-	-	-	-	O	-	-	-	-	-	-	
전시용 기자재		X	-	-	-	X	X	-	-	-	-	X	-	-	-	-	-	
가구집기류	모빌랙 포스터보관함	-	-	-	-	-	-	-	-	-	O	-	-	-	-	-	-	
	제작가구	-	-	X	-	-	-	X	X	X	-	-	X	X	X	X	-	
	식당 테이블	-	-	-	X	-	-	-	-	-	-	-	-	-	-	-	X	
	의자	-	O	O	X	-	-	X	X	X	-	-	X	X	X	X	X	
	안내카운터	-	-	O	-	-	-	-	-	-	-	-	-	-	-	-	-	
	주방설비	-	-	X	X	-	-	-	-	-	-	-	-	-	-	-	X	
비 고		- 1층 로비의 안내카운터 공사비 포함 - 동시통역설비 포함 - 1층 영화박물관 천장 전반조명, 비상조명 포함. 인테리어 조명제외 - 사무용 가구 제외 - 블라인드 및 커튼 제외						- Secom 제외 - 내/외부 Signage 제외 - 경관조명 공사비 포함 - 공동제작실 편집장비류 제외 - 전시공간 인테리어공사 및 조명 제외 - 조습판넬 적용 수장고--> 3층 스틸수장고						- 항온항습 적용실 · 1층 전산실, 2층 영상편집, 인화현상, 보존처리실, 필름복원실, 텔레시네실, 자료보관, 자료제작, 자료정리 · 3층 영상편집실, CG실, 음향편집실, 테스트실, 수장고모두, 4층 판넬, 문헌포스터				

로 구분하여 추가예산 확보 시 공사를 진행하도록 설계도서를 별도로 작성 관리하였다.

또한 복수발주자에 따른 사업비관리를 위해서 사업주체별로 목표예산이 초과되지 않도록 관리업무를 수행하였다. 이를 위하여 〈표 3-4〉와 같이 공용공간 및 전용공간에 대한 적용항목과 마감 spec.의 우선 순위를 정하여, 설계진행에 따라 사업비를 조정할 수 있도록 지속적으로 관리하였다.

(6) 공사발주방식을 통한 조정현황

공사발주방식을 검토하여 토공사 분리발주, 직발주방식 등 공사간접비를 줄일 수 있는 다양한 방법이 검토되었다. 공공사업의 특수성으로 인한 발주자의 의견을 수용하여 조달청

표 3-4 사업주체별 마감 Spec. 조정현황

구분				금액(천원)			분야	비고
				문화콘텐츠진흥원	영상자료원	계		
목표금액 (721억 기준)				52,928,222	19,171,778	72,100,000		
설계도서 100%기준내역서				51,880,084	17,242,364	69,122,448		
SPEC. UP 목표금액				1,048,138	1,929,414	2,977,552		
순번	SPEC. UP LIST	변경 전	변경 후	문화콘텐츠진흥원	영상자료원	계	분야	비고
1	1층 아트리움	SSG 시스템	SPG 시스템	1,254,972	552,350	1,807,322	건축	기 반영됨
2	다목적홀 건축마감	공사제외	공사포함	370,238	0	370,238	건축	기 반영됨
3	주차장 카스토퍼	주차면당 1EA	주차면당 2EA				건축	기 반영됨
4	3층 라운지	비닐타일	화강석				건축	기 반영됨
1	화장실마감	타일	대리석	137,266	5,182	142,448	건축	
2	9층 외부천장마감	AL 스판드럴	AL 복합패널	115,139	0	115,139	건축	
3	수장고바닥마감	에폭시코팅	셀프레벨링	0	10,628	10,628	건축	
4	예술장식품	공사제외	공사포함	235,242	69,199	304,441		VAT제외
5	조경LED포장조명	공사제외	공사포함	22,098	6,475	28,573	조경	
6	천장마감재	아스텍텍스 /흡음텍스	흡음텍스 /비닐페인트	23,096	14,111	37,207	건축	
7	통합SI설비	공사제외	공사포함	202,517	59,533	262,050	전기	
8	다목적홀무대설비	공사제외	공사포함	201,761		201,761	전기	
9	다목적홀 AV설비	공사제외	공사포함	776,600		776,600	전기	관급자재
10	수장고항습기(비상용)	공사제외	공사포함	0	64,900	64,900	설비	관급자재
11	영사기	공사제외	공사포함	0	330,000	330,000	전기	관급자재
12	영화관 스크린	공사제외	공사포함	0	65,287		전기	
13	입장객관리설비	공사제외	공사포함	0	373,421	373,421	전기	
14	영화관의자	중급	상급	0	22,961	22,961	건축	관급자재
15	영상자료열람실 가구	공사제외	공사포함		141,100	141,100		
16	수장고 모빌랙	6단	7단	0	13,855	13,855	건축	관급자재
17	영화관 AV설비	공사제외	공사포함	0	348,682	348,682	전기	관급자재
19	영화관 내부마감	건축마감	인테리어형마감		100,000	100,000	건축	
18	주차장바닥마감	액상하드너	스톤코트	381,017	112,070	493,087	건축	
20	커튼월서측유리	칼라복층유리	칼라로이복층유리	277,946		277,946	건축	
21	최상층파라펫	H:1800	H:4500	564,400		564,400	건축	
22	1층 주출입구	강화유리도어	회전문	141,100		141,100	건축	
23	전기시계설비	공사제외	공사포함	100,077		100,077	전기	

을 통한 경쟁입찰로 발주하였다. 그러나 사업비절감을 위해서 가능한 많은 범위를 시설공사가 아닌 관급자재로 발주하여 간접비를 줄이고자 노력하여 약 100억원의 관급자재를 발주토록 조정함으로써 10억원의 공사비를 절감할 수 있었다. 또한 조달청 예정가격 및 낙찰율을 사전에 검토 · 예상하여 발주자가 효과적으로 예산집행계획을 세우고, 관련업무를 추진할 수 있도록 세심한 부분까지 적극 지원하였다.

(7) 사업비관리의 중요점 및 개선대책

원가절감은 CM의 가장 중요한 관리항목인 동시에 발주자 만족을 위한 필수 요소이다. 효과적인 사업비관리를 위해서는 다음과 같은 부분의 고려가 필요하다.

첫째, 기본설계단계 사업비관리의 중요성을 인식하여야 한다. 본 프로젝트의 사례에서도 입증되었지만 기본설계단계의 사업비 절감효과는 실시설계보다 상대적으로 크다. 기본설계단계에서는 사업비 전체의 틀 속에서 발주자와의 의사결정을 조율하여, 스페이스 프로그램 및 분야별 시스템을 확정하는 시점으로 사업비 조정의 폭이 가장 큰 단계이다. 기본설계가 완료되고, 실시설계 및 공사단계로 진행될수록 사업비관리의 폭은 점점 줄어들 수밖에 없다는 것을 인식하고 기본설계단계의 사업비 절감을 위한 노력을 배가하여야 한다. 즉, 기본설계단계의 사업비관리 성과에 따라 프로젝트 전체의 성패가 좌우된다는 것을 명심해야 한다.

둘째, 과도한 사업비절감은 자칫 시공단계의 과오로 이어질 수 있다. 본 프로젝트의 경우 설계단계에서 일부 무리하게 공사비를 절감함에 따라 시공단계에서 시공성 확보 부족, 품질저하, 공기지연 등의 부작용이 예견되어 이의 해결을 위해 많은 노력이 필요하였다. 이는 사업예산이 고려되지 않은 설계경기 당선작으로 사업을 완료하기 위한 자구책의 일환이지만, 시공단계의 예상문제점을 고려하여 신중하게 사업비절감을 검토해야 한다는 교훈이 되기도 하였다. 특히, 설계경기 통해 설계안을 선정하는 경우에는 반드시 심사기준에 사업비에 대한 세부평가 기준을 반영하여, 사업예산을 고려한 설계안이 선정되도록 설계경기 심사기준이 보완되어야 한다.

셋째, 개략공사비 검토에 대한 CM 전문역량이 강화되어야 한다. 특히, 기본설계 단계의 개략공사비에 대한 정확도에 따라 전체 프로젝트 진행에 커다란 영향을 끼칠 수 있다. 따라서 공사의 특수성에 따라 정해진 기간 내 오차범위 내에서 개략공사비를 검토하기 위해서는 관련 업무처리의 기준이 확립되고, 풍부한 데이터의 백업(back-up)이 필요하며, 동시에 CM 전문인력의 역량 강화가 필요하다고 하겠다.

3) 설계 품질관리

(1) 설계단계별 설계검토

설계단계별로 설계사로부터 제출받은 설계도서를 검토하여 〈그림 3-13〉의 검토양식을 기준으로 설계검토를 하였으며, 검토결과에 대해서는 설계사와의 협의를 통하여 『Remarks』란에 정리한 후 설계사가 보완할 수 있도록 조치하였다. 전체적으로 현상설계 당선작 검토를 시작으로 기본설계 3회(초기, 중간, 90%), 실시설계 3회(50%, 90%, 100%)등 총 7회에 걸친 설계검토를 수행하였다.

Project Name　문화콘텐츠콤플렉스 및 종합영상아카이브센터 조성사업
Design Stage　기본설계 검토용 도서4차(04.05.07)
Discipline　Architectural(건축)

HanmiParsons

A : Cost
B : Schedule
C : Quality
D : Operation

Item#	Item	Issue	Recommendation	Benefit A	Benefit B	Benefit C	Benefit D	Remarks
1	설계개요	◦ 용적율	- 기본설계도면의 용적율(400.40%)과 상이함(400.25%)으로 수정바람			√		최종안으로 반영
		◦ 조경면적	- 기본설계도면의 조경면적(1,461.20m² 22.10%)과 상이함(1,260.5020m² 19.0%)으로 수정바람			√		최종안으로 반영
2	법규검토	◦ 비상용 승강기	- 비상용 승강기 설치 대수 표기 바람(15인승 2대)			√		실시설계시 반영
		◦ 장애인 편의시설	- 장애인,노인,임산부 등의 편의증진 보장에 관한 법률에 의거한 장애인 편의시설내역 표기 바람			√		실시설계시 반영
		◦ 공중화장실	- 공중화장실 등에 관한 법률(2004.1.29.제정)에 의거한 공중화장실 설치내역 표기 바람			√		
3	동선계획	◦ 장애자동선	- 장애자가 보행자도로에서도 접근이 가능하도록 출입구 및 바닥처리 등이 고려되어야 할것으로 사료됨.			√		반영
		◦ 관람동선	- 영화박물관 및 복합체험관의 관람경로 설정 (전시전문업체 검토 필요)			√		전시업체 용역

그림 3-13 설계검토 사례

⑵ 분야별 기술검토 및 전문분야 기술자문

설계착수와 동시에 CM단은 설계단계별로 검토되어야 할 분야별 기술검토 항목을 선정한 후 예정된 일정계획에 따라 설계사의 제출내용을 검토하였다. 세부 검토 내용으로는 〈표 3-5〉에서와 같이 공통 및 건축분야 22건, 토목 5건, 구조 4건, 설비 7건, 전기 4건 등 총 42건의 기술검토를 통하여 발주자와의 협의 후 설계에 반영하였다.

표 3-5 분야별 기술검토현황

구 분	검토건수	내 용
공통/건축	22	코어비 적정성, 엘리베이터 적정대수 등
토 목	5	흙막이공법 검토 등
구 조	4	구조시스템 검토 등
설 비	7	크린룸, 수장고 열원시스템 등
전 기	4	구내통신서비스, 전기음행 등
계	42	

전문분야에 대한 기술자문은 음향 및 무대에 초점을 맞추어 진행되었다. 첫째, 음향에 대하여는 영화관 및 다목적홀이 대상이 되었고, 음향시뮬레이션 결과를 기준으로 건축음향은 인접실의 진동 및 소음의 정도, 권장 잔향시간 및 마감재, 스크린과 스피커의 간격 등이 검토되었다. 특히, 전기음향은 파워앰프의 용량, 스테이지 모니터 스피커, 서브 스피커 시스템, 시뮬레이션 프로그램의 버전 등이 검토되었다. 둘째, 무대에 대해서는 다목적홀을 대상으로 수행하였고, 주요 검토내용으로는 패션쇼의 가능여부, 조명방식 및 조도, 가변무대의 적용 등이 검토되었다.

⑶ 기술자문위원회의 구성 및 자문의견 수렴

본 프로젝트는 설계진행 과정에 있어 기본설계단계, 실시설계 50% 진행단계, 90% 진행단계에 각 1회, 총 3회의 기술자문을 받도록 되어있었다. 프로젝트 초기 CM단은 발주자와의 협의를 통해 약 30명의 자문인력 풀(pool)을 구성한 후 구조분야를 포함한 5명의 자문위원을 초빙하여 3차례의 자문회의를 개최하였으며, 이 과정을 통해 파악된 문제점들을 설계에 적극적으로 반영하였다. 주요 자문내용으로는 지하층의 피난동선체계, 지하층연결 선큰계획, 전시 및 영화관람을 고려한 저층부 동선계획, 구조측면의 안정성, 기준층 복층아트리움 계획, 지하주차장 계획 등으로, 특히 구조분야 자문의 경우는 주요 기둥(mega column) 파손 시에도 최소한의 대피시간이 고려되도록 설계에 반영되었다.

3.3 시공단계 CM 수행사례

1) 일정관리

(1) 마스터스케줄(Master Schedule)에 의한 마일스톤(Milestone)의 관리

공사착수 초기에 시공사와의 협의를 통하여 〈그림 3-14〉와 같이 마스터 스케줄을 확정하고 계획대비 실적공정율을 관리하였다. 마스터스케줄은 Sure Track 프로그램을 활용하여 작성하였으며, 가로축으로는 공사단계별로 흙막이공사 및 토공사, 골조 공사(지하층, 저층부, 고층부), 커튼월 및 각종 마감공사로 분류하였고, 세로축으로는 인허가 등 주요 사항에 대한 마일스톤, 공통공사, 저층부공사, 고층부공사, 옥외공사로 구분하고, 세로축의 공사는 주요 마감실에 대한 액티비티를 상세하게 작성하였다.

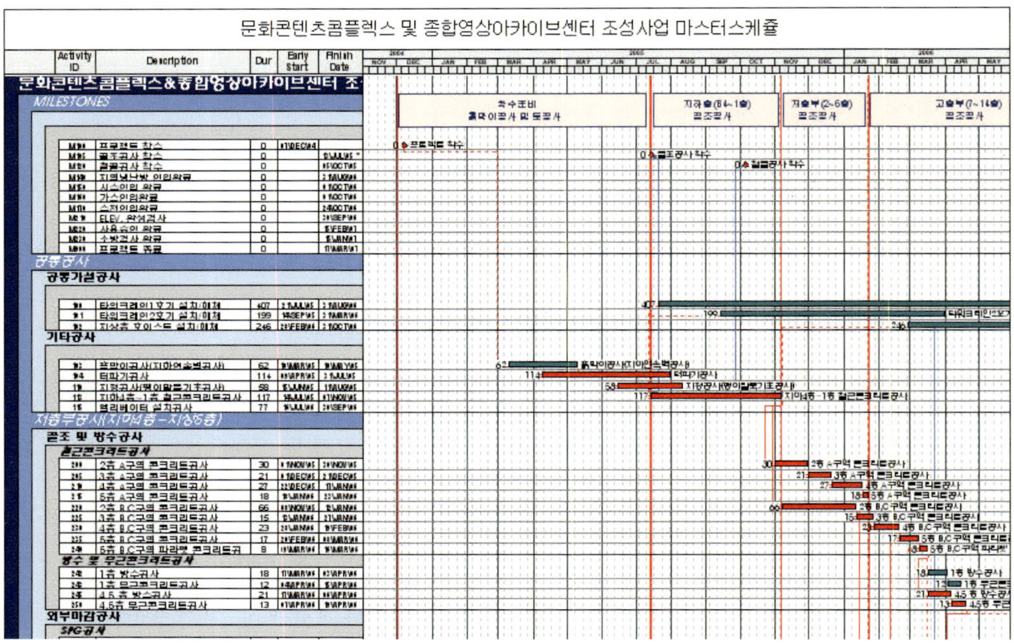

그림 3-14 일정관리 사례

(2) 월간공정계획에 따른 계획대비 실적률 관리

매월 초 발주자가 참석하는 합동공정회의를 개최하여 계획대비 월별실적 및 월별누계실적을 관리하였다. 〈그림 3-15〉에서와 같이 2006년 4월의 계획대비 실적 월간공정률은 각각 4.74%, 4.98% 이며, 4월말까지의 계획대비 실적누계 공정률은 각각 39.50%, 39.54%이다.

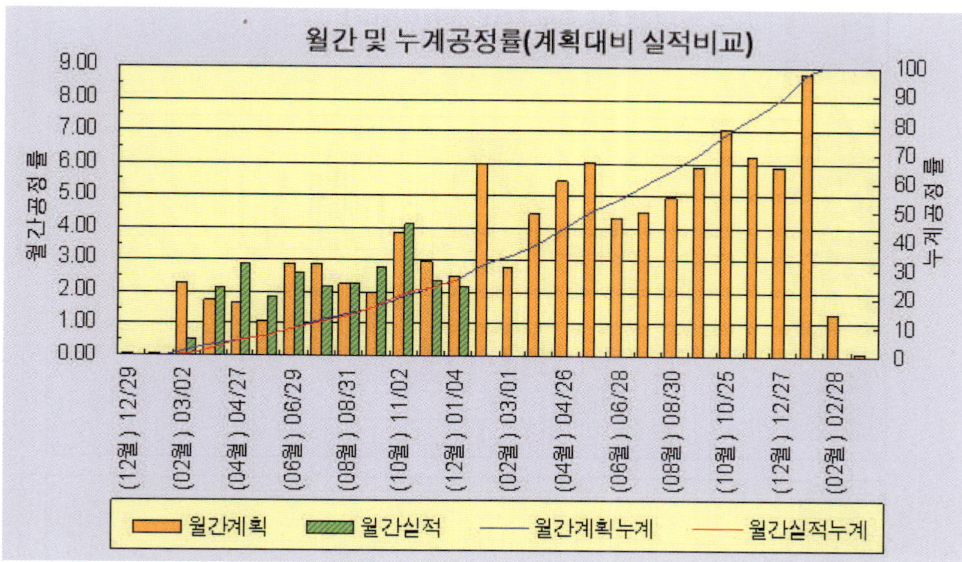

그림 3-15 월간 공정관리 사례

(3) 주간공정관리 프로세스

매주 목요일 PMIS 상의 주간업무회의록에 CM단 및 시공사의 회의안건을 등재한 후 다음날인 금요일에 주간공정회의를 개최하였다. CM단은 시공사가 주간공정회의 시 3주 공정계획을 제출하여 공정지연 유무를 확인할 수 있도록 관리하였고, 공사지연 시 만회대책을 강구하도록 하였다. 또한 회의결과를 통하여 확정된 공사내용과 함께 PMIS 상에서 시공사의 주간업무보고가 완료되도록 하였으며, CM단은 발주자 측에 각 시공사별 내용 취합 및 CM업무를 종합한 주간공정업무를 보고하였다.

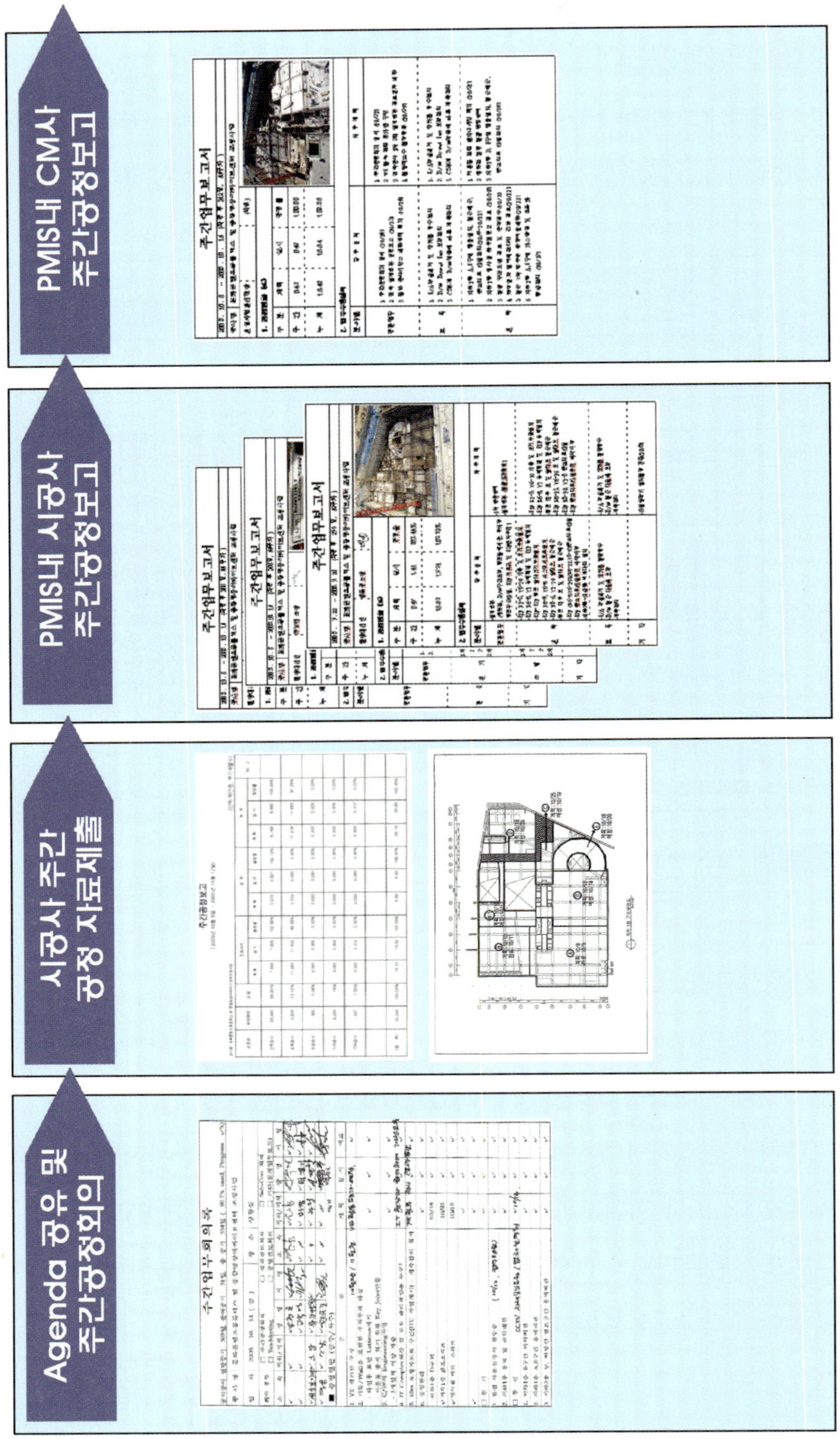

그림 3-16 주간공정관리 프로세스

2) 사업비관리

시공단계의 사업비관리 업무는 크게 기성계획 수립 및 관리, 설계변경관리, VE 대안검토, 예산 및 공사비의 지속적인 관리 등이 있다. 공공사업이 사업비관리 측면에서 민간사업과 차별화되는 점으로는 연차별로 예산이 계획, 집행됨으로써, 발주자는 연차별 예산 집행계획을 기준으로 사업비 변경 없이 프로젝트를 추진하고자 한다는 점이다. 따라서 CM이 공공사업의 사업비를 관리하는데 가장 어려운 점으로는 예산집행의 경직성으로 인한 공사비절감에 한계가 있다는 것이다. 즉 CM과업내용서 상에는 VE대안 검토업무가 포함되어 있으며, CM이 관련업무를 수행하기 위해서는 건설교통부(현 국토해양부) 고시 『감리업무수행지침』 제4장 설계변경 및 계약금액의 조정관련 감리 업무 규정, 건설교통부 훈령 『건설기술개발및관리등에관한운영기준』 제3장 건설기술개발보상, 『공사계약일반조건』 19조4의 신기술 및 신공법에 의한 설계변경 조항을 근간으로 하여야 하지만, 공법변경에 대한 제안 주체가 시공사로 되어 있으며 CM이 제안할 경우에는 관련 법적 규정은 미비한 상태이다. 또한 시공사가 제안 시에도 예산집행 계획의 변경 및 관련 법적 절차의 복잡성으로 발주자의 업무부담이 증가되고 의사결정이 지연됨으로서 공사비 절감은 활성화되지 못하고 있다.

3) 시공 품질관리

(1) 품질관리 현황

시공단계의 품질관리 수행업무는 발주자의 승인과정 없이 CM단 검토 하에 승인 및 관리되고 있으며, 현장검측관리, 각종시험 및 계측관리, 지시서 및 결함통보서 처리, 자재, 시공상세도 및 시공계획서 검토 등이 있으며, 상세업무 내용은 〈표 3-6〉과 같다.

공공사업에서 특히 고려되어야 할 점으로는 자재선정과 관련 시방서 상에 특정 제품만 사용할 수 없도록 '동등 이상' 으로 명기하여야 한다는 것이다. 자칫 시방서 검토가 소홀하여 독과점으로 생산되는 자재의 성능만 표기된 경우 감사의 지적 대상이 될 수 있으며, 또한 경쟁제품 제작업체에서 공정거래위원회에 제소할 위험도 있으므로, 시방서 작성 시 특정 제품만 명기되는 경우가 없도록 철저히 관리하여야 한다. 시공단계에서 CM이 수행한 업무 현황은 〈표 3-7〉과 같다.

표 3-6 주요 품질관리 업무

업 무 명	업 무 내 용
현장검측관리	분야별로 시방서를 포함한 계약 설계도서에 따라 공사가 수행되는지 여부 점검
시험 및 계측관리	현장에 반입되는 각종 자재가 시방서에 정한 품질을 확보할 수 있는지 여부 확인
지시서 처리업무	경미한 변경이나, 시정조치를 위한 지시서 발부 및 처리
시공보완	결함의 경중에 따른 부적합보고서(NCR: Non Conformance Report) 및 결함통보서(DN: Deficiency Notice)의 관리
자재검토 및 승인	시방서 성능 동등 이상의 자재선정 여부의 검토 및 승인
시공계획서 검토 및 승인	제반 현장여건을 고려한 가설계획, 반입계획, 양중계획, 장비 및 인력투입계획, 시공계획, 보양 및 환경계획의 적정성 여부 검토 및 승인
시공상세도 검토 및 자재 승인	설계도서와의 비교, 시공성의 고려여부 등의 검토 및 승인

표 3-7 품질관리현황

구 분	발생횟수	불합격/미처리횟수	처리완료횟수
현장검측관리	260회	8회	252회
레미콘강도시험	229회	-	229회
지시서(FI)	84회	5회	79회
시공보완	DN 6회, NCR 4회	DN 0회, NCR 1회	DN 6회, NCR 3회
자재검토서	53회	2회	51회
시공계획서	6회	-	6회
시공상세도	6회	2회	4회
주간계측관리	26회	-	26회

(2) 분야별 기술검토

시공단계의 기술검토는 공사와 관련하여 반드시 검토되어야 할 법규, 각종 계산서, 경미한 변경에 따른 검토사항 등에 대하여 〈표 3-8〉과 같이 분야별로 분리하여 검토하였다. 특히 구조분야는 골조공사가 순조롭게 진행될 수 있도록 설계사와의 협의를 통하여 사전에 상세검토를 함으로써 구조의 안정성은 물론, 시공성 확보에도 중점을 두고 관리하였다. 공통업무 및 건축분야는 시설인입 분담비, 화장실 배치, 엘리베이터홀 마감 등이 있고, 토목분야는 측량성과 및 지장물 현황, 팽이기초의 적적성 등을 검토하였다. 또한 구조분야는 영화관 옹벽 토압 및 기둥보조철근 배근기준 검토, 철골공장 검수, 각종 부재 접합부처리, 축하중 등이 검토되었고, 설비분야는 지역냉난방 적용에 따른 열사용 시설 검토되었다. 전기 및 통신분야는 CCTV 운영계획이 검토되었으며, 소방분야는 알람밸브실 면적, 소화가스실 벽체 등을 집중적으로 검토하였다.

표 3-8 분야별 기술검토 현황

구 분	검토횟수	내 용
공통/건축	24회	공통가설계획서 보완제출서류 검토 외 24건
토 목	2회	측량성과 및 지장물 현황보고 외 2건
구 조	38회	DBC1 등의 철근 디웰바 검토 외 38건
설 비	9회	열사용시설 설계 조건부승인 검토 외 9건
전기/통신	5회	CCTV 운영계획보고 외 5건
소 방	5회	지하4층 소화가스실 벽체변경 외 5건
계	83회	

4) 안전관리

안전관리는 공사의 품질 이상으로 최우선을 두어 관리하여야 할 사항이다. 본 프로젝트의 경우 저층부 층고가 높고, 건물형태의 복잡하며, SRC조, S조, RC조 등 구조형식이 혼재되어 있어 골조공사를 최우선 중점 안전관리 대상으로 선정하고 집중 관리하였다. 현재까지의 안전관리 실적은 〈표 3-9〉에서와 같이 공사착수(2005.01) 후 18,930명의 출력인원이 참여하여, 안전사고 없는 무재해 현장으로 관리되고 있다.

표 3-9 무재해 활동실적

구 분		→	1월	2월	3월	4월	TOTAL
출력인원(명)		→	2,794	2,292	4,149	3,658	34,658
재해자 수(명)	경상	→	-	-	-	-	-
	중상	→	-	-	-	-	-
	사망	→	-	-	-	-	-
	계	→	0	0	0	0	0
무재해 시간	당월	→	27,940	16,370	41,490	36,580	-
	누계	→	240,680	257,050	298,540	335,120	-

안전관리 세부 점검사항으로는 첫째, 시공사의 일일안전 교육일지 작성 점검을 통한 일일 안전관리를 시행하였다. 둘째, 주간단위로 주간안전 체크리스트(weekly safety checklist)에 따른 현장점검을 실시하였으며 셋째, 매월 첫째주에 신규발생 공종에 대하여 안전위험요소를 사전에 평가할 수 있도록 위험평가 매트릭스(risk assessment matrix)를 작성하여 관리하였다. 넷째로는 수시점검을 통하여 안전미비 사항에 대해서는 안전시정요구서(SCAR: Safety Corrective Action Request)를 발송하여 시공사로 하여금 조치할 수 있도록 관리하였다.

표 3-10 안전관리 실적

구 분	검토횟수	내 용
안전교육일지 점검	515회	일간단위로 실시
주간안전점수 평가	73회	주간단위로 체크리스트에 의해 평가
위험평가관리	16회	월간단위로 안전위험요소 사전확인
안전 시정요구서	28회	수시로 안전미비 사항에 대하여 지적 후 보완내용 확인

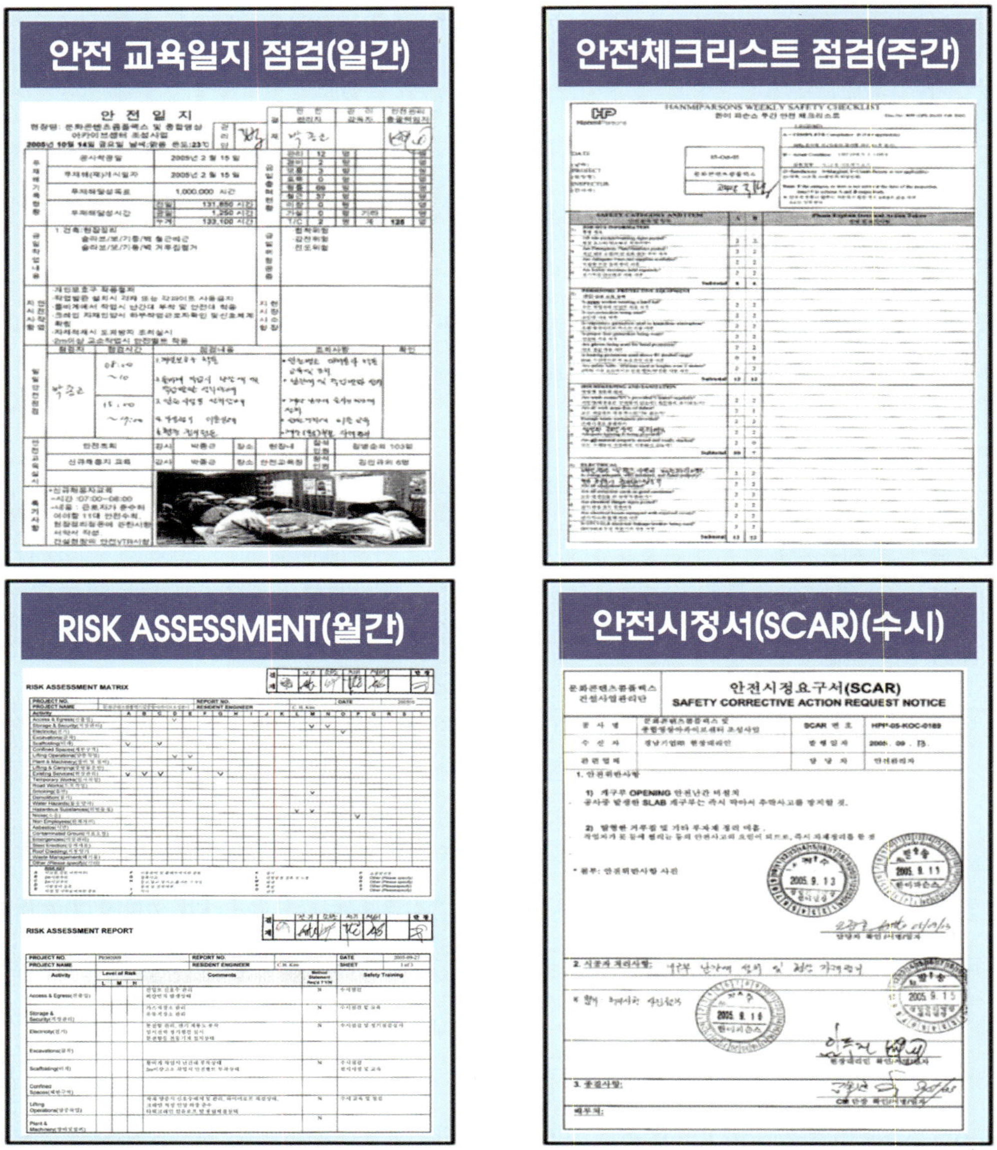

그림 3-17 안전관리 현황

4. CM 업무수행을 통한 교훈

4.1 설계경기를 통한 설계자 선정 시 고려 사항

당 현장은 발주처의 사업계획 상 CM이 투입(2003.11.17)되기 전에 설계사 선정을 위한 설계경기 공고가 완료된 상태로서 설계사 선정을 위한 심사기준은 통상적인 설계에 대한 사항만 심사 대상이 되었으며, 그 결과 사업비에 대한 고려가 전혀 검토되지 않아 사업비가 과도하게 초과하는 문제가 발생하였다. 이로 인하여 사업자체의 존폐까지 고려되었고, 결과적으로 CM단의 사업비관리에도 상당한 부담이 되었다.

따라서 향후 설계경기를 통하여 설계자를 선정 할 경우에는 사업비의 적정성 검토를 심사항목에 추가하여 사업예산 범위 내의 설계 안에 대해서만 설계도서를 심사하는 것이 합리적이라 판단되며, 이는 본 프로젝트의 사례를 통해 얻은 뼈저린 교훈이다.

4.2 설계관리 CM 역량강화

설계관리에 대한 CM의 업무는 관련법의 세부기준이 미흡하고 국내 수행실적 또한 부족한 상태로서 프로젝트 초기 설계관리의 중요성에 비하여 제도화가 미흡한 실정이다. 발주자는 설계관련 법적 지식, 설계안의 평가, 설계도서 검토, 설계대안 제시, 각종 자재 및 공법의 검토는 물론 사업성 분석, 임대공간의 활용방안 등 폭넓은 검토를 CM에 요청하고 있다.

일례로 발주자는 설계경기와 관련하여 제시된 당선작(설계시공일괄계약방식의 공사의 경우에도 해당함)에 대하여 CM사가 설계자를 리드 할 수 있는 다양한 디자인 대안(아케이드 임대공간 활용방안, 전시 프로그램 동선계획의 대안, 가구배치를 포함한 레이아웃에 대한 타당성 등)을 적극적으로 제시하고 검토하도록 요구하였다. 그러나 기존 설계검토의 시각에서 접근한 결과, 발주자의 요구 사항을 만족시키는 데는 한계가 있었다.

이는 기존의 설계관리 방식(설계의 접근방식)으로는 해결할 수 없는 과제로서, 설계의 특성에 맞는 전문성을 갖춘 설계자(architect) 또는 전문자문업체를 적시(just in time)에 투입하여 검토해야 가능한 일이다. 따라서 향후 발주자의 요구 사항을 수렴하기 위해서는 프로젝트 성격에 따라 적시에 적정한 설계검토가 이루어질 수 있도록, 최고의 전문성을 갖춘 인력 풀이 운영되어야 할 것이다.

4.3 CM 역할의 일관성 확보를 위한 개선사항

수주 영업 시 계약을 추진하기 위하여 발주자에 대한 over sale(CM의 역할에 대하여 '할 수 있는 가능한 모든 일' 을 제안)이 이루어지는 경우 프로젝트 실행단계에는 '계약서 상의 조건 하에 인원투입으로 가능한 일' 을 수행하게 됨으로써, 발주자의 기대치와 업무범위에 차이(gap)가 발생하게 되고 이는 초기 발주자의 만족도를 결정하는 중요한 요인으로 작용한다.

이와 같은 차이가 클 경우 발주자의 CM사에 대한 신뢰는 크게 저하되고, 심하게는 계약타절 혹은 계약금액 축소로까지 확대될 수 있는 사안으로 판단되는 바 향후 프로젝트 계약 시에는 업무범위(scope of work)에 대한 내용을 최대한 세부적으로 구분하여 명확한 업무범위를 제안함으로써 발주자와의 분쟁소지를 초기에 제거해야 할 것으로 판단된다.

4.4 공공사업 특성에 적합한 CM 역량강화

본 프로젝트는 관발주공사로써 설계시공분리발주방식이 적용되었다. 프로젝트 착수 시 가장 먼저 경험하는 어려움은 공공사업의 경험부족에 따른 행정업무 처리의 미숙이다. 이러한 행정업무의 처리 프로세스는 발주자 및 구성원 개개인에 따라 요구사항이 상이하고 처리 방법도 다양하지만 결과적으로 전체 업무흐름 및 관련 규정은 대동소이 하다고 판단된다.

본 프로젝트의 수행을 통해 공공사업 경력이 부족할 경우 공공사업 특유의 행정업무(보고형태, 문서작성 등)에 적응하는데 최소한 6개월 이상이 소요된다는 사실을 알 수 있었다. 따라서 관공사의 경우 초기단계에서 경험이 풍부한 CM인력이 투입되어 대관 업무를 매끄럽게 처리하면 업무의 리드타임(lead time)을 최소화 할 수 있으며, 업무 효율성을 크게 높임으로써 발주자의 신뢰 및 만족도를 높일 수 있다는 것을 명심해야 한다.

또한 관공사에 적합한 맞춤형 건설사업관리 추진전략을 강화하여야 한다. 일례로 민간공사의 경우 사업비절감 및 공기단축이 중점관리 목표가 되지만, 관공사의 경우는 감사를 대비한 행정리스크 관리가 우선되어야 한다. 따라서 사업비절감 노력은 경우에 따라 발주자 사업예산 집행계획에 차질을 주는 주된 사유가 될 수도 있다. 또한 사업비절감은 설계자문위원회 또는 외부 심의를 통하여 공식적으로 검증이 된 경우에 한하여 인정되고 있으며, 이 경우도 시공사가 제안한 경우에는 절감금액의 70%를 시공사에 지불해야 한다. 따라서 예산이 확정되어 시설공사 계약이 이루어진 후에 발주자는 사업비절감 보다는 예산집행계획에 중점을 두는 경향이 있다. 즉, CM업무의 우선 순위는 발주자의 시각을 고려하여 결정되어야 한다는 사실을 인식하여야 할 것이다.

5. 맺음말

최근 공공사업은 일반적으로 사업기간의 촉박함을 이유로 설계시공일괄발주방식으로 추진되고 있으나, 본 프로젝트는 설계경기를 통한 우수한 설계안을 확보하고 인허가 과정에서 발주자의 다양한 요구 사항을 충분히 반영하여, 조달발주를 통한 양질의 시공품질을 확보할 수 있는 설계시공분리발주방식으로 추진되었다. 또한 발주자 입장에서 볼 때 본 프로젝트는 일회성 사업으로 건설관련 전문조직의 인력확보가 어려우며 복수 발주자로 인한 의사결정의 복잡성과 건설관련 각종 리스크에 대한 대응의 필요성으로 건설사업관리(CM for Fee) 방식을 적용하게 되었다.

본 프로젝트는 한미글로벌이 수행하는 공공사업 중 설계시공분리방식으로 추진된 최초의 프로젝트로서, 설계 전 단계에서 시공 후 유지관리 단계에 이르는 약 44개월간의 건설사업 전반에 대한 CM업무를 수행함으로써, 발주자를 리드하여 프로젝트를 성공적으로 완료하고자 하였다.

특히 설계시공분리방식으로 추진되는 프로젝트의 CM을 담당함으로써 설계단계의 철저한 설계관리를 통한 설계품질 확보와 안정적인 사업예산 관리에 주도적으로 참여함으로써, 성공적으로 사업이 추진될 수 있는 밑거름을 마련하였다. 또한 양질의 설계품질이 확보됨에 따라 시공단계에서는 추가적인 사업비 증가없이 공사가 계획대로 추진되고 있다. 본 프로젝트를 통하여 계약에 규정된 CM업무는 물론 고객만족에 최우선하여 관련 업무를 수행하였으며, 주요 업무 성과로는 다음과 같다.

첫째, 예산범위 내의 철저한 사업비관리 성과이다. 설계단계 및 발주단계에 걸쳐 약 293억원의 사업비를 조정하여 당초 예산(600억원)범위에서 프로젝트가 완료될 수 있도록 관리하였다.

둘째, 고품질 설계안 확보 및 부실시공 방지를 위한 철저한 설계관리이다. 설계단계별(기본설계 90%, 실시설계 50%, 90%) 분야별 설계검토 및 전문분야 기술자문, 자문위원회를 개최하여 최적의 설계품질을 확보하였다.

셋째, 복수 발주자로 인한 프로젝트의 특수성(사업예산, 의사결정, 설계도서) 관리이다. 사업주체별로 예산이 관리될 수 있도록 설계도서, 기성청구, 내역서체계의 기준을 재정의하여 관리하였다.

넷째, 동일필지 내 2분할 개발에 따른 각종 인허가 및 행정처리의 주도적인 지원이다. 동일필지 내 인접사업과의 동시추진에 따른 각종 인허가(DMC지구단위계획심의, 교통영향평가심의, 설계허가, 착공신고, 사용승인)의 애로사항을 적극적으로 지원함으로써 프로젝트가 원활하게 진행되도록 관리하였다.

다섯째, 인접 사업주체와의 민, 관 협업을 통한 사업비절감 성과라고 할 수 있다. 인접부지(남측 민간사업과 서측 공공사업)와의 협업을 통하여 흙막이 공법을 개선함으로써, 사업비 절감의 시너지효과를 가져오게 되었다.

끝으로 본 프로젝트의 수행을 통해 얻은 몇 가지 시사점은 다음과 같다.

첫째, 업무 초동단계에서 발주자와 CM사가 생각하는 업무 중요도의 우선 순위가 상충하여 이에 대한 조율에 많은 시간과 노력을 초래하였으므로, 향후 프로젝트 착수 시에는 조기에 발주자와의 업무 중요도에 대한 눈높이가 조율될 수 있도록 노력하여야 한다.

둘째, 시공단계 조달발주방식에 따른 건축/설비, 전기, 통신으로 공사가 분리되어 추진됨에 따라 시공사별 수준(grade)이 상이하여 공사관리에 어려움이 있었고, 특히 물품계약으로 조달청에 발주된 총액계약은 중소기업 육성차원에서 지명도가 다소 떨어지는 업체가 선정됨에 따라 시공품질 확보에 더욱 중점을 두어 관리되어야 할 것으로 예상된다.

셋째, 설계경기로 선정된 설계안의 사업비 조정 과정에서 골조형식을 철골조에서 철골 및 철근콘크리트조로 변경함에 따라 시공단계 골조공사 진행에 있어 철골과 철근콘크리트조의 접합부 시공 및 층간 골조형식의 차이로 인한 시공의 비효율이 발생하였다. 이에 따라 품질확보와 함께 부족한 공기를 만회하는 노력이 추가적으로 필요하였다.

Part 02

광진 구민체육센터 프로젝트

C·O·N·T·E·N·T·S

1. 머리말

광진 구민체육센터 및 청소년수련관(이하 광진체육센터)이 건설되는 지역은 서울 동부의 관문으로서 상징성이 크며 광나루라는 역사성을 지니고 있는 지역이다. 또한 이 지역은 한강과 아차산 등 주변경관과 어울리는 자연 친화적인 곳이다.

본 프로젝트는 지역적 특성을 최대한 살리고 생활체육을 통하여 지역주민의 삶의 질을 향상시킬 수 있도록, 문화 및 사회체육센터로서의 『구민체육센터』와 청소년 전용공간으로서의 『청소년수련관』 건립을 추진하는 사업이다. 특히 본 프로젝트는 최적의 기간 내에 경제적인 공사비용으로 양질의 건축물을 건립하기 위한 목적으로 건설사업관리(CM)를 적용하고 있으며, CM사는 최종 사용자인 고객의 요구사항을 반영하여 단계별로 전문적인 관리기법을 적용하여 업무를 추진하고 있다.

당 현장에서는 기 수행된 일괄입찰공사의 고객 불만사항 및 주요 현안 문제점에 대하여 타사의 CM 수행사례를 적극적으로 벤치마킹(benchmarking)하여 공사 후 변경 사항을 최소화하도록 하였다. 본 책자에서는 발주자 및 운영팀 요구사항, 각 단계별 CM단 수행업무에 대한 고객만족 사례를 중심으로 기술하고자 한다.

2. 프로젝트 개요

2.1 CM 주요 업무

광진체육센터 신축공사는 설계시공일괄발주방식으로 수행된 사업으로 **CM**단은 가장 경제적이고 효율적인 방안이 적용될 수 있도록 설계 전(前) 단계의 계획 수립에서부터 설계단계, 시공단계의 책임감리, 준공 후 단계의 운영 및 유지관리까지 사업 전 과정을 관리하였으며, 각 단계별 주요 업무는 〈표 2-1〉과 같다.

표 2-1 각 단계별 주요 업무 내용

업무단계	단계별 주요업무
설계 전(前) 단계	CM과업 수행계획서 작성, 사업기본계획 수립, 공사비 산정검토 및 타당성 분석, 입찰안내서 작성
설계단계	기본설계도서 검토, 실시설계 도서의 단계별 검토, 실시설계의 경제성 검토, 용역진행관리, 공사비분석 및 공사원가의 적정성 검토
계약단계	현장설명서 작성, 현장설명 및 질의회신 등 업체 선정업무 지원, 실시설계적격자 계약업무 지원
시공단계	클레임분석 및 분쟁대응 업무, 책임감리 업무, 공정 및 설계변경, 최종 건설 및 사업관리 업무 보고
준공 후 단계	시설물 인수, 인계계획 및 방안 제시, 시설물의 안전 및 유지관리계획 수립, 하자보수에 대한 의견 제시

2.2 발주자 요구사항(Owner's Requirements)

발주자인 광진구청은 프로젝트의 성공적인 수행을 위하여 초기에 발주자 요구사항(owner's requirements)을 제시하였다. 발주자의 요구사항에는 목표공기 준수, 책임감리업무, 설계검토, 설계변경 등 CM의 기본적인 업무와 CM의 부가적인 업무로 판단되는 타 사례의 벤치마킹, 패스트 트랙(fast track)의 적용, 일부 시설의 계획설계 등이 포함되어있는데 특히, 프로젝트의 예측관리를 강력히 요구하였다. CM은 발주자의 요구사항을 면밀히 분석하고 요구사항별 현황, 문제점, 대처방안을 수립하여 고객만족의 실현에 노력하였다. 발주자의 명확한 요구사항의 제시는 프로젝트 수행 목표 및 CM의 업무수행 계획 작성에 많은 도움이

표 2-2 발주자 요구사항 목록

목록	요구사항 내용
1	광진구청은 구청 예산인 구민체육센터 건물 1건을 서울시 T/K 입찰방식으로 심의를 통과하였고, CM단 조직을 관공사 유 경험자로 구성 요구
2	청소년수련관 건물은 서울시 예산으로 구민체육센타와 동시에 착공하기 위하여 예산을 추가 확보하였으며, 발주기관은 광진구청으로 통합관리
3	대형건설사 입찰 참여를 유도하기 위하여 구민체육센타와 청소년수련관 2건물을 통합하였고(공사비 약 260억원), 서울시의 입찰방법 심의를 T/K방식으로 유도하기 위하여 CM사의 통합발주의 장단점 보고서 작성
4	사업초기에 청소년수련관 예산추가 확보 및 통합 입찰방법 심의과정상 소요된 사업기간을 만회하기 위하여 실시설계 기간 중에 토공사 우선 착공(fast track) 병행공사로 입찰안내서 작성 및 건설사업관리 추진
5	광진체육센터의 준공을 2006년 6월말을 목표로 함.
6	CM사에서 운동장부지 전체 배치도, 계획설계안, 입찰안내서 작성
7	발주자의 각 건물별 주요실과 면적을 제시하여 입찰안내서 포함 및 설계관리
8	청소년수련관의 특성화 시설로 천문관측시설 포함하고, 특수시설 운영사례를 통한 문제점 사전 예방
9	기 시공된 체육센타 및 수련관 사례조사를 통한 문제점 사전 예방(수영장, 대체육관, 대공연장 등)
10	현장 부지 내 예상 문제점에 대하여 사전조사 후 현안에 대한 대책
11	기본설계도서 및 실시설계도서 단계별 설계 검토를 거쳐 수차례 설계도서 보완시킴.
12	전문분야 자문단 운영(음향, 무대시설, 조명 등)
13	시설물 운영팀과 공사전 협의 및 최대한 반영
14	추가공사 4건 및 설계변경관리 철저
15	책임감리업무 철저
16	시설물 인계 인수 업무 철저
17	광진구 관내의 타 CM회사의 T/K사례를 Benchmarking하여 발주자의 T/K공사 및 CM업무의 인식 제고
18	기타

되었다. 발주자가 제시한 상세한 요구사항은 〈표 2-2〉와 같다.

2.3 건설사업관리단 조직 구성도

본 프로젝트 조직 구성의 특징은 설계 및 계약단계와 시공 및 시공 후단계를 분리하여 건설사업관리단 조직을 구성한 것이다. 또한 설계단계부터 원가, VE, 공정, 구매, 구조, 철골 등 분야별 전문가를 투입하여 업무수행의 전문성을 높일 수 있도록 하였다. 특히, 본 프로젝트의 특성상 고도의 전문성을 요하는 방수, 석재, 조경, 음향, 조경, 무대시설 분야는 별도의 자문단을 구성, 운영하여 완벽한 품질관리가 될 수 있도록 관리하였다. 단계별 조직 구성은 〈그림 2-1〉, 〈그림 2-2〉와 같다.

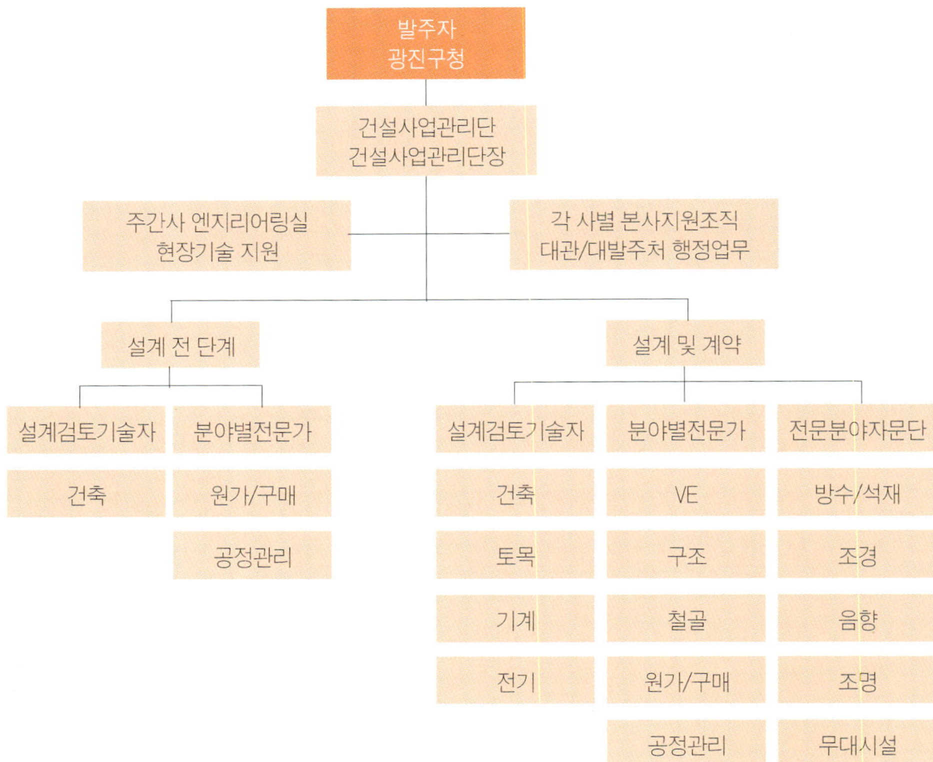

그림 2-1 설계 및 계약단계의 조직 구성

그림 2-2 시공 및 시공 후 단계의 조직 구성

2.4 광진체육센터 주요 특징

1) 형태개념을 고려한 문화공간 및 청소년 교육의 장

광진체육센터는 광진구의 지역적 특성인 아차산, 한강, 황포돛배 이미지를 형상화하여 지붕을 설계하였고, 지역주민을 위해 다양한 이벤트 및 행사가 이루어지는 열린공간(multiple deck system)과 청소년 교육장을 계획하였다. 또한 밤하늘을 관찰할 수 있는 천체투영실은 완전히 기하학적으로 내부 기능을 설계 · 시공하였고, 자연(해, 달, 별)의 이미지를 형상화하여 공간의 특징을 살렸으며 입면계획 시 4계절 경관[1]을 조명으로 표현하여 아름다

1) 봄–산(green), 여름–강(blue), 가을–황포 돛(yellow), 겨울–눈(white).

움을 더할 수 있도록 하였다.

그림 2-3 광진 구민체육센터 및 청소년수련관 설계컨셉

2) 에너지 절약

(1) 옥상녹화 적용효과

청소년수련관 4층 일부 옥상에 옥상녹화를 적용하여 지붕 열관류율 값을 향상시켰다. 이를 통해 옥상녹화를 적용하지 않은 공조조닝에 비하여 냉난방 부하를 약 0.4% 절감할 수 있었고, 시설 이용자 및 근무자에게 쾌적한 휴식공간을 제공하게 되었다.

(2) 열성능 우수 유리 적용

건물 전체의 유리를 18mm 복층 유리(열관류율 : 2.8kcal/m²℃, 차폐계수 : 0.83)로 적용할 경우 16mm 복층 유리(열관류율 : 2.8kcal/m²℃, 차폐계수 : 0.85)를 적용한 경우에 비하여 유리를 통해 실내로 전달되는 일사량 및 차폐계수가 낮다. 이 경우 실내의 냉방부하 감소로 인하여 년간 약 1.8%(1,500,000원)의 에너지 비용 절감 효과가 있다. 두꺼운 유리를 사용함으로써 초기 투입비는 다소 증가하였지만 에너지 효율성을 증대시킴으로써 궁극적으로 원가절감을 달성할 수 있도록 설계 및 시공을 추진하였다.

(3) 우수이용

건물 지붕으로부터 우수를 집수하여 수처리한 후 세정용수 및 조경용수로 사용할 경우 초기투자비, 유지관리비는 증가하지만 상하수도 요금의 절감(1일 저장용량: 296m³/일, 이용

기간: 365일/년, 연간 빗물원수 확보율: 0.25)효과를 얻을 수 있어 약 7.1년 후에는 투자비가 회수될 것으로 예상되었다.

3) 대체육관 성층화 방지대책

구민체육센터의 지상 4층에 자리잡은 대체육관의 경우 대공간을 살리기 위한 높은 층고(12.6m)로 인해 온도 성층화가 발생하고, 이로 인해 에너지 소비량이 증가할 것으로 예상되었다. 따라서 대체육관의 성층화를 방지하기 위하여 주풍향이 남서풍인 점을 고려해 상부 전동창에 의한 자연 환기 방식을 계획하였다. 이 결과 거주지역 중심의 기류속도는 0.23~0.31m/s, 온도는 여름철에 25.5℃, 겨울철에 19.5~20.2℃를 유지하여 쾌적한 온열 환경을 조성할 수 있었으며 에너지 절감에도 많은 효과를 가져왔다.

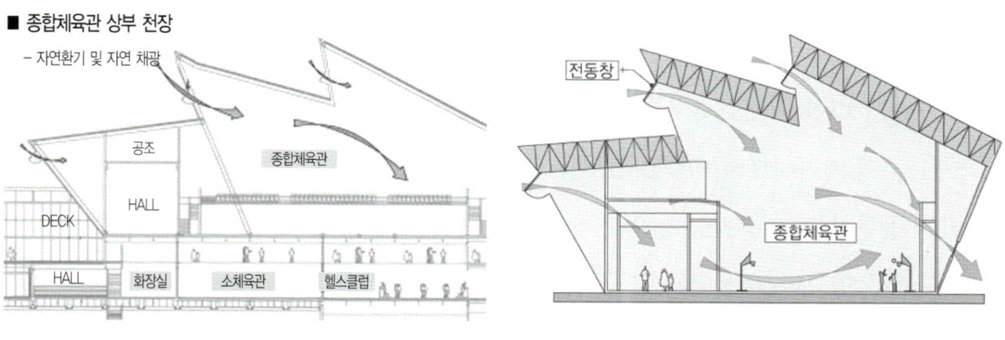

그림 2-4 대체육관 주풍향을 고려한 자연환기

4) 건물특성별 열원 시스템 선정

광진체육센터의 건물 용도 중 상시 사용(8~15시간)하는 구간은 에어로빅, 소체육관, 헬스장, 수영장, 문화공간, 청소년 활동공간, 식당 및 주방 등이고 24시간 사용하는 구간은 방재센터, 감시실, 관리실 등이다. 그리고 간헐적으로 사용하는 구간은 종합체육관, 대공연장 및 천체투영실 등이다.

이러한 건물특성을 반영하여 열원 시스템을 다양화하였다. 상시 사용 및 간헐 사용 구간의 냉난방은 직화식 냉온수기 및 지열 시스템을 적용하였고, 급탕 및 가습은 증기보일러를 사용하였다. 반면 24시간 사용해야 하는 구간은 패키지 에어컨 시스템을 적용하여 에너지 및 원가절감을 달성할 수 있도록 하였다.

5) 산책로 이용도 극대화를 위한 야간조명

공공 건축물이자 체육시설인 대상 건물은 가능하면 모든 계층의 주민들이 항시 사용할 수 있도록 설계하였다. 특히 한강과 어우러진 산책로는 주간은 물론 야간에도 활용할 수 있도록 주변환경 및 공간이용 효율성을 고려한 야간조명을 연출하고자 하였다. 천체투영실 하부의 야외공연장에는 LED 조명계획으로 중심공간에 밤하늘의 별이 투영되는 공간을 표출하였고, 대형목에 수목투사 등을 설치하여 초점경관을 유도하였다. 또한 바닥분수는 포인트 조명으로 계획하고, 진입로에 조명열주를 설치하여 공간의 진입성을 강조하였다. 즉, 주간은 물론 야간에도 본 시설을 활용할 수 있도록하여 활용성을 극대화하였다.

6) 공연, 사이버 강의 등 문화컨텐츠 개발을 위한 초고속 통신망 구축

초고속 인터넷 통신망 인프라를 구축하여 사이버교육 및 타 교육기관과의 연계를 통해 교육현장에서 다양한 정보를 실시간으로 활용하도록 계획하였다. 사용한 LAN 설비는 초고속 국제표준의 기가비트 이더넷(gigabit ethernet)이다. 이를 통해 안정적인 초고속 통신망을 확보하여 방문자 및 이용자들이 외부 접속량에 관계없이 균일한 통신속도를 향유할 수 있도록 설계되었으며 향후 대용량의 문화컨텐츠에 대비할 수 있도록 하였다.

2.5 광진체육센터 건설 현황

1) 건설일반

① 공 사 명 : 광진 구민체육센터 및 청소년수련관 신축공사
② 위 치 : 서울특별시 광진구 광장동
③ 사업기간 : 2003. 12. 15～2006. 8. 14(CM용역)
④ 공사기간 : 2004. 11. 25～2006. 8. 31 (본공사 2005. 5. 12～2006. 6. 30)
⑤ 지역지구 : 제2종 일반주거지역, 중심미관지구, 도시계획시설(체육시설)
⑥ 주요용도 : 교육연구 및 복지시설, 운동시설

⑦ 공 사 비 : 약 276억원
⑧ 대지면적 : 10,921㎡(3,304평)
⑨ 연 면 적 : 구민체육센터 : 7,823㎡(2,366평)
청소년수련관 : 5,491㎡(1,661평)
⑩ 참 여 자
- 발 주 자 : 서울특별시 광진구청
- 사업관리자 : 한미글로벌 및 유신건축 컨소시움
- 설 계 자 : 종합건축사사무소 건원
- 사 업 자 : 한진중공업 및 KCC건설 컨소시움

그림 2-5 광진 구민체육센터 및 청소년수련관 조감도

2) 건물개요

광진체육센터는 지역주민을 위한 구민체육센터, 청소년을 위한 청소년수련관으로 구성되며 각 건물개요를 기술하면 다음과 같다.

(1) 구민체육센터

체육센터의 주요 시설은 수영장, 헬스클럽, 에어로빅실, 대 · 소체육관 및 조깅트랙 등 이다. 지하층에 위치한 수영장은 25m × 6 레인, 깊이 1.3m로 선큰(sunken)[2]을 통해 자연채광을 극대화하였고, 수영장 외부를 전면 투명유리창으로 계획하여 학부모들의 관람공간으로 활용하였다. 한편 지상 1층에는 이용프로그램에 따라 문화교실과 어린이영역으로 구분하여 선형적 조닝체계로 기능적 위계를 구축하였다.

지상 2층의 헬스클럽, 소체육관 및 지상 3층의 전망 데크 주변에는 조깅트랙을 설치하여 운동 중 한강을 내려다볼 수 있도록 고려하였고, 지상 4층 대체육관은 국제규격의 농구 코트를 설치하여 수준 높은 농구경기가 가능하게 하였다. 또한, 농구장뿐만 아니라 다양한 체육행사를 개최할 수 있도록 무지주 대공간(스팬: 28.0m)으로 설계, 시공하였다.

(2) 청소년수련관

청소년수련관의 주요 시설은 대공연장, 문화의 집, 다목적 연습실, 동아리방, 상담실 및 관리실 등이다. 대공연장은 발표회, 경연대회, 공연 및 영화관람 등을 할 수 있도록 고려하였고, 관람석은 345석으로 시선계획 등을 고려하여 계단식으로 설치하였다. 지하 1층 주차장은 체육센터와 청소년수련관을 연계하여 통합적으로 계획하였고, 문화의 집은 프로그램의 특성을 살려 이용성을 극대화하기 위하여 주접근로인 1층에 설치하였으며, 장방형 복도 중심에 휴게 존을 계획하여 다양한 외부 조망을 경험하도록 하였다.

한편 상징성을 고려하여 선큰광장 상부에 관람좌석수 140석의 규모의 천체투영실(주용도는 천체움직임, 좌표계, 과학분야 3차원 영상교육물 관람)을 독립구조물로 계획하였고, 최상부에 행성관측 시설인 원형 및 슬라이딩 돔을 설치하였다. 또한 다양한 난이도의 코스를 체험할 수 있는 암벽 등반시설도 별도 구조물로 설치하였다.

---

2) 선큰(súnken gárden)은 우리 말로 침상원(沈床園)이라고도 정의되며, 지면보다 한 층 낮은 정원을 의미함. 즉, 상부가 개방되어 지면레벨에서 채광이 되며, 지면에서 아래의 정원을 내려다 볼 수 있도록 꾸며짐.

3. 건설사업관리(CM) 주요 과업내용

3.1 CM 일반사항

광진체육센터를 가장 경제적이고 효율적인 방법으로 건설하기 위하여 CM단에서는 설계 전 단계(pre-design phase) 계획수립에서부터 설계단계(design phase), 책임감리, 준공 이후 운영 및 유지관리까지 전 과정에 걸친 주요 업무를 단계별로 구분하여 수행하였고, 또한 설계사 및 시공사와 상호 유기적인 협조체제 하에 원활한 사업추진이 가능하도록 업무를 수행하였다.

3.2 CM 주요 업무

1) 설계 전(前) 단계 CM업무

건설사업관리자는 성공적인 업무 수행을 위하여 건설사업관리 수행계획서를 작성하여 관리한다. 수행계획서는 발주기관의 요구사항 및 일반적인 설계기준을 고려하여 작성하였다. 또한 프로젝트의 사업일정을 체계적으로 관리하기 위한 다양한 대안들을 개발하여 발주기관에 추천하고 국내 건설 물가자료, 국내 최근 건설실적, 설계자료와 최근 공사비에 대한 검토 및 타당성을 조사하여 발주기관에 제시하였다. 특히, 설계시공일괄공사계약으로 추진하는 본 공사가 국내외 관계 법령에 적합한 기준으로 이행될 수 있도록 입찰지원 업무에 활용할 수 있는 입찰관련 서류를 기본지침서 형태로 작성, 제시하였다.

2) 설계단계의 CM업무

(1) 기본설계단계

건설사업관리 수행계획서를 바탕으로 본 공사의 수주를 위하여 입찰자가 제출한 심사용 기본설계도서를 면밀히 검토하여 입찰안내서에서 제시한 설계지침 및 기술지침 등 제반사항에 대한 준수여부를 검토하고 평가 지원업무를 수행하였다. 또한 위탁 운영되는 체육센터의 특성을 고려하여 운영관리계획 제안 및 검토 등을 제안하였다.

(2) 실시설계단계

첫째, 건설사업관리 수행계획서와 기본설계단계에서 제출된 성과품을 바탕으로 실시설계 적격자로 선정된 업체가 제출한 기본설계도서의 미비점을 파악하여, 실시설계 과정에서 보완 및 수정이 가능하도록 조치하는 '기본설계입찰 도서에 대한 검토 및 확인업무' 를 수행하였다. 둘째, 시설물의 기능향상 및 비용절감 등을 위해 설계내용에 대해서 경제성 등을 검토하는 설계 VE를 실시하였다. 셋째, 설계단계의 공사비를 분석하고(cost planning), 설계사가 최종 설계(안)를 기초로 산정하는 공사비를 분석하여 공사원가의 적정성을 검토하였다. 넷째, 설계용역의 진행상황과 기성을 관리하여 설계를 조정하고 설계간의 연계성(design interface)을 검토였으며, 마지막으로 설계의 품질관리 및 공사 발주계획의 수립 등의 업무를 실시설계단계에서 수행하였다.

(3) 계약단계

본 사업은 설계시공일괄입찰방식으로 시행되었으며 사업관리자는 입찰공고방법 및 공고시기, 기본설계 심의단계에 대한 업무, 적격심사(PQ)에 관한 사항, 실시설계적격자 선정 등에 관한 지원업무를 수행하였다. 한편 실시설계적격자 선정 후에 CM이 수행해야 하는 추가적인 주요 업무에는 설계변경에 의한 계약금액 조정, 하도급 계약관리, 기성관리, 입찰안내서 질의회신 및 적용여부에 관한 업무 등이 있다.

(4) 시공단계

시공단계의 건설관리 업무는 책임감리 업무, 공정 · 공사비 성과분석 및 대책수립 업무, 클레임 분석 및 대응업무 지원, 최종 건설사업 보고 등이 있다. 클레임 분석 및 대응업무 지원은 건설사업 수행과정에서 설계사, 시공사 등이 제기할 수 있는 클레임을 사전에 분석하고 그 대응방안 및 예방을 위한 업무계획을 수립, 시행하여 클레임 제기 시 관련정보를 수집하고 해당 클레임의 진행에 따른 사업의 영향도 등을 분석하여 발주기관이 클레임 업무를 성공적으로 수행할 수 있도록 지원하는 업무가 주였다.

(5) 준공 이후

시공 이후 단계의 업무는 우선 건설사업 준공 이후 시설물을 운영하고, 유지보수 및 관리업무를 수행하는 것이다. 또한 건설사업의 특성과 현장여건 등을 종합적으로 고려하여 필요로 하는 경우 시설물 인수 · 인계계획, 준공 후 현장문서 인수 · 인계 및 하자보수에 대한 의견 제시 등을 추가로 수행한다.

4. 유사현장 사례 검토 및 벤치마킹

4.1 설계시공일괄방식에 의한 유사현장 사례 검토

설계시공일괄방식은 입찰준비 단계에서 설계기준 및 조건만 제시하고, 입찰 시에 총액 공사금액, 공사 설계서, 기타 필요한 도면 및 서류(이하 도서라 한다)를 작성하여 실시설계 적격자를 결정하는 방식이다. 본 장에서는 광진체육센터의 성공적인 수행을 위해서 서울시 자치구에서 수행한 기존의 유사현장의 검토 사례를 기술한다. 검토 대상은 설계시공일괄입찰발주에 의한 공공시설물 프로젝트이며, 이미 준공된 사례로 한정하였다. 이러한 사례검토를 통해 얻은 여러 가지 유용한 교훈은 본 프로젝트를 수행하는데 큰 도움이 되었다.

문제가 된 프로젝트의 가장 큰 주요 현안은 발주자의 요구사항과 시공사 조치관련 의견 차이가 크게 발생했다는 것이다. 이러한 원인은 일반적으로 준공일 이후에 시설운영팀이 선정되어 현장에 배치되기 때문에 운영팀의 추가 요청 사항이 있어도 이를 처리하지 못하여 준공행정의 처리가 지연되고, 이에 따라 불만사항이 발생하고 있다는 데에 기인한다.

발주자의 불만사항 중 가장 중요한 사항은 발주자의 대리인인 CM단이 발주자 입장보다 시공사를 대변하는 경우가 많아 발주자가 CM단을 신뢰하기가 어렵다는 것이었다. 또한 설계단계에서 마감재의 검토가 미흡하여, 시공사에게 품질향상을 위한 방안을 요구하거나 혹은 발주자에게 보고하여 설계를 변경하는 조치가 미흡하였다는 것이었다. 뿐만 아니라, 발주자가 지시한 설계변경 항목의 낮은 내역서 단가로 인해 공사비의 차액이 발생하거나, 건물의 외관에만 치중하고 내부 마감재의 품질에는 신경을 덜 쓰는 등 내부 작업이 정밀하지 않은 것도 불만사항으로 지적되었다. 마지막으로 CM단이 준공건물에 대한 운영팀의 요구사항을 해결하지도 못한 상태에서 준공서류를 제출하고 철수한 경우도 있어 발주자의 불만이 매우 컸다는 것을 알 수 있었다.

이러한 발주자의 주요 불만사항에 대한 객관적이고, 명확한 처리를 위하여 다음과 같은 방안이 적용되었다. 우선 발주자에서 제기한 주요 불만사항에 대하여 관련 교수진과 실무전문가로 구성된 준공평가단을 구성하여 해결방안을 모색하였으며, 평가단의 제안에 의거 준공 후 약 6개월 지난 후 주요 현안을 시공사에서 보완 조치하는 조건으로 준공행정처리가 수행되어, 공사 잔금도 지급되었다고 한다.

문제의 사례는 CM이 적용된 프로젝트에서 발주자를 만족시키는데 다소 미흡하여 발주자는 물론 CM사, 시공사에도 악영향을 준 사례이다. 특히, 해당 사례의 발주자가 본 공사의 발주자여서 CM에 대한 좋지 않은 경험을 가진 발주자와의 성공적인 업무수행을 위한 많은 시사점을 제시해 주었다.

4.2 유사 프로젝트 벤치마킹의 시사점

타 프로젝트에 대한 사례조사 및 벤치마킹을 통하여 얻은 교훈은 다음과 같다.

첫째, 인수 또는 운영팀의 조기선정 및 협의가 중요하다. 즉, 설계단계부터 완공된 시설물을 운영할 인수 또는 운영팀과의 사전 협의가 필요하며, 최소한 골조공사 중에는 팀이 선임되고 이들의 의견을 반영하여 골조 및 마감 공사에 재시공이 발생하지 않도록 조정해야 한다.

둘째, 설계변경 예상항목의 단가 및 공사 초기 기성의 적정성 여부 등을 철저히 검증하는 철저한 내역서 단가의 검증이 필요하다.

셋째, 준공 평가단을 구성 및 활용하는 것도 매우 중요하다. 시공사와 운영팀과의 이견은 불가피하므로 보다 객관적인 보고서를 작성하여 관련기관 간의 적절한 협의를 통해 신속히 이견을 조정하는 절차가 필수적이다. 실례로 대공연장의 경우는 당초 설계지침상으로는 다목적 시설이었으나, 전문가의 자문과정을 거치면서 클래식 공연용으로 시방(specification)을 높였으며, 이를 위하여 잔향시간이 길게 설계를 변경하여 시공하였다. 그러나 이후 용도 검토에서 일반공연용 쪽으로 다시 초점이 맞추어졌으며, 이러한 설계변경은 일반공연에는 다소 부적합한 면이 있었다. 즉 특수시설(대공연장/대체육관 등)의 경우 설계 및 시공 시 명확한 용도 설정이 매우 중요하다.

넷째, 마감재가 저품질의 사양으로 구성되었을 때 시공사에게 품질 향상을 요구하거나 발주자에게 해당 마감 품질을 보고하여 필요한 경우 설계변경 등을 적극 추천하는 CM단의 철저한 마감재 품질 검토 역시 중요한 사안이다.

다섯째, 건물의 생애주기(life cycle)면에서 신축 공사비보다 유지보수 관리비가 고비용인 경우가 대부분이므로 운영 및 유지관리비의 경제성을 고려하여 설계 시 반영하는 것이 정부공사의 경우 필수적이다.

여섯째, 문서관리(document management)는 CM의 주요한 업무 중의 하나이다. 특히, 발주자 측의 설계변경 등의 업무담당자가 교체되었을 때, 운영팀의 요구사항을 신임 담당자가 적극 해명하지 못하는 경우가 발생할 수 있으므로 CM단의 설계변경 및 자문 기록의 유지가 중요하다고 하겠다.

마지막으로, 운영팀(발주자 포함)의 요구사항이 다소 불합리하더라도 시공사를 대변하는 인상을 주지 않아야 발주자와 신뢰 관계를 유지할 수 있으므로 CM단은 발주자의 대리인이라는 기본적인 인식을 항상 명심해야 할 것이다.

5. 발주자 요구사항에 의한 대처사례

발주자의 무리한 요구는 효율적인 업무수행에 지장을 초래할 수 있으므로 CM은 관발주공사 CM업무의 성공적인 사업수행을 위하여 사전에 주요 현안에 대하여 사안별로 발주자의 요구를 검토하여 체계적으로 대처해야 한다. CM단에서는 발주자의 고객만족과 신뢰확보를 위하여 유사 현장의 사례 검토 및 벤치마킹 등을 수행하였다. 이를 기반으로 주요 현안에 대한 대책을 발주자와 시공사로 1차 구분하고, 이를 사안별로 세분류하여 적극적으로 대응하였으며 특히, 발주자 및 운영팀의 요청사항들은 설계 및 시공 시 반영될 수 있도록 적극적으로 노력하였다.

5.1 발주자 주요 현안 및 대책

CM단에 대한 발주자의 기대치가 높아 관공사에 유경험자를 CM인원으로서 배치하는 것이 필요하였다. 또한 발주자의 업무 협의부서(주관: 문화체육과 추진팀, 감독: 건축과 시설팀, 해당과: 문화체육과 및 사회복지과, 운영팀: 광진 시설관리공단 및 청소년위탁단체)가 많아 팀 간의 의견 조율에 노력하였고, 시설 운영팀은 설계초기부터 참여하여 다양한 의견을 제시함으로써 공사 중 변경사항을 최소화하도록 하였다.

한편, 공공기관의 경우 승진 및 순환보직 빈도가 많아 담당자가 변경되는 경우가 잦으므로 주요 현안을 단계별로 해결할 필요가 있고, 발주자 측의 설계변경 등의 업무처리 내용에 대한 기록유지가 대단히 중요하였다. 또한, 발주자 간부회의 자료준비 및 보고 등 행정 업무량이 과다하여 CM단에 행정전담인력을 배치하여 신속하게 대처해야 했다.

5.2 시공사 주요 현안 및 대책

입찰안내서 지침 누락, 기본설계 내용 누락, 상세도 부족, 직종간 검토 미흡 및 현장 시공상세도(shop drawing)의 증가 등 설계도서의 완성도 미흡 부분에 대하여 입찰안내서 지침 보완, 기본설계 내용 보완, 현장 시공상세도 작성 및 담당자의 현장배치 등의 조치를 통하여 미흡한 설계도서의 내용을 보완해야 했다. 또한 설계 및 시공단계에 직종간의 코디네이션 미흡으로 발생하는 문제점에 대하여 집중적으로 협의, 검토하여 최선의 결정이 이루어지도록 유도하였다.

한편 시공사의 현장공무, 행정, 공정관리, 조경, 토목 인력이 부족하고, 시공사 본사의 전문 직종별 지원이 미흡한 부분에 대해서는 관공사 유경험자를 CM에 배치하고, CM단의 전문직종별 비상주 요원을 적극적으로 활용하여 문제해결에 노력하였다.

5.3 발주자(광진구청) 설계변경 적용사례

발주자의 설계변경 검토지시에 따라 보행녹도 조성공사의 자전거길 및 콘서트홀 주변 조경공사를 CM단에서 검토하였다. 상기 건의 경우 설계측면에서는 주변 환경과의 조화를 집중적으로 검토하였고, 비용측면에서는 예산 금액의 적합성을 검토하였으며, 외벽마감재 변경에 대해서도 물량 및 가격의 적정성 등을 검토하였다.

이와 관련하여 보행녹도 조성계획은 다음과 같이 진행되었다. 광진구 광장동의 광진교 북단에서 청소년수련관에 이르는 구간의 식재 조성사업 시 콘서트홀 주변의 조경사업과 청소년 단지 외곽 조경공사가 상호 연계되도록 계획하여 시민의 편의성 및 녹지량 확충에 따른 쾌적성을 확보하였으며, 한강변의 자전거 길을 체육센터까지 연결하여 시민들에게 편의를 제공하도록 계획하였다.

한편 외벽 마감재 변경도 주요한 설계변경 사안이었다. 즉 외벽 마감재가 아연도 강판으로 설계되었으나, 내구성 향상을 위하여 징크판으로 변경되었다. 따라서 CM단에서는 마감재 변경에 따른 물량 및 단가의 적정성을 검토하였으며, 색채심의를 거쳐 외벽 마감 색상을 결정하였다.

또한 총 140석(일반석: 138석, 장애인: 2석)의 좌석이 설치되고, 지붕 원형 돔(dome)의 규격이 18m인 천체투영실의 경우 관람의 효율성을 증대시키기 위하여 수평바닥을 경사바닥으로 변경하였으며, 수련관의 4층(중층)에 설치된 특성화시설인 관측실(원형돔: 주망원경 1대, 슬라이딩돔: 보조망원경 6대)의 원형 돔의 규격을 5m에서 8m로 확장하였다. 진입로공사와 전면광장공사가 추가되었고, CM단에서 마감재수준 향상을 보고하여 발주자 설계변경 지시로 반영하여 품질을 향상하였다.

5.4 운영팀 설계변경 적용사례

체육센터 및 수련관 운영팀은 각각 광진구 시설관리공단 및 밝은 청소년지원센터로, 체육센터는 실시설계 단계에 운영팀과의 협의를 통하여 요구사항을 접수하였으며, 관련 설계도서 및 시방서 등을 검토하여 설계변경에 반영하였다. 그러나 수련관은 시공 중에 운영팀이 선정되었기 때문에 설계단계에서 반영할 수 있는 기회를 상실하였음에도 운영팀이 뒤늦게 요청한 사항(실용도 변경 및 기능추가)에 대해서도 대부분을 적극적으로 반영하였으며, 그 사례는 아래와 같다.

1) 광진구 시설관리공단 검토 조치사항

광진체육센터의 운영 주체인 광진구 시설관리공단은 수영장, 에어로빅실, 소체육관, 조깅트랙 및 대체육관 등에 대한 다양한 변경을 요청하였으며, CM단은 이를 효과적으로 반영하기 위하여 상세한 검토를 수행하고 합리적으로 이행되도록 전력을 다하였다. 우선 지하 2층의 수영장과 관련하여 강사실과 의무실을 통합하고 화장실을 새로이 추가하도록 계획하였으며, 탈의실에 락카 222개를 추가로 설치하였다. 또한 바닥의 미끄럼 방지를 위하여 수영장 데크 부분을 논슬립 바닥타일로 마감재를 변경 시공토록 하였다. 다만, 초기 설계 시 6레인으로 계획된 성인용 수영장에 대해 1개 레인의 증설해 줄 것을 요청 받은 사항은 골조공사가 완료된 상태에 제기되었기 때문에 증설이 불가하여 반영할 수 없었다.

지상 1층 에어로빅실 바닥은 우드후로링(wood flooring)으로 마감재를 변경하였고, 벽면은 2면 전면에 유리를 설치하여 보다 생동감이 넘치는 공간으로 구성하였다. 또한 공간 재배치 등 기술적인 검토를 통하여 개인사물함을 800개 이상 추가 설치할 수 있는 공간을 확보하였다. 지상 2층 소체육관은 사용기구 정리공간을 확보하기 위하여 청소도구실을 운동기구실로 변경하였고, 운동기구 창고문의 양쪽 개폐 확보를 위하여 양개문(double leafs)을 설치하였다.

지상 3층 조깅트랙은 2인이 함께 조깅할 수 있도록 1.8m의 트랙 폭을 확보하였으며, 바닥 마감은 우레탄 재질 등의 충격흡수 마감재로 재질을 변경하였다. 지상 4층 대체육관은 위치상 여름에는 덥고, 겨울에는 추워 사용성이 저하될 수 있다는 단점이 있어 실내상태를 재점검하여 공조실 설치계획을 추가하였으며, 체육관 바닥은 우드후로링(wood flooring)으로 마감하고 배구 네트를 설치할 수 있도록 하여 활용성을 향상시켰다. 그러나 관람석의 좌석수는 당초 200석으로 계획되었으나 동선 및 통행의 용이성을 고려하여 176석으로 줄이도록 조치하였다.

2) 밝은 청소년지원센터 검토 조치사항

청소년수련관의 운영주체는 밝은 청소년지원센터로 시공단계에 선정되어 요구사항을 100%로 이행하기에는 어려움이 있었다. 그러나 공사비 및 공기에 크게 영향이 없는 변경사항에 대해서는 CM의 적극적인 검토를 통하여 반영될 수 있도록 조치하였다.

지하 1층 대공연장에는 무대커튼을 추가하였고, 대기실간 연결을 위하여 무대 후면에 통행이 가능하도록 동선을 조정하였다. 또한 소공연장에는 무대 옆 출입문을 설치하였고, 선큰가든 계획 시 야외 무대에 설치할 추가 전기를 인입하였으며, 안내실에는 인터넷, 전화, TV 등을 고려한 계획을 추가하였다.

운영팀의 요청에 따라 지상 1층 관리실과 상담실의 용도를 교육문화 사무실, 댄스 및 밴드연습실 변경하였고, 변경된 시설에 대해서도 발주자의 요구조건(교육문화 사무실: 인터넷 및 전화, TV, 댄스연습실: 흡음처리, 거울설치, 밴드연습실: 완벽한 방음처리, 바닥재 높임)을 반영하여 변경 · 조치하였다. 지상 2층은 컴퓨터실의 일부를 음향편집실로 노래연습실을 음악실로, 컴퓨터실의 일부 및 휴게실을 미디어 강습실로, 영상음향 편집실을 영상편집실 및 멀티미어어실로 변경하였으며 각 실의 요구조건 또한 만족할만한 수준까지 반영하였다.

지상 3층은 예절실의 비닐시트 바닥 마감을 온돌마루로 변경하였으며, 지상 2층 휴게실 상부의 개방(open)된 구역에 바닥을 설치하여 기자재 보관실로 사용하도록 변경하였다. 지상 4층의 모든 방에는 인터넷 사용이 가능하도록 개선하였다.

6. 업무단계별 CM단 수행업무

광진체육센터 건설사업의 CM용역 계약기간은 32개월(2003.12.15~2006.8.14)이고, 한미글로벌과 유신건축이 공동도급으로 참여하여 상호 강점을 최대한 활용한 시너지 효과가 발휘될 수 있도록 조직을 구성하였다. 업무 수행 중에는 상호 협조적인 분위기가 조성될 수 있도록 유도하였으며, 궁극적으로는 신뢰가 바탕이 된 업무처리가 가능하도록 상호 노력하였다. 설계시공일괄 사업자는 H중공업과 K사가 공동도급으로 수행되었다.

당 현장에서는 각 단계별 업무를 추진하면서 CM단이 사전에 심도 있는 검토안을 작성하여 발주자에 보고함으로써 발주자의 의사결정 시간을 단축하고, 공사의 품질 및 효율성을 확보할 수 있었다. 다음은 CM사가 국내 공공공사에서 CM을 정착시키고 활성화시키는데 기여한 주요 업무 내용에 대하여 기술하겠다.

6.1 설계 전(前) 단계

1) 유사 사례조사 및 벤치마킹

동 건물의 전반적인 운영방식, 건축계획, 추가 보완사항 등을 검토하기 위하여 기 시공된 지역사회의 공공 문화시설인 구민체육센터, 청소년수련관 및 천체투영실에 대하여 유사현장에 대한 사례조사 및 벤치마킹을 실시하였다. 구체적으로 기본설계 단계에서 6개소(성북 레포츠타운, 역삼동 청소년수련관, 과천 돔 시어터, 구로 청소년수련관, 대전 시민천문대, 인천 교육과학연구원), 실시설계 단계에서 5개소(영월 별마루 천문대, 광진 문화예술회관, 남양주 체육관, 양천 구민 체육센터 및 구로 청소년수련관)에 대해 각각 사례조사를 실시하였다. 이를 통하여 프로젝트 특성별 벤치마킹 부문을 조사하고, 성공 및 실패사례에 대한 평가결과를 본 프로젝트에 반영하여 전체적인 사업운영의 효율성을 높일 수 있었다.

2) 통합 발주방식 적용

광진체육센터와 청소년수련관은 인접한 건축물임에도 불구하고 발주기관인 광진구청 및 서울시는 분리발주를 계획하였다. 그러나 총 연면적 4000평의 유사한 시설을 분리발주할 경우 발생할 수 있는 문제를 해결하기 위하여 건설사업관리(CM)단은 설계, 시공 및 유지관리 측면을 고려하여 통합발주의 타당성을 검토하였다.

CM단은 통합 발주를 할 경우 설계 및 시공측면에서 유리한 점을 심도있게 조사, 검토하였다. 통합발주의 가장 큰 이점은 단지 내 공용부분(기계실, 전기실 및 지하주차장) 및 단지 외 공용시설물(광장동 운동장 부지, 기존도로와의 원활한 교통소통, 체육센터 부지 내 주차계획의 효율성 향상, 통일성 및 일관성 있는 조경계획, 기타 옥외 시설물에 대한 능동적 계획)을 통합 설계함으로써 시공성이 향상되어 공사진행의 효율성을 높일 수 있고 통일된 건축물의 상징성을 부여할 수 있으며, 친환경적인 건설을 위해서도 유리하다는 것이다. 둘째, 두 시설물의 기능과 역할을 고려하여 계획하기 때문에 설계 및 시공의 상승 효과를 발휘할 수 있다. 또한 구민체육센터와 청소년수련관 이용객의 동선계획을 종합적으로 고려할 수 있어서 공용부분의 면적을 감소시킬 수 있다는 장점이 있었다. 이는 사업비를 절감하고, 공사 간의 간섭을 배제할 수 있으며, 전체 사업기간을 최소화할 수 있는 기회가 되었다. 더욱이 발주자의 행정관리업무가 감소되며, 공사 규모 및 공사비의 증가로 설계시공일괄입찰에 1군 건설업체가 입찰에 참여할 수 있는 유인책이 되었으며 공정, 품질 및 안전관리에도 유리하였다.

또한 유지관리 측면에서도 많은 이점이 있었다. 인접시설물의 공용부분(기계실, 전기실 및 지하주차장 등)을 통합하여 운행할 수 있기 때문에 유지관리비(인원 및 경비)를 절감할 수 있으며, 시설물의 기능 역시 상호 보완이 가능하기 때문에 시설물 관리면에서도 수익성이 증대될 수 있었다.

결론적으로 광진구민체육센터 및 청소년수련관을 개별적으로 발주하는 것 보다 두 개 시설을 통합하여 설계 및 시공을 수행하는 것이 모든 측면에서 경제적이며 전체 사업기간을 최소화 할 수 있다는 결론을 도출하고 발주자와의 협의를 통하여 통합 발주하는 것으로 결정하였다.

3) 기본설계 단계의 개략공사비 산정

기본계획수립 시 개략공사비 산정은 설계도면이 작성되지 않은 상태에서 수행되므로 많은 경험과 고도의 기법을 필요로 하는 작업이다. 따라서 당초 발주자의 예산을 감안하고 공사특성에 따른 공정별 공사비를 추정하여 개략적인 공사비를 산정하였다. 또한 이를 바탕으로 유사 사례의 총 공사비 및 공종별 공사비를 비교, 공사비의 적정성을 검토하였다. 특히, 개략공사비 산정 시, 간접비의 경우 일반적인 요율을 적용하는 것으로 하였으나 직접인건비는 광진구민체육센터 및 청소년수련관의 발주기관이 달라 각각 분리하여 산출하였으며 직접인건비에 대한 타당성 검토를 집중 수행하였다.

직접인건비에 대한 개략산정 검토결과 구민체육센터의 당초 예산 및 CM단의 추정치는 각각 6,359,000원/평, 6,307,000원/평이고, 청소년수련관은 각각 5,231,000원/평 및 5,228,000원/평으로 분석되었다. CM단이 산출한 상기 공사비는 일반적인 체육센터의 실제 공사비에 공공 도급공사의 일반적인 낙찰율을 고려하면 유사한 것으로 조사되었다. 따라서 설계관리를 철저하게 시행할 할 경우 발주자가 처음 책정한 예산으로도 프로젝트를 충분히 진행할 수 있는 것으로 판단되었다.

4) 운영관리계획 제안 및 검토

본 시설의 운영관리계획의 수립을 위하여 관련 법을 조사하였다. 정부조직법의 공공 시설물에 대한 위탁에 관한 관련 법률 규정에 따르면 "행정기관은 소관사무 중 조사, 검사, 검정, 관리업무 등 국민의 권리 · 의무와 직접 관련 되지 않는 사무를 법인 단체 또는 그 기관이나 개인하게 위탁할 수 있다"고 규정하고 있다. 즉, 관련 법에서는 공공시설물의 위탁 가능성을 규정하고 있다.

그렇다면 공공시설물의 정부서비스의 민간위탁의 근거는 무엇인가? 이는 공공시설물에 대한 서비스를 정부가 공급하는데 대한 한계에서 비롯된 것이다. 우선 공공시설물에 대한 서비스를 정부가 공급하는 방식은 공익성의 보장, 소득 재분배 및 경제성의 실현 가능성, 서비스의 지속성과 안정성을 유지할 수 있지만 비용절감에 대한 동기 부족, 관료 조직의 비대화, 경제성의 결여, 부실과 실패의 책임소재가 불분명하다는 등의 많은 문제를 안고 있다. 이러한 문제 때문에 공공시설물 서비스의 민간위탁 공급방식이 대두되게 된 것이다. 그러나 민간위탁 역시 비용절감에 대한 동기 유발, 서비스 개선의 용이성, 정확한 업무관리 및 통제의 가능성은 높지만 업체간 담합 또는 독점의 가능성, 공익성의 결핍, 계약상 명시되지 않은 사항의 책임성 등의 문제가 야기될 수 있다.

그러나 공공서비스 공급방식은 민간에 위탁하는 것이 국내외 추세이며 민간위탁방식이 정부가 직영하는 방식에 비하여 비용이 절감되고 효율성을 개선할 수 있다고 평가된다. 따라서 광진 구민체육센터 및 청소년수련관 역시 관련 시설관리공단에 위탁하여 운영할 예정으로 위탁 운영자를 조기에 선정토록 추진하였다. 또한 운영 및 유지관리계획을 건설사업관리자, 시공사 및 운영팀이 협의하여 작성하고, 사전에 이를 설계 및 시공에 반영함으로써 발주자 만족과 운영 및 유지관리의 효율성을 향상시킬 수 있었다. 이와 함께 2개 건축물의 사업주체는 상이하지만, 운영관리를 통합해서 수행하는 것이 발주자에게 유리하다는 제안도 하였다.

5) 설계시공일괄사업자 선정 업무

본 과업은 서울특별시 광진구에서 발주하는 광진 구민체육센터 및 청소년수련관 신축공사의 설계시공일괄발주방식으로, CM단에서는 관련 서류 등을 작성하여 실시설계 적격자 선정 업무에 협조하였다. 본 프로젝트의 실시설계 적격자 선정과정은 다음과 같다.

(1) 입찰안내서 작성 및 입찰서류 접수

CM단에서는 설계시공일괄사업자 선정을 위한 입찰안내서를 작성하고, 발주자를 대신하여 현장설명 및 질의회신업무를 수행하였다. 입찰업무를 대행하는 조달청으로부터 입찰참가 적격자 회신(2004. 09. 10)을 접수한 후 입찰에 참여한 2개사(H중공업 및 S건설)의 설계도서를 수령하여 입찰안내서와 비교, 검토하여 기본설계도서의 적정성을 검토하였다.

(2) 심의일정 및 방법 설명회

입찰업체 및 발주부서를 대상으로 심의일정과 방법에 대한 설명회(2004.09.21 시행)를 개최하였으며, 서울시의 기술심사실을 방문하여 기술위원 공개추첨과 관련한 설명회도 지원하였다.

(3) 기술위원 선임, 도서배부 및 검토

기술위원 선임 결정(2004.09.22부터)은 우선 후보위원 풀(pool)을 명부로 작성한 후, 연락 순서를 추첨에 의해 확정한다. 이후 확정된 순서에 의거 기술심사실 담당직원이 개인 휴대폰을 사용하여 기술위원을 선임하며, 참여가 확정된 심의위원에게 입찰안내서 및 기본설계도서를 전달한다. 각 심의위원은 개별장소에서 도서를 검토하도록 조치되었다.

(4) 기술위원회의

기술위원회의(2004.10.05)에서는 서울시청에서 위원장 선출, 설계심의 토론회 진행 절차 및 운영방법, 공통 질문항목 등을 결정한다. 공통 질문항목은 위원별로 기 제출한 질문내용을 전문 분야별로 검토하여 공통적으로 적용이 가능하고, 설계안의 차별성을 부각시킬 수 있는 질문을 위주로 결정하였다.

(5) 입찰업체 답변서 작성

기술위원회의에서 결정된 공통 질문항목을 입찰업체에 전달(2004.10.06)하여 사전에 답변서를 작성하도록 한다.

(6) 설계심의토론회 및 점수발표

서울시청에서 기술위원, 평가위원, 입찰업체, 발주기관이 참석하는 가운데 설계심의(2004.10.12)를 실시하였다. 개략적인 설계심의과정은 다음과 같다. 우선 심의요령 및 사업개요를 설명하고, 입찰참가업체에게 20분 내외로 설계안에 대한 설명의 기회가 주어졌다. 이후, 기술위원 및 입찰참가업체가 참여하는 질문 및 응답 시간을 가진 후 평가위원의 채점 등을 통하여 실시설계 적격자를 선정하였다.

6.2 설계단계

실시설계 적격자가 선정된 후 건설사업관리자는 현장의 주요 현안, 집중관리사항, 실시설계 경제성(VE) 등을 중점적으로 검토하고 조치하게 된다.

1) 현장의 주요현안 검토조치 사항

가장 큰 현안으로는 타 회사가 시행하는 외부 임시 우회도로가 현장을 침범하고 있다는 것이었다. 즉, 현 지반고(E.L + 20)에서 7.6m를 굴착해야 하나 광진체육센터 부지에 타 기관에서 수행 중인 임시 우회도로가 지나가고 있어 굴착이 불가한 실정이었다. 따라서 광진교 북단 도로확장 공사의 진행현황에 대하여 발주자에 실정보고를 하고, 원 도로를 사전에 개통하도록 조치하였으며 이후 임시도로를 폐쇄하고 전력시설, 통신케이블 박스 및 맨홀 등을 즉시 이전하여 본 공사가 가능하도록 조치하였다.

그림 6-1 현장의 지장물 현황

공사 부지를 관통하는 또 다른 도로도 문제가 되었다. 즉 타 회사의 임시 우회도로가 현장 내를 관통하여 굴착이 불가하였으며, 이는 본 공사의 수행에 지장을 초래하였다. 따라서 발주처에 실정보고를 하고 당해 공정의 공사착공을 미루고 있는 시공자에게는 폐쇄 예정 1개월 전에 가능한 지역부터 우선 굴착토록 지시하여 전체 사업기간이 준수되도록 조치하였다.

마지막으로 내부 오수 암거(2.0m × 1.5m) 역시 현장 내를 관통하고 있었다. 즉, 고지관로(우수용) 및 저지관로(생활오수)가 당 현장의 사업부지를 관통하므로 발주자에 실정보고하여 이전토록 하였으며, 현장 내를 관통하는 기존 관로는 조기에 폐쇄 조치하여 공사의 진행에 차질이 없도록 관리하였다.

2) 집중관리사항

교차로 공사와 관련해서는 경찰청 신호등 심의통과를 위하여 광진구청과 협의하여 조속히 해결할 수 있도록 하였다. 또한 주 공정(critical path)을 철저히 준수하도록 집중 관리하였다. 이를 위하여 프로젝트 수행단계별로 구분하여 예정공정표를 작성하였고, 중점 관리가 요구되는 패스트 트랙공사(흙막이 및 터파기, 파일공사), 대공연장, 천체투영실, 수영장, 대체육관, 기계실, 전기실 등은 별도의 상세공정표를 작성하여 집중관리함으로써 공사 일정에 무리가 없도록 하였다.

천체관측장비, 엘리베이터, 기전 장비류 등 장기발주자재(long lead items)의 경우는 보다 철저히 관리하였다. 각 분야 전문가와의 자문회의를 통하여 관련 자재의 사양 및 필요한 제반사항을 사전에 검토하여 설계에 반영, 발주하도록 하였으며 공사 중 설계변경을 최소화하고 발주자 결정사항에 대해 신속한 조치를 취하려고 노력하였다. 즉, 설계단계부터 인수운영팀을 조기에 선정하고 상호 협의를 통하여 골조 및 마감공사 시에 설계변경이 최소화하도록 하였으며, 내외부 자재 및 색상 등은 발주자의 자문 및 심의를 통하여 신속히 결정되도록 하였다.

3) 사례조사를 통한 수영장 살균방식 변경

수영장의 유지관리 중 가장 중요한 업무는 지속적인 수질관리라고 할 수 있다. CM단에서는 수질관리 부분에 대한 발주자의 적용기준 및 기 시공된 수영장 사례조사를 통해 각 수질 시스템별 특성 등을 파악하여 당 현장에 가장 적합한 시스템을 적용하고자 하였다.

(1) 광진체육센터 수영장 설계개요

수영장은 성인풀(25m×13m×6레인), 어린이풀(13m×5.5m), 유아풀로 구분되고, 1일 수용 인원은 성인풀(867명), 어린이풀(173명), 유아풀(43명)으로 추산된다. 총 시간당 여과처리량은 150m³/hr. 수소이온농도는 PH5.8~8.6, 탁도는 2.8NTU, 유리잔류염소는 0.4~1.0PPM, 대장균 수는 10ml들이 시험대상 용수 5개 중 확장시험 결과 양성이 2개 이하면 양호한 것으로 판정한다.

(2) 수영장 시스템별 특성

수영장에 주로 적용되는 살균방식은 고압오존 살균방식, 혼화산화제 살균방식, 해수풀 전기분해방식, 개선혼합형 살균방식, 저압오존 살균방식 등이다. CM단은 본 프로젝트에 가장 적합한 살균방식의 선정을 위하여 사례조사를 실시하였으며, 분석결과는 〈표 6-1〉과 같다.

기 시공된 수영장 사례조사를 통해 각 수질 시스템별 특성 등을 파악한 결과 기 설계된 해수풀 전기방식은 고객만족도가 양호하고 초기투자비 및 유지관리비가 저렴하지만 내구성에 문제점이 있는 것으로 검토되었고, 살균방식이 우수한 방식은 혼화산화제 살균방식과 개선혼합형 살균방식으로 조사되었다. 그러나, 개선혼합형 살균방식은 제품에 대한 검증기간이 짧아, 본 현장에서는 수영장 ○○협회가 추천하고 외국산으로 고가이기는 하지만 유지비가 적은 혼화산화제 살균방식을 적용하였다.

표 6-1 구민체육센타 및 청소년수련관 수영장 살균방식 조사현황

살균방식	적용 수영장	특 징
고압오존 살균방식	• K-스포츠월드(1997) • S시-교육문화회관(1991) • K-구민체육센터(1995) • S-사회복지관(2003)	① 수질전문 관리자 및 유경험자 필요 ② 외국산 장비로 A/S 및 유지관리가 어려움 ③ 대부분 오존 측정장치가 없고, 추가 염소살균설비 필요 ④ 초기투자비: 2억
혼화산화제 살균방식(외산)	• S-제2운동장(2002) • G시-청소년수련관(2002) • B시-실내수영장(2002) • Y-청소년수련관(2004)	① 수영장 경영자 협회에서 추천하는 제품으로 수질처리에 관리자가 만족 ② 외국산으로 부품 고가 ③ 유지관리는 용이 ④ 2000년 4월부터 설치한 제품으로 10년 이상 검증 미비 ⑤ 초기투자비: 2.22억
해수풀 전기분해 방식	• B-LG백화점(2000) • J-구민회관(2002) • M-청소년수련관(2001)	① 고객에 대한 수질반응 양호 ② 풀에 직접 소금을 투입해야 하는 불편이 있고, 배관 및 여과기 부식 문제 발생 ③ 상기의 문제점 때문에 자재를 C-PVC 등 내식성을 사용할 경우 공사비가 증대 ④ 초기투자비: 1.53억
개선혼합형 살균방식(국산)	• S시 S-청소년수련관(2002) • E-청소년수련관(2003) • M-청소년수련관(2004) • S대-포스코스포츠센터(2005)	① 2002년부터 사용된 국내 제품 ② 혼합산화제 방식과 해수풀 방식을 조합한 방식으로 외산에 비하여 가격 저렴 ③ 수영장에 보급한지 약 3년 정도로 제품에 대한 신뢰성 검증 미약 ④ 초기투자비: 1.72억
저압오존 살균방식	• K-구민예술회관(2005) • G-청소년수련관(2002)	① UV자외선 램프를 이용한 살균방식으로 밸브 조작을 위한 숙련 기술자 필요 ② 고압오존 방식에 살균력 미약 ③ 염소로 추가 살균설비가 필요하고, 램프와 규조토의 정기적인 교환 및 보충 필요 ④ 초기투자비: 1.99억

※( )안은 준공년도임

4) 설계 경제성 검토

(1) 실시설계 경제성 검토

건설사업관리자는 광진체육센터의 각 분야별 기능향상을 포함한 실시설계의 경제성 검토(VE)를 통하여 프로젝트 품질향상과 원가절감에 기여하였다. 실시설계단계의 분야별 VE 실적은 다음과 같다.

표 6-2 건축분야 VE 실적

Item #	VE Item	설계안	대 안	절감액(천원)
01	지하층바닥 침투성 방수	침투성방수 / T45배수판	침투성방수 삭제 (배수판 설치)	9,467
02	3층 연결통로	3층에 연결통로 설치	3층 연결통로 삭제 (2층에 있음)	2,100
03	기초하부잡석	기초하부 THK150 잡석깔기	THK150 잡석깔기 삭제 (파일기초)	5,112
04	연결통로 출입문	연결통로 출입문 양쪽에 설치	연결통로 출입문 한쪽만 설치	400
05	발코니하부 단열재	발코니하부에 110mm 단열재 설치	단열재 삭제(외부 발코니)	300
06	EPS, PS 점검도어 사양	방화문	일반철문 변경	560
07	기계실 흡음판넬	기계실 벽체 T50 흡음판넬 설치	삭제가능 (기계실 인접 거실 없음)	1,804
08	천체투영실 출입구	1개소	2개소로 출입구 분리	기능향상
09	지하 1층 PIT공간	지하1층 PIT	창고로 활용	기능향상
10	천체투영실 연결통로	청소년수련관 홀과 예각으로 연결	청소년수련관 홀과 직각으로 연결	기능향상
11	천체관측소 슬라이딩돔	개폐방향이 동서방향	개폐방향이 남북방향	기능향상
12	다목적실 물품보관소 설치	물품보관 창고 없음	별도의 물품보관 창고	기능향상
13	대공연장 비상출입문	외부와 연결 비상출입구 없음	외부와 연결 비상출입구 추가 설치	기능향상
14	체육센타 1층 부출입구	체육센타 1층 주출입구만 설치됨	체육센타 1층 부출입구 추가 설치	기능향상
15	체육관천정	천정설치 (입찰안내서 지침)	천정삭제 (설계형태상 채광 확보 유리)	19,420
합 계				39,163

표 6-3 구조분야 VE 실적

Item #	VE Item	설계안	대 안	절감액(천원)
01	기초 PHC PILE	PHC PILE의 설계 지지력을 60t	PHC PILE의 설계 지지력을 85t으로 증대	41,168
02	체육관 지붕 골조형식	체육관 지붕 골조형식 Truss system	체육관 지붕 골조형식 Space Frame으로 변경	시공성향상
합 계				41,168

표 6-4 기계분야 VE 실적

Item #	VE Item	설계안	대 안	절감액(천원)
01	급수, 급탕 배관 루트 및 서포트방식	주차장내를 통과하여 배관 루트 설정	급수, 급탕 배관을 실내로 이동시켜 배관 루트 변경	2,500
02	expansion joint specification joint specification : bellows(1개소)	주차장내 배관 신축, 팽창 흡수를 위한 expansion joint specification : 루프(loop) 타입	주차장내 배관 신축, 팽창 흡수를 위한 expansion	2,000
03	우수조 탱크 specification	우수조 specification : 스테인레스 160톤	우수조 specification : 콘크리트 타입으로 변경	5,500
04	바닥난방 방식 (예절실)	예절실 난방 배관 방식 : 중앙 난방	예절실 난방 배관 방식 : 초절전 온수방열관 반영	11,000
05	공조기 공급 냉온수, 스팀 배관 루트(2개소)	기계실에서 체육센타 및 청소년 수련관용 공조기에 공급되는 배관 루트	공조기에 공급되는 냉온수 배관 및 스팀의 길이를 최단 거리 변경	61,500
합 계				82,500

표 6-5 전기분야 VE 실적

Item #	VE Item	설계안	대 안	절감액(천원)
01	무대기계장치 제어 및 구동방식	무접점 replay(2개소)를 이용한 기기간 interlock 기능 및 1 : 1 독립 제어방식	현실적인 replay 제어 방식 적용	14,300
02	통합 SI 및 소방용 개별 UPS	통합 SI 5KVA 및 1KVA 개별 UPS 시설	통합 UPS 60KVA에 포함 가능하여 개별 UPS 삭제	7,500
합 계				21,800

(2) 실시설계보완(변경)에 따른 공사비 검토

건설사업관리자는 광진체육센타의 실시설계보완 및 변경에 따른 공사비를 검토하였다. 실시설계 주요 보완사항은 사전 협의된 경미한 설계변경 사항으로 공사비는 증액되었으나 계약금액은 조정하지 않았다.

표 6-6 실시설계보완에 따른 공사비 검토

(산출식 단위 : 천원)

공종	구 분		설계지침 및 기본설계	실시설계	산출식
건축	지하 1층	주차장 창고	PIT	창고설치 : 관리의 편의성	바닥: 48m^2×30 벽: 180m^2×17 개략공사비: 4,500
		공연장 로비면적	F열과 G열사이 2m 지점에 설치	F열로 2m 연장 : 원활한 이용자 편의	43m^2×30 개략공사비: 1,290
		대공연장 비상구	없음	비상계단 및 출입문 추가설치 : 공연 연습자 편의도모	비상계단: 1,000 출입문: 500 개략공사비: 1,500
		공연연습실	화장실 없음 벽면 거울 없음	전용 화장실 설치 1면 거울 및 바설치	화장실: 500 유리설치: 1,000 개략공사비: 1,500
	지상 1층	구민센타 1층 부출입구	없음	방풍실 및 출입문 설치 : 피난시 신속한 대피	방풍실: 3,000 개략공사비: 3,000
		유아스포츠단실 화장실	남,여 구분설치	남,여 공용설치(3개소)	화장실: 500 개략공사비: -1,500
	지상 2층	다목적연습실 물품보관소	탈의실과 통합	별도의 물품보관소 설치	17m^2×100 (70%적용)=1,190 개략공사비: 1,190
	지상 3층	천체투영실 통로	1개소 (지붕없음)	2개소(지붕설치) : 이용자 편의도모	통로1개소: 15,000 지붕2개소: 16,000 개략공사비: 31,000
	지상 4층	체육관 천장	천장설치	노출천장 : 채광 및 천장고 확보	1,214m^2×16 개략공사비: -19,420
		원형돔, 슬라이딩돔	PIT	부속실 설치	17m^2×100×50% 개략공사비: 850
		체육관 중층홀	없음	신설 : 장애인 관람석 편의고려	면적: 64m^2×40,000원 방범셔터: 2,000,000 개략공사비: 4,560
소 계					개략공사비: 28,470

기계	우수저장고	스테인레스 구조	철근콘크리트 구조 : 탱크내 펌프진동으로 인한 하자 발생	스테인레스구조: 45,000 철근콘크리트조: 40,000 개략공사비: -5,000
	체육센타 엘리베이터	기계실있는 구조	기계실 없는 구조 : 체육관 중층 객석 이용자 편의제공	기계실 있는 구조: 60,000 기계실 없는 구조: 85,000 개략공사비: 25,000
소 계				개략공사비: 20,000
전기	수배전 설비공사		UPS, 음향설비	개략공사비: 40,000
	무대장치	Programmable Logls Controller	MCC Control Panel	개략공사비: -20,000
소 계				개략공사비: 20,000
조경	길거리 농구장 규격	골대 3개소	골대 2개소	골대: 500 면적감소: 8,031 개략공사비: -8,530
소 계				개략공사비: -8,530
합 계				개략공사비: 59,940

5) 실시설계 단계의 공사비 산정

본 사업은 설계시공일괄발주방식으로 시공사에서 제시한 공사비와 발주처 요구사항등에 의한 설계변경사항에 대하여 검토한 결과 기본설계내역 대비 직접공사비에서는 건축 및 기계공사비가 감소하고 부대토목 및 조경공사비가 소폭 증가하여 전체적으로 1.2억 정도 감소하였다. 따라서 직접공사비 대비 일정 요율로 산출되는 간접비용들은 직접공사비의 감소로 입찰금액 대비 각 항목별 83%~99% 수준으로 감소되었으나, 입찰시 적용하지 않았던 세금과 공과 경비항목(하수처리분담금)으로 3.5억원이 발생하여 입찰금액 대비 경비는 상승하였다.

따라서 당 현장에서는 기본설계내역 대비 직접공사비 및 간접노무비의 금액은 감소하고 경비부문은 증가하여 총공사금액은 동일한 것으로 검토되었으며, 그 내용은 다음과 같다.

표 6-7 실시설계 단계의 공사비 산정

(단위 : 원)

항목별	기본설계	실시설계	증감	증감율
공통가설공사	73,270,933	0	−141,269,685	99%
건축공사	9,349,644,128	9,940,517,148		
인테리어공사	658,871,772	0		
부대토목공사	50,706,145	85,751,361	+35,045,216	169%
토목공사(Fast-Track)	507,821,126	507,821,126	+0	100%
조경공사	658,871,772	688,219,591	+29,347,819	104%
기계설비공사	3,623,794,751	3,578,769,464	−45,025,287	99%
전기통신공사	2,415,863,167	2,415,863,167	+0	100%
소 계	17,338,843,794	17,216,941,857	−121,901,937	99%
간접노무비	672,082,090	557,066,282	−115,015,808	83%
산재보험료	220,202,896	182,518,788	−37,684,108	83%
고용보험료	56,051,646	46,459,327	−9,592,319	83%
건강, 연금보험료	90,611,067	75,104,472	−15,506,595	83%
퇴직공제부금비	88,810,847	73,612,330	−15,198,617	83%
안전관리비	320,700,497	315,037,228	−5,663,269	98%
환경보존비	34,677,687	34,433,883	−243,804	99%
하도급보증수수료	4,681,487	4,648,574	−32,913	99
기타경비	1,099,298,389	1,073,490,672	−25,809,717	98%
세금과 공과	0	350,000,000	350,000,000	
소 계	2,587,116,606	2,712,371,456	+125,254,850	105%
일반관리비	797,038,416	797,172,536	+134,120	100%
이윤	281,546,639	268,271,566	−13,275,073	95%
공사손해보험료	50,000,000	59,787,940	+9,787,940	120%
소 계	1,128,585,055	1,125,232,042	−3,353,013	100%
합 계	21,054,545,455	21,054,545,455	+0	100%
부가가치세	2,105,454,545	2,105,454,545	+0	100%
합 계	23,160,000,000	23,160,000,000	+0	100%
설계용역비	1,518,000,000	1,518,000,000	+0	100%
총공사원가	24,678,000,000	24,678,000,000	+0	100%

6.3 시공단계

1) 체계적인 공정관리

본 프로젝트의 공사기간은 패스트 트랙(fast track)이 적용되는 토공사 우선 착공분의 경우 3개월(2005.02.01~2005.05.02)이고, 본 공사는 14개월(2005.05.12 ~2006.06.30)로 계획되어 총공기는 17개월이다. 체육관의 장스판 지붕, 원형 천체투영실과 천체관측시설이 포함된 청소련수련관 등의 난공사 부분과 다양한 시설 포함된 프로젝트의 특성을 감안하여 주 공정계획(master schedule), 지하 및 지상층 구체공사 상세공정계획, 그리고 부진공정 만회계획을 수립하고 체계적으로 관리하여 착공 전에 계획한 전체 예정공정율을 준수하였다.

(1) 주 공정계획

주요 공정에 대하여 설계도를 기준 물량으로 산출하여 공정관리 key를 주안점으로 하여 각각의 소요공기를 산출하였으며, 검토한 내용은 다음과 같다.

표 6-8 핵심 검토사항

공종명	산정기준	수 량	소요 일수(일)	공정관리 Key
토공사	굴착량	36,756㎥	69	굴착장비 가동능력
파일공사	천공 량	440공	74	장비 동선관리
기초공사	바닥면적	5,633㎡	44	레벨 단차 및 양수처리
지하골조	바닥면적	7,227㎡	106	레벨 단차 고려
지상골조	바닥면적	10,349㎡	133	수평 및 수직 조닝 관리
외부마감공사	바닥면적	30,945㎡	96	수직 조닝 관리
내부마감공사	바닥면적	15,128㎡	184	공정 순서관리

지하층 구체공사는 A(청소년수련관) 및 B(구민체육센터) 존으로 구분하고, 지하층의 레벨 차이에 따라 각 존별 3개의 조닝으로 세분하여 레벨 단차 및 수직 조닝과 연계하여 공기를 산정하였다. 지상층 구체공사의 수평 조닝계획으로는 A(청소년수련관, RC조), B(청소년수련관, SRC 조), C(구민체육센터), D(천체투영실)로 구분하고, 수직 조닝계획은 각 층별로 구분하여 공기를 산정하였다.

(2) 부진공정 만회계획

당 현장에서는 주요 공정 및 구체공사로 구분하여 전체 예정공정표를 작성하였고, 주간 및 월간 공정회의를 통하여 공정진도 등을 파악함으로써 공사일정에 차질이 없도록 관리하였다. 공기지연 기준은 주간공정실적 10% 이상, 월간공정실적 20% 이상, 누계공정실적 5% 이상, 지연일수가 잔여공기의 20% 이상 초과시로 설정하고, 공기지연이 발생하였을 경우 즉시 그 원인을 분석하여 현장 여건에 가장 적합한 대안을 도출하여 적용하였다. 또한 공기에 미치는 영향이 큰 주 공정의 경우는 추가적으로 패스트 트랙을 적용하여 공기를 단축할 수 있도록 노력하였으며, 지연공정의 경우 공정을 세분하여 공사 수행상 발생되는 문제를 사전에 인지하고 만회대책을 수립 · 적용하였다.

(3) 패스트 트랙에 의한 공기절감

패스트 트랙방식은 공기단축을 위하여 설계와 시공을 동시에 수행하는 것을 말하며 당 현장의 경우에는 계약조건 상 패스트 트랙을 적용하게 되어 있었다. 계약상의 적용 범위는 지장물 철거, 가시설 공사, 부지정지 공사 등 토공사와 터파기 및 흙막이공사, 파일공사였다. 따라서 이러한 공종에 대해서는 기본설계 제출 시 실시설계 도서를 제출하도록 요구하여 패스트 트랙으로 공사를 진행하였다. 또한 계약상 패스트 트랙 적용 공종이 아닌 경우에도 공기에 영향을 미치는 주요 공종에 대해서는 추가적으로 실시설계와 시공을 병행하는 적극적인 패스트 트랙을 적용하여 전체 사업기간을 3개월 단축하는 성과를 얻었다.

패스트 트랙 공사를 수행할 때 사업부지 주변의 토지이용 현황 및 지장물을 사전에 확인하여 공사 시에 반영하였으며, 침수피해 및 배수가 원활히 되도록 부지 계획고(E.L+21.0m)를 조정하였다. 부지의 특성을 반영하고, 사전 지반분석을 통해 주변의 침하 및 지반 이동에 대한 기준을 만족하면서 최단공기 및 최저의 공사비로 시공을 완료할 수 있도록 오픈컷(open cut), H-파일+토류판, 스트러트(strut) 공법을 적용하였다.

또한 지반조사 결과 기초설치부가 매립토와 퇴적토 층으로 되어 있어 가장 경제적인 공법으로 판단되는 PHC-파일을 계획하였다. 배수계획은 확률강우강도 50년 빈도를 적용하였으며, 많은 주민이 사용하는 공공시설이라는 프로젝트의 특성을 반영하여 환경친화적이고 경관이 좋은 포장재료를 사용하였다.

2) 자문회의를 통한 품질향상

(1) 음향, 무대

청소년수련관의 대공연장 및 소공연장의 음향, 무대 계획 시 공연장 수준 및 운영자 요청 사항을 적극 반영한 최적의 시스템이 구축될 수 있도록 설계단계부터 전문가로 구성된 자문단을 구성, 활용하였다.

대공연장은 345석 규모의 발표회, 경연대회, 공연, 영화관람 등을 할 수 있도록 음향의 잔향시간을 1.2초로 하여 설계에 반영하였다. 그러나 이러한 잔향시간은 내부마감 및 설치되는 의자의 개수, 재질 및 사이즈(size)에도 영향을 받을 수 있다. 따라서, 전문가와 협의를 통하여 사전에 샘플을 확정하여 보다 완벽한 공연장을 건설할 수 있었다. 관람석은 계단식으로 하여 시선계획을 고려하였고, 계단의 테두리가 철제로 마감되어 있어 관객들의 사고의 우려가 있는 부분은 조치하였다. 또한 공연장 무대 막이 빛이 투과되는 붉은색으로 설계되어 있어 빛이 투과되지 않는 검은색 등으로 교체하였다. 또한 외부에서 내부로의 입장과 실내에서 공연장의 입장이 용이하도록 내부계단과 양쪽 피난계단을 설치하였고, 음이 전달되지 않도록 방음계획을 수립, 적용하였다. 스피커의 각이 틀어져 각을 다시 잡을 때 수동장치는 교정에 많은 시간이 소요된다. 따라서 이 문제를 해결하기 위해 전동장치 변경을 현재 시공사와 협의 중이며, 음향기기는 음향설비 기자재 목록을 사전에 검토하여 상향조정이 필요한 부분은 적극 반영하였다.

그림 6-2 적용무대 개념도

소공연장은 100석 규모로 계획하여 소공연, 동아리 발표회, 모의토론장, 음악감상, DVD 감상 등의 설비를 갖추도록 계획하였고, 대공연장과 마찬가지로 공영장의 생명인 음향기기는 최고의 시설이 될 수 있도록 발주자와 전문가의 의견을 수렴하여 적극적으로 반영하였다.

(2) 색 채

색채의 선택은 광진체육센터의 기능과 목적에 적합하게 계획하여 조형미 및 상징성을 완성시키고, 주변환경과의 조화는 물론 시각적 풍요로움과 쾌적한 공간감을 느낄 수 있도록 개선하였다. 이를 위해서 CM단에서는 색채자문심의를 주관하여 설계에 반영하였다. 본 건물의 기본색채는 스트레스를 해소하고, 시각적으로 편안함과 안정감을 느끼게 하는 그레이(gray) 색상을 주조색으로 하여 부드럽고 차분한 이미지를 줄 수 있도록 하였고, 공간 구성상 중요한 부분에 대해서는 엑센트 색상(조닝별 색상)을 도입하여 단조로움을 피할 수 있도록 하였다.

대체육관은 시드니 오페라하우스와 같은 가지모양으로 설계되어 동적인 분위기를 강조하고 있다. 그러나 농구장으로 사용되는 내부공간은 시원하고 역동적인 한색(寒色)계열을 사용하여 안정적인 분위기 및 이미지가 표출될 수 있도록 하였고, 실내수영장은 청결 및 활동

그림 6-3 광진구민체육센터 외부 기본색채

적 분위기를 표현하기 위하여 파란 계열을, 대공연장은 정숙 및 장엄을 연출하기 위하여 브라운 계열을 적용하였다.

(3) 경관조명

본 광진체육센터는 ① 역동적 선형을 활용하여 미래 지향적 이미지를 창출하고, ② 랜드마크의 조형성, ③ 컬러 연출 및 입면을 부각시키는 상징성, ④ 자연요소 및 계절을 상징하는 친환경성을 구현하는 것을 기본개념으로 하였다. 상기의 4가지 기본개념을 연출하기 위하여 본 공사에서는 경관조명 자문회의를 개최하여 각 요소별로 구분된 경관조명계획안을 작성하여 설계에 반영하였다.

영역별 디자인 계획은 체육센터 4층 외부바닥에서 상향 투사하여 계절별 컬러를 연출하고(POWER-T150W), 천체투영실 하부 선큰 바닥매입조명(CDB-T150W)을 상부로 조사하여 떠있는 달의 이미지를 연출하였으며 청소년수련관 4.5m Pole에는 투과조명(SON-T250 W)을 설치하여 전체적 균형감 살릴 수 있는 조명연출을 하였다. 계절별 조명은 천체투영실 지붕층 상부에서 봄에는 그린 색을 투사하여 아차산의 싱그럽고 푸른 생명의 이미지를 살리도록 하였으며, 여름은 파란색으로 한강의 푸른 물결 이미지, 가을엔 노란색으로 황포돛대의 풍요로운 이미지, 겨울은 흰색으로 백설의 순백 이미지를 표현하였다. 또한 축제 시에

그림 6-4 광진체육센터 경관조명

는 시간대에 따라 컬러별로 순차적으로 작동하게 하여 드라마틱하고 생동감 있는 이미지를 표현할 수 있도록 하였다.

(4) 방 수

건축 공정 중 마감에 속하는 방수공사는 준공 후 하자발생 주요 원인이 된다. 따라서 공종별로 발생 가능한 문제점을 예상하여 방수공사 수행 전 · 후에 자문위원으로 하여금 현장을 점검하게 하고, 프로젝트 참여자와 전문가가 참여하는 회의 등을 개최하여 적합한 대책방안이 강구될 수 있도록 관리하였다. 방수와 관련된 주요 업무는 다음과 같다.

우선 수영장의 완벽한 방수를 위하여 구조체 콘크리트 시공 이음부에 대해 V-cutting 후 방수재료를 충진하였고, 설비 슬리브부위 및 드레인 부위는 코킹 및 엑폭시 몰탈로 이중으로 실링 처리하도록 계획하였다. 다음으로 대체육관 지붕층은 홈통(gutter) 크기의 적절성 여부를 검토하여 물이 정체되지 않도록 계획하였고, 시공상세도(shop drawing)의 검수 시 방수 문제가 발생될 수 있는 부위(이음부 및 이형의 재질이 만나는 부위)에 대해서는 추가적으로 면밀한 검토를 수행하였다. 마지막으로 철근콘크리트 지붕 방수를 위하여 시공 이어치기 부위는 key 설치 및 방수재료를 충진을 하였고, 슬래브의 바닥은 1/50~1/100로 구배를 주었다. 또한 방수턱 등 치켜올림 부분은 콘크리트 및 방수시트를 방수턱까지 일체로 시공하여 방수성을 높였다.

3) CM단의 주요 검토사항 및 적용사례

(1) 천장고 해결방안

당 현장의 건축 천장고와 기계설비 및 전기공사의 간섭사항에 대하여 시공 전에 검토하여 상호 간섭사항이 발생되는 부문에 대해서는 사전에 대책안을 수립하여 건축공사의 천장높이를 준수하도록 조치하였다. 건축의 천장고에 덕트, 소방 및 기계배관 등이 복잡하게 설치되어 간섭이 발생한 부분에 대하여 아래 제시한 3가지 방안을 적용하였다.

- 1안 : 덕트, 소방 및 기계배관 위치와 형태 등을 변경하여 기 설계된 천장고 유지
- 2안 : 1안으로 해결이 곤란할 경우 필요한 부분에 대하여 배관 및 덕트 간섭사항 등을 정리하고, 실의 특성을 고려하여 일부 천장고 조정
- 3안 : 1안 및 2안으로 해결이 곤란할 경우 철골 보를 관통(필요 시 철골 보의 춤을 키운 후 오픈계획) 하여 덕트 배관을 설치하여 기 설계된 천장고 유지

(2) 내화구조 추가 적용사례

건축법에 의하면 문화 및 집회시설의 경우 바닥면적이 500m² 이상일 경우 주요 구조부(내력벽, 기둥, 바닥, 보, 지붕틀 및 주계단)에 대하여 내화구조를 적용(건축법 시행령 제56조)하도록 규정하고 있다. 그러나 당 현장의 일부 주요 철골 구조부에 내화구조 항목이 누락되어 법규정에 의거 추가하도록 조치하였다.

체육센터 대체육관의 주요 구조부는 원형강관기둥 및 스페이스 프레임으로 지붕틀 하부에 반자가 없는 구조물로 원형강관기둥에 내화페인트를 적용하였고, 천체투영실의 주요 구조부는 일부 노출된 원형강관기둥 및 철골보로 주요 구조부(노출부분을 포함한 원형 강관 및 철골보)에 대하여 내화구조를 적용하였다.

(3) 자전거길 폭 변경

자전거길은 당초 예산에 맞추어 길 폭을 2.5m로 계획하였으나, 현황대지 및 지장물 조사결과 자전거길 폭에 대하여 재검토가 필요하였다. CM단에서는 4가지 안을 작성, 검토를 하였다.

자전거길 폭을 당초 안(폭 2.5m)으로 할 경우 자전거 및 보행자 통로로 미흡하여 변경이 필요할 것으로 판단되었다. 변경 1안(폭 5.0m)으로 변경 시 콘서트홀 대지 경계선이 일부 저촉(외부주차대수 약 7개소 변경 필요)되지만, 양방향 자전거 및 보행자 통행에 적정할 것으로 판단되었다. 변경 2안(폭 4.0m)은 콘서트홀 대지 경계선에 거의 영향을 미치지 않으며, 발주기관들 간의 협조만 있으면 해결이 될 수 있는 상황이었으므로 폭을 4.0m까지 확장하는데 무리가 없는 것으로 판단되었다. 변경 3안(폭 3.2m)은 기존 강변북로 옹벽의 인접 장애물(한전맨홀 및 송유관) 관련 공사에는 편리하지만 자전거 및 보행자 통로로는 상당히 부족하다고 판단되었다.

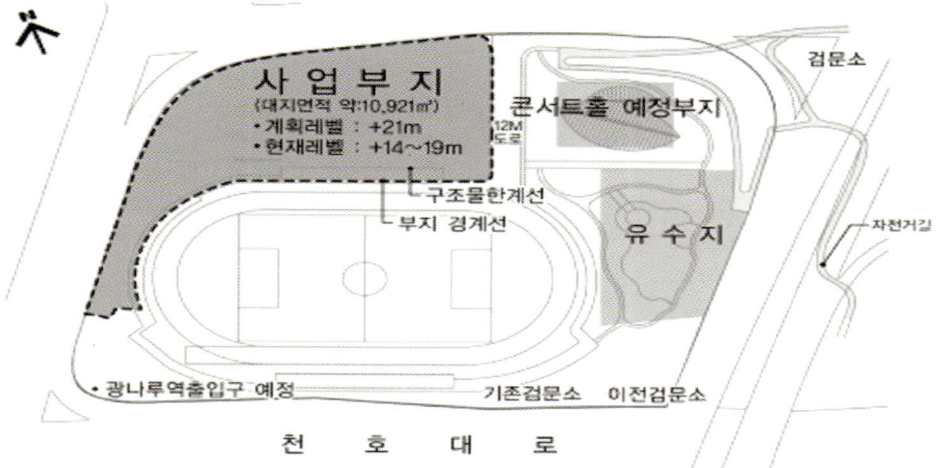

그림 6-5 대지현황도

CM단에서 검토한 상기 4가지 안을 광진구청에 실정보고한 후 최종 자전거길 폭은 4.0m로 결정되었으며, CM단에서는 추후 공사 여건이 허락하는 한 최대한 자전거길 폭을 넓히는 방안을 검토할 예정이다.

(4) 광진구민체육센터 외부 데크 변경

광진 구민체육센터 2, 3층 외부 데크는 당초 자기질의 타일로 계획되었다. 그러나 고품격의 목재 데크를 설치하게 될 경우 건축물의 이미지가 향상될 것으로 판단되었다. 즉, CM단에서는 목재를 사용할 경우 조망권이 확보된 외부 휴식공간의 편안함과 친근감을 기대할 수 있다는 판단으로 외부 데크를 변경하는 방안을 검토하였다. CM단은 4종의 외부 데크 마감재에 대하여 비교, 검토한 결과 말라스 수종이 내구성 및 해충에 강하며, 가격도 비교적 저렴하여 당 현장의 외부 데크 변경 재질로 선정하였다. 상세조사결과는 〈표 6-9〉와 같다.

(5) 실별 냉난방공조방식 검토

광진체육센터는 건물에 대한 냉난방공조방식 적용 시 각 실별 제어 방법을 검토하여 에너지절감 가능성 여부를 비교, 검토하였다. 현재 설계된 정풍량 공조 방식은 공조기를 가동하여 덕트(duct)로 각 실별 천장 디퓨저(diffuser)로 냉난방 공조를 실행하는 방식이고, 변경안은 각 실별 변풍량 공조방식으로 공조기 이외에 VAV-UNIT를 각 실에 배치하여 디퓨져로

표 6-9 외부 데크 마감재 검토 결과

목재명	시공사례	특 성	단가 및 공사비 영향
말라스 수종 (인도,동남아산)	- 선유도 공원 - 뚝섬숲 공원	- 내구성이 매우 높다 - 벌레에 강하며 단단하다 - 유지관리가 우수하다	- 단가: 116,000원/㎡ - 공사비 89,187,000원 증가
라디에타파인수종 (뉴질랜드산)	- 아차산 휴게실	- 나무 결이 균일하다 - 자재수급이 용이하다 - 내구성 떨어지고, 유지관리가 어렵다	- 단가: 124,000원/㎡ - 공사비 96,790,000원 증가
미송 (북미지역산)	- 워커힐 호텔 데크	- 수축팽창이 적다 - 벌레에 강하다 - 내구성 떨어지고, 유지관리는 보통수준이다	- 단가: 121,000원/㎡ - 공사비 94,525,000원 증가
멀라우 (동남아산)	- 제주도 공원	- 내구성이 높다. - 주름가공이 가능하다 - 내구성 떨어지고, 유지관리는 보통수준이다	- 단가: 114,000원/㎡ - 공사비 87,021,000원 증가

냉난방을 실행하는 방식이다.

CM단에서는 서울시내 기존 구민체육센터와 청소년수련관을 대상으로 10여 곳의 현장 방문하여 조사한 결과 대부분 공조방식이 공조기를 가동한 정풍량 공조방식이었으며 일부 청소년수련관은 FCU 및 정풍량 공조방식의 혼합형을 적용하여 사용하고 있었다.

당 현장의 경우 청소년수련관은 2층부터 4층은 각 실마다 FCU로 냉난방을 담당하고 신선한 외기 도입을 위하여 공조기를 가동하는 정풍량 공조방식이고, 구민체육센터는 지상 1층 에어로빅실은 개별 냉난방(시스템에어컨+환기유닛)방식을 적용하였고, 지상 2층 소체육관 및 헬스장은 지열을 이용한 정풍량 공조방식, 지상 4층 대체육관 역시 공조기를 이용한 정풍량 공조방식을 적용하였다.

CM단에서 상기 2종류에 대한 건물 냉난방 공조방식을 검토한 결과 고급 오피스건물에서 적용하는 가변 풍량 공조방식을 당 현장에 적용할 경우 각 실별 풍량이 제어되어 에너지 절약에 유리하지만 초기투자비는 약 20% 증가되고, 저부하 시 풍량 감소로 인한 실내 공기오염과 유니트 자체의 기계적인 소음으로 2차적인 문제가 발생할 수 있다는 결론이 도출되었다. 따라서 현재 설계된 정풍량 공조방식이 적절한 것으로 판단되어 상세한 조사는 하였지만 변경하지는 않았다.

6.4 준공 후

CM단은 공사 준공 후 2개월(2006.07.01~2006.08.31)간 사후관리 단계의 CM서비스를 제공하도록 계약되었다. 사후관리 업무는 각 분야별 건물운영자 상호 간의 긴밀한 협조를 통한 시설물에 대한 펀치 리스트 조사, 시운전 계획 수립, 하자 발견 시 안전점검 및 진단, 진단된 문제점에 대한 조치 및 시정작업으로 구성된다. 또한 시설물에 대한 운영 및 유지관리 프로그램을 수립하고, 각종 행정처리 업무와 관련된 문서, 공사기록 및 건설지 등 관련 서류를 발주자에 제출하는 것도 이 단계의 주요 업무에 포함된다.

7. 맺음말

광진구청은 CM 프로젝트의 경험을 보유하고 있는 발주자였다. 따라서 발주자는 프로젝트 초기단계에서 CM사를 선정하였으며, CM사가 중점적으로 추진해야 할 발주자의 요구사항을 사전에 제시함으로써 CM의 업무목표 설정과 업무수행계획을 보다 명확하게 작성, 제시할 수 있었다.

발주자의 요구조건에서 제시된 사용자 불만사항을 사전에 해결하기 위하여 CM사는 철저한 벤치마킹을 수행하였다. 이를 통하여 설계시공일괄발주공사에서 발생하는 고객 불만사항 및 주요 문제점에 사전조사 및 체계적인 해결을 통해 다른 프로젝트에 비하여 높은 발주자 만족을 달성할 수 있었다. 또한 발생 가능한 문제에 대한 사전 예방적 활동과 전문성이 요구되는 분야의 외부 자문은 CM의 활동에 대하여 발주자의 신뢰를 이끌어내는 주요 요인이 되기도 하였다.

그러나 가장 큰 성공요인은 CM에 대한 발주자의 전폭적인 신뢰와 지원이라고 할 수 있으며, CM의 적극적인 관리를 이행해준 시공사의 노력도 많은 기여를 하였다. 이러한 발주자, CM 및 프로젝트 참여자의 팀웍에 의한 공사 수행은 CM을 적용하는 기본적인 요인이라고 할 수 있다. CM사는 CM의 기본 업무를 충실히 하고 발주자의 대리인이자, 조정자 역할을 성공적으로 수행함으로써 발주자 만족을 높였다. 또한 이를 통하여 해당 발주자의 다른 프로젝트의 일괄입찰안내서 작성 용역을 추가로 수주하였으며, CM용역에 대해 적극적인 추천과 지지를 획득할 수 있었다.

지역주민의 삶의 질을 향상시킬 수 있는 사회체육 및 문화공간을 자리잡을 광진체육센터는 2003년 말에 착수하여 2006년 8월 완공되었다. CM이 적용된 본 프로젝트는 설계, 시공, 운영 및 유지관리 등 모든 측면에서 어느 프로젝트 보다 높은 평가가 내려질 것으로 기대한다.

Part 03

서울월드컵경기장 프로젝트

C·O·N·T·E·N·T·S

1. 머리말

서울월드컵경기장 프로젝트는 2002년 한 · 일 월드컵대회 개최를 위한 주경기장의 건설이라는 문화 · 스포츠 측면의 의미와 함께 1997년 IMF경제환란 이후 침체 속에 새로운 변화가 요구되었던 우리 건설산업에 새로운 희망을 엿볼 수 있는 계기가 되었다.

그간 우리 건설산업은 고비용 저효율의 생산구조와 결과 지향적 운영형태, 무엇보다도 투명하지 못한 건설관행으로 오랜 불신의 늪에 빠져 있었다. 이런 환경속에서 국내 공공사업 최초로 건설사업관리방식의 적용을 통해 성공적으로 사업을 완료한 서울 월드컵경기장 프로젝트는 국내 CM방식의 정착 및 활성화에 크게 기여하였다.

본 장에서는 서울월드컵경기장의 주요 관리요소별 사례를 중심으로 CM의 업무내용과 적용성과를 고찰하고 수행과정에서의 문제사례와 개선방안을 제시하고자 한다.

※ 본 장은 한미글로벌(2002), "서울월드컵경기장 건설사업관리보고서 – II"의 내용을 요약하여 정리한 것임.

2. 프로젝트 개요

2.1 경기장의 주요 특징

1) 한국적 조형미를 갖춘 축구 전용구장

서울월드컵경기장은 한국의 방패연과 한강의 황포돛대를 형상화한 지붕구조와 우리나라 전통소반의 모양으로 관람석 스탠드가 설계되어 한국적 이미지를 잘 표현하고 있다. 또한 축구전용구장으로 건설되어 그라운드의 선수들과 관중들이 함께 어울려 박진감 넘치는 경기를 펼칠 수 있는데 그라운드에서 관중석까지의 거리가 터치라인에서 11m, 골 라인에서 17m에 불과하다.

그림 2-1 KLCC 서울월드컵경기장 컨셉

2) 사후 활용성 극대화

월드컵 대회 이후 경기장의 활용성을 극대화 하기 위해 관람석스탠드 하부 공간을 이용하여 총 16,054평 규모의 사후활용시설을 설치하였다. 시설내용은 대형할인점, 식당가 등 상업시설이 10,836평, 수영장 · 헬스 등 체육시설이 1,508평, 복합영상관 · 문화센타 · 월드컵 기념관 등 문화시설이 3,710평이 건설되어 지역 커뮤니티 센터(Community Center)로서의 기능을 담당하고 있다.

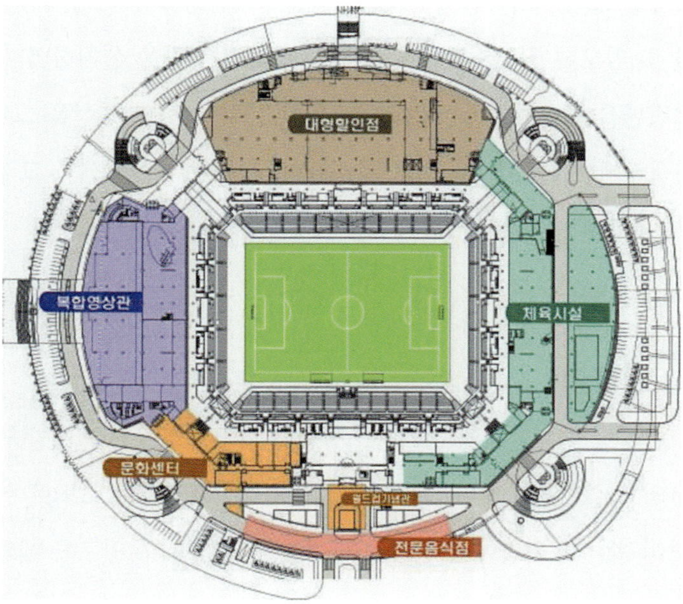

그림 2-2 경기개최 후 사후활용시설 배치도

3) 회원실 및 가변무대 설치

관람석 중간층에 경기를 관람하면서 독립된 공간을 갖는 오피스텔형 회원실 75실을 만들어 각종 단체 · 기업체에 임대, 운영하고 경기장 내 관람석 일부를 무대로 변환시켜 대형 콘서트 등에 사용 가능하며, 지붕에 고리를 연결하여 특징 있는 이벤트 행사가 가능토록 하는 등 일년 365일 시민과 함께 살아있는 경기장으로 활용되고 있다.

4) 환경 친화적인 '생태주차장' 조성

주차장 구획경계에 수림대를 조성, 차량이 강한 햇볕에 노출되는 것을 방지하는 등 공해 이미지를 상쇄하고, 환경친화적인 바닥포장재료를 사용하여 주차장보다는 공원이라는 느낌이 들도록하는 계획으로, 경기장 남측대지 94,860㎡(28745평)에 1636대의 '생태 주차장'을 조성하였다.

5) 최첨단 전광판 설치

2002 월드컵축구대회의 개막식이 펼쳐진 서울월드컵경기장은 경기장 내에서도 TV를 보는 재미를 느낄 수 있도록 최신소자를 사용한 다목적 전광판을 설치하였다. 서울월드컵경기장에 설치된 전광판은 최신소자(pure green)를 사용하여 자연 색상을 그대로 표출, 선수의 땀방울까지 생생하게 표현하며, 동영상, 정지화상, 각종 애니메이션과 그래픽을 구현함은 물론, 경기장 내 카메라에 담기는 관중의 다양한 표정을 연출하여 축구전용 경기장으로서의 새로운 맛을 느낄 수 있다.

6) 경기장 첨단조명설비

경기장 시설 중 가장 핵심설비인 경기장조명등을 향후고화질 HDTV방송에 대비하여 세계축구연맹(FIFA)의 시설기준(1,500Lux)보다 강화하여 2,000 Lux조도로 설치함으로써 야간 경기 시 대낮같이 밝은 경기장에서 선수들이 기량을 발휘할 수 있도록 메탈할라이드 램프(2kw) 264개가 설치되었고, 전세계 시청자들이 안방에서 선명한 월드컵축구경기의 생생한 현장모습을 시청할 수 있게 하였다.

7) 건축과 조화로운 경관조명

우리의 전통적인 멋과 현대 감각을 접목한 야간 경관조명을 설치하여 밤에 더욱 아름다운 경기장을 건설하였다. 경기장 지붕은 메탈할라이드 램프(metal halide lamp)로 방패연의 창호지 색상을 연출하여 희망과 꿈을 담고 떠오르는 효과를 표출하고 관중석은 푸른빛으로 전체적인 색상의 조화와 건축적인 안정감을 표현하였으며, 원형데크는 따뜻한 색감의 나트륨 램프(natrium lamp)를 이용하여 관중석을 감싸는 효과를 표현하도록 연출하였다.

그림 2-3 야간 경관조명 전경

8) 겨울에도 푸른 켄터키블루그래스 (Kentucky Bluegrass)

월드컵조직위원회의 잔디연구용역 결과를 바탕으로 경기그라운드의 잔디초종을 '켄터키 블루그래스'로 시공하였다. 켄터키블루 그래스 잔디품질 특성은 균일도가 높고, 여름에는 고온 · 건조에 강하며, 잔디 깎기에 의한 문양효과가 좋고, 난지형 들잔디보다 녹색기간이 3개월 정도 오래 지속되어 혹한기를 제외하고 언제나 녹색잔디 위에서의 경기를 관람할 수 있다.

9) 유니버설 디자인(Universal Design)개념 도입

유니버설 디자인이란 미국을 중심으로 생겨난 개념으로, 인간이 접하는 모든 물리적 환경이나 시설들을 접근하기 쉽고 사용하기 편리하게 디자인하는 것을 의미한다. 즉, 장애인은 물론 남녀노소 누구에게나 이용하기 쉬운 시설로 만들고자 하는 것으로, 서울월드컵경기장은 경기장 건축물로서는 처음으로 이러한 유니버설 디자인(universal design)개념을 도입하여 공사에 반영하였다.

2.2 서울월드컵경기장 건설현황

>>> 건설일반

① 공 사 명 : 서울월드컵경기장 건설공사
② 위　　치 : 서울특별시 마포구 상암지구 성산1동 515번지 일원
③ 공사기간 : 1998. 10. 20～2001. 12. 27(총 38개월)
④ 공 사 비 : 192,910,백만원(당초예산 200,000 백만원)
⑤ 대지면적 : 216,712㎡(65,555평)
⑥ 건축면적 : 57,618㎡(17,429평)
⑦ 연 면 적 : 155,942㎡(47,172평)
⑧ 참 여 자
- 발　주　자 : 서울특별시 월드컵주경기장건설단
- 사업관리자 : 한미글로벌 컨소시움
- 설　계　자 : 이공건축 컨소시움
- 사　업　자 : 삼성엔지니어링 컨소시움
- 해외참여사 : Parsons社(美), Clark社(美), Bond James社(豪), Giger社(美)

>>> 건설규모

① 데크 길이 : 남북 305m,동서 280m
② 데크 외곽 총 연장 : 919m
③ 관 람 석 (64,756석)
- 외측길이 : 남북 234m,동서 197m
- 내측길이 : 남북 151m, 동서 95m
- 첫단높이 : 남북 2.5m,동서 1.0M(폭 2.5 × 깊이 3m호 설치)
- 스탠드폭 : 80㎝(생드니 80㎝, 요코하마 90㎝)
- 최대경사 : 약 32°(FIFA기준 34° 이하)

④ 스탠드출구 : 102개소(일반관중용 88개소, VIP용 4개소, 언론 방송용 10개소)
⑤ 그라운드
- 필드의 규격 : 105 × 68m(2,160평)
- 잔디면 규격 : 117 × 78m(2,760평)

※ 골라인 뒤 6.0m,터치라인 측 5.0m 여유
- 관중석에서 남북측 골라인까지 : 17.0m(기준 : 7.5m 이상)
- 관중석에서 동서측 터치라인까지 : 8.5m(기준 : 6.0m 이상)

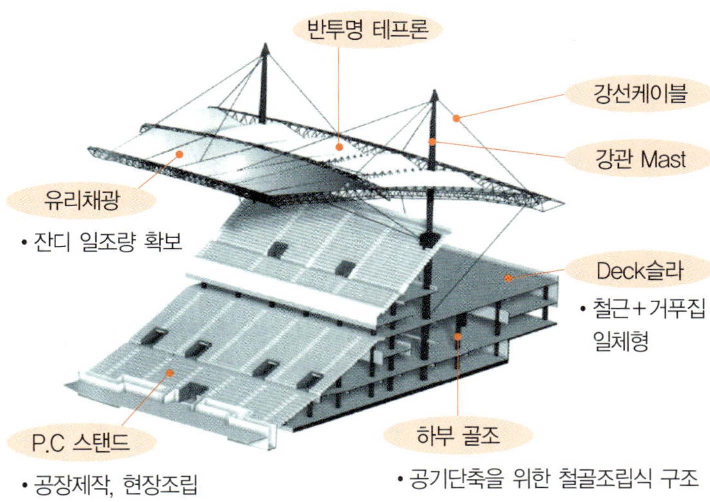

그림 2-4 서울월드컵경기장 구조개념도

2.3 건설사업관리(CM)용역 수행현황

1) 사업관리목표

- 2001년 12월27일 완공을 목표로 하는 합리적인 공정관리
- 설계도서 및 시방서에 준한 최고 수준의 경기장 건설
- 선진국 수준의 안전관리를 달성하기 위한 안전관리 활동
- 패스트 트랙(fast track) 적용을 위한 시공단계의 문제점 발췌 및 해결안 검토

2) 사업관리용역 계약현황

- 용역기간 : 1998. 9. 7~2002. 5. 6(44개월)
- 총용역비 : 4,230백만원(부가세포함)
- 투입 연인력 현황 : 759인 · 월(내국인), 1.86인 · 시(외국인)
- 사업관리 용역범위 요약

표 2-1 월드컵주경기장 프로젝트 건설사업관리(CM)단계별 업무내용

업무단계	기본설계	실시설계	공사발주	시공	유지관리
용역범위	제출 도서 검토	설계 감리	발주 협조	책임 감리	사후 관리
		건설사업관리 자문단 운영			
업무내용	• 실시설계 적격자선정 업무지원 • 적격업체선정, 기본설계도서 검토 – 설계 적정성 – FIFA기준준수 – 법규적용여부 – 수익시설 타당성	• 실시설계의 적정성 유지 및 문제점해결, 대책수립, 시공성 검토 • 도면, 계산서, 시방서 설명서, 내역서 등 작성도서의 확인, 검토 및 지도 • 시설물의 사후 활성화 대책수립 및 성과물 제출	• 납품도서 적정성 검토 • 심의준비 및 지적사항 보완 • 계약관련 서류 검토	• 일반행정관리 • 품질관리 • 시공관리 • 공정관리 • 안전관리 • 환경관리 • 설계변경 관리 • 기성 및 준공관리 • 하도급관리	• 준공도서 접수, 인계 • 유지관리 매뉴얼 접수 및 인수인계 • 준공처리 등 관련 행정업무 완료 지원 • 전산처리 업무 지원
기타업무		• PMIS(Project Management Information System) 운영 • VE(Value Engineering)를 통한 사업비 절감활동 • 패스트 트랙 적용공정에 대한 관리 • 클레임관리 [DRB(Dispute Resolution Board) 통한 분규조정]			

3) 사업관리단 조직구성의 특징

- 용역계약 구분으로 일반 상주 감리원, 전문 상주 감리원, 비상주 감리원, 건설사업관리 자문위원으로 구분
- 건설기술관리법상의 구분으로 감리단장을 총괄 책임감리원으로 하여 분야별 보조 감리원으로 구분
- 건축분야의 조직은 설계팀, 건축 시공팀으로 구성하여 업무를 세분하여 운영
- 국내외 자문단을 구성하여 프로젝트의 중요 의사결정 시 자문회의를 개최하여 발주자 및 사업관리단장의 의사결정 지원
- 전문분야 감리원을 해당 기간에 현장에 상주시켜 감리업무의 전문성 제고
- 사업관리팀을 구성하여 분야별 공통업무 지원 및 기술행정업무지원

그림 2-5 건설사업관리단 조직도(2000.7.1)

3. CM적용 배경 및 성과

3.1 CM적용 배경

1) 외부 환경 요인

(1) 건설환경의 변화

WTO 체제의 출범으로 무한경쟁시대의 도래와 공사발주자의 다양한 요구 및 건설산업의 대형화(Complex), 복잡화(Complicate), 전문화(Specialized)에 따른 건설환경변화에 대응할 수 있는 건설관리 기법의 필요성이 대두 되었다.

(2) 건설사업관리(CM)제도의 법제화

1997년 건설산업기본법 상에 건설사업관리제도를 명문화하여 동법 제2조(정의)에서 "건설사업관리라 함은 건설공사에 관한 기획, 타당성 조사, 분석, 설계, 조달, 계약, 시공관리, 감리, 평가, 사후관리 등에 관한 관리업무의 전부 또는 일부를 수행하는 것을 말한다"라고 규정하면서 제26조(건설사업관리 업무의 위탁)에서 발주자가 필요한 경우 건설사업 관리업무의 전부 또는 일부를 건설사업 관리자에게 위탁할 수 있다고 규정하여 일정한 능력과 경험을 갖춘 건설사업자의 CM사업 수행이 법적으로 보장받게 되었다.

(3) 책임감리제도의 한계성

전 사업기간 중 공사의 성패를 좌우하는 중요한 단계가 기획(예산확보)단계와 설계단계이며 이 단계에서의 건설관리 성과에 따라 전체 사업의 성패를 가름할 수 있으나 당시 책임감리제도는 주로 공사단계에서 업무가 시작되어 프로젝트의 기획 및 설계단계에서의 업무에 참여할 수 없고, 법적으로 규정된 책임감리의 업무 성격상 공사단계의 품질관리에만 치중하는 경향이 있어 원가관리(cost control), 공정관리(pcocess control), 위험관리(risk control) 등 건설관리의 필수요소 업무가 미약하여 CM제도의 필요성이 부각되었다.

2) 내부 환경 요인

(1) 공사기간의 단축 필요성 부각

프로젝트 기획단계에서 신축구장의 필요성 여부, 신축부지위치 확정 등의 의사결정 지연 으로 설계 및 공사에 소요되는 절대기간 부족이 예상되어 사업기간준수가 최우선과제로 대두됨에 따라 사업기간 단축에 효과적인 건설사업관리(CM)방식을 적용하게 되었다.

(2) 설계부실에 따른 위험요소 사전제거

월드컵경기장의 설계는 그 내용이 FIFA에서 요구하는 기준을 충족하여야 하는 특수성을 갖고 있어 설계자에게 설계를 일임할 경우 이에 대한 검증이 어렵고 설계완료 후 문제점이 발생할 시에는 설계의 수정 및 보완에 필요한 시간적인 여유가 없어 경기장(stadium) 설계 및 시공경험이 있는 전문가에 의해 설계 초기부터 단계별로 검증토록 하여 설계상의 위험요소를 사전에 예방하였다.

(3) 사후활용시설에 대한 전문가 투입의 필요성

서울시에서 운영 중인 기존 경기장의 연평균 활용횟수가 30회에 불가하고 이에 따른 만성적인 적자운영문제가 대두되어 이를 해결하기 위한 방안으로 운동경기 위주의 운영형태를 탈피하고 종합적인 문화, 생활공간으로 개발하여 향후 민간자본의 유치로 경기장 건립재원의 원활한 확충을 도모하고 활용도와 유지관리의 효용성을 높이기 위한 사후활용시설이 필요하였다. 이를 위한 타당성 검토를 전문 능력을 갖춘 CM사가 일괄 수행토록 하여 공공성과 수익성을 갖춘 부대시설 계획의 필요성이 부각되었다.

(4) 설계 및 공사관리의 연계성 확보

설계단계에 CM을 투입하여 CM의 초기적용효과를 극대화하고 설계단계에서 이루어진 내용을 공사단계로 연계하여 공사내용으로의 반영여부에 대한 지속적인 관리가 요구되었다. 설계시공일괄방식은 설계내용이 경제성 위주로 진행되어 설계자의 당초 설계의도를 훼손할 수 있는 가능성을 내포하고 있기 때문에 서울월드컵경기장만큼은 국가적 상징성을 고려한 설계자의 디자인 컨셉을 유지할 수 있도록 설계관리 하는 것이 필요하였다.

3.2 CM적용 성과

1) 발주자의 사업목표 조기확정

건설사업 초기단계에서 준비부족에 따른 명확한 사업목표설정 실패는 이후 실시설계 및 시공단계에서의 중대한 설계변경을 유발하게 되고, 이는 곧 공기지연으로 이어질 가능성이 매우 높다.

서울월드컵경기장 CM단은 사업 초기단계부터 해외 유사프로젝트에 대한 사례조사와 함께 발주자, 사업자, 각 분야별 전문가 및 국내 외 자문위원들과의 빈번한 실무접촉을 통하여 핵심사안 중심의 결론을 신속하게 도출하고, 그 결과를 피드백함과 동시에 발주자에게 제공함으로써 사업목표의 조기확정에 중요한 역할을 수행할 수 있었다.[1)]

2) 완성도 높은 실시설계의 확보

당 사업의 실시설계는 촉박한 일정 이외에도, 사후시설 활용계획에 의한 설계변경, 패스트 트랙의 적용에 의한 부지조성공사 및 파일공사의 진행, 각종 설계요구조건의 지속적인 변경 등 수많은 활동이 동시에 수반되는 악조건 하에서 진행되었다. 이러한 상황에 대처코자 CM단은 시공사로 하여금 현장 내에 설계자와 시공자 측 설계인력으로 구성된 '통합설계실'을 조직, 운영토록 하여 시시각각으로 변하는 내용들이 즉시 설계도서에 반영될 수 있도록 하였다. 뿐만 아니라 분야별 사업관리자들은 각 사안별로 자신의 전문지식과 국내외 자문단을 활용하여 기술검토 업무를 수행하고 그 결과를 발주자에게 신속하게 제공함으로써, 발주

1) 김종훈(2001), "공공사업에서 CM적용사례", 건설기술인 5월호 기고문.

자의 의사결정 시간을 단축하고 공기지연이나 후속단계에서의 재작업으로 인한 불필요한 추가비용의 발생을 효과적으로 방지할 수 있었다.

3) 효과적인 전략을 통한 사업기간 단축

CM단은 상대적으로 경험이 부족했던 스탠드 PC공사, 지붕공사, 경기장 잔디공사 등 주요 공종에 대한 집중관리방안을 수립하여 지속적으로 모니터링해 나가는 한편, 공사지연 리스크를 내포하고 있는 공종파악 및 대비책을 수립하고 철골, PC와 같은 롱 리드 아이템(long lead item)의 선별 및 생산 공장에 대한 밀착관리, 전국 10개 구장의 동시 사업추진에 따른 자원부족현상에 대비하기 위한 자원수급계획의 수립 등 목표공기 준수를 위한 '종합적인 공정관리시스템' 을 구축 운용하였다. 또한, 일정단축이 가능한 공정을 조기에 선별, 최대한 단축함으로써 상대적으로 중요도가 높거나 일정이 불확실한 공정에 대한 여유일정을 확보하는 전략을 수립 · 이행하는 한편, 실시설계기간 중에는 '부지조성공사 및 파일 공사' 에 대한 성공적인 패스트 트랙의 적용을 통하여 사업 초기단계의 공백기를 유효적절하게 활용함으로써 그 후속 단계에서의 공정관리에 유연성을 확보할 수 있었으며 결과적으로 약 3개월을 앞당겨 오픈행사를 개최할 수 있었다.

4) 자문단 활용에 의한 사업 리스크 대응

최적의 설계도서를 확보하기 위한 방안으로는 분야별 전문가들로 구성된 국내외 자문단을 구성하여 설계단계에서부터 적극적으로 활용함으로써 최적의 의사결정을 도출하는 과정에서 많은 도움을 받을 수 있었다.

특히, 실시설계기간 동안 미국에서 17개월 만에 70,000석 규모의 경기장을 건설한 경험을 보유하고 있는 'CLARK사' 소속 3명과 Parsons 전문가를 자문위원 형식으로 초빙하여 사업추진계획 전반에 대한 문제점을 파악, 분석한 후 대안을 제시토록 하고, 축적된 기술력과 경험을 요하는 지붕막 공사에 대해서는 '경기장 지붕막구조 전문 컨설턴트(consultant)인 호주의 'Bond James사' 로부터 자문을 받아 시행착오를 방지하고 중점관리 포인트를 확보하여 사업수행과정의 리스크에 대응하였다.

5) 계획예산 내 사업완료

당초 계획된 예산범위 내에서 사후활용시설의 확충(대형할인매장 및 지하주차장), 남측 주차장 및 대회 이후 복구공사 등 일체의 사업을 완료하였다. 설계단계에서 VE(Value Engineering)을 통하여 과다설계부분 및 비효율적인 설계내용을 개선하여 절감된 예산을 건축물의 기능 및 성능보완에 활용하였다.

경기장 관람석 스탠드 바닥의 우레탄도장을 제거하여 PC 노출마감으로 변경하고 외부의 도장마감을 노출콘크리트마감으로 변경하였다. 절감된 예산은 당초 석재타일로 설계된 3층 데크 바닥을 내구성이 우수한 국산화강석으로 변경하였고 장애인을 위한 시설확충에도 활용하였다. 또한 고정식 비상발전기를 이동식 발전기로 변경하여 발전기의 활용성을 증대시키고, 유지관리상 문제점이 예상되는 태양열시스템 및 쓰레기처리설비 등은 설계단계에서 제거하였다. 이는 정해진 예산범위 내에서 최적의 공사목적물을 완성하고자 하는 CM단의 노력으로 이루어진 것이다.

6) 대회 개최 후 시설의 수익 극대화

서울시는 프로젝트의 기획단계에서 기존 경기장들의 활용성 측면의 문제점을 인식하고 대회 후 활용시설에 대하여 일부 소극적인 계획을 수립하였으나 CM의 마케팅측면의 상권분석결과 당초 계획된 시설이 공익성에 치중되어 임대 및 분양에 어려움이 예상되었다. 이런 문제 해결을 위해 CM단에서는 영화관은 멀티플렉스(multiplex) 형태로 계획하고 층고를 높혀 시선 차단 없이 영화를 관람할 수 있는 구조로 변경하였다. 또한 소규모 임대매장 면적을 줄여 대형할인마트를 유치할 수 있는 공간을 확보하고 대형할인매장의 필수조건인 주차장 확보를 위해 지하주차장을 추가로 설치하였다.

그 결과 서울월드컵경기장은 전국 10개 경기장중 유일하게 흑자를 내는 경기장으로서 2002년 27억원 적자에서 2003년 130억 매출에 60억 흑자, 2004년 87억원 흑자, 2005년 90억 흑자를 기록하였다.[2] 실제 이러한 시설을 위해 변경하는데 추가 소요된 금액은 50억원에 불가하여 운영 1년 만에 회수가 되었고 오랫동안 난지도 쓰레기 매립으로 소외되었던 상암동 일대가 서울의 새로운 명소로 자리잡았다.

2) 매일경제신문, 2006년1월13일자 A33면.

4. 설계관리(Design Management) 사례

4.1 설계관리 착수단계 업무

1) 설계관리 과업수행계획서

과업수행계획서의 작성은 기술용역계약의 특수조건 제14조(과업수행계획서의 제출)에 근거한 용역계약이행의 일부이며 설계관리 과업 전반의 내용을 사전에 발주자의 승인을 득하는 것을 의미한다.

과업수행계획서의 작성목적은 건설사업관리용역 내용 중 설계 관리용역에 해당하는 부분에 대하여 당초입찰 시 제시된 용역내용 및 기술제안내용을 기준으로 설계관리 업무를 수행하는 관리목표, 조직구성, 업무분장, 업무절차 등 주요 관리항목에 대한 계획 수립을 통해 업무기준을 구체화하여 고품질의 설계관리용역을 수행함에 있다.

표 4-1 설계관리 착수단계의 주요 업무내용

No.	착수단계 업무내용	사업자	관리자	발주자	비 고
1	실시설계단계 사업관리 과업수행계획서		○	◎	
2	실시설계단계 사업관리 품질보증계획서	○	◎		
3	실시설계 과업수행계획서	○	◎	◇	
4	실시설계 품질보증계획서	○	◎	◇	
5	실시설계 조직구성	○	◎	◇	
6	실시설계 참여기술자 확정	○	◎	◇	

7	실시설계 설계관리 업무분장계획수립		○	◇	
8	실시설계 마일스톤 스케줄(Milestone Schedule) 작성		○	◇	
9	실시설계 마스터 스케줄(Master Schedule) 작성	○	◎	◇	
10	분야별 도면목록표 작성	○	◎	◇	
11	실시설계 진도관리계획수립		○	◇	
12	기본설계 지적내용에 대한 조치계획수립	○	◎	◇	
13	실시설계 인력투입계획수립	○	◎	◇	
14	파일(Pile)공사 패스트 트랙 수행계획 수립	○	●	◎	
15	실시설계 자문단 운영계획수립		○	◇	
범례	○ 계획수립 및 작성 ● 검 토 ◎ 검토 및 승인 ◇ 보 고				

2) 설계관리품질보증계획서

기술용역계약의 특수조건 제14조(과업수행계획서의 제출)에 의거 용역계약체결 후 15일 이내에 품질보증계획서를 발주자의 승인을 득하여야 한다. 품질보증계획서의 작성 목적은 서울월드컵경기장 건설사업관리용역 중 설계관리업무를 수행함에 있어 ISO9001 기본요건을 기준으로 계약조건을 충족하는 규정과 절차를 제정하여 고품질의 설계성과물을 완성함으로써 성공적으로 사업을 수행하는 것에 있다.

3) 실시설계 조직의 구성(Organization)

(1) 신속한 의사결정 구조

관리계층의 수를 최소화하여 관리의 중복(interface)을 피하여 의사결정이 신속하게 이루어질 수 있는 구성이 요구되었다. 특히 실시설계의 일정(약 180일)이 촉박하고 설계자와 총괄사업자(시공사)가 구분되어 있는 상태에서는 의사결정이 지연될 소지가 높았으며 특히 설계내용에 따라 사업비와 직접 연관이 있는 사안은 서로의 이해가 상충되어 의사결정이 지연되는 사례가 발생하였다.

(2) 설계조직 상 책임과 권한의 명확성

분담이행방식으로 진행되는 경우에는 비교적 책임과 권한이 명확히 구분될 수 있으나 공동이행방식으로 수행되는 건축분야의 설계에서는 책임의 한계가 불분명한 사례가 발생하였다. 특히 구조분야의 경우 구조설계자와 구조도면의 작성자가 분리되어 책임범위를 명확히 하여 예상되는 문제에 대비하였다.

(3) 설계관리팀 운영

실시설계내용을 발전시켜 나가는 매 단계마다 신속하게 분야간의 정보가 공유되어야 하며 결정내용이 신속하게 전달되어야 한다. 각 분야별 설계팀의 중앙에 주간 사업자로 하여금 설계관리팀을 운영토록하여 기술 및 행정지원, 설계 일정관리 등 설계관리 통합기능을 부여하고 설계작업의 효율을 높힐 수 있었다.

(4) 통합설계실 운영

설계분야별로 참여회사가 다르므로 각각의 설계도서를 작업하는 위치도 다를 수 밖에 없는 현실이었으나 짧은 시간 내에 대규모 프로젝트의 실시설계를 효율적으로 완성하기 위해서 설계조직의 물리적인 통합운영이 불가피하였다.

각 분야의 설계조직이 한 위치로 모여 실시설계작업이 가능하도록 사무실을 임대하여 사업관리단 및 설계조직이 함께 모여 설계를 수행하였고 통합작업이 어려운 분야에 대해서는 각 분야별로 설계 코디네이터(coordinator)를 선임하여 통합설계실에 상주토록 하였다.

(5) 설계자문단 운영

CM의 자문단과는 별도로 사업자측에 일부 전문성을 요하는 분야에 자문위원을 선임토록하여 설계내용을 진행단계별로 검증하였다. 사업자 자문위원과 CM 자문위원으로 하여금

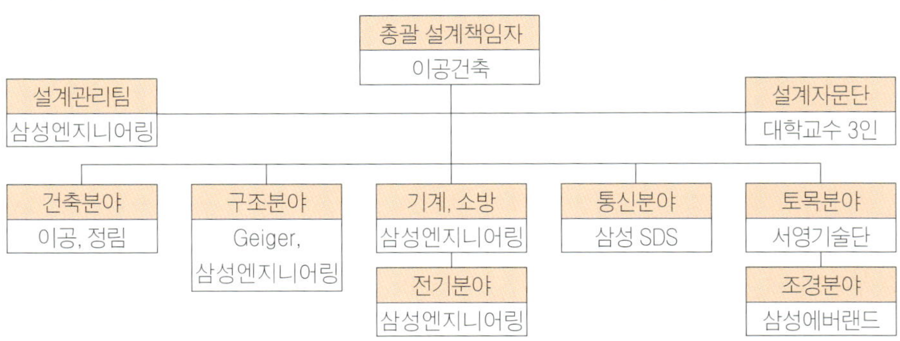

그림 4-1 실시설계 조직도

기초구조, 지붕철골, 지붕막구조, 스탠드 PC 등의 설계내용에 대한 자문을 통해 설계오류에 따른 문제를 사전에 차단할 수 있었다.

4) 실시설계 마스터 스케줄(Master Schedule) 작성

(1) 패스트 트랙을 고려한 설계일정 수립

패스트 트랙의 적용공정으로는 부지조성공사, 파일공사, 하부골조(substructure)공사 등 3개 공정을 대상공정으로 선정하였다. 이 중 부지조성공사에 대해서는 입찰조건으로 기본 설계(안)제출 시 부지조성공사 부분에 대해서는 실시설계수준으로 제출토록 하여 적격자 확정과 동시에 토목공사를 착수할 수 있도록 계획하였으며 파일공사와 하부골조공사에 대해서는 실시설계 일정계획 시 반영하여 계획을 수립하였다.

표 4-2 설계단계별 기준

완성단계	단계별 기준	
기본도면 확정단계	• 기본설계 심의 시 지적된 내용에 대한 보완완료 • 건축기본도면(평면, 입면, 주단면, 배치계획)의 확정	• 각 분야별 기본도면 확정
50% 단계	• 각 분야별 중간 진행단계의 검토 및 확인	• 기본설계와 대비하여 변경된 내용의 반영
75% 단계	• 수량산출 및 시방서 작성이 가능한 수준의 완성	• 각 분야별 연관 내용의 상호확인 완료
승인단계 100%	• 75% 단계 검토 시 지적사항에 대한 수정, 보완완료 • 계약도면으로서의 최종승인완료	

(2) 설계성과물의 단계별 검토 · 승인

설계성과물의 완성과정을 건축기본도면 확정단계, 50% 완성단계, 75% 완성단계, 최종 승인단계의 4단계로 구분하여 일정계획을 수립하였으며 정량적 진도관리에도 4단계 일정 계획을 기준으로 설계진도관리를 실시하였다.

(3) 설계 심의일정을 중간관리일정(Milestone Schedule)으로 계획

광역자치단체가 발주하여 시행하는 사업은 지방자치단체와 인허가 협의과정을 거치고 이 과정에서 광역자치단체의 건축심의를 대신하여 설계심의를 실시한다. 설계심의는 공사추진을 위해 반드시 선행되어야 하는 행위이며 일반 건축물의 인허가에 해당한다. 실시설계 과정에서 파일공사를 위한 심의와 전체 도면에 대한 심의로 2차례의 심의 일정을 계획하였고 모든 설계일정은 심의예정일을 기준으로 일정계획을 수립하였다.

5) 설계 진도관리 계획

(1) 도면목록의 확정

면밀한 도면목록의 작성은 설계관리에 중요한 요소이지만 한정된 시간 속에 작성되는 도면의 양에는 한계가 있다. 설계관리를 수행하는 CM의 입장에서는 보다 많은 도면이 작성되기를 바라지만 시간적인 한계를 인정하고 공사단계에서 작업이 가능한 내용의 도면은 과감히 공사단계로 넘기는 판단이 필요하다. 아래 내용은 도면목록 작성 시 고려했던 내용이다.

- 기본설계 내용 중 불분명한 항목에 대한 표현
- 공사비를 확정을 위해 반드시 필요한 도면
- 설계해석상 이견이 발생될 수 있는 부분의 상세도
- 계약도면으로서 공사의 기준을 제시하는 내용의 도면

(2) 성과물의 단계별 완성도 측정

설계작업의 특성상 도면 매수에 의한 정량적인 성과와 함께 진행단계별 완성기준에 따라 가중치를 두어 정량적으로 진행율을 산정하였다.

(3) 분야별, 설계성과물별 가중치의 산정

설계성과를 정량적으로 모니터링하고 표현하는 방식은 현실적인 한계가 있지만 설계진도를 정량적으로 평가하는 일은 대규모 설계 작업에서 효율적인 방법이다. 공사진도의 경우는 공사비를 기준으로 보할(weight)을 산정한 후 항목별기간으로 나눈값을 계획 보할로 산정하는 것이 일반적인 방식이나 설계진도 관리에서 도면 매수만을 기준으로 보할을 산정할 수 없으며 도면작성과 함께 진행되는 각종 계산서, 설계설명서, 시방서, 산출내역서의 작업도 설계단계에서 관리되어야 하는 항목들이다. 그러므로 설계도서내용에 포함되는 각각의 성과물에 가중치를 정하여 산정하였다. 각 성과물의 가중치 산정 시에는 항목별로 투입예상인원을 기준으로 가중치를 산정하였다.

표 4-3 설계성과물의 가중치 산정

(단위 : %)

분야구분	도면	계산서	시방서	내역서	설명서	합계
건축구조	10.2	1.8	1.0	0.5	0.8	14.3
건축마감	18.9	1.8	1.0	0.8	0.7	23.2
토목분야	6.3	1.8	0.9	0.9	0.8	10.7
기계, 소방	13.8	1.8	1.0	0.5	0.8	17.9
전기분야	12.0	1.8	1.0	0.5	0.8	16.1
통신분야	3.9	1.8	2.0	0.5	1.0	9.2
조경분야	4.8	1.8	1.0	0.4	0.6	8.6
합 계	69.9	12.6	7.9	4.1	5.5	100.0

표 4-4 설계진도율 산정 예(1999.1.31 건축구조 분야)

분야 구분	수량	가중치 (%)	구 분	설계도서진행율				진행현황			진행율 (%)
				25%	50%	75%	100%	완료	진행	미착수	
구조도면	200	10.2	계획		82	118			200		6.60
			실시	95	26	5			126	74	2.07
계산서	6	1.8	계획		3	1	2	2	4		1.28
			실시		3	1	2	2	4		1.28
시방서	1	1.0	계획			1			1		0.75
			실시		1				1		0.5
내역서	1	0.5	계획		1				1		0.25
			실시	1					1		0.13
설명서	1	0.8	계획	1					1		0.6
			실시			1			1		0.2
합 계	209	14.3	계획	0	86	121	2	2	207	0	9.48
			실시	97	30	6	2	2	133	74	4.17

(4) 설계진도율 산정의 예

〈표 4-4〉는 1999년 1월 31일 당시 건축구조 분야의 진행율을 산정한 것이다. 구조분야 전체 진행율은 계획 9.48%, 실기 4.17%로 계획대비 43.9%로 부진한 상태를 나타내고 있으며 특히 구조도면 작성부분에서 계획 6.6%, 실시2.07%에 불과하여 가장 큰 지연요인이되고 있다. 그 당시 건축구조분야는 파일 공사에 대한 패스트 트랙 시행으로 파일공사가 한창 진행 중이였으며 구조분야의 설계는 초기에 파일공사위주로 진행되어 나머지 부분의 진행이 극히 저조한 상황이었다. 상기 표의 내용 중 구조도면의 진행율 산정방법은 아래와 같다.

$$\{\{(25 \times 95) + (50 \times 26) + (75 \times 5)\} \div (200 \times 100)\} \times 10.2 = 2.07\%$$

$$\text{진행율} = \{\Sigma(\text{단계진행율} \times \text{완성수량}) \div (\text{총계획수량} \times 100)\} \times \text{항목가중치}$$

(5) 진도율 산정상의 문제점

설계 진도율 산정방식이 설계의 정량적 진행현황을 통한 예측(forecast)기능을 갖기 위해서는 단계별 완성기준을 명확히 하고 검토자의 객관적인 판단이 요구된다. 한 장의 도면, 한 권의 시방서 등 각각의 비중(weight)에 대한 판단은 전적으로 설계관리자의 판단에 의존해야 한다.

그러나 방대한 양의 설계성과물의 모든 내용의 경중을 사전에 파악하기란 현실적으로 어려우며 전 과정 중 몇 가지의 기준항목을 정해 진도율 산정방식에 반영하는 것이 바람직할 것이다.

4.2 기본설계단계

1) 개 요

기본설계는 "건설공사 계획의 제반조건 등을 바탕으로 하여 사전조사 사항, 개략적인 시공방법, 구조물의 형태와 위치에 대한 기술적인 여러 대안, 자재물량예측 및 공급원 파악, 시공계획 및 공정계획, 실시설계 및 시공비용 견적, 공사안전, 환경, 교통 등에 대한 영향 파악 및 대책마련 등 기본적인 내용을 설계도서에 표기하는 단계"를 의미한다.[3] 본 프로젝트에서 기본설계의 의미는 발주처에서 시행한 기획, 조사, 타당성 분석 등의 결과를 바탕으로 설계시공일괄입찰안내서에 제시된 기준에 맞게 설계되어 실시설계 적격자로 선정되기 위하여 작성 제출된 기본설계보고서를 의미한다. 본 절에서는 CM의 기본설계검토 업무내용과 기본설계심사 시 제출된 입찰참여사의 기본 설계검토 내용을 정리하였다.

3) 건설교통부, 1995.10, 건설기술개발 및 관리에 관한 운영규정.

2) 실시설계적격자 선정지원업무[4)]

- 제출된 입찰서에 대한 입찰관련 서류의 적정성 검토
- 기본설계(안)에 대한 세부내용 평가지원
- 실시설계적격자 선정을 위한 평가기준제시
- 제출된 설계도서의 공사계약문서 및 FIFA시설기준 등 적합여부 검토
- 관련법규 등에서 정하는 시설기준에 대한 적정성 검토
- 제출된 기본설계도서의 사후활용시설 타당성 및 수익성 분석자료 검토

3) 기본설계도서 검토업무(적격업체 선정 후)

- 기본설계 계획안의 문제점 검토 및 해결방안 제시
- 건축, 토목, 기계, 전기, 통신, 소방, 조경 등 각 공종(이하 "각 공종"이라 한다) 간 적정성검토 및 상호 크로스 체크 (cross check)
- 각 공종별 과잉설계여부 평가 및 비용절감방안 검토
- 제출된 설계도서의 공사계약문서 및 FIFA 시설기준 등 적합 여부 검토
- 관련법규 등에서 정하는 시설기준에 대한 적정성 검토
- 신공법, 특수공법 사용방안 검토
- 실시설계 적격심의 시 지적사항 보완사항 검토
- 수익시설에 대한 세부용도 및 규모에 대하여 타당성검토
- 선정된 기본설계도서의 사후 활용시설의 타당성 및 수익성 분석자료 검토
- 전광판, 조명, 음향 및 방송설비 등 전문분야의 적정성 검토

4) 기본설계 검토실적

기본설계 검토 시 사업관리단에서 검토한 내용 중 최종 실시설계적격자로 확정된 삼성엔지니어링컨소시움 검토내용의 실시설계 반영 현황을 사업관리단에서 작성한 「기본설계 지적 사항 조치결과 검토서」에 의거하여 〈표 4-5〉와 같이 정리하였다. 총 255건의 지적내용 중 실시설계 시 미 반영된 내용은 9건에 불과하였다. 이는 기본설계 검토시의 주요검토기준이 입찰과 관련된 입찰안내서의 설계지침 및 관계법령을 기준으로 검토된 결과이므로 사업자 측에서는 별다른 이견을 제시하지 않았으며 미 반영된 9건도 설계의도에 따라 일정 기준 이상으로 반영된 내용이다. 기본설계단계에서 미비한 내용을 정확히 지적하고 지적된 내용에 대한 사업자의 조치 계획 및 조치결과를 문서화하여 유지하는 일이 무엇보다 중요하다.

4) 서울특별시, 1998. 6, 건설사업관리용역 입찰유의서, 79쪽.

계약행위가 이루어지고 실시설계가 진행되면서 시공단계로 갈수록 설계내용의 변경에는 많은 어려움이 있다.

표 4-5 기본설계 지적 내용에 대한 실시설계반영결과

(단위 : 건)

구분	건축	토목	기계	전기	통신	조경	합계
검토	92	29	17	38	53	26	255
반영	88	27	15	33	49	26	238
일부반영	0	0	2	4	2	0	8
미반영	4	2	0	1	2	0	9

그림 4-2 A사 조감도

그림 4-3 B사 조감도

4.3 실시설계단계

1) 개요

실시설계적격자가 확정된 후 기본설계내용에 대한 보완요청항목의 조치계획이 사업 관리단을 통해 발주자와 설계자 사이에 합의되면 확정된 기본설계내용을 구체적으로 발전시켜 나가는 과정이 실시설계이다. 현행 설계시공일괄입찰의 특성상 기본설계만으로 산정된 공사비가 경쟁에 의한 낙찰 금액으로 확정되는 특성은 완성되지 않은 설계내용에 의한 확정된 공사금액이라는 모순을 갖고 있다. 이 문제는 사업관리단이 발주자의 대리인으로서 실시설계 기간 동안 수행해야 하는 업무의 성격을 분명하게 해준다. 기본설계의 내용을 구체적으로 발전시키면서 확정된 실시설계 내용과 공사금액의 적정성판단, 실시설계의 불명확으로 인한 계약이행의 분쟁요소 제거 등과 함께 궁극적으로 고품질의 설계성과물 완성을 위한 중요한 단계이다.

2) 실시설계관리

(1) 기본설계의 확정

실시설계 전반을 추진하기 위해 우선적으로 입찰 시 제출된 기본설계내용의 확정, 배치도, 평면도, 주단면도 등의 기본도면의 확정이 선행되어야 후속도면 및 타 분야(기계, 전기 등)의 설계작업이 차질없이 진행될 수 있다.

기본설계검토 시 지적된 내용 중 공사비의 증액을 수반하는 내용에 대해서는 설계시공일괄입찰 사업자와 이견이 발생하여 결정이 지연되는 사례가 발생하였다. 기본설계 지적 내용에 대한 조치 계획을 설계자에게 작성토록 하여 지적내용의 실시설계반영여부를 조치계획서에 의거 관리하였다.

(2) 설계 코디네이션 미팅(Coordination Meeting)의 실시

설계조직 구성 시 설계 관리팀을 중심으로 각 분야별 설계 코디네이터를 선임하여 설계의 진행현황 및 분야별로 결정된 내용을 공유하고 각 분야에 반영토록 조치하였다. 매일 실시한 코디네이션 미팅에서는 설계 진도관리상의 모든 문제를 파악할 수 있는 시간으로 활용하였으며 주간회의 시에는 서울시, 사업관리단, 설계자, 시공자의 업무책임자가 모여 일일회의에서 해결되지 않은 문제를 중심으로 문제해결을 위한 상위 레벨회의로 활용하였다.

표 4-6 실시설계 시 건설사업관리단의 업무내용

구 분	업무내용	구 분	업무내용
성과물 검토	• 공종별 계획 및 계산기준 • 구조계산, 부하 및 용량계산 • 도면작성의 적정성 및 표준화 • 시방서 및 각종계산서 • 설계도서의 오류,누락,상호상이성 • 설계용역 성과물 • 공사비의 적정성 검토	기획 · 행정	• 설계적격자 및 전문가의설계참여 • 각종 월간, 최종,수시보고서 작성 • 설계 용역업무에 대한 자문 • 관련기관 협의, 건축심의 등의 행정지원 • 설계심의 수행 및 지적사항 보완 • 설계일정의 진척관리
사전 조사	• 인근 민원유발요소에 대한조사 • 측량 및 현지조건, 지반상태, 재료 등에 대한 조사 • 교통영향평가 수행관리, 확인 • 환경영향평가 수행관리, 확인	공사 · 품질	• 적용공법 및 사용재료의 적합성 • 시공성, 유지관리의 적정성 • 적정품질관리 및 최적 설계안의 유도 • 신공법, 특수공법 사용의 권장 • VE의 시행 • 사업비절감방안 검토 • 패스트 트랙의 수행
기타	• 시설물의 사후 활성화 대책수립 및 성과물제출 • 공사계약관련 서류검토		

(3) 설계투입인력에 대한 실사

설계추진을 위한 기본적인 내용이 확정된 후에는 충분한 도면작업인원이 필요하게 된다. 설계작업일보(daily report) 및 주간작업일보(weekly report)를 통하여 투입인력에 대한 현황을 CM단에서 파악할 수 있었으나 진행이 부진한 분야의 설계진행상의 문제점을 파악하기 위한 실사를 실시하였다. 이러한 실사는 보고된 설계인원과 실 투입인원의 상이점, 개인별 주요 작업성과 등을 파악 하여 부진원인을 진단하고 실시설계 일정준수를 위한 밀착관리에 목적이 있다.

(4) 도면목록의 조정

착수단계에서 도면목록계획을 수립하여 실시설계 진도계획을 수립하였으나 실시설계의 진행과정에서 일부 축소조정을 하였다. 설계관리자 입장에서는 보다 많은 양의 도면을 요구해야겠지만 한정된 시간과 인력의 한계를 인정하고 프로젝트의 계약을 위한 필수도면을 중심으로 재조정하였으며 시공단계에서 보완이 가능한 도면은 시공단계에서 작성하는 것으로

추진하였다.

3) 실시설계 검토실적

최종 건설사업관리단에 제출된 실시설계도서에 대한 검토결과를 정량적으로 분석하고 각 분야별로 분석내용 및 주요검토내용을 기술하였다. 최종성과물로 제출된 설계도서는 도면, 시방서, 계산서, 설계설명서로 구성되어 있으나 도면 검토내용을 중심으로 분석하였으며 도면검토 시 각 분야별로 지적된 내용을 구분하면 자재수준 미달, 시설 보완, 상세도 보완, 도면작성미비, 기술검토요구, 기타 등 6가지로 구분된다.

총 363건의 지적내용 중 설계도면의 작성에 관련하여 상세도면 보완 및 작성상의 오류 및 상호 불일치 등의 지적건수가 201건으로 전체의 55%로 제일 많은 지적건수를 차지하였으며 공사금액의 증가를 수반하는 자재수준의 상향조정, 시설내용의 보완을 요구한 경우도 115건으로 31.6%를 차지하였다.

실시설계를 위한 절대기간부족으로 인해 상대적으로 도면내용에 대한 지적이 많은 것으로 분석할 수 있으며 설계를 구체화하는 과정에서 공사비의 증가를 최소화하기 위한 설계진행으로 자재수준 및 시설 보완 요구사항이 증가한 것으로 풀이된다.

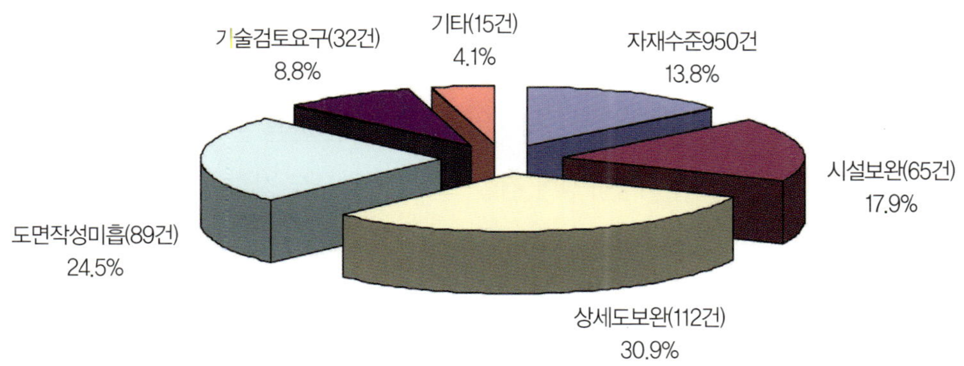

그림 4-4 항목별 실시설계 지적현황

4.4 설계관리상의 문제사례 및 개선 방안

1) 문제사례

(1) 설계관리 착수단계의 관리인력부족

일반적으로 프로젝트 기획단계의 중요성에 대해서는 인정을 하면서도 그에 따른 인력이나 자원의 투입에는 인색한 것이 우리의 현실이다. 기획단계는 인력의 투입에 비례하는 가시적인 성과가 없다는 단편적인 결정에서 발생하는 오류이다.

앞서 기술한 바와 같이 실시설계관리의 기획단계에 해당하는 착수단계의 업무내용에서 나타나듯 기획단계는 사업관리의 전반에 대한 계획을 수립하는 단계이다. 프로젝트의 규모가 클수록 초기 기획단계의 업무성과에 따른 결과가 프로젝트가 진행되면서 큰 차이로 나타남을 업무를 추진하면서 느낄 수가 있었다.

(2) 설계단계 VE의 한계

설계시공일괄입찰 계약 방식에서는 실시설계 검토과정에서 불합리한 부분의 조정을 통해 공사비가 절감될 수 있는 항목을 변경하였다 하더라도 계약 금액을 변경할 수 없는 모순이 발생하게 된다. 설계시공일괄입찰은 총액에 의한 입찰이므로 구체적인 항목에 대한 단가가 결정되지 않은 상태에서 계약금액조정은 현행규정상 불가하다.

(3) 관련 제 규정의 적용

정부발주공사는 관련 제 규정에 의하여 시행되며 시행에 따른 문제발생 시에는 책임 소재가 비교적 분명하다. 그러나 각종규정이 건설프로젝트의 모든 상황을 반영하지는 못한다. 이런 현실을 인정하고 합리적인 방안을 강구해야 하는 것이 CM단의 주 업무이다. 실례로 입찰 시 제시된 입찰조건의 내용이 현실과 맞지 않거나 과도한 요구, 입찰조건의 해석의 차이 등은 합리적인 방향으로 조정되어야 할 것이나 발주자의 경직된 사고는 조정 자체를 거부하게 되고 결과적으로 프로젝트 관련자간의 갈등을 유발하게 되며 클레임으로 발전한다.

(4) 심의위원 지적 사항의 수용

설계심의의 목적은 공정성을 갖고 객관적인 평가와 검증을 받고자함에 있다. 심의 개최 약 1주일 전에 심의위원에게 관련 설계도서를 배포한 후 심의 개최일에 심의의견을 발표하는 형식으로 실시되며 이때 지적된 기록 혹은 의견서가 설계자에게는 법과 같은 효력을 갖게 되는 것이 현행 규정이다.

그러나 심의위원의 지적 내용 중에는 주관적인 판단에 의한 지적도 있을 수 있으며, 설계 내용의 해석부족, 포괄적인 지적 등 설계자로서는 수용하기 어려운 내용도 있다. 특히 심의위원의 지적 내용이 공사비의 증가를 초래할 경우 사업자의 입장에서는 지적 내용에 대한 반대 의견을 제시하게 되며 결과적으로 수용을 하였다 하더라도 추후 클레임을 예상할 수 있다.

2) 설계관리 개선방안

(1) 기획단계 유사사례에 대한 조사 및 분석

국내외 유사 사례프로젝트의 조사활동을 통한 장단점 분석은 신규사업의 시행착오를 최소화할 수 있는 가장 효율적인 방법이다. 그저 건물을 방문하여 돌아보는 수준이 아니라 설계전문가를 투입하여 사례조사 대상 프로젝트에 대한 설계검토(design review)를 실시하고 장단점과 특징을 분석하여 다양한 대안 검토를 통해 신규프로젝트의 방향을 설정한 후 설계지침이 작성되어야 한다. 실시설계단계에서 설계지침이나 기본설계에 대한 발주자의 변경요구는 사업목적에 대한 방향성부재와 기획단계의 검토부실로 야기되는 문제이며 사업진행과정에서 사업전반의 위험요인으로 작용된다.

(2) 다양한 대안의 검토

설계와 시공을 단일주체에게 일임한다는 설계시공일괄방식은 설계결과가 발주자의 의도와는 다른 방향으로 결정될 수 있다는 새로운 문제를 야기한다. 공공사업 발주담당자는 관련규정이 정한 절차에 따라 결정된 설계내용대로 사업을 완료하면 그만이라는 소극적인 자세로 사업에 임하는 것을 경계해야 한다. 사업기획단계에서 신축건축물의 형태, 규모, 배치, 구조, 재료, 기능, 유지관리 등에 대한 다양한 대안을 검토하여 어떤 것이 최적인가를 파악하고 그 내용을 설계지침에 명시하고 기본설계심사 시에 사전에 검토된 내용을 기반으로 문제점을 구체적으로 지적할 수 있어야 한다.

(3) 사업관련자의 서로 다른 이해관계 파악

설계시공일괄방식에서 실시설계는 발주자가 제시한 입찰안내서상의 계약조건의 이행을 구체화 시키는 단계이다. 즉 설계시공일괄입찰 사업자는 기본설계내용으로 확정된 공사금액의 범위로 계약조건과 기본설계내용을 충족하는 설계성과물을 제시해야하는 의무가 있으나 발주자는 계약조건의 충족, 시공자는 공사금액의 절감, 설계자는 설계개념의 완성이라는 서로 다른 목적이 상충하는 상태에서 설계가 진행되는 특징이 있다.

(4) 성능 및 기능측면의 설계검토

실시설계단계에서 CM이 설계의 개념이나 디자인요소에 대한 보완요구를 하기는 사실상 어렵다. 다만 제시된 설계지침을 기준으로 설계내용의 성능 및 기능적 측면의 평가를 통한 설계보완요구가 필요하다. 예를 들어 설계지침 상 "사람이 거주할 수 있는 공간으로"라는 표현이 지침에 정해진 실에 환기설비를 고려하지 않은 설계내용이 심의 과정에서 지적이 없었다고 해도 실시설계과정에서 성능과 기능측면의 평가를 통해 환기설비에 대한 보완요구가 필요하다. 또한 환기설비라는 기능보완의 방법에 있어서 강제환기방식과 자연환기방식이 있을 수 있는데 CM은 유지관리비용의 절감차원에서 자연환기방식을 요구하고 사업자는 공사비 절감을 위해 강제환기방식을 원할 경우 설계보완에 이견이 발생하게 된다. 이 경우 CM은 유지관리비용과 소요공사비, 시공상의 문제 등을 종합적으로 고려한 기술적 판단을 하게 된다.

(5) 계약조건 측면의 설계검토

실시설계도서는 최종계약의 기준이 되며 계약체결 후 기본설계는 계약 구속력을 상실하게 된다. 그러므로 CM은 실시설계 내용에 계약이 요구하는 내용이 빠짐없이 표현되도록 해야 한다. 즉 상세도의 부족으로 계약이 요구하는 내용의 표현이 부족한 경우에는 상세도를 보완하거나 시방서에 관련내용을 상세히 표현하도록 한다. 앞서 사례로 언급한 바와 같이 본 프로젝트에서도 계약조건을 충족하지 못한 지적건수가 총 363건의 지적내용 중 227건으로 62%를 차지하고 있다. 실시설계 심사가 완료되고 계약이 체결되기 전까지 최장 60일간은 계약조건 충족을 위한 설계검토가 이루어지는 중요한 기간이다.

(6) 사업비 절감 측면의 설계검토

설계시공일괄입찰방식은 입찰을 통해 확정된 총액금액으로 설계가 진행되므로 실시설계단계에서 VE를 통해 계약금액 조정을 요하는 비용절감 활동이 불가하다. 다만 생애주기비용(life cycle cost) 개념의 유지관리비용 절감을 위한 설계검토가 필요하고 과설계 부분에 대해서는 계약체결 이후 설계변경에 대한 전략적인 계획수립이 필요하다.

예를 들어 기본설계 마감재의 품질수준이 설계지침이 요구하는 수준을 초과하고 설계개념 및 기능에 비추어 과 설계로 판단될 시에는 일단 실시설계에는 반영하고 계약체결 이후 설계변경을 계획하여야 한다. 즉 설계 및 계약단계에서는 해당 항목이 적정단가 및 수량으로 산출내역서에 반영되도록 하고 계약체결 이후 설계변경을 통해 감액하여 사업비 절감이 가능하다.

(7) 설계내용의 기술적 검증

실시설계과정을 통해 설계내용이 점차 구체화되면서 설계내용에 대한 구체적인 기술적 검증이 필요하다. 이는 설계상의 리스크에 대응하기 위한 CM의 위험관리 활동의 일부이다. 예를 들어 파일 한 본당 설계 지지력을 80톤으로 가정하여 파일설계가 진행된 경우 CM은 파일재하시험을 통해 실제 지지력을 확인하는 것이 필요하고 시설물의 음향성능의 잔향시간이 3초 이내로 규정되어 있다면 설계내용에 대한 음향시뮬레이션을 통해 잔향시간을 확인하여야 한다. 기술적 검증은 시설물의 구조안전성, 사용안전성, 성능 및 기능에 초점을 맞추어 수행되어야 한다.

5. 공정관리(Process Management) 사례

건설현장에서의 공정표는 지도와도 같은 존재이다. 우리가 지도를 통해서 현재위치와 앞으로 나아갈 방향을 알 수 있듯이 공사현장의 공정표는 공사추진의 긴 여정 속에서 현재의 상황과 미래를 예측할 수 있게 한다. 서울월드컵경기장 프로젝트에서는 초기부터 공사 기간의 절대부족이라는 인식 하에 착수된 프로젝트이므로 지금까지의 어느 프로젝트보다도 공정관리의 중요성이 대두되었다. 본 장에서는 마스터 스케줄의 작성, 패스트 트랙의 시행성과 등 본 프로젝트에서 수행된 공정관리 내용을 기술하고자 한다.

5.1 공정관리 업무범위

1) 공정관리 조직구축

관리자는 공사의 규모, 공종 등 제반여건을 감안하여 사업자가 공정관리업무를 성공적으로 수행할 수 있는 공정관리 조직을 갖추도록 관리한다.

2) 공사진도관리

(1) 관리자는 사업자로부터 전체 실시공정표에 의거한 월간, 주간, 상세 공정표를 사전에 제출 받아 공사진도를 확인하여 예정공정과 실시공정을 비교하여 공사의 부진 여부를 검토한다.

• 월간상세공정표 : 작업착수 1주전 제출

• 주간상세공정표 : 작업착수 2일전 제출

(2) 관리자는 현장여건, 기상조건, 지장물 이설 등에 따른 관련기관 협의사항이 정상적으로 추진되는지를 검토 · 확인한다.

(3) 공정진척도 현황은 최근 1주전의 자료가 유지될 수 있도록 관리하고 공정지을 방지하기 위하여 주공정 중심의 일정관리가 될 수 있도록 사업자를 관리한다.

3) 부진공정 만회대책

(1) 관리자는 공정 진도율이 계획공정 대비 월간공정 실적이 5%이상 지연되거나 누적공정실적이 3%이상 지연될 때에는 사업자로 하여금 부진사유분석, 만회대책 및 만회 공정표 수립을 요구한다.

(2) 관리자는 사업자가 제출한 부진공정 만회대책을 검토 · 확인하고 그 이행상태를 주간 단위로 점검 평가하여 공정회의 등을 통하여 미조치 내용에 대한 필요대책 등을 수립하고 정상 공정을 회복할 수 있도록 조치한다.

4) 수정 공정계획

(1) 관리자는 설계변경 등으로 인한 물량의 증감, 공법변경, 공사 중 재해, 천재지변 등 불가항력에 의한 공사중지, 공사용지 제공의 지연, 문화재 발굴 조사 등의 현장실정 또는 사업자의 사정 등으로 인하여 공사진척 실적이 지속적으로 부진할 경우 공정계획을 재검토하여 수정 공정계획 수립의 필요성을 검토한다.

(2) 관리자는 사업자의 요청 또는 스스로의 판단에 의해 수정 공정계획을 수립할 시 사업자로부터 수정 공정계획을 제출 받아 제출일로부터 7일 이내에 검토하여 승인하고 발주자에게 보고한다.

5) 공정현황 보고

관리자는 주간 및 월간 단위의 공정현황을 사업자로부터 제출 받아 이를 검토 · 확인하고 이를 월간보고서에 포함하여 발주자에게 보고한다.

5.2 프로젝트 마스터 스케줄 작성

1) WBS(Work Breakdown Structure)의 구성

(1) 공사내역서 구성체계의 반영

WBS 작성시 공사내역서의 구성체계(CBS)를 반영하여 WBS에 의해 일정과 비용이 통합 관리되도록 작성하였다. 일반적으로 내역서의 구성체계는 공사내용을 구체적으로 담고 있으며 공사내역서의 복합작업(work package)내용을 WBS의 하위체계로 구성하였다.

(2) 사업자조직구성에 의한 업무분장내용 반영

프로젝트의 조직체계(OBS)에 의한 업무분장 내용을 기준으로 작업체계를 구성하여 구성작업들간의 책임의 경계를 분명히 하여 각 업무에 대한 일정관리 시 사업수행의 리스크 관리 차원에서 대응책마련 등의 업무책임자 및 관련조직의 식별이 용이하도록 하였다. WBS상 레벨 Ⅱ단계의 설계, 구매, 시공, 사업관리 등이 이에 해당한다.

(3) 공구분할 계획 반영

공사 시공계획에 의거 수립된 공구분할 내용을 WBS의 하위체계에 반영하여 사업 목적물을 구간(area, zone)별로 세분화하여 관리할 수 있다. 이는 조직체계(OBS)의 반영을 의미하기도 하며 WBS상의 레벨Ⅴ(공구) 및 레벨Ⅳ(area)가 이에 해당한다.

(4) 공정계획상의 액티비티 코드(Activity Code)와 동일하게 계획

P3[5]는 WBS와 액티비티 코드를 구분하여 입력토록 되어있으나 업무의 편의상 동일하게 작성하였다. 공정표상의 각 액티비티가 직접적으로 공사가 수행되는 내용과 공사수행을 위하여 간접적으로 선행되어야 하는 내용을 반영함으로서 직접공사를 위한 리드타임(lead time)관리가 가능하다.

5) P3(Primavera Project Planner), 미국 Primavera사에서 개발된 CPM 이론에 의한 공정관리용 소프트웨어.

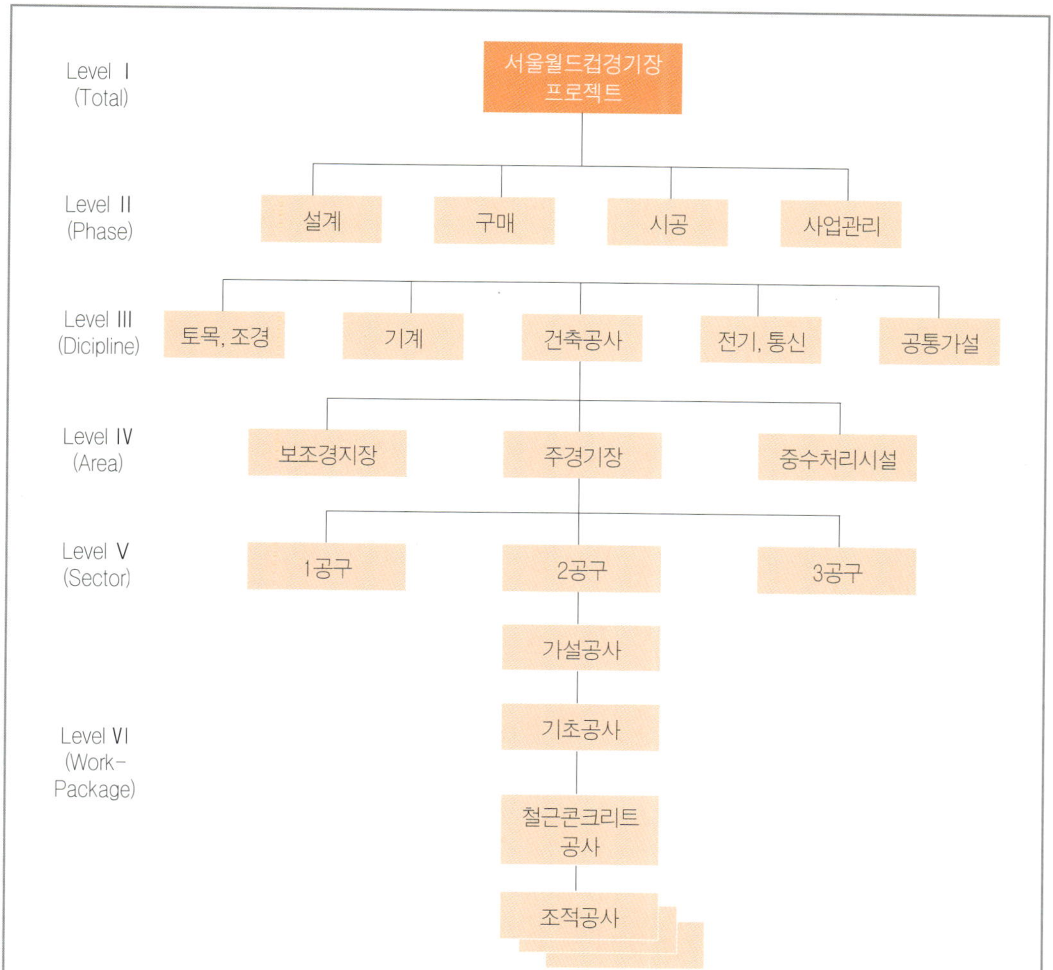

그림 5-1 서울월드컵경기장 프로젝트 Work Breakdown Structure

2) 액티비티 ID 및 코드의 부여

P3에서 활용되는 액티비티의 구분을 위한 기능은 WBS 코드, 액티비티 ID, 액티비티 코드 3가지가 있으나 본 프로젝트에서는 액티비티 코드와 ID만을 입력하였다.

표 5-1 월드컵주경기장 프로젝트 액티비티 ID 분류

Code	Description	Code	Description
	Phase(Level Ⅰ)		A30Work package(Level Ⅳ)
P	사업관리	A01	인허가
D	설계관리	A02	실시설계

M C O	조달관리 공사관리 사후관리	A03 A10 A15	계산서 가설공사 토공사 철근콘크리트공사
WS WA WR	Area(Level Ⅱ) 주경기장 보조경기장 중수처리시설	1 2	Sector(Level Ⅲ) 1공구 2공구

(1) 액티비티 ID 번호의 부여

액티비티 ID는 작업의 고유번호로 WBS를 기준으로 해당작업이 WBS의 체계속에서의 위치를 가름할 수 있도록 구성하였다. 작업ID의 부여는 총 10개자리로 하여 5개 레벨로 구성하였다.

표 5-2 액티비티 ID 부여체계의 예

Level Ⅰ	Level Ⅱ	Level Ⅲ	Level Ⅳ	Level Ⅴ
C	WS	1	A30	3자리
관리단계	Area	Sector	Work Package	Serial No.

〈표 5-2〉는 액티비티 「CWS1A30200」 ID의 내용을 부여체계에 의하여 명기한 것이다. 상기 ID를 설명하면 공사단계 / 주경기장 / 1공구 / 철근콘크리트공사에 소속된 액티비티임을 알수 있다. 상위 3개 레벨은 업무조직 및 작업구간(위치)에 의한 업무담당 및 책임구분을 의미하며 하위 2개 레벨은 공사내역상의 작업내용을 의미한다. 즉 「주경기장을 담당하는 공사팀 1공구의 철근콘크리트공사에 속하는 5층 거푸집공사」를 의미한다. 여기서 하위 레벨의 'A30200' 은 공사내역서 상의 대표 공종이며 별도의 워크 패키지(work package)를 구성한다.

(2) 액티비티 코드의 부여

액티비티의 코드는 공정관리 운영상의 편의를 위한 것으로 코드의 분류체계대로 각 액티비티를 그룹핑하여 관리목적대로 다양하게 분류할 수 있다. P3의 분류(sorting)기능을 활용하기 위해서는 액티비티 코드를 반드시 입력하여야 하며 WBS코드는 액티비티 코드의 조합으로 구성할 수 있으나 입력은 생략하였다.

〈그림 5-2〉은 액티비티 코드 입력상태를 보여주고 있다. 그림 좌측 하단에 표시된 5개의 창의 내용 「WS · 4 · A · A1 · A30」은 WBS의 5단계 레벨을 기준으로 주경기장 / 공사관리 / 건축공사 / 1공구 / 철근콘크리트공사임을 나타낸다.

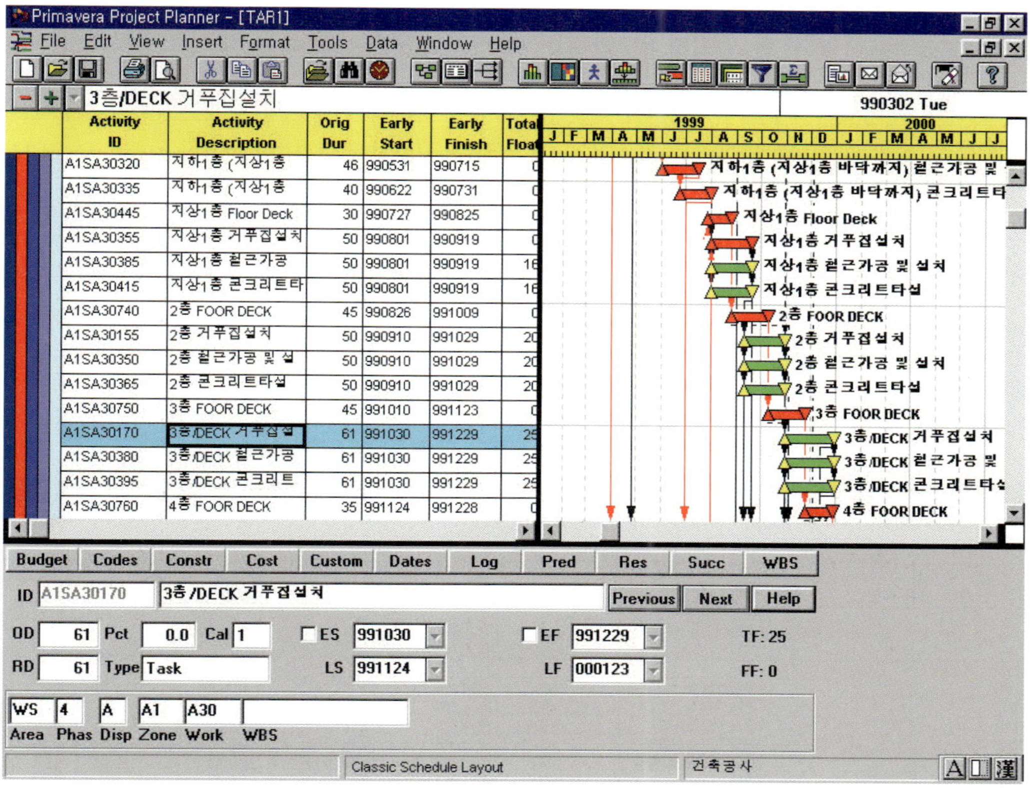

그림 5-2 P3상에서 액티비티 코드 입력의 예

5.3 진도관리(Up-Dating)

1) 실 작업수량의 확인

마스터 스케줄 작성 시에는 계약 내역상의 공사수량을 기준으로 작성되며 각 공정별로 공사를 착수하게 되면 공구분할에 의한 실 작업수량의 확인이 필요하다. 공정표상의 earned value는 공사금액을 기준으로 관리되므로 실제 진행공정에 대한 진도율은 실공사수량에 의한 진도율을 산정하여야 한다. 내역서의 수량과 실공사 수량이 동일한 경우에는 문제가 없지만 항상 내역서의 수량과 실제수량이 동일한 것은 아니다.

2) 진도파악

공사의 진도파악은 공사의 진행정도를 정확한 산출에 의해서 산정하는 것이 원칙이지만 매주 정확한 진도량의 산출은 업무량이 증가하여 현실적으로 어렵다. 본 프로젝트에서는 주간공정의 파악은 개략적인 비율에 의하여 산출하였으며 월간공정의 파악 시에는 산출에 의한 방법을 적용하였다. 단위 액티비티가 워크 패키지로 구성된 항목은 각 세부항목의 진도율을 산정하여 산정금액의 합을 대표공정(P3상의 단위 액티비티)의 총 금액에 대한 비율을 진도율로 입력한다. 〈그림 5-3〉은 P3상의 대표공정인 지상2층 미장공사(A1SA50230)에 대한 진도파악의 예이다. 지상2층 미장공사의 경우 11개 세부항목의 워크 패키지로 구성되어 있으며 기계바닥갈기(100%), 콘크리트 면처리(60%), 시멘트(80%) 3개 항목의 진도금액의 합인 58,667,701원이 지상 2층 미장공사의 earned value이고 진도율은 52.04% 이다. 별도의 엑셀시트(excel sheet)로 작성된 진도값을 〈그림 5-3〉과 같이 P3상에 입력한다.

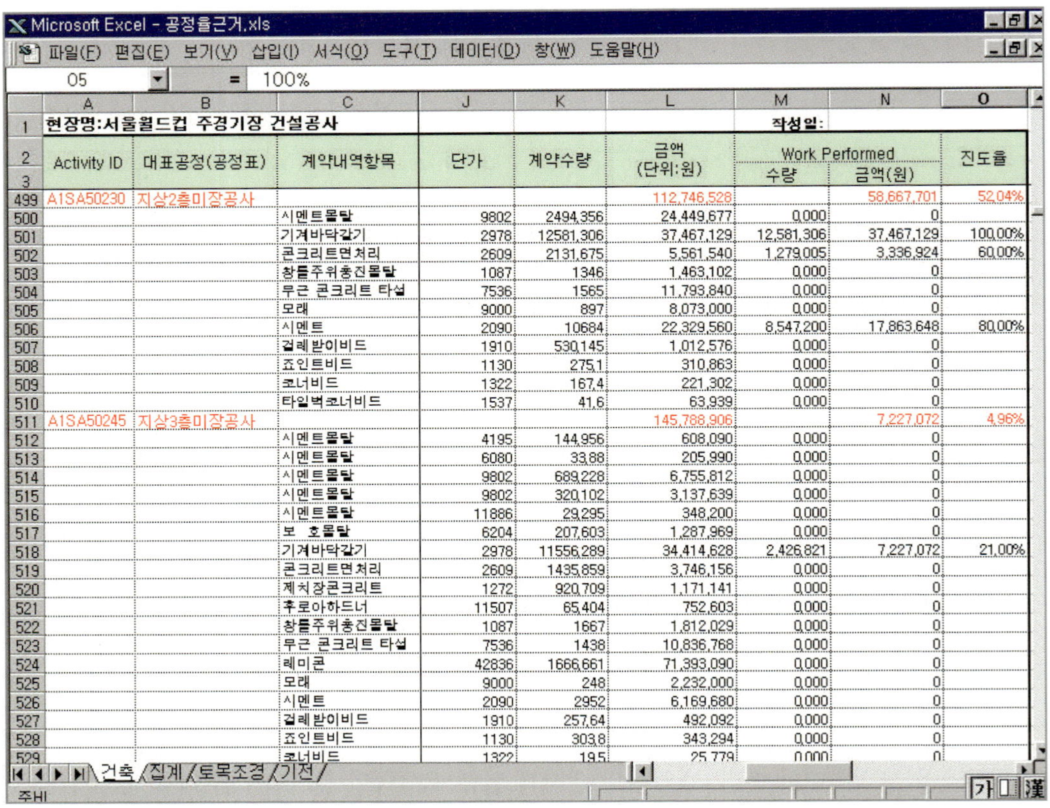

Microsoft Excel - 공정율근거.xls

현장명:서울월드컵 주경기장 건설공사 작성일:

Activity ID	대표공정(공정표)	계약내역항목	단가	계약수량	금액(단위:원)	Work Performed 수량	Work Performed 금액(원)	진도율
A1SA50230	지상2층미장공사				112,746,528		58,667,701	52.04%
		시멘트몰탈	9802	2494.356	24,449,677	0.000	0	
		기계바닥갈기	2978	12581.306	37,467,129	12,581.306	37,467,129	100.00%
		콘크리트면처리	2609	2131.675	5,561,540	1,279.005	3,336,924	60.00%
		창틀주위충진몰탈	1087	1346	1,463,102	0.000	0	
		무근 콘크리트 타설	7536	1565	11,793,840	0.000	0	
		모래	9000	897	8,073,000	0.000	0	
		시멘트	2090	10684	22,329,560	8,547.200	17,863,648	80.00%
		걸레받이비드	1910	530.145	1,012,576	0.000	0	
		죠인트비드	1130	275.1	310,863	0.000	0	
		코너비드	1322	167.4	221,302	0.000	0	
		타일벽코너비드	1537	41.6	63,939	0.000	0	
A1SA50245	지상3층미장공사				145,788,906		7,227,072	4.96%
		시멘트몰탈	4195	144.956	608,090	0.000	0	
		시멘트몰탈	6080	33.88	205,990	0.000	0	
		시멘트몰탈	9802	689.228	6,755,812	0.000	0	
		시멘트몰탈	9802	320.102	3,137,639	0.000	0	
		시멘트몰탈	11886	29.295	348,200	0.000	0	
		보 호몰탈	6204	207.603	1,287,969	0.000	0	
		기계바닥갈기	2978	11556.289	34,414,628	2,426.821	7,227,072	21.00%
		콘크리트면처리	2609	1435.859	3,746,156	0.000	0	
		제치장콘크리트	1272	920.709	1,171,141	0.000	0	
		후로아하드너	11507	65.404	752,603	0.000	0	
		창틀주위충진몰탈	1087	1667	1,812,029	0.000	0	
		무근 콘크리트 타설	7536	1438	10,836,768	0.000	0	
		레미콘	42836	1666.661	71,393,090	0.000	0	
		모래	9000	248	2,232,000	0.000	0	
		시멘트	2090	2952	6,169,680	0.000	0	
		걸레받이비드	1910	257.64	492,092	0.000	0	
		죠인트비드	1130	303.8	343,294	0.000	0	
		코너비드	1322	19.5	25,779	0.000	0	

그림 5-3 미장공사 진도파악의 예(Excel)

3) P3상의 진도관리 사례

〈그림 5-4〉는 「A1SA50230」 건축2공구 지상2층 미장공사의 진도관리결과이다. 바차트(bar-chart)의 삼각형(△)으로 표시된 부분은 진도관리 일정이며 사각형(ㅁ)으로 표시된 부분은 당초 마스터 스키줄인 타켓 스케줄(target schedule)이다. 2공구 지상 2층 미장공사의 경우 당초 착수예정일(EST)은 2000년 6월 5일이며 완료예정일은 2000년 7월 10일이나 실제 착수일(AS)은 1999년 9월 15일이며 기준일인 2000년 6월 30일 현재 52%의 진도율로 완료 예상일은 2000년 7월 15일임을 나타내고 있다. 당초 계획보다는 6일이 지연되지만 총여유일수(TF)가 5일 임을 나타내고 있다. P3의 진도관리 데이터 입력창에서 각 액티비티의 진도율(completion percentage)과 실 착수일(actual start date) 및 실 완료일(actual finish date)을 입력한 후 스케줄링(Scheduling)을 실시하면 자동으로 일정이 계산되어 기준일 현재 공사의 진도를 알 수 있다.

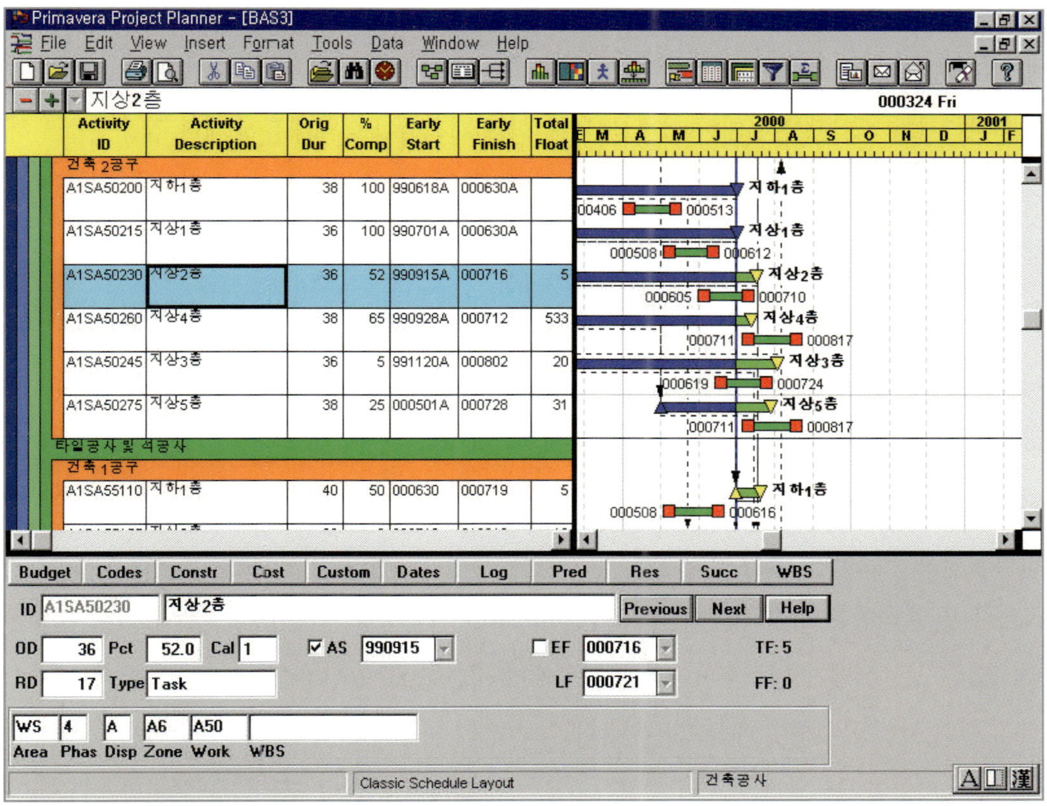

그림 5-4 P3상의 미장공사 진도관리 결과

P3의 진도 계산방식은 아래와 같다.

100 % / Original Duration = 1일간 예상 진도율

잔여진도율 / 1일간 예상 진도율 = 잔여작업일수

기준일 + 잔여작업일수 = 완료예정일

100 % / 36일 = 2.77% / 일 (100% − 52%) / 2.77% = 17.3일

∴ 6월 30일 + 17일 = 7월 16일(완료예정일)

5.4 패스트 트랙 적용사례

1) 수행상의 문제 해결사례

(1) 건축 인허가 문제

정상적인 인허가 절차에 의한다면 실시설계 완료 후 설계심의를 거쳐 설계내용이 확정된 후 계약절차를 거친 후에나 본 공사의 착수가 가능하다. 그러나 발주자이면서 허가권자인 서울시에서는 파일공사에 대한 설계심의위원회를 개최하여 설계내용에 대한 검증을 실시하여 인허가 절차를 대신하였다.

(2) 설계 미확정 부분의 가정

설계 내용을 부분적으로 확정한다는 것은 현실적으로 많은 어려움이 있다. 건축구조와 마감, 지하구조물과 상부구조물, 건축분야와 설비분야 등 상호연관성을 갖지 않는 경우는 존재하지 않는다. 이 문제는 패스트 트랙을 적용함에 따른 잦은 설계변경이라는 문제를 발생시키게 된다. 본 프로젝트에 적용된 파일공사의 경우도 전체적인 구조계산이 완료되어야 만 파일설계가 가능하다. 특히 파일설계는 구조물전체의 하중결정이 선행되어야 하지만 지붕구조와 관련된 하중은 최종적인 시뮬레이션(simulation) 및 풍동, 설동 시험결과에 의해 결정된다. 결국 모든 설계가 완료되어야만 파일설계가 가능하다는 의미이나 사업자측에서는 패스트 트랙의 시행을 위하여 예상되는 하중에 약 20%의 하중을 가산하여 파일 설계를 착수하였다. 이는 사업자입장에서는 파일 수량증가로 공사원가에 부담이 되는 결과이지만 전체적인 프로젝트 리스크에 대한 대응차원에서 결정된 사업자의 의지로 추진되었다.

(3) 능동적인 기술검증

패스트 트랙의 시행목적은 공사 선 착수에 의한 공기단축에 있다. 그러나 전체설계 내용 중 부분적인 완성을 통해 공사를 추진하는 특성상 시공과정에서 설계 내용에 대한 변경을 수반하게 된다. 특히 선 착수공정 진행과정과 후속 설계작업이 중첩되므로 설계내용이 점차 구체화됨에 따른 변경은 불가피하다.

이러한 패스트 트랙의 특성상 변경내용에 대한 신속한 검증절차가 필요하다. 검토 · 확인이 지연되거나 이에 대한 대응이 신속하지 않을 경우에는 결국 작업의 지연을 초래하게 된다. 이 과정에서 건설사업관리단(CM)은 능동적인 기술검토를 통하여 사업자에게 설계 방향과 가이드라인을 제시하였으며 파일설계 승인 전 시항타 시공계획을 승인하여 설계 내용과 현장상황의 차이점을 조기에 파악할 수 있도록 조치하여 본공사 시행 시 우려되는 문제점을 조기에 도출하여 해결하였다.

2) 패스트 트랙 관리 주안점

(1) 총괄계약에 앞서 부분계약에 의한 사업수행

현행 국가계약법에는 설계와 시공의 병행이 가능한 공정에 대해서는 분리발주가 가능하도록 제도적 장치를 마련하고 있으나 발주자 입장에서 대상 공종 선정의 어려움, 총괄계약이 체결되지 않은 상태에서의 분리발주에 따른 계약적 리스크 부담문제, 즉 실시 설계가 완성되지 않아 사업자로 선정이 확정되지 않은 상태에서 부분계약을 체결해야 하는 어려움으로 적극적인 활용이 어려운 실정이다.

(2) 부분설계에 의한 설계상의 리스크 대응 필요

사업자의 입장에서 완성된 설계가 아닌 부분설계와 시공에 따른 설계리스크 대응으로 인한 추가비용이 소요되어 어려움이 예상되었다. 사례 프로젝트의 예로 파일공사를 패스트 트랙으로 수행함에 있어 전체구조물의 하중이 결정되지 않은 상태에서 파일설계를 위해 예상되는 전체 하중에 20%의 하중을 부가하여 파일설계를 조기에 완성하였으며 이는 파일공사비가 20% 이상 추가로 소요되었음을 의미한다.

(3) 기본설계 시 패스트 트랙 공정은 실시설계도서로 작성

패스트 트랙의 효과적인 수행을 위해서는 대상 공종이 조기에 확정되어야 한다. 즉 입찰 준비 단계에서 목적물의 규모와 구조형태를 예측하여 기본설계단계에 해당하는 공종에 대해서는 실시설계도서를 작성하고, 입찰 시 패스트 트랙 공종의 실시설계심의를 하도록 입찰계획을 수립한다.

(4) 적용대상 공종의 파악

대상 선정 시에는 실시설계기간 이상으로 기간이 소요되는 공종이 선정되어야 한다. 예를 들어 설계기간을 6개월로 가정할 때 3개월만 소요되는 공종이 선정될 경우 설계 완성시까지 작업이 중단되는 사례가 발생할 것이므로 이런 경우는 2개 이상의 공종을 대상으로 선정하여야 한다. 일반적으로 건축공사의 경우 부지조성공사, 터파기공사, 파일공사가 이에 해당된다.

(5) 현행규정의 현실적 문제

현재 조달청에서 패스트 트랙 시행 공종에 대한 실시설계적격통지문에 총공사에 대한 실시설계적격심사에 부적격으로 판정이 날 경우 계약을 해지하고 준공 타절하는 것으로 통지되고 있다. 그러나 준공타절 후의 조치에 대한 규정은 없으며 현행 국가계약법의 취지로는 재입찰의 절차를 밟아야 하나 현실적으로 불가능하다.

그러므로 낙찰자는 패스트 트랙을 통해 본공사의 부분시공에 참여하면서 사업자의 지위를 확고히 하는 결과가 되므로 발주자나 발주자의 실시설계 보완요구에 소극적인 조치로 일관하는 사례가 발생하게 된다.

5.5 공정관리상의 문제사례 및 개선방안

1) 문제사례

(1) 경험자의 참여부족

공정계획의 수립은 공정 관리자의 주관아래 각 분야 경험자의 참여가 필수적이나 본 프로젝트의 공정계획 수립시에는 경험자의 참여없이 공정관리자의 노력으로만 계획이 수립되었다. 특히 국내 시공경험이 부족한 케이블 구조의 지붕철골공사 및 막공사에 대해서는 경험자의 조언없이 계획이 수립되어 작업의 우선 순위 및 공사기간 산정에 오류가 발생하였고, 공정표를 변경하게 되었다.

(2) 진도관리 예측 기능의 신뢰성 저하

공정계획수립 시 주 부공정의 패스(path)가 잘못 계획되거나 작업일수 산정이 부적정할 경우 P3의 예측기능은 유명무실화가 된다. 본 프로젝트에서도 일부 액티비티 간의 연결 부적정, 작업기간산정의 부적정 등으로 실제는 공사가 늦지 않고 있음에도 불구하고 P3리포트에서는 공사가 지연되고있는 것으로 나타나는 경우가 있었으며 반대로 공사가 지연되고 있음에도 리포트는 공사가 앞서고 있는 것으로 나타나는 등 예측기능의 신뢰도가 저하되어 활용하지를 못했다.

(3) 계획공정과 자원투입계획의 부조화

하부골조공사의 경우 초기 공기단축을 위해 거푸집 재료, 장비, 인력 등이 과대 투입되었다. 결과적으로 초기의 RC공사는 계획대로 완료할 수 있었으나 지하구조물 거푸집의 전용횟수 감소, 투입인력증가에 따른 작업효율 저하 등으로 공사원가는 상승하게 되었다. 또한 지붕철골공사의 경우는 용접공 부족으로 지붕철골의 가조립을 완료한 후에도 2개월이나 용접작업이 지연되었다. 공사의 마무리 단계인 2001년 2/4분기에는 전 공종에 걸쳐 투입인력이 부족하여 경기장 개장행사를 앞두고 급속으로 공사를 마무리하는 경우가 발생하기도 하였다.

(4) 선 · 후공종의 연계성부족

본 프로젝트에서는 초기에 대량의 재료 및 인력, 장비를 투입하여 파일공사, 기초공사 및 지하층의 RC공사를 추진하였으나 지하층 골조공사완료 후 후속공정인 철골공사가 일부구간(경기장 동측)에 착수가 지연되어 조기완료한 하부골조공사가 지속적으로 후속공정이 진행되지 못하였다. 이는 운동경기장과 같이 바닥면적이 넓거나 작업구간이 펼쳐져 있는 경우 계획된 조닝계획(zoning plan)에 의해 하도업체를 선정하고 공사량을 배분하여 선행공정과 동일하게 공사가 진행되도록 하여야 할 것이나 본 프로젝트에서는 하도급 발주내용이 하부 RC공사와 상부 철골공사가 상이하여 경기장의 동측의 철골반입이 지연되는 사례가 발생하였다.

2) 개선방안

(1) 경험자 그룹의 지원조직 확보

공정담당자는 우선 프로젝트 특성을 파악한 후 자문을 받아야 하는 분야 및 항목을 정한 후 경험자그룹에 의한 자문을 받아 공정계획의 완성도를 높여야 한다. 계획상 구체적인 시공계획이 선행되어야 하는 공종에 대해서는 시공관리조직에서 시공계획을 작성하고 그 내용이 공정계획에 반영되어야 한다.

(2) 명확하고 단순한 주 · 공정(Critical Path)선 계획

전산프로그램에 의한 공정계획시 단위작업(activity)의 수를 관리가능한 범위로 제한하고 특히 주공정선을 명확하게 구분하여 주공정의 작업성과에 따른 공사의 부진여부가 명확히 판단되도록 주공정선 계획을 수립하여야 한다. 대상 프로젝트의 주공정을 예상하고 각 공정의 절대소요기간을 산정하여 전체공기를 가름하고 주공정선을 중심으로 기타공정을 연결하는 것이 효율적이다.

(3) 일정한 공사속도기준으로 한 자원투입계획

공사의 속도는 투입되는 자원의 양에 비례한다. 그러나 사례프로젝트와 같이 자원이 일정 공사속도를 기준으로 배분되지 않고 특정 선행공정에 집중되고 후속공정에 부족할 경우 공사속도의 불균형으로 전체공기에는 도움이 되지 못하고 자원의 낭비만 초래할 수 있다. 그러므로 공정 계획시에는 일정한 공사속도를 전체공기에 맞추어 정해놓고 이에 맞는 자원투입계획을 수립하여야 한다.

(4) 롱 리드 아이템(Long Lead Item)의 관리

공정계획 및 진도관리 시에 일반적으로 현장에서 수행되는 공정에만 관리가 치중되는 경향이 있다. 그러나 프로젝트의 특성에 따라 정도의 차이는 있겠으나 외부에서 제작되어 현장에 설치되거나, 외국에서 수입되는 기자재의 경우 현장의 설치시간은 짧고 외부에서 생산, 운반되는 시간이 길다. 그러므로 공정관리시에는 우선 롱 리드 아이템을 선정하고 이에 대한 외부작업과 운반을 고려한 일정계획과 진도파악이 매우 중요하다.

● ● ● 6. VE 수행 사례

효용(worth)과 기능비용(cost)의 비를 가치(value)의 척도로 하는 가치공학의 개념을 건설산업에 적용함으로서 발주자 입장에서는 보다 향상된 기능의 건축물을 경제적으로 건설할 수 있으며 시공자는 새로운 가치의 창출과 함께 기업의 경쟁력을 증진시킬 수 있다. 본 장에서 실시설계 및 시공단계에서 시행되었던 VE의 과정을 사례별로 요약하고 그 성과를 정리하고자 하며 적용상의 문제점 및 개선방향을 제시하고자 한다.

6.1 VE 수행을 위한 사전준비

1) VE 적용범위 설정 시 검토 사항

- 프로젝트 초기 실시설계단계에서 설계검토와 함께 VE에 별도로 투입될 인력을 갖추지 못했으며 실시설계에 소요되는 절대기간이 부족한 상황
- 기본설계에 의한 총차계약금액(낙찰금액)이 확정된 상태에서 현행 「국가를 당사자로 하는 계약법」상 실시설계기간 중 VE에 의한 절감금액이 계약금액 변경으로 이어지지 않는다는 점
- 정부발주공사의 특성상 발주자는 당초 수립되어 집행된 입찰조건, 설계지침의 내용에 대한 변경을 원치 않는다는 점

2) VE 적용 범위

- 본 프로젝트 VE의 주 대상은 실시설계에 의해 축조될 서울월드컵경기장의 설계내용
- 설계진행상 발생되는 설계 프로세스상의 문제
- 설계내용에 대한 시공성(constructability) 분석을 통한 제안
- 시공과정에서의 공사 프로세스 및 공법제안

3) 가치향상방법

VE의 가치를 향상시키기 위한 방법은 〈표 6-1〉과 같이 5가지의 유형으로 분류된다. 여기서 ①을 고유의 VE라 부를 수 있고, ② - ④까지에 대하여 VE의 활동범위로 간주할 수 있겠으나 원가절감이라는 VE 고유의 목적을 고려하면 ①을 VE의 1차적인 가치향상 방법으로 선정할 수 있다. 본 프로젝트에서는 사업의 특성상 ① - ③까지를 가치향상방법으로 결정하였다. ④의 경우 원가와 기능이 동시에 향상되어 추가비용의 발생, 당초기준에 대한 상향조정 등으로 발주자 및 사업자와 이견의 소지가 있어 가치향상 방법에서 제외하였다.

표 6-1 VE의 가치향상방법

$V = \frac{F}{C}$	VE 적용범위				
F	→	↗	↗	↗	↘
C	↘	↘	→	↗	↘
	①	②	③	④	⑤

4) VE 수행조직의 구성

(1) 수평조직

VE활동의 업무특성상 각 분야의 VE전담자간의 지속적인 협의가 필요하며 각종 정보 및 자료, VE관련 기준의 통합이 필요하다. 수평조직은 수직적인 조직에 비하여 의사결정이 지연될 수 있다는 단점이 있지만 관리단장을 중심으로 각분야의 전담자가 중심이 되는 조직이 구성되었다.

(2) 설계관리자

건축설계관리 전담자로 하여금 각 분야별 설계내용의 조정업무를 전담토록 하여 VE활동에 따른 전체 설계내용에 미치는 영향을 집중적으로 검토하였다. 특히 분야별 VE활동이 불가피한 실정에서 전체 설계의도와 맞지 않는 설계변경 오류 발생의 여지가 많아서 적절한 통제기능이 필요하였다.

(3) 사업관리자

사업관리 담당자로 하여금 VE활동내용이 공사계약금액에 미치는 영향을 분석토록 지정하여 VE에 의한 설계변경의 결과가 계약금액변경과 직접적인 영향을 미쳐 공사비 절감의 경우 계약금액의 감소로 이어짐으로써 사업자 입장에서는 VE에 대한 적극적인 활동을 기피하는 경향이 발생하게 되었다.

6.2 VE 대상항목 선정

1) 프로젝트의 품질모델(Quality Model) 사례

VE의 대상을 선정하기 전에 품질모델을 통해 발주자가 인식하는 프로젝트의 성능에 대한 기대를 〈그림 6-1〉의 다이어그램으로 표현하였다. 품질모델은 향후 진행될 VE활동의 기초가 되며 새로운 제안에 의해 창출된 각종대안 평가시 기준이 된다. 〈그림 6-1〉은 그 동안 발주자와 함께 사업관리업무를 추진하면서 발주처가 기대하고 있는 프로젝트의 성능에 대한 중요도를 백분율로 표현하였다.

〈그림 6-1〉의 내용 중 최외곽 선상에 가까운 항목일수록 적극적인 VE의 대상이 될 수 있음을 의미하며 발주자의 입장에서는 프로젝트 전반에서 중요도가 상대적으로 높은 항목이다. 경기장의 건립목적과 직접적인 연관성이 있는 FIFA의 시설기준과 관련된 내용과 공공건축물로서의 안전성, 촉박한 공사일정으로 인한 공사기간과 관련된 내용 등이 적극대응항목에 해당된다. 그러므로 본 프로젝트의 VE활동의 주 대상은 건축물의 기능향상과 함께 공사기간의 단축과 관련된 내용이며, 또한 VE활동과 직접적인 관련은 적으나 계약내용의 준수, 건축물의 상징성 등이 발주자의 입장에서 상대적으로 중요도가 높은 항목이다.

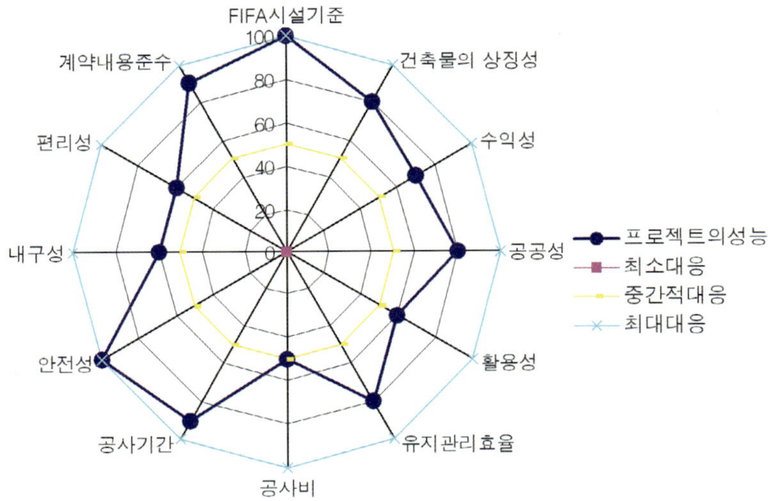

그림 6-1 월드컵주경기장의 품질모델사례

2) 비용성능평가 분석결과

비용성능평가분석은 전체공사비 중 공사비가 큰 공종을 중심으로 비용과 성능을 비교함으로써 VE대상 선정을 위한 개괄적인 비교가 가능하다. 〈표 6-2〉는 본 프로젝트의 주요 공종을 대상으로 한 비용성능 평가의 결과이다.

표 6-2 월드컵주경기장프로젝트의 비용성능평가 분석사례

대상공종	비 용		성 능				
	금액 (백만원)	비율 (%)	발주자 요구	공기	기술적 타당성	합계	비율 (%)
하부골조공사	16,256	22.0	△	×	×	4	7.4
철골공사	10,493	14.2	●	●	●	9	16.3
방수 · 조적공사	2,388	3.2	△	×	△	5	9.1
미장 · 타일 · 석공사	3,287	4.4	●	×	△	6	10.9
창호공사	2,430	3.2	●	△	△	7	12.7
경기장 지붕공사	29,173	39.5	△	×	△	5	9.1
전광판설비공사	5,847	7.9	△	●	△	7	12.7
경기장음향설비	2,575	3.4	×	●	×	5	9.1
잔디구장조성공사	1,412	2.2	△	●	△	7	12.7
합 계	73,861	100				55	100

범례 : ● : 3점(만족), △ : 2점(보통), × : 1점(불만족)

〈표 6-2〉에서는 경기장 지붕공사, 하부골조공사, 철골공사, 전광판설비공사의 순으로 비용이 높게 나타나고 있으나 성능측면에서는 하부골조공사, 경기장지붕공사, 방수 및 조적공사의 순으로 성능이 낮게 나타나고 있다. VE활동대상으로는 〈표 6-2〉의 비용과 성능치 분포도에 나타나듯이 하부골조공사 및 지붕공사가 VE의 대상이 될 수 있음을 보여주고 있다.

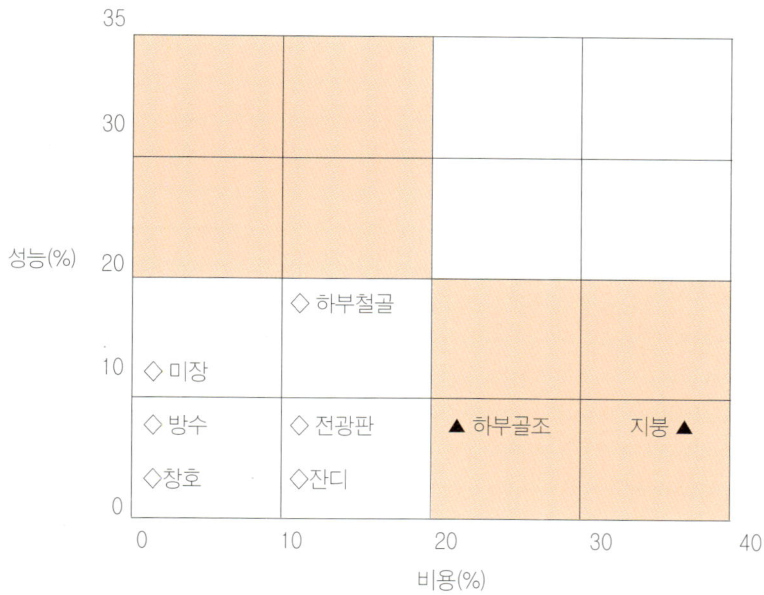

그림 6-2 주요항목의 비용과 성능치 분포

본 프로젝트에서는 지붕공사 및 하부골조공사에 대하여 실시설계단계에서 설계VE를 수행하였다. 성능분포도 〈그림 6-2〉의 중앙을 기준으로 우측하단이 VE의 대상이 될 수 있는 영역이며 좌측상단은 강화대상영역이다. 강화대상은 고성능, 저비용 항목을 의미하므로 요구되는 성능에 비해 비용이 낮게 책정되어 향후 강화가 예상되는 영역이나 본 프로젝트에서는 대상항목이 나타나지 않고 있다. 방수공사 및 창호공사의 경우 저성능, 저비용 항목으로 나타나고 있으나 이런 경우에는 비용의 변화없이 성능을 향상시키는 쪽으로 VE의 활동방향을 정했다.

3) 복합평가분석사례

개괄적으로 선정된 평가대상에 대하여 구체적인 VE항목 대한 타당성을 복합평가방식[6]으로 분석하였다. 실시설계단계에서는 구체적인 항목에 대한 공사비가 확정되지 않은 상태에서 코스트모델링 기법에 의한 대상선정방식에는 한계가 있으므로 VE대상 선정기준으로 품질향상, 원가절감, 공기단축, 안전성, 제약성 등을 평가기준으로 하여 각각의 평가기준에 가중치를 설정하고 VE대상 항목별로 평가기준에 대한 예상 만족도를 구한다.

표 6-3 가중치부여 복합평가분석사례

번호	VE대상후보	품질		원가		공기		안전성		제약성		총점	순위
		20		10		30		20		20			
1	수익시설의 계획변경	3	60	2	20	3	90	3	60	2	40	270	10
2	경기장 지붕구조개선	3	60	4	40	4	120	5	100	3	60	380	2
3	기초공사의 복합화공법	4	80	1	10	3	90	3	60	1	20	260	11
4	보조경기장 스탠드PC변경	3	60	5	50	3	90	3	60	4	80	340	5
5	노출기둥의 마감	5	100	3	30	4	120	3	60	4	80	390	1
6	파일설계내용변경	3	60	5	50	5	150	3	60	3	60	380	2
7	록 앵커(Rock Anchor)의 삭제	3	60	5	50	5	150	3	60	3	60	380	2
8	Expansion Joint계획	3	60	4	40	4	120	3	60	3	60	340	5
9	전단벽의 배치계획	4	80	3	30	4	120	3	60	3	60	350	4
10	스탠드 지지방식변경	4	80	4	40	4	120	3	60	3	60	360	3
11	전기부식방지설비	3	60	4	40	4	120	3	60	2	40	320	7
12	전기 배관재 변경	3	60	5	50	3	90	3	60	2	40	300	9
13	보강블럭의 수평보강	3	60	4	40	3	90	3	60	4	80	330	6
14	철근이음방식의 개선	4	80	2	20	4	120	4	80	3	60	360	3
15	천정달대고정방식개선	5	100	2	20	4	120	4	80	3	60	380	2
16	데크 방수공법개선	5	100	2	20	3	90	3	60	2	40	310	8
17	지하층 단열 · 흡음재변경	4	80	3	30	3	90	3	60	2	40	300	9
18	지하바닥방수공법변경	4	80	3	30	3	90	3	60	2	40	300	9
19	알미늄커튼월 변경	4	80	3	30	3	90	3	60	3	60	320	7
20	PC하부 블럭벽체접합	4	80	3	30	3	90	4	80	4	80	360	3

범례 : 5(아주만족), 4(우수), 3(보통), 2(곤란), 1(아주곤란)

6) 복합평가기법에 대해서는 임병훈(1997), "건설업의 VE기법 이론과 실제(상)", 건설문화사, 112쪽–115쪽을 참고하기 바람.

4) 복합평가분석결과

〈표 6-3〉은 월드컵주경기장 프로젝트의 VE적용이 예상되는 항목에 대한 가중치부여 복합평가 분석사례에 대한 결과이며 이 표에 명기된 20개의 항목은 실시설계단계에서 검토되었던 항목의 일부를 정리한 것이다. 선정대상에서 상위에 랭크된 항목은 외부노출기둥의 마감방식에 대한 변경, 경기장지붕구조의 개선, 파일구조설계내용의 변경, 록 앵커(rock anchor)의 삭제 등의 순으로 평가되었다. 상대적으로 기초구조에 대한 복합화공법 적용, 수익시설의 설계변경에 의한 활용성 증대 등의 항목이 하위 순위를 차지하였다. 수익시설 설계변경 문제는 실제 VE적용으로 변경하는 것에는 설계변경 내용이 당초 설계지침 내용 이외의 사항으로 건축연면적의 증가와 함께 공사비의 증대가 수반되어 별도로 설계변경을 실시하였다.

5) VE의 착수순위 결정사례

〈표 6-4〉의 내용은 〈표 6-3〉의 항목 중 상위에 랭크된 항목 중 VE적용의 착수순위 결정을 위하여 VE적용에 따른 효과, 적용의 용이성, VE팀의 능력을 기준으로 순위를 결정한 사례를 명기한 것이다. 검토 결과 최우선 착수대상은 지붕구조에 대한 개선 및 스탠드 PC의 지지구조에 대한 변경이 선정되었으며 기초공사와 관련된 파일설계변경 및 록 앵커 시스템의 제거순으로 순위가 결정되었다. 패스트 트랙의 시행으로 실시설계기간 중 파일 공사가 진행되었던 관계로 실제로는 기초공사와 관련된 내용이 최우선으로 VE를 적용하여 수행하였으며 구조관련내용, 마감공사관련, 시공법관련의 순으로 전체적인 VE적용순서로 진행되었다.

표 6-4 VE 착수순위 결정사례

기준	평 가 항 목	〈표 6-3〉의 선정순위 상위항목의 번호							
		2	5	6	7	10	14	15	20
효과성	1. 개선효과가 많은것	○	○	○	×	○	○	○	○
	2. 동일형태가 많은것	×	×	○	×	○	○	○	○
	3. 반복이 기대되는 것	×	×	○	×	○	○	○	○
	4. 비용절감의 효과가 큰 것	○	○	○	○	○	×	×	×
	5. 사용자의 애로가 많은 것	○	×	×	×	×	×	×	×
	6. 비용비율이 높은 것	○	×	×	○	×	×	×	×

효과성	7. 시공이 복잡한것	○	×	×	○	×	×	×	×
	8. 상세검토가 요구되는 것	○	×	○	○	○	×	×	×
	9. 관리상 손실이 많다고 예상되는 것.	○	×	×	○	×	×	×	×
취급용이성	1. 개선안의 실현이 예측되는 것	○	○	○	○	○	○	○	○
	2. VE팀의 구성원이 문제로 삼고있는 것	×	×	○	×	○	×	×	○
	3. 자료가 정리되어 있는 것	○	○	○	×	×	○	○	○
	4. 비교적 소규모 대상의 것	×	×	×	○	○	×	○	○
능력	1. 독자적으로 할 수 있는 것	×	○	×	×	○	○	○	○
	2. VE팀의 능력에 적합한 것	○	○	×	○	○	○	○	○
	3. VE 팀의 구성원의 전문분야에서 선정	○	○	○	○	○	○	×	×
	4. 시간, 인력을 활용할 수 있는 범위의 것	○	○	○	○	○	○	○	○
○의 수 합계		12	8	10	10	12	9	9	10
순 위		1	4	2	2	1	3	3	2

6.3 VE 성과분석

〈그림 6-3〉은 VE의 가치향상 유형별 성과를 분석한 도표이다. 비용은 유지하면서 기능만을 향상시킨 경우가 총11건으로 42%를 차지하고 있다. 공사금액의 변동이 없는 상태에서 기능을 향상시킬 수 있는 항목은 발주자와 시공사 모두가 선호하는 유형이다. 상기 도표에서 특이한 것은 기능향상과 함께 비용이 증가한 유형이 3건이 있었다. 당초 VE의 준비단계에서 비용이 상승하는 유형은 배제하기로 계획하였으나 경기장의 사후 활용시설(수익시설)계획과 관련하여 타당성 분석을 실시한 결과 기존의 설계 내용상 수익성 및 활용성에 문제가 있어 검토결과를 설계에 반영하여 공사비가 증가되었다. 기능향상과 비용절감의 유형 6건은 설계초기 구조 검토결과와 설계된 부분에 대하여 기술적 검증을 실시한 후 변경하게 된 항목이며 특히 공사수량의 감소로 골조공사기간 단축에 큰 효과가 있었다. 기능유지, 비용절감의 유형은 VE활동에서 가장 바람직한 유형이다. 일부 구조계획의 불합리한 부분에 대한 변경 및 방수공사의 공법변경을 통하여 6건의 성과가 있었다.

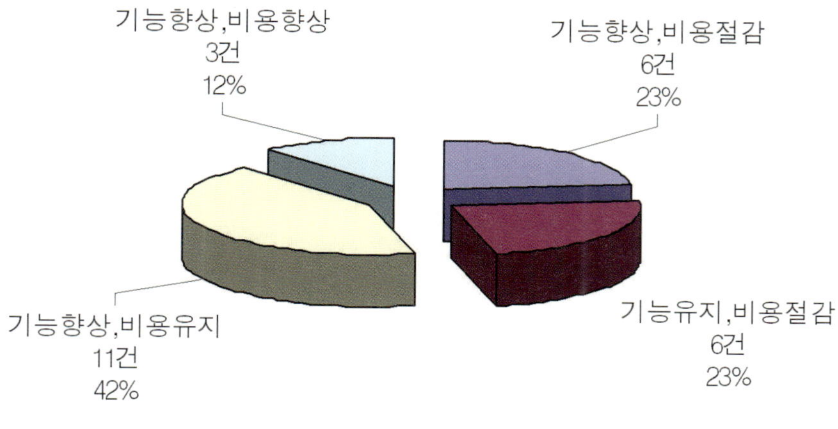

그림 6-3 가치향상유형별 성과분석

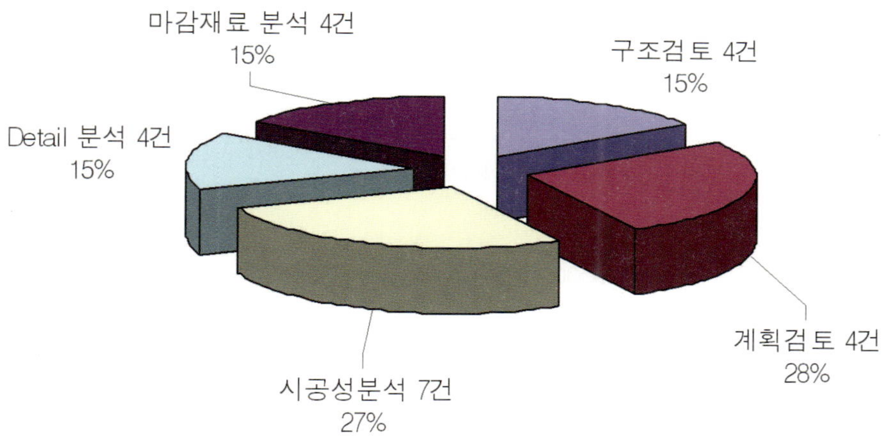

그림 6-4 검토유형별 VE성과분석

표 6-5 VE 수행실적

연번	VE대상	대 안	개선효과	기능	비용
1	경기장 지붕설계	전체지붕면적축소 지붕막 면적축소 채광면적 확장	잔디의 일조량 증가 지붕철골수량감소 구조체 자중감소	↗	↘
2	파일 설계내력조정	파일의 수직축력을 당초 75톤/본에서 85톤/본으로 상향조정	구조안전성 유지 공사수량감소 공사비절감 공사기간 단축	↗	↘
3	스탠드하부구조변경	스탠드하부 지지간격을 4m에서 9.3m로 조정	시공성 증대 철골수량감소 PC성능 향상 공기단축효과	↗	↘
4	외부노출기둥마감	당초 인코트마감 치장거푸집으로 변경 노출콘크리트마감	치장효과 증대 유지관리 기능강화 공사비 절감	↗	↘
5	보조경기장 스탠드	당초 PC스탠드 소량으로 인한 공사비 증대 RC스탠드로 변경	공사비 절감	→	↘
6	록 앵커	지반조사결과 지하수위저하에 따른 앵커 시공 삭제	구조안전기능유지 공사비절감	→	↘
7	Expansion Joint 계획	데크레벨의 경기장 외곽 이음 삭제	구조안전기능유지 공사비절감 시공성 확보	→	↘
8	전단벽 배치계획	당초 30cm두께로 44곳 변경 80cm두께 16곳으로 축소	공간 활용성 증대 골조공사수량감소 공기단축효과	↗	→
9	전기부식방지설비	당초 44개소에서 18개소로 축소	기능유지 공사비절감	→	↘
10	전기배관재 변경	당초 강관배관 PVC파형관으로 변경	기능유지 공사비 절감 시공성 증대	→	↘
11	보강블럭의 수평보강법	당초 수평철근적용 블럭매쉬 (block mesh)로 변경	기능유지 시공성 증대	↗	→
12	철근이음방식개선	당초 결속선이음에서 카플러 (coupler)방식으로 변경	시공성 증대 이음성능 향상	↗	→
13	천정달대고정방식	당초 스트롱 앵커(strong anchor)에서 매입형 주입 (insert)방식으로변경시	공성 증대	↗	→

14	데크 방수공법개선	당초 도막방수 신기술로 지정된 SSAP 방수로 변경	방수성능 향상 유지관리기능 향상	↗	→
15	지하층바닥방수변경	당초 도막방수 액체방수로 변경	방수성능유지 시공성 향상	→	↘
16	알루미늄 커튼월 방식	당초 스크류(screw) 고정방식 일체형 고정방식으로 변경	성능향상 시공성향상	↗	→
17	일반천정마감	당초T-Bar15t 흡음텍스 M-bar/ 9.5t 석고보드/ 9t 흡음텍스	미관성능향상	↗	→
18	복합영상관	대형관 및 소형관 총10개관으로 규모축소 층고 12.6m 확대	수익성 증대	↗	↗
19	Retail & Food Mall	대형할인매장으로 변경 지하주차장신설	수익성 증대 활용성 증대	↗	↗
20	스포츠센터	수영장규격 축소조정 평면계획변경, 스포츠전문매장도입	수익성 증대 활용성 증대	↗	↗
21	Expansion Joint 상세	이음폭 축소조정후 산토프렌신축재적용	이음 성능향상 내구성 및 내후성 증대	↗	→
22	스탠드하부 조적벽 접합방식	당초 수직보강근 상부고정 수직보강근 이격후 벽체양단에 앵글로 고정	조적벽 구조성능 향상 시공성 증대	↗	→
23	외부노출 철골의 내화피복	당초 반습식 암면뿜칠에서 에폭시도장으로 변경	요구성능 유지 유지관리 향상 시공성 향상	↗	→
24	6층 외부 장식철판	당초 15T에서 4.5T로 변경	요구성능유지 시공성향상 공사비절감	↗	↘
25	발전기 설비	당초고정식 발전기중 1대를 이동식발전기로 변경	요구성능유지 활용성증대	↗	→
26	태양열 시스템	태양열 시스템 삭제	유지관리성능 향상 공사비절감	↗	↘

6.4 VE 수행상의 문제사례 및 개선방안

1) 문제사례

(1) 입찰제도상의 문제

설계시공일괄방식에서 계약체결이전 실시설계 단계의 VE의 적용으로 절감되는 공사금액이 계약금액의 조정으로 이어지기 위한 관련규정이 없고 감액금액산정의 기준이 불명확한 당시 상황에서 본 프로젝트 역시 적극적인 VE의 적용이 불가능했다. 특히 입찰시 제출된 기본설계내용을 VE를 통해 공사비를 절감하여도 그 절감내용이 제도상 계약금액의 감액으로 이어지지 않는다면 발주자의 입장에서는 관련기관의 감사 등을 고려할 때 수락할 수 없는 상황이었다.[7)]

(2) 산출내역서상의 공사단가

VE 적용대상 항목의 단가가 현실과 맞지 않게 높게 책정되어 있거나 낮게 책정되어 있을 경우 VE적용자체가 불가능하다. 예를 들어 단가가 낮게 책정되어있는 경우 VE에 의한 새로운 대안의 단가가 높아 적용자체를 불가능하게 하며 높게 책정되어 있는 경우 발주자입장에서는 적극적인 VE의 적용으로 계약금액을 조정코자 하지만 사업자의 입장에서는 과다책정된 계약단가로 VE적용시 과다책정 된 부분까지 공사금액이 감액되므로 사업자는 이런 항목에 대한 VE적용자체를 꺼리는 사례가 발생하였다.

(3) 사업자의 VE 적용에 따른 혜택부재

공사단계에서 사업자는 VE적용에 소극적이다. 현행 설계시공일괄방식은 원칙적으로 공사비의 증액은 인정치 않으며 감액만을 인정하고 VE적용에 따른 공사원가절감은 계약금액의 감소로 이어지므로 VE시행자인 사업자는 계약금액만 감소할 뿐 어떤 혜택도 가질 수 없으며 VE검토에 따른 인력투입 등 이에 대한 보상제도가 전혀 마련되어 있지 않다.

---

7) 현재는 「설계의 경제성 등 검토에 관한 시행지침(2000.7.제정)」에서 총공사비 100억원 이상인 건설공사의 기본설계, 실시설계(일괄 · 대안입찰공사, 민간투자사업 및 설계공모사업을 포함)와 10% 이상의 공사비 증가에 따른 설계변경 사항, 그 밖에 발주청이 설계의 경제성등 검토가 필요하다고 인정하는 건설공사에 대해 설계의 경제성등 업무를 수행하도록 하고 있음.

(4) 조직운영상의 문제

VE전문가 및 전담자가 투입되지 않았다 하더라도 VE활동과 관련된 설계자, 시공자, 관리자, 발주자 등 관련조직을 통합하여 프로젝트차원의 활동방향을 정하고 이에 따른 VE검토대상 선정 등 관련업무를 관련자간의 유기적인 협조아래 수행해야 할것이나 통합 조직체를 구성하지 못하고 각 주체별로 활동하였다. 그 결과 각 사업주체의 이해득실에 따라 VE적용여부가 결정되었다. 결과적으로 발주자 및 사업관리단이 요구하는 항목위주로 진행되었으나 일부 항목은 사업자의 소극적인 자세 및 반발로 어려움이 있었으며 이런 문제는 사업 주체간의 갈등 및 분쟁으로 이어졌다.

2) 개선방안

(1) 설계단계에서의 계약금액조정기준 마련

설계시공일괄입찰 계약조건에 실시설계 기간중 발생될 수 있는 계약(입찰)금액조정에 대한 조항이 신설되어야 한다. 예를 들어 설계시공일괄입찰 공사의 실시설계기간에는 상세내역서가 없으므로 변경 전 도면과 변경 후 도면에 대한 공사금액산출을 '공사원가작성준칙' 에 의거 동일한 조건으로 산출하여 그 차액을 당초입찰금액에서 가감하여 계약을 체결하는 방법이 있으며, 입찰금액제출 시 공사금액산출의 기준이 되는 일위대가표 등을 제출토록하여 설계단계에서 VE 적용으로 인한 금액과 비교하여 입찰금액을 조정할 수 있다.

(2) 산출내역단가 산정기준마련

설계시공일괄입찰공사에 적용할 수 있는 '산출내역서작성기준' 이 필요하다. 적용할 수 있는 예로 설계도면완료 후 공사내역서 작성 시 '공사원가작성준칙' 에 의거 단가를 산정한 후 공사내역서 작성 시 작성준칙에 의한 산출금액과 설계시공일괄입찰 낙찰금액의 비율을 산정하여 공사내역서상에 일률적으로 비율을 적용하여 내역서를 작성토록 한다. 이 방법을 적용하게되면 일정항목에 공사금액이 집중적으로 배분되는 불합리한 요소를 사전에 제거할 수 있다. 또한 설계변경이 불가피한 항목의 내역서상의 단가가 현실과 맞지 않을 경우는 변경전 · 후의 내용을 현재의 단가로 산정하여 그 차액만큼을 계약단가에 가감하는 방법도 적용 가능하다.

(3) VE적용에 따른 혜택분배방안 마련

'공사계약의 일반조건 제21조' 의 내용 중 일부내용을 수정 보완 하여 '기술보상제도' 에 준하는 내용을 설계시공일괄입찰 공사에서도 적용될 수 있도록 하여 VE적용에 따른 혜택이 일정부분 사업자에게 돌아갈 수 있도록 해야 할 것이다. 또한 '공사계약의 일반조건 제21조 ⑤항' 의 내용을 좀더 구체화하여 '공종별' 이라는 의미의 한계를 명확히하여 설계자 및 시공자의 능동적인 설계 및 공법개선 노력이 이루어질 수 있도록 해야 할 것이다.

(4) VE 전담팀의 구성

효과적인 VE성과를 위해서는 별도의 전담팀을 기본설계검토 · 실시설계검토 · 시공단계검토 등 3차례로 구분하여 집중적으로 VE활동이 이루어지도록 계획하여야 한다. VE전담팀은 발주자, 사업관리자, 설계자, 시공자의 담당자로 통합적인 조직을 구성하고 일정기간동안 전담토록 하여 그 결과를 도출하도록 해야 한다.

7. 계약관리 및 클레임 사례

7.1 설계시공일괄입찰방식의 계약금액조정

1) 일괄총액계약의 특징

(1) 발주자 요구사항을 설계지침으로 제시

설계시공일괄계약방식은 입찰안내서를 통해 공사기간, 예상 사업비, 설계조건 및 지침 등 발주자의 요구사항을 제시한다. 즉 사업목적에 부합하는 설계의 완성을 위해서 발주자는 입찰준비단계의 기획활동을 통해 사업의 목적과 성격을 명확히 한 입찰 조건의 제시가 중요하며 사업전반에 영향을 미치게 된다.

(2) 설계도서의 계약적 효력

분리방식(내역입찰)의 경우 설계변경 시 산출내역서가 변경의 기준이 되지만 일괄 방식의 경우에는 설계도서가 공사수행과정에서 계약금액 조정의 기준이 되는 중요한 계약문서로의 효력을 가지고 있어 실시설계단계에서 계약조건측면의 설계관리 활동이 중요하다.

(3) 고정금액계약

분리방식의 경우 설계자가 작성한 산출내역서에 의한 예정가격을 기준으로 입찰을 실시하고 낙찰금액을 기준으로 당초 예정가격에 대한 낙찰율을 적용한 단가계약 (unit price contract)을 실시한다. 일괄방식은 발주자가 개략적인 사업 예산을 제시하고 설계시공일괄입찰자는 자신이 작성한 기본설계 내용을 기준으로 총액을 제시하여 실시설계 적격자를 선정하고 실시설계 완료 후 총액금액을 기준으로 한 산출내역서를 작성하는 고정금액계약(fixed price contract)형태로 운영된다.

(4) 계약문서에서 배제된 산출내역서의 의미

산출내역서가 계약문서에는 포함되지는 않지만 산출내역서의 단가가 설계변경 시 감액의 기준이 된다. 산출내역서 상의 공사수량의 증감만의 사유로 계약금액 조정을 인정하지 않는다. 이는 일괄 방식이 총액계약방식에 기인한 것으로 계약금액 조정기준은 실시설계도서를 기준으로 한다.

2) 계약금액 조정절차

(1) 계약금액 조정사유발생

설계변경사유는 발주자의 요구, 사업자의 요구, CM의 제안 등이 있으며 사업자와 CM의 제안에 의한 설계변경은 발주자의 사전승인이 있어야 가능하다. 물가변동에 의한 계약금액의 조정사유는 계약일로부터 6개월이 지난 후 당초 계약시점을 기준으로 각 항목별 물가상승지수가 5%이상 인상된 경우가 이에 해당된다.

(2) 설계변경 범위확정

설계변경사유의 발생은 산발적으로 발생하게 된다. 설계변경사유 발생 시마다 설계변경을 실시하는 것은 현실적으로 불가능하다. 그러므로 일정기간 동안 발생된 설계변경내용을 취합하여 설계변경범위를 확정짓는 일이 중요하다.

(3) 설계변경 실정보고

설계변경사유가 발생된 후 CM은 사업자로 하여금 설계변경에 따른 개략적인 계약금액의 변동현황, 추진일정, 설계변경이 공정에 미치는 영향에 대한 보고서를 CM에게 제출하게 하고 CM은 보고된 내용을 검토한 후 의견서를 첨부하여 발주자에게 보고한다.

(4) 변경설계도의 작성

발주자는 CM의 설계변경실정보고를 검토한 후 설계변경의 착수를 지시한다. CM은 발주자의 착수지시문서를 근거로 하여 사업자에게 공식적으로 설계변경의 착수를 지시하고 변경설계 도면작업을 추진한다.

(5) 단가적용기준의 협의

설계변경내용 중 신규항목 및 수량이 증가된 항목에 대해서는 시중단가를 기준으로 한 협의단가를 적용해야 하므로 CM은 사전에 발주자와 단가적용에 대한 협의를 실시한 후 그 결과를 가지고 사업자와 협의를 실시한다.

(6) 설계내역서의 검토

사업자로부터 최종작성 된 설계변경 내역서에 대하여 수량산출서, 일위대가표, 산출 내역서의 순으로 검토를 실시한다.

(7) 설계변경현황보고

최종적으로 설계변경도서에 대한 확인이 완료되면 CM은 설계변경결과를 발주자에게 보고한다. 이때 설계변경 착수 전에 보고된 설계변경실정보고의 내용과 비교하여 상이한 부분에 대한 분석을 실시한다.

7.2 계약관리 주안점

1) 실시설계단계

(1) 산출내역서의 검토

설계시공일괄입찰 방식에서 산출내역서가 계약문서에 포함되지 않는다 해도 산출내역서가 기성지급의 기준이 되고 계약금액조정 시 감액단가의 기준이 되므로 계약관리상의 중요한 문서이므로 CM의 면밀한 검토가 필요하다. 즉 총액금액 범위내에서 각 분야별, 공종별로 일정한 기준을 갖고 배분되는 것이 중요하다.

(2) 가상 낙찰률 적용

설계시공일괄입찰 방식에 의한 내역서는 이미 결정된 총액을 기준으로 상세내역을 작성하는 형식을 취하게 되므로 각 세부항목의 단가는 이미 일반입찰의 낙찰률에 해당하는 비율이 적용된 단가가 적용되어야 한다. 그러므로 공사원가 계산요령에 의한 방식으로 공사금액(A)을 산출한 후 낙찰금액(B)을 기준으로 한 일정비율을 곱하여 산정하는 것이 전 항목에 고른 단가를 적용할 수 있다.

$$(B / A) \times 100 = C(\%)$$

A = 원가계산에 의한 산출금액

B = 턴기낙찰금액

C = 가상낙찰률(%)

a = 산출내역서 적용단가

상기한 방식이 설계시공일괄입찰 발주공사 내역작성을 위한 합리적인 방식이나, 사업자의 입장에서는 분야별 분담이행방식의 공동도급계약(조경, 통신분야, 건축)조건에 따른 참여사 간의 내부 약정금액이 이미 정해져 있고 또 일부항목은 사업자가 이미 예정가격을 확정한 후 입찰금액이 작성되어 일률적으로 적용이 어려웠다. 이에 사업자가 임의로 작성한 단가를 적용하였다.

2) 공사단계

(1) 변경항목의 예산 사전검토

설계변경이 예상되는 항목에 대해서는 사전에 변경 이전 설계내용의 내역단가 적정성과 변경 이후 설계내용의 시중단가를 검토하여 변경 시 예산의 개략증감을 파악하여야 한다.

(2) 시중단가의 조사

설계변경 시 적용되는 단가는 시중단가를 적용하게 된다. 시중단가는 원가계산 작성준칙에 의거 3개 이상의 물가 조사지의 단가 중 최저가 및 공표된 시중노임단가에 의한 일위대가표에 의해 산정된 단가나 3개 이상의 견적가중 최저가를 의미한다. 그러나 시중단가의 실제의미는 실제로 거래되는 가격을 의미하므로 CM은 실제로 거래되는 가격을 조사하여 사업자가 제시하는 단가와 비교하여야 한다. 실제 가격 조사지에 의한 단가산정은 실 거래가격과 차이가 있다.

(3) 협의단가의 확정

계약의 일반조건 제21조2항에 의거 증가된 공사량의 단가는 설계변경 당시의 시중단가와 계약단가와의 범위 내에서 계약당사자간에 협의된 단가를 적용하게 되어있으므로 사업자와의 협의가 필요하다. 본 프로젝트에서는 협의를 통해 계약단가와 시중단가의 평균단가를 적용하였다.

3) 산출내역서상의 오류로 인한 문제사례

(1) 세부항목단가의 과다, 과소 산정

내역상의 단가가 과소 산정된 항목에 대해 발주자가 시중단가가 비슷한 다른 항목으로 설계변경을 원할 경우라도 추가비용 부담없이 설계변경이 불가능하다. 또한 사업자의 입장에서 내역단가가 과다책정되어 있는 경우에는 사업자가 그 항목의 설계내용을 시중단가가 비슷한 항목으로 변경을 요구할 시에는 공사금액을 감액당하는 경우가 발생되게 된다.

(2) 세부항목의 누락

도면 및 시방에 명기되어 있으나 내역항목에 누락된 경우, 누락항목을 설계에서 삭제할 때 공사금액을 감액할 수 없다. 이 경우 발주자는 공사내용이 줄어도 계약금액을 감액할 수 없으며 사업자는 공사를 해도 기성을 청구할 수 없다. 그러나 설계시공일괄입찰 내역의 특성상 항목이 누락된 금액만큼 다른 항목에 부가되었음을 의미하므로 사업자나 발주자가 불이익을 당한다고 볼 수는 없겠으나 설계변경이 발생할 시 이해관계를 달리한다.

(3) 산출수량의 과다 · 과소 산정

산출수량이 과다 · 과소산정 된 경우 공사 예산상의 문제는 없으나 기성지급 시에는 실제수량에 의한 비율로 기성을 지급하여야 한다. 그러므로 공사담당자는 실제 시공수량을 확인하여 실 수량과 내역서 수량의 차이를 규명하고 실 수량에 의한 진도율로 기성을 산정하여야 한다.

표 7-1 내역수량과 실 작업수량 상이시 기성청구의 예

항목	계약내역			실작업수량			기성청구		
	수량	단가	금액	총수량	완료량	진도율	수량	금액	기성율
타일	500	20	10,000	800	400	50%	250	5,000	50%

(4) 내역상의 규격 상이

설계 및 시방의 규격과 내역상의 규격이 상이한 경우 어떤 경우라도 설계시공일괄입찰 발주공사에서는 설계 및 시방의 규격을 적용하여 시공되며 설계변경 시에는 규격이 상이하므로 항목누락으로 간주하여 설계변경을 실시하게 된다. 원칙적으로 내역항목은 존속하고 변경항목을 신규항목단가를 적용하여 변경하여야 할 것이나 본 프로젝트에서는 내역 항목을 삭제하고 변경항목을 추가하는 방식으로 설계변경을 하였다.

7.3 클레임 제기사례

1) 클레임 개요

총 67건 약 280억원에 상당하는 클레임이 공사준공 후 사업자로부터 제기되어 대한상사중재원의 중재절차를 통해 제기된 금액 중 약 30억원을 발주자가 사업자에게 지급하는 것으로 판정을 받았다.[8)] 그러나 발주자인 서울시는 중재판정부에 본안 전 항변으로 계약일반조건 51조에 의거 중재합의가 없으므로 중재요청이 무효임을 주장하였으나 중재판정부에서 기각되어 다시 법원에 소를 제기하였고, 2005년 최종적으로 중재합의가 없는 중재판정부의 판정은 무효라는 대법원의 확정판결을 받았다.

2) 클레임 발생원인

(1) 포괄적인 상위규정의 구체화 미비

발주자가 작성하는 계약특수조건은 상위 규정의 분석을 통해 분쟁이 예상되는 불분명한 항목을 명확히 해야 한다. 예를 들어 물가변동에 의한 계약금액조정 기준일과 관련하여 공사 당시 국가계약법 제64조 제1항에는 장기계속공사의 경우 1차 계약일을 최초 계약시점으로 조정 기준일로 정하도록 규정하고 있으나 설계시공일괄입찰 방식의 경우 낙찰자로 결정된 후 계약체결까지는 최소 4~6개월이 소요되므로 이 기간 동안 물가변동에 대한 규정과 패스트 트랙 수행을 위한 부분계약 체결 시 기준일의 명시가 필요하다.

---

8) 중재판정 2003.5, 중재 제02111-0009호.

(2) 불분명한 사업자 의무사항 규정

사업자의 의무사항이나 책임범위를 설정함에 있어 무한책임이나 포괄적인 요구는 합리적이고 명확한 규정으로 보완되어야 한다. 예를 들어 발주자 및 CM 사무실의 사무집기 및 편의제공이라는 조항으로 사업자의 의무사항을 규정했다면 사무집기와 편의제공의 범위가 불분명하다. 이런 경우 구체적인 제공사항을 계약조건으로 명기하는 것이 선진외국의 일반적인 계약관행이다.

(3) 불명확한 입찰계약 행정업무

설계시공일괄입찰 방식에서 현장설명회, 입찰, 낙찰자 확정, 실시설계적격심의, 계약에 이르는 일련의 과정에서 발주자의 명확한 입찰계약행정업무 결과에 따라 계약적 분쟁을 최소화할 수 있다. 입찰과정에서 설계내용의 중대한 결격사유에 대해서는 낙찰자 확정 전에 면담을 통해 의도를 파악하고 설계미비에 대한 보완 확약을 받아 후속적인 계약구속력을 확보하는 등의 명확한 업무처리가 필요하다.

(4) 사업자의 손실 보존의 목적의 클레임

사업자가 제기한 클레임의 내용 중 프로젝트 진행 과정 중 불가피하게 설계보완으로 추가로 투입된 비용에 대한 청구는 설계지침 및 계약이 정하는 규정에 위배되어 당연히 사업자의 부담으로 보완하여야 함에도 설계와 시공은 분담이행 방식이므로 시공자에게는 책임이 없다는 등 당시규정을 전혀 무시한 억지논리 클레임 금액의 외형을 부풀리는 사례가 발생하였다.

3) 클레임 대응 주안점

(1) 주요 클레임 항목의 예측

부적절한 사업자의 클레임에 대응하기 위해서는 우선적으로 앞서 언급된 명확한 업무처리가 선행되어야 할 것이다. 설계시공일괄입찰 방식에서 발생하는 클레임의 대부분은 설계변경에 의한 계약금액 조정 시 추가비용 부담주체에 대한 사항과 신규비목에 대한 협의단가 산정에서 발생하는 문제이며 추가공사요구에 대한 공기연장에 대한 클레임이 제기될 수도 있다.

(2) 설계변경 시 공사기간연장 클레임에 대비

CM은 발주자의 요구에 의한 설계변경 발생시 예상되는 클레임에 대비해야 한다. 즉 공사규모가 증가하는 변경의 경우 공사기간의 연장을 요구할 수 있으며 공기연장이 불가피한 경우 급속공사를 위한 추가비용의 청구를 예상할 수 있다. 그러므로 CM은 설계변경 확정 전에 변경을 예정한 공정표를 제출토록 하고 설계변경에 의한 공기연장 사유가 발생하지 않는다는 객관적 근거를 확보하는 것이 필요하다.

(3) 협의과정을 문서로 기록 유지

계약금액조정을 위한 신규비목단가 협의 시에는 협의과정을 공정하게 진행하고 협의과정을 기록으로 보관한다. 공공발주공사는 그간 발주자의 우월적 지위의 남용이 문제되고 있으며 중재판정부의 판정방향도 계약이행 중 발주자의 우월적 지위의 남용에 의해 결정된 사안은 인정하지 않는 추세이다. 그러므로 CM은 클레임이 예상되는 모든 사안에 대해 협의과정을 기록으로 보관하거나 문서화하여야 한다. 즉 협의 결과보다는 과정이 중요하다.

(4) 클레임을 상호간의 정당한 계약적 요구로 인식

CM은 사업자의 클레임 제기에 성실하게 답변하여야 한다. 즉 사업자의 클레임 제기가 정당한 계약적 요구임을 인식하고 검토 결과 정당한 클레임의 경우 즉시 발주자에게 보고하여 조치를 구하고 부적절한 클레임의 경우에는 관련규정, 판례, 유권해석을 통해 제기된 클레임의 부당성을 객관적으로 설명하여 사업자에게 통보하여야 한다.

7.4 계약관리상의 문제사례 및 개선방안

1) 문제사례

(1) 연차예산에 의한 장기계속공사

공사초기에 수립된 연도별 공사예산계획을 상황변화에 따른 변경없이 운영하여, 확보된 예산보다 공정계획이 앞서 사업자의 현금흐름(cash flow)과 맞지 않아 사업자의 자금부담이 가중되었다. 그리고 확보된 예산에 대한 계획기간내 불용에 다른 문제로 인해 매 차수 계약때마다 총액금액 변경 없는 설계변경을 실시하는 형식적인 작업이 이루어졌다.

(2) 예산관련 정보공유 미흡

사업추진예산과 관련된 집행계획 및 서울시의 방침에 대한 종합정보가 CM에게 전달되지 않고 예산과 관련된 일방적인 업무지시에 의해 이루어져 전체예산관리업무에 대해서는 발주자가 요구하는 사항에 대한 소극적인 지원업무에 국한되었다.

(3) 사전협의 부족

사업자가 공사수행과정 중에 클레임사안에 대해 공식적인 이의제기가 없었다 하더라도 클레임이 예상되는 항목에 대해서는 사업자와 충분한 사전협의를 유도해야 했으나 사업자와의 대화의 단절로 일체의 사전협의 과정없이 사업자가 클레임을 제출하게 되었다.

(4) 클레임에 대비한 근거자료 확보부족

진행과정 중에 공식적으로 이의를 제기한 문제에 대해서는 적극적으로 클레임에 대응하여 관련근거를 확보하였으나 사업자로부터 공식적인 이의제기가 없었던 항목에 대해서는 대비가 없었다. 설계변경에 의한 계약금액조정 시 공사금액증액으로 인한 공기연장이나 공기준수에 따른 추가비용청구가 없음을 명문화하여 사업자의 확약서를 받아 두거나 사업자의 제안에 의한 설계변경 시에는 설계변경으로 공기연장이나 추가금액의 청구가 불가함을 보다 구체적으로 명기하는 등의 조치가 필요하였다.

(5) 파트너십(Partnership) 부족

프로젝트 초기부터 사업자는 공기부족 및 예산부족이 예상되는 상황이었으며 발주자 및 사업관리단 역시 이 문제를 공감하였다. 이런 상황에서 프로젝트초기 사업관리단에서는 파트너링(partnering)을 실시하여 프로젝트 참여자에게 공동목표를 설정하고 구체적인 실천방안을 수립하는 등의 계획을 수립하였다. 그러나 사업자의 비협조로 해당 계획을 실행하지 못했으며 사업자는 공기가 부족하다는 명분아래 정해진 절차를 무시하는 공사수행자세를 보이고, 사업관리단을 동반자라기 보다는 간섭자라고 인식하여 프로젝트 초기부터 갈등이 발생하였다.

2) 개선안

(1) 총괄계약추진

정부발주공사의 특성상 예산수급의 이유로 장기계속공사의 필요성은 있겠으나 건축공사와 같이 공사의 연도별로 구분이 어려운 단일건축물 프로젝트에 대해서는 총괄계약을 실시하고, 공정보할표 작성 시 발주자의 현금흐름에 맞추어 작성함으로써 연도별 예산계획대로 공사가 진행되도록 관리하여야 한다.

(2) 예산관련 정보의 공유

CM으로 발주된 프로젝트의 경우에는 발주자의 예산관련 정보를 CM과 공유하여 예산관리업무를 CM이 능동적으로 수행할 수 있는 여건을 발주자가 조성하여야 한다.

(3) 분규해결협의체(DRB)의 구성

크고 작은 쟁점분규항목에 대해 단계별로 해결방안을 모색할 수 있는 정례 협의체의 구성이 필요하다. 사업자, CM, 발주자의 실무담당자로부터 최고의사결정권자까지 쟁점사항에 대한 협의가 단계별로 이루어져 모든 문제를 프로젝트내부에서 해결하고자 하는 노력이 필요하다.

(4) 파트너링(Partnering)

사업의 목적이 분명하고 프로젝트가 대규모일 경우 파트너링의 필요성은 증대된다. 사업의 공동목표를 설정하고 목표달성을 위한 구체적인 방안을 관련자의 협약을 통해 약정하는 것이 중요하다. CM 은 파트너링을 주관하여 프로젝트 관련자간의 이해관계를 조정하는 조정자의 역할과 함께 공동협약서를 도출하는 중요한 임무를 수행해야 한다.

8. 맺음말

국내 설계시공일괄입찰 방식은 설계와 시공을 건설사로 하여금 단일책임 하에 사업을 수행하게 하므로서 설계기술과 시공기술의 접목을 통한 시너지효과 기대, 설계시공분리발주 방식에서 흔히 발생되는 공사단계에서 설계부실로 인한 발주자의 책임해소와 함께 미적 요소를 갖춘 디자인에 의한 건축설계를 기대할 수 있는 장점이 있지만 실제 운영과정에서는 다음과 같은 문제가 발생된다.

(1) 기본설계단계에서 발주자의 참여가 제한되므로 설계지침이 명확하지 않을 경우 발주자의 본래 의도와 상이한 건축물이 될 수 있다.

(2) 공사금액이 확정된 상태로 기본설계를 발전시키는 실시설계단계에서 사업자의 예산절감노력, 발주자의 설계보완 및 변경요구로 인한 이해상충으로 갈등이 유발된다.

(3) 공사단계에서 설계변경 시 총액고정계약과 단가계약방식의 혼용으로 산출내역서의 내용에 따라 변경에 제안을 받을 수 있으며 사안에 따라서는 추가 비용부담주체에 대한 판단이 어려워 클레임이 제기될 소지가 높다.

이러한 문제발생을 사전에 예방하고 해결하기 위해서 발주자는 보유조직의 규모와 역량정도에 따라 경험과 전문성을 갖춘 사업관리 전담조직이 필요하게 되며 설계시공일괄입찰 사업 전 과정의 통합관리가 가능한 건설사업관리(CM)의 적용이 유일한 대안이 될 수 있다. 설계시공일괄입찰 사업을 수행하는 발주자와 이를 대행하는 건설 사업관리자의 업무주안점은 다음과 같다.

(1) 설계시공일괄입찰 사업 수행과정에서 발생되는 대부분의 문제는 사업기획단계의 업무의 질과 관련이 있으며 사업이 단계별로 진행 될수록 문제해결의 어려움이 확대된다. 그러므로 기획단계에서 충분한 전문인력의 조기투입이 필요하다.

(2) 기본설계는 당초 제시된 설계지침에 의거 작성된 설계내용으로 실시설계적격자를 선정하기 위한 평가의 기준이 되지만 실시설계가 완성된 이후 계약구속력은 실시설계도서가 갖는다. 그러므로 실시설계 단계에서 발주자의 설계지침이나 사업자의 기본설계도의 문제점은 실시설계과정에서 충분한 협의를 거쳐 보완 수정되어야 한다.

(3) 실시설계도서는 공사단계에서 예상되는 계약(공사)범위에 대한 모든 내용을 담아야 한다. 즉 설계도서를 계약문서로의 인식이 필요하고 특히 산출내역서가 계약문서는 아니지만 전체공사비가 합리적 근거에 의해 각 항목별로 공정하게 배분되어야 하며 사업관리자는 반드시 그 내용을 확인하여야 한다.

(4) 설계시공일괄입찰 방식에서 설계단계의 VE 수행에 한계가 있다고 하더라도 CM은 VE 대상항목을 사전에 파악하여 공사계약체결 후 설계변경을 통해 공사금액이 절감될 수 있도록 노력하여야 한다.

(5) 패스트 트랙의 적용은 사업기간단축을 위한 효과적인 대안이다. 그러나 기본설계 내용의 완성 정도, 대상 공종의 선정 등 충실한 사전계획이 선행되지 않으면 공사 진행 중 설계변경유발, 이로 인한 비용의 증가 및 공사부실로 이어질 수 있다. 또한 총괄계약이 이루어지지 않은 상태에서 부분계약으로 사업이 진행됨에 따른 문제에 대한 대책이 마련되어야 한다.

(6) 공사단계에서 설계변경 발생 시에는 그 원인을 명확히 규명하여 설계변경에 따른 비용부담주체를 결정하는 것이 무엇보다 중요하다. 이 과정에서 사업관리자는 관련 계약문서, 유사사례, 유권해석 등 폭넓은 사전조사를 통해 사업자와 충분한 협의가 필요하며 일방적인 결정은 추후 클레임으로 발전하게 된다.

설계시공일괄입찰방식 적용사업에서 주요 관리요소에 대한 업무를 서울월드컵경기장의 사례를 통해 살펴보았다. 서울월드컵경기장 건설사업의 성공적인 수행의 배경에는 국가적인 사업에 대한 사명감과 남다른 주인의식을 갖고, 혼연일체가 되어 사업에 임한 발주자와 사업관리자가 있었다. 공공발주사업의 발주자를 대신하여 사업을 관리하는 건설사업관리자는 국가사업의 특수성에 대한 이해와 함께 공공발주자의 조직문화에 융화하여 발주자와 신뢰를 구축하는 것 역시 중요하다.

CM이 여타 관리방식과 차별화 되는 가장 큰 요소는 사업의 미래를 예측하는 예측기능과 이를 위해 사업을 과정 중심적으로 운영하는 각종 툴(tool)과 관리기법의 활용에 있다. 즉 사업과정을 객관적으로 투명하게 운영하여 발주자, 설계자, 시공자 모두에게 만족감을 주면서 사업목표를 성공적으르 달성하는 것이다.

Part 04

로담코 인사 프로젝트

C·O·N·T·E·N·T·S

1. 머리말

본 프로젝트는 인사동에 위치한 외국인 전용 임대 서비스 아파트로써, 외국인 발주자를 대신하여 한미글로벌이 건설사업관리(이하 CM)를 수행하였다. IMF이후 외국인에 대한 각종 부동산 취득 규제의 완화와 적극적인 외국인 투자 유치로 인하여 외국인의 국내 부동산 투자가 급격히 증가하였다. 본 프로젝트 역시 이러한 범주의 외국인 부동산 투자 사례이다.

본 프로젝트에서 CM사는 건물의 구입 전 단계에서 부동산 투자 시 협상과 거래의 자료가 되는 '실사 및 평가'[1] 업무를 수행하였다. 실사 및 평가업무는 기업의 합병과 M&A 및 부동산 매입과정에 필요한 현 상황을 정확하게 확인해 주는 작업으로 건축, 구조, 설비, 전기 등 각 분야에 대한 검사 및 조사업무를 수행하게 되며 구매자가 협상과 거래에 대한 의사결정을 할 수 있는 중요한 근거를 제공하는 것이다.

본 프로젝트는 기존의 골조공사 완료 단계에서 건물을 인수하여 그 용도를 변경함으로써 CM사가 설계변경 업무를 수행하게 되어, 리모델링 프로젝트와 유사한 CM의 역할이 요구되었다.

1) 실사 및 평가(due diligence) : 부동산 투자를 위한 수익성 분석.

본 프로젝트에서 CM사가 수행하는 건설사업관리 주요 업무는 아래와 같다.

- 설계관리 (Design Management)
- VE팀활동 (Value Engineering)
- 원가관리 (Cost Management)
- 공법관리 (Construction Methods Management)
- 공정관리 (Time Management)
- 품질관리 (Quality Management)
- 안전관리 (Safety Management)
- 인간관계관리 (Relationship Management)
- 팀관리 (Team Management)

CM의 임무는 단순히 현장 내 시공사의 작업을 관리하는 것 뿐만 아니라 발주자를 대신하여 공사의 모든 요소를 파악하고 공사에 영향을 미치는 요인들에 대한 철저한 사전조사를 통하여 통제, 관리하는 사업 전반의 위험관리(risk management) 업무를 수행하는 것이었다.

2. 프로젝트 개요

본 프로젝트는 네덜란드 회사인 로담코(Rodamco)사의 홍콩지사 로담코 아시아(Rodamco Asia)와 싱가포르 회사인 센터 포인트(Center Point)사가 75:25로 지분을 출자한 사업으로, 골조공사 완료단계에서 극동건설로부터 인수한 후 잔여공사에 대한 CM을 한미글로벌에 발주한 프로젝트이다.

본 건물은 극동건설에서 자체 재개발사업으로 시행하여 골조공사까지 완료한 후 중단된 상태였으며, 최초 계획은 지하 1층에서 지상 4층까지는 판매시설, 지상 5층에서 14층까지는 사무실, 지상 15층에서 지상 23층까지는 아파트 용도로 공사가 진행되었다.

그러나 새롭게 본 프로젝트에 착수한 발주자는 기존의 건물용도 중 판매시설은 지하 1층에서 지상 1층으로 변경하고, 지상 2층은 휘트니스 클럽, 지상 3층에서 지상 14층까지는 주거용 오피스텔, 지상 15층에서 23층은 아파트 용도로 변경하기를 원하였다. 때문에 대대적인 설계변경 작업이 불가피하였으며, 설계 진행과정 중에 용도변경으로 인하여 이미 시공해 놓은 기존의 골조도 상당 부분 변경해야 하는 어려움이 있었다. 본 프로젝트의 상세현황은 〈그림 2-1〉과 같다.

>>> **프로젝트 개요**

그림 2-1 로담코 인사 빌딩

① 대지위치 : 서울 종로구 낙원동 283-2
② 발 주 자 : Rodamco Asia, Center Point
③ 공사기간 : 2000. 10 ~ 2002. 04(19개월)
④ 공사금액 : 320억
⑤ 층　　수 : 지하 6층, 지상 23층
⑥ 대지면적 : 3,284.5㎡(993.56평)
⑦ 건축면적 : 1,618.06㎡(489.46평)
⑧ 건 폐 율 : 49.26%
⑨ 연 면 적 : 45,493.54㎡(13,760.90평)
⑩ 용 적 율 : 884.03%
⑪ 구　　조 : 철골철근콘크리트조
⑫ 주 용 도 : 주상복합(3~14F 오피스텔, 15~23F 아파트)
⑬ 주차대수 : 277대

프로젝트 참여자도 매우 다양하였다. 발주자는 로담코 아시아와 센터포인트사이며 설계 및 시공은 매각사인 극동건설이 설계시공일괄(design-build)방식으로 수행하였다. 또한 컨설턴트로 영국계 QS업체인 DLSK(Davis Langdon & Seah Korea)와 싱가포르의 건축, 인테리어 전문업체 및 M&E컨설턴트가 참여하였으며, CM 및 감리는 한미글로벌이 담당하였다. 따라서 프로젝트 참여자의 의견조율을 위한 참여자 관리와 팀 관리도 CM의 주요한 업무 중에 하나였다. 본 프로젝트의 주요 참여업체는 아래와 같다.

- 발주자 : 로담코 아시아(75%)-홍콩 + 센터포인트(25%)-싱가포르
- 디자인빌더 : 극동건설(GA[2]: 영건축, 인테리어: 우원, 설비: 유진, 전기: 대화)
- 컨설턴트 : DLS(QS[3]), P&T(Arch.), Tema(Interior), BECA(M/E)
- CM : 한미글로벌
- 감리 : 한미글로벌

2) GA(Grand Architect : 주설계사).
3) QS(Quantity Surveyor : 발주자가 직접 임명하여 건설원가관리(cost management) 및 계약관리(contract management)를 수행함.

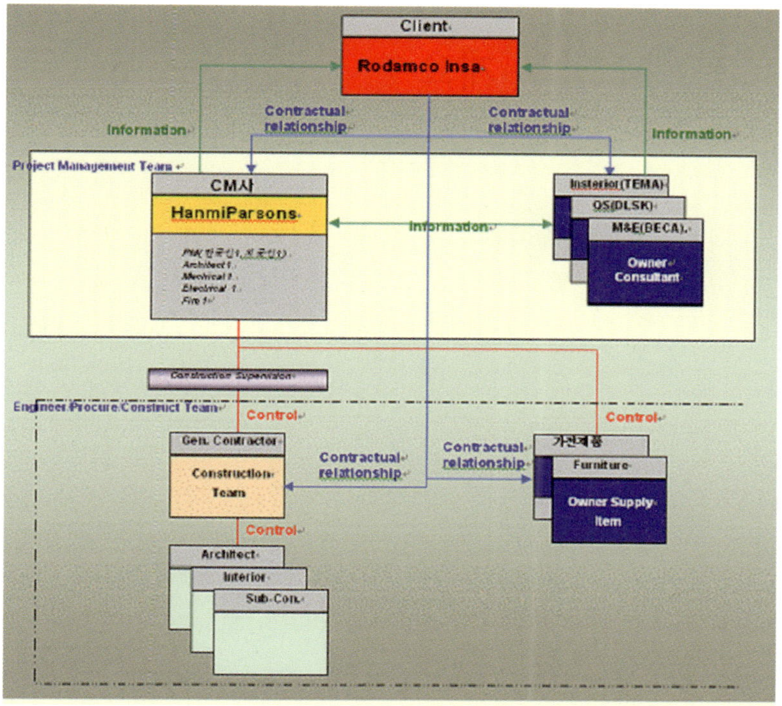

그림 2-2 조직도

최초 공사기간은 2000년 10월부터 2002년 4월(19개월)이었으나 프로젝트 진행 과정에서 2002년 월드컵 수요에 부응하기 위한 발주처의 공기단축 요구가 있었다. CM은 공법변경 및 공정 조정을 통하여 전체 공기를 2개월 단축하기로 하고 총 공기를 17개월로 변경하였다.

● ● ● 3. CM 업무 개요

본 CM프로젝트의 실행 목표는 발주자의 최초 계획예산 내에서 원가를 관리하는 것이었으며, 임대 수익의 증대를 위하여 공기 10%(2개월) 단축을 목표로 설정하였다. 또한 품질 면에서 Fraser Suites Serviced Residence[4)]의 품질 수준을 목표로 하였다.

이러한 목표달성을 위한 제 1단계는 설계변경 단계로, 발주자의 사용 용도를 만족시키면서 공사비 및 공기가 증가되지 않는 설계변경이 이루어지도록 각종 대안을 강구하였다. 제 2단계는 시공단계로 시공 시 발생하는 추가 변경사항에 대해 대처하며 품질을 확보하는 것이었다. 그 밖에 각종 계약검토 업무를 대행함과 동시에 시공단계의 CM 및 감리 업무를 수행하였으며, 이 과정에서 발주자의 각 분야 컨설턴트들을 적절히 활용하여 전체적인 의견을 통합, 조정하였다.

설계단계의 효율적인 업무 추진을 위해서 전체 프로그램을 관장하는 외국인 및 한국인 프로그램 매니저를 투입하여 계약서 및 발주자 요구 등의 철저한 검토로 기 완료된 골조의 변경을 최소화하고 금액 및 공기의 증가없이 설계안을 확정하였다. 이 과정에서 각 분야 컨설턴트의 의견을 수렴, 통합하였다.

설계단계의 VE를 통하여 최저가 · 고효율의 대안을 선택하고 총 생애주기 비용(LCC:

---

4) 센터포인트 글로벌 등록상표.

Life Cycle Cost)의 검토로 다양한 절감 방안을 제시하였으며, 이로 인한 절감액은 설계변경에 따른 각종 추가금액을 충당하는데 사용하였다. 또한 설계변경단계에서 시공성 검토를 통하여 시공 시 발생할 문제점을 사전에 파악하고, 시공성을 개선하여 공기를 단축할 수 있는 대안을 강구하였다.

본 프로젝트는 기존 골조가 완성된 상태에서 리모델링 개념의 설계와 시공을 수행하는 특수한 프로젝트로서 용도변경 및 설계의 핵심은 ① 기존 완성된 골조 변경의 최소화와 공법/자재의 합리적 선정, ② VE를 통한 원가절감, ③ 변경에 따른 공사비 증감 및 공기 변동에 관한 지속적 검토 등이었다. 이는 사업에 대한 발주자의 예산, 공기가 이미 확정되어 있는 단계에서 프로젝트의 성공적인 수행을 위한 매우 중요한 이슈였다.

시공단계에는 해외공사경험이 풍부한 한국인 CM 매니저와 외국인 CM 매니저로 프로젝트 매니지먼트팀을 구성, 투입하였다. 시공중에도 계약 및 설계도서와의 일치 여부와 설계개선을 도모하여 원가절감에 노력하였다. 또한 시공사가 주관하는 하도급공사의 발주 및 업체 선정에 관한 검토를 수행하여 능력 있는 업체가 선정되도록 유도하였다. 발주자의 직발주계약분(가구, 가전제품 등)에 관한 입찰 및 견적 검토, 업체 선정 업무에 대한 기술적 조언을 통하여 원가절감에 기여하였으며, 공사 중 CM 및 법적 감리업무를 수행하였다.

4. 분야별 CM 수행 사례

본 프로젝트의 성공적인 수행을 위하여 CM은 설계관리, VE, 원가관리, 공법관리, 공정관리, 품질관리 및 안전관리를 수행하였으며, 다양한 프로젝트 참여자의 조정(coordination)을 위하여 참여자 관리와 팀 관리를 수행하였다.

4.1 설계관리(Design Management)

본 프로젝트는 설계시공일괄방식으로, 발주자의 요구와 시공사의 제안이 합의된 계약서의 내용이 대단히 중요하였다. 그러나 본 프로젝트의 계약은 발주자의 설계의도가 충분히 반영되지 않았으며, 시공사도 이해가 부족한 상태에서 업무에 착수하여 초기단계부터 상호간에 많은 문제를 야기하였다. 더욱이 계약조항의 대부분이 애매모호하고 개념적인 사항들로 규정되어 있어 공사를 수행하는데 어려운 점이 많았다.

이러한 이유로 인하여 CM단은 초기에는 '설계관리자(design manager)' 의 역할을 수행해야 했으며, CM용역계약에는 포함되어 있지 않으나 공사를 확실하게 진행하기 위해 보다 적극적으로 대처하여 궁극적으로 발주자에게 만족스러운 결과를 안겨 줄 수 있었다.

CM단은 시공사가 인정하고, 발주자의 요구조건과 일치된 최종 설계안을 확정시켰으며, 오성급(5-star)호텔 수준의 표준 마감을 달성하고, Fraser Suites Serviced Residence 운영자의 설계 의도를 적극적으로 반영하기 위해 지속적인 설계 검토 업무를 수행하였다. 설계관리에 있어서 또다른 큰 문제 중의 하나는 기 계획된 예산 외에는 전혀 추가 예산을 확보할 수 없다는 것이었다. 이러한 사유로 모든 필요 예산은 VE를 통한 원가절감으로 확보하여야 했다.

해외에 거주하는 발주자와 컨설턴트들과의 설계검토 및 승인업무를 신속히 처리하기 하기 위해 웹 기반의 프로젝트 매니지먼트 툴인 'Buzzsaw'의 'Project Point System'을 채택하였다. 본 시스템은 웹을 기반으로 한 정보공유체계이며 문서전달 시스템으로 발주자, 설계자, 시공자, 컨설턴트에게 실시간으로 도면과 문서를 전달할 수 있었다. 따라서 주간 설계검토(design review) 내용과 그 밖의 설계 진행사항을 알리기 위해 직접 방문하거나 국제전화를 이용해야 하던 것을 손쉽고 경제적인 화상회의 시스템으로 대체할 수 있게 하였다. 또한 설계단계에서 많은 승인 관련서류와 수정 도면들로 인하여 관리에 어려움이 있었으나 이 시스템을 활용하여 새로이 발생되는 도면 등의 버전관리와 도면 수정 과정을 명확하게 파악할 수 있게 하였다.

특히 본 프로젝트는 당초 아파트, 사무실, 상가시설로 설계된 주상복합건물을 골조가 완료된 상태에서 서비스드레지던스(serviced residence)로 용도를 변경하였다. 따라서 사무실과 상가시설을 수영장, 레스토랑, 사우나, 테니스 코트 등으로 변경해야 하는 어려움이 있었다. 더욱이 이러한 작업들이 패스트 트랙(fast track)으로 진행되어 즉각적인 의사결정이 불가피하였다. 이 과정에서 웹 기반의 PMIS 시스템에 의한 도면 공유는 의사결정 기간을 단축하는 유효한 수단이 되었다.

설계관리의 마지막 단계는 대부분의 작업에 대하여 자재구매 전(前)이나 시공 전(前)에 시공 상세도(shop drawing)를 제출받아 검토하는 것이며, 이때 발주자의 요구사항이 수용되었는지를 최종적으로 점검하여야 한다. 이러한 사항이 충분히 반영되어 승인된 경우는 특정 상호 인식 표시(예: issue for construction 스탬프를 찍는 등)를 통하여 시공도면으로 정식 발부하였다.

CM사가 성공적인 설계관리를 위하여 중점적으로 추진한 업무 및 역할은 아래와 같다.

- 설계단계에서의 문제 도출 및 결과 모색에 능동적이고 적극적인 역할 수행
- 최종 설계안을 도출하는 과정에서의 공기 영향 파악
- 원가절감과 설계의 품질을 올리기 위한 VE 검토
- 신속하고 명확한 정보전달 체계 및 의사결정 체계의 확립
- 서류 및 도면관리 체계에 대한 상호 협의 및 이행
- 시공 상세도의 최종 검토 및 승인

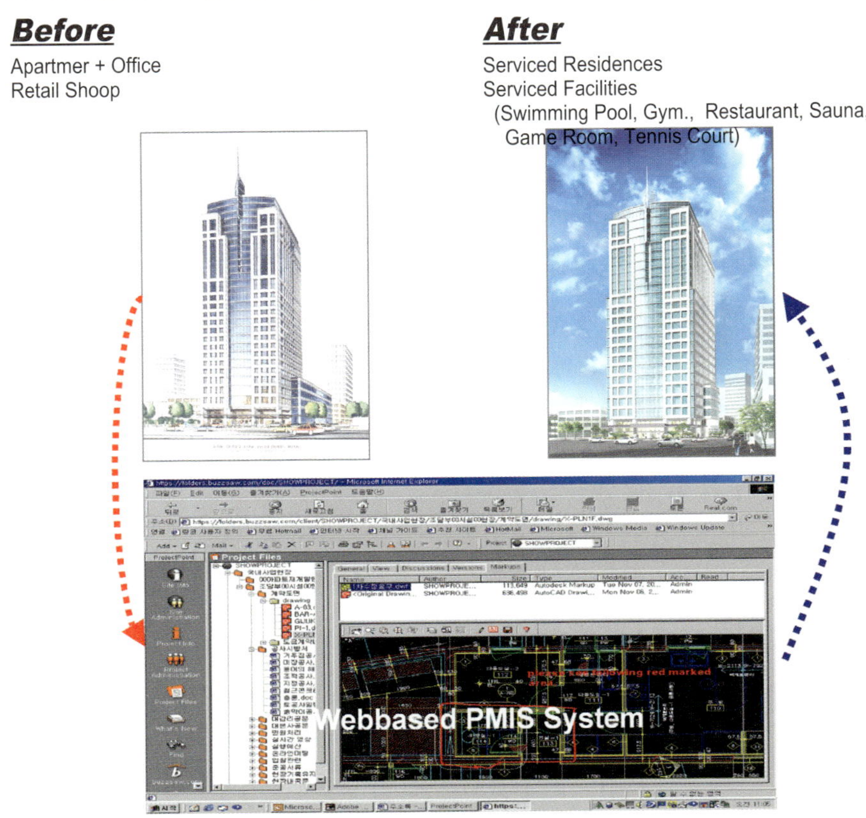

그림 4-1 설계변경과 PMIS

패스트 트랙에 따른 많은 설계변경으로 인하여 도면의 개정관리는 대단히 중요한 업무였다. 한 도면이 적어도 7~8차례의 변경이 이루어졌으며, CM단은 이를 도면관리일지(drawing control log)에 정확히 기록하고 체계적으로 관리하여 PMIS를 통해 실시간으로 공유되도록 관리하였다. 또한 모든 작업자는 도면의 개정(revision) 넘버와 도면관리일지를 확

인하여 자신의 도면이 최종 도면인가를 확인 후 시공토록 하였다.

HanmiParsons

Drawing Control Log (Architecture)

Team/Site : Rodamco Insa Project

DRAWING NO.	NAME OF DRAWING	SCALE	REVISION 1	2	3	4	5	6	7	8	9	10	ETC	IFC	DISTRIBUTION ISSUED TO	DATE	REMARKS
Y-A-000	Cover	NONE	13 Oct 00	17 Nov 00	20 Nov 00	8 Dec 00	30 Jan 01	28 Feb 01	15 Mar 01	30 Mar 01				28 Apr 01	KUKDONG	29 Apr 01	
Y-A-001	Drawing List-1	NONE		17 Nov 00	20 Nov 00	8 Dec 00	30 Jan 01	28 Feb 01	15 Mar 01	30 Mar 01				28 Apr 01	KUKDONG	29 Apr 01	
Y-A-002	Drawing List-2	NONE		17 Nov 00	20 Nov 00	8 Dec 00	30 Jan 01	28 Feb 01	15 Mar 01	30 Mar 01				28 Apr 01	KUKDONG	29 Apr 01	
Y-A-003	Design Summery-1	NONE		17 Nov 00	20 Nov 00	8 Dec 00	30 Jan 01	28 Feb 01	15 Mar 01	30 Mar 01				28 Apr 01	KUKDONG	29 Apr 01	
Y-A-004	Design Summery-2	NONE			20 Nov 00	8 Dec 00	30 Jan 01	28 Feb 01	15 Mar 01	30 Mar 01				28 Apr 01	KUKDONG	29 Apr 01	
Y-A-101	Site Plan	1/150		17 Nov 00	20 Nov 00	8 Dec 00	30 Jan 01	28 Feb 01	15 Mar 01	30 Mar 01				28 Apr 01	KUKDONG	29 Apr 01	
Y-A-102	Site Traffic	1/200					30 Jan 01	28 Feb 01	15 Mar 01	30 Mar 01				28 Apr 01	KUKDONG	29 Apr 01	
Y-A-103	Outside Drainage Plan	1/200			20 Nov 00	8 Dec 00	30 Jan 01	28 Feb 01	15 Mar 01	30 Mar 01				28 Apr 01	KUKDONG	29 Apr 01	
Y-A-201	Tabulated Foor Area-1	1/400					30 Jan 01	28 Feb 01	15 Mar 01	30 Mar 01				28 Apr 01	KUKDONG	29 Apr 01	
Y-A-202	Tabulated Foor Area-2	1/400					30 Jan 01	28 Feb 01	15 Mar 01	30 Mar 01				28 Apr 01	KUKDONG	29 Apr 01	
Y-A-203	Tabulated Foor Area-3	1/400					30 Jan 01	28 Feb 01	15 Mar 01	30 Mar 01				28 Apr 01	KUKDONG	29 Apr 01	
Y-A-204	Tabulated Foor Area-4	1/400					30 Jan 01	28 Feb 01	15 Mar 01	30 Mar 01				28 Apr 01	KUKDONG	29 Apr 01	
Y-A-205	Tabulated Foor Area-5	1/400					30 Jan 01	28 Feb 01	15 Mar 01	30 Mar 01				28 Apr 01	KUKDONG	29 Apr 01	
Y-A-206	Finish Schedule-1	NONE			20 Nov 00		30 Jan 01	28 Feb 01	15 Mar 01	30 Mar 01				28 Apr 01	KUKDONG	29 Apr 01	
Y-A-207	Finish Schedule-2	NONE			20 Nov 00		30 Jan 01	28 Feb 01	15 Mar 01	30 Mar 01				28 Apr 01	KUKDONG	29 Apr 01	
Y-A-208	Finish Schedule-3	NONE			20 Nov 00		30 Jan 01	28 Feb 01	15 Mar 01	30 Mar 01				28 Apr 01	KUKDONG	29 Apr 01	
Y-A-209	Finish Schedule-4	NONE					30 Jan 01	28 Feb 01	15 Mar 01	30 Mar 01				28 Apr 01	KUKDONG	29 Apr 01	
Y-A-210	Interior Finish Details-1	1/10			20 Nov 00		30 Jan 01	28 Feb 01	15 Mar 01	30 Mar 01				28 Apr 01	KUKDONG	29 Apr 01	
Y-A-211	Interior Finish Details-2	1/10			20 Nov 00		30 Jan 01	28 Feb 01	15 Mar 01	30 Mar 01				28 Apr 01	KUKDONG	29 Apr 01	
Y-A-301	Basement 6 plan	1/100	13 Oct 00	17 Nov 00	20 Nov 00	8 Dec 00	30 Jan 01	28 Feb 01	15 Mar 01	30 Mar 01				28 Apr 01	KUKDONG	29 Apr 01	
Y-A-302	Basement 5 plan	1/100	13 Oct 00	17 Nov 00	20 Nov 00	8 Dec 00	30 Jan 01	28 Feb 01	15 Mar 01	30 Mar 01				28 Apr 01	KUKDONG	29 Apr 01	
Y-A-303	Basement 4 plan	1/100	13 Oct 00	17 Nov 00	20 Nov 00	8 Dec 00	30 Jan 01	28 Feb 01	15 Mar 01	30 Mar 01				28 Apr 01	KUKDONG	29 Apr 01	
Y-A-304	Basement 3 plan	1/100	13 Oct 00	17 Nov 00	20 Nov 00	8 Dec 00	30 Jan 01	28 Feb 01	15 Mar 01	30 Mar 01				28 Apr 01	KUKDONG	29 Apr 01	
Y-A-305	Basement 2 plan	1/100	13 Oct 00	17 Nov 00	20 Nov 00	8 Dec 00	30 Jan 01	28 Feb 01	15 Mar 01	30 Mar 01				28 Apr 01	KUKDONG	29 Apr 01	
Y-A-306	Basement 1 plan	1/100	13 Oct 00	17 Nov 00	20 Nov 00	8 Dec 00	30 Jan 01	28 Feb 01	15 Mar 01	30 Mar 01				28 Apr 01	KUKDONG	29 Apr 01	
Y-A-307	1st Floor plan	1/100	13 Oct 00	17 Nov 00	20 Nov 00	8 Dec 00	30 Jan 01	28 Feb 01	15 Mar 01	30 Mar 01				28 Apr 01	KUKDONG	29 Apr 01	
Y-A-308	2nd Floor plan	1/100	13 Oct 00	17 Nov 00	20 Nov 00	8 Dec 00	30 Jan 01	28 Feb 01	15 Mar 01	30 Mar 01				28 Apr 01	KUKDONG	29 Apr 01	
Y-A-309	3rd Floor plan	1/100	13 Oct 00	17 Nov 00	20 Nov 00	8 Dec 00	30 Jan 01	28 Feb 01	15 Mar 01	30 Mar 01				28 Apr 01	KUKDONG	29 Apr 01	
Y-A-310	4-5th Floor plan	1/100	13 Oct 00	17 Nov 00	20 Nov 00	8 Dec 00	30 Jan 01	28 Feb 01	15 Mar 01	30 Mar 01				28 Apr 01	KUKDONG	29 Apr 01	
Y-A-311	6th Floor plan	1/100	13 Oct 00	17 Nov 00	20 Nov 00	8 Dec 00	30 Jan 01	28 Feb 01	15 Mar 01	30 Mar 01				28 Apr 01	KUKDONG	29 Apr 01	
Y-A-312	7-13th Floor plan	1/100	13 Oct 00	17 Nov 00	20 Nov 00	8 Dec 00	30 Jan 01	28 Feb 01	15 Mar 01	30 Mar 01				28 Apr 01	KUKDONG	29 Apr 01	
Y-A-313	14th Floor plan	1/100	13 Oct 00	17 Nov 00	20 Nov 00	8 Dec 00	30 Jan 01	28 Feb 01	15 Mar 01	30 Mar 01				28 Apr 01	KUKDONG	29 Apr 01	
Y-A-314	15th Floor plan	1/100	13 Oct 00	17 Nov 00	20 Nov 00	8 Dec 00	30 Jan 01	28 Feb 01	15 Mar 01	30 Mar 01				28 Apr 01	KUKDONG	29 Apr 01	
Y-A-315	16th Floor plan	1/100	13 Oct 00	17 Nov 00	20 Nov 00	8 Dec 00	30 Jan 01	28 Feb 01	15 Mar 01	30 Mar 01				28 Apr 01	KUKDONG	29 Apr 01	

그림 4-2 도면관리일지

4.2 VE(Value Engineering)

본 프로젝트의 경우 골조공사가 완료된 상태에서 사업에 착수하였기 때문에 내부의 평면 및 용도를 변경하는 제 1단계 설계변경 업무가 매우 중요하였다. 각종 마감재질의 변경과 일부 구조체의 변경 등 지속적인 변경이 이루어졌으며 각각의 아이템들은 용도, 공사비, 공기, 안전, 품질의 상호 간섭이 꾸준히 발생하였다.

2000년 10월에 시작하여 2001년 3월말까지 계획된 설계공기는 10회 가량의 전반적인 도면변경으로 인하여 최종도면은 2001년 5월이 되어서야 확정되었고, 결과적으로 약 2개월의 공기지연이 발생하여 결국 전체 공사의 지연으로 이어졌다.

이러한 과정에서 주차 설비 및 일부 자재의 변경을 통한 절감액을 추가 부분에 충당함으로써 공사비 증가없이 소기의 목적을 달성할 수 있었다. 또한 시공단계에는 발주자의 직발주 계약분에 대한 각종 입찰/견적 분석을 통하여 많은 예산을 절감할 수 있었으며, 2개월 공기단축을 통하여 이익을 확보할 수 있었다.

본 프로젝트의 공사비 절감금액을 비율로 나타내면 〈그림 4-3〉과 같다.

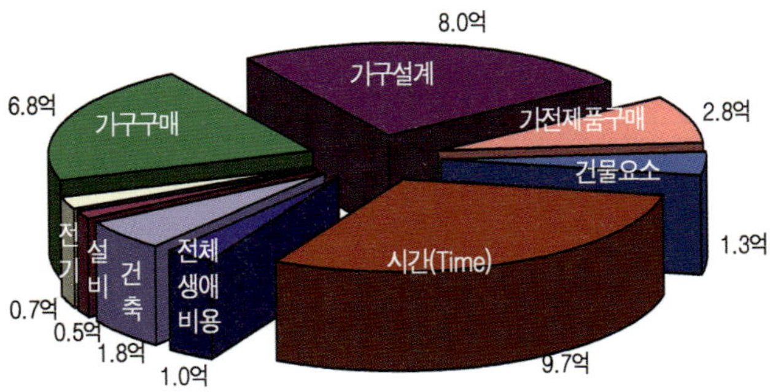

• 총공사 금액 : 320억원
• 공사비 절감 금액 : 22억1천만원(7.2%)
• 공기단축 비용절감 : 9억7천3백만원(3%) (공기절감에 따른 2개월 입실료, 70% 투숙률 산정)
• 총 절감 총액 : 32억6천1백만원(10.2%)

그림 4-3 VE를 통한 분야별 공사비 절감금액

VE를 통한 공사비 절감을 위해 wood flooring이 부적절한 외국산 자재로 설계된 자재를 동급 이상의 국산으로 변경함으로써 원가절감 및 유지보수가 용이하도록 하였다. 또한 당초 오피스+아파트에서 오피스텔+아파트(법적용도)로 변경하는 과정에서 허가관청에 법적 주차대수를 적극적으로 질의하여 주차대수를 270대에서 216대로 하향조정하였고 그 결과, 별도로 설치해야 했던 지하 기계식 주차시설비용을 절감할 수 있었다.

또한, 의무적으로 설치하도록 되어 있는 미술장식품에 기 설계되어 있는 분수대를 반영시킴으로써 분수대 설치비 5천만원을 미술장식품 비용에 반영, 절감하였으며 설비, 전기부분에서도 과 설계된 사양의 변경 및 적정 자재의 선정을 통하여 비용을 절감하였다.

VE를 통하여 절감한 비용은 시공사의 현장팀에게 직접적인 인센티브를 제공하는데 활용하였으며, 아울러 다른 부분에서 증가된 금액과 품질 업그레이드 목적으로 활용하였다. 기타 VE절감에 대한 내용 및 품질 업그레이드에 대한 내용은 〈표 4-1〉과 같다.

표 4-1 주요 VE절감 내용

(단위 : 백만원)

구 분	VE 실적		비 고
	내 용	금 액	
1. 건축공사	바닥재 변경(외산 → 국산)	80	
	주차 대수 및 주차 시스템 변경	100	
2. 설비공사	배관 자재 일부 변경 및 기기 사양 변경	50	
3. 전기공사	전기배관 자재 일부 변경/과잉 설계분 검토	70	
4. 건물요소	Door 개수 및 Type 조정	20	
	미술장식품 변경	50	
	주변 부지 정리	60	
5. 가구설계	가구 사이즈의 모듈화 및 기성 사이즈 적용 타입의 단순화 등 생산 단가 절감 고려한 설계	798	
6. 가구구매	기성품 구매 및 외산자재에서 국산자재로 대체, 기타 직발주에 따른 관리비 및 이윤절감	680	
7. 가전제품구매	가전 제품 사양 변경 및 개별기기에서 통합기능 기기로의 변경 등	280	
8. 시간(Time)	2개월 공기단축을 통한 영업 이익(70% 투숙율 산정)	973	
9. 전체생애비용절감 (Overall Life Cycle)		100	
계		3,261	도급대비 10.2%

표 4-2 VE절감액의 활용(시설개선) 현황

Work		Before	After	Remarks
Arch.	Wall	Painting	Wall Paper	
	Floor	Vinyl Tile	Wood Flooring, Carpet	
	Ceiling	T-Bar Acoustic	M-Bar Gypsum	
Elect.	Generator	1,150 KW	1,250 KW	
	Telecom.	Normal, MDF	ADSL, PMS	
	TV Channel	Normal	12 Channel Satellite	
	Security	Normal Door Lock	Card Key, DVR CCTV	
Mech.	Water Supply	High Tank	High Tank + Pressure	
	Air Condition	AHU	FCU(each unit)	861 Nos.
	Cooling TW	400RT X 4	500RT X 4	
	Tele metering	None	Yes	
	Boiler	0.8 ton, 1 ton	0.6 ton, 1ton X 2	

4.3 원가관리(Cost Management)

원가관리는 DLSK사와 계약되어 있으나 프로젝트의 전반을 관리하는 CM으로서 공사의 모든 원가관리에 전반적인 책임이 있었다. 따라서 설계변경에 따른 공사비 변경의 적정성을 평가하고 각종 시공단가를 분석하였으며, 최초 예산이 증액되지 않도록 발주자를 대신하여 시공사 및 공급자들과 각종 협의를 합리적으로 진행하였다.

공사비의 증액을 최소화하기 위해 모든 설계변경 건을 면밀히 검토하여 가능한 한 증액 없이 변경이 추진되도록 하였으며, 부득이 증액되는 부분도 VE를 통한 절감금액 내에서 증액이 이루어지도록 조정하였다. 이로 인하여 발주자 예산의 증액 없이 모든 설계변경 작업을 마무리할 수 있었으며, 이러한 노력의 결과 발주자의 깊은 신뢰를 확보할 수 있었다.

또한 설계변경 과정에서 발생하는 모든 문제의 해결은 회의를 통하여 투명하게 처리하였으며, 의사결정 과정에서 합리적이고 공정한 입장과 자세를 견지함으로써 시공사와 깊은 유대관계를 유지할 수 있었다. 이를 통하여 시공자와 발주자 간의 논쟁이나 갈등 없이 업무를 시작할 수 있었을 뿐만 아니라 시공자가 최종 합의된 사항들을 이행하는데 신뢰와 확신을 가지게 하였다.

CM단은 공사비 증액 없이 설계변경을 마무리 하였으며, 발주자가 직접 구매하는 가구와 가전 제품을 경쟁입찰을 통해 예산 내에서 구매하고 구매계약서 작성 업무도 성공적으로 진행하여 원가를 절감할 수 있었다.

CM단이 성공적인 원가관리를 위하여 중점적으로 추진한 업무 및 역할은 아래와 같다.

- 계약서의 이해와 올바른 계약 조건의 처리
- 예산범위 내에서 설계관리
- VE와 설계관리를 통한 공사비 절감
- 합리적인 문제 해결
- 공사범위 파악을 위한 입찰내역서관리
- 예산 내 준공을 위한 협상 및 수정

QS전문업체인 DLSK사는 월간보고서를 CM단에게 제출하도록 되어있으며 CM단은 이를 검토한 후 CM월간보고서에 포함시켜 발주자에게 보고하도록 하였다. 아래의 표들은 월간 단위로 계약 및 설계변경 금액의 증감 등을 집계하거나 분개한 자료로 발주자는 이를 통하여 총 투입비용의 변화를 파악할 수 있다.

표 4-3 SUMMARY OF CONTRACT SUM ADJUSTMENTS TO DATE

ITEM #	DESCRIPTION	VALUE	TOTAL
	Original Contract Sum		32,545,454,000
RI-001	All Changes to 17 Feb. 2001	NIL	0
RI-002	All Changes 17 Feb to 28 May	NIL	0
RI-003	FF&E Management Fee	170,000,000	170,000,000
RI-004	Temporary Signage	13,700,000	13,700,000
RI-005	External Signage	122,000,000	120,000,000
RI-006	PABX/Computer Room	38,354,897	22,000,000
	Lev2 / B1 Kitchens	126,220,000	0
RI-007	Lev.1 Coffee Shop Changes	37,782,083	23,685,523
RI-008	Japan Satellite Channels	8,168,000	6,168,000
RI-008	B1 & L2 Kitchen Changes	2,997,225	2,647,200
RI-008	ATM / Public Phone Install	3,724,413	2,218,414
RI-009	B1 & 1 Office Changes	40,281,356	0
RI-010	Golf Practice Range	129,744,000	118,300,000
RI-011	Water Well B6	7,000,000	7,000,000
RI-012	Heating Costs (Jan/Feb)	30,000,000	T.B.A.
RI-013	External Signage	16,856,700	14,000,000
RI-014	Banner Changes	1,328,250	1,155,000
	TOTAL VALUE TO DATE		360,419,137
	REVISED CONTRACT SUM		32,905,873,137

표 4-4 Direct Contract for FF&E Furnishings with Uone Design Co.

ITEM #	DESCRIPTION	VALUE	TOTAL
	Original Contract Sum		3,297,000,000
DC-001	Kitchen Appliances	151,142,200	151,142,200
DC-002	Electrical Appliances	732,098,770	732,098,770
DC-003	Apartment Artwork	125,000,000	125,000,000
DC-004	Office Furniture Changes	2,500,000	2,500,000
DC-005	Artwork/Lamps/Stereo/B1	-12,027,500	-12,027,500
DC-006	Refrigerator / Washer/Dryer	-18,042,200	-18,042,200
	TOTAL VALUE TO DATE		980,671,270
	REVISED CONTRACT SUM		4,277,671,270
	Other Direct Contracts:		
	Loose Rug Supply to Apts.		59,452,000

또한 월간보고서에는 현재까지의 공종별 기성지급 현황을 보여주는 기성지급현황(progress payment status)과 향후 공사진행에 따른 현금 흐름을 파악하기 위한 캐쉬 플로우(cash flow)가 첨부된다.

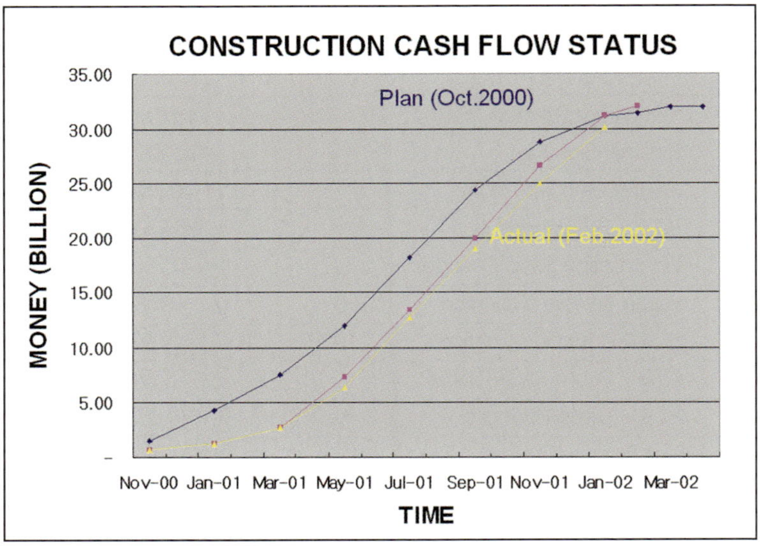

그림 4-4 Cash Flow Status

이 밖에도 CM단이 매월 발주자에게 보고하는 월간보고서에는 예상손익보고서(indicated outcome report)를 첨부하여 발주자가 전체적인 사업비의 변경현황을 파악할 수 있도록 하고, 이에 근거하여 합리적인 의사결정을 하도록 지원한다. 예상손익보고서에는 계약금액변경현황(cost projection report) 및 관련서류, 공종별 공사비 변경현황 등이 포함되었다.

CAPITAL EXPENDITURE SUMMARY AS OF FEBRUARY 28, 2002

ITEM	BUDGET	CONTRACT STATUS				VARIATION (**)	PROJECTED FINAL COST	REMARKS
		CONTRACT	PAID THIS MONTH	CUMMULATIVE TO DATE	OUTSTANDING			
PART 1. LAND								
1.01 Cost of Land	12,800,000,000	12,800,000,000		12,800,000,000			12,800,000,000	
1.02 Development Charge	-			-			-	
1.03 Land Acquisition Cost (Building)	26,000,000,000	26,000,000,000		26,000,000,000			26,000,000,000	
1.04 Tax		82,047,630		82,047,630				
SUB-TOTAL	38,800,000,000	38,800,000,000	-	38,882,047,630	-	-	38,800,000,000	
1.05 VAT : Net amount after refunds	840,000,000	838,801,123		838,801,123			838,801,123	
PART 1. LAND TOTAL	39,640,000,000	39,638,801,123	-	39,720,848,753	-	-	39,638,801,123	
PART 2~4. FEES								
2 CONSULTANCY FEES'								
2.01 Project Management Supervision(Parsons)		828,150,000		685,910,000	142,240,000			
2.02 Architect (P&T)		214,500,000		214,500,000	-			
2.03 M & E Engineer (Beca)		88,220,000		88,920,469	(700,469)			
2.04 Quantity Surveyor (DLS Singapore)	1,538,525,000	185,625,000	3,850,000	167,543,750	18,081,250			
2.05 Quantity Surveyor (DLS Korea)		89,375,000		71,500,000	17,875,000			
2.06 Landscape Architect				-	-			
2.07 Interior Designer (Tema)		143,000,000		138,039,748	4,960,252			
2.08 Others - Travelling Cost	330,000,000	*162,300,000* +	944,649	117,376,230	44,923,770			
SUB-TOTAL	1,868,525,000	1,711,170,000	4,794,649	1,483,790,197	227,379,803	-	-	
2.09 VAT : Net estimated amount after refunds	153,852,500	143,087,000	552,957	64,586,283	78,500,717			
2 CONSULTANCY FEES TOTAL	2,022,377,500	1,854,257,000	5,347,606	1,548,376,480	305,880,520	-	-	
3 SITE SUPERVISION FEES	Included into 2.01 Project Management Supervision Fees							
4 GENERAL FEES								
4.01 Contribution/Connection Fees for City Works	Included at 8.08 to 8.12							
4.02 Authorities/Plan Fees	Included at 8.08 to 8.12							
4.03 Auditor Fee	99,000,000	*99,000,000* +		-	99,000,000			
4.04 Legal Fees (Project)	440,000,000	*940,000,000* +	4,888,394	770,583,226	169,416,774			
4.05 Feasibility/Survey Costs	93,500,000	14,400,000		14,400,000	-			
4.06 Anjin Accountancy Fees	80,000,000	90,488,000	5,285,600	88,765,600	1,722,400			
4.07 Traffic Study Fees	26,400,000	18,000,000		18,000,000	-			
SUB-TOTAL	738,900,000	1,161,888,000	10,173,994	891,748,826	270,139,174	-	-	
4.08 VAT : Net estimated amount after refunds	73,890,000	116,188,800	(3,674,452)	30,130,144	86,058,656		-	
4 GENERAL FEES TOTAL	812,790,000	1,278,076,800	6,499,542	921,878,970	356,197,830	-	-	
PART 2~4. FEES TOTAL	2,835,167,500	3,132,333,800	11,847,148	2,470,255,450	662,078,350	-	-	
PART 5~7. CONSTRUCTION COSTS								
5 PRECONSTRUCTION COSTS	Not used							
6 MAIN CONSTRUCTION COSTS								
6.01 Architecture	*10,840,512,000*	*10,840,512,000*	*966,173,271*	10,500,621,356	*339,890,644*			
6.02 Interior	*10,481,000,000*	*10,481,000,000*	*3,485,337,539*	9,067,414,987	*1,413,585,013*			
6.03 Mechanical	*6,668,777,000*	*6,668,777,000*	*429,503,475*	6,651,126,644	*17,650,356*			
6.04 Electrical	*4,009,711,000*	*4,009,711,000*	*243,955,103*	3,899,777,613	*109,933,387*			
6.05 Kukdong's Design Fees	*545,454,000*	*545,454,000*		490,908,600	*54,545,400*			
6.06 Contingency	*1,000,000,000*							
SUB-TOTAL	33,545,454,000	32,545,454,000	5,124,969,388	30,609,849,200	1,935,604,800	-	-	
6.07 VAT : Net estimated amount after refunds	950,000,000	936,781,291	84,980,688	1,196,989,674	(260,208,383)			
SUB TOTAL	34,495,454,000	33,482,235,291	5,209,950,076	31,806,838,874	1,675,396,417	-	-	
7 OTHER CONSTRUCTION COSTS	Not used							
PART 5~7. CONSTRUCTION COSTS TOTAL	34,495,454,000	33,482,235,291	5,209,950,076	31,806,838,874	1,675,396,417	-	-	
PART 8. OTHER DEVELOPMENT COSTS								

그림 4-5 Monthly Financial Report Sample

4.4 공법관리(Construction Methods Management)

CM단은 원하는 품질수준과 정해진 공기 내에 공사가 진행되도록 각 공종의 공법 관리 및 선후 공종에 대한 관리를 철저히 진행하였다. 자재와 공법의 정확한 분석과 함께 인력과 자재의 투입을 위한 현장 제약조건을 확인하여 현장 내에 작업팀의 투입시기(timing) 및 작업에 관한 시퀀스(sequence)를 국제적인 수준으로 관리하였다.

모든 작업은 그 범위와 주요 일정을 검토하고 품질의 저하 없이 최소의 공기가 소요되는 시퀀스로 공정표를 작성하였다. 새로운 주 작업이 시작될 때는 반드시 샘플링(sampling)과 모크업(mock up) 시공을 통하여 승인된 사항들과 일치 여부를 검사한 후 승인하는 절차를 거쳐 재작업을 최소화 하도록 하였으며, 품질 저하 및 공기지연이 발생하지 않도록 관리에 최선을 다하였다.

작업의 시퀀스를 만드는 것은 가능한 한 많은 작업 일정을 압축함으로써 서로 다른 작업이 동시에 진행될 수 있도록 하기 위한 것이다. 이 과정을 관리하는데 있어서 가장 중요한 것은 완료된 모든 작업에 대하여 검사 및 승인을 통하여 문제점 유무를 정확히 확인하고 서명을 통해 마무리하는 것이다. 이렇게 함으로써 작업의 시작과 종료가 명확해지고 선 · 후행 공정간의 간섭을 최소화 할 수 있도록 해주며, 남은 작업으로 인하여 인력이나 자재가 재투입되는 낭비를 방지할 수 있다. 또한 이러한 관리기법의 이점은 후속공정으로의 이양 단계에서 잔여공사를 남기지 않고, 하자 발생을 요인을 제거함으로써 일정에 맞춘 공사진행은 물론 품질을 제고할 수 있다는 것이다.

CM단이 성공적인 공법관리를 위하여 중점적으로 추진한 업무 및 역할은 아래와 같다.

- 자재와 공법의 정확한 분석
- 인력과 자재의 이동을 위한 현장 제약조건의 확인
- 중요 작업 일정 확인
- 효과적으로 작업 일정 목표를 달성할 수 있는 시퀀스로 작업 일정 작성
- 새로운 주(主) 작업의 샘플링과 모크업 시공
- 승인된 사항들과의 일치 여부 검사 및 승인
- 규칙적인 하자 발견과 적절한 조치

모크업 룸의 체계적인 관리를 위해서 모크업 조사보고서를 활용하였다. 본 보고서에는 검사결과를 통하여 지적된 위치별 수정사항 및 조치자를 표기할 수 있도록 하였다. 따라서 지적사항이 있을 경우는 관련사항을 다시 수정, 검토하여 요구하는 검토기준을 합격한 후에 실 작업이 이루어지도록 하였다.

ITEM #	LOCATION	ITEM DESCRIPTION	DETAILS / COMMENTS / ACTIONS	APPROVED	ACTION BY	EXTRA
1.0	**External Entrance**					
1.1		Lighting	Down Light Required closer to Door in Recess Entry Location		KD	NO
1.2		Floor Covering	Intended Hallway Carpet sample to be laid at door entry area.		KD	NO
1.3		Door Bell	Locate same level as door handle assembly (Top to Top flush)		KD	NO
1.4		Door Panel Facing	Veneercolour accepted (Review decorative iron pattern)		TEMA	NO
1.5		Hinges	To be same colour as wrought iron (Black) NB: Prefer flush mount		KD	NO
1.6		Door Handle/Plate	Lever to be horizontal NOT vertical as installed		KD	NO
1.7		Wrought Iron Feature	TEMA to review pattern and location (on wall next to door)		TEMA	NO
1.8		Metal Door Surround	Client not accepting - Contractor stated required for fire code.		NOTE	NO
1.9		Architrave	Too small with no feature (Replace with skirting detail)		KD	NO
1.10		Skirting	Client approved detail (Contractor to ensure no gaps to wall)	YES	KD	NO
1.11		Door Stop	Client rejects door mounted stop only /additional external floor mount required.		KD	NO
2.0	**Internal Entrance**					
2.1		Architrave	To be level with top of adjacent joinery to hallway (Top to Top flush)		KD	NO
2.2		Sensor Light Fitting	Client rejected - Recess light required to match adjacent lights.		KD	TBA
2.3			NB: Contractor advised no available sensor light in recess style		KD	TBA
2.4			(Contractor to investigate door mounted sensor conect to light)		KD	TBA
2.5		Swipe Card System	Poor mounting - ensure plumb and level - wallpaper to be neat finish		KD	NO
2.6		Wallpaper	Joins visible and sheets not fully glued to substrate (Rectify)		KD	NO
2.7		Light Switches	Relocate from hallway to location next to swipe card area		KD	NO
2.8			(Review possibility of Master Switch to this curcuit / labelling all)		KD	TBA
2.9		Entry Tiles	Review by TEMA for addition of tile Feature Pattern or Border		TEMA	TBA
2.10		Door handle/plate	Matt Stainless finish required		KD	NO
2.11		Hallway Joinery	Inside of all joinery doors to be same finish as exterior (Not White)		KD	NO
			Check all screws for countersinking and correct concealment plugs flush		KD	NO
2.12		Evacuation Speaker	Relocate speaker from hallway wall to main lounge wall adjacent		KD	NO
			(To allow audability from bedrooms - option to ceiling mount)			NO
2.13			NB: Contractor to research and submit ceiling mount samples)		KD	NO
2.14		Skirtings	Contractor to ensure no gaps between skirtings and walls / floor.		KD	NO
2.15			Ensure all mitres to corners are neat level and without gaps		KD	NO
3.0	**Laundry / Store**					
3.1		Meter Panel / Internet	Flush mount to wall surface / match colour to wall / mount vertical		KD	NO
			NB: Relocate Internet Panel above elect/water meter cabinet.		KD	NO
			(Review locations for meters -Gas/water/Electricity for correct /legal locations)		KD	NO
			NB: Client queried access for reading meters / Contractor to confirm requirement		KD	NO
ITEM #	LOCATION	ITEM DESCRIPTION	DETAILS / COMMENTS / ACTIONS	APPROVED	ACTION BY	EXTRA

그림 4-6 **모크업 조사보고서**

아래의 모크업 샘플링 데이터는 실제 작업 전에 3D 프로그램을 활용하여, 완료 후의 모습을 시뮬레이션 함으로써 작업 중이나 작업 후에 야기될 제반 문제점을 사전에 도출하고 이로 인한 작업시의 오류를 방지하도록 하는 기법을 활용한 사례이다.

각 단위 세대 및 각 룸(room)별 시뮬레이션은 실제 작업순서와 동일하게 진행하였으며 이로 인하여 사전 시공방법에 대한 시뮬레이션도 가능하였다. 이는 발주자에게 실제 완공 후의 모습을 보여줌으로써 의사결정에도 많은 도움이 되었다.

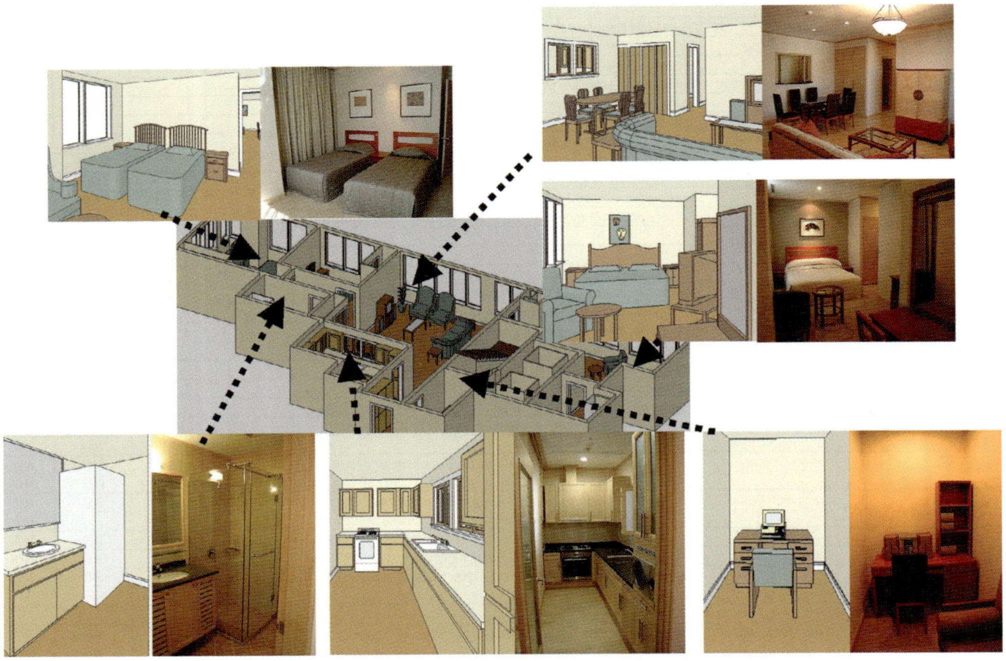

그림 4-7 샘플링 모크업

4.5 공정관리(Time Management)

본 프로젝트에서 가장 중요한 핵심 관리 포인트는 원가와 공기이다. 그러나 프로젝트 초기 발주자에 의하여 확실하게 정의되지 않은 설계 문제들로 인하여 공사가 지연되었다. 더욱이 발주자의 많은 추가 변경은 공기와 원가에 변수로 작용하였다. 이러한 상황에서 CM단의 목표는 시간 낭비를 최소화하기 위하여 가능한 빨리 주요 설계 및 그와 관련된 금액 문제를 확정하는 것이었다.

실제로 전체 마스터 스케줄 상에서 설계확정의 지연으로 인한 공기의 손실은 전체 공기 19개월에서 2개월 정도였으며, 이것은 전체 계약 기간의 약 10% 정도에 해당하였다. 그러나 CM단은 설계단계에서 지연된 2개월의 공기를 만회함은 물론 2개월의 공기를 추가 단축하는 것을 공정관리의 목표로 삼았다.

이에 더하여 CM사는 보다 능동적이고 적극적인 관리기술을 적용하였다. 즉 조기 준공을 달성하기 위해 필요한 작업 시퀀스를 만들고, 효과적인 자원투입으로 시공사의 공정표를 조정하였다. 더 나아가 주간 단위의 공정관리를 위해 공정표를 면밀하게 검토하고 조정하였으며, 공사 수행에 있어서 공정상의 오류가 확인 될 때마다 즉시 수습 방안을 모색하고 문제를 해결하였다.

마스터 스케줄은 주간 단위의 공정관리가 가능하고 내재적인 문제점들을 즉시 확인할 수 있도록 층간 단위의 공정표를 작성토록 하였으며, 보다 적극적인 공기관리를 하기 위하여 시공사의 공사 수행에 필요한 각종 시퀀스와 투입 자원 조건에 맞도록 조정된 주간, 격주간, 월간 공정표 등을 CM사가 직접 작성하여 제공하였다.

CM단이 성공적인 공정관리를 위하여 중점적으로 추진한 업무 및 역할은 다음과 같다.

- 논리적인 토론을 통한 공기단축에 관한 협의 및 공정표 합의
- 마일스톤(milestones)과 작업 시퀀스(sequence)에 대한 검증
- 단기계획과 주간 단위의 검토를 통한 작업 진행 관리
- 적절한 작업 진척을 유지하기 위해 주간 단위의 스케줄 조정

1) WBS(Work Breakdown Structure) 구축

WBS는 각 공종별, 층별 기준으로 작성하였다. 구체적으로 건축, 외부 토목, 전기, 설비, 소방, 내장 등 큰 항목을 중심으로 구분하였고 이를 다시 세부항목으로 분류하였다. 프로젝트의 모든 공사항목은 WBS에 포함시켰으며, 특히 발주자의 확정이 필요한 항목과 롱 리드 아이템(long lead item)은 별도 분리하여 마스트 공정표에 삽입하여 중점관리하였다. 또한 공사와 직접 관련된 항목은 현장 공사관리 기준을 적용하여 공정표를 작성하였다.

내역코드(Cost Breakdown Structure, CBS)는 내역서 기준에 따라 분류하면 서로 일치가 되지 않기 때문에 별도로 관리하는 것이 효율적이라고 판단하여 공정과는 별도로 관리 하였다. 운영 결과를 보면 내역코드를 통합하여 관리하는 것보다 별도로 관리하였던 것이 훨씬 효과적이었다는 것이 검증되었다.

2) 액티비티(Activity) 작성

상기 WBS를 기준으로 각 공종별, 층별, 구역별로 상세 액티비티(activity)를 작성하였다. 특히 마감공사에서는 층간 핸드오버(hand-over) 방법을 사용하였고, 그것도 bottom up 및 top down 방법을 사용하여 전체 공기를 단축할 수 있도록 하였다.

기본적으로는 각 단위 작업별 선후행(先後行)이 연결된 PERT/CPM기법으로 네트워크를 구성하였으며, 공사범위와 관리 레벨을 확정하여 공정표의 규모를 설정하였다. 전체 액티비티수는 관리기준에 따라 유동적일 수는 있으나 본 프로젝트에서는 액티비티수가 2,000개를 넘지 않는 것이 바람직하다고 판단하여 2,000개 이하로 구성하였다.

3) 시스템 구축

공정관리시스템은 일정관리, 진도관리와 2단계 관리체계인 내역관리를 동시에 구성할 수 있도록 하였다. 그러나 기존에 계약된 내역서는 각 공정의 액티비티와 일치하지 않기 때문에 재구성하여 관리하였다. 최신기법이라 할 수 있는 전체 공종 구성요소와 리소스(resource)를 전산 프로그램에 연계해서 관리하는 방법은 프로젝트 규모, 실무적 효율성, 시간적인 여유 등을 판단할 때 어려움이 많았기 때문에 리소스는 별도로 관리하고 사람이 판단하는 것으로 하였다.

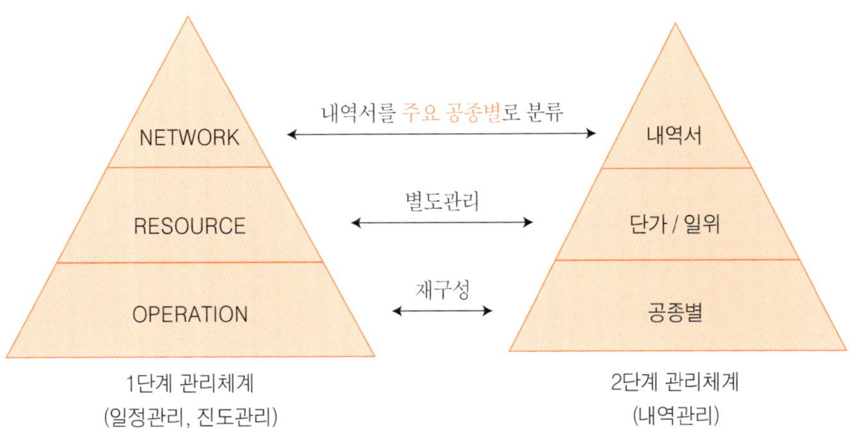

그림 4-8 시스템 구축도

4) 공정관리 업무 플로우 차트

체계적인 공정관리를 위하여 시공사와 CM단 간의 업무분장을 명확히 하고, 이러한 업무분장에 기준하여 철저한 관리가 이루어지도록 하였다. 특히 공정관리에 대한 전문성을 감안하여 시공사는 기본적인 공정자료를 제공하는 것으로 하고, WBS 구축, 액티비티 분할, 코드화, 네트워크 구성, CBS 구축, 내역 구성, 공정과 내역의 연계 및 운영은 CM단에서 담당하였다.

공정관리 시스템 구축 및 CM단과 시공사의 업무 범위는 아래와 같다.

표 4-5 공정관리 시스템 구축 업무 범위

항목			업무담당		비고
			CM단	시공사	
SYSTEM구축	1단계	WBS 구축	○		
		액티비티 분할	○		
		액티비티 코드	○		
		시공계획(공정표)		○	
		네트워크 구성	○		
		액티비티별 금액/보할		○	공정표 상 액티비티에 맞게 재분류
		스케줄 조정 · 협의	○	○	
	2단계	내역코드	○		
		내역구성	○		
		액티비티별 내역분개	○	○	
		공정표 + 내역	○		
운영단계		업데이팅 자료작성	○		
		실적 업데이팅	○	○	
		실적 입력 및 분석	○		
		공정회의	○	○	

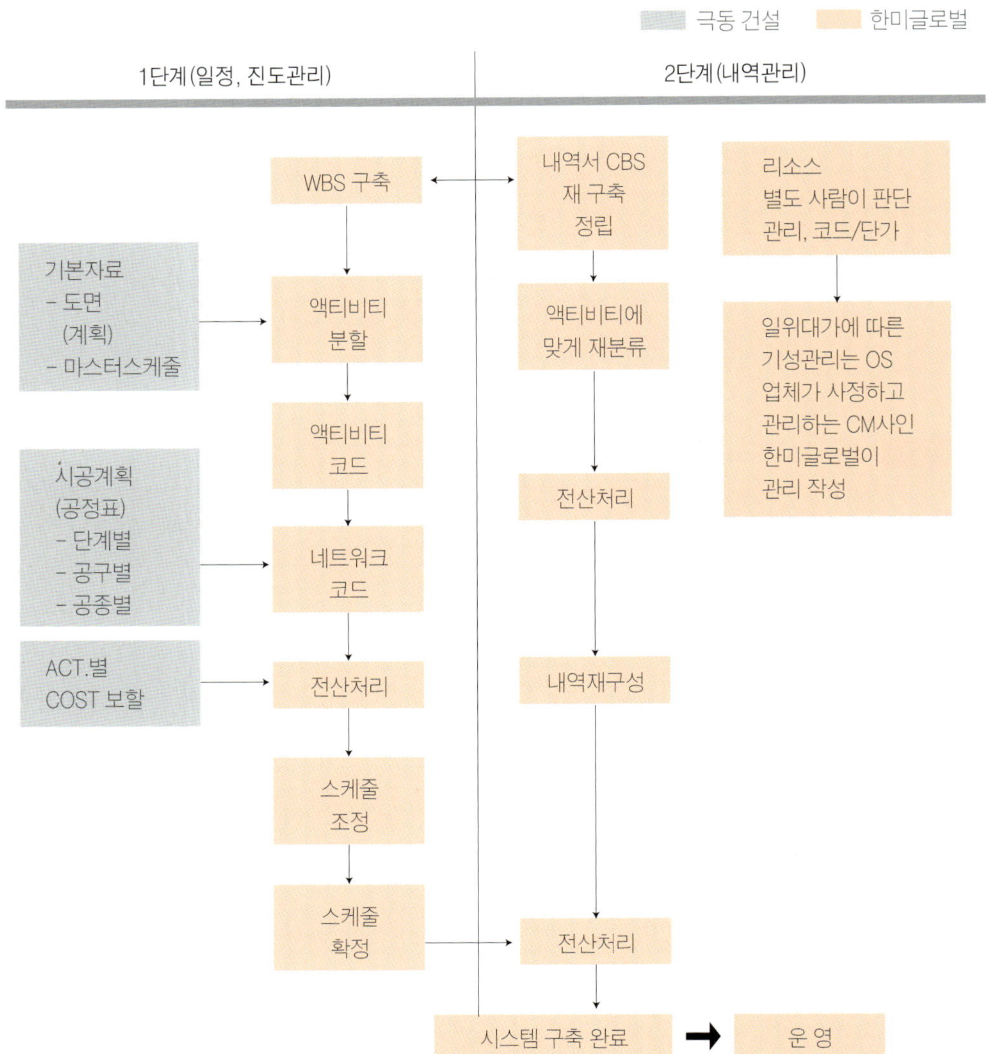

그림 4-9 공정관리 업무 플로우

상기 업무 플로우에 의거 시공사는 프로그레스(progress) 실적 입력자료를 직접 작성하여 CM단에 보고하게 되며 CM단은 이를 검토, 분석하여 제반 공정진행현황을 확인하도록 하였다. 이때 지연공정을 발췌하고, 지연사유를 분석하여 시공사로 하여금 대책을 수립하도록 지시하였으며, 전체적인 공정표의 리비전(revision)은 CM단이 직접 관리하였다. CM단과 시공사 간의 공정관리업무 분장은 〈표 4-6〉과 같다.

표 4-6 공정관리 업무분장

항　　목	CM단	시공사	비고
'Progress 실적입력자료' 작성 보고		○	
'Progress 실적입력자료' 검토 및 확인	○		
지연공정 발췌	○		
지연사유 및 대책수립 협의	○	○	매주
정보처리 및 결과분석	○		
보고서작성	○		
공사계획 변동에 따른 수정 공정자료 작성		○	
공정표수정의 적정성 여부 검토 및 확인	○		
공정표수정(Revision) 및 관리	○		

5) 공정관리시스템의 운영

공정관리시스템 구축 후 관리단계에서는 공사 진도율 업데이트를 4회/월 단위로 진행하였으며, 주간 공정회의를 통해 지연공정을 파악하여 문제를 해결하고, 관련된 공정은 시공사에 지시하였다.

공정관리 프로그램은 MS Project를 사용하였으며, PERT/CPM 기법을 통해 공정계획을 수립하였다. 또한 전체 공기 2개월 단축을 목표로 마스터 스케줄을 작성, 운영하였다. CM은 마스터 스케줄에 근거한 세부 공정표를 작성하여 시공사에 제시하였으며, 시공사로 하여금 공기 단축이 가능한 상세 스케줄을 작성하여 다시 제출토록 하였다. CM은 시공사가 제출한 상세 스케줄을 재검토하여 문제점을 발췌하고 시공사와 협의하여 합리적인 해결방안을 도출하였다. 상세 스케줄이 확정되면 이를 다시 마스터 스케줄에 반영하여 일관된 공정관리 업무가 추진되도록 하였다.

공정관리는 마스터 스케줄, 월간 및 주간 스케줄 단위로 운영되었다. 공기단축을 위하여 일요일과 공휴일에도 현장은 공사를 진행했기 때문에 작업일수 산정 시 휴일일수에 산입하지 않았지만 휴일에는 출력 인원이 40%로 줄어드는 것을 감안, 공사 물량을 조정하여 발생할 수 있는 오차를 최소화하도록 하였다.

공정관리를 수행하면서 발생하는 지연공정에 대해서는 원인과 관련된 문제점을 분석하여 CM이 직접 만회대책을 수립하고 시공사에 지시하였다. 또한 공정과 내역을 연계하여 공

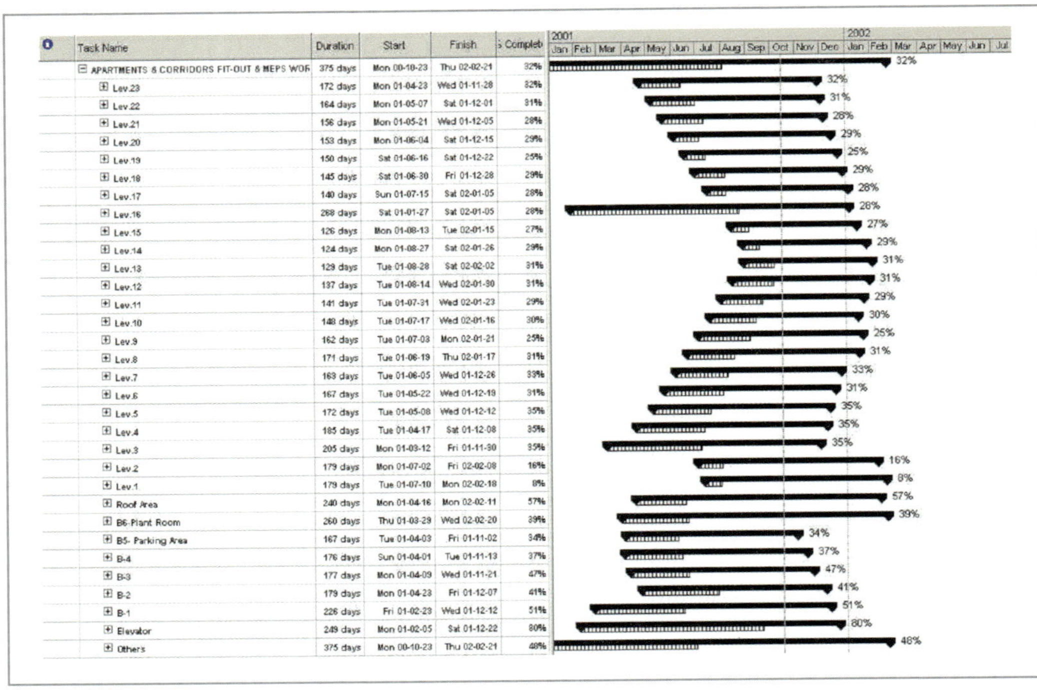

Task Name	Duration	Start	Finish	% Complete
APARTMENTS & CORRIDORS FIT-OUT & MEPS WOR	375 days	Mon 00-10-23	Thu 02-02-21	32%
Lev.23	172 days	Mon 01-04-23	Wed 01-11-28	32%
Lev.22	164 days	Mon 01-05-07	Sat 01-12-01	31%
Lev.21	156 days	Mon 01-05-21	Wed 01-12-05	28%
Lev.20	153 days	Mon 01-06-04	Sat 01-12-15	29%
Lev.19	150 days	Sat 01-06-16	Sat 01-12-22	25%
Lev.18	145 days	Sat 01-06-30	Fri 01-12-28	29%
Lev.17	140 days	Sun 01-07-15	Sat 02-01-05	28%
Lev.16	268 days	Sat 01-01-27	Sat 02-01-05	28%
Lev.15	126 days	Mon 01-08-13	Tue 02-01-15	27%
Lev.14	124 days	Mon 01-08-27	Sat 02-01-26	29%
Lev.13	129 days	Tue 01-08-28	Sat 02-02-02	31%
Lev.12	137 days	Tue 01-08-14	Wed 02-01-30	31%
Lev.11	141 days	Tue 01-07-31	Wed 02-01-23	29%
Lev.10	148 days	Tue 01-07-17	Wed 02-01-16	30%
Lev.9	162 days	Tue 01-07-03	Mon 02-01-21	25%
Lev.8	171 days	Tue 01-06-19	Thu 02-01-17	31%
Lev.7	163 days	Tue 01-06-05	Wed 01-12-26	33%
Lev.6	167 days	Tue 01-05-22	Wed 01-12-19	31%
Lev.5	172 days	Tue 01-05-08	Wed 01-12-12	35%
Lev.4	185 days	Tue 01-04-17	Sat 01-12-08	35%
Lev.3	205 days	Mon 01-03-12	Fri 01-11-30	35%
Lev.2	179 days	Mon 01-07-02	Fri 02-02-08	16%
Lev.1	179 days	Tue 01-07-10	Mon 02-02-18	8%
Roof Area	240 days	Mon 01-04-16	Mon 02-02-11	57%
B6-Plant Room	260 days	Thu 01-03-29	Wed 02-02-20	39%
B5- Parking Area	167 days	Tue 01-04-03	Fri 01-11-02	34%
B-4	176 days	Sun 01-04-01	Tue 01-11-13	37%
B-3	177 days	Mon 01-04-09	Wed 01-11-21	47%
B-2	179 days	Mon 01-04-23	Fri 01-12-07	41%
B-1	226 days	Fri 01-02-23	Wed 01-12-12	51%
Elevator	249 days	Mon 01-02-05	Sat 01-12-22	80%
Others	375 days	Mon 00-10-23	Thu 02-02-21	48%

그림 4-10 MS Project 공정표

사진척에 근거한 기성처리가 될 수 있도록 하였으며, 각 자원의 투입시기 및 기간대별 소요량은 CM이 직접 예측하고, 일일인원 투입 현황과 비교하여 과소(過少)를 판단하였다.

6) 공기단축 방안

CM은 당초 목표한 지연공기 2개월을 만회하고, 추가로 2개월을 단축하기 위하여 강력한 공기단축 방안을 수립, 시행하였다.

CM사는 공기단축기법으로 각 층별 마감공사의 사이클(cycle)공정화 작업을 실시하였다. 일반적인 공사방법으로는 도저히 공기 내에 준공이 어렵다고 판단하여, 마감공사의 2중 사이클공정관리(top-down & bottom-up)를 실시한 것이다. 즉, 15층부터 23층까지(아파트부분)와 3층부터 14층까지(오피스텔부분)를 2원화하여 각 층별 사이클공정관리를 하였다. 또한 주요 진척상황과 출력인원과의 관계를 파악하여 공사가 최고조에 달할 때는 매일 평균 420명 정도의 출력인원을 고수하도록 관리하였다.

그 결과 품질관리에 악영향을 미치는 야간작업이나 돌관작업 없이 2개월의 공기를 단축할 수 있었다. 이는 시공사와의 수 없는 협의와 토론, 합리적인 공정관리기법을 통한 설득의 결과이다. 또한 계약서에 공기단축에 따른 인센티브 조항을 삽입하여 시공사의 적극적인 참여를 유도한 것도 주효하였다. 공기단축기법으로 적용된 각 층별 마감공사의 사이클공정화 작업은 〈그림 4-11〉과 같다.

DESCRIPTION	FLOOR BY FLOOR DATES FOR COMPLETION FOR EACH ACTIVITY											
APARTMENT WORKS	23	22	21	20	19	18	17	16	15			
HP PRE-HAND OVER DEFECT INSPECTION	01-Dec	07-Dec	22-Dec	26-Dec	28-Dec	16-Jan	18-Jan	21-Jan	23-Jan			
Final Rectification,T.A.B & Clean	01-Dec	11-Dec	26-Dec	29-Dec	31-Dec	20-Jan	22-Jan	24-Jan	26-Jan			
Sign Off Hard Finishes	02-Dec	12-Dec	27-Dec	31-Dec	04-Jan	21-Jan	23-Jan	26-Jan	27-Jan			
Install FF&E	03-Dec	15-Dec	30-Dec	04-Jan	06-Jan	24-Jan	26-Jan	28-Jan	29-Jan			
Handover (By Floor)	03-Dec	10-Dec			07-Jan				30-Jan			
Fraser Inspection / Defect List	08-Jan	08-Jan	09-Jan	10-Jan	11-Jan	28-Jan	29-Jan	30-Jan	31-Jan			
Re-Inspect & Final Sign Off Defects	14-Jan	15-Jan	16-Jan	17-Jan	18-Jan	04-Feb	05-Feb	06-Feb	07-Feb			
OFFICETEL WORKS	14	13	12	11	10	9	8	7	6	5	4	3
HP PRE-HAND OVER DEFECT INSPECTION	07-Feb	04-Feb	31-Jan	25-Jan	23-Jan	21-Jan	19-Jan	09-Jan	08-Jan	05-Jan	27-Dec	09-Feb
Final Rectification,T.A.B & Clean	09-Feb	07-Feb	04-Feb	31-Jan	25-Jan	23-Jan	21-Jan	11-Jan	10-Jan	09-Jan	04-Jan	15-Feb
Sign Off Hard Finishes	12-Feb	08-Feb	05-Feb	01-Feb	26-Jan	24-Jan	22-Jan	12-Jan	11-Jan	10-Jan	08-Jan	16-Feb
FF&E Install Ph.1	15-Feb	14-Feb	07-Feb	04-Feb	29-Jan	27-Jan	25-Jan	15-Jan	14-Jan	12-Jan	10-Jan	20-Feb
Hand Over Partly Furnished Apartments	15-Feb			04-Feb				15-Jan				20-Feb
Fraser Inspection / Defect List	17-Feb	16-Feb	15-Feb	07-Feb	06-Feb	05-Feb	04-Feb	19-Jan	18-Jan	17-Jan	16-Jan	21-Feb
FF&E Install Ph.2	15-Mar	14-Mar	13-Mar	10-Mar	08-Mar	06-Mar	04-Mar	02-Mar	28-Feb	25-Feb	22-Feb	15-Mar
Handover	15-Mar			10-Mar				02-Mar				15-Mar
Re-Inspect & Final Sign Off Defects	18-Mar	17-Mar	16-Mar	14-Mar	13-Mar	12-Mar	11-Mar	28-Feb	27-Feb	26-Feb	25-Feb	16-Mar
PUBLIC AREA WORKS	2	1	B1									
HP PRE-HAND OVER DEFECT INSPECTION	05-Feb	06-Feb	29-Nov									
Final Rectification,T.A.B & Clean	08-Feb	12-Feb	01-Dec									
Sign Off Hard Finishes	09-Feb	13-Feb	02-Dec									
Install FF&E	13-Feb	14-Feb	03-Dec									
Handover	13-Feb	14-Feb	03-Dec									
Fraser Inspection / Defect List	14-Feb	15-Feb	08-Jan									
Re-Inspect & Final Sign Off Defects	21-Feb	21-Feb	15-Jan									
BASEMENT CARPARKS	B2	B3	B4	B5								
HP PRE-HAND OVER DEFECT INSPECTION	06-Feb	04-Feb	10-Dec	20-Dec								
Final Rectification,T.A.B & Clean	13-Feb	11-Feb	20-Dec	27-Dec								
Sign Off Hard Finishes	15-Feb	14-Feb	21-Dec	28-Dec								
Hand Over	15-Mar	15-Mar	15-Mar	29-Dec								
Fraser Inspection / Defect List	16-Mar	16-Mar	16-Mar	10-Jan								
Re-Inspect & Final Sign Off Defects	22-Mar	22-Mar	22-Mar	18-Jan								
MAJOR PLANT AREAS	24	B6										
HP PRE-HAND OVER DEFECT INSPECTION	01-Feb	15-Jan										
Final Rectification,T.A.B		25-Jan										
Hand Over		17-Feb										
ROOFTOP AREA												
Final Rectification,T.A.B	09-Feb											
Hand Over	09-Feb											

그림 4-11 층별 핸드오버 관리표 샘플

일반적으로 발주자의 의사결정은 공정에 지대한 영향을 미치는 요인이다. 특히, 본 프로젝트는 발주자가 싱가포르에 있었기 때문에 의사결정에 어려움이 많았다. 따라서 필요한 경우 CM사 직원이 싱가포르 출장을 가서 발주자와 직접 상의하여 확정하는 방법을 병행하여 지역적 문제점을 해소하였다.

CM단은 발주자와 관련된 사항을 효율적으로 관리하기 위하여 발주자의 의사결정 지연으로 인해 전체 공기에 영향을 줄 수 있는 항목을 선별하였으며, 이러한 항목에 대하여 발주자가 의사결정을 지연시킬 경우 공기에 얼마나 심각한 영향을 초래하는가에 대하여 충분히 인식시켰다. 또한 발주자가 이러한 항목들에 대하여 의사결정 기간을 단축할 수 있도록 각 설계안별 장단점을 지속적으로 분석, 보고하여 손쉽게 확정할 수 있도록 지원하였다. 어쩔 수 없이 지연이 발생한 항목에 대해서는 설계와 시공을 동시에 진행할 수 있는 패스트 트랙을 적용하여 해결하였다.

7) 롱 리드 아이템(Long lead Items) 관리

본 프로젝트의 경우 발주자가 싱가포르 및 네덜란드인이었기 때문에 발주자가 해외품목으로 선정한 항목은 모두 롱 리드 아이템이라고 할 수 있다. 또한 외국인 전용 거주시설로 건설되는 당 사업의 특성상 국내 전자제품도 영어로 표기된 것으로 변경이 필요하였기 때문에 국내의 일반적인 자재조달에 걸리는 시간보다 2.5배 이상이 소요되어 롱 리드 아이템에 대한 집중적인 관리 및 조기발주가 요구되었다. 이러한 항목들은 시공 공정표뿐만 아니라 마스터 스케줄에 설계확정, 발주자 승인, 제작, 조달 및 시공기간을 삽입하여 전체적인 공사 흐름에 차질이 없도록 관리하였다. 대표적인 롱 리드 아이템은 〈표 4-7〉과 같다.

표 4-7 롱 리드 아이템

구 분	자재명	설계검토 및 확정 기간	자재 반입 기간	계
건축	패브릭	12주	16주	28주
	대리석보티치노, 엠페라도	14주	18주	32주
	카페트	10주	16주	26주
	침구류	12주	14주	26주
	가구류	12주	16주	28주
	전자제품영문표기	8주	20주	28주
전기	발전기	14주	12주	26주
설비	주방팬	14주	12주	26주
	에어컨	10주	12주	22주

이러한 항목들은 시공일정에 맞게 반입되지 않을 경우 소요기간, 구매조건 등을 재수정하였으며, 발주지연 시 발생될 문제점을 발주자, 설계자 및 시공자와 공유하면서 집중관리하였기 때문에 많은 어려움에도 불구하고 2개월의 공기를 단축할 수 있었다.

8) 공정관리의 성공요인

본 프로젝트의 목표인 2개월의 공기를 단축한 핵심적인 요인은 CM단이 주관이 된 체계적인 관리라고 할 수 있으며, CM단의 핵심적인 활동은 아래와 같다.

- 프로젝트 참여자 간의 논리적인 토론에 의한 공기단축 방안 및 공정표 확정
- 마일스톤(milestones)과 작업 시퀀스(sequence)에 대한 사전 검증
- 상세한 단기계획의 작성 및 실행
- 주간 단위의 공정회의를 통한 작업 진행사항의 검토, 문제점 도출 및 해결
- 적절한 작업 진척을 유지하기 위해 주간 단위의 스케줄 조정

또한 본 프로젝트의 경우 공기단축을 위한 작업 시퀀스를 작성하고, 효과적인 인원투입 계획을 수립하여 공정진척율을 조정하였다. 더 나아가 주간 단위의 공정관리를 위해 공정표를 면밀히 검토, 조정하였으며 공사 수행에 있어서 공정상의 오류가 확인될 때마다 즉시 수습 방안을 모색하여 문제를 해결한 것도 성공적인 공정관리에 기여했다고 하겠다. 마스터 스케줄은 주간 단위의 공정관리가 가능하고 내재적 문제점들을 빨리 확인할 수 있도록 층간 단위의 공정표를 작성토록 하였으며, 보다 적극적인 공기관리를 위하여 시공사의 공사 수행에 필요한 각종 시퀀스와 투입 자원조건에 맞게 조정된 주간, 격주간, 월간 공정표를 CM사가 직접, 작성하여 제공하였다. 본 프로젝트의 주요 마일스톤은 다음과 같다.

PROGRESSIVE PROJECT MILESTONES	
Display Apartment Open	15 September 2001
Temporary Operator's Offices	19 November 2001
B1 Back of House & Retail Areas	10 December 2001
Level 1 Public, Back of House & Retail Areas	14 February 2002
Level 15 to 23 Apartments (Incl. FF&E)	2 February 2002
Level 15 23 Operators OS&E Installations start	2 February 2002
Level 3 to 14 Officetel Apartments	6 February 2002
Civil Works Commence outside of site boundary	18 February 2002
Level 2 Sports & Recreation Areas (Incl.FF&E)	18 February 2002
Level B6 Plant rooms & Rooftop	20 February 2002
Levels B2 to B5 Car parks	20 February 2002
Usage Permit Issued from Authorities	21 February 2002

Tenants Construction Works Commence on site	22 February 2002
Submit change of use permit for retail areas (Lobby)	22 February 2002
Civil Works Completed outside of boundary	15 March 2002
Apply for permanent usage permit from authorities	15 March 2002
Level 3 to 14 FF&E Installations	15 March 2002
Level 3 14 Operators OS&E Installations start	4 March 2002
All defects Signed Off by Operator	4 March 2002
Soft Opening	15 March 2002
Tenants fit out works completed	31 March 2002
Grand Opening	31 March 2002
Defects Liability Period (12 Months)	21 February 2003

4.6 자원관리(Resource Management)

자원관리는 인력, 자재, 장비의 정확한 수요 예측을 통해 기간별로 최적의 자원을 투입할 수 있는 계획을 수립하여 시행하는 것을 말한다. MS Project 프로그램 자체에 자원과 공정을 연동할 수 있도록 되어 있으나, 본 프로젝트에서는 모든 액티비티와 자원을 연계시켜 공정표를 작성하기에는 시간적 여유가 없어 분리하여 작성하였다. 즉, 공정표는 MS Project로 만들고 자원은 각 공종별로 엑셀(excel)로 작성하여 담당자가 상호관계를 파악하여 관리하였다.

일정과 관련한 주요 인원의 투입계획 및 실적은 공정과 밀접한 관련이 있기 때문에 아래의 인원출력표를 통하여 엄격하게 관리하였으며, 이러한 체계적인 관리를 통하여 계획 대비 실적을 최대한 근사(近似)하게 유지할 수 있었다. 그러나 중요한 자원관리 대상인 장비는 마감공사만 진행하였기 때문에 별도로 관리하지 않았다.

본 프로젝트는 모든 품질 기준이 최고급 호텔(오성급) 기준으로 설정되었기 때문에 협력업체가 산정했던 인원보다 많은 인력이 투입되었고, 이로 인해 협력업체의 불만이 많았다. 그러나 CM단은 항상 발주자의 요구를 반영하고, 계약에 의한 엄격한 관리를 해야 한다. 따라서 필요한 인원이 적기에 투입될 수 있도록 시공사를 통제하였으며, 작업 중 인원 손실을 줄일 수 있도록 준비작업에 대한 관리를 보다 철저히 하였다.

Act / FL	Wall	Ceil-ing	Wood Door	PLA. Door	Ent. Door	Gen. Metal	Arch. Metal	Carp enter	F.F	Paint	Water Proof	Tile	Stone	Maso-nry	Plast -er	Wall Cover	Mirror Glass	Sink	Floor ing	Carpet	Sht-paper	Duct	Plum bing	Fire Alarm	TAB	Elec. Cntrol	Sanit -ary	GAS	Elect -ric	Fire Elec.	Ling hting	Land scape	Civil	Safety	Clea ning	Etc.	Tot
Roof																									1												1
23																																					
22																									1												1
21																																					
20																																					
19																																					
18																													1								1
17												1				1							2						1						4		9
16								1	2							1		2					2				1		1						8		18
15			1															2			2						2										7
14		3	1			2		3		4		1				5	1		3				2	2							1						28
13									2	1							1		7					2													13
12									1	1							2	2	7																		13
11									1								3	2	5																		11
10								1								1	1										1								1		5
9			3					2	2	1		1				2				1	2		2				2		1		1						20
8						2																								1							3
7																														1							1
6																					1														2		3
5																							2												2		4
4																																					
3			3																										1					3	2		9
2										3			2																3						3		11
1		7					3	5		3		4	9									2							1					4		3	41
B1																													3	1							4
B2							2								2														1						2	2	9
B3																													1								1
B4																													2								2
B5																																				2	2
B6																														1							1
6FL-Roof																																					
External																																				3	3
Etc.																						1	1	1												12	15
Tot.		10	8			4	5	12	8	13		7	11		2	10	8	8	22	1	5	3	11	5	2		6		16	4	2			7	24	22	236

그림 4-12 인원 출력표

4.7 품질관리(Quality Management)

Freser Suites Serviced Residence는 아시아 각지에 있는 최고 품질의 서비스 아파트 체인의 국제적인 운영자이다. 따라서 발주자는 본 프로젝트의 품질도 아시아 타 지역의 품질수준 이상으로 할 것을 요구하였다.

이러한 요구에 부응하고 보다 효율적인 품질관리를 위하여 CM사는 설계와 시공단계 전반에 걸쳐 품질관리시스템을 적용하였다. 설계단계에서 품질 저하를 유발할 수 있는 모든 도면의 오류나 모순된 상세도가 없도록 철저히 검토하였으며, 모든 주요 작업은 표본 및 견본작업을 통해 그 상세가 설계기준과 일치하는지 확인 후 작업을 진행하였다. 이러한 과정을 통해 최초 계획한 설계의 품질을 유지하고 시공상의 문제점을 사전에 도출하였으며 공기의 정확한 예측을 가능하게 하였다.

CM단은 공사 품질시스템의 형식과 방법에 있어 능동적인 관리 역할을 하여야 하며, 그

시스템이 ISO9002와 일치하는지를 확인하는 방안을 가지고 있어야 한다. 본 프로젝트 역시 ISO9002기준에 준한 품질계획서, 시험 및 검사 계획서에 근거를 두고 진행하였다. 모든 검사는 ITP(Inspection & Test Plan)에 따라 ITC(Inspection& Test Checklist)에 의해 체크되었으며, 부적격사항에 대한 처리는 추적 및 식별이 가능하도록 시스템을 구성했다.

CM단이 성공적인 품질관리를 위하여 중점적으로 추진한 업무 및 역할은 아래와 같다.

- 발주자가 요구하는 기준을 확인하고 기준이 되는 표본 선정
- 기준 확립의 한 부분으로서 표본 설치
- 설치된 작업의 검사와 준공을 위한 ISO9002 품질 인증 시스템 실행
- 시공사에 적용될 시스템 특성과 현장 요구사항의 교육
- 공사 하자를 최소화하기 위해 진척 중인 작업에 대한 지속적인 검사 실시
- ISO9002의 일치여부를 확인하기 위하여 서류와 시스템 관리 상태 감사
- 작업의 주요 요소를 점진적으로 검사하고 완료 시 반드시 서명
- 후속공정에 의한 피해를 최소화하기 위해 완료된 작업 및 장소는 철저한 보양 및 보호

INSPECTION & TEST CHECKLIST (Method Statement) | Document No : I.T.C 02-02-08 | REV: | Sheet 1 of 1

① CUSTOMER : **RODAMCO INSA**
CONTRACTOR : **KUKDONG**
PROJECT : **FRASER SUITES SERVICED RESIDENCES**

Project Item : **HVAC DUCT & EQUIP.**
Inspection & Test Stage Ref No : **02-02-08**

③ INSPECTION AND TEST RESULTS — Subcontractor and/or HANMIPARSONS findings — ITDL No. ITDL 02-02-08

Line Item No	Activity or Description	Compliance Documents	Acceptance Criteria	Kukdong	HanmiParson	Consultant	Authority	Responsible Party	Results, Comments, Conclusions and ITDL item numbers.	Inits	Date	HP Initials	Consultant	Authority Inits.
01	FCU installation	Dwg Y-M-210	Visual inspection for size/location as per dwgs.	I	I									
02	Duct connect to FCUs	Dwg YM-118,	Visual inspection for size/location as per dwgs.	I	I									
03	Insulation for ducts	119-1	Visual inspection for thk./location as per dwgs.	I	I									
04	Plenum box for diffusers	ditto	Visual inspection for size/location as per dwgs	I	I									
05	Main supply/exhaust ducts	ditto	Visual inspection for size/location as per dwgs.	I	I									
06	Exhaust Fans for Kitchen	ditto	Visual inspection for size/location as per dwgs.	I	I									
07	To connect plenum box & flexible ducts	ditto	Visual inspection for size/location as per dwgs.	I	I									
08	Installation of Air Diffusers	ditto	Visual inspection for size/location as per dwgs.											
09														
10														
11														
12														
13														
14														

② CONTENT REVIEW AND APPROVAL (Unauthorised form shall not be issued or used)

Prepared by (name/init/date) : (KUKDONG)		Checked by (name/init/date) : (HANMIPARSONS)	Yoo,Chul-Ho ~~01 Aug 8~~ 01/9/6
Reviewed by (name/init/date) : (HANMIPARSONS)	이계운 01.9.6	Reviewed by (name/init/date) : (OWNER'S AGENT)	10/9/01

④ INSPECTION AND TEST RESULTS APPROVAL

TEST CONDUCTED BY		TEST ACCEPTED BY	
Name		Name	
Signature		Signature	
Date		Date	

I.T.C 02-02-08.doc CONFIDENTIAL © COPYRIGHT (2001) FRASER SUITES SERVICED RESIDENCES Projects

그림 4-13 Inspection & Test Check List

HanmiParsons

Sticker Issued Log(Rejected)

Rodamco Insa Project

No.	Issued By	Issued Date	Issued No.	Related Doc.	Subject	Floor	Room	Inspector	Activity	Correction Date	Confirmed
5118	BHKim	18-Feb-02	REJ-HP-BAS-001	DN-HP-02-059	블록 상부 틈처리	B01		HP-BHKim			
5119	BHKim	18-Feb-02	REJ-HP-BAS-002	DN-HP-02-059	등 취부 누락	B01		HP-BHKim			
5120	BHKim	18-Feb-02	REJ-HP-BAS-003	DN-HP-02-059	배관 주변 코킹 처리	B01		HP-BHKim			
5121	BHKim	18-Feb-02	REJ-HP-BAS-004	DN-HP-02-059	점검구 페인트 터치업	B01		HP-BHKim			
5122	BHKim	18-Feb-02	REJ-HP-BAS-005	DN-HP-02-059	방재 제어함 주변 코킹	B01		HP-BHKim			
5123	BHKim	18-Feb-02	REJ-HP-BAS-006	DN-HP-02-059	코너 보호대 시공	B01		HP-BHKim			
5124	BHKim	18-Feb-02	REJ-HP-BAS-007	DN-HP-02-059	배관 보온 및 고정	B01		HP-BHKim			
5125	BHKim	18-Feb-02	REJ-HP-BAS-008	DN-HP-02-059	방화벽 상부 방화 코킹 처리	B01		HP-BHKim			
5126	BHKim	18-Feb-02	REJ-HP-BAS-009	DN-HP-02-059	코킹 누락	B01		HP-BHKim			
5127	BHKim	18-Feb-02	REJ-HP-BAS-010	DN-HP-02-059	테이프 제거	B01		HP-BHKim			
5128	BHKim	18-Feb-02	REJ-HP-BAS-011	DN-HP-02-059	전기 박스 덮개 누락	B01		HP-BHKim			
5129	BHKim	18-Feb-02	REJ-HP-BAS-012	DN-HP-02-059	셔터 레일 주변 코킹	B01		HP-BHKim			
5130	BHKim	18-Feb-02	REJ-HP-BAS-013	DN-HP-02-059	설비 배관 주위 코킹	B01		HP-BHKim			
5131	BHKim	18-Feb-02	REJ-HP-BAS-014	DN-HP-02-059	스피커 취부	B01		HP-BHKim			
5132	BHKim	18-Feb-02	REJ-HP-BAS-015	DN-HP-02-059	창문틀 주변 코킹	B01		HP-BHKim			
5133	BHKim	18-Feb-02	REJ-HP-BAS-016	DN-HP-02-059	셔터 상부 프레임 코킹 처리	B01		HP-BHKim			
5134	BHKim	18-Feb-02	REJ-HP-BAS-017	DN-HP-02-059	덕트 미연결	B01		HP-BHKim			
5135	BHKim	18-Feb-02	REJ-HP-BAS-018	DN-HP-02-059	전기기구 미취부	B01		HP-BHKim			
5136	BHKim	18-Feb-02	REJ-HP-BAS-019	DN-HP-02-059	블록 모서리 코킹 누락	B01		HP-BHKim			

그림 4-14 층간 Inspection Defect List Sample

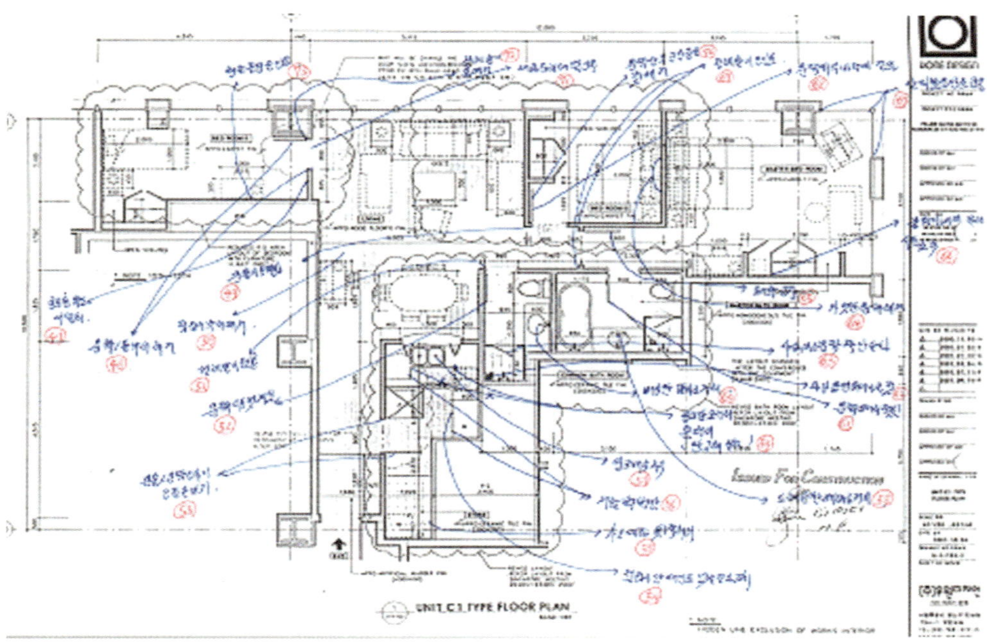

그림 4-15 층간 Inspection Defect DWG. Sample

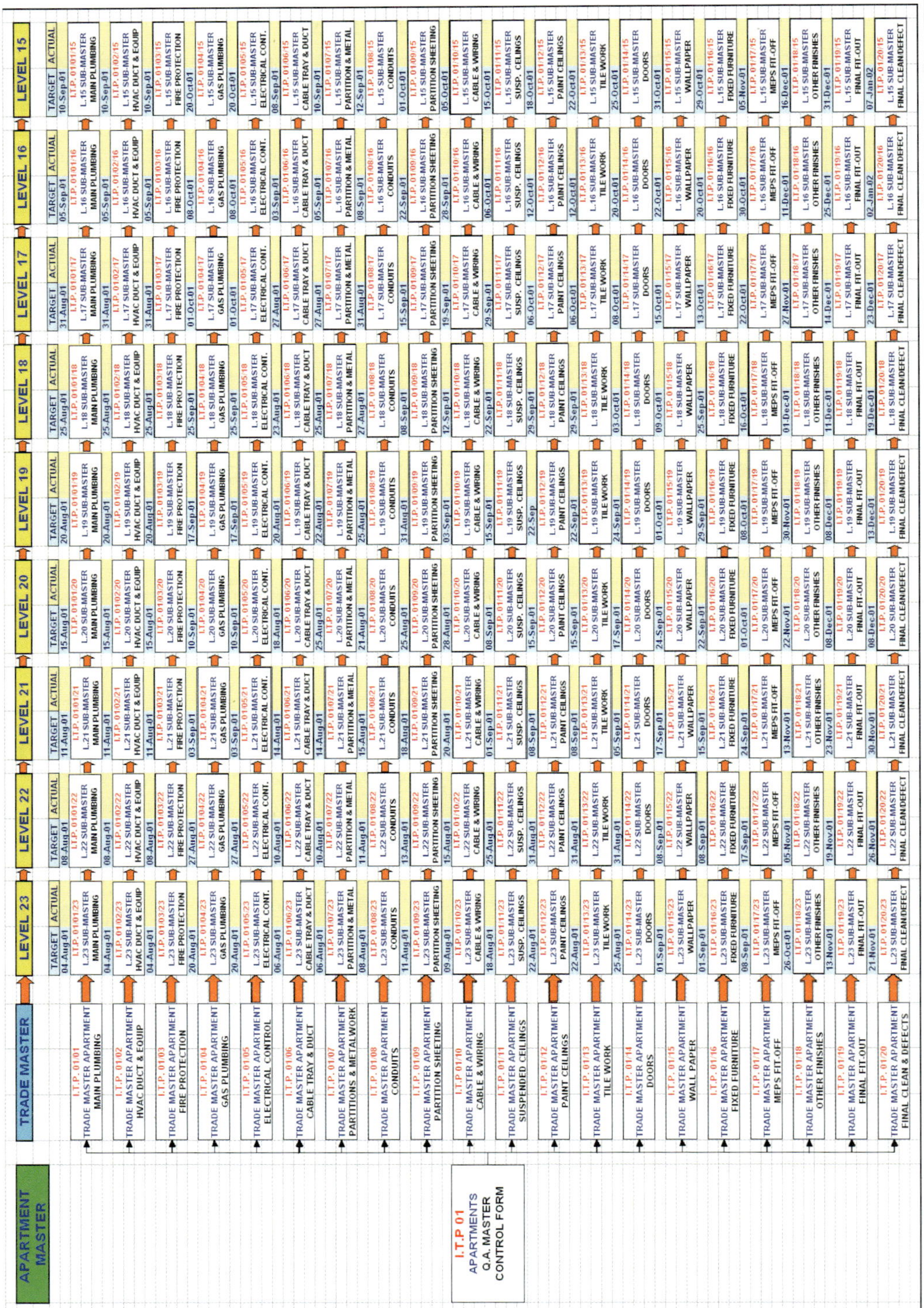

그림 4-16 Chart & ITC Sample

4.8 안전관리(Safety Management)

안전관리 업무는 현장 내에서 작업을 하거나 현장을 출입하는 모든 사람들의 안전을 도모하는 CM의 기본적인 책무이다. 불행하게도 안전관리는 대다수의 발주자와 시공사로부터 소홀히 다루어지는 경우가 많으며, 사망 등의 중대 재해를 겪고 나서야 그 소중함을 인식하게 된다.

CM단은 작업장 내에서 한시도 안전관리에 대한 경계심을 늦춰서는 안되며, 올바른 안전문화가 정착될 수 있도록 지속적인 지도와 교육을 실시하고, 매일 일일안전 패트롤 등 사고의 예방을 위한 적극적인 활동을 수행하였다. 이러한 노력의 결과 한 건의 안전사고도 발생하지 않았으며, 무재해 100만 시간을 달성하였다. CM단이 본 프로젝트에서 적극적으로 관리한 안전관리의 주요 내용은 다음과 같다.

- 전(全) 층에 대한 먼지, 자재, 쓰레기의 청소
- 정기적인 쓰레기통 비우기
- 모든 계단과 통행로의 청소와 적절한 조명 설치
- 개구부나 비계발판으로부터 추락방지시설 설치
- 현장 내 모든 작업자들을 위한 적절한 개인 보호 장비 지급 및 착용상태 관리
- 현장 내 다른 위협적인 것으로부터 작업자 보호
- 경계선의 바리케이드 유지와 위험지역 폐쇄
- 현장 내 모든 작업에 대한 안전 작업 방법 수시 지도
- 각종 작업자 교육 프로그램과 신규채용자를 위한 현장 소개와 교육 실시
- 현장의 올바른 안전관리 수행을 위한 시공사 지도 및 교육
- 일간 단위로 현장 합동 안전 점검
- 현장 내 전 직원의 안전관리자화(化)
- 원천적 위험을 최소화하기 위해 공법의 사전 검토

Daily Safety Patrol

DIV.	November(01/21~01/26)					REMARK
	MON(01/21)	TUE(01/22)	WED(01/23)	THU(01/24)	FRI(01/25)	
Main	KMAhn (안광명부장)	CHYoo (유철호부장)	KMAhn (안광명부장)	CHYoo (유철호부장)	KMAhn (안광명부장)	
Sub	JMLee (이재문대리)	BHKim (김병호과장)	JMLee (이재문대리)	BHKim (김병호과장)	JMLee (이재문대리)	

* Patrol Time
AM:10:00~11:00, PM:15:00~16:00

HanmiParsons

그림 4-17 Daily Safety Patrol

HANMIPARSONS WEEKLY SAFETY CHECKLIST

DATE:	February 9, 2001	A= In COMPLETE Compliance	Corrective Action
PROJECT/LOCATION:	Rodamco Insa	B = Non-Compliance	C = Corrected
INSPECTOR:	HanmiParsons B.H.Kim	(2=satisfactory, 1=marginal, 0=unsatisfacto:	D = Requires SCAR
SITE SAFETY ENGINEER:	Kukdong J.I.Kim		N/A = Not Applicable = 0 points

SAFETY CATEGORY AND ITEM	MON				FRI				Please Explain Item and Action Taken
	A	B	C	D	A	B	C	D	
1) JOB SITE INFORMATION(현장설명)									
a. Job site posters/warning signs posted? (현장 포스터 및 경고 표기 부착 여부)	2	2			2	2			
b. Initial job risk assessment on site? (현장에서 최초 작업위험 평가)	2	1			2	2			
c. Are risk assessments current? (위험평가가 현재 적용되고 있는가?)	2	2			2	2			
d. Are Emergency Plan/Numbers posted? (비상대책/연락망 부착 여부)	2	2			2	2			
e. Are Adequate First-Aid supplies available? (적절한 구급장비 준비 여부)	2	2			2	2			
f. Are Safety meetings held regularly? (정기적인 안전회의 개최 여부)	2	2			2	1			
g. Site management support? (현장소장 지원 여부)	2	2			2	2			
h. Site management safety attitude? (현장소장의 안전 마인드)	2	2			2	2			
Subtotal	16	15	0	0	16	15	0	0	
2) PERSONNEL PROTECTIVE EQUIPMENT (개인 보호 장구)									
a. Is every worker wearing a hard hat? (모든 작업자의 안전모 착용 여부)	2	2			2	2			
b. Is eye protection being used? (보안경 사용 여부)	2	2			2	2			
c. Is respiratory protection used in hazardous atmosphere? (유해 환경에서의 마스크 사용 여부)	2	2			2	2			
d. Is proper foot protection being worn? (안전화 착용 여부)	2	2			2	2			

그림 4-18 Safety Patrol & Check List

4.9 커뮤니케이션 관리(Communication Management)

건설사업관리의 한 요소인 커뮤니케이션 관리는 현장 관리기법의 가장 중요한 기능 중 하나이며, 프로젝트를 성공적으로 이끌기 위한 필수적인 요소이다. CM은 발주자와의 지속적인 관계 발전을 통하여 CM사가 가진 비전을 발주자에게 확신시켜 주어야 하며, 더 나아가 프로젝트의 성공적인 수행을 위하여 시공사 · 설계사 · 기타 관련사와의 깊은 신뢰관계를 유지하여야 한다.

CM단은 프로젝트의 모든 참여자와 함께 성공적으로 프로젝트를 이끌어 왔으며, 참여자 간의 의사소통을 확대하고, 상호 이해의 폭을 넓히도록 노력하였다. 또한 외국인과 내국인의 국가적 관습에 대한 상호 이해를 도모하고 다른 관계자들에게 신뢰와 존경의 가치를 보여 줌으로써 좋은 결과를 이끌어낼 수 있었다.

시공사의 불만은 불공정하고 비합리적인 지시와 그에 따른 피해에 대한 표현방법이라고 할 수 있으며, 이러한 불만은 대부분 발주자로부터 야기된다. 따라서 불만을 적절히 표출시키고 합리적인 조정을 통하여 해결하는 것이 CM단의 또 하나의 책임이라 하겠다.

CM단은 정기적인 회의와 토론회를 개최하여 모든 관계자들 사이에 기탄 없는 의사소통을 유도하고, 돌출된 문제에 대해서는 다같이 고민하여 해결하도록 노력하였다. 이러한 노력을 통하여 공정하고 합리적인 결과를 도출할 수 있었으며 이는 친선과 팀웍의 관계로 발전되었다. CM단이 성공적인 커뮤니케이션을 위하여 중점적으로 추진한 업무 및 역할은 아래와 같다.

- 불신과 근심을 제거하는 확실한 의사소통과 지시
- 국가적 관습의 상호 이해 및 통합, 신뢰와 존경의 가치 제시
- 의사소통과 토의를 위한 규칙적이고 정형화된 협약
- 모든 문제, 모든 토론에서의 개방성 확보
- 돌출 문제에 대한 공동의 해결

한 사람으로는 어떤 공사도 수행할 수 없고 각자 따로 생각하고 행동하는 단체에 의해서는 어떠한 공사도 성공적으로 수행될 수 없다. 팀웍(teamwork)은 공동의 목표를 달성하는 유효한 수단이라고 할 수 있다.

팀을 관리하는데 있어 주요 핵심은 모든 팀원들이 같은 소속감을 가질 수 있도록 하고, 프로젝트의 총체적인 목표가 각자의 헌신을 통해서 이루어진다는 확신이 들도록 하는 것이다. 팀웍을 강화하기 위하여 CM단은 자유로운 의사 소통을 가능하게 하고, 서로의 역할에 대한 확인 및 지속적인 상호 이해를 추구하였다. 또한 외국인과 내국인의 상호 조정을 통하여 통솔력을 발휘하였으며, 참여자 간의 부정적인 행동을 자제하도록 유도하였다. CM단이 성공적인 팀웍을 발휘하기 위하여 중점적으로 추진한 업무 및 역할은 아래와 같다.

- CM과 감리, 외국인과 내국인 관리자에 의해 조정된 팀 통솔력
- 팀원들의 역할, 책임, 관계에 대한 확실한 설명
- 모든 팀원 사이에 자유스럽고 확실한 의사소통 확립
- 팀 내의 비평과 부정적인 상호행동 자제
- 문제점 발생 즉시 자유스럽고 확실하게 문제점 해결

●●● 5. 프로젝트 관리 개선사항

본 프로젝트에서는 공기단축, 원가절감, 품질확보를 위한 많은 시도가 있었다. 그러나 본고에서는 웹 기반 프로젝트 매니지먼트 툴, 층간 공정관리에 따른 ITP와 ITC의 활용, 작업 실명제에 의한 단위공정별 준공제도, 현장 백업용 CD-타이틀 제작 사례를 위주로 소개하고자 한다.

5.1 웹 기반 프로젝트 매니지먼트 시스템

시간과 공간의 제약을 받지않는 원활한 업무조정을 위하여 웹 기반의 프로젝트 매니지먼트 시스템을 도입하였다. 발주자, 컨설턴트, 시공사, 설계사무소 등 프로젝트 참여자들과 웹상에서 네트워크를 구성하여 각종 도면 및 문서를 공유하고, 의견조정과 신속한 의사결정이 이루어지도록 하였다. 이를 위하여 CM사가 주관이 되어 각종 업무수행기준과 시스템 운영방식을 수립, 보급하였으며 그에 필요한 교육도 실시하였다.

국내와 해외 간의 PMS시스템에 의한 업무수행방식은 본 현장이 국내에서는 최초로 적용하였으며, 싱가포르와 홍콩에 있는 발주자와 그의 컨설턴트들에게 많은 금전적 이득을 안겨 주었다. 실제 시스템 도입 이전에는 한 달에 2~3회 현장을 방문하던 발주자와 컨설턴트들도 1회 정도로 방문횟수를 줄일 수 있었으며, 각종 서류의 해외 발송비와 국제전화비 등 많은 부분을 절감을 할 수 있었다.

본 시스템은 발주자, 설계사, 감리사, 엔지니어링 회사, 시공자가 지리적 조건에 구애 없이 언제, 어디서든지 실시간으로 도면이나 서류를 서로 공유하고, 의견을 교환하며, 즉시 수정작업을 할 수 있도록 해 주었다. 또한 긴급한 의사결정이 필요한 사안에 대하여 **PMS**를 활용하여 결론을 도출하고 현장에 지시함으로써 원활한 작업진행에 많은 도움이 되었다. 본 프로그램의 장점은 아래와 같다.

- 모든 정보의 신속한 공유가 가능하여 의사결정이 빠르다.
- 시스템의 표준화를 통하여 업무의 표준화가 가능하다.
- DB화를 통해 유사 업무에 대한 효율성 증대가 가능하다.
- 문서 발송 및 수발에 따른 제경비를 절감할 수 있다.

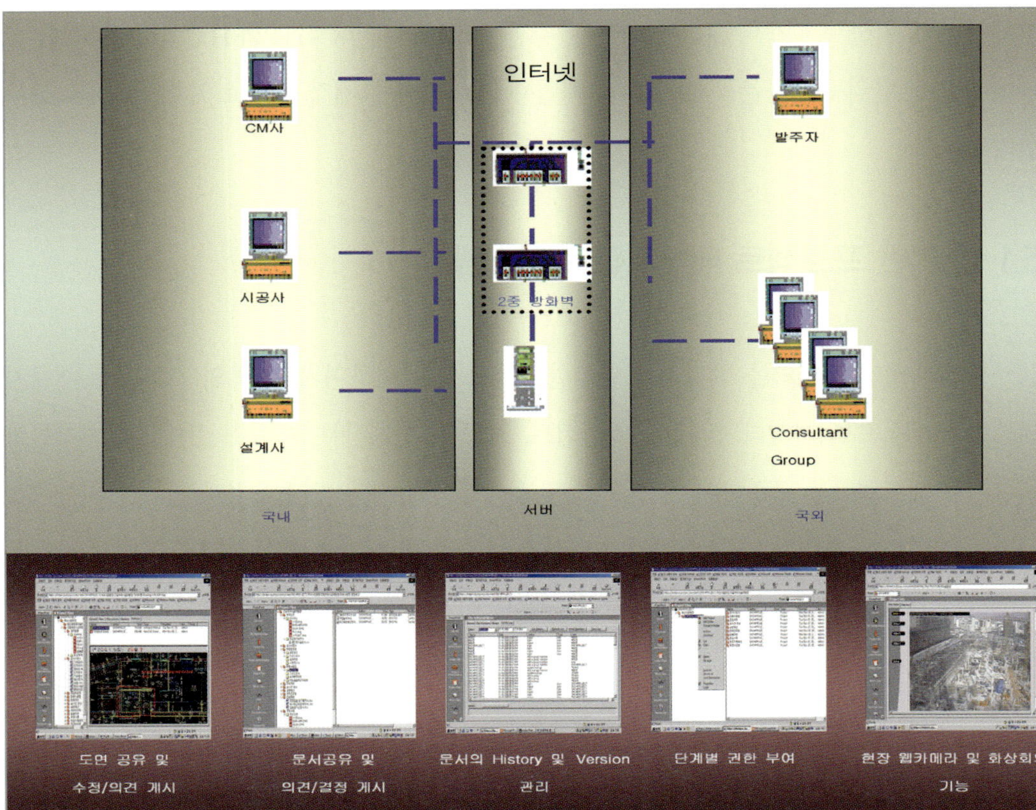

그림 5-1 시스템 구성도 및 기능

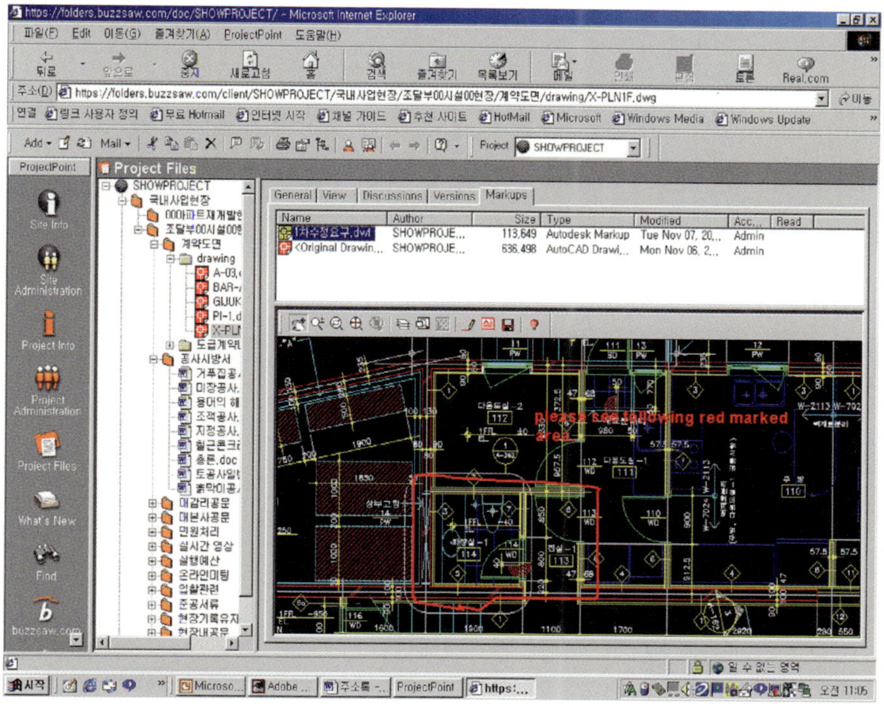

그림 5-2 도면 공유 샘플 화면

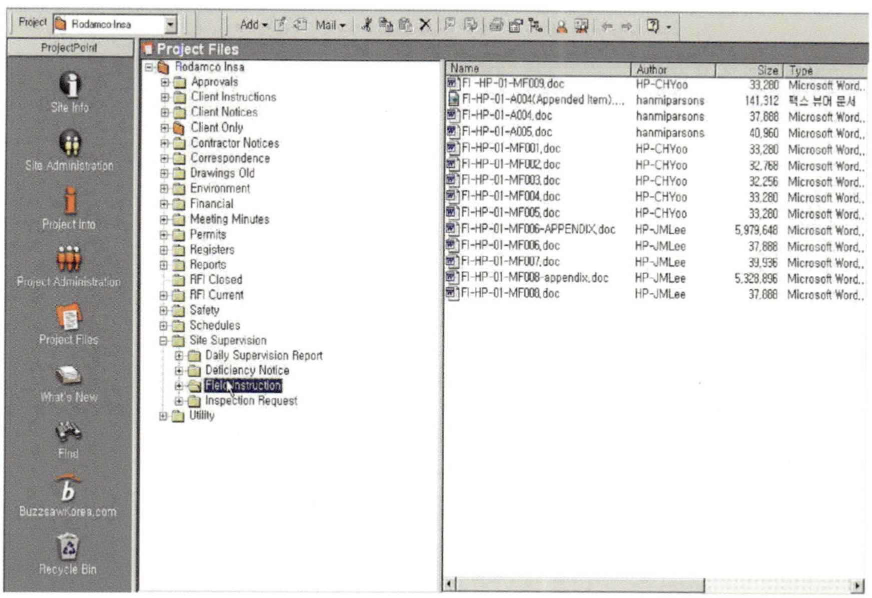

그림 5-3 문서 공유 샘플 화면

5.2 층간 사이클 공정관리에 따른 검사 및 시험에 관한 시스템

도면과 적용 방법에 대한 사전 검토를 통하여 재작업이 최소화되도록 관리하기 위하여 ISO9002에 의한 체계적인 Inspection & Test Plan(ITP)과 Inspection & Test Checklist(ITC)를 활용하여 철저한 검측관리를 수행하였다. 층간공법에 의한 관리로 모든 검사 및 시험은 층별로 실시되었으며 공정관리와 유기적으로 연결되도록 하였다. 모든 검사 및 시험은 선행 작업의 검사가 종료 되기 전에는 이루어질 수 없도록 운영되었다.

INSPECTION AND TEST PLAN (ITP)		Document No : **ITP 01-09-15**	REV:A Sheet 1of 1
CUSTOMER: **RODAMCO INSA** PROJECT: **FRASER SUITES SERVICED RESIDENCES**	Project Item: **PARTITION SHEETING** Inspection & Test Stage Ref No: **01-09-15**	Requirements	INSPECTION AND TEST RESULTS Contractor and/or HANMIPARSONS findings ITDL No: ITDL 01-09-15

Line Item No	Activity or Description	Proc/ ITP ITC Ref No	Acceptance Criteria	Compliance Documents	Kukdong	HanmiParson	Consultant	Authority	Responsible Party	Results, Comments, Conclusions and ITDL item numbers.	Init	Date	HP Initials	Consultant	Authority Inits
01	Gypsum Board(I)	I.T.C 01-09-15-01													
02	Insulation	I.T.C 01-09-15-02													
03	Gypsum Board(II)	I.T.C 01-09-15-03													
04															
05															
06															
07															
08															

ITP CONTENT REVIEW AND APPROVAL	(Unauthorised form shall not be issued or used)	INSPECTION AND TEST RESULTS APPROVAL
Prepared by (name/init/date): (KUKDONG)	Checked by (name/init/date): Kim, Byung-Ho (HANMIPARSONS)	Name: Signature:
Reviewed by (name/init/date): (HANMIPARSONS)	Approved by (name/init/date): (OWNERS AGENT)	Position: Date:

그림 5-4 층간 사이클 공정관리 ITP 샘플(1)

INSPECTION & TEST CHECKLIST (Method Statement)

Document No : **I.T.C 01-09-23-01** | REV: | Sheet 1 of 3

CUSTOMER : **RODAMCO INSA**
CONTRACTOR : **KUKDONG**
PROJECT : **FRASER SUITES SERVICED RESIDENCES**

Project Item : **PARTITION SHEETING (Gypsum Board(I))**
Inspection & Test Stage Ref No : **01-09-23-01**

INSPECTION AND TEST RESULTS
Subcontractor and/or HANMIPARSONS findings
ITDL No ITDL 01-09-23-01

Line Item No	Activity or Description	Compliance Documents	Acceptance Criteria	Requirements: Kukdong	HanmiParson	Consultant	Authority	Responsible Party	Results, Comments, Conclusions and ITDL item numbers.	Inits.	Date	HP Initials	Consultant	Authority Inits.
	Before starting work													
01	Cross check with dwgs.& spec.	Specifications	Compliance with detailed dwgs.& spec.	R	R									
02	Planning for prog-sch. & metheod statement	Construction techmigue Management low.	Planning for prog-sch. & metheod statement?	R	M									
03	Coordination / sub-cont. for progress, m.s & specification	Construction techmigue Management low.	Education for sub-cont. regarding prog. & m.s	R	M									
	Inspection for material													
04	Approval for the material	TFA-KD-001327 TFA-KD-001369 KS F 3504	-Gypsum board: Lafarge korea G.B & byoksam G.B -Silicone Sealant:Kumkang Korea chemistry, fire-proof sealant(Qs-119r)	R	A									
05	Type of G.B.	General Specifications	Unit partition fire proof G.B.(25/12.5mm) Toilet water proof G.B.(12.5mm) Others normal G.B.(12.5mm)	R	A									
06	External view of G.B.	General Specifications	Free from holes cracks, peel off paper, diet & cut off	R	A									
07	Storage of material(Esp. for humid)	General Specifications	Packed on 3nos. of timber. Levelled and weight distribution on slab at dry ares.	I	I									
08	Material test certificate	General Specifications	Gypsum Board, Fire-proof sealsnt(above K.S standard)	R	A									
	Workmanship for construction													

CONTENT REVIEW AND APPROVAL	(Unauthorised form shall not be issued or used)
Prepared by (name/init/date) : (KUKDONG)	Checked by (name/init/date) : (HANMIPARSONS)
Reviewed by (name/init/date) : (HANMIPARSONS)	Reviewed by (name/init/date) : (OWNER'S AGENT)

INSPECTION AND TEST RESULTS APPROVAL			
TEST CONDUCTED BY		TEST ACCEPTED BY	
Name		Name	
Signature		Signature	
Date		Date	

그림 5-5 층간 사이클 공정관리 ITC 샘플(2)

5.3 공사 실명제 및 공정별 준공 시스템

모든 공정에 대하여 담당 작업반장, 시공관리자, 검측자, CM단의 실명과 서명을 기록한 스티커를 부착하도록 하여 공사에 대한 책임감을 제고시켰으며, 발부되는 모든 스티커는 대장에 기록, 관리하였다.

Sticker Issued Log

Rodamco Insa Project

No.	Issued By	Issued Date	Issued No.	Related ITC No.	Subject	Workers	Supervisor	Inspector	Project Manger	Correction Date	Remarks (Comment)
APP	BHKim	17-Sep-01	APP-HP-A001	ITC 09-23-01	Gypsum Board	UO-BSPark	KD-JlLee	HP-BHKim	HP-Cglover	23-Sep-01	
REJ	BHKim	17-Sep-01	REJ-HP-A001	ITC 09-23-01	Gypsum Board	UO-BSPark	KD-JlLee	HP-BHKim	HP-Cglover	N/A	
1											
2											
3											
4											
5											
6											
7											
8											
9											
10											
11											
12											
13											
14											
15											
16											
17											
18											
19											

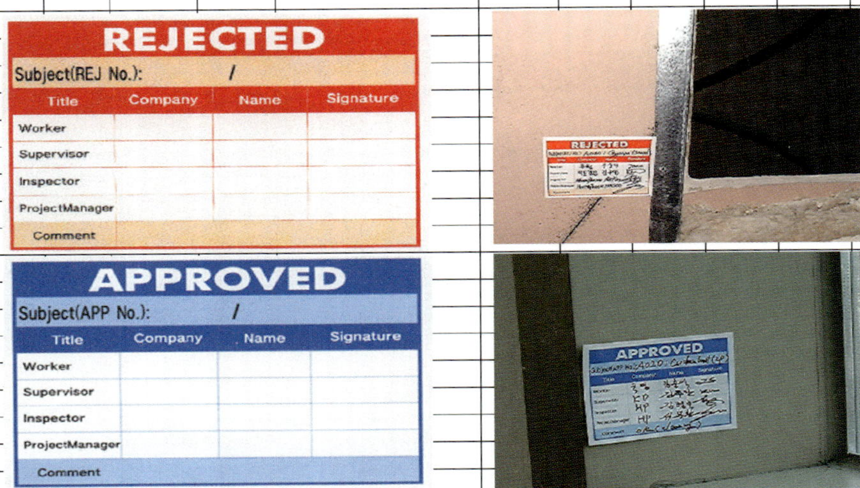

그림 5-6 공사 실명제 스티커 및 발급대장

공정별로 'APPROVED' 스티커가 부착된 것은 준공된 것으로 인정하였다. 부적합 사항이 지적된 것은 'REJECTED' 스티커를 붙여 부적합 사항이 소멸될 때까지 집중관리하였으며, 부적합 사항이 해결되면 승인 스티커로 대체하였다. 또한 보이지 않는 곳에는 스티커를 영구적으로 부착토록 하여 각 참여자들의 책임의식을 강조하였으며, 보이는 곳은 세대별 완료 시 제거하였다.

5.4 현장 백업(back-up)용 CD-타이틀 제작

사내 문서관리 표준 디렉토리에 의거 문건을 분류하여 폴더관리를 하였다. 폴더에는 현장 내 파일박스와 동일한 인덱스를 갖도록 하여 온오프라인의 업무를 표준화하였다. 또한 현장 종료 후 백업용 CD를 만들어 본사에 이관시킴으로써 추후 유사현장의 자료로 활용할 수 있도록 하였다.

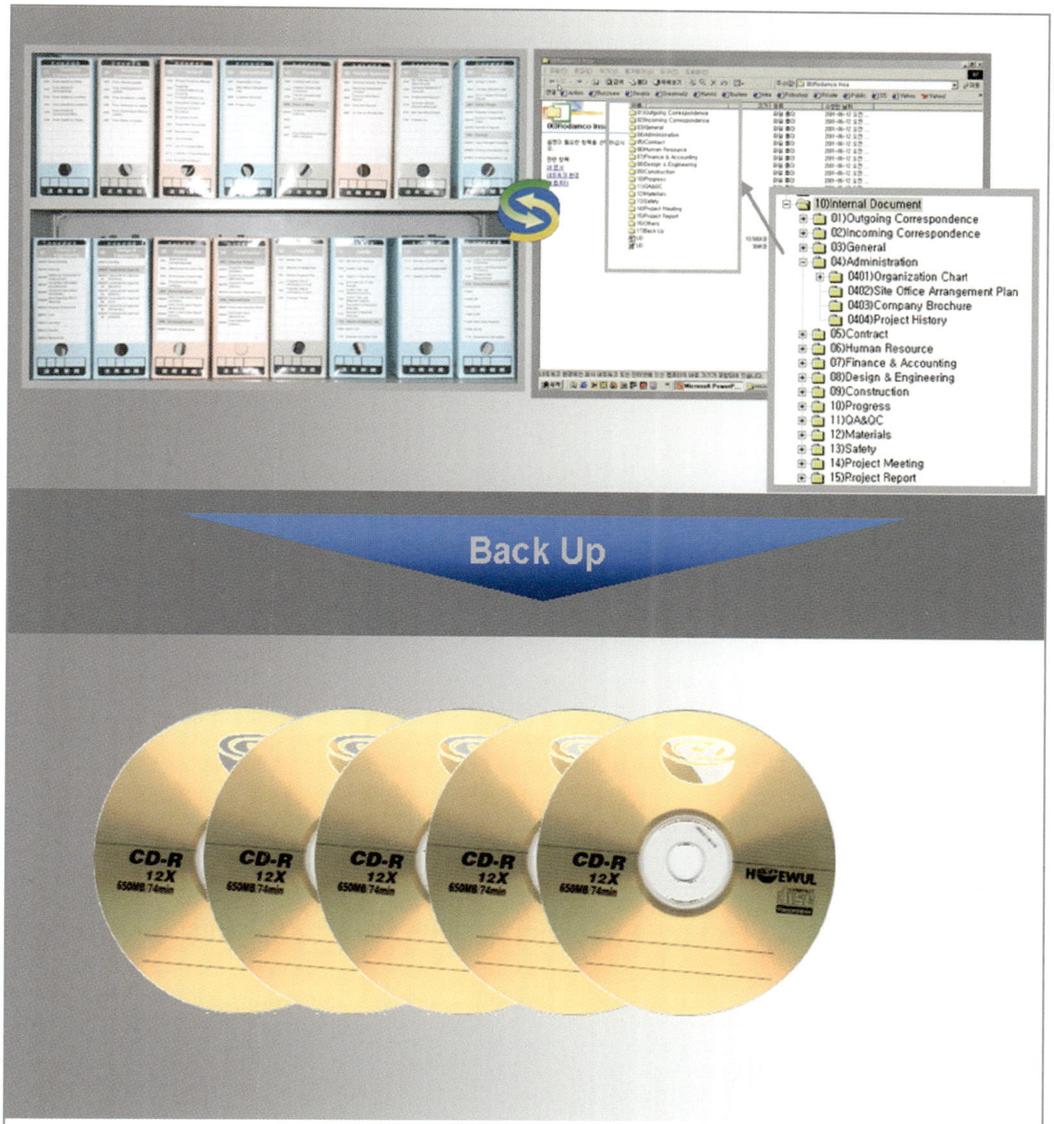

그림 5-7 현장 데이터 백업

6. 향후 과제

본 프로젝트를 진행하면서 많은 문제점이 발생되었고 이를 극복하기 위하여 발주자, CM단, 컨설턴트, 시공사 간에 수 많은 논의가 있었다. 본 프로젝트를 통해 향후 개선해야 할 주요 교훈은 다음과 같다.

(1) 발주자의 CM에 대한 올바른 이해

국내 CM사례 중 발주자의 CM에 대한 이해 및 신뢰 부족으로 CM단이 본연의 업무를 수행하기 힘든 경우가 있다. 본 프로젝트의 경우 발주자는 CM의 역할을 100%로 이해하고 활용하여 소정의 목적을 무난히 달성할 수 있었다. 국내 발주자들도 CM에 대한 올바른 이해와 신뢰를 통해 CM을 100% 활용할 수 있었으면 한다.

(2) 확실한 계약관계 정립

계약에 대한 이해부족으로 발주자나 시공사가 곤경에 처하는 경우가 있다. 일례로 계약서 상에 'Maintenance' 규정을 하자보수로 이해하고 계약함으로써 2년 동안 건물을 관리해달라는 요구를 받기도 하였다. 따라서 계약 시에는 발주자는 보다 명확한 요구조건을 명기하고, 시공자 또한 실질적인 검토를 통하여 서로가 합리적인 계약관계를 유지할 수 있어야 할 것이다.

(3) 적극적 공정관리

현재 국내에 층간 사이클 공정관리가 시도된 경우는 많았으나 준공 및 핸드오버까지 성공적으로 수행된 경우는 그다지 많지 않다. 근래 들어 날로 증가하는 고층건물의 건축 시 층간 사이클 공정관리의 적용은 공기단축을 위해 필수적인 것으로 판단되며, 효율적인 시행을 위해서는 전체적인 공정 간의 유기적인 관리기술이 집약되어야 한다. 형식적인 사이클 공정관리는 오히려 더 많은 공정간섭을 초래하고 공사비의 증가를 가져올 수도 있다. 합리적인 공정관리기법과 실제적인 사례들을 통하여 고층건물의 공기단축에 많은 노력과 시도가 있어야 할 것이다.

(4) 팀웍(Team Work) 개선

발주자와 CM의 신뢰관계는 프로젝트의 성공적인 수행을 위한 필수적인 조건이다. 발주자는 CM사를 공동의 목표를 향해 가는 동반자라는 인식을 가져야 한다. 이러한 관계가 전제될 경우 CM단은 발주자, 설계사, 시공사, 컨설턴트, 협력업체 등 프로젝트 참여자를 리드하여 상생(win-win)이 가능한 프로젝트 관리를 할 수 있다.

(5) 시스템에 의한 관리체계 개선

국내 현장의 가장 큰 문제점 중의 하나는 시스템의 부재를 들 수 있다. 개인의 경험과 노하우에 전적으로 의존하는 것은 매우 위험한 일이다. CM업체는 설계관리, 공정관리, 품질관리 등의 시스템을 반드시 갖추어야 하며, 이를 인터넷 기반으로 한다면 더욱 바람직하다고 본다. 또한 DB화를 통하여 실적 및 노하우를 체계적으로 활용한다면 기술의 표준화가 용이할 것이다.

(6) 올바른 회의 문화 및 의사결정 기법 수립

프로젝트를 수행하면서 수많은 회의가 열리지만 회의 따로 업무 따로인 경우가 많다. 또한 회의는 형식적이고 지루한 것이며 짧을수록 좋다는 생각을 가지고 있다. CM은 발주자의 대리인으로서 수 많은 회의를 주도해야 한다. 따라서 성공적인 회의를 위하여는 많은 사전준비가 필요하며 특히, 프로젝트 참여자 다수의 검토 또는 확인이 필요한 사항들은 회의시간을 활용하는 것이 매우 효율적이다. 아무 준비없이 단지 회의에 참석만 한다면 누군가의 지시를 받는 것 외에 회의의 효과를 기대할 수 없다. 향후 보다 적극적이고 실질적인 회의문화의 정착과 몇몇 개인에 의하여 좌우되는 의사결정이 아니라 모든 참석자들의 의견이 집약된 의사결정기법들이 정착되었으면 한다.

7. 맺음말

CM단은 단계별 접근법을 통하여 설계변경 단계 매니지먼트와 시공단계 매니지먼트로 업무를 수행하여 원가절감과 공기단축을 달성하고자 계획하고 본 프로젝트를 착수하였다.

사업초기에는 발주자를 포함한 사업 참여자 간의 커뮤니케이션 부족, 팀웍 부족, 시공사의 CM 업무에 대한 이해 부족, CM단과 발주자 컨설턴트 간의 모호한 업무분장 등이 사업수행에 장애가 되기도 하였다. 그러나 CM단의 지속적인 교육 및 의사소통, 적극적인 협의를 통하여 상호 이해 및 신뢰를 구축하였으며, 업무분장 및 책임한계의 명확한 설정, 의사소통 창구의 일원화를 통해 상호 신뢰 하에 업무가 추진될 수 있도록 하였다.

제한된 예산 하에서 원가절감을 달성하기 위하여 초기 설계변경단계에서 효과적인 설계관리, VE 및 조정업무의 수행과 발주처 직발주분에 대한 효율적인 관리로 원가절감을 달성하여 초기 사업비 내에서 설계변경과 품질향상을 도모할 수 있었다.

또한 해외에 있는 발주자와 컨설턴트를 위하여 웹 기반 프로젝트 매니지먼트 시스템을 활용하여 실시간으로 정보를 공유할 수 있었으며, 이를 통한 빠른 의사결정으로 현장작업을 가속화 할 수 있었다. ISO9002에 기초한 각종 품질관리기법을 활용함으로써 발주자가 원하는 품질을 확보함은 물론 외국인 발주자에게 국내 CM의 좋은 인상을 남기는 계기가 되었다. 미흡하나마 본 로담코 인사동 프로젝트 사례가 국내 CM시장의 발전을 위한 밑거름이 되었으면 한다.

Part 05

해운대 아델리스 프로젝트

C·O·N·T·E·N·T·S

1. 머리말

1.1 부산지역의 초고층건설 현황

2006년 당시 부산지역에서 진행 중인 50~60층급 초고층 프로젝트는, 2006년 준공된 해운대 아델리스(47층)를 비롯하여 온천동 SK Hub Sky(49층), 온천동 벽산 Astar(52층), 오륙도 SK View(47층), 센텀스타(60층) 등이 있다. 특히, 2002년 5월에 착공한 수영구 센텀파크(51층) 현장은 2006년 초 준공하여 초고층 주거의 새로운 장을 열었다. 건축기술의 정수(精髓)라 할 수 있는 100층급 초고층 프로젝트가 다수 추진되면서 부산은 세계적인 초고층 도시로 성장하고 있다.

1.2 국내 초고층 주거건축물의 구조형식 변화

도곡동 타워팰리스(1, 2, 3차)프로젝트 이후 50~60층급 초고층 주거건축물은 괄목할만한 양적 성장을 했으며, 새로운 주거패턴으로 정착되어 가고 있다. 구조형식도 기존의 타워팰리스 구조형식 코어월(core wall)은 철근콘크리트, 외주부 기둥은 SRC(Steel Reinforced Concrete), 슬래브 데크 플레이트(deck plate)와는 다르게 삼성동 아이파크 현장에서 채용한 플랫 플레이트(flat plate)를 가진 철근콘크리트 라멘 구조가 주종을 이룬다. 이 구조형식은 시공성과 주거성에 장점이 있어서 50~60층급 주거건축물 프로젝트에서 많이 도입되었고 현재 정착되어 가는 추세에 있다. 아델리스 프로젝트 역시 전술한 구조방식을 적용한 타워형 초고층 건축물이다. 본 프로젝트에서는 거주성 향상, 원가절감 및 시공성 개선을 위하여 대규모 구조설계변경이 있었으며, 구조설계변경은 플랫 플레이트 설계에 가장 경험이 많은 미국의 Rosenwasser/Grossman 구조설계사무소에서 수행하였다.

1.3 워터프론트(Waterfront) 지역에서의 초고층 현장 중점관리 요소

2003년 9월 12일 태풍 '매미' 의 부산지방 최대풍속은 26.1m/s, 최대순간풍속은 42.7m/s, 해운대지역 최대순간풍속은 33.2m/s이었으며, 당시 우리나라 최대풍속을 기록한 곳은 제주도 고산지역으로 최대풍속은 51.1m/s, 최대순간풍속은 60.0m/s이었다.

당 현장의 설계풍속 노풍도 B, D는 각각 61.1m/s, 71.2m/s을 적용하였다. 따라서 태풍 '매미' 급의 최대순간풍속에도 해당 현장의 건축물은 안전한 것으로 판단된다. 그러나 만조시 태풍으로 인한 해일의 피해가 태풍 이상으로 클 수 있다. 실제로 태풍 매미 당시 현장 주변 해일의 파고는 만조 위에서 약 12m 정도로 추정된다. 따라서 해안에 접한 건축물의 경우 수방시설에 대한 전면적인 검토와 시설 보완이 필요하다. 2004년 8월 19일 태풍 '매기' 의 부산지역 최대풍속은 14m/s, 최대순간풍속은 23m/s, 해운대지역 최대순간풍속은 23.6m/s이며, 현장에 설치된 타워크레인 3호기 풍속계의 기록은 최대순간풍속 35m/s를 기록했다. 2005년 9월 6일의 태풍 '나비' 의 부산지역 최대풍속은 33m/s, 최대순간풍속은 41m/s, 해

그림 1-1 전경

운대지역 최대순간풍속은 30.4m/s를 기록했다. 이는 워터프론트 지역에서 풍(風)환경에 대비한 설계 및 시공 기술력의 중요성을 엿볼 수 있는 대목이라고 하겠다.

본 프로젝트에서 극복해야 할 가장 중요한 사항들은 풍하중이 상당히 높은 워터프론트 지역에서 안전하고 경제적인 횡력저항 구조형식의 적용, 절리와 균열 및 파쇄대가 발달한 암반조건에 적절한 지정공사의 선정, 바다가 인접한 곳에서 흙막이 및 어스앵커(earth anchor) 공법의 선정, 서울지역 대비 2배 정도의 풍압에 적합한 커튼월 시스템의 적용, 골조공사 기간 중 워터프론트 지역의 기후 특성에 의한 낮은 작업가동율과 안전한 작업환경의 구축 등이었다.

2. 프로젝트 개요

2.1 건축개요

아델리스 프로젝트는 해운대 관광특구 내 바닷가에 인접해 있는 타워형 47층 건물 3개동과 스포츠센타 등 주민편의시설을 갖춘 초고층 주거시설이다. 현장의 정면은 남해바다와 바로 인접하고 멀리 오륙도를 조망한다. 동쪽의 해안선은 동백섬, 해운대 해수욕장과 멀리 달맞이고개로 이어지며, 우측으로는 수영만 요트경기장과 광안대교로 이어지는 뛰어난 위치와 조망을 가지고 있다.

세대수는 510 세대이며 58평형~126평형의 중대형 7개 평형으로 구성된다. 인테리어 디자인 컨셉은 평형의 특성에 따라 현대, 고전 및 혼합형의 스타일이 적용되었다. 주요 적용시스템은 사이버 네트워크 시스템(cyber network system), 첨단 커뮤니케이션 시스템, 무인경비 및 보안 시스템, 소음저감 시스템, 청정 및 건강 시스템, 에너지절감 시스템 등이 있으며, 중앙통제실과 연동된 편리하고 안전한 주거환경을 구현하고 있다. 향후 해운대 워터프론트 지역에서 랜드마크(landmark)가 될 것으로 판단한다.

표 2-1 공사개요

구분	내용
사업명	해운대 아델리스 오피스텔 신축공사
시행사	일신건설산업(주)
시공사	포스코건설
설계사	건축 : 건원(서울), 일신설계(부산)
	구조 : Rosenwasser/Grossman (미국), 마이다스아이티
CM/감리	한미글로벌
건물용도	오피스텔, 근린생활시설, 스포츠시설 및 부대시설
건물규모	타워 3개 동 : 지상47층, 최고높이 168.4m
	포티움(podium) : 지상 3층
	지하주차장 : 지하 3층
대지면적	13,069.50㎡(3,953.52평)
연면적	161,972.64㎡(48,996.72평), 용적율 938.92%
건축면적	6,466.77㎡(1,956.20평), 건폐율 49.36%

2.2 구조개요

초고층부 기준층의 구조형식은 250mm 두께의 플랫 플레이트를 가진 철근콘크리트 라멘구조이다. 횡하중 저항시스템은 플랫 플레이트(유효등가보) + 철근콘크리트 기둥(RC column)+코어월(core wall)로 구성된다. 지정(地定)은 직경 1.5m의 RCD 파일(pile)이 연암반에 4m 정도 근입되며 취약한 암반조건으로 인하여 주면마찰력으로만 지지된다. 주동부 매트(mat) 기초의 두께는 3m이다. 구조재료 중 콘크리트는 300, 360, 400, 500 kgf/cm²가 사용되며 매트 기초는 300kgf/cm², 주동부 코어월과 기둥은 400~500kgf/cm²의 고강도콘크리트가 사용된다. 철근은 4,000 및 5,000kgf/cm²가 사용되며 5,000kgf/cm²는 매트 기초에 사용되었다. 풍하중에 의한 횡변위, 바닥판의 처짐과 진동, 기둥의 부등축소 등 거주성능 및 사용성과 관련한 사항은 국내 및 국제적인 기준(ACI318-95, ACI318-99, UBC 1997, NBCC, ISO 2631/1)에 적합하도록 설계하였다.

표 2-2 구조개요

구 분	내 용	
타워(Tower) 동	구조형식	철근콘크리트 구조
	중력하중저항 구조형식	플랫 플레이트(t = 250) + 철근콘크리트 기둥 + Core Wall
	횡력하중저항 구조형식	코어월 + 플랫 플레이트의 유효 등가보 + 철근콘크리트 기둥 모멘트 골조
포디움(Podium) 및 지하주차장	구조형식	철근콘크리트 구조
	바닥구조 시스템	지상 1층 ~ 지상 4층 : 빔(beam) & 거더(girder) 시스템
		지하 1, 2층 : 플랫 슬래브 (with drop)
기초형식	Pile 기초	RCD : 직경 1,200~1,500mm

프로젝트의 가장 기초자료가 되는 지반조건과 풍하중 조건은 다음과 같다.

1) 지반조건 요약

기반암은 연암층(soft rock)으로 안산암류암 및 화강섬록암으로 구성되어 있다. 연암층은 전체적으로 변질 및 변색이 두드러지며, 절리 및 균열이 발달해 있다. 또한 파쇄대가 발달하여 매우 낮은 RQD(Rock Qnality Designation) 값을 가지고 있으며 암질은 대체적으로 강하나 파쇄대의 영향으로 부분적으로 완전히 풍화된 부분이 많다. 전체적인 TCR(Test Core Recovery)은 7~100%, RQD는 0~100%로 암질의 상태가 매우 불균질하다. 연암지층은 GL 기준 −21.5~−44.0m에 분포, 매우 불규칙적으로 출연한다. 암반의 RMR(Rock Mass Rating)값은 3~4로서 보통~불량 등급에 해당한다. 지하수위는 GL −1.8 ~ −2.4m 심도에 분포한다.

2) 설계풍속 및 풍하중 조건 요약

풍동실험에 의한 풍하중은 국내기준에 의한 풍하중의 70% 정도인 것으로 판정되었다. 구조골조용 풍하중(풍력실험)은 RWDI의 풍동실험 결과를 반영하고 외장설계용 풍하중(풍압실험)은 국내사 풍동실험 결과를 적용하였다. 설계풍속은 노풍도 B는 61.1m/s, 노풍도 D는 71.2m/s이다. 풍압실험결과 노풍도 B 최대풍하중은 정압 474.4 kgf/m², 부압 −582.2kgf/m², 노풍도 D 최대풍하중은 정압 564.5 kgf/m², 부압 −630.1 kgf/m² 이다. 커튼월 적용 풍하중은 550kgf/m²으로서 서울지역 대비 2배 정도이다. 건물의 수평변위 제한은 풍하중 작용 시 100년 재현주기풍속으로 H/400~H/500 이내이며 지진하중 작용 시 층간

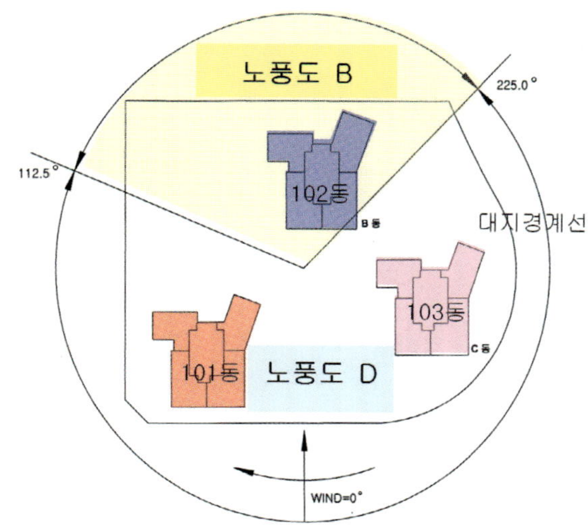

그림 2-1 노풍도의 적용

변위는 0.0015h 이내이다.

2.3 건물구성 및 외부마감

건축물은 지상 47층 타워부 3개 동과 지하주차장 및 포디움으로 구성된다. 지하주차장은 3개 층이며 해일 시 침수에 대비하여 기계실은 지하 2층, 전기실은 지하 1층에 배치되었다. 포디움부는 3개 층으로 구성되었으며 1~2층은 근린생활시설, 3층은 스포츠시설 등 주민편의시설로 구성되었다. 타워부의 기준층 층고는 3.15m이며 기준층 1개 층의 면적은 세대부 707m^2(214평), 코아부 177m^2(54평)로서 기준층의 세대부분과 공용부의 비율은 79:21이다. 타워부는 승객용 엘레베이터 6대와 비상용 엘리베이터 1대를 배치한 코어를 중앙부에 두고 외주부에 층당 4세대를 배치하였다. 커튼월은 커튼월 시스템(fully curtain wall)과 시스템 창호(punched window)가 혼용된 시스템이며 외벽도장 부분은 해안에서 적응도가 높은 실리콘페인트를 적용했다.

그림 2-2 배치도

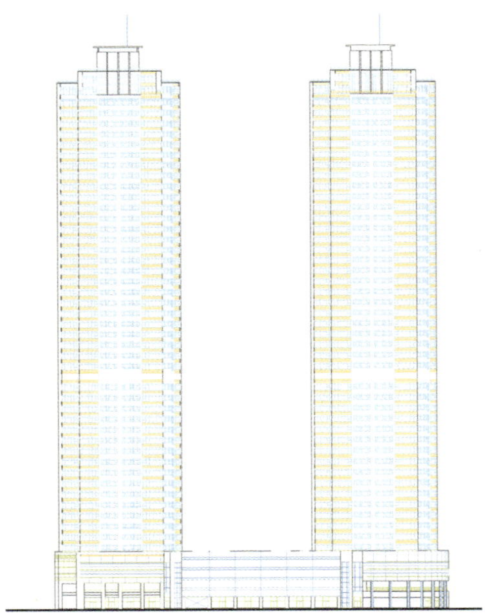

그림 2-3 남측면도

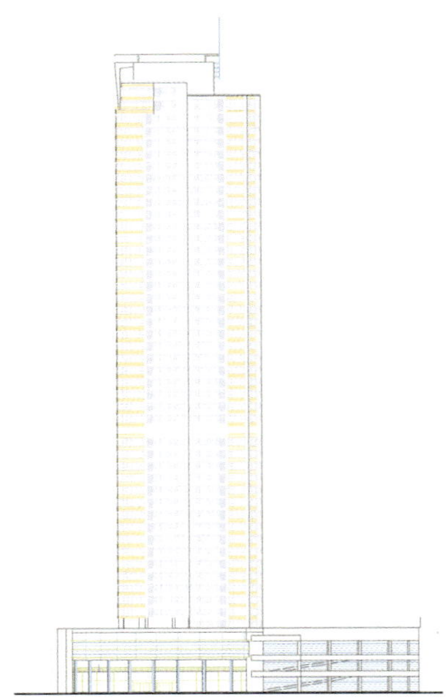

그림 2-4 동측면도

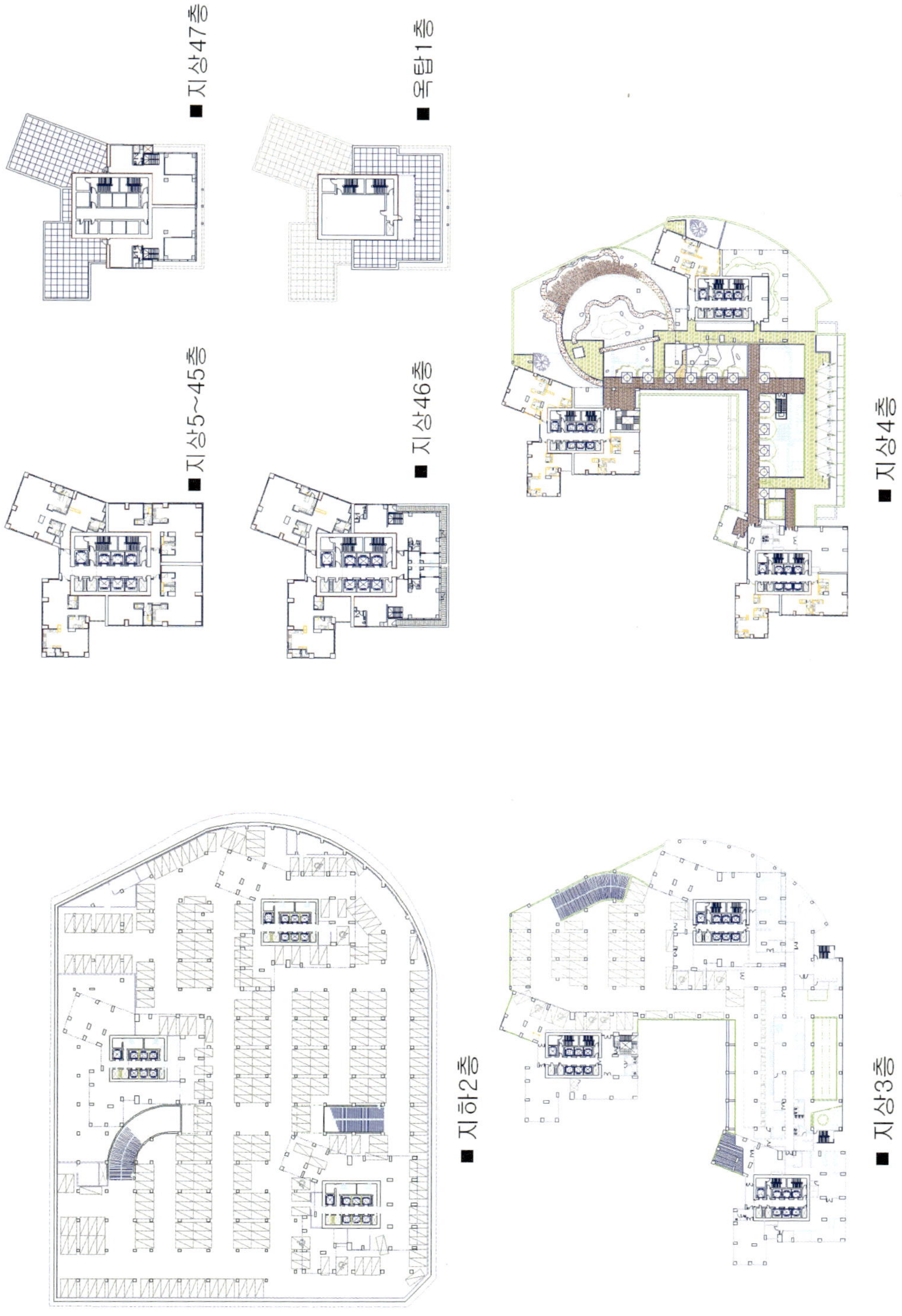

그림 2-5 각층 평면도

3. 분야별 CM 수행 사례

CM단이 수행한 업무는 주로 시공 전(前)단계의 업무로서 ① 초기업무수행계획 ② 패스트 트랙의 적용 및 관리 ③ 설계관리 ④ 공정관리 ⑤ 원가관리(설계단계 VE) ⑥ 기술검토 ⑦ 시공계획의 수립이다. 시공단계에서는 플랫 플레이트 슬래브 공사에 대한 워크샵을 시행하여 골조공사의 생산성을 향상, 기준층에서 3일 사이클(3-day cycle)을 달성할 수 있는 기반을 만들었다.

당 현장의 시공전 단계 CM업무의 주요과제는 설계일정과 공사일정을 합리적으로 조율하고 프로젝트 진행방식을 패스트 트랙(fast track)으로 추진하여 대규모 구조설계변경 등으로 인한 공기지연 요소를 극복하는 것이었다. 용역업무 개시 후 2주 이내에 초기업무수행계획서를 작성하여 프로젝트 수행 방향을 설정하였다. 토공사 개시와 더불어 기본설계 및 구조설계변경을 병행 진행하였다. 설계관리는 빠른 의사결정을 위하여 경험있는 분야별 전문가들이 업무를 수행하였으며, 많은 기술검토가 따랐다. 기본설계가 70% 정도 완료된 이후에는 현장통합설계실을 운영함으로써 설계기간을 단축하고 패스트 트랙의 관리, 발주, 시공의 연계성을 극대화하였다. 가설, 양중, 공법검토 등 원가관리와 직접적인 관련이 있는 시공계획서는 기본설계 완료시점까지 작성하여 발주 및 단계별 공사추진이 원활하도록 하였다. 소수의 인원으로 단기간에 시공 전 단계의 다양한 업무를 완벽하게 수행함으로써 2005년에 포스코건설 내 시공이전(preconstruction)단계 벤치마킹 현장으로 선정되었고 추후 이 내용은 포스코건설의 사내업무기준(시공이전단계 업무규정)의 기초자료가 되었다.

3.1 초기업무수행계획

1) 계획서 작성방향

용역 착수시점에서 가장 중요한 업무는 현실성 있는 초기업무 수행계획서를 작성하는 것이다. 이 시점까지 프로젝트와 관련하여 생성된 자료를 기준으로 CM단의 기술력과 경험을 집적하여 빠른 시간 내 프로젝트 전체의 업무방향을 설정했다. 초기업무 수행계획서의 내용은 3가지의 방향성을 가지고 있다. 첫째는 공사 전체의 흐름을 나타내는 것이다. 개략적이지만 빠진 부분이나 논리적인 오류없이 줄거리를 엮어내는 것이 중요하다. 둘째는 당면한 문제에 대한 처리방안이 포함되어야 한다. 시급하게 처리해야 할 문제는 자료가 허용하는 한 상세하게 검토하여 처리방향을 제시하는 것이 중요하다. 셋째는 향후 업무 추진방향을 설정하는 것이다. 초기업무 수행계획서 작성단계는 프로젝트의 특성과 예산을 이해하고 작업 우선순위를 밀도 있게 판단해야 하는 시기이다. 또한 이 단계는 CM단이 이용할 수 있는 작업시간의 한계를 가장 크게 느끼는 단계라고도 생각한다.

2) 경과 및 구성내용

2003년 3월 중순 CM팀의 본격적인 투입 이전인 2003년 1월부터 프로젝트 관련 자료를 수집하면서 유사현장을 벤치마킹하였다. 2월 초에 초기업무수행계획서를 본격적으로 작성하여 2주간의 작업으로 작성 완료하고, 시행사 및 건설사에 프리젠테이션했으며 최종적으로 공사추진방향을 결정하였다. 초기업무수행계획서에 포함된 주요 내용은 ① 개요 ② 프로젝트현황 ③ 공정계획 ④ 지정 및 토공사 ⑤ 골조공사 ⑥ 마감공사 ⑦ 현장 조달(site logistics) ⑧ 향후 주요업무 추진계획 등이다.

3) 계획서 작성의 특징

이 시기의 특징은 가용할 자료가 극히 제한적인 상황이라는데 있다. 프로젝트의 자료는 구조설계변경을 전제로 한 계획설계 정도이며, 이런 경우 아주 기본적인 분석이나 검토에도 오류나 범실이 생길 수 있다. 이에 대한 가장 좋은 대응 방안은 첫째는 유사 현장을 벤치마킹하는 것이다. 어떤 프로젝트를 수행하든 유사 현장을 곁에 두고 수시로 벤치마킹 하면서 프

그림 3-1 현장전경(2004.8)

로젝트를 수행하는 것은 항상 유효하다. 둘째는 불확실성이 많은 이런 시점에서의 작업은 엔지니어링에 대한 본질적인 이해와 경험에 의한 확신이 대단히 중요하다.

3.2 패스트 트랙의 적용 및 관리

1) 발주시스템의 문제점

국내의 현실상 시행사는 초고층건설에 대한 전문적인 지식을 보유한 것과는 무관하게 인 · 허가나 분양에 강한 또는 특수한 이해관계를 맺고있는 설계사에 발주를 하는 경우가 많다. 허가 직후 또는 허가가 가까운 시점(기본설계 50~70% 완료)에서 건설사와 도급계약을 하는 경우가 많으며, 이때 여러 가지 설계상 문제점이 제기된다. 그 중에서 구조설계의 문제점은 심각한 경우가 대다수이다. 대체로 그 시점에는 이미 모델하우스의 오픈 일정과 착공일이 확정되어 있다. 문제점을 시정하기 위해서 건설사 또는 시행사는 모델하우스의 단위세대 변경에 추가적인 시간과 비용을 투입해야 하고, 시공사는 착공과 동시에 설계변경을 진행하면서 공사를 수행해야 하는 부담을 안게 된다.

삼성동 아이파크 아파트에서 도입한 이래로 초고층 주거건축물은 주거성을 고려하여 뉴욕에서 보편화된 구조형식인 플랫 플레이트 슬래브 구조가 도입, 정착되고 있다. 그러나 최초 도입기로부터 4~5년이 경과한 공사 당시에도 상기와 같은 발주시스템의 문제로 시행착오가 거듭 반복되고 있었다. 초고층건설의 경우 사업기간 단축을 위하여 당연히 패스트 트랙을 적용한다. 그러나 국내의 실정에 적합하지 않은 발주시스템으로 인하여 대규모 설계변경이 발생하여 복잡하게 패스트 트랙을 운영할 수 밖에 없다. 설계 계약도 패스트 트랙을 전제한 납품 방식으로 되어 있지않아 더욱 문제이다.

2) 패스트 트랙 적용기간 및 중요 관리사항

패스트 트랙을 적용한 기간은 토공사부터 골조공사 초기단계(2003년 4월~2004년 3월)까지 12개월이었다. 패스트 트랙 공법을 적용하기 위한 검토 및 관리 항목은 ① 설계와 시공의 패키지화, ② 패스트 트랙 적용 공종의 도면출도 상세일정, ③ 구조설계변경으로 인한 기초저면 레벨 및 지정공사에 대한 설계도서 집중관리, ④ 롱 리드 아이템(long lead item; 시스템 폼, 커튼월, 엘리베이터 등)의 발주관련 설계도서의 선행 출도 등이다.

CM단은 패스트 트랙 관리방안을 작성하여 업무를 집행하였으며, 중요 관리항목에 대해 집중력을 가지고 대응하여 결과적으로 문제가 발생하지 않았다. 본질적인 의미로 패스트 트랙의 적용은 '기술력을 전제로 설계와 공사에 소요되는 총기간을 단축하는 부가적인 가치개념' 이라는 것이 필자의 생각이다. 즉, 기술력만큼만 패스트 트랙 할 수 있다. 전술한 국내 현실을 감안하면 패스트 트랙 공법을 적용하기 위한 전제조건은 순간순간 바른 결정을 내릴 '기술력' 과 '집중력' 그리고 '설계관리 기량' 이 절대적인 관건이다.

3.3 설계관리

1) 현장통합설계실의 운영

현장통합설계실은 다양한 설계분야와 전문 컨설팅 분야를 유기적으로 연결하고 의사결정에 순발력을 갖추기 위하여 조직되었으며, 운영 목적은 ① 실시설계기간 단축, ② 설계완성도 향상, ③ 시공성 반영, ④ 각 분야별 원할한 코디네이션(coordination) 및 의사결정기간 단축, ⑤ 패스트 트랙 대상 공종에 대한 공사용 도서의 적시 출도 등이다. 조직구성은 설계주관사 2개사(서울/부산), 협력사 14개사, 해외 2개사, 전문 컨설턴트 9개 분야로 구성되며, 설계인원은 상주 34명, 비상주 7명으로 전체 41명이 참여하였다. 운영기간은 4개월이 소요되었으며, 설계수량은 건축 외 9개 분야, 전체 2,700매 정도가 작성되었다.

당초 대규모의 구조설계변경이 예정되어 있었지만 설계관리의 중요성은 간과되고 있었다. 업무수행 조직이 체계적인 T 프로젝트의 경우도 설계변경으로 인한 공사지연이 많았다. 상황을 종합한 결과, 모든 문제를 일시에 해결할 수 있는 방법은 현장통합설계실을 운영하는 방안이었으며 착공단계(용역개시단계)에서부터 그 필요성을 설득하여, 관련 부서간 장기간의 협의 후 현장통합설계실 운영이 성사되었다. 통합설계실의 운영 내용은 ① 중점관리요소 설정, ② 설계관리체계 구성, ③ 전문 컨설팅 용역 도입, ④ 설계 코디네이션, ⑤ 패스트 트랙 관리, ⑥ 설계기술검토, ⑦ VE 추진, ⑧ 설계평가, ⑨ 설계단계별 소요인원 및 기간 분석, ⑩ 주요설계변경 현황 관리, ⑪ 설계회의 및 보고 현황 관리 등이다.

설계평가기준은 기본설계 진행율 평가와 실시설계 진행율 평가로 구분되며, 각 분야별로 평가항목, 평가기준, 보할이 산정되어 있다. 설계평가 협의는 주간 또는 격주간 단위로 시행되었으며 '현황을 모르면 어디쯤 있는지, 어디로 가고 있는지 알 수 없다' 라는 개념으로 철저히 분석하였다. 그러나 CM적인 측면에서 객관적인 자료가 되도록 노력하였다. 특히, 초고층 분야에서 당사가 자체적으로 설정, 운영한 설계평가시스템은 독보적이라 생각한다.

현장통합설계실의 운영 효과는 실시설계기간 3개월 단축, 설계완성도 향상으로 인한 발주 및 시공의 정확성 확보, 설계단계 VE 50억원 원가절감, 골조 및 마감공사의 시공성 향상으로 나타났다. 현장통합설계실 운영의 성공은 센텀스타(포스코건설) 현장의 통합설계실 운영으로 이어졌으며 타 현장으로 파급되었다.

초고층 분야에서 설계가 국내의 관행(시행사의 발주행태, 불합리한 설계용역비, 계약내용의 모호성, 계약내용 중 전문 컨설턴트 및 패스트 트랙 납품조건 배제, 대규모 구조설계변경과 설계일정 변경에 대한 불분명한 책임소재, 본질적인 설계완성도와 납품도면의 품질 차이, 시공성 반영 및 분야간 코디네이션 부재 등)대로 진행된다면 당분간 초고층 분야에서 전문가들에 의한 현장통합설계실의 운영은 유효하다고 생각한다.

2) 풍동실험, 구조설계변경

초고층 분야에서 풍동실험은 경제적인 구조설계와 건축물의 사용성을 확인하기 위한 전제조건이며, 풍동실험 전문업체의 선정과 발주시점이 전체 설계에 미치는 영향은 대단히 크다. 풍동실험에 소요되는 기간은 약 4개월 정도 이다. 빠르게 진행해도 발주에서 초기 결과치를 얻기까지는 약 2개월, 구조시스템 적용 안의 결정까지는 추가적으로 1개월 정도가 필요하다. 풍동실험은 계획설계단계에서 발주되어야 하나 상당수 프로젝트가 그러하지 못하며, 횡력저항 구조시스템은 풍동실험의 최종 결과치에 의하여 완전히 결정될 수 있다.

국내사 풍동실험 결과를 적용하기 곤란해 해외 구조설계사인 Grossman사(미국)를 통하여 RWDI(캐나다)에서 다시 풍동실험을 하였다. 구조용 풍하중(풍력실험)은 RWDI의 풍동실험 결과에 따랐으며 벨트월(belt wall)과 TMD(Tuned Mass Damper) 등을 삭제하였다. 당초 기준층 평면에는 단위세대 내 기둥이 있었으나 분양성, 거주성, 시공성 등에 문제가 있어 구조 모듈 등을 재검토하였다.

해외 구조설계사(Grossman)에 단위세대 내부의 기둥을 제거할 수 있는지 확인하고 모델하우스 건축 시 기둥이 제거된 설계 안을 우선적으로 반영하였으며, 이후 구조설계 시 기둥을 제거하였다. 이러한 시행착오는 다소간의 차이는 있지만 초고층 프로젝트 다수의 현장에서 경험한 사항이다. 구조설계 변경 부분은 중간기계실이 속한 벨트월 및 TMD 삭제, 세대 내 기둥, 테두리보 및 기타 부분의 삭제가 있었으며, 이를 통해 상당한 원가절감이 이루어졌다.

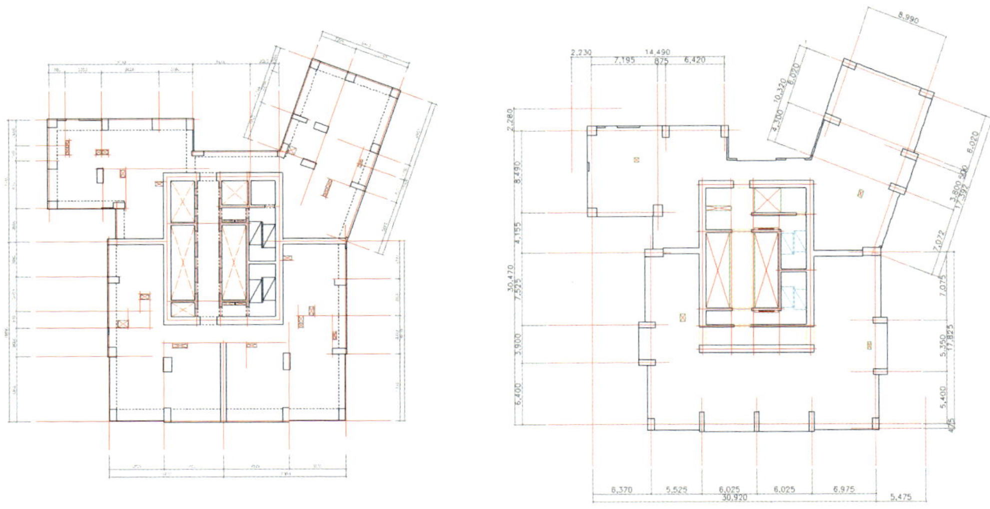

변경전 변경후

그림 3-2 구조설계변경

3) 태풍 '매미'에 의한 해일 및 수방시설의 설계 반영

2003년 9월 12일 저녁 9시경 부산지역 해일 발생 당시, 태풍의 최대순간풍속은 42.7m/s이었으며 해운대지역의 최대순간풍속은 33.2m/s이었다. 해일의 발생은 저녁 7시 40분부터 11시까지 지속되었다. 한화콘도 2층 바닥면까지 해수가 침투했음을 고려하면 해일의 최대 파고는 해수면 +9.4m 정도로 추정되며, 최대 포물선 고려 시 해일의 최대 파고는 약 12m로 추정된다. 이후 해일의 실제적인 상황을 참조하여 수방대책을 세웠으며 최종적으로 설계에 반영하였다. 기계실은 지하 2층, 전기실은 지하 1층으로 상향 조정하였으며, 주차장으로 진입하는 입구에는 차수문 설치, 지상 1층 근린생활시설의 유리창 외부에는 방호용 셔터 설치, 환기구 그릴 위치 상향 조정 및 전동그릴 설치, 기계실 및 전기실에는 침수 방지를 위한 1m 높이의 방수턱을 설치하였다. 또한 조경 및 옥외시설물도 해일 및 염분에 견딜 수 있는 수종과 시설물로 설계 변경하였다.

▶ 서측면 방음벽 파손

▶ 동측면 방음벽 파손

▶ 해일에 휩쓸려 파손된 가설사무실

▶ 인근 해상호텔 좌초

그림 3-3 **태풍 '매미'에 의한 현장 및 주변 피해상황**

3.4 공정관리

초고층공사는 투입자원 대비 공사기간이 짧다. 즉 단위 시간당 자원 투입량이 많음을 의미한다. 따라서 초고층공사는 사이클(cycle)공정을 압축할 수 있는 기획력과 시공기술력뿐만 아니라 기후 조건에 대응력이 높은 공법의 선정, 가설 및 양중 등 물류체계의 효율성 등이 공정계획의 전제조건이 된다. 진도율의 확인 등 모니터링 시스템은 누적 편차가 발생하지 않도록 여러 가지 지표자료를 구축하여 확인하였다. 실행예산의 편성 완료 후에는 보할공정표를 작성, 공정율을 관리하고 있다. 공정관리 주안점은 지연공정에 대한 조기 경고, 예측(forecasting), 문제시 만회대책의 마련이다.

골조공사는 4일 공정(4-day cycle)을 기본으로 하였다. 짧은 사이클 공기를 달성하기 위하여 설계단계에서부터 시공성을 반영하고 각 공종별 적합한 공법의 선정과 종합적인 시공계획을 통한 각 공종간 연계성을 확인하여 부분적인 검토에서 발생하는 오류를 배제하였다. 특히 시공 시 계획과 현황을 피드백하여 문제점을 적극적으로 해결하고 시공 개선을 통하여 일관성 있게 공기단축을 추구하여 최대 3일 사이클을 달성하였다. 마감공사는 작업조 기반(crew organization) 공정관리기법을 적용하였다. 공종간, 층간 근접추종을 위하여 마감공사 업체로 구성된 작업조 구성된 팀을 조직하여 작업 그룹 및 단위공정 자원을 결정하였으며, 관리 요점은 단위공정의 흐름 및 사이클 타임(cycle time)의 관리, 모니터링시스템 구축, 변화대응체계 확립이었다. 짧은 사이클 공기 즉 2-day, 3-day 사이클을 달성하기 위해서는 각종 요소기술과 시(時)관리기술이 필요하다.

초기 마스터 스케줄 작성의 중요성을 감안하여 초기업무수행계획서 작성 당시 프로젝트의 특징을 파악하고 사업참여자간 의견을 조정하였으며 설계기간, 자재발주기간, 공사기간, 입주준비기간 등 분야별, 공종별 공기를 조율하여 최대한 신속하게 공정표를 작성하였다. 패스트 트랙의 적용으로 인하여 설계와 시공계획서가 점진적으로 완성됨에 따라 공정계획의 내용도 점차적으로 보완, 완료되었다. 토공사(시행사 직접시공 부분)단계는 전체적인 공기 조율안에서 공정상세계획을 작성하여 관리하였으며, 당사가 시행사와 시공사간 의견을 조정하였다. 공정계획 전체는 시공계획서가 완료된 8월 말에 완료 되었으며, 2004년 9월에는 현장의 실정에 적합한 공정관리 운영방안을 작성하여 지속적으로 관리하고 있다. 계약공기는 2003년 4월 7일부터 2006년 10월 8월까지(42개월 정도)였으나 변경도급계약에 의하여 약 2개월(44개월)이 연장되었다. 현재 계획 대비 실적치는 근소한 차이를 보이며 계약공기 내 준공은 문제가 없다고 본다.

본 프로젝트에서 공정계획상 중요 검토사항은 다음과 같다.

1) 워터프론트 지역의 작업가동율

부산지역의 과거 10년 간 기후적인 요소를 감안하여 골조공사 가동율은 〈표 3-1〉과 같이 67.3%을 적용했으며, 마감공사의 작업가동율은 83.6%를 적용하여 공기를 산정하였다.

표 3-1 워터프론트 기후특성 대비표

구 분		기 온		풍 속			연평균 강우량
		월평균 기온	연교차	연평균 풍속	연간 폭풍일수	평균 풍속 3m/sec 이하	
부산지방 기상청		3.6～26℃	23℃	3.8m/sec			95일-1500mm
AWS 지점 기상 관측	워터프론트	부산지방 기상청 대비 겨울 +0.5℃ 여름 -0.5℃	22.3℃	2.6~4m/sec	175~183일	44~67%	70일-1200mm
	내 륙	부산지방 기상청 대비 겨울 -0.5℃ 여름 +0.5℃	24℃	1.7~2.6m/sec	127~149일	75~87%	70~85일-1400mm

* 폭풍일수 : 최대 순간 풍속이 10m/sec 이상인 날수

2002년 한국항해항만학회에서 발표한 '부산지역 워터프론트 기후 특성에 관한 연구'에 의하면 워터프론트 지역은 도심 및 내륙과는 다른 독특한 기후 특성을 가지고 있다. 〈표 3-1〉에 따르면 최대순간풍속 **10m/sec** 이상인 폭풍일수는 연간 **175~183**일로서 일년의 절반 정도에 이른다.

그림 3-4 해안에 접한 현장 전경

그림 3-5 기초공사 전경(2004.3)

현장에서 적용한 작업가동율과 워터프론트 기후 특성과는 상당한 차이가 있다. 실제 골조공사의 작업가동율은 84%에 달했는데, 당초 골조공사기간은 2004년 2월 초부터 2005년 8월 말까지 였으나, 2개월 빠른 6월 말에 공사가 완료되었다. 원인은 2004년 겨울과 2005년 봄, 여름 시즌의 양호한 기후조건에 기인한다. 이러한 결과치는 작업가동율 산정의 어려움을

표 3-2 공정별 작업가동율 종합표

적용공종	적용 가동율	기상요소							휴일요소			
		기온			강우	혹서	강설	강풍	명절	격주 휴무	월3주 휴무	매주 휴무
		1	2	3								
지정 및 토공사	80.7%	●			●		●		●	●		
골조공사	67.3%		●		●	●	●	●	●	●		
커튼월 공사	67.3%	●			●	●	●	●	●	●		
마감 공사	83.6%			●					●		●	
타워 크레인	62.9%	●		●	●	●	●	●	●			●

* 기온 1: 일평균기온 -10℃ 이하, 기온 2: 일평균기온 -5℃ 이하, 기온 3: 일평균기온 0℃ 이하

대변한다.

2) 공구분할, 공사진행방법

현장은 전체적으로 101동+103동, 102동+지하주차장, 2개 공구로 구획했다. 초고층부는 코어부 4개 층 선행, 슬래브부 후행으로 공사가 진행되었다. 코어부의 ACS 폼 적용은 지상 1층부터, 외주부의 ACS 폼 적용은 지상 4층부터 시작하였다. 코어는 1개 존(zone) 슬래브는 2개 존으로 구획하여 콘크리트를 타설하였으며, 기둥철근은 당초 2개층 선조립으로 계획하였으나 안전 등을 고려하여 1개 층 현장조립으로 시행하였다. 커튼월은 슬래브 타설층 기준 −8개 층에서 추종하도록 계획하였다.

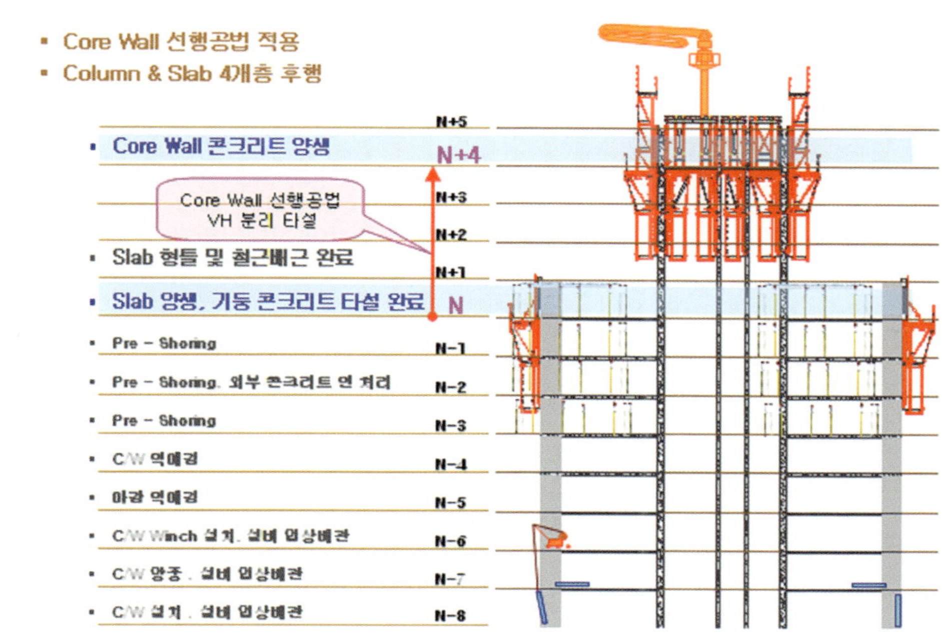

그림 3-6 주동부 Vertical Activity

3) 사이클(Cycle) 공정

타워부 골조공사의 기준 사이클은 실제일(actual day)로 7일당 2개 층을 완료하는 계획이었으며 날짜별 상세계획은 〈표 3-3〉과 같다. 사이클 공정을 달성하기 위한 코어월 부분의

표 3-3 타워부 골조공사 Cycle공정표

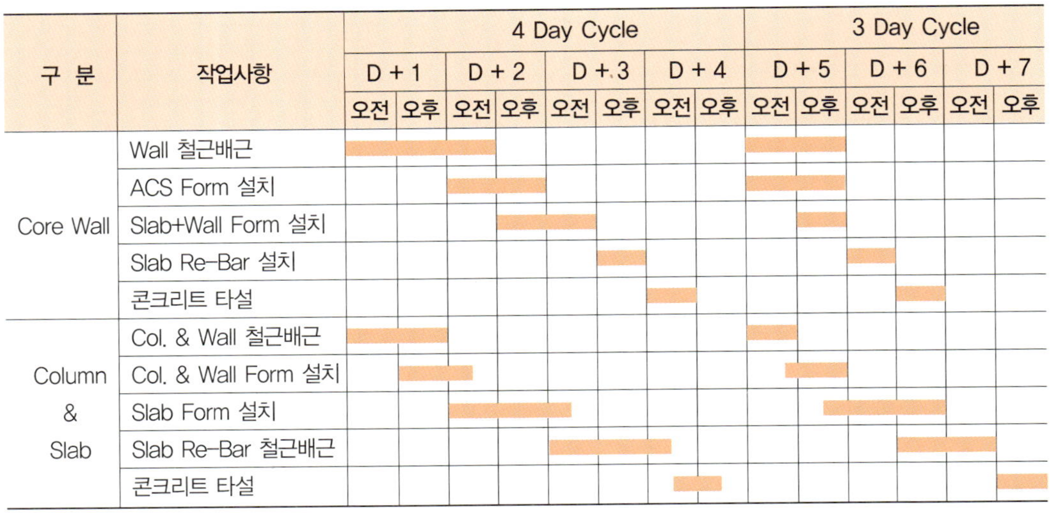

핵심기술은 콘크리트 타설 후 18시간만에 ACS 폼의 클라이밍(climbing)을 위하여 콘크리트 강도 8MPa를 발현시키는 것이며, 플랫 플레이트 슬래브 경우는 콘크리트 타설 후 32시간에 14MPa의 콘크리트 강도를 발현시켜 거푸집을 탈형 할 수 있도록 하는 것이다. 마감공사는 작업조 기반 방식으로 진행하여 4일 사이클을 기준단위로 공정이 진행되었다.

4) 공종별 공기 및 전체공기 산정

여러 조건을 조율하여 공기를 산정한 결과, 전ㄴ체공기는 입주준비기간 2개월을 포함하

표 3-4 주요공정의 공기요약표

공 종	개시일	종료일	기간	개월	C.P.
토공사	2003. 04. 07	2004. 03. 05	333	10.9	10.9
Mat 기초공사	2004. 03. 06	2004. 03. 28	22	0.7	0.7
지하층 Wall & Slab	2004. 03. 29	2004. 07. 14	107	3.5	17.2
주동부 Core Wall	2004. 07. 15	2005. 08. 06	387	12.7	
주동부 Slab	2004. 08. 11	2005. 09. 05	390	12.8	
커튼월 공사	2004. 12. 15	2005. 11. 01	321	10.5	1.8
기반가감 & 바탕공사	2004. 12. 24	2006. 03. 10	441	14.5	9.9
주동부 바닥공사	2005. 05. 11	2006. 04. 06	330	10.8	
주동부 최종마감공사	2005. 06. 04	2006. 08. 31	453	14.8	
					40.5개월

* 입주준비기간 2개월 별도

여 43개월(입주준비기간 제외 40.5개월)로 계산되었다. 따라서 본 프로젝트는 2003년 4월 초에 착공하여 2006년 10월 말에는 입주가 개시될 예정이었다. 공종별 공기는 〈표 3-4〉와 같으며 골조공기는 17개월, 마감공기는 10개월 정도이다. 층당 소요일수는 24일 정도로 타 현장보다 다소 긴 편이다. 주된 이유는 사업여건, 계약조건 및 공사특성에 기인하였다. 지역특성에 의한 부가적인 공사제한 요소로는 워터프론트 지역에서의 작업가동율 저하, 관광특구 내 해수욕장 개장기간(7월~8월)과 10월 초의 부산국제영화제 기간 동안 물류 흐름의 지장 등이 있었다.

5) 초고층 주요 프로젝트와 공기 비교

〈표 3-5〉는 아델리스 현장의 공기산정 결과를 타 프로젝트와 비교한 것이다. 가장 빠른 공기를 기록하고 있는 프로젝트는 타워팰리스 3차 현장이다. 이는 아델리스 현장과는 상당한 격차를 보이고 있다. 타워팰리스 현장은 자체 사업적인 성격이 강하여 공기단축에 의미를 두고 사업을 추진하였다. 반면에 아델리스 현장은 도급공사이다. 계약 당시 이미 설계변경이 예

표 3-5 초고층 주거용 건축물 공기대비표

구 분		D사 A Project		T1-Project		T2-Project		T3-Project		I-Project		아델리스	
개요	지하층수	6층		5층		6층		6층		3층		3층	
	지상층수	46층		66층		55층		69층		46층		47층	
	PH층수	3층		2층		2층		3층		2층		2층	
구 분		기간	일/층	기간	일/층	기간	일/층	기간	일/층	기간	일/층	기간	일/층
공사기간	A. 토공사	7.5개월		6.0개월		8.0개월		8.0개월		5.0개월		10.9개월	
	B. 기초공사	1.3개월		2.0개월		0.4개월		0.5개월		0.5개월		0.7개월	
	C. 지하골조공사	2.7개월		2.5개월		2.9		2.3개월		1.5개월		3.5개월	
	D. 지상골조공사	12.5개월	8.3일/층	13.2개월	6.1일/층	11.3개월	6.3일/층	13.1개월	5.8일/층	16.7개월	11.1일/층	12.8개월	8.3일/층
	E. 전체골조공사 (B+C+D)	16.5개월	9.7일/층	17.7개월	7.6일/층	14.6개월	7.3일/층	15.9개월	6.5일/층	18.7개월	11.6일/층	17.9개월	10.5일/층
	F. 마감공사	12.5개월		13.8개월		17.7개월		14.0개월		14.3개월		11.7개월	
	전체공사기간 (A+E+F)	36.5개월	21.4일/층	37.5개월	16.1일/층	40.3개월	20.2일/층	37.9개월	15.4일/층	38.0개월	23.7일/층	40.5개월	23.7일/층
		96. 10~99. 10		99. 07~02. 06		99. 09~02. 11		01. 04~04. 01		00. 10~04. 05		03. 04~06. 12	
	자료출처	건설자+실적공정표		실적+계획공정표		실적+계획공정표		실적+계획공정표		실적+계획공정표		계획공정표	

정되었으며 여유 있는 공기확보가 필요했다. 따라서 계약공기에는 리스크 요인(risk factor)가 내재한 것으로 볼 수 있다. 그러나 실제 현장 운영은 공기단축에 큰 의미를 두고 진행했다.

3.5 원가관리 : 설계단계 VE

1) 발주시스템의 문제점과 VE추진

시행사와 건설사는 연면적 평당 공사금액으로 도급계약을 체결한다. 공사금액의 책정 기준은 ① 건축허가용 설계도서, ② 모델하우스의 단위세대 마감, ③ 분양안내서의 내용이라고 할 수 있다. 결과적으로 건축허가도서는 완성도가 미흡한 만큼 각 분야별로 불확실한 요소가 많다. 모델하우스 또한 전 평형 전시가 아닌 일부 평형의 견본주택에 지나지 않아 건설사 입장에서 계약금액은 어느 정도 리스크 요인이 내재한 기준원가를 의미한다. 계약 후 패스트 트랙으로 설계와 시공을 병행하여 사업을 추진할 경우 기본설계 및 실시설계단계에서 VE를 실시하게 된다. 초고층 공사의 경우 공사추진을 패스트 트랙으로 진행하므로 착공 후 빠른 시간 내 실질적인 집행금액을 산출하기가 어렵다. 규모에 따라 다르지만 대체로 상세한 실행예산의 결정은 실시설계 중반 이후에서나 가능하며, 착공 후 약 1년 정도가 지나야 완결된다고 볼 수 있다. VE는 기본설계단계 VE, 실시설계 단계 VE, 시공단계 VE로 구분할 수 있다.

2) 단계별 VE 내용

기본설계단계 VE는 주로 구조설계 변경으로 인한 원가절감 사항으로 피트(pit)층 삭제 및 풍진동 제어 장치 삭제, 외부 테두리보 삭제, 주동부 수직부재 변경, 코어 인방보 변경이며 절감액은 35억원 정도이다. 실시설계단계 VE는 외부유리 시방변경, 기초철근 기준강도 변경, 코어 내 엘리베이터홀 간벽 변경, 외부 도장재 시방 변경, 지하층 바닥 및 벽의 방수공법 변경, 각층 통신실 마감재 변경이며 절감액은 15억원 정도이다. 시공단계 VE는 CM단 업무가 아니었으나 포스코건설의 자료를 참고하면 코어월 및 외주부 공사의 효율적 간격 유지, 외부 유리두께 변경, 세대 석재 시방 변경, 천정 몰딩 재질 변경, 패브릭 등 마감자재 변경, 상가 냉난방 방식의 변경이며 절감액은 23억원 정도이다. 설계단계 VE 총액은 50억원 정도 절감되었으며, VE 효과에 대해서는 원가절감액 뿐만 아니라 레이더 그래프(radar graph)를 활용하여 시공성, 품질, 안전성, 공기, 사용성 등도 함께 검토하였다.

3.6 기술검토

1) 기술검토 단계

기술검토는 설계단계에서 프로젝트 특성에 적합한 최상의 대안을 설계에 적용하기 위하여 검토하는 경우, 발주단계에서 설계단계에서 결정한 안을 실제 제품기준으로 검토하는 경우, 시공단계에서 현장 모크업(mock-up) 및 트랜드업(trend-up) 시 발견된 문제점 등을 개선하기 위하여 시행하는 기술검토로 구분할 수 있다. CM단에서는 현장통합설계실 운영 시 각 분야별로 기술검토 담당자를 선임하여 엔지니어링을 지원하였으며, 상기 2~3항은 포스코건설에서 수행하였다.

2) 기술검토 주요항목 및 조직

기술검토 항목은 초고층 특성을 반영한 설계 여부, 각종 시스템의 적합성 검토, 각종 기준의 적합성 검토, 사용자재의 기술사항 및 가격 검토, 적용 상세(detail) 검토, 시공성 검토, 특수공법, 건식화 및 경량화 검토, 분야별, 공종별 연관성 검토, 하자를 방지하기 위한 공법 및 디테일의 검토 등이 있다. 기술검토 패키지는 공용 및 건축공사, 주동부 세대마감공사, 주동부 공용부 마감공사, 지하주차장 마감공사, 포디움 마감공사, 기계설비공사, 전기설비공사, 소방설비공사, 조경 및 부대토목공사, 전문 컨설팅 분야로 구분한다.

설계와 시공이 패키지화 되는 패스트 트랙 적용 시 설계에 대한 기술 지원이 절대적으로 필요하다. 토목 및 골조공사용 시공단계별 필요도면과 일정, 조기발주가 필요한 롱 리드 아이템에 대한 필요 도면과 일정, 사용 자재 및 시공성에 대한 기술적인 검토를 시행하여 설계에 반영하였다. 기술검토 조직은 설계관리, 공정, 건축, 구조, 설비, 전기 등의 분야로 초고층 경험을 보유한 담당자로 선임되었다. 검토 결과는 설계자와 협의하여 반영하였으며 최상의 서비스가 이루어졌다고 생각한다. 설계용역 계약 시 미흡하게 규정된 전문 컨설팅 부분은 별도 발주하여 용역 결과를 설계에 반영하였다. 프로젝트 전체적으로 수행된 기술검토 항목은 약 70건 정도이다.

3.7 시공계획서

본 프로젝트는 국내에서 도입기에 있는 플랫 플레이트 슬래브(두께 :250mm)를 가진 철근콘크리트 공사에서 층당 3일 사이클(기준 공정은 4일 사이클)을 실현하였다. 이러한 성과를 거둘 수 있었던 원인은 21개 분야, 800 페이지 분량의 시공계획서 작성과 실시설계 단계에서 공법을 검토하고 시공성을 적극적으로 설계에 반영하는 적극적인 CM단의 활동 덕분이었다. 또한 공사가 시행되기 전에 철근배근 워크샵을 실시하여 초기단계부터 골조공사업체의 공사속도와 품질이 빠르게 향상되었으며 골조공사의 실적은 월간 최대 8개 층을 완료하는 공사속도를 달성하였다. 102동 기준 2004년 12월 7개 층, 2005년 1월 6개 층, 2월(구정 포함) 5개 층, 3월 8개 층, 4월 8개 층의 공사실적을 기록하였다. 결론적으로 당 현장에서는 성공적으로 3일 사이클을 실현할 수 있었으며, 이러한 성과 덕분에 본 현장은 대우기술연구소, 서울대, 전남대 등 국내 건설사, 대학 및 연구소의 벤치마킹 현장이 되었다. 특히 본 현장은 2005년 말 포스코건설 내 사이클 공기와 관련 2개의 논문상을 수상하였다.

그림 3-7 현장전경(2005.6)

시공계획서는 기본설계가 완료된 03년 8월 말에 완료되었으며, 800페이지 분량으로서 작성기간은 4개월 정도 소요되었다. 내용의 구성은 다음과 같다. Volumn-1은 시공계획기준, 프로젝트개요, 조직운영 계획, 설계계획, 공정계획, Volumn-2는 지정 및 토공사, 매트기초공사, 주동부 골조공사, Volumn-3은 지하주차장 및 포디움부 골조공사, 콘크리트공사, 커튼월공사, 마감공사, Volumn-4는 양중계획, 가설계획, Volumn-5는 전기설비공사, 기계설비공사, Volumn-6은 품질관리, 물류 및 자재관리, 안전관리, 환경관리, 민원관리로 구성되었다.

공정별 시공계획, 적용공법 및 시공관리 내용은 다음과 같다.

1) 가설 및 양중공사

가설계획은 공사단계별 계획이 필요하며 가용면적과 소요면적의 분석으로 상세계획을 입안했다. 오픈컷(open cut) 공법 적용 시 토사반출의 마지막 부분과 지하층 골조공사를 지원할 복공구대는 동서쪽에 분할 배치하였다. 복공구대의 사용기간은 약 8개월이며 면적은 복공#1은 540m²(163평), 복공#2는 654m²(197평)이다. 양중장비는 동별로 16톤급 타워크

■ T/C
101동 : SK 315급(16T/50m)
102동 : HC-L급(24T/60m)
103동 : SK 315급(16T/50m)

■ L/C
각동 : SCANDO 24/45CFC (Twin)

■ CPB
각동 : KVM 31/27

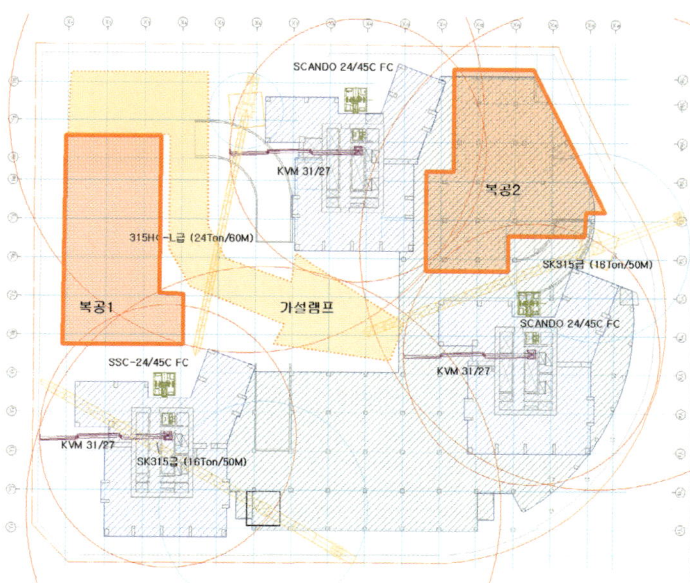

그림 3-8 가설 및 장비운용 종합 계획도

레인 1대와 고속 트윈형 리프트카(lift car) 1대를 배치하였다. 타워부 콘크리트 타설용 장비는 Schwing KVM 31/27급 CPB(Concrete Placing Boom)와 고압펌프를 각 1대씩 배치하였다. 옆 현장과 간섭이 있는 102동의 타워크레인은 러핑 타입(luffing type)이며, 초고층용 고압 펌프는 Schwing BP8000급이다.

2) 토공사

기존 지하연속벽(diaphragm wall, 경매로 대지 매입 시 이미 공사완료)의 불량시공 부분이 확인되어 보강공사가 필요하였다. 터파기공사는 오픈컷의 적용으로 골조공사의 시공성을 확보하였으며, 어스앵커(earth anchor) 공사는 일본기술진이 공사를 수행하였다. 일본기술진들과 공사를 수행하면서 느낀 점은 이론적으로는 빨리 이해할 수 있는 것이라도 현장작업이라는 것은 역시 고유한 영역이 있다라는 것이다. 한 분야의 오랜 경험, 정밀한 작업, 시방규정을 지키는 성실한 습관이 좋은 품질을 내는 이유라고 생각하였다. RCD공사는 건축물의 중요도를 감안하여 철저한 품질관리 하에 공사가 진행되었다.

(1) 지질특성과 공법선정

기반암인 연암층은 안산암 및 화강섬록암으로 구성되었으나 매우 낮은 RQD값, 불규칙적인 연암지층, 보통~불량 등급인 RMR값, GL −1.8~−2.4m에 위치한 지하수위 등의 조건은 토공사를 수행하는 방법에 크게 영향을 미친다. 따라서, 지질조건과 주변환경의 특성을 감안한 공법선정과 관리체계가 무엇보다 중요하다.

(2) 지하연속벽 보강공사

착공 시 이미 시공된 D−월의 품질상태를 확인하기 위하여 시추(56공) 조사한 결과 GL −9.2~−26.5m의 근입길이를 확인하였다. 근입길이가 부족한 부분은 외벽면 근입장 확보 및 차수 대책으로 D−월 안쪽에 H−파일 105공을 24m 깊이로 근입하고 D−월 내외부에는 직경 1m의 JSP 268공을 시공하였다. JSP 공사 시 해수의 간섭으로 파일 형성에 어려움이 따랐다. 수중 불분리성 혼화재의 사용, 재료비율 및 인발속도를 조정하여 몇 번의 시행착오 끝에 공사가 완료될 수 있었다.

(3) 어스앵커 공사

흙막이 지지공법은 당초 스트러트(strut)+아일랜드(island) 공법이었으나 굴착공사기간의 증가, RCD 공사의 시공성 확보 등으로 KTB 제거식 어스앵커 공법으로 변경하였다. 이 공법은 앵커체의 길이가 기존공법에 비해 짧고 작업공간의 확보가 용이하며 공기가 당초안보

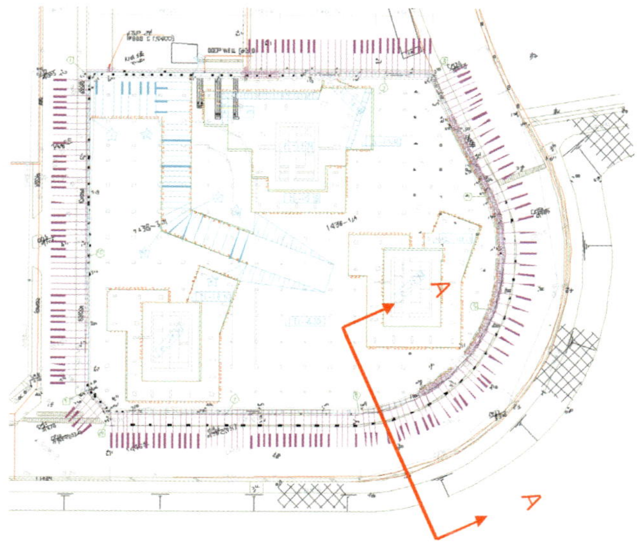

그림 3-9 제거식 KTB 어스앵커 배치도

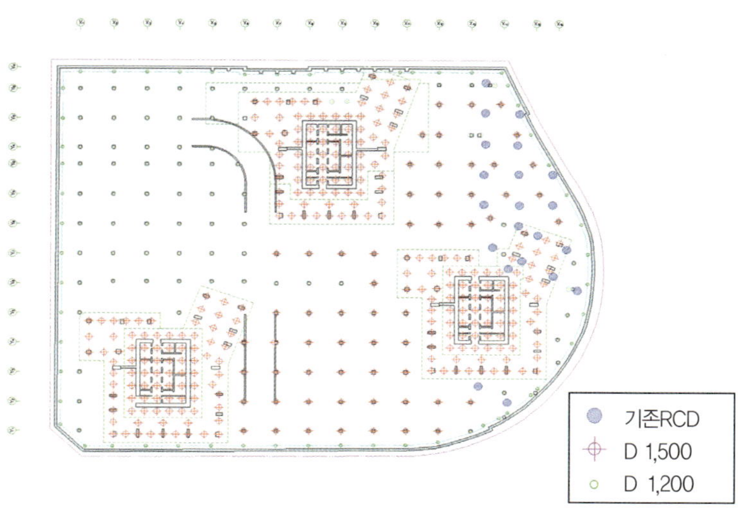

그림 3-10 RCD 파일 배치도

다 단축되는 장점이 있는 공법이다. 전체 4단 1,033공의 KTB 제거식 어스앵커의 성공적인 완료 및 완벽한 차수는 해안에 근접한 현장에서 해수의 유입에 대한 우려를 불식시키고 대지 전체의 안전성을 확보해 주었다.

(4) 지정공사

지정공사는 RCD 공법을 적용하였다. 직경은 1.5m 및 1.2m이며, 총 462공이 시공되었다. 주동부에는 동별로 직경 1.5m짜리 89공의 RCD 파일이 배치되었으며 굴착심도는 30~40m이었다. 당초 설계는 선단지지력+주면마찰력으로 계산하였으나, 낮은 RQD 값과 취약한 지반조건을 감안하여 주면마찰력만 적용하는 것으로 설계변경하였다. 초고층 건축물의 지정공사임을 고려하여 엄격한 품질관리기준을 적용하였으며 수직도관리, 연암판정, 슬라임(slime)처리, 파일 건전도시험, 공내확인 등 기준에 따라 파일 1개소 당 이력관리를 하였다. 또한 공기단축을 위하여 24시간 장비를 운영하였으며 연암 및 연암선단부 개시점에 대한 판정을 위해 심야검측을 130회 실시하였다. 필요 시 공내육안(전체 파일의 10%) 확인하였으며, PLT도 병행 실시하였다. 5개의 파일을 선정하여 설계하중의 200% 인발력(3,200톤)을 O-cell 테스트를 통하여 시행, 파일의 안정성을 확인하였다.

그림 3-11 O-Cell 테스트(좌측부터 O-Cell, RCD 철근망선단부 O-Cell설치, 시험전경)

(5) 영구부력 앵커공사

자중이 큰 주동부를 제외한 지하주차장 구간은 영구부력 앵커공법을 적용하였다. 디워터링 시스템(dewatering system)은 매트 기초 저면의 지반 상태가 실트질 모래층으로 구성

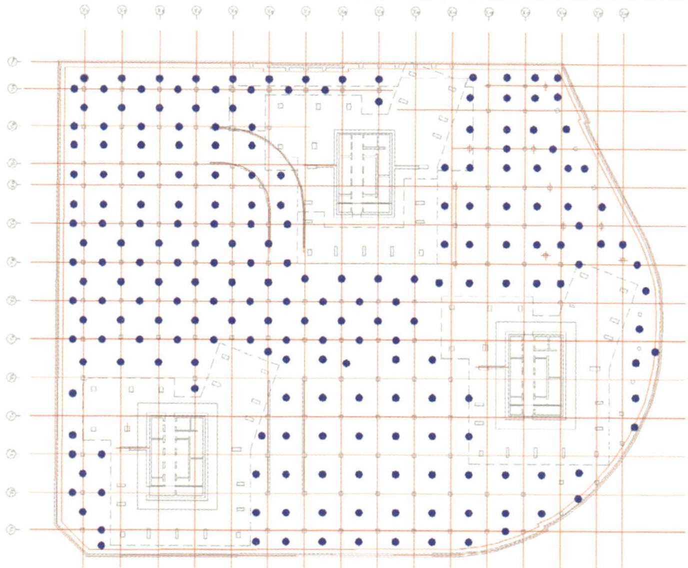

그림 3-12 록 앵커(rock anchor) 배치

되어 설계 시 배제되었으며 개소당 140, 110, 50톤의 부력을 받을 수 있도록 설계되었다. 공사 중 발생되는 부력에 대해서는 임시 디워터링 시스템을 적용하였다.

3) 매트(Mat) 기초공사

2003년 11월 말, 매트 기초공사가 착수될 예정이었으나 약 2.5개월 후인 2004년 2월 중순에 개시되었다. 원인은 태풍 '매미'와 워터프론트 지역의 기후적 특징 및 해안에 인접한 지역의 토공사 여건에 의한 것으로 건축공사 프로세스를 고려한 존(zone)별 토공사 핸드오버(hand-over)에 따라 매트 기초공사가 병행실시 되었다. 조닝은 주동부 3개 존을 포함 총 9개의 존으로 구성되었다.

매트 기초의 콘크리트 강도는 300kgf/cm²이며 주동부 매트 기초의 두께는 3m, 철근배근은 SD500, HD32@150이다. 주차장부 매트 두께는 1.2m, 철근배근은 SD500, HD22@200 이다. 염해방지를 위해 버림 콘크리트는 고로슬래그 시멘트 100%(고로슬래그 미분말 40%)가 포함된 콘크리트를 타설하였으며 버림콘크리트의 두께는 150mm를 적용하여 해수에 의한 구체의 내구성 저하에 대비하였다. 매트 기초 콘크리트의 수화열 관리를 위하여 플

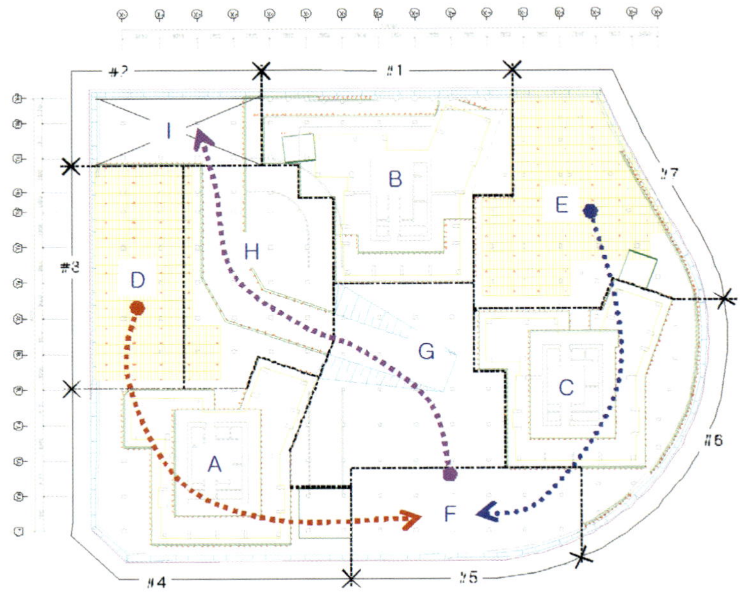

그림 3-13 조닝(화살표는 토공 진행방향)

라이애쉬(fly ash) 30%의 저발열 콘크리트를 적용하였으며 동절기에는 수화열 관리방안으로 타포린천막+양생포+열풍기에 의한 하우징(housing)을 설치하였다.

4) 골조공사

(1) 개 요

골조공사는 타워 3개 동이 각각 약 15일 정도의 시차를 두고 공사가 진행되었다. 골조공사의 최우선적인 주공정(critical path)은 타워 부분이다. 조닝은 지하주차장부 8개, 포디움부 5개, 타워부는 3개소로 구획하여 공사를 진행하였다. 타워부의 코어월 선행공법은 지상 1층부터 적용하였으며, 기준층은 지상 5층부터 45층까지이다.

골조공사 세부 공종의 공기 조율 및 구조시스템을 검토한 결과, 층당 4일 사이클(최대 3일 사이클)이 가능한 것으로 판단하였다. 이러한 공사속도를 실현하기 위하여 〈표 3-6〉 및 〈그림 3-14〉와 같이 콘크리트, 철근 및 거푸집의 공사물량을 고려하여 조닝을 하였다.

표 3-6 존별 공사 물량

<table>
<tr><th colspan="2" rowspan="2">구 분</th><th colspan="2">거푸집(㎡)</th><th colspan="2">콘크리트(㎥)</th><th colspan="2">철근(Ton)</th></tr>
<tr><th>A</th><th>B</th><th>A</th><th>B</th><th>A</th><th>B</th></tr>
<tr><td colspan="2">코어월</td><td colspan="2">671.3</td><td colspan="2">177.3</td><td colspan="2">31.68</td></tr>
<tr><td rowspan="5">슬래브 & 기둥</td><td>기둥</td><td>145.3</td><td>137.9</td><td>35.1</td><td>33.4</td><td>7.26</td><td>6.43</td></tr>
<tr><td>Slab</td><td>356.7</td><td>360.8</td><td>87.6</td><td>89.</td><td>15.30</td><td>15.60</td></tr>
<tr><td>파라펫</td><td>127.4</td><td>132.9</td><td>14.1</td><td>16.1</td><td>2.34</td><td>2.68</td></tr>
<tr><td>소계</td><td>629.4</td><td>631.6</td><td>136.8</td><td>138.7</td><td>24.90</td><td>24.70</td></tr>
<tr><td>계</td><td colspan="2">1,261.0</td><td colspan="2">275.5</td><td colspan="2">49.61</td></tr>
<tr><td colspan="2">합 계</td><td colspan="2">1,392.3</td><td colspan="2">452.8</td><td colspan="2">81.29</td></tr>
</table>

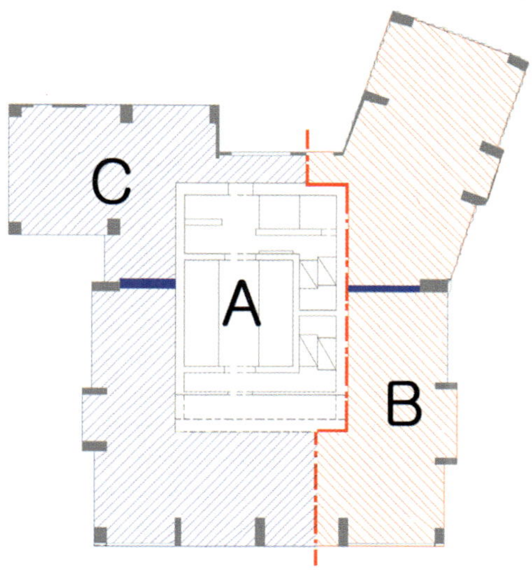

그림 3-14 주동부 조닝

(2) 코어월 공사

코어월 공사는 3 + 4 일 사이클 달성을 위하여 설계 시 코어 평면을 단순화하였고 코어월 선행공법을 적용하였다. 코어월과 슬래브간 연결철근은 할펜 박스(halfen box)를 사용하지 않고 직접 매입하여 이음길이만큼 내밀고 ACS 플랫폼의 발판을 개선하여 클라이밍되도록 하였다. 할펜박스는 계단참에만 적용하였다.

(3) 기둥 및 슬래브 공사

기둥 및 슬래브 공사 부분은 코어월 공사와 같이 사이클 공기달성 및 안전을 확보하기 위하여 ACS 폼을 적용하였다. 슬래브부분은 2개 존으로 나누어 전단키(shear key)를 두고 교행 시공하며 코어보다 4개층 후행으로 공사를 진행하였다. 콘크리트는 슬래브와 기둥을 동시에 타설하였다. 슬래브 거푸집은 스카이데크(sky deck)를 사용하며 수직재의 외부는 스틸폼(steel form) + ACS, 내부는 알루미늄(aluminum form)을 적용하였다.

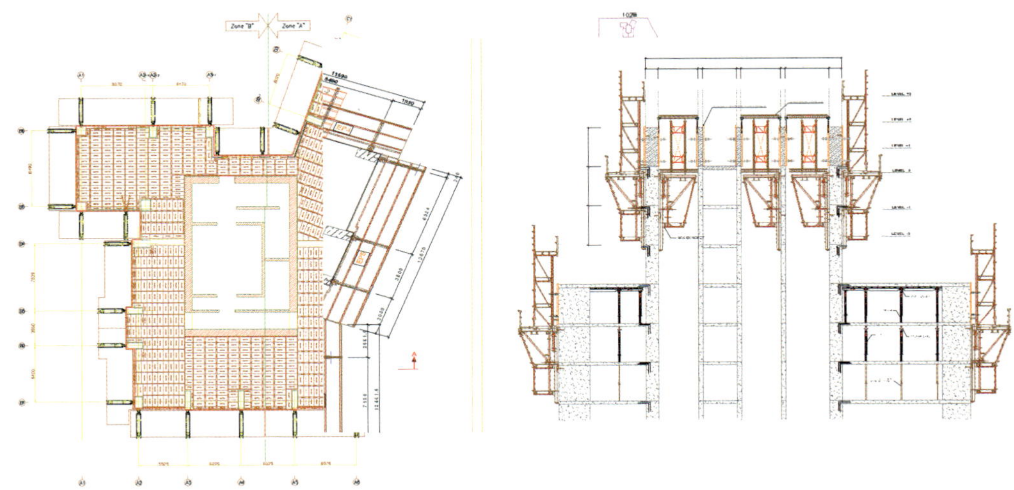

그림 3-15 외주부 ACS 및 스카이데크 설치 평, 단면도

5) 커튼월공사

당 현장의 커튼월 적용풍압은 550kgf/m²이며 기준치 이상인 부위는 별도로 보강하였다. 설치공법 중 저층부는 녹다운(knock-down), 필드 글래이징 시스템(field glazing system), 주동부는 유닛화 글래이징 시스템(unitized factory glazing system)을 적용하였다. 부재 단면은 80 × 170mm이며 단열바를 사용하였다. 유리는 24mm 칼라복층유리, 외부마감은 불소수지도장, 내부는 우드래핑(wood wrapping)을 적용하였다. 기준층의 커튼월시스템은 9타입, 29유닛이며 시스템 창호는 48타입, 85유닛로 구성되었다. 1개 층 전체는 57타입, 114유닛으로 구성된다. 커튼월공사는 슬래브 콘크리트 타설층의 하부 8개 층에서부터 개시하였으며 모크업 테스트를 거쳐서 원만하게 현장 설치가 완료되었다.

표 3-7 유사현장 커튼월 설계 및 자재적용 기준 비교표

구 분	아델리스	Tower Paiace 1차	Tower Paiace 2차	아크로비스타	리첸시아
규 모	101동: 47층 1개동 102동: 47층 1개동 103동: 47층 1개동	A동: 59층 1개동 B동: 66층 1개동 C동: 59층 1개동 D동: 42층 1개동	69층 1개동	A동: 29층 1개동 B동: 37층 1개동 C동: 37층 1개동	A동: 29층 1개동 B동: 37층 1개동
설계풍압	P = 550kg/m²	A,B,C동: P-250~300kg/m² D동:P-220~250kg/m²	P = 300kg/m²	A동: P-220kg/m² B동: P-260kg/m² C동: P-290kg/m²	P = 300kg/m²
Bar Size	80mm(W)×170mm(D)	80mm(W)×170mm(D)	90mm(W)×200mm(D)	80mm(W)×170mm(D)-M 70mm(W)×170mm(D)-T	80mm(W)×170mm(D)
층고	3.15m	3.2m	3.2m	3.15m/3.2m	3.2m
Typ. Module	1200mm	1800mm	1800mm	1800mm	1800mm
유리 사양 (Vision)	24mm 복층유리 전량 칼라복층양면 반강화 유리사용	24mm 복층유리 북서측 Low-E 유리 사용	24mm/28mm 복층유리 전량 Low-E 유리 사용	24mm 복층유리 전량 Low-E 유리 사용	24mm 복층유리 북서측 Low-E 유리 사용
Spandral 사양	3.0 t Alum, Sheet 24mm 복층유리	3.0 t Alum, Sheet	3.0 t Alum, Sheet	3.0 t Alum, Sheet 6.0 t Spandrel Glass	3.0 t Alum, Sheet
실란트 사양	Weather Sealant	Weather Sealant	구조용 Sealant	구조용 Sealant	Weather Sealant

6) 마감공사

마감공사 기간은 커튼월 완료 후 10개월이다. 동별 액티비티(activity)수는 3,170개이며 관리대상 액티비티수는 총 9,500개에 달한다. 예상 출력인원은 일일 최대 983명이며 연인원(마감) 약 250,000명으로 예상하고 있다. 주요 자재 반입량은 석고보드 340대(11톤 트럭), 대리석과 타일 270대(5톤 트럭)로 예상하며, 1개 층 총 양중 횟수는 320회 정도이다. 마감공사의 공정진행은 작업조 기반방식(연속반복방식)을 적용하였다. 골조공사 이후 공정 그룹은 3단계로 구분하였다. 1단계는 인테리어 이전(pre-interior) 단계로 19개 공종이 있으며 외부 견출, 커튼월 설치, 단열재 설치 등이 이에 속한다. 2단계는 프레임워크(frame work) 단계로서 23개 공종이 있으며 경량벽체 설치, 방수공사, 천정, 방바닥 미장공사 등이 이에 속한다. 3단계는 내장마감(skin & fixture) 단계로 타일 및 석공사, 빌트인(built-in)가구, 주방가구공사, 내부수장 및 도배공사 등이 이에 속한다.

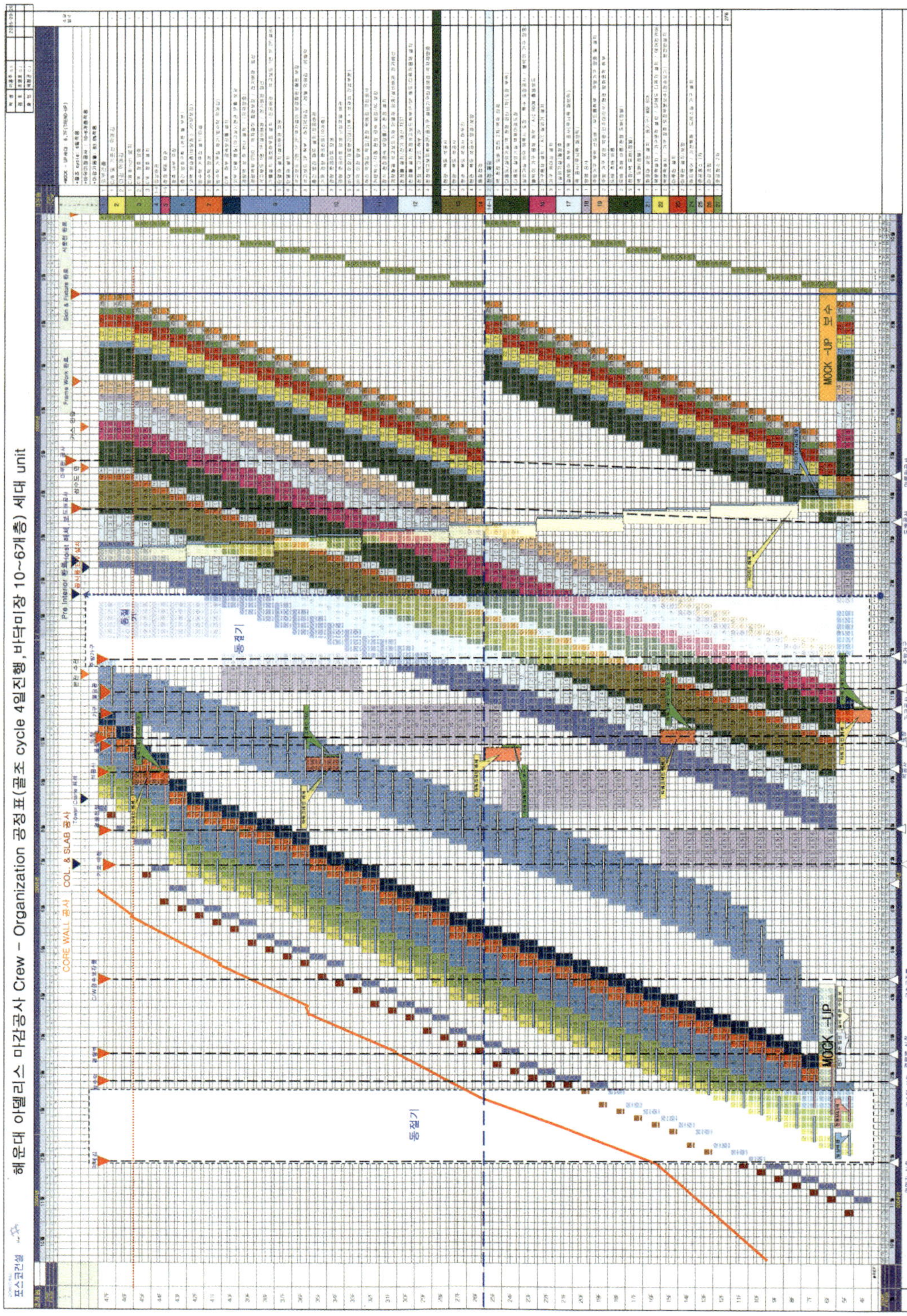

그림 3-16 마감공사 공정표

3.8 플랫 플레이트 슬래브 공사 워크샵 운영

1) 워크샵의 필요성 및 경과과정

플랫 플레이트 슬래브는 골조공사업체가 이전에 작업한 경험이 없는 구조방식이다. 까다로운 배근으로 인한 공사속도의 영향을 최소화하기 위해서 공사 전에 워크샵을 시행하였다. 참여대상은 공사관리자부터 철근작업자까지이며, 해당 부위 작업 일주일 전에 시행하였다. 구조물 생산체계 전반을 이해시키는 방향으로 워크샵을 진행하였으며, 골조공사 초기(2004년 2월~5월) 3개월 동안 총 17회의 워크샵을 시행하였다. 기준층에 대한 워크샵은 작업 개시시점에 별도로 시행하였다.

2) 워크샵의 주요내용

배근 프로세스가 중심이 된 워크샵의 주요내용은 ① 개요, ② 플랫 플레이트 슬래브 부재 요약, ③ 해당 부위 배근공사의 특징, ④ 시공 요점: 이음위치, 피복, 간격재, 콘크리트 타설시 배근 위치의 유지 확인, ⑤ 철근배근 프로세스(15 단계 시뮬레이션), ⑥ 철근배근용 먹메김, ⑦ 부위별 바 타입, ⑧ 전단보강근 타입 및 설치위치, ⑨ 플랫 플레이트 슬래브 철근배근 이음 표준도, ⑩ 플랫 플레이트 슬래브 개구부 보강 표준도, ⑪ 이어치기부 보강 표준도, ⑫ 관련 기술자료, ⑬ 관련 설계도서 등이다.

3) 생산성, 시공속도, 품질관리 중점항목

워크샵의 아이디어는 뉴욕 2일 사이크 작업자들의 팀웍에서 나왔다. 가장 우려한 부분은 복잡한 배근으로 인한 생산성의 저하였으나, 워크샵 및 시공횟수가 거듭될수록 생산성이 향상되었고 기준층에서는 최대 3일 사이클을 달성할 정도로 발전했다. 생산성도 인당 최대 1.5 톤으로 증가하여 안정적인 공사 운영에 지대한 영향을 미쳤다. 생산성에 영향을 미치는 요소는 배근형태, 조닝, 철근 시공 상세도(shop drawing), 철근가공품의 포장(packing), delivery 인식체계, 철근반장의 지식 및 리더쉽, 철근공의 숙련도, 250mm 슬래브 두께에 대응하는 스페이서(spacer)의 사용성 등이다. 플랫 플레이트의 품질관리 중점항목은 부위별 배근과 거푸집의 품질상태, 코어와 슬래브간 연결철물의 품질상태, 슬래브 탈형 승인절차, 레미콘 및 철근 외주가공 관리, 측량업무 등이다. 감리단은 각종 기준을 표준화하고 공사의 흐름이 원활하도록 배근 순서별, 구간별로 나누어서 검측을 시행하였다. 플랫 플레이트의 시공속도와 품질의 문제는 골조공사의 지배적인 요소이므로, 엔지니어의 현장 작업에 대한 세심한 연구는 현장을 성공으로 이끄는 동력이 됨을 알 수 있다.

그림 3-17 현장전경(2006.3)

4. 맺음말

본 프로젝트는 건설사와 CM사의 협업체계로 전문팀을 구성하여 설계관리 등 시공전 단계의 업무를 정확히 처리함으로써 발주, 시공상의 문제점을 근본적으로 제거하고 공사전반에 대한 계획을 논리적인 오류 없이 충실히 세움으로써 초고층건설 시공경험 부족(2003년 초 당시에는 당사 인원과 포스코건설 일부 인원만 초고층건설 경험 보유함)을 채울 수 있었다. 시공단계에서는 합리적인 업무수행절차의 확립과 시공상의 문제를 선행적으로 모니터링하는 감리체계를 유지함으로써 계획과 시공상의 편차를 최소화하고, 계획상 미흡한 부분은 시공개선을 통하여 공사를 진행함으로써 본 현장은 최상의 품질관리가 이루어지고 있다고 생각한다. 특히 당 현장은 2006년 초 포스코건설 내 건축분야 '최우수현장' 이 되었다.

끝으로 아델리스 프로젝트의 성공요소는 1) 초기단계에 기술력을 보유한 핵심인력 확보, 2) 통합설계실의 구성 등 구조적인 문제를 돌파할 수 있는 추진력, 3) 시공 전 단계 엔지니어링 활동의 중요성 인지, 4) 현장 통합설계실의 운영, 5) 유능한 해외 구조설계사 및 풍동실험업체 선정, 6) 계획에 대한 충실한 현장 적용, 7) 품질관리 등에 대한 바른 인식 및 관리체계라고 할 수 있다. 참고로 초기단계 현장 조직은 당사 CM단 7명과 포스코건설 기술자 4명 이었으며 소수의 인원이 성공적으로 시공이전 단계의 업무를 수행한 실적은 D사에서 벤치마킹하였다.

Part 06

홈 플러스 프로젝트

C·O·N·T·E·N·T·S

1. 머리말

대형할인점의 역사는 1962년 미국의 샘 월튼 씨가 설립한 '월마트(WalMart)'의 저가정책에 의한 대형할인점 설립에서 시작된다. 국내에서는 1991년부터 입주가 시작된 분당, 일산 등 신도시의 건설과 외국의 대형 유통업체인 월마트(WalMart)와 까르푸(Carrefour)가 국내시장에 진출하면서 대형할인점의 본격적인 경쟁시대가 시작되었다고 할 수 있다.

영국의 세계적인 유통업체인 TESCO PLC. 또한 한국시장 선점을 위해 1999년 5월 국내에 진출하였다. 국내 할인점의 성장 및 경쟁력은 세계 최고라고 한다. 할인점 업계 1, 2위인 이마트(E-Mart), 홈 플러스(Home plus)는 2005년 말 기준 국내 300여 개 할인점 중 약 120여 개의 점포를 개점하였다.

국내의 활발한 영업활동을 하고 있는 영국계 할인매장인 홈 플러스는 세계 최고의 할인점 건설 및 원활한 건설사업관리(CM)를 위하여 프로그램 매니지먼트(Program Management)를 도입하고 있다.

홈 플러스는 치열해지는 할인점 시장에서 "지속적으로 변화하고 개선해야 살아 남을 수 있다"는 의지를 가지고, 현재 추진중인 프로젝트에 건설사업관리를 도입하여, 공기, 공사비 및 품질 등의 엄격한 요구조건을 충족시키고 있다. 그리고, 한 걸음 더 나아가 전체 건설프로그램의 요구에 대응하기 위해 프로그램 매니지먼트의 도입까지도 시도하고 있다. 이러한 기획에 의거 한미글로벌은 1년에 건설되는 모든 프로젝트의 기획, 설계, 시공 및 유지관리단계까지 프로젝트의 전(全)단계의 관리업무를 수행하고 있다.

할인점 업계의 기본방침은 "현재를 바탕으로 미래를 준비하고 지속적으로 변화하고 개선해야 살아 남을 수 있다"는 것이다. 한미글로벌은 이러한 발주자의 확고한 의지에 부응한 40여 개의 홈 플러스 점포건설에 적용되고 있는 프로그램 매니지먼트 사례를 소개하고자 한다.

그림 1-1 홈플러스

2. 프로젝트 개요 및 CM 주요 업무

2.1 홈 플러스 개요

대형할인점은 다중이용시설로서 비상탈출, 방재시설 및 보안시설이 매우 중요하다. 또한 상품을 저온으로 보관해야 하며 음식물을 조리해야 하고, 제과 제빵 및 생선회 등을 잘 보관해야 하는 기능을 수행해야 한다. 더욱이 고객들이 진열된 상품들을 시각적으로 쉽게 인식하여 구매충동을 느끼도록 유도해야 하므로 일반 건축물 보다 복잡하고 요구사항도 많다.

특히, 본 프로젝트에서는 신속한 시공을 통해 단기간의 개장이라는 목표 달성을 위하여 공사를 빠르게 진행하다 보면 돌관공사가 되기 쉽고, 설계변경이 많아 난공사가 될 가능성도 높았다. 더구나, 난공사인데 비해 예산은 한정되어 있어 철저한 관리를 하지 않고서는 목표 공기를 달성하지 못하거나, 공사비의 증가는 물론 부실공사가 될 수 있는 프로젝트이다.

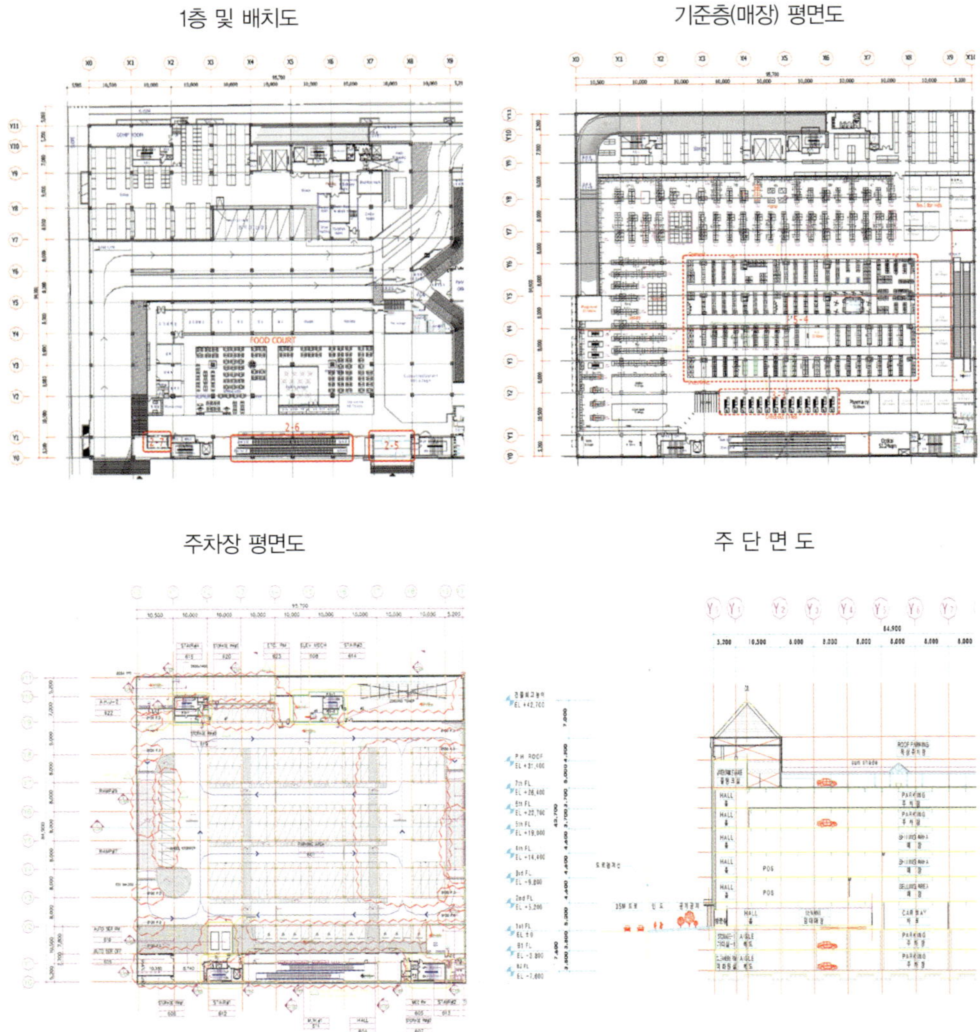

그림 2-1 홈플러스 설계개요

2.2 홈 플러스 시공단계별 CM 주요 업무

〈그림 2-2〉는 홈 플러스 시공단계별(construction phase) 월별 진행에 대한 공사 및 건설사업관리의 주요 내용이다.

진행 단계

- 측량 및 지장물 조사
- 흙막이 공사
- 착공식
- 착수 회의

진행 단계

- 기초공사
- 1층 바닥 전기 배관
- 골조공사 준비
- 마감업체 선정 지원

- 1층 콘크리트 타설
- 지하실 방수
- 소방착공계 제출

- 2층 콘크리트 타설
- 설비 소화, 덕트 공사
- 외장판넬공사 시공상씨도 검토

- 매장 조적 착수
- M/W 자재 반입
- 옥상층 방수
- 방화셔터 검토, 승인

- 외부비계 철거 시작
- 조경공사 착수 준비
- 인테리어 착수회의
- 직발주 장비 승인, 입고

- 가스, 전기 상수도 인입공사
- 쇼케이스 입고
- SIGN 설치
- 장비 테스트

- 소방준공, 사용검사 필
- 인수인계(Hand-over)
- 준공 및 그랜드 오픈
- 정산 및 종결보고서

그림 2-2 시공단계별 CM 주요 업무

3. 프로그램 매니지먼트

3.1 프로그램 매니지먼트의 정의

미국의 경우 "The Program Management is the centralized coordinated management of a group of projects to achieve the program's strategic objectives and benefits." 라고 정의하고 있다. 프로그램 매니지먼트(Program Management)는 공항과 같이 수많은 공사(bid package)로 구성되어 있는 복합 프로젝트의 경우, 다수의 프로젝트를 총괄 관리하는 것을 의미한다. 또한 프로젝트관리의 범위도 계획 단계부터 유지관리 단계에 이르기까지 건설사업 전(全) 단계를 다루고 있다. CM의 발상지인 미국뿐만 아니라 서구에서도 CM과 프로젝트 매니지먼트(Project Management)를 구분하여 사용하고 있으며 일반적으로 프로젝트 매니지먼트를 CM 보다는 광의의 개념으로 사용하고 있다. 미국의 경우 CM은 단일 프로젝트의 실시설계(construction documentation)단계에서부터 시운전(commissioning) 단계까지의 관리업무를 담당 하는 것을 말하며, 프로젝트 매니지먼트는 단일 프로젝트의 기획(planning)단계 에서부터 시운전(commissioning)단계까지의 관리업무를 담당 하는 것을 말한다. 프로그램 매니지먼트(Program Management)는 이보다 상위개념으로 대규모 혹은 복합 프로젝트에 적용되며, Parsons 내부 자료에서는 〈표 3-1〉과 같이 분류하고 있다.[1)]

1) 김종훈(2001), "Construction Management(CM) 제도의 국내 정착전략", 서강대학교 경영대학원.

표 3-1 Construction Delivery Methods

Stage of a Project	Notes	Planning	Concept	Design	Construction	Commission	Examples
Program Management	1	Very Large or Multiple Projects					New Airports, Transit System
Project Management	1,2	Single Project					Sub-project of above or Separate
Construction Management	1,2						CM For Fee or Agency CM
General Contracting	3						
Construction Supervision	1,2						

Notes :

1. May be Client or Owner's Representative
2. May be subdivision of the Overall Program Management
3. Concept, Schematic and Design Development Provided by Others

미국의 ENR(Engineering News Record) 2005년 6월 13일자 내용에 따르면 미국에서는 프로그램 매니지먼트를 4가지로 분류하고 있다. 첫째는 'Owner PMO' 라는 것으로, 발주자가 스스로 관리 프로그램을 만들고 PM 회사로 하여금 이를 보조하도록 하는 것이다. 둘째, 'PM Lite' 로 발주자 측이 곳곳에 몇 명의 스태프를 배치하고, PM을 고용해서 빈 틈을 메울 수 있도록 하는 방식이다. 셋째, 'Integrated PM Model' 이 있으며, 이는 발주자 측에서는 일련의 작업을 정의하고 작업수행을 위해 자신의 스태프나 PM 회사를 할당시키는 방식이다. 마지막으로 'Owner-agency replacement' 라는 방식으로 PM 회사가 프로그램 매니지먼트 전반을 도맡아 처리하는 방식이다.

3.2 미국의 프로그램 매니지먼트 현황

미국의 발주자들은 더욱 더 넓은 범위의 서비스를 요구하고 있다. 즉, 요구분석(needs analysis), 계획수립, 부지확보, 인허가 업무, 파이낸싱(financing), 시운전(commissioning) 등의 요구가 증대되면서 과거 몇 년 동안 PM(Program Management)이 발주자 사이에서 널리 사용되고 있다. 미국의 경우 PM은 1950년대부터 존재했지만, 공공 부문에서의 거대 자본 프로그램들이 늘면서 PM도 급격히 발전하기 시작했다.

미국에서는 공공 시설에 대한 업그레이드 요구가 점점 강해지고 있고, 지출할 예산이 남아있는데 관리할 사람이 없을 경우에 PM을 적용하고 있어 공공부문의 PM에 대한 전망이 민간부문보다 더 유망한 실정이다. 이러한 PM의 발전으로 미국의 호어 컨스트럭션(Hoar Construction)은 리젠트(Regents) 은행이 년간 40개의 지점을 확장하는데 PM을 적용하여 수십만 달러를 절감하고 있다. 용역형 CM(CM for Fee) 시장에서 가장 성공적인 회사들 중 하나인 CM & D(Construction Management & Development)사는 대규모 복합 주거시설, 상업시설 등에 관여하고 있으며, 샌프란시스코의 브래넌(Brannan) 광장, 시카고의 그랜드 피어(Grand Pier), 시카고의 12억 달러 규모의 리버사이드 파크(Riverside Park) 복합 프로젝트 등의 PM이 적용되어 성공을 거두고 있다. 또한 BSW사는 지난 20년 동안 4,000개의 월마트 매장의 PM을 수행하기도 하였다.

미국의 상위 20위 용역형 CM 업체는 매출액의 48.6%인 약 25억 달러를 PM 분야에서 올리고 있다. 즉, CM 분야와 PM 분야의 매출액 비율이 거의 같을 정도로 PM 분야의 용역을 수행하고 있는 것으로 조사되고 있다. 특히, CM-for-Fee 1위 업체인 CH2M Hill Cos. Ltd.의 경우 2004년 매출액의 100%인 6.99억 달러를 PM 분야에서 올리고 있으며, 미국의 20대 CM-for-Fee 업체 중 Parsons를 포함 8개 업체는 매출의 70% 이상을 PM 분야에서 올리고 있다. 즉, 미국의 경우 PM은 민간 및 공공 프로젝트에 일반적으로 적용되는 매우 유용한 발주방식 중 하나이다.

3.3 한국의 프로그램 매니지먼트 현황

한국의 경우 건설관련 법의 개정으로 1997년부터 공공부문에 건설사업관리가 적용되기 시작했기 때문에 PM을 적용한 프로젝트는 매우 적은 실정이다. 미국의 PM 정의에 따르면 국내 공사 중 인천국제공항과 경부고속철도에 적용된 용역을 PM프로젝트라고 정의할 수 있다. 그러나 이러한 프로젝트는 국내업체의 기술력 및 경험 부족으로 외국사 또는 외국사와의 컨소시움에 의해서 수행되었으며, 공공부문의 건설사업관리 도입 이전에 발주기관의 정책적인 판단에 의해서 수행된 특수한 경우라고 할 수 있다. 또한 사업비 6조원 규모의 미군부대 이전사업에 건설사업관리가 적용됨에 따라 국내에서의 대규모 PM 공공사업이 수행되고 있다.

민간부문의 경우 PM은 유일하게 대형할인점의 건설에서 적용되고 있다. 영국계 유통 다국적 기업인 테스코(TESCO)는 1999년 국내에 진출하여 총 45개의 '홈 플러스'라는 대형할인점 건설 프로젝트를 건설사업관리 용역으로 발주하였으며, 한미글로벌은 이 중 50여개의 점포 건설사업을 수주하여 성공적으로 수행하고 있다.

4. 프로그램 및 프로젝트 매니지먼트의 주요 업무

본 사례는 현재 홈 플러스에 적용되고 있는 프로그램 매니지먼트(Program Management)와 프로젝트 매니지먼트(Project Management)사례를 제시하여 한국 건설사업관리(Construction Management)현황을 분석하고자 한다.

4.1 조 직

홈 플러스의 건설사업관리를 위한 조직은 본사에서 발주자와 통합 팀을 구성하여 시공 전(前) 단계의 업무를 담당하는 프로그램 매니지먼트(Program Management)조직과 현장에서 각 프로젝트의 시공단계를 관리하는 프로젝트 매니지먼트(Project Management) 조직으로 분류된다. 프로그램 매니지먼트 조직은 발주자와 건설사업관리자의 인원으로 구성되고 프로젝트 매니지먼트의 경우 발주자는 지역별로 최소한의 인원(프로젝트 담당; PM)만 상주하게 되며, 현장의 모든 업무는 건설사업관리 업체의 인력인 프로젝트 매니지먼트팀이 운영한다.

프로그램 매니지먼트팀은 발주자의 경영이념인 'Better, Simpler, Cheaper' 에 부응하여 시공 전(前) 단계의 기획, 설계, 조달단계의 업무를 완료하고, 시공단계의 모든 업무는 프로젝트 매니지먼트 팀에 이관되어 현장에서 수행하게 된다. 양 팀에서 수행되는 업무는 철저한 업무이관, 시공단계의 업무회의 등을 통하여 공유된다. 따라서 시공단계에서 수행된 VE(Value Engineering)는 진행 중인 현장이나 차기 현장에 적용되어 원가절감 및 공기단축의 효과를 배가하는 프로세스를 거치게 된다.

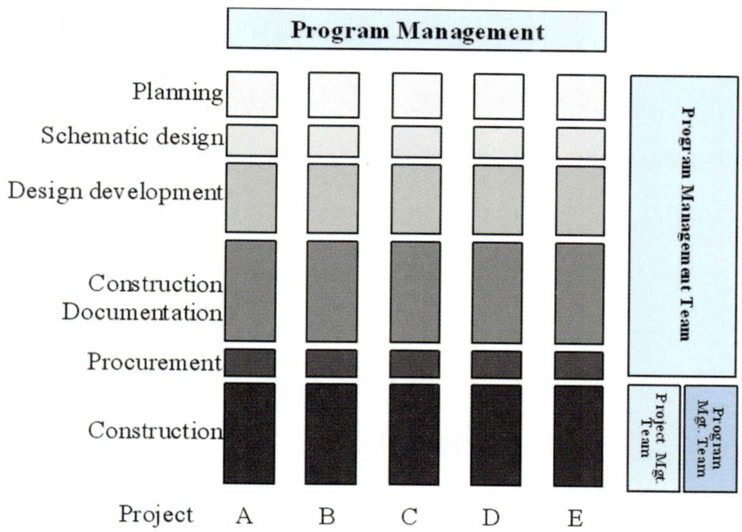

그림 4-1 프로그램 매니지먼트의 업무범위

4.2 프로그램 매니지먼트팀의 주요 업무

기획 및 시공전 단계	시공단계	시공후 단계
- 설계 조정 및 제안 - VE 스터디 및 제안 - 프로젝트 예산 및 공사비 예가 산정 - 시공관리 계획서 작성 - 마스터 스케줄 작성 - 입찰문제 제안, 도급자 P.Q 검토 - 입찰결과 분석 및 계약 관련업무 협조	- PM의 현장관리업무 지원 - 법적감리수행: 건축, 전기, 설비, 토목, 소방 - 설계도면 검토 및 문제점에 대한 해결안 제시 - 공정관리: 일정관리, 공기지연시 만회 대책 수립 - 시공도 및 시공방법 검토 및 제안 - 인 · 허가 업무 관리 - 자금관리 업무 : 기성관리, 설계변경에 따른 공사비 관리 - 자재 및 시스템 관련 사양 검토 - 자재 및 시스템의 검사와 시험과정 관리 - 현장 시공관리 - 현장 설계변경 발생시 설계서 검토, 예산 산출, 대안 제시 - 시공자의 안전관리 이행실태 점검 및 교육확인 - 정기적인 관리 보고서 - 기술적인 측면에서의 발주처 보조 - 사용전 Test 및 자체 검사 주관	- 유지관리 지침서 검토 및 확인 - 인수, 인계 계획수립 및 주관 - PM(갑)의 최종 공사비 정산 지원 - 최종 종료 보고서 - 시설관리자 사용교육 및 1개월 초기가동 관리지원

그림 4-2 프로그램 매니지먼트의 업무범위

1) 기획 단계(Planning Phase)

기획단계의 프로그램 매니지먼트팀의 주요 업무는 신규 점포 계획안을 검토하는 것이다. 프로그램 매니지먼트팀은 발주자가 계획하고 있는 신규 점포 개설(계획안)에 대하여 입지조건, 경제성, 프로젝트 예산, 증축을 고려한 향후 발전 가능성 등을 포함한 타당성을 검토하여 기술적, 경제적인 의견을 제시함으로써 최적의 점포가 개설되도록 전문적인 서비스를 제공한다. 또 다른 주요 업무는 기획단계의 설계검토(pre-design review) 업무이다. 즉 인 · 허가 접수 전 계획도면(schematic design)에 대한 검토 및 관련 회의를 주관하고, 설계사의 업무를 관리하는 한편 발주자의 건설부문인 설계팀, 시공팀 간의 업무 조정을 한다. 이 과정에서 프로그램 매니지먼트팀은 최적의 점포 계획안이 도출될 수 있도록 관리한다.

2) 시공전 단계(Pre-construction Phase)

시공 전(前) 단계의 프로그램 매니지먼트의 주요 업무는 우선 전체 프로그램을 관장하는 전문가를 투입하여 설계지침서 및 설계 계획안의 검토를 통하여 원가절감 및 공기단축 방안을 모색하고, 이상에서 나온 결과를 활용하여 향후 신규 프로젝트에 본 결과가 적용될 수 있도록 하는 것이다. 둘째, VE를 통하여 최저가 고효율의 대안을 선택하고, 특히 생애주기 비용(LCC: Life Cycle Cost)을 검토하여 다양한 절감 대안을 제시하는 것이다. 셋째, 설계단계에서 시공성 검토(constructability review)를 통하여 시공 시 발생할 문제점을 사전에 파악하고, 공기를 단축할 수 있는 대안을 강구하는 것도 시공전 단계의 중요한 업무이다.

또한 설계단계별로 건설사업관리자가 수행하는 설계 및 원가관리의 주요 업무를 기술하면 〈표 4-1〉과 같다. 특히, 업무단계별로 설계검토(design review)를 실시하여 설계의 완성도를 향상시키고 VE, 원가 관리(cost management), 일정관리(time management)를 통하여 원가절감과 공기단축을 달성하는 설계관리 업무는 CM의 주요한 임무 중의 하나라고 하겠다.

홈 플러스의 프로그램 매니지먼트(Program Management)의 핵심은 설계도서의 표준화 실현과 설계단계 VE를 통한 원가절감이라고 할 수 있다.

표 4-1 설계관리 및 원가관리

		설계검토	VE	Cost Estimate	Time Estimate	Remarks
기획설계	Concept 완료시	●	●			
계획설계	계획 + MD Lay Out	●	●	●	●	DR의거 VE 시행
기본설계	50% 진행	●				DR의거 설계사에 설계수정 지시
	100% 완료	●				
실시설계	85% 진행	●	●	●		DR의거 설계사에 설계수정 지시
	100% 완료	●	●	●	● Final BOQ	

이는 발주처가 국내에 할인점을 추가 건설할 계획을 가지고 있기 때문에 기존에 개발된 설계지침서(설계 매뉴얼)와 설계계획안의 적정성 검토 및 표준화 작업을 통한 시공성 향상이 공기단축과 원가절감에 있어 매우 중요하며, VE활동을 통하여 원가절감 방안을 모색하는 것이 향후 할인점 사업의 중요한 이슈가 되기 때문이다. 2002년 9월부터 2003년 8월까지 수행한 프로젝트를 중심으로 시공 전 단계(pre-construction)의 VE를 통한 원가 절감 실적은 〈표 4-2〉와 같으며, 시공 전 단계의 원가절감 실적은 공사금액 대비 2 ~ 3% 정도로 조사되고 있다.

홈 플러스 프로젝트에서 설계단계의 VE 활동 시 주요 검토 항목은 다음과 같다.

표 4-2 시공 전(前)단계 VE 금액

(단위 : 천원)

	"D" Store	"E" Store	"G" Store	Remarks
Civil work			8,808	
Structural work	73,940	35,000		
Architectural work	515,900	230,300	228,600	
Electrical	64,000	31,000	13,000	
Mechanical	392,100	333,000		
Total Saving	1,046,000	629,300	250,400	

• 토공사의 흙막이 공법은 가장 효과적인 VE 대상이며 원가절감 규모가 큰 공종이므로 합리적인 검토를 통한 최적의 공법을 제안한다.
• 골조공사에서 RC 공법이나 철골구조보다 복합 구조인 L/C frame[2]공법이나 Hybrid-Beam[3] 공법 등의 적용을 검토하여 공기 및 원가절감을 한다.
• 외장공사에 로이유리[4]를 적용하여 에너지 절약을 통한 Life Cycle Cost를 절감하도록 한다.
• 기계설비공사에 냉, 난방 시스템을 검토하여 에너지 절약을 통한 Life Cycle Cost를 절감하고 각종 신기술/신자재의 적용 및 기타 개선안을 제안한다.
• 전기설비공사의 부하계산을 검토하여 최적의 전력시스템 구축을 통하여 원가절감을 추진한다.

VE를 포함한 설계관리(design management) 외에 시공 전 단계의 주요 업무는 크게 원가관리(cost management), 공정관리(schedule management), 계약관리(contract management) 등으로 구분될 수 있으며, 주요 업무는 〈표 4-3〉과 같다.

표 4-3 시공 전(Pre-construction) 단계의 주요 업무

구 분	주요업무내용
설계관리	• 설계사(건축/구조계산/설비/전기) 및 관련업체 코디네이션 • 설계일정표 검토 및 제시 • 인허가 단계별 설계검토(단계별 4회) • 설계회의 주관 및 실시 • 설계검토 및 보고서 제출 • 발주처 주도 설계변경 관리
원가관리	• 단계별 계획안에 대한 공사비 검토(Cost Plan) • 예산 공사비 대비 입찰공사비 검토 및 대안(VE) 제시 • 설계도서 검토 및 기술 검토를 통한 VE 발굴 • 생애주기비용 검토 및 반영 • VE적용을 위한 발주자, 설계자 및 관련사 참여 회의 주관
공정관리	• 프로젝트 사업일정표 작성(부지 확보 및 대관업무, 착공 시 까지) • 시공단계 공사예정공정표(master schedule) 작성 및 검토 • 토공사 공법, 골조공사 공법에 의한 적정 공기 검토

2) L/C frame 공법(logical composite frame); 압축력을 받는 기둥은 RC로 하고 인장력을 받는 큰보 및 작은보는 철골구조로 함으로써 콘크리트와 철골의 장점을 살린 구조.

3) Hybrid-Beam 공법; 대경간에 유리한 강재와 압축력과 강성이 유리한 철근콘크리트의 장법을 활용(hybrid)하여 두 부재를 일체화(intergrated)시킨 복합보(Hybrid & Intergrated Beam).

4) 로이유리(Low-E Glass; Low Emissivity Glass); 판유리 한쪽면에 코팅을 하여 태양으로 붙어 오는 가시광선은 대부분 투과시키고 태양열선의 상당부분을 반사시켜 에너지 절감효과를 얻을 수 있는 유리.

계약관리	• 시공사 선정을 위한 입찰안내서 작성 • 현장설명회 개최 및 질의회신 • 시공사 입찰서 검토 및 분석
추가업무	• 점포 규모별 적정 공기 검토 • 신자재 및 신공법 검토 • 건축법규 개정사항 업데이트 • 발주처 요청 업무 지원

3) 시공 단계(Construction Phase)

시공 단계의 프로그램 매니지먼트팀의 주요 업무는 현장의 건설사업관리자의 업무지원이라고 할 수 있으며, 주요 업무는 〈그림 4-3〉과 같다. 특히, 시공단계의 주요업무는 현장의 주요 업무진행사항 및 문제점을 CM사의 엔지니어링팀, 프로그램 매니지먼트팀, 현장의 프로젝트 매니지먼트팀이 공유하면서 월간 CM 회의를 통해 최적의 해결방안을 도출하고 이를 발주처에 보고하는 것이다.

그림 4-3 시공단계의 프로그램 매니지먼트 주요업무

4) 추가 업무

프로그램 매니지먼트팀은 추가업무로 프로젝트별 지원실적을 관리하고 있다. 프로젝트별 설계검토 사항, VE를 통한 공사비 절감 및 공기단축 실적, 원가절감 항목, 시공 시 발생한 문제점 및 해결방안, 입찰 시의 문제점 및 개선사항, 설계 및 시공의 표준화 추진사항 등을 프로그램 매니지먼트팀에서 종합적으로 관리함으로써 발주자의 원가절감, 공기단축 및 품질향상에 대한 기대를 만족시키고 있다.

4.3 프로젝트 매니지먼트팀의 주요 업무

PMI(PMBOK)에서 정의한 프로젝트란 "A project is a temporary endeavor undertaken to create a unique product, service, or result.(유일한 제품, 서비스 또는 결과를 창출하기 위해 일과성으로 투입하는 노력을 말한다.)"이라고 하며, 프로젝트 매니지먼트란 "Project Management is the application of knowledge, skills, tools and techniques to project activities to meet project requirements. Project management is accomplished through the application and integration of the project management processes of initiating, planning, executing, monitoring and controlling, and closing.(프로젝트 요구사항을 충족시키는데 필요한 지식, 기량, 도구 및 기법 등을 프로젝트 활동에 적용하는 것을 말한다. 프로젝트관리는 프로젝트 착수, 기획, 실행, 감시, 통제 및 종료 단계로 진행되는 프로젝트관리 프로세스의 적용과 통합을 통해 이루어진다.)"라고 정의하고 있다.

시공 중 프로젝트 매니지먼트의 업무는 착공에서 점포 인수인계에 이르는 시공단계의 모든 업무를 포함한다. 할인점 프로젝트의 특성상 지속적인 원가절감과 공기단축이 요구되고 있어 프로젝트 매니지먼트팀의 주요업무는 시공단계의 공정관리, 원가관리, 설계변경관리, 품질관리, 안전관리 및 인수인계 업무로 대별될 수 있다. 또한 유사한 프로젝트를 지속적으로 수행할 계획을 가지고 있으므로 시공 중 개선점, 문제점, 향후 프로젝트의 효율적인 수행을 위한 대안을 제시하는 것도 프로젝트 매니지먼트팀의 주요 업무다.

1) 공정관리(Schedule Management)

홈 플러스의 경우 개점 일정을 준수해야 하며, 대부분의 경우 프로젝트의 공기가 매우 촉박하고(점포건설 공사기간 평균 약 11.6개월), 평균 연면적(프로젝트당 14,460평)이 넓기 때문에 공정관리의 중요성이 매우 높다. 따라서 프로그램 매니지먼트팀에서 작성한 마스터 스케줄에 의거 시공사에 시공 스케줄(construction schedule)을 작성토록 하고 프로젝트 매니지먼트팀은 이에 대한 적합성을 검토하여 승인하고, 지속적인 관리업무를 수행한다.

또한 공정관리 기법의 적합성 여부, 일정관리와 원가관리 통합, 시공자의 공정관리 조직 적정성을 검토하여 효율적인 공정관리가 이루어질 수 있도록 한다. 월간공정회의(monthly meeting), 주간공정회의(weekly progress meeting)를 통하여 공정 현황을 검토하고 계획 공정 대비 10% 이상 지연 시는 즉시 부진공정 만회대책을 수립하여 집중 관리하며, 설계변경이 발생한 공정 또한 별도 관리하여 준공일정에 영향이 없도록 한다. 공기준수의 중요성을 감안해서 마감공사(finishing work)와 인테리어(interior)공사는 별도의 상세공정표를 작성하여 지연이 발생하지 않도록 관리한다.

아래는 CM업무 수행 단계별 전체공정관리(master progress schedule) 절차에 따라 성공적으로 수행한 프로젝트의 주요 내용이다.

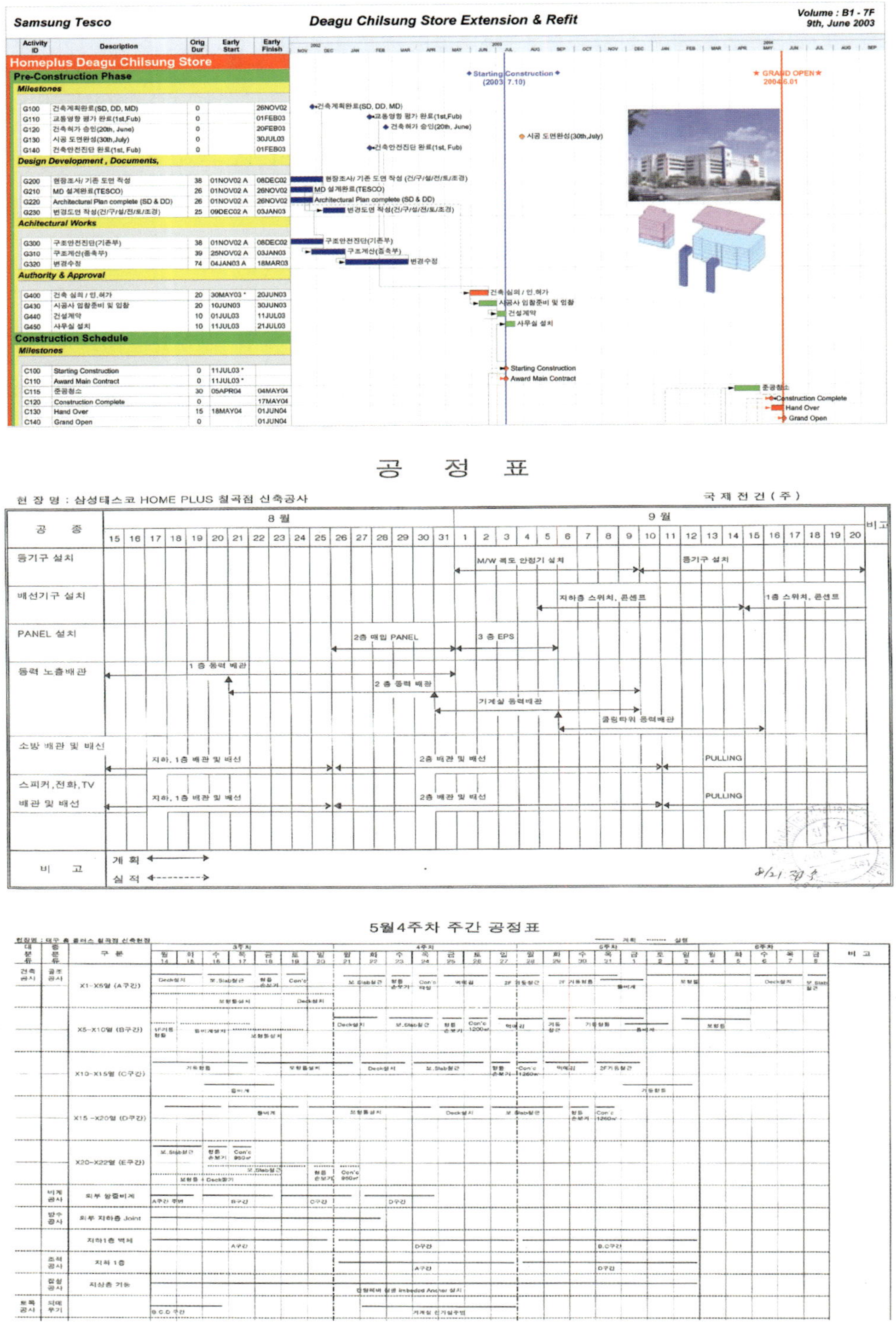

그림 4-4 Master progress schedule, Monthly schedule, Fishing work schedule

시공전 단계

▶ 프로젝트 계획 초기단계의 부지 매입에서부터 프로젝트 완료인 준공까지 각 단계별 액티비티(activity) 소요 공기를 산정, 전체 프로젝트 예상 공기를 파악하였음.

▶ 이는 매우 중요한 과정으로 사업초기 시공사 선정 및 예산확보 등 프로젝트 성공의 여부를 파악하는 중요한 행위가 되며, 향후 모든 활동의 기초가 됨.

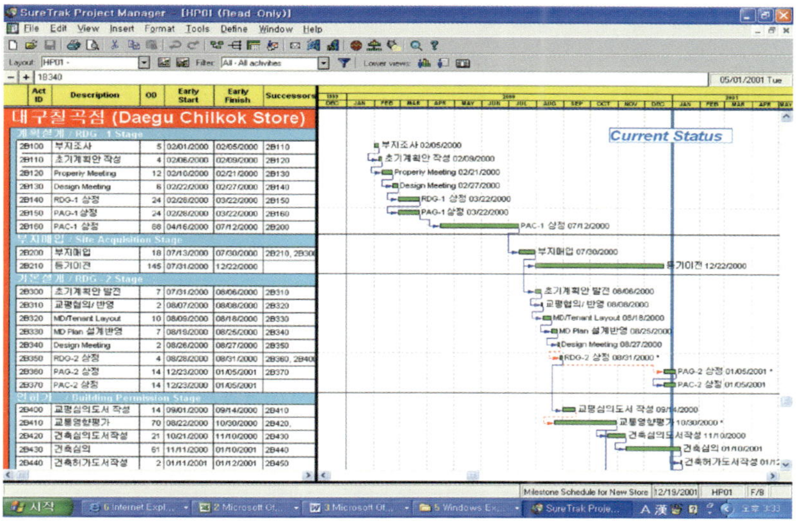

시공 단계

▶ 공사착수에서 준공까지 마스터 스케줄을 작성하였으며 매주 실적을 통한 업데이트를 실시하였음.

▶ 매주 실적을 통한 업데이트로 향후 공기지연이 일어날수 있는 요소들을 검토하여 사전에 현장에 반영토록 하였음.

▶ 철저한 공정관리로 인하여 초기 프로젝트 계획보다 1달 정도 공기단축이 가능하였음.

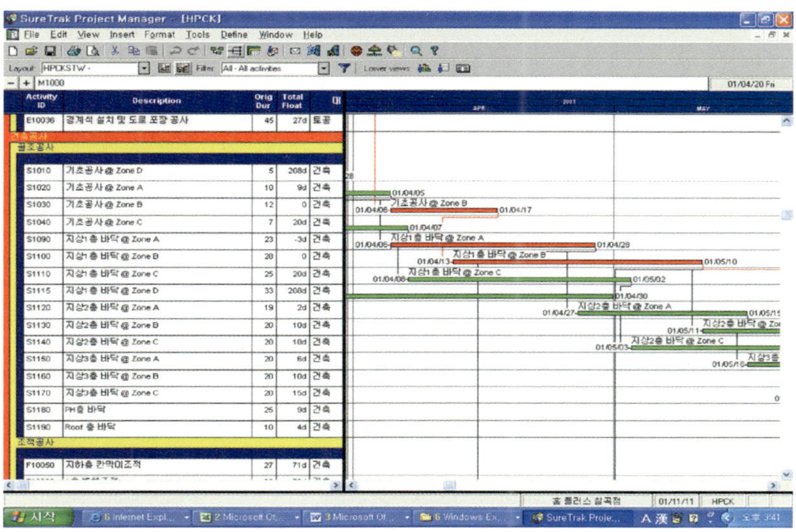

마무리 단계

- 대형 할인점의 특성상 마무리 업무 일정을 별도로 작성하여 집기설치에서 임대업체 투입 완료 일정, 각 실별 완료 일정을 작성하여 마무리 공사의 공정관리를 하였음.
- 잦은 설계변경으로 마무리단계에 집중될 수 있는 각 공정들의 업무를 사전에 검토하여 성공적인 개점(grand open)을 할 수 있게 하였음.

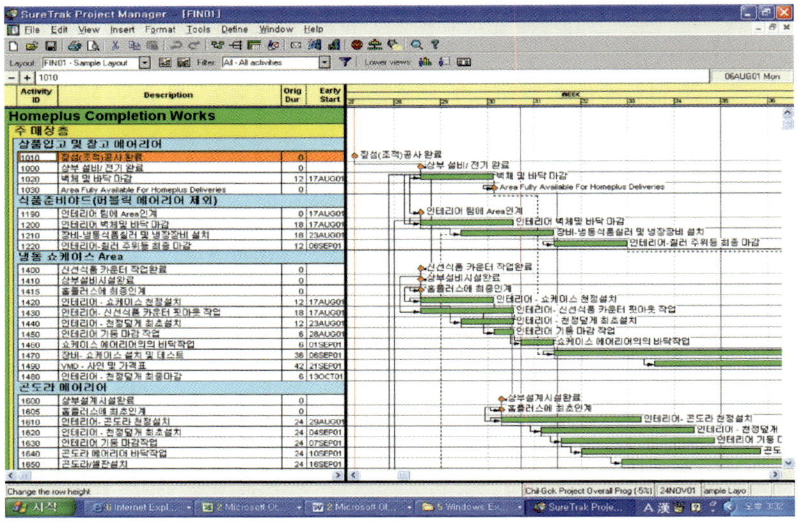

그림 4-5 CM 업무수행 단계별 전체 공정관리 절차

2) 원가관리(Cost Management)

시공단계의 원가관리 업무는 크게 시공단계의 VE, 기성실사 및 확인을 포함한 대 시공사 기성관리, 설계변경 및 클레임관리, 준공정산 등으로 구분된다. 또한, 변경 사항을 반영하여 준공 시 예상되는 총 비용을 지속적으로 추적, 관리하는 것도 시공단계의 중요한 원가관리 업무의 하나이다.

특히, 시공사가 제출한 설계변경의 처리절차를 명확히 하고, CM사의 원가관리팀(cost management team)의 지원과 축적된 가격정보를 활용하여 설계변경으로 인한 원가의 상승을 최소화하는데 원가관리의 역점을 두고 있다. 즉, 설계단계에서 이미 많은 VE 활동이 이루어지지만 시공단계에서 부득이 하게 발생하는 설계변경에 따른 공사비 상승에 대처하기 위하여 시공단계에서도 VE 가능 항목을 발굴하여 지속적인 원가절감을 추구한다. 시공단계에서 추진된 VE를 통하여 절감된 금액과 사례는 아래와 같다.

표 4-4 시공단계 VE 금액

(단위 : 천원)

	"Y" Store	"E" Store	"C" Store	Remarks
Civil work			30,000	
Architectural work	136,500	305,000	102,000	
Electrical	82,200	153,000	100,000	
Mechanical	215,900	184,500	224,300	
Total Saving	434,600	642,500	456,300	

3) 홈 플러스VE(Value Engineering)의 특징

시공단계의 VE 진행 방법은 설계 단계와 유사하나, VE 대상은 주로 설계의 문제점을 분석하고 시공성을 검토(constructability review)하여 도면에 따른 공사 구현이 가능한가 여부를 먼저 검토한다. 또한 공사에 필요한 가설공사나 공법을 위주로 경제성과 투입원가를 검토하고 특히, 프로젝트의 생애주기비용을 고려한다.

홈 플러스 프로젝트의 경우 적극적인 VE 활동을 위하여 워크샵을 실시하고 있으며, 아래 내용은 워크샵 시 제안된 주요 검토 항목 및 절감금액에 대한 적용 사례이다.

표 4-5 시공 VE와 시공성의 비교

구 분	VE	시공성
주안점	• LCC의 전체적인 절감	• 비용, 공기, 안전, 품질측면에서 건설과정을 최적화
수 행	• 설계기능을 유지하면서 LCC대안을 검토 • 아이디어 발상(Brain-Storming)	• 시공경험이 계획 / 설계단계에 반영되면서 종합적인 프로젝트 관리 수행
시 기	• 설계단계에서 시행 • 통상 설계완료 이후 비용 절감을 위한 과정으로 수행됨	• 계획단계에서부터 시공단계, 사용단계까지 지속

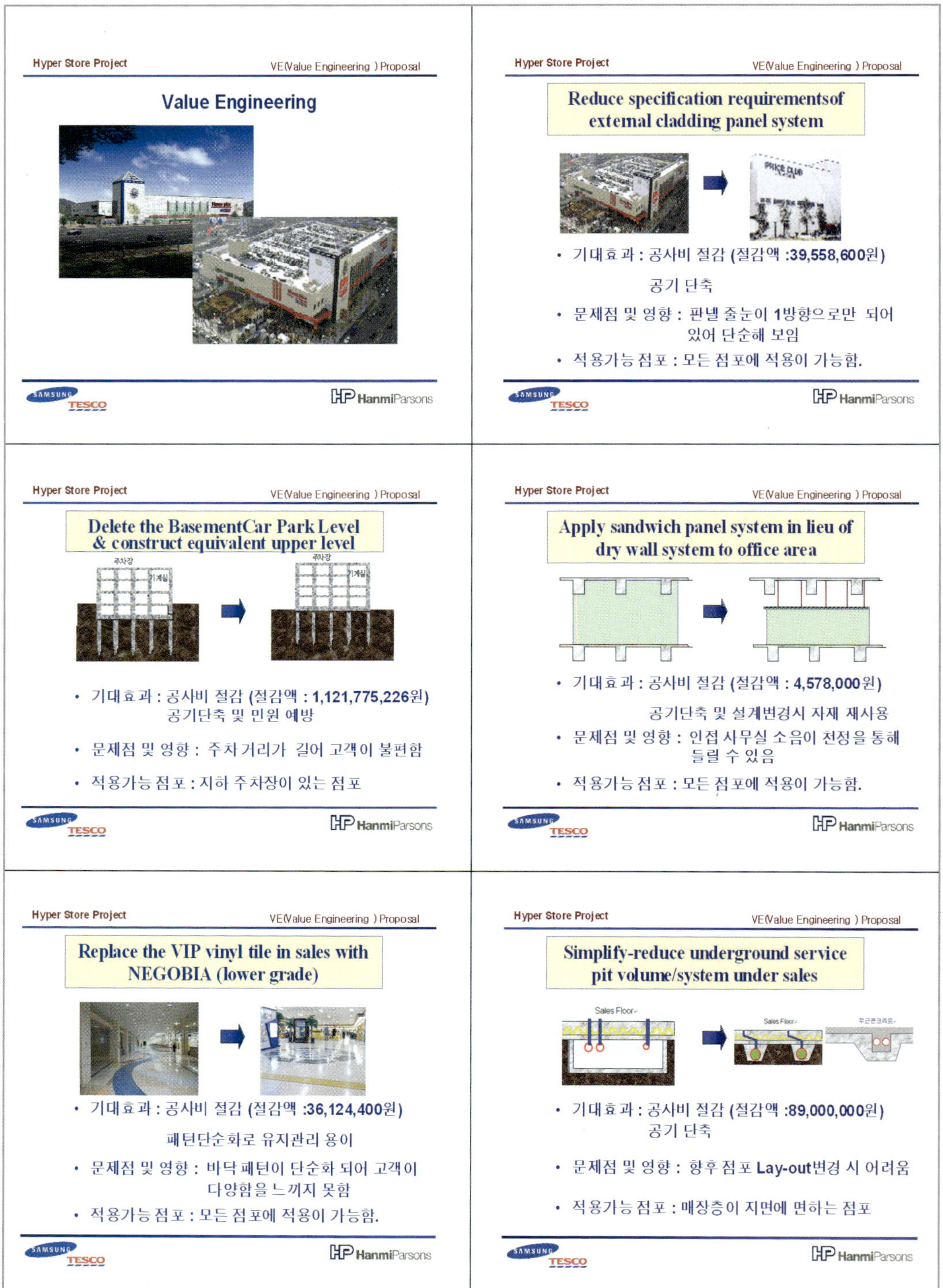

그림 4-6 워크샵 시 제안된 주요검토항목

4) 설계변경관리(Design Change Management)

기본적으로 설계 초기단계에 실시하는 설계관리에 의해 부적합 및 과설계 사항을 제거하여 설계변경 사항을 최소화하고, 공사 진행상 불가피하게 일어나는 설계변경 사항은 공사 착수 전 발주자, CM사, 시공사 간에 약정된 설계변경 요청 및 승인 절차에 따라 관리한다. 승인된 설계변경 사항에 대해서는 면밀한 검토 작업을 수행하여 설계변경이 공기 및 원가에 미치는 영향을 분석하고, 이를 월간 보고서에 기재함으로써 설계변경 사항으로 인한 공기 및 원가 영향의 책임한계를 명확히 하고 있다. 또한 설계변경에 관련된 문서의 체계적인 관리를 통하여 향후 발생할 수 있는 클레임에 대처한다.

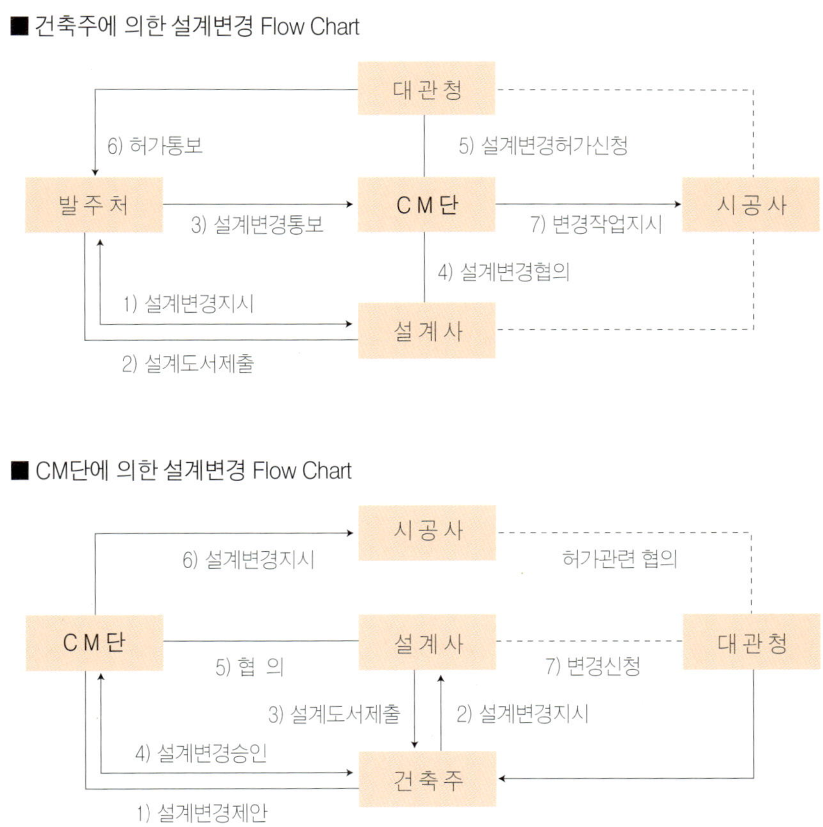

그림 4-7 설계변경 Flow Chart

위와 같은 기본적인 절차 및 방침에도 불구하고, 홈 플러스 매장은 일단 건설이 완료되면 수정이 어렵고, 준공 후에 수정 작업을 할 경우 점포 매출에 직결되기 때문에 공사 중에 결점을 최대한 보완해야 한다. 또한 할인 매장의 특성 상 마케팅 차원의 상품 진열 설계가 시시각각으로 변경되기 때문에 공사 중 설계변경이 불가피하게 발생한다. 발주자측에서도 가능하면 공사 중 변경을 억제하기 위하여 설계변경 시 승인을 받아 집행토록 통제하고 있지만 한계가 있다. 따라서, 현장 관리 시 설계변경을 최대한 억제하는 것을 원칙으로 하되 부득이한 경우는 사유와 금액을 명확히 하여 대처하여야 한다. 이 때문에 홈 플러스 프로젝트는 계약조항에 추가공사, 설계변경 및 정산에 대한 요건 및 절차가 여타 프로젝트에 비해 특별히 강화되어 있다. 홈 플러스 프로젝트의 공사중 발생하는 설계변경의 주요 사유는 다음과 같다.

- MD(Merchandizing Drawing) 변경 – 위치 및 크기 변경
- 내부 지침 변경 이나 도면이 내부 지침과 맞지 않을 경우
- 원 설계문제나 기능상 불합리할 경우
- 공간의 효율 향상 – 창고, 광고 또는 판매종목 변경
- 자재 또는 공법의 변경(시공사, CM 또는 발주처 요구)
- 운영팀의 필요에 의한 요구(지역본부장, 점장, 안전관리팀의 요구)
- 시설 관리팀의 관리상 요구.
- 국부적인 특성에 의한 설계변경
- 인테리어 설계로 인한 변경
- 임대업체(tenant)의 요구
- 법규 및 관 또는 민원 사항의 요구에 의한 변경
- 보험사의 요구

홈 플러스 프로젝트는 일반적으로 공기가 촉박하여 전체 공사기간이 여유없이 진행된다. 이 과정에서 시공사 입장에서는 부득이하게 야간공사 또는 자원의 추가 투입이 불가피하게 되는데 발주처 요인에 따른 돌관공사에 대한 추가 비용을 발주자에게 청구하게 된다. 여기서 말하는 돌관공사란 설계변경으로 인하여 본공사가 영향을 받아 예정 준공일을 준수하기 위하여 부득이 본공사에 대하여 돌관을 하게 된 경우를 말한다. 돌관공사임에도 불구하고 시공사 잘못으로 지연이 되어 돌관을 하게 되는 경우가 있으므로 경우마다 상황을 검토하여 추가 비용 여부를 적절히 판단하여야 한다. 따라서 실제 추가 비용에 대한 협상에 많은 시간과 노력이 소모된다.

5) 품질관리(Quality Management)

품질관리 업무는 시공사가 작성하고 프로젝트 매니지먼트팀이 승인한 품질관리계획서에 의거 예방적인 품질관리 활동에 중점을 두고 있으며 주요 업무는 주요 부위에 대한 검측, 주요 자재의 검사 및 승인, 부적합 사항에 대한 철저한 관리 등이다. 검측업무는 시공사가 제출한 검측요청서에 의거하여 수행되고 문서화된다. 또한 자재의 승인 시에는 KS 규격품 여부, 관련 시험의 수행 여부 및 시방 조항과의 비교 검토를 통하여 승인이 이루어질 수 있도록 관리한다. 시공 중 부적합 사항이 발생했을 경우에는 결함통지서(DN: Deficiency Notice), 부적합 보고서(NCR: Non-confirmance Record)의 발부를 통하여 품질을 추척, 관리한다. 또한 이러한 모든 사항은 문서화하여 향후 발생할 수 있는 문제에 대처할 수 있도록 관리하고 있다.

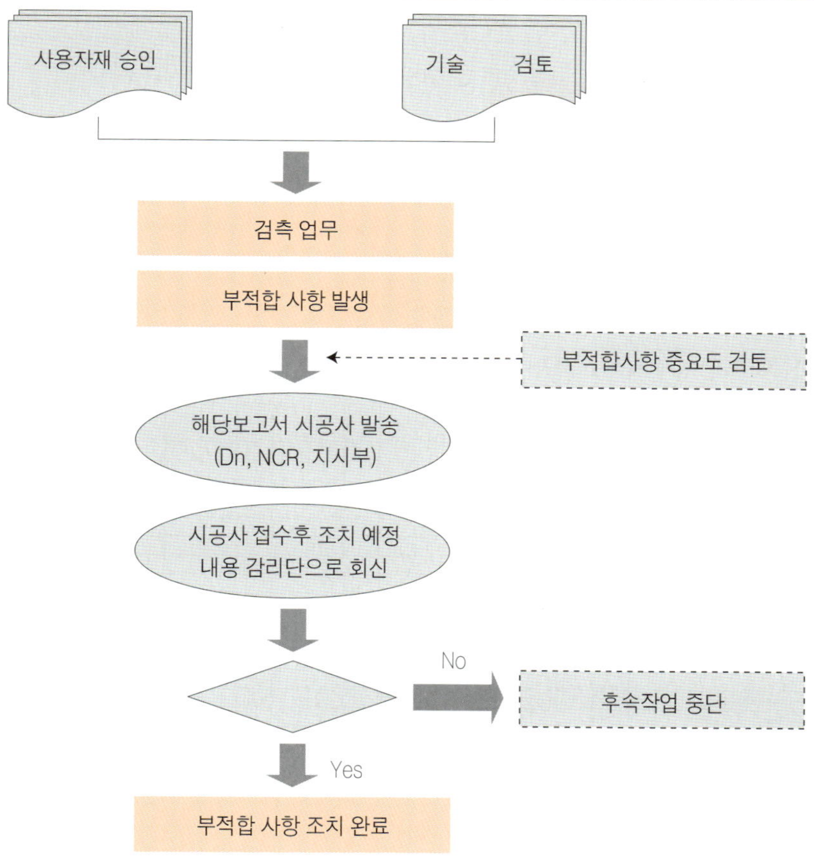

그림 4-8 부적합 사항 관리 프로세스

6) 안전관리(Safety Management)

대형할인점의 경우 촉박한 공기로 인하여 안전사고에 대한 위험이 매우 크기 때문에 이에 대한 철저한 관리가 요구된다. 현장에서의 안전관리는 정기적인 안전교육, 안전점검과 안전시설의 설치 이외에 위험요소의 사전발굴을 통한 안전사고의 예방에 중점을 두고 있다. 즉, 신 공정 투입 시 리스크 평가 매트릭스(risk assessment matrix)를 작성하여 위험요소를 사전에 파악하고, 여기서 파악된 위험요소를 집중 검토하여 리스크 평가 보고서(risk assessment report)를 작성한다. 현장의 점검(patrol)시에는 리스크 평가(risk assessment) 결과 위험의 발생요인이 높은 공종(activity)을 집중 관리하고 이러한 사항들은 안전관리 회의 주요 주제가 된다. 또한 현장점검 시 안전체크리스트(safety checklist)에 활용하여 체계적인 관리를 하고 있으며, CM사 본사의 안전팀(safety team)에서 정기적으로 수행하고 있는 안

리스크 평가 매트릭스

- 공사 진행 과정에 따라 리스크 평가 매트릭스를 작성하여 사전에 위험요소를 파악하였음.
- 신공정 투입시 위험요소를 사전에 파악하여 리스크 평가 보고서를 작성

한미파슨스 HanmiParsons

RISK ASSESSMENT MATRIX

PROJECT NO.	0101004	REPORT NO.	RM-001	DATE	2001. 3. 20
PROJECT NAME	칠곡 홈프러스 현장	ENG NAME/TITLE	최 정 열	SHEET	1 of 1

Activity	A	B	C	D	E	F	G	H	I	J	K	L	M	N	O	P	Q	R	S	T
Access & Egress			○																	
Storage & Security													○							
Electricity				○					○											
Excavations																				
Scaffolding																				
Confined Spaces						○														
Lifting Operations																				
Plant & Machinery																				
Lifting & Carrying																				
Existing Services																				
Temporary Works																				
Road Works																				
Smoking																				
Demolition																				
Water Hazards																				
Hazardous Substances																				
Noise																				
Non Employees																				
Asbestos																				
Contaminated Ground																				
Emergencies																				
Steel Erection																				
Roof Cladding																				
Waste Management																				
Other *(Please specify)*																				

RISK KEY

A	*Slip, trip or fall on same level.*	*F*	*Struck by moving vehicle/plant.*	*K*	*Asphyxiation.*	*P*	*Exposure to noise/vibration*
B	*Falling up to and including 2 metres.*	*G*	*Striking against objects.*	*L*	*Exposure/contact with harmful substances.*	*Q*	*Other (Please specify).*
C	*Falling over 2 metres.*	*H*	*Manual handling (lifting, pushing, pulling or carrying*	*M*	*Fire.*	*R*	*Other (Please specify).*
D	*Contact with moving machinery.*	*I*	*etc.)*	*N*	*Explosion.*	*S*	*Other (Pleasespecify).*
E	*Struck by moving, falling, flying objects.*	*J*	*Trapped by something collapsing or overturning.*	*O*	*Contact with electricity.*	*T*	*Other (Pleasespecify).*

리스크 평가 보고서

• 리스크 평가 매트릭스에서 파악된 위험요소를 검토하여 리스크 평가 보고서작성
• 시공사와 안전관리 회의를 주관하여 리스크 평가 보고서에 대한 내용 숙지 및 현장반영

RISK ASSESSMENT REPORT

한미파슨스 HanmiParsons

HANMI PROJECT NO.	0101004	REPORT NO.	001	DATE	2001.3.21
PROJECT NAME	칠곡 Homeplus 현장	HANMI ENG NAME/TITLE	김 기 인	SHEET	3 of 3

Activity	Level of Risk			Comments	Method Statement Req'd ? Y/N	Safety Training
	L	M	H			
Access & Egress		X		안전난간대 설치 안전 계단 설치		
Storage & Security	X			토류 옹벽 계측관리 실시		
Electricity						
Excavations		X		신호수 배치 법면 보양		
Scaffolding						
Confined Spaces						
Lifting Operations						
Plant & Machinery						

안전 체크리스트

• 안전 체크리스트에 의하여 주 2회 현장 안전점검실시 결과를 시공사에 통보
• 위험요소 발견시는 SCAR 송부하여 시공사에 시정토록 지시

HANMI WEEKLY SAFETY CHECKLIST

DATE: 2001/10/5
PROJECT/LOCATION: HOMEPLUS CHILGOK Store
INSPECTOR: J.Y.CHOI
SITE SAFETY ENGINEER: Y.W.Yun

Legend
A= In COMPLETE Compliance
B = Non-Compliance
(2=satisfactory, 1=marginal, 0=unsatisfactory)
N/A = Not Applicable = 0 points

Corrective Action
C = Corrected
D = Requires SCAR

SAFETY CATEGORY AND ITEM	TUE A	TUE B	TUE C	TUE D	FRI A	FRI B	FRI C	FRI D	Please Explain Item and Action Taken
1) JOB SITE INFORMATION(현장설명)									
a. Job site posters/warning signs posted? (현장 포스터 및 경고 표지 부착 여부)	2	2			2	2			
b. Initial job risk assessment on site? (현장에서 최초 작업위험 평가)	2	2			2	2			
c. Are risk assessments current? (위험평가가 현재 적용되고 있는가?)	2	2			2	2			
d. Are Emergency Plan/Numbers posted? (비상대책/연락망 부착 여부)	2	2			2	2			
e. Are Adequate First-Aid supplies available? (적절한 구급장비 준비 여부)	2	2			2	2			
f. Are Safety meetings held regularly? (정기적인 안전회의 개최 여부)	2	2			2	2			
g. Site management support? (현장소장 지원 여부)	2	2			2	2			
h. Site management safety attitude? (현장소장의 안전 마인드)	2	2			2	2			
Subtotal	16	16	0	0	16	16	0	0	
2) PERSONNEL PROTECTIVE EQUIPMENT (개인 보호 장구)									
a. Is every worker wearing a hard hat? (모든 작업자의 안전모 착용 여부)	2	2			2	2			
b. Is eye protection being used? (보안경 사용 여부)	2	2			2	2			

그림 4-9 리스크 평가 보고서(risk assessment report), 안전 체크리스트(safety check list)

전감사를 통하여 무재해 달성에 노력하고 있다.

7) 건물 인수인계(Hand-over)

공사완료 후 단계별 철저한 인수인계(hand-over)와 인수인계 기간의 단축은 개점일을 앞당길 수 있는 또 하나의 주요한 관리 포인트라고 할 수 있다. 홈 플러스의 경우 신점포 개점팀(New Store Open Team)과 점포 운영 및 관리팀이 공사 완료단계에 동시에 투입되어 인수인계 작업이 이루어지고 있어 관계자들의 의견 조율이나 상반된 이견의 조정, 반복적 회의 등으로 시간이 낭비되는 경우가 발생하였다. 따라서 이러한 업무의 체계적인 관리를 위하여 홈 플러스 공사의 인수인계 기준을 설정하여 인계인수 과정이 효율적으로 진행되도록 하였으며, 인수인계 작업과 집기 설치 작업이 동시에 이루어질 수 있도록 하여 공사완료 후 개점(grand open)까지의 기간을 단축하고 있다.

8) 추가업무(Additional Work)

이러한 관리업무 외에도 공사 종료 시 준공반성회를 통하여 당해 프로젝트를 통하여 잘 되었거나 개선된 부분(works done well & improved), 잘못되었거나 개선이 필요한 부분(works done wrong & to be improved), 시공 유의사항 및 대안(construction check point & alternative)을 분석, 제시하고 있다. 이 결과는 프로그램 매니지먼트팀에 공유되어 차기 프로젝트(차기 점포)에 반영할 수 있도록 한다.

5. CM 적용의 효과와 개선점

5.1 CM 적용의 효과

1) 원가관리(Cost Control)

할인점의 주요 설계변경 사항인 매장 레이아웃(MD도면) 변경 검토를 철저히 하여 MD 레이아웃 변경에 따른 시행착오를 줄임으로써 설계변경을 최소화하였다. 특히 발주처, 건설사업관리자 및 시공사와 협력하여 VE를 수행하여 원가절감에 기여하였다.

2) 품질관리(Quality Control)

시공계획의 면밀한 검토를 통하여 품질문제 예측 및 관리를 실시하였다. 골조 및 바닥 마감 등 발주처 요구조건 및 공사시방에 의한 품질기준을 사전에 설정하여 시공사의 품질에 대한 관심을 집중시켰으며, 공종별 품질기준 정립 및 품질보증 절차를 이행하도록 품질관리 업무를 수행하였다.

3) 안전관리(Safety Control)

신규자 안전교육, 정기 안전 교육, TBM(Tool Box Meeing) 실시 및 안전 체조 실시 등 안전관리에 상당한 수준의 관리를 하였다. 안전시설에 상당한 투자를 하고, 시공사 본사의 수시 안전점검 및 CM사의 안점점검을 통하여 안전의식을 고취하여 현장 완료시까지 무재해를 달성하도록 하였다.

4) 공정관리(Progress Control)

마스터 스케줄, 월간 스케줄, 주간 스케줄 등 지속적인 공정관리와 목표대비 지연 시 만회대책 마련 등을 통해 건설기간을 평균 1개월 이상 단축하는 성과를 달성하였다.

5) 설계관리(Design Management)

설계단계별 업무 목표를 설정하여 발주자 요구사항에 부합되는 설계성과물을 완성하도록 설계검토 및 관리업무를 수행하였다. 설계의 완성도 및 품질의 제고를 위한 단계별 설계 검토 회의 주관 및 시공성 검토, 원가절감 가능성 검토 등의 업무를 수행하였다. 이는 시공단계에서의 설계변경을 최소화하고, 원가절감에 기여한 바도 크다고 하겠다.

5.2 개선점

한미글로벌이 지금까지 홈 플러스 프로젝트를 성공적으로 수행하였지만 모든 과정이 만족스러웠다고 할 수는 없으며 아래와 같은 시행착오는 차기 프로젝트 수행 시 개선을 위한 많은 추가 노력이 필요함을 깨닫게 해주었다.

첫째, 할인점의 특성상 잦은 설계변경을 관리하기 위한 설계변경 관리의 목표 설정이 중요하다. 시점상 늦은 MD 레이아웃 설계변경, 공사구분의 세분화로 인한 업무범위(works cope)의 혼돈에 의한 설계변경 및 발주처 요구에 의한 설계변경 등을 사전에 예측 관리하여 변경을 최소화하여야 한다. 설계변경 처리방안은 공사비 및 공기에 대하여 종합적으로 검토하여 발주처에 대안을 제시하도록 하고, 건설사업관리자는 적극적인 대응으로 발주자의 손실을 최소화 하도록 하여야 한다.

둘째, 대형할인점 공사가 시작되면 인근주민과 주변에서 불법민원이 제기되어 공사지연을 야기시키고 있다. 실제 민원이 발생할만한 경우도 있지만, 민원을 제기한 주민들 중에는 왜 민원을 제기했는지 조차 이해하지 못하는 경우도 있다. 심한 경우는 보상금을 목적으로 한 대표자 몇 명에 의해 민원이 주도되는 경우도 있다. 따라서 민원에 대응하기 전에 민원의 성격을 면밀히 분석하고, 시공사를 중심으로 민원인에게 성심 성의껏 대하되 너무 서두르지 말고, 합리적으로 갈등을 해결하도록 조정할 필요가 있다.

셋째, 건설사업관리자가 성공적으로 프로젝트를 추진, 완료하기 위하여는 발주자의 전폭적인 지원이 필수적이다. 또한 발주자, 설계자 및 시공자와 유기적 연계를 통해 사업관리의 시너지(synergy) 효과를 극대화하는 것이 성공적인 업무수행을 위한 전제조건이다. 건설사업관리에 대한 이해부족, 특히 업무범위의 불명확으로 인한 비협조적인 태도는 전체 공사관리에 악영향을 미친다. 따라서 프로젝트 초기의 착수회의(kick-off meeting) 등을 통해 발주자가 직접 CM 및 프로젝트 참여자의 업무범위, 권한 및 책임사항을 명확히 하는 것이 필요하다.

6. 맺음말

건설사업관리자는 발주자의 대리인으로 발주자의 권한을 위임받아 시간, 비용, 범위, 품질, 안전 등 프로젝트의 전분야에 전문적인 관리기법을 적용하여 프로젝트의 유효성을 향상시키고 발주자의 권익이 최대한 보장되도록 노력하는 것이다.

본 프로젝트의 경우 건설사업관리자는 발주자의 본사 차원에서 수행하는 프로그램 매니지먼트와 현장 차원에서 수행하는 프로젝트 매니지먼트로 업무를 동시에 수행하여 원가절감과 공기단축을 통한 발주자 만족을 목적으로 하고 있다. 한미글로벌은 이러한 목표 달성을 통하여 현재까지 50여 개의 홈 플러스 프로젝트의 프로그램 매니지먼트와 프로젝트 매니지먼트 업무를 성공적으로 수행하고 있다.

현재 할인점은 대형화, 복합화 및 문화시설과 연계한 새로운 형식으로 발전하고 있다. 프로젝트의 초기단계에서 다양한 발주자의 요구조건과 기능을 만족시키고, 이해 당사자들의 복잡한 요구사항, 영향력, 제약 조건 및 개략적 예산 등을 성공적으로 관리하기 위한 프로그램 매니지먼트는 향후 그 필요성이 증대될 것이다.

현재까지 한미글로벌이 수행한 홈 플러스 건설사업관리에 대한 경험을 토대로 프로그램 매니지먼트와 프로젝트 매니지먼트의 성공 요인을 제시하면 아래와 같다.

첫째, 마스터 스케줄, 시공 스케줄, 월간 스케줄, 주간 스케줄을 계획과 실적을 대비하여 철저하게 분석하였다. 이 결과 도출된 문제점 및 문제점의 원인을 분석하고 이에 따른 대책을 강구하였다. 이러한 체계적인 공정관리 기법을 적용한 결과 10%이상의 공기단축 성과를 이룩하였다.

둘째, 수많은 설계변경은 원가의 상승요인이 됨으로 설계변경이 원가에 미치는 영향을 사전 분석하고, 점포의 표준화(매뉴얼 적용) 적용 및 MD 레이아웃(매장 레이아웃)의 조기 확정으로 설계변경 요인을 사전에 예방하였다.

셋째, 설계단계의 실시설계도서 완성도 향상과 시공단계에서 품질기준 제시 및 현장점검을 통한 재 작업 예방활동 및 부적합사항(DN, NCR, CAR)분석 등을 통하여 품질 확보를 달성하였다.

넷째, 리스크 평가(risk assessment)를 통한 사전 위험평가, 안전 체크리스트(safety checklist)에 의한 철저한 관리 및 긴급사항에 대한 SCAR의 발부 등 체계적인 안전관리 활동을 통하여 무재해를 달성할 수 있었다. 특히, 무재해 달성의 가장 중요한 요인인 현장대리인의 안전의식을 고양시키고, 정기적인 안전교육을 통하여 안전의 중요성을 강조하였으며 안전 및 환경관련 법규정을 준수토록 하여 지속적인 무재해를 달성할 수 있었다.

다섯째, 발주자의 승인기간을 확인하고 검토하여 이에 따라 공사일정을 조정하였다. 브랜치 스케줄(branch schedule)을 작성하여 구매 및 자재별 조달 가능 기간을 관리하였다. 이와 함께 사용자재에 대한 표준안(manual)을 작성하여 각 점포별 품질이 평준화될 수 있도록 관리하였다.

국내에 건설사업관리가 도입된 지 15년이 지났으며, 민간시장의 경우 CM 적용의 유효성이 인정되었으며, 공공 프로젝트의 경우 CM 적용이 지속적으로 확대되고 있다. 홈 플러스는 단일 프로젝트에 적용되는 CM과 프로젝트 매니지먼트의 수준을 넘어 새로운 관리형태로 발전하고 있는 프로그램 매니지먼트를 적용한 사례이다. 본 프로그램 매니지먼트 사례가 국내 CM 시장의 관리능력을 향상시키는데 일조하기를 바란다.

그림 6-1 완공된 홈플러스 점포

Part 07

MBC 기적의 도서관 프로젝트

C·O·N·T·E·N·T·S

1. 머리말

1.1 기적의 도서관 설립 취지

이 나라의 모든 어린이는 밝게, 바르게, 자유롭게 자랄 권리를 갖고 있다. 우리 사회는 어린이들에게 정당한 성장의 권리를 보장하고 꿈과 희망을 키울 기회의 평등을 확대해주어야 하며, 가능한 한 최선의 창조적 성장환경과 최선의 봉사를 제공할 수 있어야 한다. '기적의 도서관' 프로젝트는 바로 그런 기회, 환경, 봉사를 실현하기 위해 시민단체와 민간방송, 그리고 지방자치단체들이 함께 힘을 모아 전국 여러 지역에서 추진한 어린이 전용도서관 건립 사업이다.

한미글로벌은 이러한 설립 취지에 동참하여 '책읽는사회'와 문화방송(MBC)의 '!느낌표' 제작팀과 함께 전국 각지에 어린이도서관을 지어 주기 위한 공익사업인 '기적의 도서관' 프로젝트에 참여하기로 결정하였다. MBC는 방송 프로그램의 제작과 방영, 사업 홍보, 공익자금 조성 등의 과제를 담당하고, 책읽는사회는 도서관 건립 부지 물색과 선정, 설계와 시공, 소프트웨어 앉히기 등의 실무 작업과 집행을 담당하였다. CM은 설계관리, 전체 사업일정관리, 시공업체 선정, 공사관리 등 프로젝트의 전반적인 건설사업관리를 담당하기로 업무 협약을 체결하였다.

이에 따라 2002년 한 해 동안 '책을 읽읍시다' 방송코너에 느낌표선정 도서판매수익금과 초등학생, 독지가, 시청자 등의 선금으로 60억 원의 기금이 모였다. 국민이 책을 읽어 모은 이 기금으로 독서문화 진흥을 위하여 어린이 도서관을 짓기 위한 운동이 시작되었다.

1.2 전국 기적의 도서관 선정지역

기적의 도서관 건립 착수시 국립도서관을 포함한 우리나라의 공공도서관을 약 4백여 개로 이웃 일본의 2천 5백 개에 비해 7분의 1 수준이며, 독일의 6천 3백 개에 비해서는 무려 15분의 1의 수준에 머물고 있다. 공공도서관이 가장 많은 미국은 약 9천 개로 우리나라의 약 22배에 달한다. 인구대비로는 핀란드는 주민 3천 명에 공공도서관 하나, 독일은 주민 3천 9백 명에 하나, 덴마크는 4천 5백 명에 하나이다. 우리나라는 전체 인구 4천 5백만 명에 공공도서관 4백 개로, 주민 11만 5천 명에 하나인 셈이다.

기적의도서관 건립예정지역은 책읽는사회와 건립위원회에서 각 지방자치단체의 협조하에 MBC느낌표 프로그램과 같이 선정하였다. 각지방자치단체에서는 건립부지를 무상으로 제공하고, 이곳에 모금된 건립기금과 각 업체의 기부금으로 건축하여 기부체납하기로 하였으며, 운영은 민관이 공동으로 하는 것으로 결정되었다.

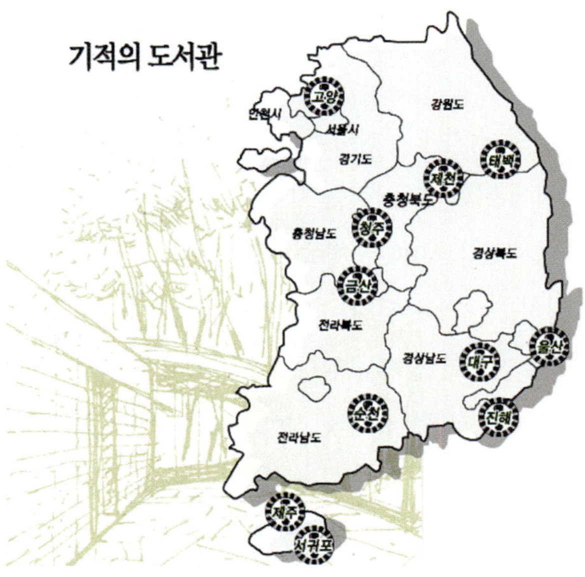

그림 1-1 전국의 기적의 도서관 위치

2. CM업무 현황

2.1 CM적용 기적의 도서관

기적의 도서관 프로젝트는 전국 여러 곳에 산재되어 있고, 150~300평 소규모 공사였으며, 공사비도 각 10억 내외로 방송국과 책읽는사회에서 모금한 한정된 예산을 가지고 추진되었다. 이에 CM사는 자사 사업영역 중 중소규모 건축사업에 적합한 사업관리방식인 e집 프로젝트 운영방식을 적용하여 사회공헌프로그램의 일환으로 참여키로 하고, 용역비의 45%를 도서관 건립비로 사회복지공동모금회에 기부하였다. CM사가 수행한 기적의 도서관 현황은 〈표 2-1〉과 같다.

표 2-1 CM적용 기적의 도서관 현황

건립순서	지 역	대지면적	연면적	건축가	공사비	시공사
1	전남 순천	1,270평	395평	정기용	1,699,500	유탑엔지니어링
2	충북 제천	1,500평	223평	조건영	1,080,970	원건설
3	경남 진해	758평	178평	정기용	676,200	광득종합건설
4	충북 청주	1,270평	251평	조건영	987,470	원건설
5	제주시	640평	200평	정기용	950,000	코랜드개발
6	서귀포시	4,900평	253평	정기용	1,105,940	가나종합건설
7	울산북구	272평	218평	조건영	931,150	남송종합건설
8	충남금산	519평	160평	조건영	705,650	하나종합건설

2.2 CM업무 내용

시민단체인 책읽는사회와 MBC느낌표 프로그램은 기적의 도서관을 전국에 지어주겠다고 방송을 한 후 어떻게, 얼마의 비용으로, 언제까지, 어떤 도서관을 지어 주어야 할지 전혀 계획을 잡지 못하고 있었다. 한미글로벌의 참여가 확정된 2002년 6월 본 프로젝트의 수행을 위한 착수회의(kick off meeting, KOM)가 개최되었고, 그 동안 한 번도 논의되지 못했던 현안 문제점과 향후 추진계획 등이 본격적으로 제시되면서 서서히 그 방향을 잡아가기 시작했다. 연말까지 3~4개의 도서관을 완공하여 느낌표를 통해 개관 방송을 한다는 목표아래 각 프로젝트당 예산을 배정하였으며, 이를 근거로 실시설계에 착수하였다. 이 후 CM은 건축허가, 설계도면 검토, 시공사 선정, 공사비 확정, 착공 및 안전기원제, 사용승인, 준공 및 개관식, 개관 후 하자보수까지 전체적인 관리업무를 담당하였다.

CM은 우리의 미래인 꿈나무들을 위한 '기적의 도서관' 프로젝트에 참여하여 쾌적하고 자연 친화적인 공간과 백 년이 되어도 항상 그 자리에 우뚝 설 수 있는 튼튼하고 실용적인 건축물을 창조하기 위해 노력을 다했다. 특히, MBC의 느낌표 방송프로그램의 일정에 차질이 없이 정해진 기간 내에 건축물을 완성할 수 있도록 철저한 일정관리를 수행함은 물론 초등학생을 포함한 각계 각층의 정성 어린 성금이 단 한 푼도 헛되게 쓰여지지 않도록 원가관리에 최선을 다하였다. 또한, 시민의 기금으로 지어지는 공익 프로젝트임을 감안하여 모든 입찰과정의 투명성과 공정성에도 만전을 기하였다.

본 프로젝트는 사업기획에서부터 설계관리, 원가관리, 공정관리, 안전관리, 품질관리에 이르기까지 건설 전 과정에 각 분야의 전문가를 투입하여 관리함으로써 공공 프로젝트에서의 건설사업관리의 필요성을 확인시켜준 계기가 되었다. 특히, 수 많은 프로젝트 참여자 – MBC, 책읽는사회국민운동, 설계자, 지자체, 각 지역 건립위원회, 후원 및 기부단체, 학부모단체, 최종 이용자인 어린이–들의 복잡한 이해관계를 해결하는 것이 이 프로젝트의 가장 중요한 요소임을 인식하고, 협의체를 운영하여 적극적으로 이해관계를 조정함으로써 프로젝트를 성공리에 완수할 수 있었다.

더욱이 CM사는 창사 이래 지속적으로 시행하고 있는 사회공헌활동의 일환으로 본 프로젝트에 참여하였기 때문에 기적이 도서관이 지역사회와 미래의 꿈나무인 어린이들이 자유로운 상상과 탐험, 발견의 기쁨을 경험하며 자랄 수 있는' 기적의 공간' 이 될 수 있도록 최선을 다했다.

1) 시공사 선정 업무

(1) 시공사 선정 절차

본 프로젝트는 시민단체인 책읽는사회와 각 지방자치단체, MBC방송국에서 주관하는 프로젝트로 가장 투명한 방법으로 한정된 예산 내에서 적정한 업체를 선정하는데 중점을 두고 업무를 추진하였다. 업체 선정 시 발생할 수 있는 잡음을 최소화하기 위해 사전에 업체선정기준을 수립하여 각 지방자치단체에 통보하고, 10여개 업체를 추천 받아 사전입찰참가자격심사(PQ)를 통하여 현장설명 참여업체를 선정하였다. 현장설명 후 현장설명에 참여한 업

그림 2-1 시공사 선정절차

체를 대상으로 입찰을 실시하여 최저가 업체를 낙찰자로 하고, 예산이 초과할 경우는 선정된 업체와 협의를 통하여 최종계약금액을 확정하였다.

이러한 공정하고 투명한 입찰업무를 수행했음에도 서귀포 기적의 도서관의 경우 제주도 내 10개 업체를 추천 받아 입찰을 실시하였으나, 공사금액 및 촉박한 공기 때문에 한 업체도 입찰에 참여하지 않는 사태가 발생하였다. 재입찰 또한 유찰되어 서귀포시와 책읽는사회의 적극적인 추천을 받은 업체와 수의계약을 체결하였다.

공사비는 적고 공사기간이 짧으며 규모가 작은 프로젝트의 특성상 업체들이 적극적으로 참여하지 않아 당초 업체선정기준에 부합하는 적정한 업체를 선정하는 데는 많은 어려움이 있었다. 그러나 8개의 도서관 건립에 참여 했던 업체들은 일부 공사금액을 건립 기금으로 기부하면서 참여하는 등 적극적인 업체도 많았다.

(2) 업체선정 기준 및 계약조건

업체 선정에 있어 공정성과 투명성을 확보하기 위하여 업체추천기준, 절차 및 계약방식을 아래와 같이 선정 · 적용하였다.

〉〉 업체추천기준

① 건축공사업 면허(또는 토건공사업)를 보유한 건립지역업체

② 시공능력공시액 100억이상

③ 유사공사실적(학교, 도서관, 관청 등) 보유업체

④ 지역사회에 도서관건립으로 공헌하고자 하는 의지를 가지고 있는 업체

〉〉 입찰방법: 지명경쟁입찰

〉〉 공사계약방법: 일괄도급(Lump Sum Price Contract)

〉〉 현장설명참가 업체 선정: 추천업체를 대상으로 PQ(사전입찰참가자격심사)를 통과한 업체 중 상위 3개 업체 초청

〉〉 낙찰자선정

입찰서 접수 후 개략적인 수량, 단가, 간접비, 견적성실도 및 대안제시서 등을 비교, 검토하여 '최저가 낙찰자'로 정하되 최저 입찰가격이 각 프로젝트 예산금액을 초과하였을 경우 최저가업체와 수의 시담하여 결정

〉〉 대금지급조건

- 지급 통화 – 원화(KRW)
- 지급 방법 – 현금
- 선급금 – 계약 금액의 10%
- 기성금 지급 – 계약체결 일부터 공사기성율에 의거 매월 지급
- 계약 이행 보증 – 계약금액의 10%

- 보증 기간 – 건설산업기본법 28조 및 시행령 30조 「하자담보 책임기간」에 기준
- 하자 이행 보증율 – 총 공사비의 3/100
- 지체상금율 – 매 지체일수 마다 총 계약금액의3/1,000

(3) 분리발주(철골트리구조) 사례

공익건축활동을 꾸준히 해온 조건영 건축가가 설계한 철골트리구조는 원형파이프 3개가 3차원의 3단으로 조립되어 한 그루의 나무를 형성하는 구조로 설계되어 업체선정을 위해 많은 시간과 노력을 필요로 했다. 국내 유수의 철골전문업체에 문의했으나 어느 업체도 선뜻 나서지 않았다.

CM사의 사내 인터라넷을 통해 직원들로부터 5개 업체를 추천 받았으나 기술적인 어려움 등으로 모두 포기한 가운데 순천에 한 업체가 적극적인 참여의사를 밝혀와 건축가와 함께 순천공장을 직접 방문하여 개발을 요청하였다. 업체는 공사비가 너무 적고 개발하다 실패할 경우의 책임문제를 들어 참여를 꺼려하였으나, 향후 동일한 구조로 4개 정도를 지을 예정이며 국내 최초로 시도되는 특수구조 임을 설득하여 가까스로 개발에 착수할 수 있었다.

가장 큰 문제는 역시 나뭇가지처럼 뻗어 나가는 3차원 구조에 연결되는 주물제작이었다. 먼저 목형으로 각도에 맞추어 제작하고, 그 다음 주물로 생산하는 것으로 의견을 모으고, 3D로 시공도면을 작성한 다음 창원의 주물공장을 수소문하여 드디어 제작에 성공하였다. 이는 초기에는 거의 불가능해 보이는 일이었지만 프로젝트 참여자 간의 협업을 통해서 성공적인 결과를 이끌어 낸 사례라고 할 수 있으며, 기적의 도서관의 미적 감각을 고양하는데 일조하여 보람을 찾을 수 있었다.

2) 설계관리

(1) 도서관 설계 개요

앞서 언급하였던 조건영 건축가 외에도 기적의 도서관 프로젝트의 설계는 본 사업의 취지에 동참하는 정기용 건축가가 참여하였다. 두 건축가 모두 구조적으로 안정적이면서도 실용적인 건축물 창조를 위해 철골철근콘크리트 구조형식으로 설계하였으며, 도서관이라는 용도를 제외한 모든 요소가 서로 상이하였기 때문에 설계관리에 많은 노력이 필요하였다.

표 2-2 도서관별 공사 규모 및 마감재

도서관명	공사규모			주요 외부마감
	건축면적(㎡)	연면적(㎡)	층 수	
순천	966.43	1,304.00	2F	적삼목위 오일스테인, 드라이비트, 스톤 코트
제천	753.71	733.26	1F	적삼목위 오일스테인, 치장벽돌 쌓기
진해	587.79	580.11	2F	치장벽돌 쌓기, 부분 홍송위 오일 스테인
청주	583.85	829.88	B1,1F	적벽돌치장 쌓기
제주	569.79	661.63	2F	드라이 비트
서귀포	735.05	835.87	2F	알루미늄 복합판넬
울산	356.21	728.50	B1,1F	적벽돌치장 쌓기
금산	486.15	528.52	B1,1F	적벽돌치장 쌓기

(2) 순천 기적의 도서관 설계관리 사례

• 설계 컨셉

정기용 건축가는 "쇠와 나무, 물과 빛 흙이 어우러져 하나의 집이 탄생한다. 쇠는 안에서 단단히 지탱해준다. 건물 밖은 나무는 집을 에워싸는 자연의 옷이다. 흙은 늘 대나무를 자라

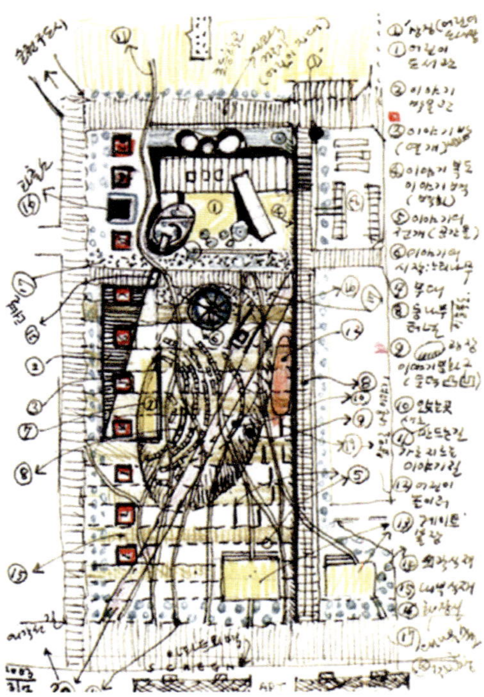

그림 2-2 계획설계스케치(건축가 조건영)

게 하고 옥상의 물은 끊임없이 흘러 지혜의 샘을 이루고 천정에 뚫린 둥근 창은 하늘에 빛을 실어 나른다. 나는 이 도서관이 어린이들로 하여금 상상의 여행을 떠나게 하는 작은 우주가 되길 바라는 마음으로 지었다."고 순천 기적의 도서관 설계 컨셉을 밝혔다.

• 평면계획

1층 평면 계획은 열람실, 구연동화실, 유아실, 전시코너, 카페코너, 강당(연극, 전시회, 발표회, 영화 등 다목적실), 사무실 및 서고로 구성되어 있고 외부에는 야외극장, 외부 독서정

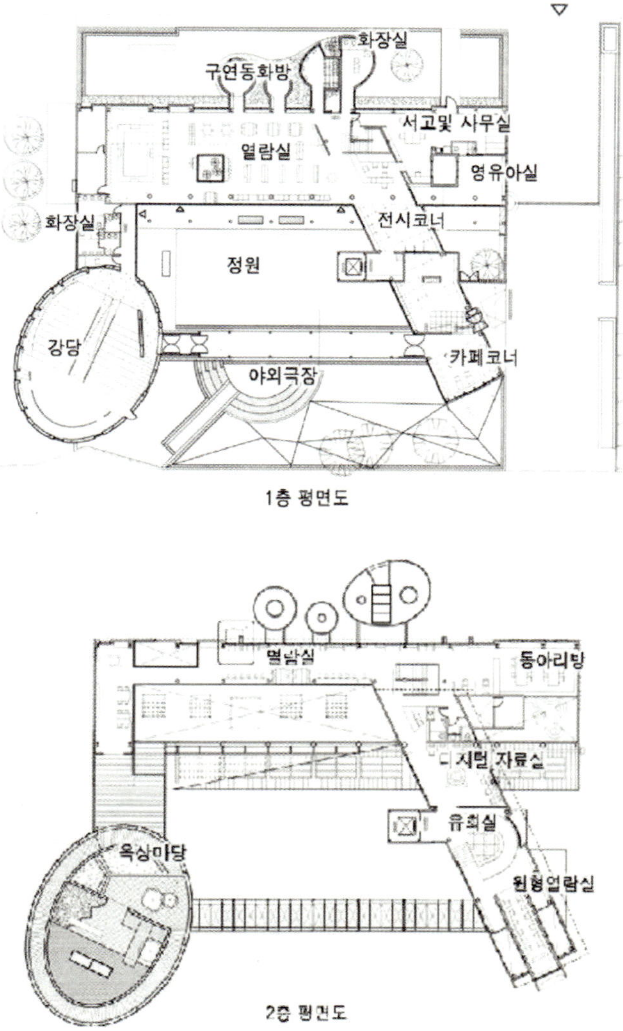

그림 2-3 1, 2층 평면도

원, 유아놀이공간으로 구성되어 있다. 열람실은 지붕을 오픈하여 비와 빛이 들어오게 내부정원을 만들고 대나무를 심어 자연과 조화를 이루는 친환경설계로 되어있다. 또한 천장은 3개의 천창을 두어 자연의 빛이 열람실 내부로 들어올 수 있도록 하였고, 화장실은 어린이의 엉덩이 형태로 남녀 화장실을 구분 하였다. 모든 자재 및 색상선정은 건축가와 협의하여 하나하나 결정하였다. 일부 색상은 10번까지 다시 도장 하면서 색상을 결정한 경우도 있었다.

내부구조는 원형파이프 철골구조로 중 이층으로 설계되어 있어 전면은 낮고 2층 부위는 높은 경사지붕을 설치하도록 되어있다. 열람실은 일부분의 레벨을 낮추어 그 곳에서 놀면서 책을 읽을 수 있도록 하였다.

2층 평면계획은 중 이층으로 설계하여 1층과 오픈 되도록 하였고 동아리방과 유회실, 전자책 열람실, 원형열람실을 배치하였다. 원형열람실은 비행기를 타고 책을 보는 것처럼 원통형으로 내부에서 외부를 볼 수 있도록 설계되어 있다. 강당의 옥상에는 그림을 전시할 수 있는 공간과 물을 채워 풀과 나무를 심을 수 있도록 하였고 내부칸막이를 두어 돌아가면서 전시물을 볼 수 있도록 설계되어 있다.

그림 2-4 열람실 내부

그림 2-5 도서관 측면 사진

(3) 제천 기적의 도서관 설계관리 사례

• 설계 컨셉

제천 기적의 도서관 설계한 조건영 건축가는 "하늘을 떠받치고 있는 다섯 그루의 나무는 성장과 지혜를 나타내는 우주나무입니다. 투명한 열람실에는 사과나무 밭을 지나온 햇살이 어디서든 환하게 들어오고 있습니다. 밤에는 별과 달도 와서 책을 읽을 수 있습니다. 열람실 앞쪽에는 반달모양의 야외극장이 자리잡고 있습니다. 나머지 반달은 여러분들의 아름다운 노래와 화음과 책 읽는 소리로 채워주세요."라고 설계 컨셉을 이야기하였다.

• 평면계획

3개의 원형파이프를 한 그루의 나무로 구성하여 총 다섯그루의 나무가 지붕을 떠받칠 수 있도록 설계한 철골파이프 트리구조로 열람실을 구성하였으며, 외부는 통유리를 사용하여 개방감이 있도록 하였다. 원통형의 스토리타워를 계획하여 원통의 방에서 이야기를 들을 수 있는 공간을 구성하였으며, 다목적실을 두어 발표회, 연극 등 다양한 프로그램으로 어린

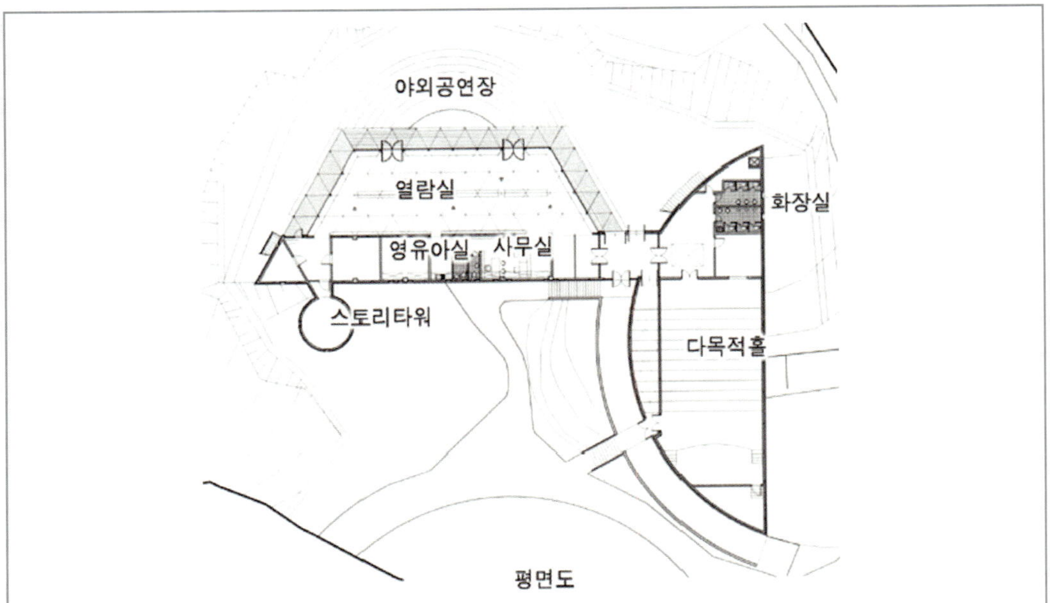

그림 2-6 도서관 평면도

이들을 단순히 책을 읽는 공간만이 아닌 즐길 수 있고 스스로 학습할 수 있는 공간으로 배려하였다. 또한 외부에는 다양한 자연학습을 할 수 있는 텃밭을 두어 여러 가지 채소, 꽃, 식물 등을 재배하면서 관찰할 수 있도록 하였다. 그리고 외부관람실을 배치하여 어린이들이 장기자랑도하고 함께 어우러져 사랑을 나누며 이야기할 수 있도록 하였다.

도서관이 어린이들의 전용공간으로 쉽게 접근하여 안전한고 편안한 가운데 책을 가까이 할 뿐만 아니라 책 이외에도 구연동화, 발표회, 연극, 영화 등을 즐길 수 있도록 설계되었다.

그림 2-7 철골 트리구조

3) 설계변경 관리

예술성이 높은 공간을 창조하기 위한 건축가들의 노력은 시공성, 활용성, 유지관리 및 안전측면에서 문제점이 지적되어 설계 및 시공단계에서 설계변경의 원인이 되기도 하였다. 설계변경의 대표적인 사례는 아래와 같다.

표 2-3 프로젝트별 설계변경 사례

현장명	설계상 문제점
순 천	• 외벽이 홍송 목재마감으로 매년 오일스테인 칠하는 등 유지보수 문제 • 외벽(홍송) 및 지붕(징크) 고가자재로 원가상승 • 예산을 맞추기 위해 설계변경 발생 많음
제 천	• 외부 오픈 부위(출입문창호 5개소 및 전시홀 지붕) 추가 처리 • 열람실면적이 다목적실면적보다 적음(도서관의 기능적인 측면에서 열람실이 더 커야 함) • 동선에서 열람실 옆에 주화장실이 없어 로비를 통하여 신발을 신고 다목적실 화장실을 이용해야 하는 불편
진 해	• 외부 커튼월 창호 마감부분이 너무 많고 높아 여름냉방비용 과다 발생 • 외부시설(야외 독서데크)에 공사비가 많이 소요됨으로 인하여 본 건물 마감자재 저가사용 우려
청 주	• 열람실면적이 다목적실면적보다 적음(도서관기능적인 측면에서 열람실이 커야함) • 각 실이 노출천정으로 인하여 에어컨배관 배선 처리문제 • 2층 주출입구 로비 외부오픈 부위 처리
제 주	• 옥상 스라브 경사가 심하여 어린이들이 사용시 매우 위험함(옥상폐쇄조치) • 건물골조구조(경사와플폼)공사비에 전체공사비의 37%가 투입되어 마감공사비 부족 • 초기투입공사비를 줄이기 위해 전기보일러를 기름보일러로 변경 필요
서귀포	• 제주도 특수지역(바람, 강우)으로 지붕이 샌드위치 판넬과 외벽 알루미늄 복합판넬 마감의 문제 있음(콘크리트구조설계) • 자연환경를 살리기 위한 설계는 좋으나 공사비소요가 많음(외벽마감 2중 금액 소요)
울 산	• 열람실면적이 다목적실면적 보다 적음(도서관기능적인 측면에서 열람실이 커야함) • 각 실이 노출천정으로 인하여 에어컨배관 배선 처리문제 • 지하층 설계로 인하여 별도 흙막이 공사비 소요로 원가상승
금 산	• 산등성을 절토하여 건물을 신축함으로 후면부분이 옹벽으로 막히고 과다한 토사절토로 공사비 상승 • 주출입구 홀 온돌마루 시설 필요 • 화장실 접근이 쉽도록 하고 유아화장실 필요

4) 공정관리

(1) 프로젝트별 공사기간

기적의 도서관의 경우 프로젝트 규모는 작으나 예술성이 강조되고, 예산의 제약이 매우 큰 반면 공사기간은 짧다는 특징이 있다. 특히, 일부 도서관은 MBC의 방송 프로그램 일정과 연결되어 있어 공정관리의 중요성은 아무리 강조해도 지나치지 않은 상황이었다.

따라서 방송일정과 관련된 도서관의 경우 정상공기는 8개월이 소요되어야 하나 방송일정에 맞추어 개관식을 방송해야 하는 관계로 공사기간을 4개월로 확정하여 야간 및 돌관작업 수행을 통해 일정에 지장이 없도록 완공한 경우도 있었다.

표 2-4 기적의 도서관 공사기간

건립순서	도서관명	시공사	허가일	공사기간	개관일	비 고
1	순천	유탑엔지니어링	03. 6. 21	03. 7. 5～11. 10(4개월)	03. 11. 10	방송일정
2	제천	원건설 성창기공	03. 9. 8	03. 8. 25～04. 1. 5(4개월)	04. 1. 15	방송일정
3	진해	광득종합건설	03. 8. 21	03. 9. 29～04. 1. 30(4개월)	04. 2. 2	방송일정
4	청주	원건설 성창기공	03. 8. 23	03. 10. 1～04. 3. 31(6개월)	04. 7. 17	
5	제주	코랜드개발	03. 9. 4	03. 10. 1～04. 5. 4(5개월)	04. 5. 5	
6	서귀포	가나종합건설	03. 11. 1	03. 11. 10～04. 4. 10(5개월)	04. 5. 5	
7	울산	남송종합건설 진산공업	03. 8. 21	03. 12. 20～04. 6. 20(6개월)	04. 7. 7	
8	금산	하나종합건설 성창기공	04. 11. 20	04. 12. 8～05. 5. 4(5개월)	05. 5. 5	

(2) 공정관리 문제점 및 해결방안

당 사업의 모든 관리대상 프로젝트의 촉박한 사업기간으로 인해 공정관리가 매우 어려웠으며 그 중 특히 어려움을 겪은 프로젝트는 순천 기적의 도서관이다. CM단은 당초 정상 건설공기를 8개월로 제안하였다. 그러나 방송일정 관계로 실제공기 97일만에 공사를 완공하였다. 이는 장마와 태풍(매미)의 영향을 극복하고 최단 기간 내에 완공하여 CM의 공정관리능력을 보여준 대표적인 사례이다. 이 밖에 방송일정이 잡힌 진해도서관은 120일에, 제천도서관은 125일에 완공하여 성공적으로 방송이 되도록 공기를 단축하였다.

사업일정 내에 공사를 완료하기 위하여 패스트 트랙(fast track) 등 다양한 공기단축 방안을 적용하였다. 즉, 공사 착공 전에 실시설계가 완료되지 않은 프로젝트의 경우는 초기 기초도면과 구조도면으로 공사를 진행하면서 실시설계를 수행하는 패스트 트랙 방식을 적용하였으며, 각 현장에 시공상세도(shop drawing) 담당자를 상주시키면서 시공도면 작성 및 승인

업무를 시행하고, 승인 즉시 시공에 들어가도록 관리하였다.

또한 CM단은 시공사, 하도급업체, 설계사무소 및 건축주가 서로 긴밀한 협조로 할 수 있도록 코디네이터 역할을 수행하였고, 문제 발생 시 각자가 최대한 협조할 수 있는 관계를 유지하여 일정을 준수하도록 유도하였다. 월 2회 CM단이 주관하는 공정회의를 실시하여 공정의 문제점을 공유하고 상호 협조 하에 해결할 수 있도록 하였으며, 특히 공정회의 시에는 하도급업체 대표자를 직접 참여시켜 문제점을 스스로 해결할 수 있도록 유도하였다.

이 외에도 설계사무소와 긴밀한 협조체제를 유지하여 주요 자재를 조기에 결정하고, 일부 설계직원을 현장에 상주시켜 설계변경으로 인한 공사지연이 발생하지 않도록 관리하였다. 또한 적정한 설계변경안이 도출되었을 경우 건축주가 조기에 확정할 수 있도록 유도하였으며, 예산 초과 분에 대한 결정 시에는 충분한 관련 자료를 제공하고 조속히 결정을 유도하여 의사결정의 지연으로 인한 손실이 발생하지 않도록 하였다.

표 2-5 순천 기적의 도서관 일정관리 현황

일 시	주 요 일 정	비 고
2003. 06. 12	기적의도서관 프로젝트관계자 회의(패스트 트랙 방식, 공사기간4개월)	
06. 17	기적의도서관 프로젝트관계자 회의(2차)	
06. 18	순천시청방문(순천시장,담당공무원 면담)	
06. 21	건설업체(8개업체, 계획도면배부)입찰참여요청	
06. 24	건축허가	순천시청
06. 27	2개 업체 입찰 참여	
07. 02	건설업체 선정 건축주에 통보	
07. 04	도급계약체결	유탑엔지니어링
07. 05	착공신고	순천시청
07. 15	기초설계변경(말뚝기초⇒팽이기초)	
07. 24	안전기원제	
07. 30	기초공사완료	
08. 27	철골조립완료	
10. 06	MBC느낌표 촬영	
10. 24	도급계약변경(강당공사비추가)	
11. 04	본사 전기설비 준공점검	
11. 08	사용승인 완료 (공사기간: 4개월)	순천시청
11. 10	준공식 및 개관식(느낌표촬영)	

(3) 순천도서관 패스트 트랙 적용

순천도서관의 경우 촉박한 공기로 인하여 패스트 트랙으로 공사를 진행하였다. 소형 프로젝트의 공기단축을 위해 패스트 트랙을 적용한 사례는 최초라고 생각된다. 순천도서관은 평면, 입면, 단면도 등 기본도면 7장만으로 공사를 시작해야 하는 상황이었다. 기본도면에 의거 터파기공사를 착공하였으며, 터파기공사 진행 중에 구조도면이 완료되어 즉시 철골공사 시공도면을 작성하였다. 철골을 발주하고 파일, 독립기초, 지중보 및 슬라브로 되어 있는 기초설계를 팽이기초 전문업체에 구조검토를 요청하여 팽이기초로 변경하였으며, 이를 통하여 1층 바닥 슬라브와 메트기초를 동시에 타설할 수 있도록 조정하여 기초공사 기간을 2주 정도 단축할 수 있었다.

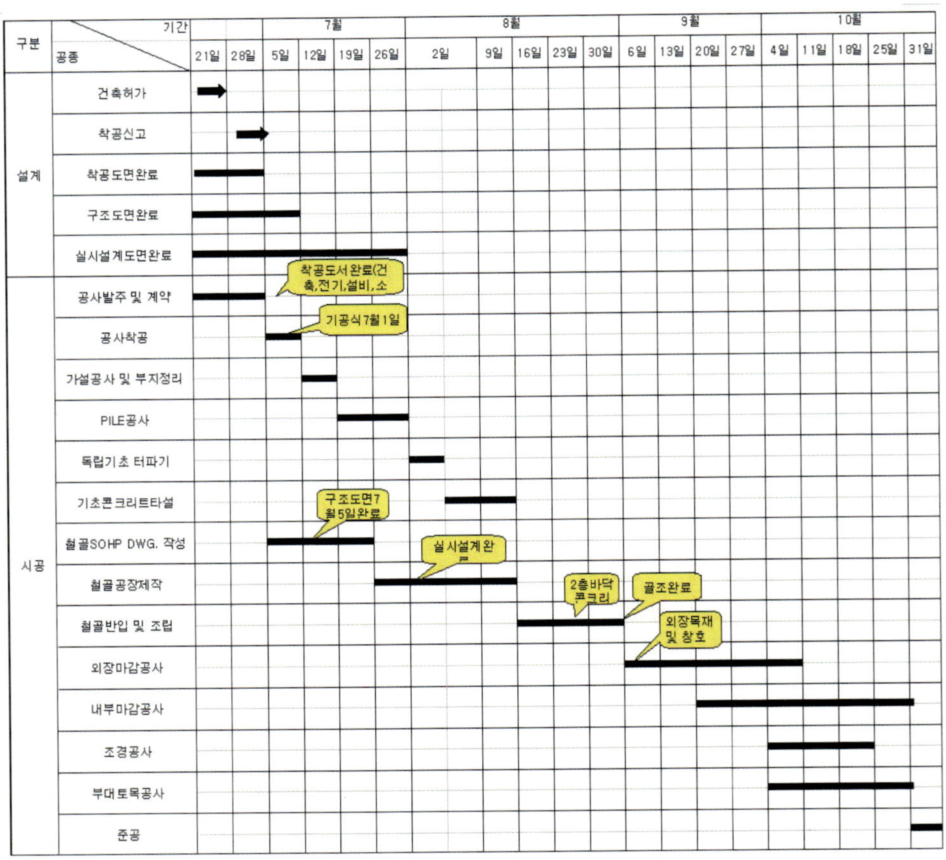

그림 2-8 전체 공사일정표

기초공사를 수행하는 동안 골조도면이 완성되어 철골공사와 철근콘크리트공사를 동시에 실시하였으며, 슬라브 거푸집은 합판 거푸집을 사용하지 않고 페로데크를 사용하여 공기를 단축할 수 있었다.

최종 실시설계도면이 8월초에 완료되었으나 도면의 완성도 부족으로 현장시공이 불가하여 설계사무소 직원과 시공 상세도 기사를 현장에 상주토록 하여 미비한 실시설계도면을 보완하고, 동시에 시공 상세도를 작성하는 돌관방식으로 공사를 수행하기도 하였다.

패스트 트랙을 적용할 경우 정확한 공사비 산정 및 확정이 불가하여 공사비상승 요인이 될 수 있었으나 공사 착수 전 자재샘플을 제출하게 하여 단가 및 공사비를 선(先)확정하여 시행하고, 설계변경이 발생할 경우 공사비 승인 후 시공하도록 함으로써 공사비 상승을 억제할 수 있었다.

5) 원가관리

본 프로젝트는 도서관 건립비가 '!느낌표' 도서 선정으로 인한 이익금과 각종 기부금 등으로 조성되어 사업비 예산 초과가 불가능한 구조적 한계가 있었다. 따라서 한정된 예산 내에서 공사를 완료해야 하는 상황이었으나, 예술성을 지나치게 강조하다 보니 사업비를 초과하게 되었고, 이를 조정하는 업무가 원가관리의 핵심 요소였다.

(1) 입찰금액 조정

입찰금액의 조정은 원가관리 중 가장 어려운 업무중의 하나였다. 책읽는사회와 MBC느낌표 프로그램은 도서관 건립비로 모금한 금액을 각 지역별로 할당하여 예산을 확정하였기 때문에 사업비는 턱 없이 부족한 실정이었다.

이러한 상황에서 입찰을 실시하였으므로 입찰금액이 예산을 초과하는 것은 당연한 결과라고 하겠다. 순천도서관의 경우 입찰금액이 당초예산의 60% 이상을 초과하였으며 그 외의 프로젝트 역시 당초 예산을 50~90% 정도 초과하였다.

CM단은 당초 예산 내에서 공사를 수행하기 위하여 발주자, 건축사와 협의하여 냉방 설비, 조경공사, 조형물공사, 인테리어공사 등의 항목을 제외한 일부 마감재를 변경하여 공사비

표 2-6 현장별 공사금액 조정내역 (단위 : 천원, V.A.T 포함)

기관명	면적(평)	당초 확보예산	평당 예정단가	입찰금액(평당금액)	계약금액(평당금액)	차액(입찰-계약)
순천	396	1,500,000	3,789	2,400,000 (6,060)	1,699,500 (4,293)	700,000
제천	222	1,000,000	4,484	1,510,000 (6,802)	1,080,97 (4,869)	42,030
진해	185	600,000	3,529	920,000 (5,411)	676,200 (3,655)	243,800
청주	251	1,000,000	5,000	1,110,000 (4,422)	999,570 (3,982))	110,430
제주	202	(800,000)	4,000	1,288,000 (6,376)	950,000 (3,984)	338,000
서귀포	200	1,000,000	5,000	1,577,000 (6,257)	1,100,000 (4,365)	477,000
울산	218	600,000 (900,000)	4,128	1,137,680 (5,219)	879,870 (4,036)	257,810
금산	160	500,000	3,125	920,000 (5,750)	709,590 (4,435)	210,410
합계	1,886	6,100,000 (6,40,000)		10,862,680 (5,759)	8,096,200 (4,293)	2,379,480

를 삭감하였다. 그래도 예산을 초과하는 금액은 기적의 도서관 건설에 기부하도록 낙찰업체에게 요청하여 입찰금액을 조정하였다. 이러한 CM의 노력과 기적의 도서관 건립 취지에 동참하여 초과금액을 기부해준 건설사의 협조로 큰 무리 없이 공사를 수행할 수 있었다.

(2) 진해 기적의 도서관 입찰금액 조정 사례

진해도서관의 연면적은 185평으로 금산도서관을 제외하고는 가장 작은 규모의 도서관이다. 규모에 의거 예산을 책정한 '책읽는사회'는 시공비로 6억원의 예산을 배정하였으나, 입찰금액은 9.2억원으로 53%를 초과하였다. CM은 5차에 걸친 조정과 협상을 실시하여 무려 2.4억원을 절감하는 효과를 거두었다.

표 2-7 진해 기적의 도서관 입찰금액 조정 사례

차 수	조정 내역
1차 조정	① 가설사무실 콘테이너 2개를 1개로 조정 ② 철골 장식용 Bent Steel Plate 제외 ③ 철골공사 안전망 설치 해체 안전관리비 불포함

1차 조정	④ 적벽돌 담장 상부 두겁석 제외 ⑤ 내부 장식용 구조물 펀칭메탈 등 제외 ⑥ 외부시설중 알루미늄 휀스 제외 ⑦ 경계석 수량 조정 ⑧ 조경수 오기 수량 조정 ⑨ 외부 벤치 설치 제외
2차 조정	① 독서데크 1.2 방부목 바닥재를 벽돌재로 변경 ② 진입데크 및 기타 방부목 시공을 벽돌바닥으로 변경 ③ 진입마당 등의 일부 석재바닥을 Pre-Cast판으로 변경(일부 잔디 식재) ④ 독서데크 3,4 슬라브 상부지붕 제외하고, 하부바닥은 콘크리트로 타설하여 Skip Slab 변경 ⑤ 창호 크기변경 ⑥ 진입램프(lamp) 제외 ⑦ 진입홀과 전시코너 상부의 지붕은 샌드위치 판넬 위 싱글마감으로 변경
3차 조정	① 보행자 진입부분의 계단과 옹벽 삭제 ② 건물내부바닥재를 원목마루판에서 데코타일로 변경 ③ 하부 펌프실 삭제 ④ AL 단열 후레임을 일반 후레임으로 변경
4차 조정	① 적벽돌 지급자재로 변경(기부품목으로 대체) ② 경계석은 콘크리트 제품으로 변경 ③ 알미늄 방열판 제외 ④ 소형 고압블록 단가 조정(일반품)
5차 조정	① 본 건물을 제외한 외곽쪽 적벽돌 쌓기 삭제 ② 외부 벤치 및 화단 4개소 삭제 ③ 적벽돌 지급자재 처리 ④ 조경공사 해미석, 조경토 삭제

6) 품질관리

예산의 제약, 짧은 공사기간, 전국에 흩어진 지방현장이라는 프로젝트의 특성으로 품질관리 활동또한 어려움이 많았다. 특히, e집 프로젝트의 특성상 건설사업관리자가 1주일에 1,2회 현장 방문을 통하여 품질관리를 수행하기에는 부족한 점이 많았음에도 시공사와 설계사무소의 적극적인 협조로 발주자가 요구하는 품질을 확보할 수 있었다.

부족한 시간 내에 보다 체계적인 품질관리를 위하여 시공 전(前) 문제가 예상되는 부위는 CM의 주관 하에 설계사, 시공사와 충분히 검토, 협의하여 시공토록 하였으며, 시공 후 현장 점검을 통하여 잘못되었거나 시정해야 할 부위가 발견될 시에는 철저한 시정 조치지시와 함께 조치사항을 재확인하여 품질을 확보해 나갔다. 주요 자재의 선정은 가능한 샘플을 제출하게 하여 설계사무소와 협의하여 적정 자재를 선정, 시공토록 하였다.

골조공사 완료 후에 설비 및 전기공사에 대한 중간점검을 실시하였으며, 공사완료 후에는 2회에 걸쳐 예비준공점검을 실시하여 잘못된 부위는 시정조치 하는 등 품질확보에 최선을 다하였다.

그러나 촉박한 공기로 동절기와 장마기간에도 공사를 강행해야 하는 어려움이 있었으며, 영하의 날씨에 시행한 미장공사는 품질의 저하로 재시공을 하기도 하였다. 또한 우리 현실에 맞지 않는 철골 트리구조(tree atructure)공사를 처음 시도하면서 시행착오로 인하여 품질이 저하되고 도급업체의 원가부담 발생하기도 하였다. 한정된 예산 범위 내에 완료하기 위해 수많은 마감자재의 요구수준을 낮춤(spec down)으로써 품질이 다소 낮아진 측면도 없지 않았으나 사업비 절감을 위해서는 불가피한 선택이었다.

그 밖에도 어린이전용도서관의 특성을 살리고 특히 3,4살 유아들을 위한 공간배려와 이용에 불편이 없도록 품질관리에 중점을 맞추었다. 유아용 대변기, 유아에 맞는 세면기의 높이 조정, 사고예방을 위한 난간이나 문틀주위의 처리에 주의를 기하였다. 어린이들에 눈높이에 맞추어 모든 시설이 설치되도록 조정하였으며, 쾌적하고, 아늑하고, 어린이들이 쉽게 접근 할 수 있도록 하여 독서의 효율을 높일 수 있도록 배려하였다. 또한 관리자들과 어린이들이 같이 할 수 있도록 공간을 구성하였으며, 특히 아이들이 혼자 있을 경우에도 안전하게 지낼 수 있도록 난간, 문틀 및 기타 위험요소를 제거하였다.

운용의 효율성을 높이기 위하여 도서관장이 직접 현장을 점검하고 운용상 문제점을 사전에 점검하여 개관 전에 해결토록 조정하였으며, 운영팀이 필요로 하는 여러 시스템을 추가하기 위한 배관, 배선 및 시스템 박스를 등을 설치하여 운영상에 문제가 없도록 하였다. 또한 책읽는사회만들기국민운동, 시민단체, 지방자치단체, MBC방송국, 각 지역도서관건립위원회, 각 지역도서관운영위원회 등 기타 사업이해관계자도 자주 현장을 방문하여 품질점검에 참여할 수 있도록 하여 품질확보에 노력하였다.

7) 안전관리

기적의 도서관은 짧은 기간에 완성해야 하는 상황에서도 8개 도서관 모두 안전사고 한 건 없이 무재해로 완공되었다.

공사착공 전에 안전기원제를 시행하였다. 안전기원제는 어린이를 비롯하여 지방자치단체장, 지방의원, 지역유지, 건축위원회위원, 건축주 책읽는사회문화재단관 관계자, 시공사, 설계자, CM사 등이 참석하여 안전을 기원하는 축제와 화합이 장으로 활용하였다.

짧은 공기로 인하여 돌관작업과 야간작업을 하면서 안전사고에 노출되는 경우가 많았으나 현장점검 및 공정회의를 통하여 불안전한 위험요소는 즉시 보완토록 하였으며, 10억원 대의 소규모 현장이었지만 대규모 현장에 버금가는 안전교육, 안전점검, 안전시설 설치 등에 주의를 기울여 사고예방에 노력하였다. 이러한 노력의 결과 공사기간에 쫓기는 가운데도 사고 한 건 발생하지 않은 채 8개 도서관을 준공 및 개관까지 무재해를 달성할 수 있었다. 특히, CM사의 모든 현장에서 적용하고 있는 표준 안전점검표에 의해 현장 안전점점을 실시하여 불안요소를 사전에 제거하였으며, 작은 규모의 구조물에 많은 공정이 동시에 투입되어 발생할 수 있는 사고의 예방을 위하여 인원배치 문제도 사전에 검토하였다.

그림 2-9 안전기원제 행사

8) 커뮤니케이션관리

기적의도서관은 방송국과 함께 시민단체에서 하는 사업으로 참여단체의 견해차이로 인한 문제가 발생하였으며, 공익사업임에도 건설사업에서 항상 발생하고 있는 민원을 피해가지는 못했다. 특히 설계자, 건립위원회, 지방자치단체의 요구사항이 각기 다르게 표출되었고, 이는 추가공사로 이어져 공사비 상승 요인이 되기도 하였다. 또한 각 단체의 요구사항과 기대치가 너무 높아 상호 충돌이 발생하는 경우도 비일비재하였다. 따라서 CM단이 중심이 된 객관적인 의견 조율은 본 프로젝트를 성공과 직결되는 중요한 사안이었다. 각 참여단체별 주요 요구사항은 아래와 같다.

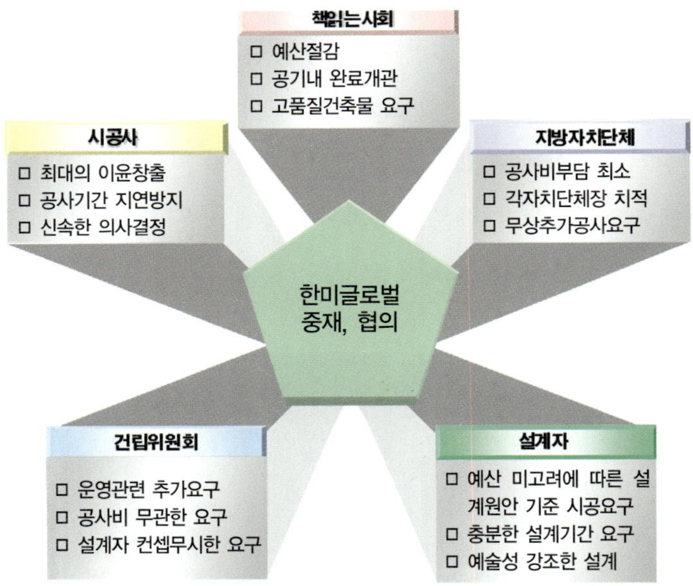

그림 2-10 각 참여단체별 주요 요구사항

(1) 건축주: 책읽는 사회문화재단

부족한 사업비로 고품질의 도서관 건축을 강력히 요구하였다. 더욱이 재단의 구성원이 교수, 출판관계자, 도서관관계자, 문학가 등 다양하게 구성되어 실로 다양한 의견이 제시되었으나, 책읽는사회가 중심이 되어 모든 의견을 취합하여 전달하도록 조정하여 업무처리에 문제가 없도록 하였다.

(2) 설계자

설계자는 도서관건립위원 구성원 중에 가장 중심에 있는 이해관계자이다. 특히 두 분의 건축가는 나름대로의 설계철학을 가진 유명 건축가로서 작품성을 높이기 위한 요구사항이 많았다. 특히, 제한된 공사예산으로 의견 충돌도 있었지만 가능하면 공사비 범위 내에서 설계 컨셉에 맞추도록 노력하였고, 공사비가 증가되는 부분은 건축주, 시공사와 협의하여 처리하도록 의사결정방식을 확립하여 운영의 묘를 기하였다.

(3) 지방자치단체

지방자치단체는 추가로 발생하는 공사비를 부담하지 않고 지역 시공사에게 추가공사를 요구하는 경우가 많았다. CM은 시공사의 어려움을 지방자치단체에 직접 설명하면서 시공사가 수용이 가능한 범위 내에서 요구하도록 설득하였다. 특히, 조경공사, 냉방설비 등 공사비가 부족한 부분은 지방자치단체에서 별도 예산을 세워 시공할 수 있도록 건의하여 승인을 받아냈으며, 이는 공사비 절감에 큰 도움이 되었다.

(4) 건립위원회 및 추진위원회

각 지방마다 건립위원회와 추진위원회가 구성되어 있어 기적의 도서관 유치신청과 유치과정을 지원하는 업무뿐만 아니라 시공과정에서 현장의 문제점을 지적하고 추가공사를 요구하는 경우도 있었다. 이러한 문제가 원만히 해결될 수 있도록 CM단이 중간에서 조정하는 역할을 맞았으며, 공사비가 부족한 부분은 모금을 하여 처리할 수 있도록 유도하고 작업자들에게 간식을 제공하는 등 서로 유대강화를 할 수 있도록 했다.

(5) MBC 방송국

8개 프로젝트 가운데 순천, 제천, 진해도서관의 경우 중간촬영과 개관식을 촬영하여 느낌표 프로그램인 "책!책!책! 책을 읽읍시다!"에 방영하였고 청주, 제주, 서귀포도서관은 중간과정을 촬영하여 방영하였다. 방송사 입장에서는 방송일정에 맞추어 공사를 완료 해 줄 것을 강력히 요구하였다. 방송 일정에 맞추기 위하여 무리한 돌관공사를 해야 하는 어려움과 이로 인한 원가상승을 각 업체가 감수하고 있음을 설득해서 방송일정을 조정하기도 하였다. 이러한 노력의 결과로 장마기간, 동절기공사 등 악조건에도 불구하고 방송에 차질이 없도록 공사를 준공할 수 있었으며, 상호 이해의 범위를 높여 윈윈(win-win)할 수 있었다.

(6) 운영위원

일반 성인을 대상으로 한 도서관과 다른 운영시스템이 도입되어, 그 컨셉에 맞게 각 실을 배치할 것을 주문하였고, 기능실도 관리가 편리하도록 여러 가지 주문을 하였다. 특히, 도서 관리상 발생하는 문제점을 지적하여 미리 바닥에 시스템 박스 또는 도난방지 시스템을 설치할 수 있도록 요구하여 적극적으로 수용하였다.

(7) 시공자

시공자는 적정 공기와 공사비를 가지고 공사를 진행할 수 있도록 요청하였고 방송일정으로 인한 돌관공사비의 보상을 요구하였다. CM은 프로젝트 진행과 관련된 상황설명자료를 제작하여 시공사의 설득에 나서는 한편 각 하도급업체 사장단과의 회의를 통하여 일을 원만하게 해결할 수 있었다. 특히, 일부 업체의 대표자들은 부족한 공사비로 돌관작업과 동절기 공사를 수행하면서도 일부 금액을 기부해 주기도 하였다.

CM단은 이와 같이 다양한 목소리와 요구사항을 아우르며 조정하고 협의하는 과정에서 서로의 업무범위를 분명히 하면서도 서로를 충분히 이해시키고 협조하여 기적의 도서관 건립이라는 공동의 목표아래 서로 협력 할 수 있도록 종합적 관리에 중점을 두었다. 특히, 이런 과정에서 CM의 역할은 매우 중요하다고 하겠다. CM은 각 분야의 무리한 요구는 과감하게 정리하고, 받아들일 수 있는 부분은 신속하게 결정하여 처리함으로 잡음이 확대되는 일이 없도록 관리하였다.

지금 생각하면 프로젝트 참여자 간의 다툼이 있고, 자기목소리와 이익을 챙겼다면 기적의 도서관 건립은 매우 힘들었을 것으로 판단된다. 그러나 프로젝트 참여자 모두가 자사의 이익보다는 어린이들을 위한 봉사와 아이들에게 좋은 선물을 주겠다는 하나의 목표를 가지고 서로 협력하여 좋은 결과를 이루었다고 생각한다.

2.3 CM업무 수행에 대한 교훈과 개선점

1) 설계관리

기적의 도서관 설계를 담당했던 두 건축가는 어린이 도서관으로서의 특별한 컨셉에 맞추어 설계를 하였으나, 사업예산보다는 설계 요구조건에 충실하다 보니 사업예산을 초과하는 사례가 빈번하여 이를 조정하는데 많은 문제가 발생하였다. 또한 짧은 설계기간 탓에 충분한 설계검토가 이루어지지 못한 관계로 시공 중에 잦은 설계변경이 발생하여 공사지연과 공사비 상승의 원인이 되었다.

따라서 초기 계획 시 충분한 논의와 검토가 있어야 하며, 설계기간을 충분히 확보하여 세심한 설계검토가 이루어질 수 있도록 초기에 건축주, 설계사, 운영자, CM사의 긴밀한 협조가 필요하다고 판단된다.

2) 발주자

시공사, 설계사, CM사에게 적정 금액을 지급할 수 있도록 예산을 확보하고, 설계자나 건축위원 그리고 지방자치단체 등 어느 일방에 치우치지 않고 건축주로써 리더십을 가지고 업무를 추진할 수 있어야 한다. 발주자는 프로젝트에 가장 큰 영향력을 미친다는 것을 인식하고, 설계 및 시공 중 발생하는 주요 의사결정과 설계변경 등을 공정하고 투명하게 처리하여 프로젝트 리더로서의 역할을 다하여야 할 것이다.

3) 건설사업관리자

비록 사회공헌 프로그램의 일환으로 참여하였으나 현장이 전국에 산재되어 있고 짧은 공기 내에 적은 예산으로 완성해야 함에 있어 e집 매니저 혼자서 전국을 승용차로 이동하면서 관리하는데 한계가 있었던 것 같다. 과도한 업무로 인한 소홀함으로 건축주나 지자체에 CM에 대한 확실한 이미지를 심어주기에 미흡함이 있었으며, 좀 더 적극적이고 효과적인 관리업무를 수행하지 못했다는 아쉬움이 있다.

4) 지방자치단체

지방자치단체에서 건립부지를 무상으로 지급하고 공사비도 일부를 지원했으나 시민단체에게 전적으로 의존하려는 행태가 엿보였다. 이로 인한 예산부족으로 도서관의 규모가 축소되고 일부 공종은 보류되는 문제가 발생했다. 그러나 결국 지방자치단체에서 추후 예산을 집행하여 부족한 부분을 충족하는 과정을 보면서 좀 더 적극적인 사고와 참여가 있었더라면 더 나은 도서관을 아이들에게 지어줄 수 있었을 텐데 하는 아쉬움이 있다. 또한 의사결정의 지연으로 예산의 투입시기를 놓쳐 예산을 낭비하는 사례를 발생하기도 하였다.

3. 맺음말

기적의 도서관 프로젝트는 단위사업의 규모는 작지만 매우 어려운 프로젝트였다. 특히 방송국과 함께 업무를 진행하다보니 프로젝트의 일정관리는 매우 민감하고 중요한 사안이었다. 당초 4개의 도서관을 완성하여 느낌표 "책!책!책! 책을 읽읍시다!" 프로그램이 종료하기 전에 방영해야 하는 절대절명의 상황에서 프로젝트 참여자의 협조와 노력으로 순천, 제천 및 진해 3개 프로젝트를 성공적으로 완공하여 방영할 수 있었다.

한정된 건립 기금으로 전국에 8개의 도서관을 완성하는 데는 공사비가 턱 없이 부족하였으나 건축주의 결단, 건축가들의 이해, 각 지방자치단체장의 지원과 기념비적인 사업의 완공을 위하여 헌신한 시공사들의 의지가 어우러져 예산 내에서 개관할 수 있었으며, 아이들에게 훌륭한 도서관을 제공할 수 있었다.

CM단은 예산부족으로 인한 품질 저하를 방지하면서, 건축가들이 원하는 컨셉에 접근하도록 노력하여 예술성과 품질 모두를 달성함으로써 많은 관계자들로부터 찬사를 받기도 하였다. 특히, 부족한 예산으로 8개의 훌륭한 도서관을 준공 개관한 것이 CM사의 덕분이라는 이야기들을 때는 건설사업관리자로서의 자부심을 느끼게 해 준 프로젝트였다.

Part 08

BAT Korea Factory 프로젝트

C·O·N·T·E·N·T·S

1. 머리말

국내 건설프로젝트에 일반적으로 적용되는 원가관리 (cost management)는 착공, 시공, 및 준공 단계에서의 적산, 견적, 입찰 및 계약, 변경 그리고 정산작업을 수행하는 것으로 이해되고 있다. 실제로 국내 건설사에 의하여 수행되는 대부분의 프로젝트의 경우 이러한 업무가 원가관리(또는 사업비관리)라는 명칭으로 수행되고 있다.

본 프로젝트에서는 국내 건설사업의 여러 가지 조건(계약, 발주형태, 관련제도 등)으로 인해 실제 적용하기 난해한 사업 전(全) 과정에 걸친 적극적 원가관리에 대하여 실제 수행되었던 사례를 기준으로 단계별로 구분하여 기술하고자 한다. 이와 더불어 각종 원가관리 기법들을 실제 프로젝트에 적용함으로서 사업전반에 미친 영향과 효과에 대하여 알아보고자 한다.

또한, 기획부터 준공 그리고 운영단계까지의 단계별 예산관리 방법, 설계 및 시공단계에서 수행하였던 VE(Value Engineering), 효과적 클레임 방어법 및 서구식 원가관리 기법의 필요성에 대해 기 수행하였던 사례를 통해 살펴보고자 한다. 특히 외국기업 발주 프로젝트의 시공단계에서 적용되는 각종 원가관리기법이 국내 프로젝트와 어떻게 다른지에 대해 살펴보고, 이러한 원가관리 기법의 국내 프로젝트 적용의 한계 및 문제점을 중심으로 해결책을 제시하고자 한다.

2. 프로젝트 개요 및 주요 업무

2.1 CM 적용 배경

본 프로젝트는 외국 자본을 유치하여 경남 사천시 진사공단 내 32,000여 평의 대지에 연면적 6,600여 평의 담배공장을 건설하는 프로젝트로서, 국내에서는 최초로 전 사업단계에 걸친 CM(full CM service)을 수행하여 부지선정부터 공장 설립 그리고 일정 기간 동안 사후관리까지의 모든 과정을 CM사가 대행하였으며, 공사기간 8.5개월 만에 성공적으로 완공한 사업이다.

발주자인 BAT는 한국에서 최초로 건설되는 공장건설사업의 리스크를 최소화하기 위해 영어를 공용어로 활용하였으며, 설계시공일괄입찰(design-build) 계약서는 FIDIC[1]을 준용하였다. 또한 시방규정은 영국표준시방규정(British Standard)를 적용하고, 클레임이 발생할 경우 국내법이 아닌 영국 법을 우선하는 것으로 제시하였다. BAT 프로젝트의 개요는 다음과 같다.

- 발주처 : BAT Korea
- CM사 : 한미글로벌
- CM업무범위 : Full CM+CS Service or One Stop Shop Service
- 사업기간 : 2001. 1~2002. 10(21 months)
- 대　　지 : 106,029.00㎡(32,074 평)
- 연면적 : 21,896.81㎡(6,624 평)
- Design-Build 업체 : 국내 대형건설사
- 계약금액 : 206억원
- 공사기간 : 2001. 11. 26~2002. 8. 8(9 Months)
- 계약방식 : Fixed Price, Lump Sum, Design & Build under FIDIC contract

1) FIDIC: 국제 엔지니어링 컨설팅 연맹(The International Federation of Consulting Engineers) 발간 국제표준계약서.

2.2 CM 주요 업무

본 프로젝트는 국내에서는 최초로 부지구입에서부터 사후관리 및 향후 확장공사까지에 대한 자문을 포함하는 전 사업범위의 CM 또는 원 스톱 서비스를 실시하였다. 그러나 BAT는 프로젝트의 리스크를 최소화하고, CM사의 능력을 최대한으로 활용하기 위하여 3단계에 걸친 CM계약을 추진하였다. 이는 국내에서 적용되고 있는 일반적인 프로젝트의 CM계약방식과는 매우 상이한 방식이었으며, 단계별 CM의 주요 업무 내용은 〈표 2-1〉과 같다.

표 2-1 단계별 CM 업무 내용

계약단계	업무범위	산출보고서
Phase-I (Land Survey)	부지조사, 평가 및 최적현장 추천	- Land Survey Interim, Final & Due Diligence Report
Phase-II (Pre-Construction)	설계사 선정, 개념 & 계획 설계 관리, 설계검토 및 VE, D&B PQ, Bidding, Contract, Soil Investigation	- PQ & Bidding Evaluation Report for Design Firm - Soil Investigation Report - Value Engineering Report - Cost Budget, Plan, Estimate Report - PQ, RFP, Initial & Final Bid Evaluation Report for D&B Contractor - Environment Impact Report
Phase-III (Construction & Maintenance)	Project Administration, Design Management, Schedule Management, Cost Management, Safety Management, Construction Supervision	- 3weeks, 3months & Master Schedule - QC Report: ITP, DN, NCR, SWO - Cost Control Report - DCN - Safety Check list & Report - SCAR - Monthly, Occasion, Special Progress Report - Punch List - Certificate for M&E (Trial, Training, TAB, Flush down, etc.) - Handover Package with Clarified P-List

영국에 본사를 둔 BAT가 국내에 최초로 담배공장으로 건설하는 프로젝트였기 때문에 국내 실정, 특히 건설산업의 현황, 인허가, 입찰 및 낙찰, 산업의 관습 등에 대한 리스크의 경감을 위해 CM사가 프로젝트의 전 분야에 대한 관리업무를 수행하였다. CM의 상세 업무는

아래와 같다.

- 공장설립 초기 BAT사의 대지조건 및 요구사항에 대한 분석
- 200여 개의 공단부지와 3개의 개별부지의 대지실사 실시 및 비교검토를 통해 부지선정에 관한 상세 자료 제출 및 추천
- BAT사에서 제시한 컨셉 디자인과 시방의 법률적, 기술적 검토
- VE를 통한 공사비 절감 방안 제시
- 공법 등에 대한 기술 검토 및 국산 자재의 적극 활용 방안 제시
- 발주자를 위한 계약방식(Design & Build) 및 패스트 트랙(fast track) 제안 및 결정
- 초기단계에 전체 공사비 예측 보고서 작성
- 설계사 및 Design-Build사 선정(1군 업체 100여 개로부터 15개 업체를 선정하여 PQ제출을 통하여 발주자로부터 최종적으로 5개 업체를 입찰 대상자로 선정)
- 설계사 및 시공사 선정 후 법률회사와 함께 계약 및 허가 사항에 대한 법률 검토
- 공장건설 중 공정, 원가, 품질 및 안전관리 등 전체적인 관리업무 수행
- 공장준공 후 하자관리 및 건축, 전기, 설비의 전분야에 대한 사후관리 및 공장운영에 대한 자문
- 준공 후 공장 설비 증축을 위한 확장계획에 대한 자문

상기와 같이 CM사는 모든 분야에 걸쳐 발주자를 대신하여 프로젝트를 진행함으로써 발주자는 내부적인 업무에 모든 역량을 집중하여 공장 준공과 동시에 시제품을 생산, 발주자의 이익을 증대할 수 있었다.

BAT의 경우 담배시장의 변화에 대응하기 위하여 공장건설과 제품생산기간의 단축이 매우 중요하였다. BAT는 내부적으로 대한민국에 공장건립을 결정 한 후 최소의 비용으로 가장 빠른 시간에 공장건설 및 제품생산에 들어가기 위하여 패스트 트랙의 적용을 요구하였다. 이러한 발주자의 의도를 받아들여 본 프로젝트는 최단시간 내에 공장설립과 제품생산에 착수함으로써 향후 공장건설을 위한 벤치마킹(benchmarking)의 대상이 되었다.

본 프로젝트에서 CM사는 국내 최초로 전 단계의 CM 또는 원 스톱 서비스를 제공하여 발주자의 이익을 극대화함은 물론 효율적인 사업관리를 통하여 공기단축, 원가절감, 조기공장 가동을 가능케 함으로써 외국인 투자자의 신뢰 및 국내 CM사의 전문가적인 능력을 단기간에 인정받을 수 있는 계기가 되었다.

3. 단계별 원가관리

3.1 프로젝트 기획/계획 단계 전체 예산 설정

CM사로서 본 프로젝트에 참여가 확정된 이후 수행한 CM의 첫번째 주요업무는 공장부지를 구입하기 위한 부지물색(land search)과 프로젝트 전 과정에 소요되는 예산의 범위를 제안하는 것이었다. 이는 정확한 비용을 산출하는 것이 아니라 프로젝트를 운영할 수 있는 전체적인 비용의 범위를 알려주기 위한 것으로 대지구매와 그에 따른 제반 비용을 제외한 공사를 진행하는데 필요한 모든 비용을 산출해내는 것이었다. 발주처로부터 받은 자료는 개략적인 건물의 규모와 담배 생산량 정도로 매우 빈약하였으며, 이를 근거로 전체적인 비용을 산출한다는 것은 매우 전문적인 능력을 요구하는 어려운 작업이었다.

〈그림 3-1〉에 나와 있는 모든 항목들에 대하여 CM의 전문가들의 예측이 시작되었다. 각 분야별의 전문가들은 축적된 사업비 자료와 경험치 및 동종건물의 자료를 수집하고, 발주자의 요구사항을 반영한 개략적인 금액에 대하여 본사 엔지니어링팀과의 논의를 거쳐 건축물에 대한 개략적인 금액을 우선 산정하였다.

이 후 프로젝트를 진행하기 위한 제반 비용, 예비비, 물가상승률, 각 단계별 서비스 비용 등 모든 항목들을 누락없이 반영하였다. 초기단계의 예산작성시에는 일반적으로 큰 범위 기준으로 비율산정방식이 적용되지만 프로젝트별로 위험요소 및 프로젝트 진행 중 나타날 불

B.A.T. KOREAN PRODUCTION FACILITY — HP HanmiParsons

CIGARETTE PLANT DEVELOPMENT — Page : 1 — Date : 27-Feb-01

ESTIMATE base date at 1st March 2001

PROPOSED CIGARETTE PLANT DEVELOPMENT

	AREA m2	RATE US $ / m2	NEW BUILDING WORK $
Plant Facilities			
1) Factory	10,000 m2	380.00	3,800,000
2) Primary Production Hall	6,000 m2	380.00	2,280,000
3) Tobacco Store	2,500 m2	280.00	700,000
4) Warehousing	7,500 m2	245.00	1,837,500
5) Leaf Store	2,000 m2	280.00	560,000
6) Offices	2,000 m2	770.00	1,540,000
Total Nett Area =	30,000 m2	357.25	$ 10,717,500
Travel / Engineering (5%) =	1,500 m2	290.00	$ 435,000
Total Gross Floor Area =	31,500 m2	354.05	$ 11,152,500
Elevators and Hoists			
Elevators (Office building assumed to be single storey and Elevators not required)	Nil		Nil
Project Specifics			
1) Production Engineering (Prov. Allowance)	16,000 m2	550.00	8,800,000
2) Roads (internal)	6,000 m2	35.00	210,000
3) Carparking	3,500 m2	27.50	96,250
4) Incoming Power Mains	Item		37,500
5) Emergency Power Supply (50 kVA)	Item		30,000
6) Landscaping (Provisional Allowance)	Item		37,500
7) Demolition / Site Remediation			Excl.
Carried Forward			$ 20,363,750

B.A.T. KOREAN PRODUCTION FACILITY — HP HanmiParsons

CIGARETTE PLANT DEVELOPMENT — Page : 1 — Date : 27-Feb-01

ESTIMATE base date at 1st March 2001

PROPOSED CIGARETTE PLANT DEVELOPMENT

	AREA m2	RATE US $ / m2	NEW BUILDING WORK $
Plant Facilities			
1) Factory	10,000 m2	380.00	3,800,000
2) Primary Production Hall	6,000 m2	380.00	2,280,000
3) Tobacco Store	2,500 m2	280.00	700,000
4) Warehousing	7,500 m2	245.00	1,837,500
5) Leaf Store	2,000 m2	280.00	560,000
6) Offices	2,000 m2	770.00	1,540,000
Total Nett Area =	30,000 m2	357.25	$ 10,717,500
Travel / Engineering (5%) =	1,500 m2	290.00	$ 435,000
Total Gross Floor Area =	31,500 m2	354.05	$ 11,152,500
Elevators and Hoists			
Elevators (Office building assumed to be single storey and Elevators not required)	Nil		Nil
Project Specifics			
1) Production Engineering (Prov. Allowance)	16,000 m2	550.00	8,800,000
2) Roads (internal)	6,000 m2	35.00	210,000
3) Carparking	3,500 m2	27.50	96,250
4) Incoming Power Mains	Item		37,500
5) Emergency Power Supply (50 kVA)	Item		30,000
6) Landscaping (Provisional Allowance)	Item		37,500
7) Demolition / Site Remediation			Excl.
Carried Forward			$ 20,363,750

그림 3-1 기획/계획단계의 프로젝트 비용 예측

확실성에 대한 유무 및 대소를 판단하여 요율을 조절하였다.

도표를 자세히 보면 예비비(contingencies)가 설계 및 계약 단계로 나누어져 있고, 물가 상승률(escalation)도 초기단계와 공사단계로 나누어 요율을 표기하였다. 이것은 위험을 회피하기 위한 원가관리의 한 기법이기도 하다. 위와 같이 작성된 개략적인 예산의 예측 보고는 발주자로 하여금 프로젝트 전반에 걸친 예산을 배정하는데 밑바탕이 되는 자료가 되며, 발주자 내부적으로 제안된 예측 예산의 범위 내에서 업무범위와 사업의 규모 등을 논의하게 한다.

3.2 설계단계 원가관리

본 프로젝트는 패스트 트랙 및 설계시공일괄입찰으로 진행되었기 때문에 개념, 기획, 계획, 기본설계만을 가지고 설계단계의 예산관리에 대하여 기술하였다. 이에따라 기본설계(design development) 실시설계(construction documentation)의 예산관리에 대해서는 시

공단계 예산관리에 포함하였다.

기획/계획단계에서 제출된 개략적인 예산범위를 가지고 발주자는 내부적인 토의를 거쳐 업무의 범위와 건축물의 규모를 확정하여 좀 더 구체화된 요구사항을 컨셉 디자이너와 CM단에 통보하였다. 발주자의 요구가 반영된 컨셉 디자인과 시방서를 바탕으로 CM단의 전문가들은 프로젝트 진행을 위한 집행예산(cost budget)을 작성하여 발주자에게 제출하였다. 여기서 발주자는 CM뿐만 아니라 컨셉 디자이너(Halcrow Group in U.K)와 외부에서 고용된 QS(Capita Property Service in U.K)로 하여금 동일한 작업을 하게 하고, 그 자료들의 비교분석을 의뢰하였다. 〈그림 8-2〉은 각 사가 제출한 집행예산의 비교 자료이다.

도표를 보면 QS의 제안은 빠져있다. 그 이유는 컨셉 디자이너는 CM단이 입찰을 통해 선정한 업체로 발주자와 CM단의 제안을 지속적으로 반영하여 집행예산을 작성하였다. 하지만 QS업체는 발주자가 직접계약을 하였고, 발주자 나름대로 CM단과 컨셉 디자이너가 산출하는 예산을 검증하기 위하여 선택한 방안이라는 것을 나중에 알게 되었다.

비교표에서 보여지는 바와 같이 예산의 확정이 쉽지는 않았다. 비교업체인 컨셉 디자이너와의 차이도 상당하고, CM단 내부적으로도 많은 어려움이 있음을 알 수 있다. 계속적으로 수정되는 도면과 시방서의 방대함, 짧은 시간 동안의 검토 및 분석 등은 매우 어려운 작업이었다.

또한 상기와 같은 비교표 작성 및 최종집행확정예산을 확정하는 동안 여러 번의 VE와 설계검토(design review)를 거쳤음은 당연한 일이다. 최종안을 제출하고 발주자로부터 CM단 안이 타당한 것으로 인정된 데에는 여러 가지 이유가 있을 것이다. 그 중에서도 가장 중요한 것은 CM사의 전문가 집단의 정확성 및 열정이었다. 이에 이후에는 상기와 같은 절차를 통해 확정한 최종집행확정예산을 프로젝트가 종료될 때까지 준수해나가는 과정을 상세히 기술하고자 한다.

Project : BRITISH and AMERICAN TOBACCO

COMPARISON of ESTIMATES

HanmiParsons

Date : 26th July 2001

No.	Estimate Description	HanmiParsons' Estimate 11th June 2001			Halcrow Estimate (Revised) 16th June 2001			HanmiParsons' Estimate 26th July 2001			Remarks
		Area (m2)	US $ / m2	Amount	Area (m2)	US $ / m2	Amount	Area (m2)	US $ / m2	Amount	
	Buildings										
1)	Manufacturing / Processing Building	14,400	418.00	6,019,000	15,400	700.00	10,780,000	14,560	560.00	8,153,600	
2)	Amenities / Office Building	1,846	847.00	1,564,000	1,850	950.00	1,757,500	1,756	920.00	1,615,520	
3)	External stairs to Amenities / Office Building			Incl.			Incl.	48	645.00	30,960	
4)	HV / LV. Boiler Room			Incl.			Incl.	23	550.00	12,650	
5)	Security Buildings	191	847.00	162,000	200	950.00	190,000	199	950.00	189,050	
6)	Hazardous Store			Incl.			Incl.	10	975.00	9,750	
7)	Energy Centre	2,568	622.00	1,597,000	1,850	668.92	1,237,500	2,104	520.00	1,094,080	
8)	Warehouse	2,156	470.00	1,013,000	2,156	470.00	1,013,320	2,156	470.00	1,013,320	
		21,161		10,355,000	21,456		14,978,320	20,856		12,118,930	
	Elevators and Hoists										
9)	Elevator to Amenities / Office Building .			Incl.			Incl.	1	50,000.00	50,000	
	Project Specifics										
10)	Production Engineering (separate contract)			Excl.			Excl.			Excl.	
11)	Covered Ways			Incl.			Incl.	623	150.00	93,450	
12)	Bio-Filter Allowance			Incl.			Incl.	800	150.00	Incl.	
13)	Sewage Treatment Plant (Allowance)			Incl.			Incl.	637	117.74	Incl.	
14)	Carparking (on grade)			Incl.			Incl.	3,235	27.50	88,960	
15)	Roads (internal - related to Carpark)			Incl.			Incl.	1,562	50.00	78,100	
16)	Roads (internal - related to Trucking)			Incl.	12,000	60.00	720,000	12,180	45.00	548,100	
17)	Loading Dock truck ramp			Incl.			Incl.	1,336	78.00	104,210	
18)	Site security fencing (and gates)			Incl.	1,610	85.00	136,850	1,213	50.00	60,650	
19)	Paving at front security fence			Incl.			Incl.	1,756	30.00	52,680	
20)	Landscaping (Provisional Allowance)			Incl.	69,000	16.67	1,150,000	65,570	6.50	426,200	
21)	Incoming Power Mains			Incl.			Incl.		Item	35,000	
22)	Emergency Power Supply (175 kVA)			Incl.			Incl.		Item	Incl.	
23)	Plant			Incl.			2,000,000			Incl.	
24)	External Services			Incl.	Allowance		700,000			204,840	
25)	External Works / Siteworks	105,600	26.00	2,746,000			Incl.			170,700	
	NETT BUILDING COST	=	US $	13,101,000	=	US $	19,685,170	=	US $	14,031,820	
26)	Contingency - Design		5.00%	655,000			Excl.		5.00%	701,590	
27)	Contingency - Contract		2.50%	328,000			Excl.		2.50%	350,800	
	GROSS BUILDING COST	=	US $	**14,084,000**						**15,084,210**	
28)	Escalation (to commencement on site)		1.50%	211,000			Excl.		2.00%	**301,680**	
29)	Escalation (during constructional phase)		2.40%	338,000			Excl.		2.40%	**369,260**	
30)	Design / Authority Fees			1,485,000			Excl.			689,030	
31)	Fit-Out Costs (FF and E) - Office Only	1,846	375.00	692,000			Excl.			**1,032,000**	
	Pre-Purchase Services			184,000			Excl.			184,620	

그림 3-2 업체별 집행예산 비교표

3.3 발주단계 원가관리

이 단계에서는 주로 입찰과 계약에 관한 사항으로 전체 예산의 가장 큰 비율을 차지하는 시공사(본 프로젝트의 경우 디자인빌드사) 선정 시의 예산관리에 대하여 설명하고자 한다.

발주단계에서는 많은 요소들에 주의를 기울여야 한다. 입찰자들에게 모든 자료가 공개되고 그에 따른 질의에 응답을 해주어야 하며, 미처 파악하지 못했던 사항들이 표출되기도 하며, 그로 인하여 프로젝트의 사업비 변동(cost impact)의 가능성이 있기 때문이다. 잘못된 자료는 즉각 수정을 해야 하며, 입찰 참가자의 질의에 대한 응답도 여러 각도(공기, 품질, 발주자 요구사항 등)에서 종합적으로 검증을 하여야 한다. 즉, 본 단계는 CM단의 모든 분야에 걸친 자문 및 기술적 응대가 필요하며, 빠르고 객관적인 판단과 결정이 요구되는 단계이기도 하다. 그 밖에도 입찰단계에서 발주자의 많은 요구사항도 무시할 수 없는 요소 중의 하나이다.

본 사업에서는 PQ를 통과한 12개의 업체 중 발주자 내부회의를 거쳐 5개사가 선정되고, 그 중 1개사가 입찰을 포기하여 4개의 업체가 경쟁을 벌였다. 이전 단계까지는 CM단이 추천하였던 사항들을 발주자가 모두 받아들였으나 입찰단계에서는 대부분 발주자의 의견이 반영되었다. 특히, CM단이 1위 업체로 추천했던 A그룹을 발주자 보안규정에 어긋난다는 이유로 탈락시키는 등 발주자는 CM단이 생각지 못했던 월등한 정보력과 시장 경제에 미치는 영향력을 예측하는 능력을 과시하기도 하였다.

입찰과정에서 2회의 질의응답과 2주간의 입찰기간 연장 및 2차에 걸친 입찰이 이루어졌다. 이 기간 동안 발주자의 가장 큰 관심은 예산보다는 앞으로 발생할지 모르는 위험에 대한 관리(risk management)였다. 1차 입찰 후 평균 입찰가(〈그림 3-3〉 참조)가 CM단이 제출한 예산안에 들어왔기 때문에 2차 입찰에서는 가격보다는 인터뷰와 그 동안의 실적을 통한 기술력의 검증 및 향후 발생 가능성이 있는 위험성을 점검하기 위한 리스크 관리 업무가 주가 되었다. 간단한 예를 들면 인터뷰 과정에 변호사가 참석하여 모든 대화내용을 기록하고, 인터뷰가 끝남과 동시에 공증을 하여 발주처에 제출함으로써 입찰자들은 자신들이 한 말에 대하여 책임을 지도록 관리하였다. 이 단계에서 CM단은 입찰과정을 원활히 진행함으로써 발

Project : B.A.T. (British and American Tobacco) - New Manufacturing Facility, Korea

HP

COMPARISON of Revised Bids - Doosan and Posco - Provisional Sums excluded

Date :

Proposal Description	HanmiParsons	Daelim Industrial Co. Ltd.				S.K. Engineering and Construction Co. Ltd.				POSCO Engineering and Construction Co. Ltd.			DOOSAN Construction and Engineering Co. Ltd.		
	Budget	Initial Proposal	Revised Proposal	Percentages	Revised Proposal	Initial Proposal	Revised Proposal	Percentages	Revised Proposal	Initial Proposal	Percentages	Revised Proposal	Initial Proposal	Percentages	Revised Proposal
Tender Bid - Comparison	KRW x 1,000	KRW x 1,000	KRW x 1,000		KRW x 1,000	KRW x 1,000	KRW x 1,000		KRW x 1,000	KRW x 1,000	KRW x 1,000	KRW x 1,000	KRW x 1,000	KRW x 1,000	KRW x 1,000
Factory	9,381,731	7,364,095,530	8,493,195,249			9,338,083,862	9,338,083,862			9,411,437,000			10,261,476,984		
Amenities Building	1,839,510	1,978,433,533	2,339,042,933			2,347,939,006	2,347,939,006			558,469,000			2,438,547,422		
Guard House (1)	208,107	120,837,866	105,050,036			106,943,599	106,943,599			157,351,000			500,961,886		
Guard House (2)	Incl. above	250,847,280	235,882,370			452,733,985	452,733,985			Incl. in last			463,317,271		
Energy Centre	2,838,758	2,609,123,961	3,195,701,811			2,699,919,340	2,699,919,340			6,737,542,000			4,043,061,943		
Warehouse	1,235,002	708,854,512	619,224,602			928,336,244	928,336,244			722,030,000			868,680,908		
Water and Sewerage Treatment System	Included elsewhere	625,022,295	934,111,190			1,615,407,776	1,615,407,776			1,642,268,000			819,905,802		
External Services	402,535	Included				Included	Included			Included			Included		
External Works including Roads, Paths, Carpark	1,679,309	1,912,285,865	2,116,613,125			2,015,505,654	2,015,505,654			348,313,000			1,631,350,829		
Landscaping and Planting	593,172	236,199,200	236,199,200			388,516,799	388,516,799			391,618,000			314,893,000		
Temporary Works	In Indirect Costs	183,578,250	In Indirect Costs			803,594,210	803,594,210			456,223,000			572,666,700		
Provisional Sums	Not included	Not Included				Not Included	Not Included			Not Included			Not Included		
Sub-Total	18,178,124	15,989,278,292	18,275,020,516			20,696,980,475	20,696,980,475			20,425,251,000			21,914,862,745		
Indirect Costs	1,455,953	765,721,708	959,979,484	5.25%		1,203,582,459	1,203,582,459	5.82%		1,260,559,000	6.17%		1,691,349,000	7.72%	
Sub-Total =	**19,634,077**	**16,755,000,000**	**19,235,000,000**			**21,900,562,934**	**21,900,562,934**			**21,685,810,000**			**23,606,211,745**		
Design Fees	479,400	545,000,000	545,000,000	2.83%		883,710,066	883,710,066	4.04%		791,619,000	3.65%		450,000,000	1.91%	
Overheads and Profit	847,619	820,000,000	820,000,000	**4.15%**		2,278,427,000	2,278,427,000	**10.00%**		1,984,337,000	**8.83%**		2,549,188,255	**10.60%**	
Discount Down	0	-339,467,000		0.00%		-2,132,700,000	-2,132,700,000	8.51%		-907,964,000	3.71%		-1,995,000,000	7.50%	
Cost Impact Amount	0						796,796,000								
Discount Down	0						-2,226,796,000	-9.39%							
Total Tender Proposal (V.A.T. excluded)	**20,961,096**	**17,780,533,000**	**20,600,000,000**	KRW x 1,000		**22,930,000,000**	**21,500,000,000**	KRW x 1,000		**23,553,802,000**	KRW x 1,000		**24,610,400,000**	KRW x 1,000	
Tender in USD $ (V.A.T. is excluded)	**16,123,920**	13,730,141	**15,907,336**	USD $		17,706,564	**16,602,317**	USD $		18,188,264	USD $		19,004,170	USD $	
	Excludes :														
	SWA cabling														
	B.S. Specifications														
	FIDIC Contract conditions														
	Possible additional production eng.														
	FF&E														

그림 3-3 입찰사 견적 비교표

주자의 신임을 얻음과 동시에 그에 맞는 권한을 위임받게 되었다.

3.4 시공단계 원가관리

시공단계는 국내 건설프로젝트에서 가장 적극적이고 일반적인 원가 및 예산관리가 이루어지는 단계이다. 본 서에서는 다른 프로젝트와 어떻게 차별화된 방법으로 시공단계에서의 원가관리업무를 수행하였는가에 대하여 기술하고자 한다.

CM단에서는 먼저 시공사에서 제출한 물공량내역서(Bill of Quantity, BOQ)에 대한 철저한 분석을 통하여 공정에 따라 월별로 금액을 산정하였다. 이를 위해 〈그림 3-4〉에서와 같이 기준공정에 따른 월별 금액 산정표를 기준으로 시공사에서 제출하는 주간 및 3개월 공정계획표에 따라 매주 수요일 원가변화와 공정에 대하여 점검하였으며, 차주 공정 및 원가변화에 대해 예측하였다. 이 외에도 주간 공정회의 주관을 통하여 이와 같은 사항을 발주자와 시공사에 통보하여 스스로 공정 및 원가변화에 대응하도록 하였다.

〈그림 3-4〉는 당해 사업의 현금흐름(cash flow)에 대한 계획 및 실행, 예측을 나타내는 것으로서 〈그림 3-5〉의 재무 절차 그래프(financial progress graph)와 자동으로 연결되어 있어 계획대비 실행현황을 월 단위로 쉽게 관리할 있도록 하였다. 해외 사업에서는 이를 cash requirement forecast로 칭하며, 발주자의 적극적 예산관리를 위한 지원도구로 널리 활용하고 있는 방식이다.

또한, 주간 점검과는 별개로 현장검측 시 발생하는 하자에 대하여 공문 및 현장지시서(Field Instruction, FI), 시정지시서(Corrective Action Request, CAR), 부적합품질보고서(Non-Conformance Report, NCR)가 발행될 경우 일정 요율로 기성 지급비용을 감액하고, 수정 · 보완하였을 때 그 감액분 만큼 다시 추가해주는 방법으로 원가관리와 품질관리를 병행하여 많은 효과를 거둘 수 있다. 이러한 예산집행의 모든 권한, 즉 월별 공사 수행분 만큼의 기성금액을 산정하고, 이를 검측하며, 지급에 대한 유보 및 삭감을 할 수 있었던 이유는 발주자로부터 프로젝트의 성공을 위한 CM단의 열정과 체계적인 노력을 인정받은 결과라고

No.	Description	Contract Amount (1,000 KRW)	Monthly Progress Proposed											
	Anticipated Monthly Progress for D+C Contractor BAT Project													Unit : 1,000 KRW
			Nov. 2002	Dec. 2001	Jan. 2002	Feb. 2002	Mar. 2002	Apr. 2002	May 2002	Jun. 2002	Jul. 2002	Aug. 2002	Sep. 2002	After Oct. 2002
1	Temporary Works	187,653		20,853	20,850	20,850	20,850	20,850	20,850	20,850	20,850	20,850	Retention	
2	Piling/Earth Works	854,220		597,954	213,555	42,711							& DCNs	
3	Concrete Works	1,147,548			229,510	286,887	286,887	286,887	57,377					
4	Str. Steel Works	2,290,500				763,500	763,500	763,500						
5	Masonry Works	252,030					63,007	63,007	63,007	63,009				
6	Plastering	474,864						158,288	158,288	158,288				
7	Thermal & Moisture Protection	132,009						66,004	66,005					
8	Tile & Stone Works	93,365							23,341	46,682	23,342			
9	Doors and Windows	233,528						15,568	15,568	15,568	93,412	93,412		
10	Glazing Works	68,959									13,720	55,239		
11	Painting	84,308									16,862	67,446		
12	Finishes	394,374							39,437	39,437	118,312	197,188		
13	Misc. Metal Works	404,557							101,139	101,139	101,139	101,140		
14	Cladding Works	1,311,230							524,492	786,738				
15	Misc. Building Works	21,871									10,935	10,936		
16	Pipe & Drainage	260,455							65,113	65,113	65,114	65,115		
17	Other External Works	191,227						38,245	38,245	38,245	38,245	38,247		
18	Road/Paving	463,288								115,822	231,644	115,822		
19	Landscaping	236,199									70,860	165,339		
20	Mechanical Works	5,820,000				87,300	203,700	582,000	970,000	1,025,666	1,625,667	1,325,667		
21	Electrical Works	3,540,489					177,000	354,000	. 590,000	590,000	914,500	914,989		
22	Design Fee	545,000		436,000	109,000									
23	Site Running & Safety Costs	592,000		65,777	65,777	65,778	65,778	65,778	65,778	65,778	65,778	65,778		
24	Insurance	180,326		180,326									DCNs +	
25	O&P	820,000		53,931	26,478	52,526	65,530	100,080	116,020	129,854	141,381	134,200	Retention	
	Total	20,600,000		1,354,841	665,170	1,319,552	1,646,252	2,514,207	2,914,660	3,262,189	3,551,761	3,371,368	791,383	
	Accumulated Plan		-	1,354,841	2,020,011	3,339,563	4,985,815	7,500,022	10,414,682	13,676,871	17,228,632	20,600,000	21,391,383	
	Total Actual			869,830	327,000	1,062,000	1,265,000	3,139,000	2,319,000	4,182,000	3,872,000	3,230,428	1,125,125	
	Accumulated Actual		-	869,830	1,196,830	2,258,830	3,523,830	6,662,830	8,981,830	13,163,830	17,035,830	20,266,258	21,391,383	
	Client's Planned Cash Flow													Unit : 1,000 KRW
1	D+C Contract	20,600,000			1,354,841	665,170	1,319,552	1,646,252	2,514,207	2,914,660	2,575,523	2,865,094	2,684,701	2,060,000
2	Construction Management	926,700	239,397	54,058	54,057	54,058	54,057	54,058	54,057	54,058	54,057	54,058	54,057	146,728
	Total Planned Cash Flow	21,526,700	239,397	54,058	1,408,898	719,228	1,373,609	1,700,310	2,568,264	2,968,718	2,629,580	2,919,152	2,738,758	2,206,728
	Accumulated		239,397	293,455	1,702,353	2,421,581	3,795,190	5,495,500	8,063,764	11,032,482	13,662,062	16,581,214	19,319,972	21,526,700

그림 3-4 Planned & Actual Cost

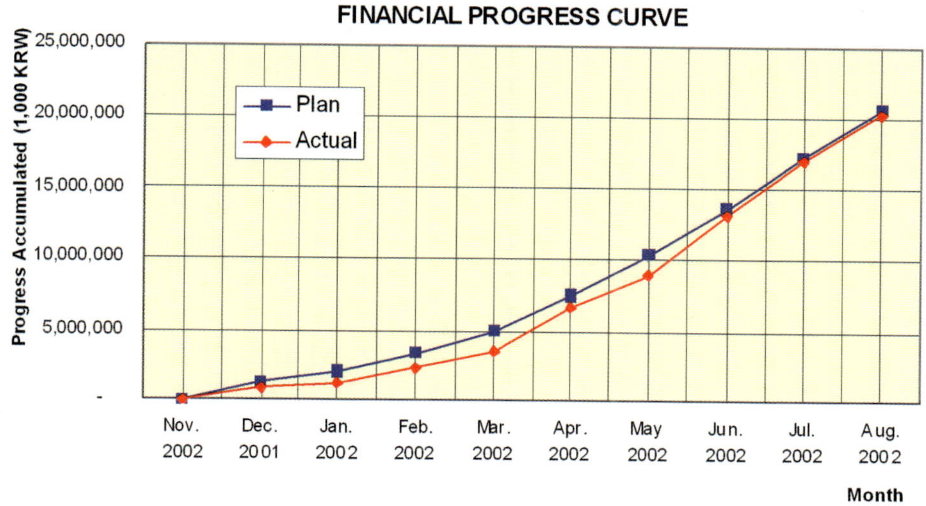

그림 3-5 Financial Progress Graph

할 수 있다.

마지막으로 CM단은 월간보고서를 통해 한달 동안 사업비의 변화를 〈그림 3-6〉과 같이 작성하여 발주자에게 제출하였다. 월간보고서에서는 설계단계에서 CM단이 제출하여 확정된 예산과 시공사가 입찰 시 제출한 공사금액을 명시하고, 설계변경사항(variation to date)을 이미 확정된 변경금액, 검토중인(pending) 금액, 향후 발생이 예상되는 금액으로 분리 표기하여 설계변경으로 추가 또는 감소되는 금액을 확인할 수 있게 하였으며, 이를 통해 공사 완료 시까지의 사업비 변화의 흐름을 쉽게 판단할 수 있게 하였다.

해외사업의 경우 이를 'Cost Project Report'라 지칭하며, 발주자가 당초 예산대비 사업비의 변화를 즉시 파악할 수 있도록 매월 작성하는 것을 원칙으로 하고 있다. 특히, 설계변경에 대한 정보제공을 통해 당초 계획된 예산 내에서 프로젝트가 완공될 수 있도록 관리하는 원가관리의 유용한 기법이라고 할 수 있다.

B.A.T. CIGARETTE MANUFACTURING FACILITY

CONSTRUCTION - COST CONTROL REPORT - as at end of September 2002

Date : Oct 7th 2002

No.	ITEM	PROJECT HP Cost	BUDGET / Estimate	CONTRACT AMOUNT		BUDGET VARIENCE [C] = [A1] - [B2]	VARIATIONS to DATE			ADDITIONAL COMMITMENT	FINAL AMOUNT
							Approved	Pending	Anticipated		
		(A1)	(A2)	(B1)	(B2)	(C)	[D]	[E]	[F]	[G] = [D]+[E]+[F]	[H] = [B1]+[G]
		USD	KRW	KRW	USD	USD	KRW	KRW	KRW	KRW	KRW
1.0	**Buildings**										
1.1	Factory Building - Manufacturing / Proce	8,532,160		9,309,928,780	7,161,484	1,370,676	134,693,673	0	0	134,693,673	9,444,622,453
1.2	Amenities / Office Building	1,709,130		2,563,972,979	1,972,287	-263,157	104,844,000	0	0	104,844,000	2,668,816,979
1.3	Security Building (1)	189,050		115,151,992	88,578	100,472	0	0	0	0	115,151,992
1.4	Security Building (2)	Incl. Above		258,565,593	198,897	-198,897	0	0	0	0	258,565,593
1.5	Energy Centre / WWTP	1,335,320		3,503,010,986	2,694,624	-1,359,304	367,648,651	0	0	367,648,651	3,870,659,637
1.6	Warehouse	1,078,000		678,771,272	522,132	555,868	10,217,194	0	0	10,217,194	688,988,466
1.7	Hazardous Store	9,750		0	0	9,750	0	0	0	0	0
		12,853,410	16,709,433,000	16,429,401,602	12,638,001	215,409	617,403,518	0	0	617,403,518	17,046,805,120
2.0	**Siteworks and External Services**										
2.1	Covered Ways	93,450					0	0	0	0	0
2.2	Carparking (on grade)	88,960					0	0	0	0	0
2.3	Roads - internal (related to Carparking)	78,100		2,320,153,590	1,784,734	-811,264	35,537,465	0	0	35,537,465	2,355,691,055
2.4	Roads - internal (related to Trucks)	548,100					0	0	0	0	0
2.5	Loading Dock / Truck Ramp	104,210					0	0	0	0	0
2.6	Site security fencing (and gates)	60,650					0	0	0	0	0
2.7	Landscaping - soft and hard	478,880		258,912,890	199,164	279,716	0	0	0	0	258,912,890
2.8	External Works and Services	410,540		1,023,938,388	787,645	-377,105	14,035,766	0	0	14,035,766	1,037,974,154
2.9	Relocate WWTP						50,393,962	0	0	50,393,962	50,393,962
		1,862,890	2,421,757,000	3,603,004,869	2,771,542	-908,652	99,967,193	0	0	99,967,193	3,702,972,062
3	**Contingency**										
3.1	Contract Contingency	367,910		Incl.		367,910	0	0	0	0	0
3.2	Design Contingency	0		Incl.		0	0	0	0	0	0
		367,910	478,283,000	0	0	367,910	0	0	0	0	0
4.0	**Escalation**										
4.1	Escalation to commencement on site	301,680		Incl.		301,680	0	0	0	0	0
4.2	Escalation during construction	369,260		Incl.		369,260	0	0	0	0	0
		670,940	872,222,000	0	0	670,940	0	0	0	0	0
5.0	**Design and Construct Docs/Fees**										
5.1	Design and Construct documentation fe	368,770		567,593,529	436,610	-67,840					567,593,529
		368,770	479,401,000	567,593,529	436,610	-67,840	0	0	0	0	567,593,529
	Original D&C Scope	16,123,920	20,961,096,000	20,600,000,000	15,846,154	277,766					
6.0	**DCNs from IT Dept -.Extra Budget**				balance KRW	361,096,000					
6.1	PABX/Computer - network cabling and hardpoints (Additional budget to come from IT Dept	43,190	56,150,000	0			56,150,000			56,150,000	56,150,000
6.2	IT/MDF rooms additional cost (IT Dept)	5,590	7,264,889	0			7,264,889			7,264,889	7,264,889
6.3	Additional IT requirements - PABX Card	1,923	2,500,000	0			2,500,000			2,500,000	2,500,000
6.4	Power Connect IT & Tel (IT Dept Budge	6,242	8,115,033	0			8,115,033			8,115,033	8,115,033
		56,945	74,029,922	0			74,029,922	0	0	74,029,922	74,029,922
6.5	**Approved DCNs - Extra Budget**	551,810	717,352,711	0			0	0	0	0	inc above
6.6	BAT to do HV unit for chamber	9,551	12,417,000	0			0	12,417,000	0	12,417,000	12,417,000
	Total Apprvd DCN - Extra Budget	561,361	803,799,633	0			74,029,922	12,417,000	0	86,446,922	86,446,922
7.0	**DESIGN/CONSTRUCT CONTRACT**	16,685,281	21,764,895,633	20,600,000,000			791,400,633	12,417,000	0	803,817,633	21,403,817,633
	Balance									balance	361,078,000
8.0	**Provisional Sums (not included for above)**										
8.1	F.F.& E. to Amenities Building, inc Canteen and Factory (spine) Offices	1,032,000	1,341,600,000				163,754,135	0		163,754,135	163,754,135
8.2	FF&E & Work Benches, etc to Laborato	inc above	0	0			48,959,755	0		48,959,755	48,959,755
8.3	FF&E & Specialist Finishings to Recept	BAT Direct	0					0	150,000,000	150,000,000	150,000,000
8.4	Laboratory Equipment and Racking	BAT Direct	0					0			
8.5	Workshop Tools and Racking	BAT Direct	0					0			
8.6	Weigh Bridge	Deleted	0					0		0	0
8.7	Racking for WMS/FGS & Warehouse	BAT Direct	0					0			0
		1,032,000	1,341,600,000	0	0		212,713,890	0	150,000,000	362,713,890	362,713,890
9.0	**Total Sum (including FF&E and additional IT Requirements)**	17,774,226	23,180,525,555	20,600,000,000	-	-	###########	12,417,000	150,000,000	1,240,561,445	21,840,561,445
	Balance									Balance	1,339,964,110

그림 3-6 Control Monthly Summary Report

3.5 준공단계 원가관리

준공단계에서는 설계 및 공법 그리고 시방서 변경으로 인하여 추가로 지출되는 금액의 설계변경관리와 협상에 관하여 주로 기술하고, 준공단계에서의 발생되는 또 다른 주요 관리 대상인 클레임에 대하여는 별도의 항목에서 설명하고자 한다.

앞서 기술한 바와 같이 본 프로젝트는 '확정계약(fixed pnice), 총액계약(lump sum), 설계시공일괄계약(design-build)' 계약이기 때문에 발주자와 CM단의 지시에 의해 변경한 사항에 대해서만 발주자가 지급할 의무가 있었으며, FIDIC 규정을 준용한 본 사업의 계약서에 따르면 변경이 발생되고 나서 28일 이내에 청구를 하여야만 했다. 하지만 시공사는 이러한 계약규정의 중요성에 대하여 인식하지 못하는 상태였다.

CM단은 발주자의 대리인으로 업무를 수행하지만 가능한 한국적인 정서와 기업간의 관계를 고려하여 정당하게 청구할 것에 대하여는 구두로 요청할 수 있도록 시공사의 편의를 도모하였다. 그러나, 많은 항목에 대하여 시공사는 설계변경을 요청하였다. 다음 페이지의 설계변경등록부에서 볼 수 있듯이 많은 항목들의 금액이 삭감되거나 항목자체가 반려되기도 했다. CM단은 시공사로부터 제출되는 모든 설계변경에 대하여 철저한 점검 및 검증을 거치고, 비교표를 통하여 금액을 산정하였으며 기술적인 의견을 제시하였다. 또한 민감한 사안에 대하여는 되도록 많은 자료를 수집하여 CM단의 주장에 대한 타당성을 입증하였다.

발주자도 초기에는 모든 것을 점검하고, 심지어는 외부 용역을 통하여 검증을 거치기도 하였으나 CM의 의견이 명확하고, 객관적임을 알고 난 후에는 CM단의 의견과 산정금액에 이의를 달지 않고 승인하였다.

다음 페이지의 그림들에서 볼 수 있듯이 계약적으로 명확한 부분에 대하여는 확실하게 CM단의 의견을 피력하였으며, 불명확한 부분에 있어서는 발주자와의 토의를 거치고, 시공사와 논의하여 결론을 유출해 냄으로써 한 항목을 제외하고는 커다란 논쟁과 의견충돌 없이 정산을 완료 할 수 있었다. 또한, 논쟁이 있었던 항목역시 일목요연한 근거자료와 각종 산출자료를 제시하여 시공사 요구의 부당함을 설득하여 성공적으로 해결할 수 있었다.

HanmiParsons / DAELIM INDUSTRIAL CO.,LTD.	DESIGN CHANGE NOTICE	BRITISH AMERICAN TOBACCO

Source	Client Instruction		New Cigarette Factory Project
Ref. No.	DIC-DCN-02-001	DATE	25th January 2002
Issued by	S.J. Seo / PM	Issued to	Hanmiparsons
Subject	To delete one(1) Boiler	Reference	Instructed by client Technical Meeting on 28th November 2001

Division	☐ Civil	☐ Structural	☐ Architectural	☐ Mechanical		
	☐ Electrical	☐ Interior	☐ Other			
Type	Design	Spec.	Material	Inspection	Approval	Verbal	Others
	☐						
Location	area Energy Center	level 1st Floor	grid Boiler House			
Required Date	8th February 2002	Confirmed Date	Issued Date	Confirmed Date	Total Day	
			25th January 2002			

Cost Impact
To deduct the following amount from the contract amount:
1) Boiler and accessories: 127,408,000 Korean Won
2) Chimney: 8,904,000 Korean Won
3) Piping: 6,647,000 Korean Won
Total: One Hundred Forty Two Million and Nine Hundred Fifty Nine Thousand (142,959,000) Korean Won.

Schedule Impact
None

Appended Item
Comparison Sheet

CM Reply	Clint Reply
1.To deduct the following amount from the contract amount: 1) Boiler and accessories: 127,408,000 Korean Won 2) Chimney: 8,904,000 Korean Won 3) Piping: 6,940,349 Korean Won (Added the cost of pipe fitting and hanger) 4)Total: ▼143,252,349 Korean Won 2 The capacity of Blowdown and Heat recovery System should satisfy 3No. of boilers. Therefore, Daelim should observe the original proposal regarding as mentioned two systems. - Blowdown system : BDV 60/8 - Heat Recovery system : FVS8-4	

그림 3-7 설계변경관리 시트

4. Design Progress Review

4 (a) Change Order Control

Change Orders: 21.No. DCN - Change orders Submitted. 14No. Approved by client, with 3 under review.

Detail of change orders

No.	Description	Cost Impact [Unit: WON]	Time Impact	Approved
1	To change the Spec. of Vacuum Pump	Will be decided later	None	OK - DCN.004
2	Delete 1No. Boiler	-143,252,000	None	OK - DCN.001
3	The change of R22 by R134a for Chillers	+88,570,000	None	OK - DCN.005
4	Refrigerant change for VRVs	+20,000,000	none	OK - DCN.009
5	To reduce the Back-up time for UPS System	-15,804,000	None	OK - DCN.007
6	To change the Transformer capacity	(+656,905,000 ~ 300,000,000)	1 week	DCN.011 Under Review
7	The reduction in the quantity of fire pumps	-15,547,000	None	OK - DCN.006
8	HVAC for Laboratory	+34,638,246	none	OK- DCN.13
9	H&V for Central corridor	0	0	Cancelled
10	HVAC Unit for Smoking Chamber	+12,417,000	0	BAT will purchase & Install afterward
11	Receiver air tank capacity change	+3,835,000	none	OK - DCN.008
12	Inergen Gas to IT room + MDF Room	+7,264,889	none	OK - DCN.014
13	Extract System for filter DRS Room	0	none	RFI - BAT Not submitted
14	DX AHUs	+93,006,000	none	OK - DCN.010
15	Kitchen Equipment	-8,162,000	none	DCN.012
16	Capacity of Back-up generator	+10,000,000	none	DCN.015
17	Insulation of Sprinkler Pipe	+24,375,000	none	DCN.016
18	Impedance	+10,000,000	none	DCN.017 Under Review
19	Install Bus Bar Link Coupler	+28,200,000	none	DCN.018 Under Review
20	PABX & IT systems	+56,150,000	none	DCN.019
21	Duct Insulation in PMD	0	none	Cancelled
22	Car Park Barrier & Rear Gate	0	none	Not Submitted

Summary of Design Change Order Cost Control.

Total	D&C Submitted	472,424,652	Passed by HP	+225,221,199	BAT Approved	+167,490,786
Total	D&C Submitted	695,105,000	Under HP Review	+338,200,000	BAT Pending	+338,200,000
	D&C Grand Total	1167,529,652	HP Grand Total	563,421,199	BAT Grand Total	495,690,786

그림 3-8 설계변경관리등록부

■ COMPARISION SHEET

1. Cost Impact

[UNIT: KWON]

ITEM	CONTRACTOR PROPOSAL ORIGINAL	CHANGE	BALANCE	CM REVIEW	CLIENT REVIEW	REMaRKS
Mechanical ipment Work	738,697,517	611,289,517	-127,408,000	▼127,408,000		Added Items 1.Pipe fitting : 209,535 2.Pipe hanger : 83,814
Utility Piping k	328,081,000	321,434,000	-6,647,000	▼6,940,349		
Chimney	26,850,000	17,946,000	-8,904,000	▼8,904,000		
TOTAL	1,093,628,517	950,669,517	-142,959,000	▼143,252,349		

2. Techical Review

ITEM	CONTRACTOR PROPOSAL ORIGINAL	CHANGE	CM REVIEW	CLIENT REVIEW	REAMRKS
Boilers and ccessories	3 Nos.	2 Nos.	1. The capacity of Blowdown and Heat recovery System should satisfy 3No.of boiler. 2. Therefore, Daelim should observe the original proposal regarding as mentioned two systems. - Blowdown system : BDV 60/8 - Heat Recovery system : FVS8-4		

그림 3-9 설계변경 요약표

3.6 유지보수단계 원가관리

유지보수 단계에서 CM단은 발주자가 건물의 소유자로서 직접 공장을 운영하면서 필요한 비용에 대하여 자문하였다. 즉, 개략적인 시설 유지보수에 대한 주기(cycle)와 주의사항 그리고 각 개별시설의 특성 및 성능에 대해 자문하여 초기 운영비용 절감에 많은 기여를 할 수 있도록 하였다. 이 외에도 신설 공장의 초기단계에서 쉽게 발생할 수 있는 조작실수에 대한 예방대책과 간단한 응급처리를 통한 비용절감 방안에 대해 여러차례의 회의와 요약보고서를 전달해 줌으로써 발주처 직원들에게 CM단의 열정과 마지막까지 최선을 다하는 모습을 보여줄 수 있었다.

〈그림 3-10〉에서 볼 수 있듯이 에너지 절감(energy saving), 각 부분별 유지관리(maintenance), 안전과 환경 그리고 근래에 이루어질 공장 확장에 대한 CM단의 의견을 제시하여 발주자가 인수한 공장에 대한 운영 및 유지, 보수에 대한 비용의 예측관리가 가능하게 하였다. 이러한 CM단의 역할에 대해 발주처의 직원들과 프로젝트 담당자들은 특히 감사의 마음을 표현하였다.

INFORMATION FOR FACILITIES

Energy Saving

1. Operation of Chillers

   At present you are always operating chillers.

   It might be increased running cost . Therefore improvement program needed.

   For example, you can make plan regarding operation of chillers every eve of day according to information of weather condition(temp.& humidity)

2. Filters in AHU

   Nowadays the replacement cycle for filters in AHU is very short(BAT situation : 3~5days cycle, Nomal : 15days~30days cycle). It shall be increased running cost(labor,material) and it is evidence that indoor air quality is inferior.

   You might be reconsidered the dust collect system in SMD.

2. Boiler operation for Humidifier in AHU(Winter time)

   You can compare energy cost of boiler and space humidifier.

   (Humidification Capacity 770kg/hr : Steam boiler Vs. Space humidifier)

Health & environmental

1. Opening Ratio of OA Damper in AHU(#1,2,3,4,5,6)

   : Your guys should come into the AHU and check the opening ratio of OA damper.(15% opening ratio needed for fresh air)

1. Pipe Line Size

   A. Compressed air

   Existed pipe line(150mm) is sufficient for factory extension.

   Existed receiver tank can cover 2 no. of compressors.

   B. Steam

   Existed pipe line(100mm) is sufficient for factory extension. (heating & humidification)

   C. Chilled Water

   Additional pipe line(supply,return) needed for factory extension. We have space in pipe rack for additional 2no. of pipe lines.

   D. BFW for Space Humidifier

   Existed pipe line(65mm) is sufficient for factory extension.

   But BAT should review the capacity of pump(BFW).

   The capacity of pump surely includes boilers.

2. AHU Location in SMD, WMS

   SMD : 2nd floor of local office(X6,Y11~13)

   WMS: beside over head door(X4~5,Y1)

Additional ogden pump needed in WMS or SMD.

Maintenance

1. Drain Method of steam condensate in PMD

   As you know we installed PP pipe (poly propylene) for process drain in PMD and laboratory, Glue Kitchen . The temperature limit of PP pipe is 100℃, and the temperature of Steam condensate is approximately 100℃. Nevertheless, you plan to discharge steam condensate into PP pipe..

   We recommend indirect drainage method.(Storage Tank needed)

2. Ventilation for Plant Room

   A. IVR Area : Grille+ Extraction Fan(Discharge to outside,20ACH)

   B. Ogden Pump Area : Grille + Supply Fan(Intake outside air,20ACH)

   C. SMD Area : Only Grille

   Grille should have mesh.(For anti insect into plant room)

3. Selection of sub-contractor for M&E maintenance

   BAT should reconsider the method statement of making a selection of sub-contractors as follows point of views.

   1) Similar experience of maintenance at process plant.

   2) Financial Stability of sub-contractor.

   3) Relationship between PM and Head office of sub-contractor.

Factory extension

1. Equipment : Chiller, Boiler, Compressor, Vacuum, Pump(BFW)

   A. Chiller : Additional 1 no. of chiller(240USRT) needed

   [Unit : USRT]

Cooling Load			Operation
Current	Extension	Total	Running : 360(120+ 240)
240	140~160	380~400	**Stand-by : 120(intermittently)**

   The capacity & quantity of chiller(240USRT+1set) were decided by review of space(chiller room) and cost.

   B. Boiler : Additional 1 no. of boiler(5,000kg/hr) needed

   [Unit : Kg/hr]

Load			Operation
Current	Extension	Total	Running : 2 sets (10,000Kg/hr)
8,303 (PMD:5,846)	1,000	9,303	**Stand-by : 1sets (5,000Kg/hr)**

   C. Compressor : Additional 1 no. of Comp.(1,213Nm3/hr) needed

   [Nm3/hr]

Load			Operation
Current	Extension	Total	Running : 2sets (2,426Nm3/hr)
1,341 (12no.of module)	375 (additional 6no.of module)	1,716	**Stand-by : 1set (1,213Nm3/hr)**

   D. Vacuum : We shall be decided after review of present situation.

   E. Booster Pump for BFW

   Seperate system needed.(for boiler and space humidifier)

그림 3-10 유지보수단계 원가관리

4. VE(Value Engineering)

본 장에서는 VE의 효과를 가장 극대화 할 수 있는 설계단계를 포함하여 본 프로젝트의 전 단계에서 지속적으로 추진되었던 VE의 사례 중 특징적인 사항에 대해 기술하고자 한다. 특히, 국내의 일반적 건설 프로젝트와 달리 본 서에서는 VE활동에 참여하였던 업체와 조직, 그리고 그들이 중점적으로 추구한 사항들에 대하여 기술하고, VE활동을 통해 어떻게 정보교환이 이루어졌는지에 대해 제시하여 보다 효율적인 VE 수행방안으로서의 가이드를 제시하고자 한다.

본 프로젝트의 VE활동에는 〈그림 4-1〉의 조직도를 통해 알 수 있듯이 여타 프로젝트와는 달리 특이하게 각 부분의 다양한 업체들이 참여하였다. 법률사무소, 보험사, 그리고 회계사 등이 추가로 참여하여 국내에서 수행되고 있는 CM단-설계자 중심의 VE 활동과는 다른점이 많았다.

이는 VE활동을 통해 하나의 자재를 변경할 경우 이로 인하여 법률적으로 문제가 없는지, 보험사에 지속적으로 지불되는 보험료의 변동이 있는지, 회계사는 자신들이 기 작성한 장기적인 비즈니스 플랜(business plan)에 어떤 영향이 있는지를 면밀히 검토하여 발주자에게 조언하였기 때문이다. 즉, 건설사업 일부 측면에서만의 이익을 추구하지 않고 프로젝트 전체에 미치는 영향 및 발주자에게 미치는 장기적 영향을 다각적으로 고려하여 순수하게 이익이 발생할 경우 합리적인 결정을 내리도록 운영하기 위함이었다.

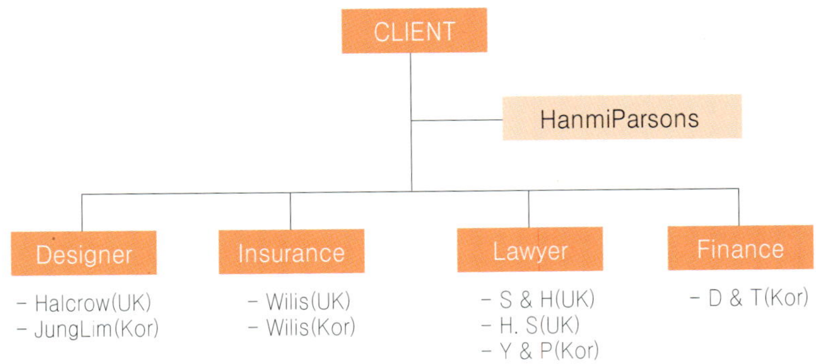

그림 4-1 VE(Include DR) Organization Chart

한 예로 설계단계 VE에서, 시방서에는 공장내부에 스프링클러를 설치하게 되어 있었다. 국내법에는 이와 같은 공장에 스프링클러를 설치하지 않아도 법적으로 전혀 하자가 없었다. 하지만 보험사에서는 스프링클러를 설치하지 않을 경우에 발생하는 위험의 증가 때문에 보험료가 25% 이상 상승한다고 주장하였고, 보험료가 상승할 경우 회계상에서도 손익분기점이 40여일 늦추어진다는 결과가 나왔다. 발주자는 법적으로 아무 하자도 없었고, 스프링클러를 설치하지 않음으로 인하여 공기 단축과 초기 투자비의 절약이 가능하였지만 전체적으로 볼 때 스프링클러를 삭제하는 것이 이익보다는 손해가 크다고 판단하여 시방서대로 스프링클러를 설치하게 되었다.

이상에서 본 바와 같이 효과적인 VE의 추진은 지엽적인 것만을 파악하는 것이 아니라 건설단계는 물론 준공이후 향후 공장운영 전체를 놓고 판단하여 가장 효과적인 방안을 결정해야 하는 것이다.

건설사업의 특성상 일반적으로 시공단계에서의 VE는 발주자보다는 시공사에게 이익을 주는 부분이 많다. 그러나 프로젝트 전체를 놓고 본다면 그 또한 발주자의 이익을 극대화 시키는 방안 중의 하나이다. 일례로 본 프로젝트에서는 시공단계의 VE를 통하여 준공단계에서 빈번하게 일어나는 클레임을 효과적으로 조정할 수 있었다. 더욱이 이러한 VE를 시공사가 발굴한 것이 아니라 CM단이 공정을 단축하고, 공법을 단순화하고, 국산자재를 사용함으로써 얻어지는 이점들을 평가하여 내린 결정이었기에 더욱 효과적이었다고 생각한다.

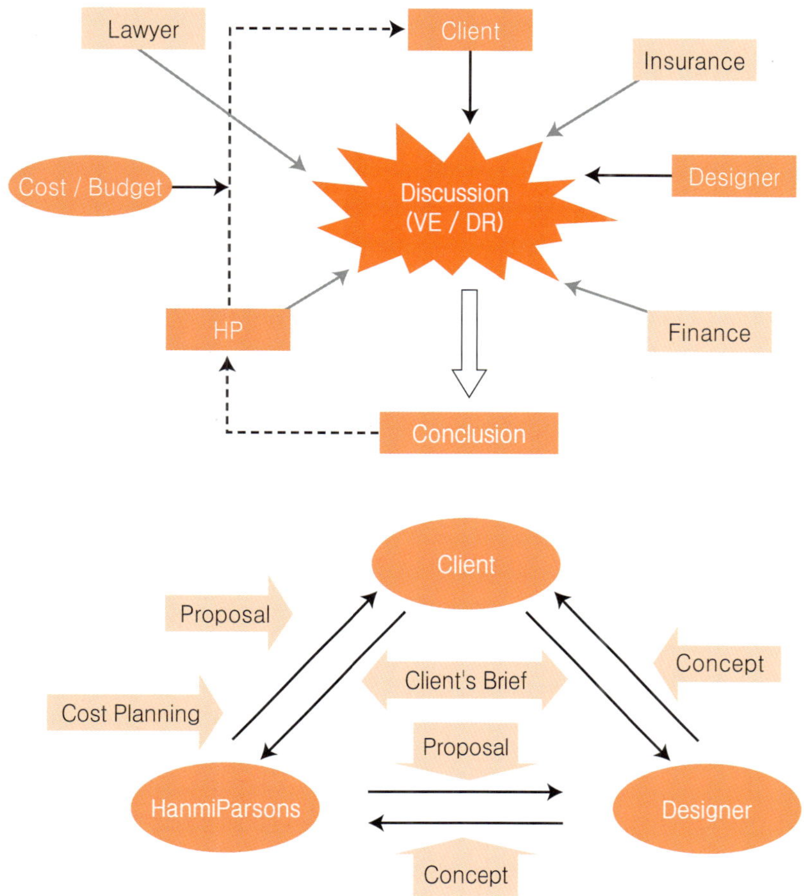

그림 4-2 VE Meeting Diagram

발주자의 조사 분석에 의하면 CM단이 프로젝트 전체를 총괄하고, 의견 수렴 및 조정 그리고 각 과정마다의 적극적으로 참여하여 공장건축비용만을 산정하였을 때 해외의 비슷한 규모의 프로젝트와 비교하여 약 15%의 절감된 비용으로 공장 신축을 하였다고 한다.

향후 국내의 경우도 단기적이고, 단편적인 원가절감 노력이 아니라 생애비용(LCC)과 프로젝트의 다양한 측면을 고려인 VE가 이루어질 수 있도록 해야 할 것이다.

● ● ● 5. 클레임 관리

앞서 언급하였듯이 본 프로젝트의 계약 형태는 'fixed price, lump sum, design build under FIDIC and Particular Condition of Contract, fast track' 공사인 관계로 시공사와 체결한 계약서의 명기를 통해 불가항력인 천재지변과 더불어 발주자(BAT Korea) 혹은 CM단의 요청에 의한 설계, 공법 그리고 계약변경을 제외하고는 일체의 클레임을 할 수 없었다.

그러나, 시공사는 프로젝트 종료시점을 약 3개월 남긴 시점에서야 당 사업에서 이윤은 물론 공사비 역시 손해가 날 것을 인지하게 되었다. 물론 사업이 진행되는 동안에도 구두상을 통해 여러 가지 이유(공법 변경, 전문건설업체들의 추가적인 금전과 공기연장 요구 및 그로인한 공기지연을 만회하기 위한 추가비용 등)를 들어 금전적 보상을 요구하였다. 이로 인하여 CM단은 계약서상의 관련조항을 상기시키고, 계약초기에 이루어졌던 문서상의 약속들을 재확인시켜야 했다. 또한 프로젝트를 저가에 수주하고 공사도중 부족분에 대한 보상을 요구하는 국내 시공사들의 관행을 그대로 답습하지 말 것을 요청하였다.

하지만 시공사로부터 청구되는 클레임을 막을 수는 없었다. 이에 따라 CM단은 프로젝트 초기단계부터 지속적으로 추진한 클레임에 대한 준비를 통해 시공사의 요구를 효과적으로 관리하였으며, 그 대표적 대처방안의 사례는 다음과 같다.

첫째, 철저한 문서관리(document management)의 수행이다. 시공사가 요청한 클레임에 대하여 계약서의 조항 및 시공사가 요청한 승인서, CM단의 의견 및 시공사의 서명(acknowledge signature)이 들어 있는 서류, 설계기준, 시방서, 공정지연에 관한 문제점 제시, 업무의 범위, 그리고 지질조사서와 같은 이미 시공사에 주어진 자료들을 가지고 합리적으로 설득하고, 조심스럽게 시공사 클레임의 불합리성 및 부적절성을 상기시켰다.

둘째, 계약도서의 명확한 이해이다. 타 계약과는 달리 건설계약의 경우 계약서, 계약일반조건, 계약특수조건, 시방서, 도면, 현장설명서, 내역서, 부록 등 많은 계약도서 있으며, 이는 계약의 해석 및 클레임의 적정여부 판단에 직접적인 영향을 미친다. 따라서 이러한 도서의 이해 및 도면의 완전한 숙지는 클레임을 방어하는데 매우 유용한 수단이 되었다.

셋째, 모든 자료 및 토의된 내용의 문서화 및 서명 요청이다. 업무 수행 중 발생하는 모든 자료를 문서화하여 체계적으로 관리하였으며, 특히 주요 사항에 대해서는 시공사의 서명을 요청하여 문서의 확실성을 도모하였다. 클레임이 일반화되지 않은 국내의 경우 과도한 관리 행위라는 의견도 있을 수 있으나 건설사업관리자로써 외국인 발주자를 보호하기 위한 매우 정상적인 관리행위였다.

마지막으로 웹 기반의 건설사업관리시스템(Project Management Information System)의 사용이다. 지리적인 한계를 극복하고 발주자는 물론 프로젝트 참여자 간의 원활한 의사소통 및 정보공유를 위하여 도입된 PMIS를 통하여 사업참여자들에게 적시에 필요한 정보를 전달할 수 있었으며, 도면은 물론 각종 설계도서를 체계적으로 관리함으로써 프로젝트 수행의 효율성 향상은 물론 클레임에 대비한 문서관리에도 기여한 바가 크다.

상기와 같은 방법으로 CM단은 클레임으로부터 발주자를 보호할 수 있었으며, 시공사의 일부 과도한 주장을 제외하고는 커다란 논쟁이 없었던 데에는 위와 같은 CM단의 철저한 사전 대비와 프로젝트 관리 능력이 주효한 결과로 판단된다.

Mr. S.J.Seo, Project Manager　　　　July 15, 2002

Daelim Industrial Co. Ltd.　　　　CC- 0108002- XXXX

BAT Factory Project

Block 4-1 Youchuen-ri

Sanam-Myen, Sacheon City

Gyeongnam Province, Korea.

Request for Reimbursement or Compensation for Additional Cost.

RE: (A) Request for Reimbursement of Civil Work / ref DICBAT 02-005, dated 10 June 2002

RE: (B) Request for Compensation for Additional Cost due to Foundation Design Change. / Ref DICBAT 02-008, dated 21st June 2002.

RE: (C) Request for Compensation for the Additional Cost / ref DICBAT 02-013 dated 4th July 2002.

RE: (D) Our Letter ref CC-0108002-CO-009 dated 24th June

Dear Mr. Seo,

We acknowledge receipt of the above referenced documents, and give our response to your latest letter (ref DICBAT 02-013, dated 4th July 2002), in addition and supplemental to our previous response dated 24th June.

However, we in no way accept the validity of the above referenced documents which, we must again advise you, do not constitute a valid basis for claim against the contract, under any of the terms or conditions of contract, either for extension of time or for additional payment.

We do not concur with your appeal and must refute your "understanding" of the situation at bidding stage, as not being a reasonable nor true conclusion given the instructions and information provided to you during the bidding stage and prior to award of contract.

As you already note, you were indeed supplied with the Initial Land Survey & Soil Investigation Results, including bore hole logs, with the initial tender documents (as per item 2.16 of the Instruction to Bidders) for your guidance and advised of the requirement for the bidders to visit site to satisfy themselves as to the form, nature and conditions of the site.

You now state that you believe that you were not "obliged" to carry out the survey on the sub-surface conditions. This may be quite correct, but it demonstrates a rather poor decision, since you had been clearly advised and aware of a potential risk, which you have chosen on your own behalf to ignore written advice at your own risk and cost. We are therefore amazed, given the above statement, that you now submit requests for compensation from the client for your obvious deliberate error or omission.

Additionally, you were also advised (as per item 2.17 of the Instructions to Bidders) of additional Soil Investigation and Survey Work on the Cut and Fill Site, which was being undertaken, the results of which would be made available to you prior to final bid and "Award of Contract", for your guidance, not withstanding the previous comments as per 2.16.

This information was supplied to you at time of 2nd round of bidding and prior to award of contract. We refer you to the Report from Dodam Engineering Company Limited, which forms part of the Contract Documents, and in particular to "pages 36 to 45, figs 3.1 to 3.10 "Subsurface Profiles (A-A to J-J), which clearly indicate the presence of boulders in the fill areas.

Again you have either chosen to ignore this information or have misinterpreted the results. However, the client cannot be held responsible for errors in judgment or decisions on Method Selection. We further refer you items 2.9 and 2.18 of the ITB, which further explains this situation.

Additionally, as previously stated, we also advised you prior to 2nd Bid, that we believed that your foundation and substructure works were underpriced in comparison to other bidders, as we felt obliged to do under item 2.13 of ITB, which resulted in a substantial increase in the price of your second bid. We therefore are at a loss to understand why you did not allow for your intended revised method, as sufficient information and advice was available to you to do so.

HP HanmiParsons

We therefore believe that there is no Contractual Basis to approve this Request for Compensation or Reimbursement under "sub-clause 4.12 of the "General Conditions" of contract (not the "particular conditions" as you refer) as we do not believe that there were circumstances of "Unforeseeable Physical Conditions" existent, as there were sufficient information, advice and opportunity for you to have ascertained conditions and to have established a suitable method of execution and to have included for in your price at final bid stage and prior to contract award.

Additionally, we have continually requested you to follow the written contractual procedures throughout the project, and have advised you of delays and deficiencies in your design documentation submittals and approvals, including Design Changes and Method Changes, which you have continued to either completely ignore or simply lacked the manpower to provide or to submit on time.

You simply cannot flout and ignore all the regulations and rules of agreement during the course of the project and then pick or chose isolated clauses as a basis for compensation, ignoring the rest, and then call upon the "Spirit of Partnership", to have the Client compensate you for failures and losses incurred, which are directly the result of your own ill-advised actions or changes.

We shall of course advise the Client of your unsubstantiated requests as detailed above so that, whilst he has no contractual obligation to do so, he may review the situation with compassion for any possible additional non-contractual payments that he may, or may not, chose to award, which we feel might be more likely, should Daelim be able to offer a guarantee of Earlier Issuance of the Completion Certificate.

Yours sincerely,

H.B. Franks.
Project Manager.
HanmiParsons.

CC. D.K.Kim: HP Site CM/CS
B. Ammari: HP Proj Dir.
Angus Leslie: BAT Proj Dir.
S.J. Kim: DIC Marketing Div. Snr.
J.H. Joo: DIC B&H Proj Cont

그림 5-1 시공사 클레임에 대한 CM단의 답변

●●● 6. 서구식 원가관리 기법의 필요성

본 프로젝트는 현장이 위치하고 있는 곳이 국내일 뿐 모든 절차와 기준은 해외 프로젝트와 다름이 없었다. 본 프로젝트에서 적용되었던 원가관리(cost management)가 해외 프로젝트에서 사용하는 서구식 예산관리 기법을 100% 적용하였다고 볼 수는 없다. 그러나 거의 모든 분야에서 유사하게 적용될 수 밖에 없었던 것은 발주자가 외국기업이었기 때문에 발주자가 익숙한 시스템을 사용하지 않으면 안되었기 때문이다. 본 장에서는 시공사가 사용하는 원가관리에 대하여 알아보고, CM단이 적용하였던 원가관리 기법과의 차이점을 기술하고자 한다. 또한 서구식 원가관리 기법 적용의 문제점 및 한계 그리고 그에 대한 국내 건설사의 대응은 어떠했는지 알아보고자 한다.

아래 그림에서 볼 수 있듯이 시공사의 원가관리는 일반적으로 국내에서 적용되는 공사단계의 원가관리 수준이었다. 입찰팀에서 행한 개략적인 견적으로 수주를 하여 실행예산을 편성하고, 그 예산으로 공사를 진행하고, 준공 시에 정산하는 시스템이었다. 입찰팀에서 행한 개략적인 견적이 원가에 미치지 못한다면, 시공팀은 공사 내내 여러 가지 이유를 들어 금전적인 보전을 요구하고, 공기를 지연시키는 국내공사에 널리 퍼져있는 나쁜 관습이 만연한 실정이다.

이에 반하여 CM단이 행하였던 원가관리체계는 아래 그림에서 볼 수 있듯이 모든 단계에 걸쳐 여러 요소들을 반영하여 사업비를 예측, 분석하여 반영하였음을 알 수 있다.

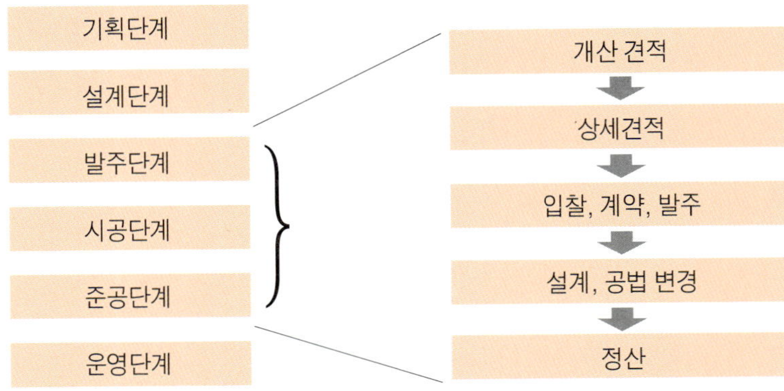

그림 6-1 국내공사의 원가관리

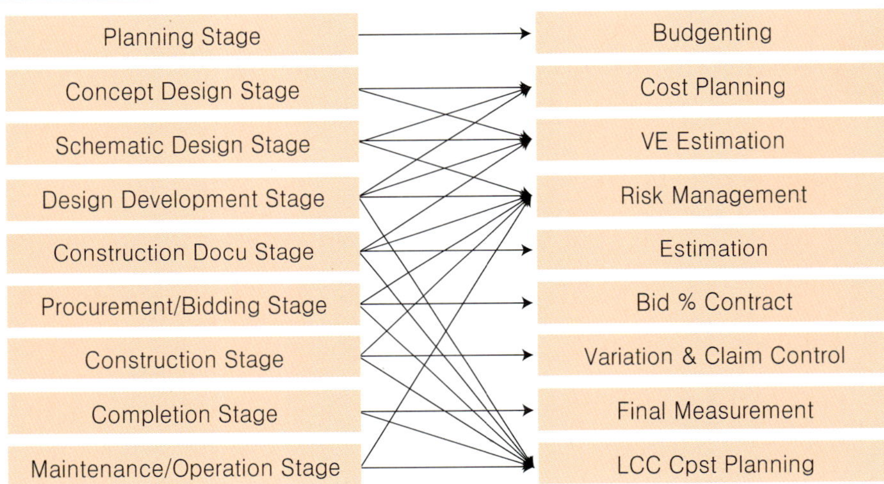

그림 6-2 선진 원가관리 체계

이러한 많은 요소들을 반영하여 원가관리를 하기 위하여 해외에서는 일반적으로 'Quantity Surveyor(이하 QS)' 또는 'Cost Engineer' 라는 전문가들이 이러한 분야만을 집중적으로 관리한다. 하지만 국내에는 아직 이런 분야의 전문가 없이, 단지 견적을 오래 해 온 사람이나 공무조직에서 이런 일을 행하고 있을 뿐, 해외처럼 건축을 전공하고, 계약 및 클레임에 익숙하고, 적절한 대처를 할 수 있는 전문가는 없는 실정이다. 또한 적산을 전문하는 회사들이 있기는 하지만 영세하고, 기술적 집약 및 자료의 축적이 잘 안되어 있기 때문에 객관적인 평가와 분석 그리고 표준화된 양식으로 만들어진 예측이 어려운 실정이다.

이에 따라 국내의 경우도 서구식 원가관리 기법이 절대적으로 필요한 상황이다. 본 기법을 적용하기 위해 외국과 같은 제도적인 개선도 필요하지만 우선 기술자의 인식 전환 및 지식확충과 원칙준수에 철저를 기해야 할 것이다. 본 프로젝트를 진행하면서 선진기법의 원가관리를 위해 시종일관 지켰던 기본원칙은 아래와 같다.

- 실제상황의 반영
- 모든 요소 비용의 발굴하여 반영
- 양식의 표준화 및 목적에 따른 가변성 확보
- 직접비용과 간접비용, 변동비용과 고정비용으로 구분
- 불확실성에 대비한 예비비 포함
- 지속적인 자료의 집적 및 검증

이와 같은 원칙을 기본으로 한 해외 선진 수준의 원가관리를 수행함으로써 초기에 작성되었던 예산 내에서 성공적으로 공사를 마무리할 수 있었으며, 국내 **CM**사의 능력을 인정 받을 수 있었다.

●●● 7. 맺음말

본 장에서는 BAT 프로젝트에서 수행되었던 원가관리의 기법과 실제 사례를 기술하였으며, VE, 클레임 대처방안과 더불어 선진기법 도입의 필요성 또한 제시하였다.

본 프로젝트처럼 단계별로 원가관리가 이루어지는 프로젝트는 흔치 않고, 쉽게 접할 수도 없다고 생각한다. 또한 본 프로젝트에 적용된 원가관리가 기본이고, 표준이라고 말할 수는 없다. 하지만 본 프로젝트의 사례를 통하여 앞으로 수행될 동종의 또는 이와 유사한 프로젝트가 상기의 사항을 적용하여 발주자의 만족을 도모하고 나아가 국내 원가관리 분야의 발전에 조금이나마 기여하였으면 한다.

본 프로젝트 사례를 통하여 알 수 있듯이 원가관리는 프로젝트의 전 과정의 모든 단계의 각 요소들과 연결되어 있다. 발주자에게 자금의 흐름 및 현 상황에서의 지출 및 미래에 지출될 것에 대한 예측을 가능하게 하고, 시공사에게는 원가 분석을 통하여 각 공정의 세부적인 사항까지도 파악하게 하여 준다.

앞에서도 언급했듯이 해외 프로젝트에서는 일반적으로 QS 또는 Cost Engineer라는 전문가들이 이러한 업무를 대행함으로써 그들만이 가지고 있는 경험과 노하우, 그리고 분석 및 표준화를 통해 자금의 집행과정 및 흐름이 투명하고, 공정하게 관리된다. 본 프로젝트도 해외의 프로젝트처럼 각 부분의(건축/구조/토목, 설비, 전기) 담당자들이 수집 및 검측한 자료를 분석, 취합하여 발주자에 보고 함으로써 성공적인 QS 및 Cost Engineer의 역할을 수행할 수 있었다.

앞으로 유사한 프로젝트를 수행할 경우 지금보다 훨씬 더 향상된 기법으로 단계별 원가관리를 수행할 수 있을 것이라고 생각하며, 프로젝트 수행 시 목표로 삼았던 원가관리의 목적을 제시한다.

"Cost Management for each Stage or Phase of the project, to reduce or to make it zero the Client' s Risk and Exposure"

HanmiParsons

MONTHLY REPORT.

BRITISH AMERICAN TOBACCO

September 2002

New BATKM Cigarette Factory Project at Sacheon, Korea.

Table of Contents

2

HanmiParsons

MONTHLY REPORT.

BRITISH AMERICAN TOBACCO

September 2002

New BATKM Cigarette Factory Project at Sacheon, Korea.

1. Project Overview – Photographic Record – End of Sep 2002

Project Overview – End of September 2002

2.(a) Executive Summary

This is the 9th Monthly Report of the new Design & Build Cigarette Factory Project for BATKM and covers the period from the 2nd to the 30th September 2002. The project commenced on the 26th November with completion scheduled as 2nd September 2002 plus 2 week extension until the 16th September 2002.

BAT had successfully occupied the Amenity Building and Factory Spinal Corridor Offices by Monday the 16th September 2002 and officially commenced manufacture of cigarettes on Tuesday the 1st of October 2002, which , despite a 2 week extension, is set against the original planned date of 26th September 2002, as shown on the original contract schedule issued to the D&C Contractor at time of award of contract.

3

HanmiParsons

MONTHLY REPORT.

BRITISH AMERICAN TOBACCO

September 2002

New BATKM Cigarette Factory Project at Sacheon, Korea.

3. Monthly Progress Report Summary

3. (a) Overall Site Progress Summary

Site	Last Month	This Month	Target Completion	02-Sep-02	+ 2 weeks
Construction Work	98%	100%	Project Duration	9	Months
Design Work	95%	100%	Elapsed Time	10	Months
Overall	98%	100%	Ahead(+) / Delay(-) on critical path	complete	C. Path & O/All

3. (c) Milestone Activities Report

No	Activities	Original Schedule	Status	Remarks
15	Hand - Over	02-Sep-02 + 2 week ext 16th Sept 02.	Complete 16 Sep 02	2 week extension granted due to excessive wet weather.
16	Start of Production	26th Sep 02 + 2 wk ext 10 Oct 02	Achieved 1st Oct 02	

4. Safety & Quality Management Review

Number of Accidents Reported to this date = 1 resulting in Fatality

Notices of Safety & Quality Deficiencies

4 (a) Safety	This Month		Cumulative	
	Opened	Closed	Opened	Closed
SCAR	0	0	15	15
SWO	0	0	0	0
Safety Checklist %	Last month	80% Rating	This Month	BAT
4 (b) Quality	**Opened**	**Closed**	**Opened**	**Closed**
FI (Field Instruction)	0	0	44	30
DN	0	0	19	6
NCR	0	0	11	5
CAR	0	0	7	1

HanmiParsons

MONTHLY REPORT.

BRITISH AMERICAN TOBACCO

September 2002

New BATKM Cigarette Factory Project at Sacheon, Korea.

5. Design Progress Review

Change Orders: Total 35.No. DCN – Design Change orders Submitted.
31No. Client Approved. 4N0. Cancelled.

5 (a) Change Order; Cost Control - Detail

No.	Description	Cost Impact [Unit: WON]	Time Impact	Approved
1	To change the Spec. of Vacm Pump	none	None	OK – DCN.004
2	Delete 1No. Boiler	-143,252,349	None	OK – DCN.001
3	Change of R22 by R134a for Chillers	+88,570,000	None	OK – DCN.005
4	Refrigerant change for VRVs	+20,000,000	none	OK – DCN.009
5	Reduce Back-up time for UPS .	-15,804,000	None	OK – DCN.007
6	To change the Transformer capacity	+393,000,000	1 week	DCN.011 Apprvd
7	Reduce quantity of fire pumps	-15,647,000	None	OK – DCN.006
8	HVAC for Laboratory	+34,638,246	none	OK- DCN.13
9	H&V for Central corridor	0	None	Cancelled
10	HVAC Unit for Smoking Chamber	+12,417,000	None	BAT install later
11	Receiver air tank capacity change	+3,835,000	none	OK – DCN.008
12	Inergen Gas to IT room + MDF Room	+7,264,889	none	OK – DCN. 014 Extra IT Budget
13	Extract System for filter DRS Room	0	none	Not submitted
14	DX AHUs	+93,006,000	none	OK – DCN. 010
15	Kitchen Equipment	-8,162,000	none	OK -DCN.012
16	Capacity of Back-up generator	+13,000,000	none	DCN. 015
17	Insulation of Sprinkler Pipe	+24,375,000	none	DCN. 016
18	Impedance	+6,818,000	none	DCN. 017 apprvd
19	Install Bus Bar Link Coupler	+19,029,000	none	DCN. 018 apprvd
20	PABX & IT systems	+56,150,000	none	OK - DCN. 019 Extra IT Dept
21	Duct Insulation in PMD	0	none	DCN 021 Cancelled
22	Additional Lighting in Warehouse	+10,217,194	none	DCN 020 apprvd
23	Car Barrier & Rear Gate & extra road	+35,537,465	none	DCN 022 apprvd
24	PP Pipe in factory Lab Drainage	+8,266,450	none	OK - DCN 023
25	System Link	+22,000,000	none	DCN 024 apprvd
26	Excavation Depth Underground	0	none	DCN025 Omit
27	Air Scrubber Foundation	+14,035,766	none	DCN026 apprvd
28	Change Location of WWTP	+39,510,728	none	DCN027 apprvd
29	Changed Light fixture line - WMS	+5,430,469	none	DCN028 apprvd
30	Additional PABX Card	+2,500,000	none	DCN029 apprvd Extra IT Budget
31	Additional Light fixture R&Rs HXD	+7,518,160	None	DCN030 apprvd
32	Toe Board to Cat Walk	+8,871,190	none	DCN031 apprvd
33	Add Panel & Receptacle QC Room	+7,143,258	None	DCN032 apprvd
34	Add welding, speaker, FA @ WWT	+10,883,236	None	DCN033 apprvd
35	Power Connect Factory IT & Tele	+8,116,033	None	DCN034 apprvd Extra IT budget
36	External Steel Stair For Roof Access	+38,090,900	none	DCN035 apprvd

5 (b) Change Orders; Cost Control - Summary of Design Change Orders.

Total	D&C Submitted	1,433,321,207	After Review by HP	+837,790,702	BAT Approved for D&C	+791,382,633
Total	Cancelled	(-195,054,152)	Cancelled	(-126,991,069)		
Total	D&C pending	0	BAT to do later	(12,417,000)	BAT to do later	(+12,417,000)
Grand Total	D&C Submitted For Review	1,238,267,055	HP Approved for D&C	+698,382,633	BAT Committed	+803,799,633

10

그림 7-1 월간 리포트(샘플 1)

HanmiParsons
B.A.T., The Production Facility, Korea — page 2 of 22

■ Executive Summary

If applying the Alternatives & Recommendations by HanmiParsons based on the submitted drawings of architectural, structural, mechanical and electrical, and the associated specifications, we can expect a saving into the region of 3% (Appox. US$ 420,000) on the total construction cost based on the Preliminary cost estimation issued by B.A.T Korea.

According to the information we have, much of the equipment will be imported and consequently, maintenance costs will be increased. The followings are the major electrical and mechanical issues raised in the report.

- HV/LV
- Power
- Lighting & PABX
- Cooling Equipment System
- HVAC System for Office area
- HVAC System for Security Area
- Fire Protection System for Factory
- Fire Protection System for Office Area
- Cost of Equipment List based on Specification

As only the equipment capacity has been specified in the Specification and we have not received the equipment lists, forecasting the cost is impossible. However, we can estimate cost savings on elements through the utilization of locally produced equipment on the basis of their capacity.

HanmiParsons
B.A.T., The Production Facility, Korea — page 7 of 22

2.1 Architectural

- Fire Protection
  - Fire protection for factory is not over 2-hours rate per Korean Fire Rate codes. Fire resistance wall and major building structures like beam and column should be 2-hours rate and others are 1-hour rate below. ("Performance standard of Fire structure : revised at April 20, 2001 , Construction and Transportation Ministry)
  - The issue, "120minutes minimum fire resistance" of "Fire Rated Glazing System" stated under "General and Architectural Specification", the Clause 24.1 is not applicable in Korea and even not produced. Fire protection by Glazing shall be ignored as not being authorized in Korea. As an alternative, we would recommend "Fire Protection Roller Shutter" upon the re-enforced glass.

- Ceiling Material

Description		B.A.T Spec. by Halcrow	HanmiParsons Recommendation
Factory	Office	Perforated acoustic metal Ceiling tiles on suspension system	Mineral Board / Rock Wool Tex
	Toilet		Calcium Silicate Board / Gypsum Board
Amenity B/D	Reception & Conference Room		Fibrous Plaster Board
	Upper Floor Office		Mineral Board / Rock Wool Tex
	Toilet & Changing Facilities		Calcium Silicate Board / Gypsum Board
	Canteen		Aluminum Panel Ceiling / Gypsum Board
	Kitchen		Aluminum Panel Ceiling / Plastic moulding Panel

HanmiParsons
B.A.T., The Production Facility, Korea — page 13 of 22

2.3 HVAC System for Amenity & office Area

Description		B.A.T Specification by Halcrow
Amenity B/D	Primary Cooling / Heating & Provision of fresh air ventilation	Packaged Direct eXpansion refrigerant charged (DX- Heat Pump type). Air Handling Unit(AHU)
	Secondary Cooling/Heating	Ceiling mounted Cassette Units(Heat Pump type). Room mounted Variable Refrigerant Volume(VRV)
Factory Office	Primary System	Package External Air Handling Unit(AHU) Served from the central boiled and chiller plant
	Secondary System	Variable Refrigerant Volume(VRV)

- HanmiParsons' Comments & Alternative

- Why use a separate system for the factory and the office building?
  ① It is not efficient owing to far distance?
  ② To distinguish the factory system from the office building?
- In case of following the B.A.T's Specification, it is expected that indoor climate is improved but, maintenance cost including initial expenses (cost for equipment, auto control etc) is increased.
- VRV System is not popular in Korea and doesn't have proven achievement that much. Not recommendable for the stability and cost. (It is double price of the systems generally being used in Korea)
- Please review Alternative 1, 2 and 3 below using steam and chilled water from the existing buildings. Most of Korean factories are adopting one of HVAC Systems shown in the below.
- The Alternative 2 is a system used in Korea.
- Utilizing the energy centre to support all buildings is more efficient. If B.A.T. require a separate system for the Amenity B/D then at a minimum the energy centre should support the office area within the factory B/D. This will result in a cost reduction.

HanmiParsons
B.A.T., The Production Facility, Korea — page 15 of 22

2.4 HVAC System for Security B/D

Description	B.A.T Specification by Halcrow	HanmiParsons' Comment & Alternative
Cooling System	Variable Refrigerant Volume (VRV)	▫ Packaged Air-Conditioner - Heating & Cooling - Ceiling mounted Type - Cooling is Air cooled type of outdoor unit ▫ Air handling with AHU for a tiny space is over spending. Ventilation system for Guard office seems not essential because the doors frequently open and close.
Heating System	Void Pack Type (kind of a AHU)	

2.5 Fire Protection System

- Generally, installing sprinkler is not required on Korean Fire Code.
- Installing sprinkler is requested by BAT in considering of the importance of factory system. We recommend installing sprinkler partially in the factory.
- For Security B/D, Amenity & Office B/D, Factory Office Area, Energy Centre(Except for the Elec. Room), Internal and External Hydrants are regarded as enough. (The initial cost is lower than Sprinkler installation)
- ▫ Even increasing the initial cost a little more, installing sprinklers enables to get discount from fire insurance in the future. When installing the sprinkler system, it is necessary to compare exactly the costs for fire insurance and installation.
- ▫ Instruction is required from B.A.T.

그림 7-2 월간 리포트(샘플 2)

Part 09

한국국제협력단(KOICA) 프로젝트

C·O·N·T·E·N·T·S

●●● 1. 머리말

KOICA(Korea International Cooperation Agency, 한국국제협력단)는 개도국과의 우호협력관계 및 상호교류를 증진하고, 이들 국가의 경제 및 사회 발전을 지원하기 위해 1991년 4월에 창립된 외교통상부 산하의 정부 출연 기관으로 정부 각 부처에서 분산 실시하여 오던 정부 차원의 대외 무상원조 및 기술협력 사업을 통합하여 전담하는 기능을 하고 있다.

KOICA가 수행하고 있는 사업은 크게 인력협력사업과 개발협력사업, 그리고 민간원조단체(NGOs) 지원사업으로 나눌 수 있다.

인력협력사업에는 개도국 연수생을 초청하여 우리 나라의 개발경험과 기술을 전수해 주는 연수생 초청사업과 전문가, 의료단원, 태권도사범 등의 전문인력 파견사업 그리고 한국해외봉사단 파견사업 등이 있으며, 이를 통해 개도국의 인적자원 양성과 의료, 복지증진에 기여하고 있다.

개발협력사업에는 도로개량 및 발전소건설 등 개도국 기반 산업조성에 필요한 타당성조사를 지원하는 개발조사사업과 농업기자재, 사무기기, 약품 등의 원조물자를 지원해 주는 물자지원사업 그리고 개도국 내 병원, 학교, 직업훈련원, 연구소 등의 건립과 운영을 지원해 주는 종합적 협력사업 형태인 프로젝트 사업이 있다. 특히 최근의 프로젝트 사업에는 보건의료, 인력개발, IT, 환경분야 등 우리의 비교우위 분야 및 개도국의 지속가능한 개발 분야를 중점 지원하고, 효율적인 사업수행 및 관리체제를 구축하고자 많은 노력을 기울이고 있다.

민간원조단체(NGOs) 지원사업은 개도국의 빈곤완화와 복지증진을 위해 활동하고 있는 우리나라 민간단체(NGOs)들의 해외원조사업을 지원하고, 전후 복구지원과 천재지변 등에 의한 재난복구사업을 수행하고 있다.

우리나라는 1961년 OECD 출범 이후 원조 수혜국에서 원조 공여국으로 지위가 바뀐 첫 번째 사례로, 1996년 OECD에 가입한 지 13년만인 2009년 원조 선진국 클럽인 DAC(Development Assistance Committee, 개발원조위원회)의 회원국이 됐다. KOICA의 대외 공적개발원조(ODA, Official Development Aid)의 전체 규모는 2010년 기준 11.68억 달러로 전년도에 비해 상승하였지만, 여전히 국민총소득(GNI) 대비 공적개발원조 비율이 0.1% 정도로 DAC국가들의 평균인 0.32%에 크게 못 미치고 있는 실정이다. 이에 정부는 2015년까지 공적개발원조 규모 및 국민총소득 대비 공적개발원조 비율을 0.25%까지 확대한다는 방침을 가지고 있어 향후 KOICA 프로젝트 사업은 점차로 대형화 되고 그 숫자도 크게 늘어날 전망이다.

● ● ● 2. KOICA 프로젝트의 특징

2.1 KOICA 사업 중 건설 프로젝트의 특징

KOICA 사업 중 건설 관련 사업은 상기 개발협력사업의 하나인 병원, 학교, 직업훈련원, 연구소 등의 건립과 운영을 지원해 주는 프로젝트사업과 전후 복구지원 및 천재지변 등에 의한 재난복구사업이다.

KOICA 프로젝트는 상대적으로 규모가 작다. 최근 들어 미화 수천만 불 규모의 프로젝트가 부분적으로 발생하고는 있지만 대체적으로 미화 수십만 불에서 수백만 불 규모의 소형 건축 프로젝트이다. 또한 KOICA 프로젝트는 가까운 동남아로부터, 중동, 아프리카, 중남미 등 세계 곳곳에 산재되어 있고, 원격지 프로젝트가 많아 프로젝트 관리에 많은 어려움이 있다.

이러한 건축 프로젝트의 진행 절차는 다음과 같다.

- 수원국의 지원 요청
- 사전조사 : 사업 대상 부지, 사업 규모 및 비용의 타당성 조사
- 실시협의 조사 : 사업 대상 부지, 사업 규모, 지원 범위 및 비용의 확정 및 수원국 담당 기관과의 합의서(record of discussion) 서명
- 구상서(외교문서) 교환 : 지원사업에 대한 양국간의 외교문서 교환
- 설계(디자인빌드 방식 발주의 경우는 입찰 및 계약과 동시에 진행)
- 공사 입찰 및 계약
- 시공
- 준공
- 사후관리

2.2 기존 KOICA 건설 프로젝트 수행의 한계

과거에는 KOICA에서 프로젝트를 수행할 때 CM을 두지 않고 필요 시 단기간의 건축전문가 출장을 통한 기술적인 지원을 받아 KOICA가 직접 프로젝트를 관리해 왔다. 그러나 이 같은 관리 방법은 많은 문제점을 노출해 왔다. 우선 프로젝트를 시작부터 완료까지 일관성 있게 관리하는 주체가 KOICA 담당자 외에는 없다는 것이다. 프로젝트 진행 중 단기적으로 파견되는 건축 전문가는 계속 바뀌기 마련이고 지속적인 관리가 가능한 주체인 KOICA의 프로젝트 담당자는 건축에 대한 전문지식이 부족하다. 쉽게 말해 건축 규모나 비용에 대한 타당성 조사 따로, 설계 따로, 공사 따로 프로젝트가 수행되는 꼴이 되어 설계 완료 후 입찰 결과가 예산을 크게 초과하는 경우가 비일비재하였다. 공사 단계에서 체계적인 공정관리나 품질관리가 미흡하다 보니 공사지연이나 품질저하에 따른 KOICA 이미지의 훼손도 적지 않은

그림 2-1 과거에 한국이 지원한 에티오피아의 초등학교[1]

1) 한국의 원조로 지어졌다는 태극기가 표시된 기념판이 보이며, 이 건물은 최근 신규 지원사업 후 철거함.

문제였다.

최근 원격지 프로젝트의 경우 설계, 감리, 외부 공사, 사후 관리 등은 수원국이 수행하도록 하는 경향이 있다. 특히 수원국 측에서 설계를 수행하는 경우 설계단계의 관리 부재에 따른 사업비 초과 현상이 많을 수 밖에 없었고, 수원국 측 부담 사항인 설계, 감리, 외부공사 등이 적시에 적절히 이루어지지 않아 프로젝트가 지연되기 일수였다. 국내 설계사가 설계를 수행하는 경우도 설계 시 현지 사정을 제대로 파악하지 못했거나 설계단계의 체계적인 관리가 안되어 설계 완료 후 현지 입찰 결과가 예산을 크게 초과하는 경우도 많았다.

3. 한미글로벌과 KOICA

3.1 KOICA 프로젝트의 CM 적용

KOICA 내부에서 건축 프로젝트에 CM을 적용하겠다는 결단을 내리기는 쉽지 않았다. 수십만 불 또는 수백만 불 규모의 프로젝트 예산에서 CM 비용으로 일정 부분을 확보하기가 어려운 상황이었다. 그러나 상기에서 언급한 바와 같은 많은 문제점에 적절하게 대응할 수 있는 방안이 절실해지고, KOICA 인력으로는 늘어만가는 프로젝트를 적절히 관리하는데 한계가 있었기 때문에 CM 도입이 효과적인 관리 방안의 하나로 대두되었다.

한미글로벌이 KOICA 건축 프로젝트에 대한 CM 도입을 처음 제안했을 때 KOICA는 CM도입의 필요성 및 그 효과에 대한 의구심 뿐만 아니라 비용 문제에 큰 어려움을 표하였다. 또한, KOICA 내부에서도 건축 프로젝트를 진행하는 팀이 다수 있는데 팀마다 입장과 의견이 달라 공감대 형성이 쉽지는 않았다. 이에 한미글로벌은 투입 인력을 최소화 하고 국가사업에 이바지하는 차원에서 최소의 비용만 제시하여 KOICA의 프로젝트 사업에 CM으로 참여하게 되었다.

3.2 한미글로벌의 KOICA 프로젝트

한미글로벌의 첫 KOICA 프로젝트는 2003년 10월에 CM 용역 계약을 체결한 중미 국가인 과테말라의 기술교육훈련원(직업훈련원) 프로젝트이다. 이 후 현재까지 한미글로벌은 다양한 KOICA 프로젝트를 수행중에 있다..

표 3-1 한미글로벌의 KOICA 프로젝트 현황

No	프로젝트명	계약연도
1	과테말라 싸카파 기술교육훈련원	2003. 10.
2	필리핀 다바오 직업훈련원	2003. 10.
3	인도네시아 스포츠 센터	2003. 10.
4	라오스 직업훈련원	2003. 12.
5	필리핀 IT Center	2004. 05.
6	베트남 IT 대학	2004. 12.
7	요르단 보건소	2004. 12.
8	에티오피아 초등학교	2005. 01.
9	캄보디아 소아병원	2005. 03.
10	스리랑카 자히라 초등학교	2006. 12.
11	인도네시아 기술문화협력센터 건립사업	2006. 06.
12	이라크 기획개발협력부 청사개보수사업	2006. 12.
13	방글라데시 국가직업훈련역량강화사업	2007. 02.
14	스리랑카 자프나 기능대학	2007. 06.
15	인도네시아 ICT	2007. 06.
16	엘살바도르 교육환경 개선사업	2007. 07.
17	팔레스타인 Jenin시 기술고등학교 건립사업	2007. 12.
18	동티모르 우체국본부 건립사업 등 행정제도분야 3개사업	2008. 03.
19	파라과이 교육 및 보건분야 3개사업	2009. 05.
20	콜롬비아 초코주 기초보건의료 향상사업	2009. 07.

한미글로벌이 KOICA 프로젝트를 수행함에 있어 가장 염두에 두는 사항은 예산 대비 실제 비용 초과 방지 및 사업 기간 준수이다. 예산부족 또는 예산 대비 건축 규모가 적정하지 않을 경우 사업 초기에 문제를 제기하여 규모를 줄이거나 예산 추가 확보를 추진하고, 여의치 않을 경우 다양한 비용 절감안을 적용함으로써 예산초과를 방지하는데 중점을 두었다. 사업기간의 경우는 수원국 사정 등 KOICA나 CM의 영향권 밖의 문제로 지연된 경우를 제외하고

는 목표 공기 내에 공사를 완료하였고, 필리핀의 민다나오 섬에 위치한 다바오 직업훈련원의 경우는 반군지역이라는 어려운 여건 하에서도 공기를 단축하기도 하였다.

〈표 3-1〉의 프로젝트 목록 및 〈그림 3-1〉에서 보는 것처럼 프로젝트의 숫자도 많지만 세계 여러 지역에 프로젝트들이 산재되어 있다. 지역마다 언어나 문화가 다르고, 치안이 좋지 않은 지역도 많다. CM 직원이 투숙하고 있는 호텔의 인근 호텔이 자폭 테러를 당한 경우도 있고, 반군 지역에서 생명의 위협을 느끼며 업무를 수행한 사례도 있다. 또한, 경유지에서 허리케인을 만나 며칠간 움직이지도 못했던 적도 있다. 그럼에도 불구하고 한미글로벌 CM 직원들은 현재까지 이를 잘 극복하고 대부분의 프로젝트를 성공적으로 진행시키고 있으며 이는 한미글로벌이 지리적, 언어적 그리고 문화적인 문제점을 극복하기 위해 단장 이하 각 분야별 담당자의 경력과 능력을 고려한 최고의 적임자들로 선정하여 CM 업무를 수행한 결과이기도 하다.

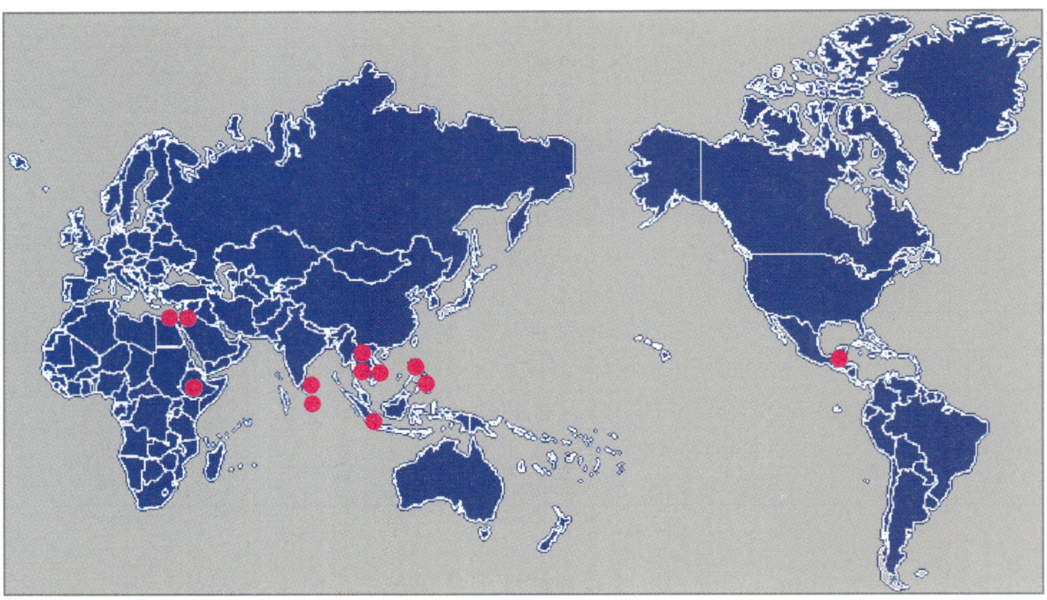

그림 3-1 한미글로벌의 KOICA 프로젝트 분포도

4. KOICA 프로젝트의 CM 업무

4.1 사전조사

사전조사는 수원국이 요청한 프로젝트의 건축 예정부지에 대한 입지조건 및 주변 환경, 현지의 공사비용, 건설관련 법규 및 제도 등에 대한 면밀한 사전조사를 통하여 선정된 부지에 대한 적합성과 책정된 사업비의 적정성 여부를 판단하고 향후 당해 프로젝트의 CM업무 수행에 필요한 각종 데이터를 확보하는데 목적이 있다.

사전조사단계에서 가장 중점적으로 검토해야 할 사항은 예정 사업비 대비 건축 규모의 적정성 판단이다. 지역별로 건설 비용이 우리의 예상과는 판이하게 다른 경우가 많으므로 현지 조사 시 선입견이나 편견을 갖지 않고 철저히 조사하였다. 일례로 중미 지역의 인근 국가인 과테말라와 벨리즈의 건설 비용을 비교해 보면 벨리즈의 단위 면적당 공사 비용이 과테말라에 비해 2배나 된다.

사전조사 단계에서 조사된 비용을 근거로 건축 규모도 결정되므로 이 단계의 조사 결과는 대단히 중요하다. 부실한 조사는 향후 사업비의 예산초과를 초래하여 프로젝트 진행에 상당한 어려움을 줄 수 있기 때문이다. 사실, 단기간의 조사로는 공사 비용에 대한 현황 파악이 어려울 수 있으므로 조사를 위한 사전 계획을 충분히 세우고 수원국 담당기관에 조사를 위한 최대한의 협조를 얻어야 했다. 조사 방법으로는 현지 공사업체 면담, 설계사 면담, 시장 조사를 통한 자재 및 노임 시세 조사, 업계 관련자를 통한 실적 공사비 조사 등을 들 수 있다.

사전 조사 시 유의해야 할 사항은 면담이나 조사는 다양한 방법을 이용해야 된다는 것이다. 교민이나 현지에 진출한 국내 업체가 많을 경우 이들을 통하여 비교적 쉽게 정보를 습득할 수 있으나 이 경우 정보가 왜곡되거나 편협적인 정보습득으로 향후 문제가 발생할 소지가 있다.

사전 조사 단계의 중요한 조사 사항 중의 다른 하나는 건축 부지 및 건설 환경에 대한 조사이다. 건축 예정 부지의 기초인프라 현황, 기상, 지반 등 자연조건, 현지 시공사 현황 및 능력, 건축인력, 자재, 장비 등 수급상황, 주요 수입 자재, 숙련인력 수급현황, 건축관련 수원국 법규 등을 조사하여 사업 부지 및 제반 건설 환경의 비용이나 사업기간에 대한 영향을 파악하였다.

4.2 실시협의조사

실시협의조사는 KOICA가 수원국 담당 기관과 원조에 대한 규모, 금액 등을 최종 합의하여 협의록(RD, Record of Discussion)에 서명하는 절차이다.

이 단계에서 CM단은 수원국과 공사 범위뿐만 아니라 설계, 입찰 및 감리 수행방안에 대하여 협의한다. 일반적으로 설계 및 입찰은 KOICA 또는 CM단이 직접 수행하는 것으로 협의하지만 과테말라 프로젝트의 경우와 같이 설계 및 입찰을 수원국 기관에 위임하기도 하였다. 단, 입찰 행위를 수원국에 위임하더라도 공정한 입찰을 위해 제반 입찰절차 및 입찰서류는 KOICA 주관으로 CM단이 작성하도록 하였다.

수원국의 입장에 따라 다르지만 조경 등 외부공사와 제반 인프라 시설 공사 및 감리에 대해서는 수원국에 맡기는 게 유리하다. 그러나 수원국이 부담하기로 한 공사 등은 수원국 담당 기관의 예산배정 문제로 인하여 지연될 소지가 크므로 위임을 하더라도 이를 감안하여야 한다. 에티오피아 프로젝트의 경우는 기본설계, 감리 및 부가가치세를 수원국에서 부담하기로 협의되었으나 실제 수원국이 이에 대한 비용분담 능력이 없었을 뿐만 아니라 초기에 수원국 측의 기본설계도 상당 기간 지연되었다. 이에 따라 디자인빌드 계약방식을 채택하여 설계는 시공사가 수행하도록 하였으나 수원국에서 감리요원을 파견하지 못함에 따라 감리 없이 공사가 진행되었다. 따라서, 실시협의조사 단계에서 수원국 측에 위임할 사항에 대해서 다양한 검토가 필요한데 특히, 수원국 분담 사항이 프로젝트 진행에 미치는 영향을 충분히 검토할 필요가 있다.

또한 이 단계에서 건축의 규모, 건물의 모양, 스페이스 프로그램, 마감자재 사양, 주요 시설물에 대하여 수원국과 협의하여 확정하게 된다. 특히 건물의 모양이나 설비 시스템 등은 현지 여건에 맞게 확정해야 하고 현지에 수급 가능한 자재를 사용해야 하므로 단순히 국내에서 흔히 사용한다 하여 현지에 적용하면 비용이나 품질 측면에서 문제가 있을 수 있다. 실제로 과거에 국내 설계사가 설계한 일부 KOICA 프로젝트에서 현지 건축물이나 주변과는 전혀 어울리지 않은 저급 건물을 흔히 볼 수 있다.

그림 4-1 과테말라의 과거에 한국이 지어준 훈련원과 현지기관이 지은 훈련원

4.3 입찰 및 계약

1) 입찰 및 계약 업무 개요

입찰 및 계약 업무의 기본 절차는 여타 프로젝트의 입찰 및 계약 방법과 크게 다르지 않으며 이 단계의 주요 업무 및 절차는 다음과 같다.

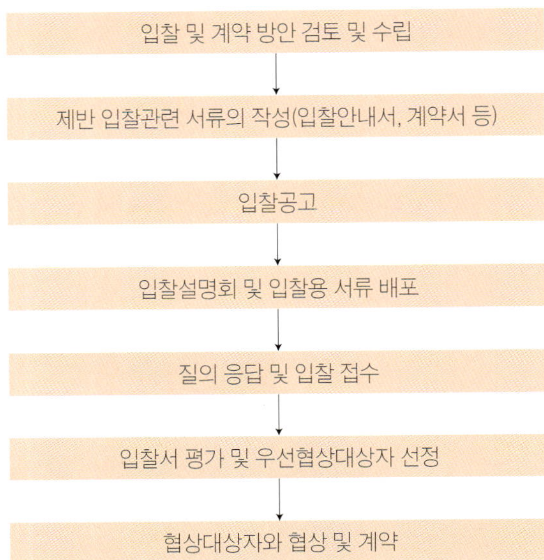

그림 4-2 입찰 및 계약을 위한 CM 업무 절차

KOICA의 제반 계약 관련 규정은 일반적으로 우리나라 공공 프로젝트의 계약 관련 법률 또는 규정에 따른다. 그러나 지역별로 또는 국가별로 건설산업 체계나 소규모의 KOICA 프로젝트 참여 가능 업체의 능력이 천차만별이므로 입찰 방안 수립 시 고려해야 할 사항이 많다.

우선 설계와 시공을 분리할 것인지 또는 디자인빌드 방식으로 입찰을 할 것인지를 먼저 결정해야 하고, 현지에 진출한 국내 업체를 대상으로 할 것인지 또는 현지업체를 대상으로 할 것인지도 결정해야 한다.

디자인빌드 방식의 입찰은 설계와 시공이 분리되었을 때 나타나기 쉬운 과설계로 인한 공사비 초과 소지를 방지할 수 있는 장점이 있지만 참여업체의 능력을 우선적으로 확인하여야 한다. 이는 규정상 2개 업체 이상이 입찰에 참여해야만 유찰이 되지 않는데 반해 소규모 업체들은 입찰 시 필요한 비용문제로 인해 디자인빌드 입찰에 참여하지 못하는 경우가 많기 때문이다. 일단 유찰이 되면 재입찰을 위한 기간만큼 프로젝트가 지연될 수 밖에 없으므로 유의해야 한다.

디자인빌드 입찰의 경우 입찰 전에 설계지침을 명확하게 작성하여야 한다. 설계지침이 미흡하면 추후 프로젝트의 품질 저하 또는 클레임 발생의 소지가 있으므로 각별한 준비가 요구되고 기본적인 설계안을 미리 제시하는 방안이 유리하다. 한미글로벌 또한 대부분의 디자인빌드 방식의 프로젝트에 컨셉디자인을 미리 준비하여 입찰 참여자들에게 제시함으로써 입찰자의 설계가 사전에 예상한 품질이나 개념과 달라지는 것을 방지할 수 있었다.

국내 업체가 진출해 있는 지역에는 현지에 진출한 국내 업체를 대상으로 디자인빌드 방식의 입찰을 취하기가 비교적 쉽다. 인도네시아 스포츠센터, 필리핀 직업훈련원, 필리핀 IT

그림 4-3 국내 업체가 디자인빌드 방식으로 수행한 필리핀 IT 센터

센터, 베트남 IT 대학 등은 현지에 진출한 국내 업체를 대상으로 디자인빌드 방식으로 입찰하여 대부분 성공적으로 계약을 완료하였지만 베트남 IT 대학의 경우는 국내 업체들을 대상으로 하였음에도 불구하고 앞에서 언급한 바와 같이 입찰용 설계비용 문제 때문에 다수의 업체가 입찰 참여를 기피하여 재입찰을 실시하기도 하였다.

국내 업체가 KOICA 프로젝트에 관심이 적은 이유는 현지에 진출해 있는 업체가 대부분 대형 업체로 소규모 프로젝트에서 수익성을 기대할 수 없기 때문이다. 또한, 국가 사업의 일환인 원조 사업에서 프로젝트 진행 과정에서 발생될 수 있는 설계변경이나 추가 공사에 대한 보상을 받기가 어렵다는 생각 때문이다. 국내 업체가 프로젝트를 진행하면 외화가득액 측면이나 KOICA 또는 CM 입장에서의 공사 관리 측면에서 유리한 점도 많지만 시공사 자체의 관리 비용 증대로 상대적으로 공사비가 높고 참여 업체가 적어 유찰의 소지가 항상 있으므로 현지 업체를 포함한 참여 가능 업체에 대한 다양한 고려가 필요하다.

2) 입찰 및 계약 사례

에티오피아 프로젝트의 경우 현지에 진출한 국내 업체가 1개사 뿐이어서 부득이 KOICA 및 수원국 기관이 추천한 현지 업체를 포함하여 디자인빌드 방식으로 입찰을 추진하였으나 입찰 도중에 프로젝트 규모에 따른 시공사 자체의 관리 방안 문제로 인해 국내 업체가 입찰을 포기하였다. 결과적으로 현지업체만을 대상으로 하는 디자인빌드 방식의 입찰이 되어 버렸는데 위에서 언급한 바와 같이 현지 업체는 규모도 작고 자금력도 열악하므로 입찰 참여가 어려울 것으로 예상되어 긴급하게 입찰 조건을 완화하여 업체의 입찰 참여를 유도하였다. 덕분에 가까스로 2개 업체가 입찰에 참여하여 유찰되지 않고 프로젝트가 진행될 수 있었다.

과테말라 프로젝트의 경우 수원국과의 당초 합의에 따라 설계를 현지국 수원 기관이 수행하여 설계와 시공이 분리된 사례인데 이 역시 수원국 기관의 설계 지연으로 프로젝트가 상당히 미뤄지는 사태가 발생하였다. 또한, 현지 기관 및 KOICA 현지 사무소의 추천을 통하여 11개 현지 업체를 대상으로 공사 입찰을 실시하였으나 입찰 금액이 예산을 초과하여 협상에 상당한 노력이 필요하였다.

요르단 보건소는 4개의 프로젝트로 구분된 사업으로 현지국에서 설계를 수행하였는데

그림 4-4 현지 업체가 디자인빌드 방식으로 수행한 에티오피아 초등학교

추후 공사 입찰 결과가 예산을 초과하는 경우를 대비하기 위해 입찰을 2 단계로 구분하여 진행하였다.

일반적으로 낙찰은 입찰 금액만으로 결정되지 않는다. 금액과 함께 업체의 재무 상태, 공사 실적 등을 포함한 공사수행 능력을 종합적으로 점수화하여 낙찰자를 결정하는데 과테말라 프로젝트의 경우에는 최저가 입찰자가 재무 상태와 공사수행 능력 점수가 나빠 탈락되기도 하였다.

4.4 설계관리

1) 설계관리 업무 개요

설계와 시공이 분리되는 경우 설계 검토는 대단히 중요하다. 특히 수원국에서 설계를 수행하는 경우 과설계 및 의도적인 건축 규모 확대로 인하여 예산 초과의 소지가 크고, 설계 일정이나 품질을 적기에 확인하지 못함에 따른 프로젝트 지연이나 품질 저하 소지가 크기 때문이다.

디자인빌드의 경우도 마찬가지로 계약자의 입장에서 자신들의 추가 비용을 줄이기 위해 무조건 경제적인 설계를 고집하는 게 일반적이다. 따라서 당초 입찰 지침과의 철저한 비교 검토를 통하여 누락이나 품질저하를 방지해야 한다.

또한, KOICA 프로젝트는 건축 외에 기자재 공급이 포함된다. 특히 직업훈련원이나 의료 및 보건 시설의 경우에는 대형 장비를 포함한 다양한 기자재가 함께 공급, 설치된다. 이러한 기자재 공급 및 설치 업체는 대부분 KOICA에서 별도로 발주하는데 이를 PMC(Project Management Company)라 부른다. 이를 기자재의 중량이나 사양은 건축 설계와 직접적인 연관이 있으므로 설계단계에서 중요하게 고려되어야 한다. 따라서 설계단계에서 이들 기자재의 리스트 및 사양을 반영해야 하고 공사단계의 기자재 반입 및 설치 일정 조정이 필요하므로 기자재 담당 PMC 업체와의 협업이 필수적이다.

2) 설계관리 사례

요르단 프로젝트의 경우, 수원국이 수행한 설계에 수원국의 욕심이 상당 부분 반영되어 당초 합의한 규모를 초과함에 따라 이를 예산에 맞추기 위해 건축 규모와 지원 의료 장비 내용을 전반적으로 재검토해야 하는 결과가 발생하였다.

과테말라의 경우는 요르단의 사례와는 다소 다르다. 설계를 옆에서 직접 관리하지 못함에 따라 설계 기간이 수개월 지연되었을 뿐만 아니라 실시협의 조사 때 기본적인 설계 지침을 합의하였지만 수원국 입장에서 일정액을 초과하는 비용에 대해서는 수원국이 부담한다는 사업 지원 조건에 따라 자국의 추가 비용을 최대한 줄이기 위해 무조건 경제적인 설계를 고집하여 애를 태웠다. 설계단계별로 진행된 설계 도서를 한국에서 접수하여 검토하였는데, 검토 과정에서 건물 수준을 높이기 위해 현지의 수준 높은 건축물을 벤치마킹하고 이메일을 이용한 설계사와의 지속적인 협상을 통하여 천정, 적벽돌 마감, 장식기둥, 중정, covered walkway, 냉방설비 등을 반영시키기도 하였다.

이처럼 수원국에서 설계가 지연되거나 당초 합의된 규모에 따르지 않는 경우가 발생하

그림 4-5 과테말라 기술교육훈련원의 중정

는 주된 이유는 수원국의 예산확보 문제도 있지만 수원국 내부의 조정업무 부재에도 있다. 예를 들면, 요르단의 경우처럼 당초 KOICA와의 협상 주체로 대외협력국이라는 기관에서 주도하여 건축 규모 등을 확정하였으나, 추후에는 설계와 공사를 담당하는 기술국이라는 기관에서 설계기간이나 건축 계획에 대해 전혀 다른 발상을 하는데도 수원국 내부에서는 이를 적절히 조정하지 못해 문제가 발생하기도 하였다.

또한, 기자재 공급 및 설치 담당 PMC 업체와의 다양한 사전 조정 노력에도 불구하고 과테말라 프로젝트의 경우와 같이 PMC 업체의 내부 사정으로 기자재 반입이 지연되고 당초 합의한 사양과 다른 기자재가 반입되어 공사에 차질을 주는 경우도 있었다.

4.5 공사관리

1) 공사단계의 CM 업무 개요

KOICA 프로젝트의 공사관리는 여타 프로젝트의 공사관리와 기본적으로 큰 차이는 없다. 공사단계에서 CM 인원이 상주하는 경우나 비상주의 경우 모두 다음과 같은 업무를 수행하는데 비상주의 경우는 실제적으로 밀착관리가 어려우므로 제반 공사관리를 제대로 수행하는데 한계가 있다.

KOICA 프로젝트의 공사관리는 크게 상주 관리와 비상주 관리로 나뉜다. 프로젝트 규모가 일정 규모 이상인 경우 상주 CM이 가능하지만 대부분의 소규모 KOICA 프로젝트는 CM 비용 문제로 인해 비상주 공사관리가 불가피하다. 실제 한미글로벌이 수행하였거나 수행 중인 KOICA 프로젝트 중 공사단계의 상주 관리 사례는 필리핀 IT 센터, 베트남 IT 대학, 요르단 보건소 등 3개 프로젝트에 불과하다. 나머지 프로젝트는 정기적인 방문을 통한 비상주 관

표 4-1 KOICA 프로젝트의 공사단계 CM 업무

항 목	세부 업무 수행 내용	비 고
공정 관리	• Master Schedule에 의한 공사 일정 관리 • 설계 및 시공을 동시에 진행하는 Fast Track기법 사용 • 사업 진행 일정 수립	
품질 관리	• 품질관련 각종 시험 및 검측 • 설계도서의 시공반영 여부 확인 • 부적합사항 점검 및 해결책, 대안 제시 • 하자발생 가능 부위 또는 공법의 파악 및 개선안 제시	
원가 관리	• 기성 계획 수립 및 관리 • 기성 실사 및 확인 • 지속적인 VE활동 • 설계 변경에 따른 최적 예산 산출, 대안제시 및 전체 예산 변경 사항 점검 • 추가예산 편성 및 집행 내역 점검	
안전환경 관리	• 현지의 기후, 생활습관, 의식 등이 반영된 안전관리계획 수립 및 적용 • 예방위주의 안전관리 시스템 사용 • 각 부위별 안전시설의 적합성 및 보호장구 착용여부의 확인 및 지시 • 소음, 분진, 진동, 토사오염, 수질오염 억제 지시	
기 타	• 인 · 허가 관리(건축허가, 준공허가, 전력 인입, 수목제거, 무허가 건물 철거 등) • 기공식 및 준공식지원 • KOICA 현지 사무소 및 PM의 현장 관리업무 지원 • 기술적 측면에서 KOICA 지원	

리로 공사단계의 CM 업무를 진행하였는데 비교적 근거리인 동남아의 경우는 어느 정도 밀착 관리가 가능하지만 과테말라나 에티오피아와 같은 원거리 프로젝트의 경우에는 간헐적인 방문을 통하여 현장을 확인하고 국내에서 원격 관리를 할 수 밖에 없어 관리에 상당한 한계가 있었다. 그러나 불리한 여건 하에서도 대부분의 비상주 관리 프로젝트를 성공적으로 수행함에 따라 비상주 프로젝트관리의 가능성을 제시하게 되었고, 이 점은 해외 원격지 프로젝트의 관리방안 측면에서 시사하는 바가 크다.

2) 공정관리

(1) 공정관리 업무 개요

공사 단계에서 중점적으로 관리하는 사항 중의 하나가 공기지연 방지이다. 공기지연은 제반 클레임 발생의 동기가 될 수 있고, 원조하는 입장에서 수원국 측과의 약속과 직접적으로 연관이 있기 때문이다.

공정계획 수립 시에 예상되는 다양한 돌발상황을 고려해야 하지만, 공사 진행 중 예상치 못했던 돌발 상황에 의해 지연이 발생될 경우 이에 대한 적절한 대처가 필요하다. 계획 대비 공사가 지연되는 경우가 발생하면 CM단은 지연 사유를 면밀히 파악하고 합당한 만회 대책을 세우야 한다.

일부 프로젝트의 경우 공기가 지연된 경우가 있었는데 이는 주로 KOICA나 CM이 제어하기 어려운 부분에서 발생한다.

(2) 공기지연 사유 및 사례

공기가 지연되는 가장 큰 이유 중 하나가 바로 기상 이변이다. 지역에 따라 차이는 있지만 대부분 지역의 우기는 상당히 길다. 우리나라의 장마철과 같이 단기간에 우기가 끝나지 않고 수개월 동안 우기가 지속된다. 공정 계획 수립 시 이와 같은 우기를 반영하지만 문제는 기상 이변에 있다. 일반적으로 우기라 하더라도 우천 시간과 강우량이 일정한데, 최근 수년 동안에는 엘니뇨 등의 영향으로 폭우가 많고 우천 시간이나 우기가 길어져 공사에 지장을 초래하는 경우가 많았다.

다음은 현지국 자재 수급의 문제이다. 에티오피아의 경우 2개의 국영 시멘트 공장이 있는데, 자국 산업 보호 차원에서 시멘트 수입이 제한되어 있다. 그런데, 최근의 건설 붐 및 시멘트 공장의 시설 고장에 따라 수개월 동안 소규모 민간 업체에 시멘트 공급이 되지 않는 사태가 발생하였다. 다양한 채널을 동원하여 시멘트 확보에 노력하였지만 허사였고 부득이 외교적인 방법으로 시멘트를 확보하여 공사를 완료할 수 있었지만 이 때문에 다소의 공사 지연이 불가피하였다.

또한, 수원국 부담분의 공사 지연이 전체 프로젝트 사업기간을 연장시킨다. 과테말라의 경우 조경, 포장, 담장, 상하수도 연결 등의 공사를 수원국 기관에서 수행하게 되어 있었는데 수원국 담당 기관의 예산확보가 적기에 이루어지지 않고, 고질적인 관료주의적 업무 절차로 제반 의사결정이 늦어진데다가 자체 공사 관리능력까지 미흡하여 KOICA 공사분은 이미 완료되었음에도 불구하고 준공을 못하는 불상사가 발생하였다. 그나마 외교 채널을 통한 엄중한 경고로 더 이상의 지연은 방지할 수 있었다.

필리핀 IT 센터의 경우는 수원국 행정지연에 따른 부지정리 및 레벨링 작업 지연으로 당초 예상 대비 착공이 약 2개월이 지연되기도 하였다.

(3) 공기단축 사례

필리핀 직업훈련원 프로젝트의 경우 공정관리에 특별한 중점을 두어 공기를 단축시켰던 사례이다. 공사 착수에서 준공까지 마스터 스케줄을 근거로 한 3개월 공정을 작성, 매달 실적을 향후 3개월 간의 공정을 예측하는 척도로 활용하였고, 우기를 예측하여 7월 전에 각 동의 지붕공사를 완료할 수 있도록 일정계획을 수립하여 공정관리를 진행하였다. 이와 같은 공정계획에 따라 우기 전에는 시공사에 야간작업을 독려하여 최대한 공정률을 끌어 올림으로써 우기가 진행되는 시점에서는 기존 계획공기를 달성해 나가 전체적인 공정률의 조화를 이룰 수 있었다. 이 결과 전반적인 공정진행률은 계획대비 앞서서 진행되었으며, 준공에 앞서 3개월 전부터 직업훈련 기자재 반입일정과 공사일정을 총괄 관리할 수 있도록 지속적으로 일정계획을 조정하여 예정 준공일 이전에 작업을 완료할 수 있었다.

그림 4-6 필리핀 직업훈련원

3) 품질관리

공사 품질의 경우는 대부분 수원국의 건설 수준을 고려하면 우리나라의 품질수준과 비교할 수는 없으나, 품질 향상을 위해 검측 및 품질 점검 시 우리나라의 품질기준으로 접근하여 지시를 하였으며, 시공사로 하여금 수원국 기능공의 수준이나 여타의 건축물과 대비하여 보다 낳은 품질의 시설물 완성에 노력하도록 유도하였다. 수원국의 지역별 기능공의 수준 차이, 자재의 한정성, 지역적 특성으로 인하여 CM단이 만족할 만한 품질구현은 불가능하였지만, CM단의 기준에 따른 엄격한 검측을 통해 기대 이상의 품질을 실현할 수 있었다.

특히, 인도네시아 스포츠센터의 경우는 현지에 진출한 국내 굴지의 건설사에 의해 시공되었는데 우리나라와 동일한 엄격한 검측 기준을 통해 시행된 CM단의 지속적인 검측 및 철저한 품질관리의 결과로 수원국 여타의 건축물 대비 상당히 높은 품질의 건축물을 완성하였으며, CM단이 목표로 한 품질에는 다소 미흡하지만 우리나라의 품질과도 견줄 수 있는 성과

그림 4-7 인도네시아 스포츠 센터

를 거두었다.

4) 원가관리

원가관리 측면에서는 발주처 기본 목표의 하나인 사업예산 내에서의 프로젝트 완료를 위하여 건축사업비에 관한 계획 및 집행내역을 주기적으로 보고하고, 계획대비 기성 집행율, 잔여 사업비, 예비비 및 설계변경에 관한 지출내역을 일목요연하게 인지 할 수 있도록 표와 차트를 사용하였다.

〈그림 4-8〉은 CM단이 프로젝트를 수행하면서 변경된 프로젝트 사업비를 비교하는 표이며, KOICA의 초기 예산과 CM단이 초기에 예측한 예산 및 최종 사업비의 비교를 통해 최종 예상 사업비를 지속적으로 추적 관리함으로써 주어진 예산안에서 프로젝트를 수행한 결과를 보여 주고 있다.

기성 내역에 대해서는 철저한 검토를 통해 과기성 및 오류를 점검하고, 공정률이 둔화되었을 때에는 과감히 기성을 보류하여 계획 공정률에 달성될 수 있도록 조치하였다.

또한, 설계 변경 및 추가 예산의 적정성 검토와 이의 집행에 대해서는 객관성 확보에 노

No.	Item	Project Budget by KOICA	Project Budget by HP	Contract Amount (Ssangyong)	Budget Varience	Variation Order to Date				Total Variation Order	Projected Final Amount
						Approved	Anticipated	Hold	Reject		
		[A1]	[A2]	[B]	[D]=[A2]-[B]	[E]	[F]	[G]	[H]	[J]	[K]=[B]+[E]
1.0	**Direct Cost**										
1.1	Architectural		1,061,360	1,181,512	-120,152	137,288			7,176	144,464	1,318,800
1.2	Electrical		300,265	307,040	-6,775	54,000				54,000	361,040
1.3	Mechanical		269,695	208,960	60,735	56,790				56,790	265,750
1.4	F.F. & E.		148,560	90,000	58,560	8,424				8,424	98,424
1.5	External							20,377		20,377	0
1.6	**Sub-Total**		**1,779,880**	**1,787,512**	-7,632	**256,502**		20,377	7,176	284,055	**2,044,014**
2.0	**Indirect Cost**		**167,685**	**212,988**	-45,303	**26,659**			858	27,517	**239,647**
3.0	**Design Fee**		**155,000**	**55,000**	100,000	**1,805**				1,805	**56,805**
4.0	**Overhead & Profit**		**194,757**	**217,500**	-22,743	**31,661**			893	32,554	**249,161**
5.0	**Permit Fee**		**7,530**	**5,000**	2,530						**5,000**
6.0	**Escalation**										
6.1	to commencement on site		41,377		41,377						
6.2	during construction		57,245		57,245						
6.3	**Sub-Total**		**98,622**		98,622						
7.0	**Contingency**										
7.1	Design Contingency		74,168		74,168						
7.2	Contract Contingency		95,358		95,358						
7.3	**Sub-Total**		**169,526**		169,526						
8.0	**Grand Total**	**2,550,000**	**2,573,000**	**2,278,000**	**295,000**	**316,627** 91.53%	**0** 0.00%	**20,377** 5.89%	**8,927** 2.58%	**345,931**	**2,594,627**

그림 4-8 사업비관리 사례

력하였고, 전체 사업비 내에서 절감될 수 있는 항목을 탐색하여 절감 금액을 품질향상 및 미비한 시설공사에 활용할 수 있도록 하였다.

5) 안전관리

대부분의 수원국은 후진국으로 공사 현장의 안전관리가 상당히 열악하다. 안전모를 착용하는 예가 드물고 제반 안전시설이 없어 무척 위태해 보인다. 이처럼 안전에 대한 인식이 부족한 지역에서 지속적인 안전의식 고취 및 교육을 통해 아직까지 안전사고 한 번 없이 모든 프로젝트가 진행되고 있다.

에티오피아의 경우 주위 교실에서 초등학생들이 수업을 하는 동안 공사를 진행하였기 때문에 학생들의 현장 접근이 많아 특히 위험하였는데, 학교 측에 요청하여 선생님들을 항상 배치함으로써 학생들의 현장 접근을 방지하였다. 외부 비계 또한 목재로 사용하여 흔들거리는 등 위험 요소가 많은 가새를 추가하도록 지시한 바 있는데 시공사는 여태껏 이렇게 많은 가새를 설치한 적이 없다고 불평하곤 하였다.

그림 4-9 에티오피아 초등학교의 공사용 비계

6) 기자재 공급 및 설치

준공이 가까워지면 앞서 언급한 바와 같이 기자재 공급 및 설치 업체인 **PMC** 업체의 기자재 반입 및 설치 공사가 착수된다. 국내에서 선적된 기자재가 수원국 항구에 도착하면 수원국의 지원 하에 기자재의 통관 및 현장 반입이 이루어진다. 이와 함께 **PMC** 업체는 기자재 조립 및 설치를 위한 전문가와 기술자를 파견하여 현장에 반입된 기자재의 이상 여부를 파악한 후 조립과 설치를 진행한다.

과테말라 프로젝트의 경우 사전에 상당한 조정 노력이 있었음에도 불구하고 **PMC** 자체의 기자재 납품 협력업체 선정이 지연되어 기자재 반입이 당초 예상보다 늦어졌고, 부분적으로 당초 협의된 사양과 다른 기자재가 반입됨에 따라 준공식을 며칠밖에 남겨두지 않은 시점에서 전기공사 등 상당한 변경 및 추가작업을 필요하게 되었는데, 당시 시간이나 금전적인 측면에서 수원국 측의 지원이 없었으면 프로젝트 준공에 악영향을 끼칠 소지가 컸었다. 뿐만

그림 4-10 과테말라 기술교육훈련원의 자동차정비 기자재

아니라 장기간의 해상 운송으로 인하여 부분적으로 기자재의 부식이나 파손이 발생하기도 하였다.

필리핀 직업훈련원 프로젝트의 경우는 디자인빌드 시공업체 선정 이후 PMC 업체가 선정되었다. 이에 따라 PMC와 여러 번의 협의 및 회의를 진행하였으나 PMC의 요구 사항을 수용하기 위해서는 디자인빌드 시공업체 계약 내용을 변경하거나 설계 변경이 불가피하여 다소 어려움을 겪었다.

이러한 문제점을 해결하기 위한 방안으로 요르단 프로젝트의 경우는 의료장비를 포함한 기자재 공급 및 설치를 별도의 PMC 업체를 이용하지 않고 CM 용역 업무범위에 포함시켰다.

7) 준공관리

준공 시 시설물 인수인계 방법은 프로젝트에 따라 다소 상이하지만 기본적으로 준공 직전에 수원국 측에 시설물 인수인계에 따른 조직구성을 요청하고 조직원 각각의 역할에 대한 협의를 통하여 인수인계 계획을 수립하였다. CM단 입장에서는 시설물 인수인계를 진행하기 전 시설물에 대한 합동점검(joint inspection)을 실시하여 발견된 문제점 및 향후 대책에 대하여 설명하였고 시설물과 관련된 기자재의 사용 방법 및 유지관리 방안에 대한 교육을 실시하였다. 시설물 인수인계를 위한 모든 절차 완료 후 각 시설물에 대해 키 핸드오버(key hand-over)를 함으로써 CM단의 역할을 완료하였는데 공식적인 핸드오버는 정부간의 공식문서로 처리 할 수 있도록 KOICA에 요청하였다.

또한, 준공점검 시 발생된 하자항목(punch list) 및 전체 시설물 인수인계에는 지장이 없으나 부분적으로 미 완료 된 부분에 대한 미결항목(outstanding list)에 관해서는 사진자료와 함께 완료해야 할 날짜를 명기하여 시공사에 통보하고 정정 또는 완료된 시점의 사진자료를 제출토록 지시하였다.

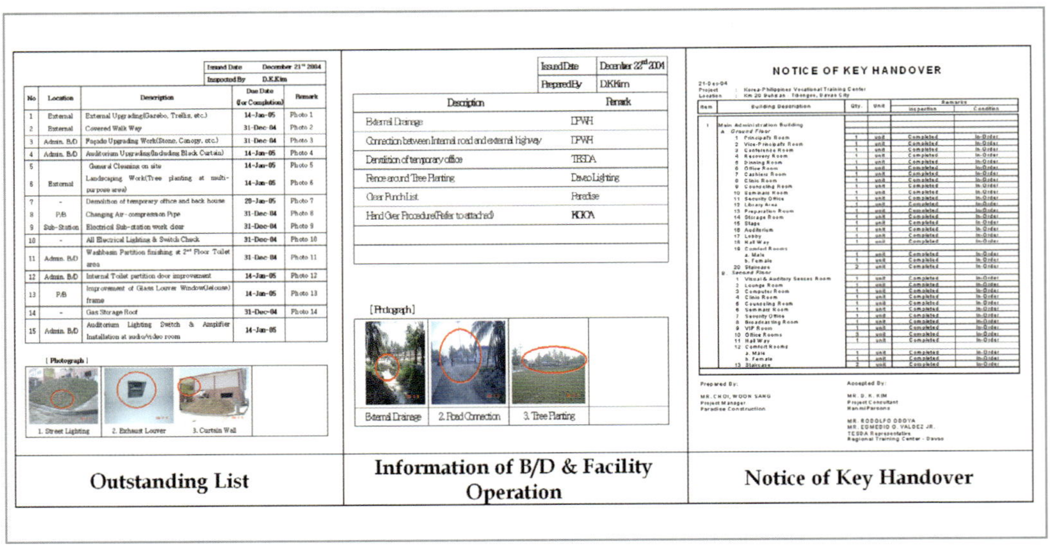

그림 4-11 핸드오버 서류 샘플

● ● ● 5. 주요 성과

한미글로벌이 KOICA 프로젝트의 CM 업무를 지금까지 비교적 성공적으로 수행할 수 있었던 것에 대해 다양한 요인을 꼽을 수 있으나 실무상에서 성공 사례를 정리해 보면 다음과 같다.

5.1 건설사의 취약점 조기 파악 및 적절한 관리

입찰 시 제출된 문서 상의 시공 업체 정보와 실제 수행능력의 차이점을 조기에 파악하여 업체의 능력에 맞춘 공사가 진행될 수 있도록 CM사 입장에서 지속적으로 조언을 할 뿐 아니라 일반적으로 건설업체가 간과하기 쉬운 설계관리를 위해 설계 검토 능력이 있는 직원을 선임하여 현장에 배치하도록 유도하고, 소장 또한 CM 나름대로의 검증절차를 거쳐 승인하였다.

5.2 일방적이고 불확실한 결정을 지양한 원가관리

발주자나 시공사 한 쪽이 금전적인 측면에서 일방적으로 손해를 보지 않도록 윈윈(win-win)전략의 마인드로 접근하여 프로젝트의 원활한 진행을 유도하고, 예산을 고려하지 않은 발주자의 요구 사항을 자제시켰을 뿐만 아니라 공사비 등 사업비 금액결정을 모호하게 할 수 있는 포괄적인 지침 및 요구사항을 구체화하는데 많은 노력을 기울였다.

설계변경 또한 사업초기 계획하였던 예비비(contingency) 내에서 변경이 이루어지도록 지속적으로 관리하였고, 공사 단계에서도 돌발상황을 대비하여 예비비를 유지하였다. 공사 시작 후 발생된 설계변경에 대한 변경 또는 추가 금액 산정 시에는 변경항목을 심층 재검토하여 변경의 여부를 확정하고, 여타 불필요한 항목의 물량을 조정하거나 삭제함으로써 전체 사업비 내에서 비용이 집행되도록 관리하였다.

5.3 현지 실정에 적합한 품질관리

익숙하지 않은 지역의 현실에 맞춘 고품질의 성과물을 위해 설계 시 현지 건축물을 벤치마킹하여 설계에 반영하였고, 최상은 아니지만 시설물의 기능에 영향을 미치지 않는 범위 내에서 공사를 탄력적으로 운영하여 품질, 공기, 예산 중 어느 한 쪽에 우선순위를 두지 말고 전체적으로 조화를 이룰 수 있도록 조정하였다. 이 과정에서 품질 향상과 시설물의 기능상 필요한 시설 설치 중 선택이 필요할 경우 품질향상을 우선으로 선택하도록 하였다.

검측기준 또한 수원국 측 기준이 아닌 국내 기준에 맞추되 현지 지역 사정에 적합한 자재의 선택으로 공기에 영향을 주지 않도록 조정하였다.

5.4 철저한 문서관리 및 기록 유지

수원국과 프로젝트에 관한 협의 시, 협의된 사항 또는 요청사항을 먼저 문서로 작성하여 발주처 등 관련 기관에 송부하고 수원국의 응답속도가 늦어지는 것을 감안하여 문서로 응답하도록 지속적으로 요청하였다.

시공사의 문서관리에 대해서도 적극적으로 지적 및 조언하고 발주처의 담당자 및 현지 사무소의 빈번한 이동으로 인한 정보단락을 방지하기 위해 CM단의 서면보고를 통하여 일목요연하게 기록을 유지하였다.

5.5 적극적인 업무조정

KOICA 본부의 담당자, 현지 사무소, PM(일부 프로젝트에만 해당), 수원국 정부, 수원국 프로젝트 수행 및 수원기관, 시공사, 설계사 및 PMC와 지속적이고 유기적인 협의에 노력하였고, 업무 수행에 앞서 원인분석 및 대안을 도출하여 조언함으로써 발주자의 선택, 결정 및 승인을 용이하게 하였다. 또한, 지속적으로 사업비, 공정율 등에 대한 사업관련 정보를 발주처 등 각 담당자에게 제공하여 사업의 전체적인 흐름을 항상 인지할 수 있게 하였다.

5.6 Ownership

사업에 대한 의사결정 필요 시 CM단은 항상 발주처 측면에서 영향을 분석하고 보고서를 작성하였으며, 수원국 정부 혹은 수원국의 프로젝트 수행기관과의 업무협의 시 발주처인 KOICA의 사업목적에 부합되도록 진행하였다.

6. 시사점

한미글로벌이 KOICA 프로젝트를 지금까지 비교적 성공적으로 수행하고 있지만 여전히 미흡한 점이 많으며, 새로운 지역에서 새로운 프로젝트를 수행함에 따라 많은 시행착오도 있었다. 특히 다음과 같은 시행착오는 후속 프로젝트 수행에서 시행착오를 줄일 수 있는 교훈이 되고 있으며, 또한 개선을 위해 지속적인 노력이 필요하다.

1) 수원국 인·허가에 따른 현지 관례 숙지 미흡

일부 프로젝트에서 착공, 준공, 건축, 전력 인입, 소방 등 인허가 비용이 초기 사업 검토 시 예측하였던 비용보다 상회하여 지출한 경우가 발생하였고, 또한 국가별 혹은 지역별로 인허가 기준 차이가 심하여 시행착오를 겪은 경우도 있다. 따라서, 추후 프로젝트 진행 시 인허가에 관련된 사항은 수원국 업무영역으로 포함시키는 것이 유리할 수 있겠다.

2) 건축사업 시작 전 PMC와의 업무협의 미흡

필리핀 직업훈련원 프로젝트의 경우 PMC와 여러 번의 협의 및 회의를 진행하였으나 설계 확정 후에 협의된 사항들이므로 설계변경이 필요한 경우가 발생하였다. 또한, 과테말라 프로젝트와 같이 최종 공급된 기자재가 당초 협의된 사양과는 다른 기자재가 반입되는 경우도 있었다.

따라서, 시공사 선정 전에 PMC가 선정되어 협의를 거친 후 입찰을 진행하고 PMC의 장비 발주 전 PMC 장비 사양에 대해 재검토 및 재협의를 거칠 경우 문제발생을 사전에 방지할 수 있다.

3) 수원국 현지 자재 및 기능공 수준 파악 미흡

사전 조사 이후의 단계에서부터 CM용역이 시작된 프로젝트의 경우 현지 물가 및 기능공 수준의 파악이 예측을 벗어난 경우가 있었으며 현지에서 수급 불가능한 자재를 적용하여 설계변경이 발생한 사례도 있다.

또한, 도심지와 현장 소재지 간의 물가 차이가 심하고, 기능공 수준 또한 현저히 떨어지므로 입찰 전에 현장 방문을 통하여 현지의 자재 및 기능공 수준을 파악함으로써 효율적인 건축 사업비 책정 및 공기 예측이 가능하다.

4) 입찰기간 최소화에 따른 준비 및 시공사 파악 미흡

발주처 내부 사정으로 인하여 입찰기간을 최소화함에 따라 입찰기준 및 대상자 파악이 소홀한 경우가 있었으며 이 결과 우선협상 대상자 선정 시, 자격미달로 우선협상대상자에서 탈락되는 업체가 발생되는 경우가 있었다.

또한 입찰기간은 사업규모 및 일정에 따라 탄력적으로 조정할 수 있으나, 적정한 입찰 준비 기간을 통하여 입찰조건, 기준 및 입찰 참여자에 대한 정보 파악 등 입찰 전반에 걸친 사항을 검증 후 진행하는 것이 유리할 것으로 판단된다.

아울러 우선협상 대상자와의 협상 시 협상대상자의 계약조건 변경 요구에 대한 KOICA 현지 사무소 및 CM의 결정 권한이 부족함에 따라 협상이 결렬되는 경우도 있었으므로 계약조건에 대한 융통성 발휘가 필요하다.

5) 프로젝트 규모에 비해 과도한 계약 조건

일부 프로젝트는 통상적인 해외 입찰로 판단하여 국제 표준 계약서인 FIDIC (International Federation of Consulting Engineers)의 계약 조건을 기초로 하여 작성되었으나 계약서의 내용이 KOICA 프로젝트를 수행하는 중소 규모 또는 현지업체에게는 적합하지 않은 경우가 있었다. 따라서, 사업 규모별, 참여 업체별로 계약서를 수정 및 보완하여 적용할 필요성이 있다.

● ● ● 7. 맺음말

한미글로벌의 KOICA 프로젝트는 발주처인 한국국제협력단(KOICA)이 기존에 수행하였던 각종 건축관련 프로젝트에서 발생되었던 문제점인 사업기간 지연, 예산 초과 그리고 품질 미확보를 방지하기 위해 도입된 건설사업관리(CM) 용역으로, CM사 입장에서 성공적인 사업 수행을 위해 적정한 건축, 구조, 전기, 기계설비, 원가, 공정 및 발주관리 전문가를 투입하여 사업검토부터 준공식 지원까지 사업 전반에 걸쳐 KOICA가 설정한 목표를 효과적으로 달성할 수 있도록 노력하였다.

가시적인 결과로서 대부분 사업예산 내에서 계획공기 안에 시설물을 완료하였거나 진행 중에 있으며, 품질 면에서는 만족스럽지는 않지만 한정된 예산과 정해진 사업기간 안에서 시설물이 건립된 지역의 평균수준 이상의 품질을 달성하고 있다.

그러나, 현재까지도 여전히 다음과 같은 문제점은 풀어야 할 숙제로 남아 있다.

1) 소규모 프로젝트의 관리 상 어려움

앞서 언급한 바와 같이 원조대상국가는 많으나, 아직 우리나라의 무상 원조액 규모가 OECD 가입 회원국 대비 미미한 수준에 불과하여 이를 다시 수요국가별로 나누다 보니 프로젝트의 규모가 영세하여 사업의 진행에 어려움이 많다. 건설 프로젝트는 사업 규모가 작더라도 기본적으로 수행되는 절차나 업무는 비슷하므로 불충분한 예산으로 프로젝트를 관리하기가 실질적으로 어렵다. 또한, 각 단계별(설계 및 시공) 시행단가가 낮아져 건물수준 및 마감수준이 만족하지 못할 경우 몇 년이 지나지 않아 주변의 최신 건물들에 비해 상대적으로 수준이 저하되어 CM의 위상뿐만 아니라 건설한국의 국제적 이미지 훼손의 우려도 제기될 수 있으며, 사업의 가시적인 효과 측면에서도 원래 의도와는 달리 수원국 측의 불만을 살 수가 있다.

2) CM용역 대가의 한계

현재 KOICA에서 정한 CM 용역의 요율은 국내 엔지니어링 용역 및 감리 요율에 의하여 정한 것인데, KOICA업무의 특성상 해외에서 프로젝트가 이루어지므로 출장비용 및 현지 상주비용이 전체 CM비용 중 상당부분을 차지하고 있다. 비록 이러한 비용이 적게나마 용역비에 포함되어 있기는 하지만 수원국 측의 정세변화 등 많은 변수에 따른 숙소와 교통편의 안전문제를 고려하고 제반 업무의 안전하고 신속한 수행을 위해서는 현재 책정된 비용으로는 상당한 무리가 따르고 있다.

또한, 책정된 용역비에 비하여 성과물은 대형 프로젝트와 다름없이 요구되는 경우가 있어 업무의 중첩 및 과중이 발생하고 있다. 기업의 입장에서 회사의 이미지 제고만을 위해 국가 사업에 대한 용역을 수행한다는 것은 한계가 있으므로 실질적으로 용역 회사의 수익성 문제에 대해 KOICA의 다양하고 심도 있는 고려가 필요하다.

3) 발주자 사업 담당자의 빈번한 교체

여타 사업과 마찬가지로 KOICA프로젝트도 사전조사, 실시협의조사, 설계, 시공, 사후관리 등 여러 단계에 걸쳐 장기간 이루어지는데, 사업기간 중의 빈번한 발주자 담당자의 교체로 인하여 업무단절 및 효율 저하의 소지가 있다.

마지막으로, 앞서 기술한 주요 성과와 시사점, 그리고 프로젝트를 진행하면서 습득한 KOICA 프로젝트의 특성 및 기타 수행 사례들이 차후에 세계 각 지역에서 수행되는 KOICA의 건축 관련 프로젝트가 보다 성공적인 사업이 될 수 있는 자료가 되었으면 한다.

Part 10

말레이시아 KLCC 프로젝트

C·O·N·T·E·N·T·S

● ● ● 1. 머리말

KLCC 프로젝트가 한국 건설 역사에서 차지하는 의미는 매우 크다. 세계 최고의 건물을 한국인의 힘으로 성공적으로 건설하여 한국의 기술력이 세계적으로 인정받는 계기가 되었고 한국건설업의 위상을 올리는 계기가 되었다. 이 프로젝트는 또한 향후 건설될 국내의 초고층 프로젝트에서 롤 모델이 될 수 있는 뜻깊은 프로젝트이다.

그러나 그동안 KLCC에 대한 시공 사례는 많이 알려졌으나 발주처 측에서 어떻게 프로젝트를 기획하고 사업관리를 하였는가는 잘 알려져 있지 않았다. KLCC 프로젝트가 3년 이내의 짧은 공기로 성공적으로 끝날 수 있었던 이면에는 공사를 담당했던 우리 업체의 피나는 노력도 지대했지만, 프로젝트 추진에 있어 모든 주요한 이슈들이 사전에 검토 · 검증되고 계획에 반영되었으며, 이러한 것들이 건설사업관리(CM)라는 큰 시스템으로 관리되었다는 사실이었다.

건설사업관리(CM) 기술 확보는 한국 건설산업이 가지고 있는 구조적인 문제점, 즉 선진업체에 비해 현격한 질적인 낙후성, 기술력의 열세와 매니지먼트 기술의 취약성을 극복할 수 있는 좋은 수단이 될 수 있을 것이며, 우리가 당면하고 있는 '소프트 부문의 열세'를 만회할 수 있는 길이 될 수 있을 것이다. 이에 따라 한국 건설산업이 가야 할 방향은 기술력을 바탕으

※ 본 장은 김종훈, 존 던스포드의 "말레이시아 KLCC 프로젝트 CM 적용 사례분석", 건축(대한건축학회지), v.41 n.10(1997-10) 내용을 재편집한 글임.

그림 1-1 KLCC의 전경

로 한 소프트 부분의 경쟁력, 즉 설계, 엔지니어링, 사업관리 등의 능력을 향상시키는 데 있다고 본다. 본고를 통해서 이러한 방향에 대한 고찰을 바탕으로 선진 건설사업관리(CM)를 이해하는 장이 되었으면 한다.

본고에서 다루고자 하는 KLCC CM 사례는 세계 최고층 건물인 페트로나스 타워(Petronas Tower)를 중심으로 한 1단계 사업에 관하여 주로 다루어질 것이며, CM 활동에 관해서는 시공전 활동(pre-construction activities) 즉, 사업기획, 설계관리, 발주관리, 예산관리 등에 초점을 맞춰 기술될 것이다.

2. 프로젝트 개요 및 CM 적용 배경

2.1 Kuala Lumpur City Center(KLCC) 프로젝트 개요

1) 추진배경

KLCC 프로젝트는 말레이시아 수도 쿠알라룸프르의 심장부라 일컫는 골든 트라이앵글(Golden Triangle) 지역에 위치하고 있으며, 100에이커(122,420평)에 달하는 경마장(Selangor Turf Club) 부지에 건설되었다. 본 프로젝트는 말레이시아의 2020년 선진국 지위 획득이라는 이상을 구현하고, 국제도시의 위상에 걸 맞는 상징적 의미를 가지고 있는 말레이지아의 대표적인 프로젝트로 추진되었으며, 페트로나스 타워는 KLCC 프로젝트의 핵심 건물(centerpiece)이다.

페트로나스 타워는 경제적, 정치적 성장국인 말레이시아의 상징이 되도록 고안, 설계되었다. 국무 총리인 Mahatir bin Mohammad는 비전 2020을 발표하면서 "지금 태어나거나 미래에 태어날 말레이시아인들은 더 이상 개발 도상국이라고 불리는 나라에서 살지 않았으면 한다. 말레이시아가 2020까지 완전히 선진국으로 성장하는 것은 우리가 가져야 할 궁극적 목표이다."라고 말했다.

본 개발 계획이 성공하기 위해서는 국제적 인식환기 및 외국의 투자가 필요했으며, 쿠알라룸프로의 인프라 스트럭처를 현대화하는 것은 말레이시아를 안정적이며 급속도로 성장하고 있는 국가라는 이미지를 확신시키기 위한 필수적인 요건이 되었다. 국무총리는 새로운 산업을 촉진시키고, 기술 및 관리에 대한 전문지식 개발의 필요성을 인식하고, 대규모 투자를 통해 외국의 선진기술과 전문지식을 흡수코자 하였다. KLCC는 이러한 야망에 의해 추진되었다.

2) 프로젝트의 주요 현황

발주자는 KLCC의 설계를 위하여 1990년 국제 현상설계 공모를 개최하여 미국 Klages Carter Vail & Partners 라는 개발회사의 안을 선정하였다.

본 프로젝트의 개발기간은 15년으로 총 투자비용 USD 28억으로서, 40에이커(48,968평)가 건축부지이고, 60에이커(73,452평)가 도로, 공원 등으로 이용되며, 총 개발 연면적은 약 170만 ㎡ (515,000평)이다. 시설물 종류는 백화점, 국제회의장, 콘서트 홀, 비즈니스 클럽, 음식점, 영화관, 엔터테인먼트 센터, 오피스, 호텔 및 아파트 등이 있으며 예상 상주인구는 5만명 정도이다. 따라서 별도의 교통대책으로 도시 고가 고속도로, 경전철, 주변도로 확장, 지하차도 연결 등이 계획되었다.

발주처는 Kuala Lumpur City Center Berhad 이며, 설계자는 Cesar Pelli and Associates Inc.(USA)이고 건물 총높이는 452m로서 완공 당시 세계 최고 높이 건물이었다. 건물 층수는 지하 6층, 지상 92층이며 연면적(1개동 기준)은 216,901㎡(65,728평), 공기는 27개월(1994년 3월 14일~1996년 6월 16일)로서 층당 4.5일 주기의 공정을 준수해야 하는 돌관 공사였다.

2.2 프로젝트 추진경과 및 CM 적용 배경

1) 시공 전(前) 공정(Pre-construction Schedule)

시공 전(前) 공정표(pre-construction schedule)에 의하면 건설공사 착공 전에 시공을 위한 준비작업으로 사업구상부터 5년이 소요되었고, 1991년 마스터 플랜이 확정된 후 3년간의 본격적인 설계와 사전 시공 준비기간을 거쳐야 했다. 개략적인 시공 전 활동은 〈그림 2-1〉과 같다.

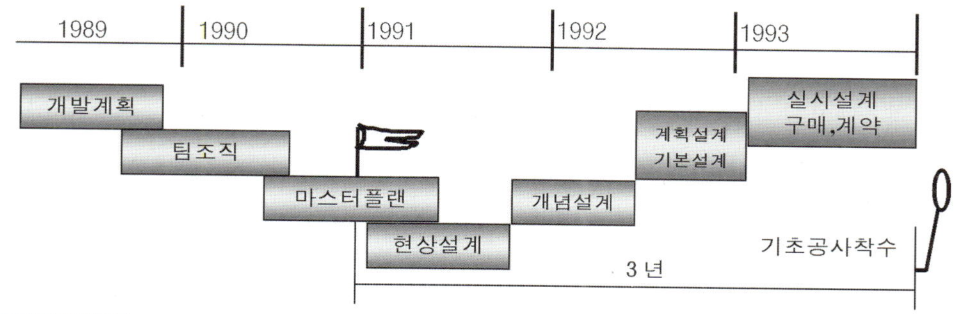

그림 2-1 KLCC의 시공 전 일정

2) 단계별 업무 범위의 조정

당초 1단계 사업에는 페트로나스 타워 1, 2 외에 Ampang Tower, Ramlee Tower, Mandarin Hotel, 콘서트 홀 등이 있었으나 최종 확정된 범위는 ① 페트로나스 타워 1,2 ② 상가(retail) ③ 주차장 ④ 공원 ⑤ 냉방용 냉각수 플랜트(chilled water plant)로 확정되었다. 이러한 결정의 배경에는 재원 조달 문제가 있었으며, 호텔이나 여타 오피스빌딩 건설은 별도의 투자자가 나오기 전에는 KLCC측에서는 투자하지 않겠다는 방침 때문이었다.

3) KLCC의 주요 이슈와 CM 적용의 필요성

KLCC 프로젝트 수행의 주요 문제점 및 CM적용이 필요한 원인은 아래와 같다.

- 각 구획별로 단계적인 착수가 요구되는 단지 상황
- 검토를 필요로 하는 많은 설계 요소들(multiple design elements)
- 극히 제한된 공기 내에 수행해야 하는 시공상 난점들
- 말레이지아 내 여타의 다른 상업시설, 개발사업과 비교하여 가격경쟁력 유지의 필요성
- 본 프로젝트를 통한 CM 기법 도입의 필요성

또한 본 프로젝트가 가지고 있는 다른 제약조건은 다음과 같다.

- 기반시설(infrastructure)과 간접시설에 대한 설계가 미완료된 상태에서 시공해야 하는 상황
- 투자자의 추가 참여로 관련 시설물과 건물의 추가 시공
- 전체 설계가 완료되지 않은 상태에서 시공함으로써(패스트 트랙 방식) 발생할 수 있는 제반 문제점의 극복과 설계와 시공간의 균형유지

말레이지아의 건설시장 현황을 보면 대부분의 프로젝트들이 설계시공일괄방식(design-build)이나 일괄도급방식으로 발주되었으며, CM에 대한 인식이 매우 부족한 상황이었다. 또한 건설 산업의 후진성으로 많은 프로젝트들이 국제 수준(international standards) 이하로 건설되고 있었다.

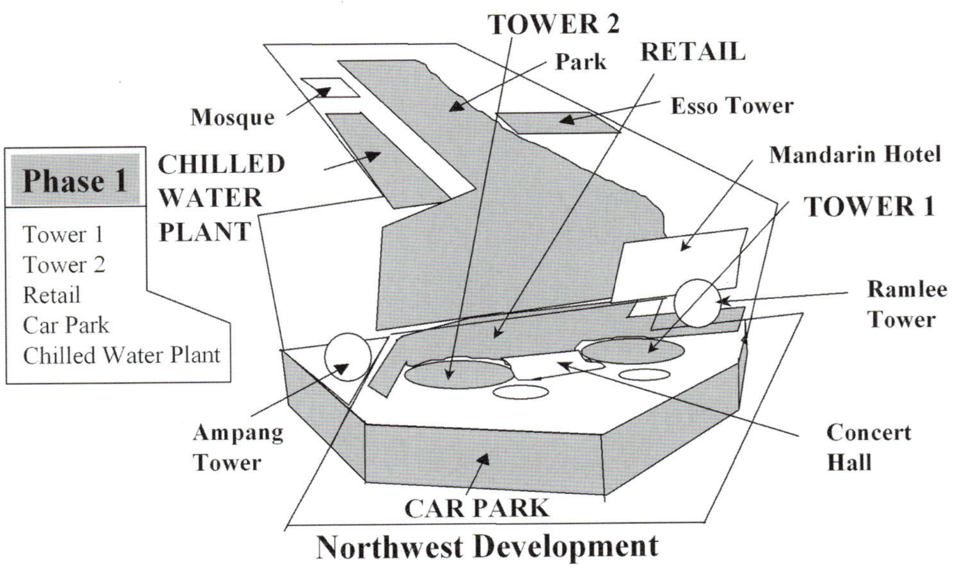

그림 2-2 KLCC 프로젝트의 1단계 주요 공사

따라서 정부와 KLCC측은 본 프로젝트를 통하여 현지 건설 산업의 CM기법 적용, 기술 발전 및 개발사업(commercial development) 수준향상을 달성하겠다는 목표를 설정하였다. 또한 KLCC 설계의 50%를 말레이시아 현지에서 소화하고, 개발 주체인 페트로나스(Petronas)에서는 KLCC 프로젝트에서 개발된 CM 기법을 다른 개발사업에 발전 적용키로 결정하였으며, 현지 기술인력의 교육 훈련, 현지 생산자재 및 업체의 사용범위를 확대한다는 목표 하에 본 프로젝트에 임하게 되었다.

2.3 KLCC 조직 구성

KLCC 프로젝트 추진 조직은 말레이시아 국영 석유회사인 페트로나스(Petronas)와 민간 개발업자인 아난다 크리스타[2]의 합작회사로 설립된 KLCC 주식회사(Kuala Lumpur City Center Berhad)가 담당하였다. 페트로나스는 말레이시아에서 정유 · 가스관련 많은 공사 경험이 있는 조직으로 그 하부조직으로 KLCC 건설본부(KLCC project management team)를 현장 내에 두어 공사에 대한 거의 모든 권한을 본 조직에 위임하였으며, KLCC에는 페트로나스의 주요 인력이 파견되었다.

프로젝트 매니지먼트팀(건설본부)에는 약 250명의 기술인력이 참여하였으며, 특징적인 것은 Leher McGavern사 소속의 외국 CM 전문가 약 35명을 주요 부서에 배치하여 다수의 현지인과 통합조직을 형성하였다. 또한 CM 전문가들이 책임과 권한을 가지고 모든 의사 결정과 설계 및 공사 추진에 직접적인 역할을 할 수 있게 조직체계를 갖추었으며, 이에 따른 직책이 부여되었다. 프로젝트 매니지먼트팀 밑에는 설계자, 각종 컨설턴트, 시공자가 배치되어 프로젝트 매니지먼트팀의 지휘를 받도록 조직이 구성되었다.

이러한 KLCC의 노력은 우리나라의 경우와 비교할 때 매우 혁신적인 조치라고 할 수 있다. 우리나라에서도 중요한 프로젝트(신공항, 고속철도 등)에는 외국의 CM 또는 PM(Program Management)을 도입하여 사업을 추진하고 있으나 대부분의 외국사 역할이 자문기능에서 크게 벗어나지 못하고 있으며, 내국인과 외국인 간의 코디네이션에 문제가 발생하여 의사결정에 참여하는 권한도 극히 제한적이라고 할 수 있다. 이러한 운영상의 문제로 많은 예산을 들여 외국 전문가를 초빙해 놓고도 제대로 활용이 안되고 있는 실정을 감안할 때 CM도입 및 기술발전을 위한 말레이지아의 노력이 우리에게 주는 시사점은 매우 크다.

---

2) 아난다 크리스타는 말레이시아의 유명한 개발업자로서 마아티르 수상의 오른팔로 일컬어짐. 따라서 KLCC 프로젝트는 마아티르의 야심작으로 알려지고 있으며 실제로 설계업체 결정, 주요 외관 결정 등 사업 진행시 주요 결정에 수상이 직접 참여하였으며 공사 도중에도 공식, 비공식적으로 2~3달에 한번씩 수상이 현장을 직접 방문하여 공사진척 상황을 점검하였음.

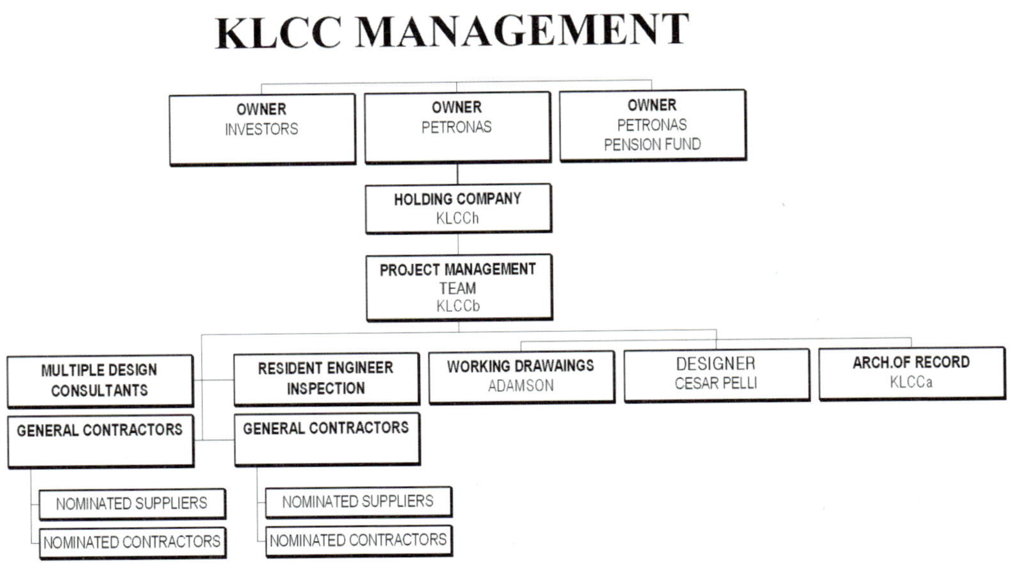

그림 2-3 KLCC Management 조직도

2.4 KLCC 프로젝트 매니지먼트팀의 세부 구성

KLCC 프로젝트 매니지먼트팀의 세부 구성을 보면 각 사업별로 총괄 프로젝트 관리자(project manager)를 배치하였고 각 주요 부서에는 외국인 CM 전문가와 현지인을 함께 배치하였다(예: 페트로나스 타워 2 관리 책임자인 프로젝트 매니저의 경우 외국인 1인, 현지인 1인 동시 배치). 이러한 배치 구상은 다분히 기술이전의 성격을 띠고 있으며, 프로젝트 전반기(시공 전 단계와 시공 초기)에는 외국인 전문가 주도로 각종 시스템과 주요 의사결정의 틀을 잡고, 프로젝트 후반기에는 현지인 중심으로 운영한다는 목표였다.

각 사업별 총괄 프로젝트 관리자 밑에는 예산담당, 시공성 검토담당 및 각 분야별 전문가(건축, 설비, 전기, 공정관리 등)를 배치하였고, 이와 별도로 기술지원그룹(technical staff)을 구성·운영하였다. 프로젝트 매니지먼트팀 운영조직의 또 하나의 특징은 매트릭스(matrix) 조직 운영 체제를 유지하였다는 점이다. 예를 들어 페트로나스 타워 2 공사(한국업체가 시공)의 설비에 관한 문제가 발생되었을 경우 타워 2 총괄 프로젝트 관리자 소속 인력과 총괄

그룹인 기술지원그룹이 협력하여 문제점을 집중적으로 해결하는 형태로 운영되는 매트릭스 조직 체계를 유지하였다.

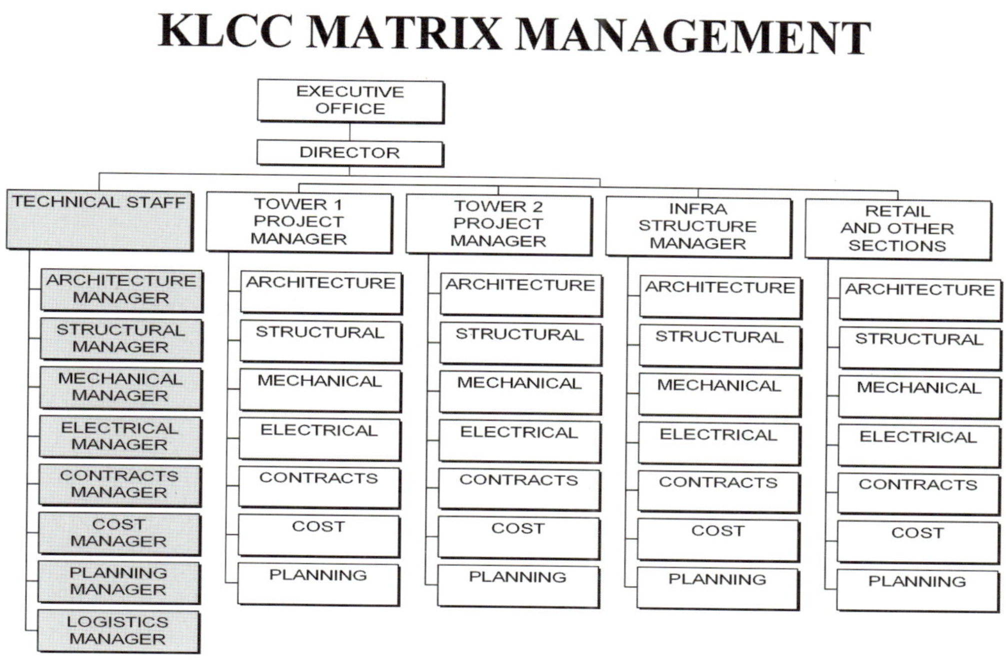

그림 2-4 KLCC 매트릭스 조직

3. 페트로나스 타워의 계약자 선정절차 및 시공상 특징

3.1 페트로나스 타워의 주계약자 선정 절차

발주자 그룹의 주체인 페트로나스사는 시공사와 공급업자들을 선정하는 데 있어 그들이 석유산업에서 축적한 발주 프로세스에 대한 지식을 전략적으로 활용하였다.

입찰에 참여하는 모든 업체들은 두 가지의 서로 다른 상세한 입찰서류를 제출토록 요구받았다. 첫번째 서류는 '기술 제안서(technical proposal)' 로서 업체의 능력을 판단하기 위한 것이었다. 기술제안서의 검토 및 평가를 위해 지침을 작성하였으며, 검토 위원회를 구성하였다. 기술 검토위원회는 기술 검토 결과를 소책자로 작성하여 추천서와 함께 운영 위원회에 제출하였다. 프로젝트를 수행할 능력이 부족한 것으로 판단된 업체들은 기술심사에서 탈락하였다. 기술심사에는 과거 실적, 기술적 역량, 재무상태, 지역 업체와 연계성 등 약 10개 정도의 항목으로 평가되었다.

둘째, '가격 제안서(commercial proposal)' 가 평가되었다. 기술제안서의 검토로 기술능력은 모두 평가되었기 때문에 가격제안서는 완전히 금액에만 초점을 맞출 수 있었다. 매우 엄격한 기준이 적용되어 공정하고, 효율적으로 평가가 이루어졌으며, 검토 위원회는 가격 제

※ 페트로나스 타워의 계약자 선정철차 및 시공상 특징은 'Spiro Pollalis, The Petronas Towers, Kuala Lumpur, Malaysia, Center for Design Informatics, Harvard Design School, CDI-#971105-031' 의 내용을 번역 재편집하였음.

안서 검토 결과를 운영 위원회에 제출하였으며, 그 결과에 근거하여 계약이 이루어졌다.

아마 입찰 과정에서 가장 흥미로운 부분은 두 개의 타워를 위한 건설계약일 것이다. 발주자는 전체 프로젝트에 대한 제안서와 함께 각 타워의 건설에만 특별히 초점을 맞춘 입찰 제안서를 별도로 제출하도록 요구하였다. Lehrer McGovern의 PM인 Bruce Schlaitzer에 따르면, 외국업체와 지역 업체와의 통합 노력이 최종 결정의 중요한 인자였다고 말했다. 입찰서류를 제출한 아홉 개의 해외 팀들 중 두 팀은 기술 제안서 검토단계에서 탈락하였다.

CM팀은 1개의 계약자가 페트로나스 타워 처럼 대규모 프로젝트의 공기와 품질을 결정한다는 것은 리스크 관리 측면에서도 좋지 않다고 판단했으며, 프로젝트에 필요한 재정적인 면을 고려한다면 계약을 분리하는 것이 효율적이라고 판단하였다. 따라서 타워 1은 일본의 Hazama Corporation과 Mitsubishi Corporation, North Carolina Charlotte의 J.A. Jones Construction Company, Inc., 그리고 말레시이아 지역 업체인 MMC Engineering and Construction Company로 구성된 팀이 맡게 되었다. 타워 2와 스카이브릿지는 한국의 삼성엔지니어링, 극동건설, 그리고 지역 건설업체인 Syarikat Jasatera Sdn. Bhd.로 구성된 조인트 벤처 SKJ가 맡았다. SKJ에는 미국의 Turner Construction 출신 외국인들이 제한적으로 참여하였다.

3.2 페트로나스 타워의 시공상 특징

1) 기초시스템

기초공사를 위한 계약이 1993년 3월에 체결되었다. 기초공사 팀은 홍콩에 근거를 둔 프랑스 회사인 Dragages et Travaux Publiques, 현지 업체인 Bachy–Soletanche Sdn. Bhd.와 First Nationwide Engineering Sdn. Bhd.로 구성되었다.

전체 프로젝트의 기초공사 금액은 5,200만 달러였으며, 공사기간은 12개월로 계약이 체결되었다. 만약, 완공기한이 지연될 경우 하루에 12만 달러의 벌금이 부과되도록 엄격한 조항이 추가되었다. 이러한 상황에서 일정 준수를 위해 프랑스의 보링 전문가가 투입되었고, 기초 터파기 작업에 착수하였다.

그림 3-1 기초와 bustle 부분

터파기 중 페트로나스 타워 부지의 지층에서 가파른 석회암 절벽이 발견되어, 불가피하게 도심의 요충지인 Jalan Ramlee와 Jalan Ampang의 교차로에서 다른 곳으로 부지를 옮겨야 했다. 새로운 장소에서 208개의 파일 모두 'Kenny Hill Formation' 이라고 알려진 절벽 사면의 표면 마찰력에 의존하는 석회암에 의해 지지되어야 했다. 이것은 마찰 바렛(friction barrettes), 즉, 두텁게 마감된 면을 가지고 있는 수직 파일이 필요함을 의미했다. 파일의 마찰계수를 최대로 하기 위해 파일 끝에서 콘크리트를 주변 흙으로 주입하기 위한 그라우트 튜브(grout tube)가 사용되었다. 파일 아래의 석회암 절벽 지형에 대한 세밀한 3차원 조사를 통해 기초 매트의 침하 차이를 최소화하기 위한 바렛의 설계를 정확히 할 수 있었다. 각각의 타워는 최대 377피트의 다양한 길이의 85개 바렛에 의해 지지되도록 계획되었다. 19개의 보다 짧은 바렛들은 bustle이라고 불리는 메인 타워의 옆에서 45층까지 올라가는 좀더 작은 원형 타워들에 사용되었다. 3피트 두께의 슬러리 트렌치 월이 1.6마일 길이의 건물 현장에 설치되었으며, 사면에서 기초 매트까지 84피트 깊이로 부어졌다.

현장의 특수한 조건들이 문제를 야기시켰다. 주변 흙의 높은 실트(silt) 비중은 파일 구멍을 뚫을 때 벤토나이트 슬러리(bentonite slurry)와 섞이게 되었다. 이 문제를 해결하기 위해 유럽에서부터 실트 제거 기계를 들여왔다. Kenny Hill Formation 의 토질 구성 또한 드릴 장비에 가동을 어렵게 하였으며, 날(cutting edges)의 잦은 교체로 비용을 증가시켰다. 또한 석회암 절벽의 지하 동굴은 일정 부분의 테두리 벽을 붕괴시키면서 공사를 해야 했기 때문에 2주의 공기를 지연시켰다.

매트 콘크리트 타설은 1994년 1월에 시작되었으며 8대의 펌프를 사용하면서 연속 타설하였다. 사면에서 25.2m 깊이에 위치한 매트의 두께는 4.5m로 60MPa 고강도 콘크리트 12,600m^{3}가 소모하였다. 수화열로 인한 문제의 발생을 방지하기 위하여 배합 시 냉각수(chilled water)를 사용토록 하였다. 타설이 끝난 후, 각 매트는 수화열로 인한 균열(thermal cracking)을 방지하기 위해 단열재로 양생되었다.

2) 구조시스템

두 개의 타워를 시공하기 위해 2개의 독립적인 팀이 공사를 수행했음에도 불구하고 사용된 공법이 유사했다. 초기에는 크레인 위치 등 몇몇 차이가 있었다. 그러나 두 팀은 서로의 작업상황을 면밀히 검토했으며 항상 자신들의 전략을 다른 팀의 전략과 비교 · 분석하였고, 프로젝트가 진행되면서 두 팀의 공사방법은 매우 흡사하게 변했다.

타워의 시공기간 동안, 각 팀의 직원들은 매주 수요일에 있었던 계획된 투어를 통해서만 다른 팀의 현장에 출입이 허용되었다. 이러한 투어는 항상 많은 관련자들이 참석했으며, 정보를 교환하는 기회가 되었다.

1994년 3월에 기초 매트 콘크리트에 단열재를 제거하고, 타워의 시공에 착수하였다. 전용 가능한 스틸 거푸집을 사용하여 시공된 건물 외주부의 기둥(perimeter column)들이 대부분의 층에서 건물 내부로 노출되어야 했다. 양쪽 팀 모두에서 사용된 셀프 클라이밍 폼(self-climbing form)은 작업 능률을 향상시켜 당초 층당 12일에서 층당 3일까지의 매우 빠

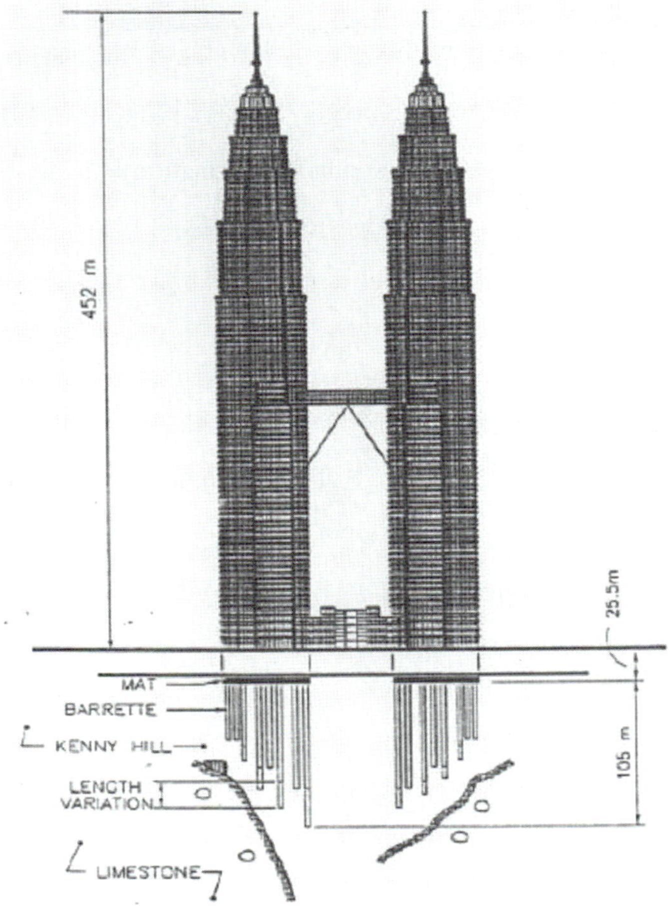

그림 3-2 타워의 건설

른 시공 일정을 가능하게 해주었다. 셀프 클라이밍 폼의 사용은 크레인 설치를 위한 장소 부족으로 필수적이었다. 기둥은 기초에서 1.8m, 최고층에서 1.2m로 점점 가늘어졌는데, 거푸집은 이에 대응하여 설계되었다.

두 개의 건설팀간의 가장 주목할 만한 차이는 코어와 테두리 기둥들에 사용된 콘크리트 펌핑(pumping) 전략이었을 것이다. 타워 2팀(한국)은 두 개의 커다란 독일제 펌프를 사용하여 콘크리트를 세계기록인 370m 높이까지 끌어올렸다. 이러한 방법은 60층 시공 시 문제점이 발생하기도 했지만 펌핑 전문가들의 도움으로 끝까지 계속될 수 있었다. 일본팀은 J.A.

Jones International의 미국에서의 콘크리트 공급 경험을 사용해 몇 개 지역에 분산배치된 펌프 시스템과 결합된 고속 콘크리트 호이스트(hamper hoist)를 활용했다. 전통적인 방식인 콘크리트 펌프를 이용하여 54층까지 타설하였으며, 그 상층부 콘크리트 타설은 50층에 소형 펌프를 설치하여 상층부를 타설해 나갔다.

3) 기계시스템

혁신적인 자재 및 시공 기술의 적용과 함께 페트로나스 타워에 채택된 기계 시스템은 말레이시아에서 전례가 없는 것들이었다. 에너지 절약을 위해 최신의 열 회수 시스템이 도입되었고, 초고속 데이터 전송을 위해 광섬유 정보 통신망이 설치되었으며, 타워의 높이를 고려하여 고성능 엘리베이터 시스템이 도입되었다. 또한 초고층 건물의 특성과 쿠알라룸프르의 인프라를 고려하여 독창적인 방재 시스템을 개발 적용하였다.

열대도시의 지속적인 높은 열과 습도로 인해 페트로나스 타워는 혁신적인 쿨링 시스템이 필요했고, 높은 수준의 실내 공기 질을 유지하기 위하여 기계 전문 자문 회사는 높은 환기 횟수의 중요성을 강조하였으며, 쿠알라룸프르의 매우 무더운 기후 조건은 고비용의 시스템을 요구하게 되었다. 유입 공기의 냉방 비용을 최소화하기 위해 공기조화기에 열회수 장치를 도입하였는데 이는 적도 근처의 오피스 빌딩에 적용한 특이한 사례다. 외기로부터 실내에 유입되는 공기는 실내에서 배기되는 공기와 열회수 장치에서 열교환 되고, 동시에 실내로 유입되는 공기의 습도를 흡수하여 유입 공기의 습도를 90%에서 70%까지 떨어뜨림으로써 빌딩의 제습장치 부하를 최소화하고 외기로부터 실내로 유입되는 신선공기의 냉방 부하를 50% 수준까지 줄여주었다.

화재 제어 시스템은 타워의 높이와 쿠알라룸프르 중심가의 혼잡이 고려된 매우 높은 수준의 시스템 개발이 필요했고, 도심 한 가운데의 교통량을 조종할 수 있는 방재조직의 미흡으로 단지내의 어떤 화재도 단지 내에서 제어할 수 있어야 했다. 이러한 요구를 만족시키기 위하여 광범위한 스프링클러, 가압 및 연기 배출 시스템이 통합되게 되었다. 이러한 규모의 타워에서 피난의 어려움 때문에, 건물 도처에 양압이 유지되는 안전지대를 설치하는 것이 매우 중요하였다. 오클라우마 폭탄테러로 인해 이미 건설 중이었던 건물의 보안 및 안전 시스템에 많은 변화가 있었다. 타워의 건물 동에 설치했던 비상 발전기는 건물과 떨어진 곳에 재배치되었고, 타워 아래의 모든 주차시설은 없앴으며 화재 제어 기능은 더욱 강화되었다. 스카이브리지는 두 타워간의 비상 탈출을 위한 핵심 통로가 되었다.

4) 외장 시스템

외장 시스템의 조립은 미네소타(Minnesota)의 커튼월 생산자인 Harmon에 의한 제한적 파트너십에 의해 수행되었다. 현지에서 생산된 스테인리스 스틸 커튼월 시스템은 스테일리스 스틸 프레임으로 지지되는 커다란 로이(low-e) 코팅된 유리 패널로 구성되었다. 외벽에 돌출된 스테리린리스 스틸 루버는 높은 태양각으로부터 흡수되는 직사광의 실내유입을 차단하여 냉방부하를 절감할 수 있었다.

외벽 패널은 건물 형태가 고층부로 올라감에 따라 폭이 좁아짐으로 인하여 생긴 경사를 처리할 수 있도록 설계 및 생산되었다. 층당 최대 0.4인치로 계산된 층간 드리프트

그림 3-3 커튼월 조립

(interstory drift)는 패널 연결부에 의해 수용되도록 하였으며, 타워에서 사용될 31,000개의 패널을 생산하기 이전에 65.6 inch^{2}의 모크업(mockup) 패널 시스템이 플로리다(Florida) 에 있는 Construction Research Laboratories in Miami에서 엄격히 테스트되었다.

5) 스카이브릿지(Skybridge)

스카이브릿지는 한국팀이 프레임 시공을 시작한지 18개월만인 1995년 8월에 설치되었다. 57.5m 길이에 2개층, 유리로 둘러싸인 브릿지는 두 개의 타워를 41층과 42층에서 연결하였다. 선(先) 조립된 브릿지의 설치를 준비하는데 있어 두 시공팀 간의 협조가 특히 중요하였다. 41층에서 브릿지의 박스 빔(box beam)을 연결 시공하고, 또한 12층이 낮은 29층에서 타워를 지지하는 쌍으로 된 스틸 튜브를 연결 시공하기 위해서는 각 타워의 앵커위치들을 정확하게 시공되어야 하였다. 악천후와 언론의 집중적인 관심 속에서 작업은 이루어졌고, 지상

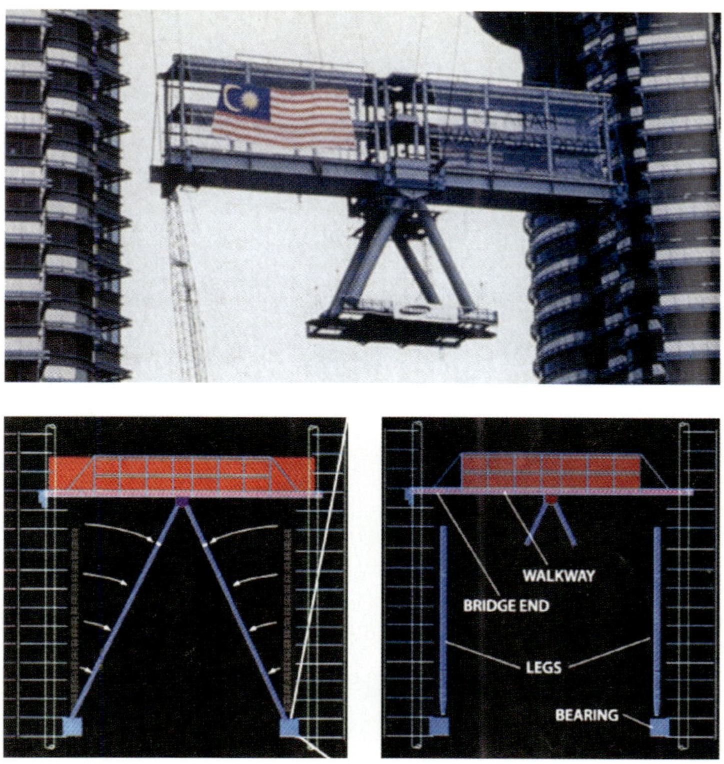

그림 3-4 스카이브릿지의 메인 부분

에서 하이드로릭잭을 통해서 스카이브릿지를 180m 높이로 끌어올리는 것은 매우 극적인 작업이었다. 많은 예기치 못한 문제점에도 불구하고, 3일에 걸친 양쪽 타워와의 연결은 성공적으로 수행되었다.

스카이브릿지의 원(原) 설계는 브릿지 설치위치에 가설 작업장을 설치하여 현장에서 직접 제작, 시공하도록 되어 있었다. 한국팀의 컨설턴트인 Mr. Terry Sullivan은 "우리는 작업자의 안전과 공기에 미치는 영향에 대해 우려하였고, 따라서 설계를 변경하자고 제안했다"고 말했다. Lehrer McGovern의 승인으로, 브릿지는 재설계되어 한국팀에 의해 선(先)조립되어 시공되는 공법으로 변경되었다. 브릿지 건설에 소요되는 493개의 부재들이 공장에서 제작, 시험, 조립되었고 다시 해체되어 현장으로 반입되었다. 주차장으로 예정된 타워 사이의 1층 공간에 작업장이 마련되어 조립을 하였으며, 각 125톤의 용량을 가진 8개의 유압 리프트가 인접 타워에 배치되면서 준비작업이 완료되었다.

브릿지의 조립에는 몇 가지 중요한 단계가 있다. 40m의 브릿지 메인 부분은 지상에서 조립되었으며, 외장과 콘크리트 지붕도 지상에서 작업이 같이 이루어졌다. 8.2m 길이의 브릿지 단부 부분은 별도 제작되었다. 부재간의 연결을 용이하게 하기 위해 주요한 프레임만 선조립되었다. 브릿지의 메인 부분과 끝단 부분은 41층까지 끌어올려져 각 건물에 임시 고정되었다. 브릿지 메인 부분은 조립이 끝난 후, 8개의 유압잭에 의해 작업장에서 10.8m 높이까지 끌어올려졌으며, 10m 길이의 지지대(supporting legs) 부분이 박스 거더(box girder) 위에 볼트 체결되고, 용접되었다. 그때 4개의 삼각형태의 지지대(wishbone leg)가 지상에서 조립되어 타워 29층까지 끌어올려졌으며, 거기에서 브릿지 가운데 스팬의 처짐을 최소화하기 위해 볼트로 조립되었다.

6) 첨탑(Pinnacle)

두 개의 150톤 스테인리스 스틸 첨탑이 공장에서 별도로 제작되었고, 각 타워의 골조가 완성된 후 설치되었다. 첨탑의 설치는 두 팀간의 경쟁을 명확하게 보여주었다. 일본팀은 첨탑에 부착된 메시 볼(mesh ball)이 양중 시에 설치를 어렵게 할 것을 우려하여, 첨탑이 제 위치에 설치된 후 메시 볼을 설치하기로 결정하였다. 그러나 한국팀은 메시 볼을 양중 이전에

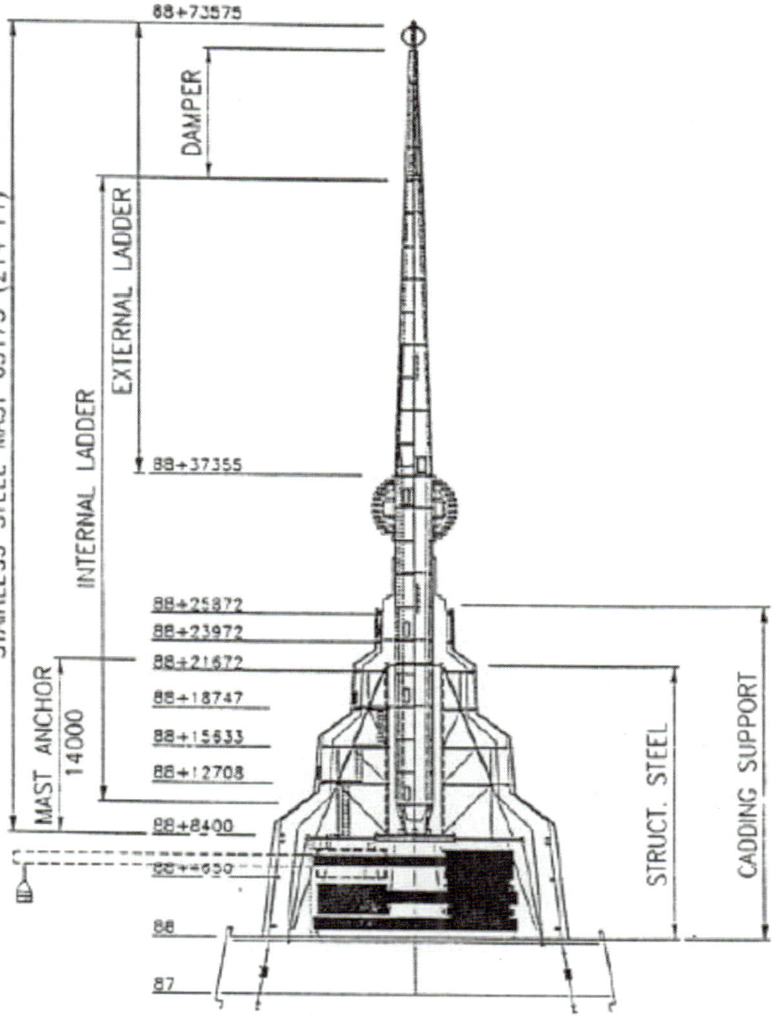

그림 3-5 **첨탑 설계**

설치했으며, 아무 어려움 없이 첨탑을 설치하였다. 첨탑설치에 있어서는 한국팀의 방식이 보다 성공적이었다고 할 수 있었다.

● ● ● 4. 건설사업관리(CM)의 업무 추진사항

본 프로젝트의 경우 타워 하부 포디움(podium) 부분의 상업시설과 기반시설 설계가 확정이 되지 않은 상태로 트윈 타워 공사를 진행해야 했으며, 이러한 과정을 효율적으로 관리하기 위하여 경험과 관리기술에 바탕을 둔 전문 집단의 도움이 절실히 필요하였다. 따라서 프로젝트의 성공적인 수행을 위하여 외국의 CM전문가를 투입하였으며, 기술 이전 및 향상을 위하여 현지 기술자와 통합조직을 구축하여 함께 노력하도록 하였다.

CM의 주요 업무는 각 단계별 작업 착수 전에 구체적인 전략을 수립하여 승인을 받는 과정관리 단계의 업무로 각종 기준설정 및 분석(develop criteria & analysis), 의사결정을 위한 추천안 작성 및 승인을 득하기 위한 상세 분석업무를 들 수 있다.

뿐만 아니라 패스트 트랙(fast track), 설계 발주 및 계약관리, VE 및 시공성 검토, 예산관리, 일정관리, 발주전략 및 계약관리 업무를 담당하였다.

4.1 설계관리

일반적으로 설계단계는 개념설계, 계획설계, 기본설계, 실시설계 단계로 나누어진다. 설계관리는 시공전 활동(pre-construction activities)의 핵심으로서 각 설계 단계별로 설계진행에 적합한 의사결정이 적시에 이루어져야 한다. 특히 시공성 및 공법 검토, VE를 통한 비용절감 노력, 설계가 예산의 범위 내에서 진행되도록 하는 설계 단계별 예산관리와 일정관리는 매우 주요한 설계관리 활동이다.

KLCC의 경우 계획 설계 완료 4개월 전에 CM팀이 투입되었으며, CM팀은 영국의 세계적인 개발 프로젝트인 Canary Wharf Project 에 투입되었던 인력들을 주축으로 구성되었다.

1) 설계자 선정

미국의 Klages Carter Vail & Associates가 현상 설계를 통하여 마스터 플랜 담당으로 선정되었고, 미국의 Cesar Pelli & Associates가 1991 국제현상에서 페트로나스 투윈 타워 설계자로 선정되었다. 캐나다의 Adamsons Associates는 실시설계자로 선정되었고, Studios가 인테리어 디자인을 담당하였으며, KLCC 자체 설계실은 허가, 행정 등을 담당(architect of record)하였다.

2) 설계자와의 협상

설계 용역비를 낮추고 설계관리를 효율적으로 하기 위한 많은 노력이 이루어졌다. 이에 대한 방안으로 설계용역을 건축설계회사에 일괄로 발주하지 않고 기능별로 분할 발주하여 약 60개의 보조 설계자(consultant)를 선임하였다. 즉, 대부분 프로젝트의 경우 주설계자가 구조, 설비, 전기 등의 보조 설계자를 직접 선정하는 것이 일반적이나, 이러한 방법의 적용 시 경우에 따라서는 주설계자가 보조설계자에게 영향을 미쳐 발주자의 이익에 반하는 의사결정을 할 수 있는 단점이 있고, 설계조정(coordination)에 관련된 비용이 추가되어 용역비가 상승할 수 있다.

KLCC 프로젝트의 경우 강력한 CM 조직을 보유하고 있어 대부분의 보조 설계자를 KLCC 설계 관리팀에서 직접 고용함으로써 용역비 절감과 효율적인 관리를 할 수 있었다. 이러한 보조 설계자는 설비, 전기 설계자와 다음에서 설명하는 전문 자문그룹이 포함된다. 다만 구조 설계 분야는 CM팀에 구조 담당자가 없었기 때문에 주 설계자가 직접 선정토록 하였다.

3) 전문 자문그룹(Specialty Consultants) 운영

대형 프로젝트 추진 시 초기부터 각 분야별 전문가 집단으로 구성된 CM이 참여하여 설계 검토 및 자문을 수행하여 올바른 설계, 예산관리 및 공정관리가 가능하도록 하는 것은 매우 중요하다. 따라서 KLCC의 경우 각 분야별 전문가 집단을 초기부터 자문그룹으로 참여시켰다.

주요 자문그룹은 승강기, 커튼 월(curtain wall) 설계, 시공검사, 외벽 청소 시스템, 인테리어 설계, 석공사, 그래픽, 빌딩 유지관리 시스템(building management system), 통신 및 정보기술 시스템(communication & information technology), 주차 및 교통, 유통 관련 전문가(retail expert), 화재경보 시스템(F.A.S), 음향(acoustics), 조명, 음식 · 주방, 법규 · 법률 자문 등이 있다.

4) 구조(Structural) 시스템 검토

최적의 구조 시스템을 선정하기 위하여 5개의 대안이 계획 설계 중에 검토되었다. 즉, 시스템별 공법, 공정, 원가, 현지사정 등을 종합적으로 고려한 최적의 구조 시스템을 선정하기 위하여 설계 초기에 다각적인 검토를 수행하였으며, 이 때 검토되었던 각종 구조대안은 아래와 같다.

- 철골 코어(core)와 외주부의 철골 실린더 튜브 구조 시스템
- 콘크리트로 코어와 외주부의 철골 실린더 튜브 구조 시스템
- 철골 코어와 콘크리트 충진의 복합 구조 외주부 시스템
- 콘크리트 코어와 콘크리트 충진의 복합 구조 외주부 시스템
- 콘크리트 코어와 콘크리트 튜브 외주 구조 시스템과 철골 빔 합성구조 시스템(최종 선택된 안)

기초 시스템도 3개의 대안이 검토되었으며, 최종안은 현장타설말뚝(bored concrete pile)에 매트 기초가 선택되었다.

5) 건축 마감에서 설계 관리팀의 역할

샘플시공(mockup)은 디자인의 한 요소로서 사용되었으며 설계초기(계획설계시)부터 화장실, 로비, 커튼 월 등이 실물로서 샘플시공 되었다. 샘플시공은 발주자측의 최고 경영진에게 무엇이 디자인되고 있는가를 정확하게 알려주어 최종 의사결정을 용이하게 하였으며, 리스크를 줄이고 프로젝트 비용을 절감할 수 있게 하였다. 또한 소방관련 규정(fire codes)을 사전에 면밀히 분석하여 기존의 대부분의 규정이 KLCC 와 같은 초고층 빌딩에는 적당치 않으며, 규정 자체가 안전하지 못하다는 것을 알고 대안을 마련할 수 있도록 하였다.

설계자의 검토 소홀로 프로젝트 비용의 증가 원인이 되는 주요 치수의 경우에는 심도 있는 검토를 거쳐 조기 확정시켰다. 특히 층고, 천정고, 임대 면적비 등을 KLCC CM팀 주도로 사전에 검증하여 프로젝트의 효율성을 증대시켰다.

6) 설비 시스템 검토

설비 시스템으로는 외부 커튼 월에 관한 에너지 스터디를 포함한 5가지 공기조화 시스템(air conditioning schemes) 검토와 KLCC 전지역 관할 플랜트(district plant)에 대한 검토가 추진되었다. 또한 열병합 발전소 검토, 네트워크에 통합된 IBS 시스템 및 페트로나스 타워에 초고압 배전 방식 도입이 검토되었으며, 더블 데크[3] 승강기 및 승강기의 적정 속도도 사전에 심도있게 검토되었다.

7) 설계관리의 효과(Benefits of Design Management)

CM팀 내의 설계관리팀이 수행한 설계관리의 가장 큰 효과는 설계를 진행하면서 이에 대한 검토작업을 병행함으로써 최종단계에서의 설계변경과 공기지연을 방지할 수 있었다는 것이다. 발주자측에서는 별도의 기술집단에 의해 설계를 검토함으로써 객관성을 확보할 수

3) 더블 데크 승강기는 2개 층을 동시에 정지할 수 있도록 고안된 2층 승강기로서 시설투자비와 유지관리비 절감에 도움이 되며 KLCC 페트로나스 타워의 경우 거의 모든 승강기가 더블 데크 승강기로 설치됨.

있었으며, 이러한 설계 검토가 완전히 발주자의 이익을 대변하기 위해서 수행된다는 장점이 있었다.

또한 주 설계자나 보조 설계자는 경험이 많은 발주자측의 대리인이 존재함으로써 분명한 방향 설정과 업무수행에 많은 도움을 받을 수 있었으며, 발주자는 기술이전을 통하여 자체 인력의 능력 향상을 기할 수 있었다.

4.2 시공성 분석

1) 공사 일정과 골조공사의 난제

공사 일정은 1993년 토공사와 기초공사를 완료하고(1년) 98층(지하6층, 지상 92층)의 골조공사를 1994년과 1995년 2년에 걸쳐 완료하는 계획이었다. 따라서 타워부분의 골조공사는 지하실부터 최상부 코어 콘크리트까지 100회의 거푸집을 반복 사용하여야 하고, 레벨 88까지 7개 층에 철골구조, 65M의 첨탑(pinnacle), 최상부 구조물 41층에 두개의 타워를 연결하는 2개 층의 교량(sky bridge)공사를 타워공사를 진행하면서 동시에 시공해야 하는 난제가 있었다. 이러한 상황을 고려하여 골조공사는 설계시부터 평균 층당 5일 공정을 고려하였고 거푸집 변화 및 변형 등을 고려할 시 층당 4일 공정 사이클을 유지해야만 했다. 타워 2 빌딩의 주요 목표공정은 〈표 4-1〉과 같다.

2) 타워 싸이클(Tower Cycle)

한개 층 공사를 골조부터 마감까지 모두 완료하는 데는 6개월 공정을 목표로 하였고, 각 공종별 층당 완료 시간은 골조, 마감공사 공히 4일을 기준으로 하였다. 이러한 4일 공정 싸이클은 ① 골조 ② 계단 ③ 각종 기계 설비 ④ 외벽 커튼 월 ⑤ 마감공사에 공히 적용되도록 CM팀에 의해 설계시부터 계획되었다.

표 4-1 타워 2 빌딩의 주요 목표 공정(milestone)

TOWER 2 SECTIONAL COMPLETION MILESTONES(Based on 14TH Mar. start)			
Activity Description		Wk.No.	Date
1	Award Contract	-17	1993. 11. 15
2	Notice to proceed	-17	1993. 11. 15
3	Date of site possession	1	1994. 03. 14
4	Completion of structure & fire spray to L12	31	1994. 10. 16
5	Release Lev. P4 - Lev. P1 for car park construction	43	1995. 01. 02
6	Release concourse - L1 for lobby finishes	47	1995. 01. 30
7	Release floors L2-L5 for retail fit out	51	1995. 02. 27
8	Release floors L8-L11 for retail fit out	55	1995. 03. 27
9	Release floors L12-L15 for retail fit out	58	1995. 04. 17
10	Release floors L16-L19 for retail fit out	61	1995. 05. 08
11	Release floors L20-L23 for retail fit out	64	1995. 05. 29
12	Release floors L24-L27 for retail fit out	66	1995. 06. 12
13	Release floors L28-L31 for retail fit out	69	1995. 07. 03
14	Release floors L32-L35 for retail fit out	72	1995. 07. 24
15	Release floors L36-L37 for retail fit out	74	1995. 08. 07
16	Release of 1st three cars bank A.	55	1995. 03. 27
17	Complete shell & core service Install to L37(Tower)	62	1995. 05. 21
18	Release of 1st two cars main shuttle	65	1995. 06. 05
19	Completion of small service lift	64	1995. 06. 04
20	Release Floors L45-L48 for fit out	79	1995. 09. 11
21	Release Floors L49-L52 for fit out	74	1995. 08. 07
22	Release Floors L53-L56 for fit out	78	1995. 09. 04
23	Release Floors L57-L59 for fit out	80	1995. 09. 18
24	Release Floors L40-L43 for fit out excluding L41-L42 sky lobby	77	1995. 08. 28
25	Release Floors L45-L48 for fit out	79	1995. 09. 11
26	Release sky lobby/skybridge L41-l42 for lobby furnishes	93	1995. 12. 18
27	Complete shell & core service Install to L65 (Tower)	93	1995. 12. 24
28	Release Floors L60-L63 for fit out	84	1995. 10. 16
29	Release Floors L64-L67 for fit out	87	1995. 11. 06
30	Release Floors L68-L71 for fit out	91	1995. 12. 04
31	Release Floors L72 for fit out	92	1995. 12. 11
32	Completion of structure inclusive fire spray	96	1996. 01. 14
33	Complete shell & core service. Install to L65 (Tower)	107	1996. 03. 31
34	Release Floors L73-L76 for fit out	95	1996. 01. 01
35	Release Floors L77-L80 for fit out	99	1996. 01. 29
36	Release Floors L81-L82 for fit out	100	1996. 02. 05
37	Completion of single deck lifts	113	1996. 05. 12
38	Completion of double deck lifts	108	1996. 04. 07
39	Completion of cladding to L88	106	1996. 03. 24
40	Completion of large service lifts	94	1995. 12. 31
41	Release floors L83-L87 for fit out	105	1996. 03. 11
42	Total completion of structure & exterior facade	108	1996. 04. 07

3) 철골과 콘크리트의 혼합구조 도입

계획설계단계에서 골조시스템을 결정하는데 CM팀은 아래의 사항을 종합적으로 검토하였으며, 이러한 검토 결과 철골과 콘크리트의 혼합구조를 도입하는 것으로 결정하였다.

- 저렴한 말레이시아 콘크리트 가격과 수입재인 높은 철강재 가격
- 풍압에 저항하는 좋은 댐핑 효과를 발생시킬 수 있는 중량 콘크리트(mass concrete) 구조
- 충진용 철골 구조(steel in-fill)는 콘크리트에 비해 공기가 빠르나 공사비가 높다는 문제점
- 철골조는 거푸집 공사가 확연히 적고, 초고층에서는 효율적이라는 이점
- 말레이시아 내 콘크리트조의 1층당 평균 싸이클은 7~8일 또는 그 이상 소요되고 있다는 건설시장의 현실

4) 철골에 의한 해결책 강구

이러한 검토 결과로 메탈 데크를 사용한 복합 디자인이 말레이시아에 도입되었으며, KLCC 프로젝트를 위하여 현지에 공장이 세워졌다. 또한 내화가 가능한 단면(profile)을 사용하여 30%의 내화 피복공사비를 절감할 수 있었다.[4)]

공기, 원가, 효용성을 모두 고려하여 철골 빔과 메탈데크를 콘크리트 수직재와 혼합한 복합구조가 지상층 구조물에 전면적으로 도입되었으며, 스카이 브릿지는 당초 설계인 케이블로 써포트되는 방식에서 고정다리(rigid leg)방식으로 변경되었다. 또한 첨탑(pinnacle)은 스테인레스 스틸 파이프 구조로 발전시켰다.

4.3 원가관리

예산관리(cost management)는 CM 기능의 핵심으로 설계과정이 완료될 때 마다 견적을 하여 예산항목을 설정하고, 설계가 공사비 예산 내에서 진행되도록 관리하는 작업이다. 계획설계 단계의 예산의 정확도는 ±10% 정도이며, 기본설계 단계에는 ±5%로 정확도를 향상시켜가며 이러한 과정마다 VE 기법과 시공성 검토를 병행하였다. KLCC 경우는 설계단계별로 4번의 견적을 통하여 예산을 관리하였으며, 각 단계별 원가관리의 진행방안은 〈그림 4-1〉과 같다.

---

4) KLCC 프로젝트를 통하여 많은 새로운 자재들이 말레이시아에 도입되었고 현지 공장이 세워짐. 메탈데크 공장, 커튼 월 공장 등은 국제 규격의 대표적인 공장임.

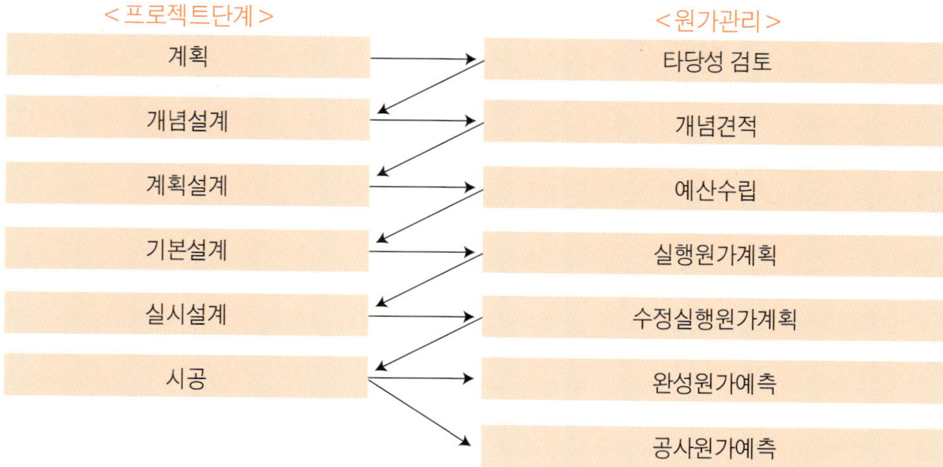

그림 4-1 설계단계와 원가관리 flow diagram

4.4 계약관리

1) 구매 및 계약 전략

구매 및 계약 전략에는 무엇을 조달할 것인가에 대한 전체적인 프로그램을 우선 설정하고, 설계 단계에 따라 어떻게 계약을 패키지화 할 것인가를 결정하여 설계 스케줄과 조달계획을 확정한 후 발주자측의 특별한 요구사항이 있을 경우 이를 반영하여 구매 전략을 수립하였다. 이를 통하여 설계와 조달일정을 맞출 수 있도록 체계적인 검토를 수행하였으며, 성공적인 분할 발주 방식이 도입되어 발주자 이익의 극대화가 가능하였다. 이는 우리나라의 경우처럼 단일 시공업체에 거의 모든 공사를 발주하는 관행과는 근본적인 차이가 있다.

2) 분할 발주 방식 적용

체계적이고 논리적인 패키징 작업을 통하여 주요한 공종의 분할 발주가 추진되었으며, 본 프로젝트의 주요 발주 패키지는 다음과 같다.

- 지반 개량
- 지정 공사, 토공사, 다이아프램 월(diaphragm wall)과 기초공사
- 주 지정 하도자(커튼 월, 승강기 등)
- 타워 건설 주 계약자
- 지하 주차장 골조공사
- 인테리어와 로비공사
- 상가(retail)

3) 타워 공사 부분의 지정 하도업체(Nominated Sub-contractor) 선정

주 계약자(general contractor)선정 전 주요 부분의 하도자를 CM팀에서 선정하여 금액 협상(negotiation), 계약조건 및 각종 기술 검토를 완료한 후 주 계약자 선정 시 주 계약자에게 관리 책임을 지우는 방식으로 주요 지정 하도업체를 선정하였으며, 지정업체로는 콘크리트 공급, 커튼 월, 승강기, 공기정화 장비 및 냉동기, 외벽 청소용 곤도라, BMS, F.A.S., I.T., security, VAV 및 조명기구, 이중 바닥재(access floor), 철문, 도어 철물(hardware), 석재, 도기, 장구류 담당업체가 있다.

4) 지정 하도업체의 조기 선정

주 계약자가 선정되기 전에 기 언급된 주요 공정의 업체를 지정 하도업체로 선정하였다. 이러한 방법의 이점은 공정을 단축할 수 있고, 시공 도면에 산 정보를 반영할 수 있으며, 설계자로 하여금 시방서를 미리 만들도록 압력을 넣어 사전에 세부적인 상세설계까지 고려하도록 하는 장점을 가지고 있다. 또한 설계에 영향을 미치는 부분에 하도자로 하여금 확신을 주고, 의사결정을 빨리 함으로써 프로젝트에서 발생할 수 있는 위험(risk)을 최소화할 수 있다.

시공업체의 선정과 패키지화는 공사원가와 공기에 미치는 영향이 매우 큰 사항이나 우리나라의 경우는 이에 대한 연구나 시도가 거의 없으며, 아직도 일괄도급 계약의 틀을 벗어나지 못하고 있는 실정이다. 따라서 향후 이러한 발주 방법에 대한 많은 고찰이 필요할 것으로 판단된다.

5. 맺음말

CM은 국내 건설산업의 수준을 한 단계 끌어 올릴 수 있는 수단이며, 국내 건설산업의 선진화를 위하여 절실히 필요한 기능이다. 국내 건설시장의 경우 사업관리가 잘못되어 당초 예산의 2~3배 수준씩 예산이 초과되는 공공 프로젝트가 양산되고 있으며, 공기는 공기대로 지연되어 산업의 신뢰성을 저해하는 경우가 발생하고 있다. 더욱이 이러한 결과가 공공부문뿐만 아니라 민간부문에서도 쉽게 발견할 수 있는 현상이라는데 문제의 심각성이 있다.

우리는 무엇이 98층(지하 6층, 지상 92층)의 초고층 건물인 페트로나스 타워 공사를 예산의 변동 없이 건설 가능하게 하였는지를 꼼꼼히 살펴보아야 할 것이다. KLCC의 성공은 전술한대로 설계 전 단계에서부터 철저한 전략과 계획, 각종 기술적인 요소의 검토 및 설계관리 등으로 이루어진 시스템 관리, 즉 건설사업관리(CM)의 성공적인 적용결과가 아니었나 생각된다.

KLCC 프로젝트의 CM 적용사례는 국내 건설산업이 부족한 부분을 어떻게 극복해야 하는가에 대한 전략을 제시해 주며, 궁극적으로 우리 건설산업이 나아갈 방향을 제시해 주고 있다고 할 수 있다. KLCC 프로젝트 CM 사례를 통하여 우리가 반드시 얻어야 할 교훈으로서는 프로젝트의 기획과 전략의 중요성, 조직구성 및 운영의 중요성, 체계적인 설계관리 및 예산관리의 중요성을 재인식하는 것이 아닐까 생각한다.

또한 본 프로젝트는 선진 CM 제도를 국내에 정착시키고 발전시키기 위한 방안으로 ① 선진 사례의 철저한 분석과 CM 정착을 위한 체계적인 연구, ② 공공 및 민간 주요 프로젝트에의 CM적용 및 확산, ③ 외국의 선진 기술력과 매니지먼트 능력의 적절한 활용, ④ 감리, CM의 전략적 믹스, ⑤ 정부, 국영업체 등 공공기관의 적극적인 관리력 배양의 필요성 등을 제시하는 모범적인 사례이다.

Part 11

미국 Boston Harbor 프로젝트

C·O·N·T·E·N·T·S

1. 프로젝트 개요 및 CM 적용 배경

1.1 프로젝트 개요

Boston Harbor Project(BHP)[1]는 미국 최대 규모의 하수처리장의 하나로 2000년 12월 완공되어 보스톤 지역의 200백만 주민과 5,500여개 이상의 업체에서 배출되는 하수를 처리하고 있으며, 상세내용은 아래와 같다.

- 공사금액 : 36억 달러(기획, 설계, 시공, 시운전 비용 포함)
- 주요시설 :
  - 1차 처리시설 : 일일처리량 3.5억 Gallon/Day, 최대처리량 12.7억 Gallon/Day
  - 2차 처리시설 : 일일처리량 7.8억 Gallon/Day
  - 차집 터널 : 7.7 ㎞, 방류용 해저터널 : 15.3 ㎞
  - 슬러지 처리시설 1기 : 처리용량 33,000 Ton/Day(계란모양 Digestor)
  - 화력발전소 및 부대시설

본 프로젝트의 수행을 위하여 33건의 설계계약과 133건의 건설 및 지원 서비스 계약이 체결되어 궁극적으로 다수의 시공사, 설계사, 하도급사, 자재 및 장비공급업자의 관리와 법원 결정에 따른 공기준수, 공사금액의 관리를 위해서도 프로젝트 매니지먼트(Project Management) 계약이 필요하였다.

1) 본 CM적용사례는 CMAA가 발행하는 CM eJOURNAL(2001.1)에 게재된 「A Case Study of Construction Management on the Boston Harbor Project Reflections at Project Completion by Walter G.. Armstrong and Ralph M. Wallace」을 요약, 재구성한 것임.

그림 1-1 계란모양 Digester 전경

일반적으로 수년간의 공사기간을 요하는 대규모 건설 프로젝트의 경우 효율적인 프로젝트 관리를 위해서 전문적인 관리능력을 필요로 한다. 특히, 공사용지가 오직 한 곳뿐이라는 제약에 의한 프로젝트 관리의 복잡성과 법원명령에 의한 공기준수 의무, 예산절감과 투명성을 요구하는 주민들의 압력은 **MWRA(Massachusetts Water Resources Authority)**에게 있어 크나 큰 부담으로 작용하였다. 본 프로젝트의 대표적인 문제점은 아래와 같다.

- **공기준수 의무:** 법원명령으로 인하여 1차 처리시설은 1990년까지, 2차 처리시설은 1999년 12월까지 완공해야 하는 공기부담
- **공사부지의 제약:** 공사부지가 작은 섬인 「Deer Island」 한 곳뿐이어서 매우 좁은 공간에 처리시설을 건설해야 하는 설계 및 시공 상의 어려움과 민가가 밀집된 2차선의 진입도로를 통한 중장비 이동의 어려움 등
- **민원발생:** 건설부지 주변에 밀집 주거지역이 위치하고 있으며, 공사용 차량이 본 밀집지역을 통과하는 도로를 이용해야 하는 어려움이 있었음. 이러한 영향을 최소화하기 위하여 MWRA는 필요한 모든 자재 및 장비를 바지를 이용해 운반해야 했으며, 인력수송도 버스 또는 여객선을 이용하였음. 또한 시공 중은 물론 프로젝트 완료 후 냄새, 소음발생을 최소화하기 위하여 노력했으며, 조망권의 침해 및 주변 경관의 개선노력이 필요하였음.
- **기존시설의 운영:** 신규시설의 설계 및 시공 중에 기존시설을 운영해야 하는 제약
- **타 프로젝트의 영향:** 도로공사, 항만공사 등 보스턴 내에서 동시에 수행되는 타 프로젝트의 영향으로 프로젝트 관리인력, 노무, 자재, 공사용수, 사토장 등의 이용에 대한 제약

프로젝트의 성공은 이러한 제한 요소의 극복여부와 프로젝트 예산관리, 법원명령 기한 내 완공, 품질관리 및 지역사회와의 관계개선 등에 달려 있었다.

1.2 CM 도입 배경

Boston Harbor 프로젝트는 미국의 「Clean Water Act」에 의한 법원명령으로 수행되는 미국 내 최대 규모의 프로젝트라고 할 수 있다. 본 프로젝트의 발주는 경제적, 정치적인 영향이 매우 크며, PM의 적용 배경은 프로젝트를 수행하게 된 사유와 깊은 연관이 있다.

미국의 경우 1972년 「Clean Water Act」의 제정으로 모든 시(市)의 하수처리장은 1977년까지 2차 처리시설을 완료해야 했다. 그러나 법원은 해안으로 배출되는 하수에 대하여는 예외를 인정하였다. 따라서 해안에 연한 Boston Harbor의 경우 처리가 불충분한 하수의 유입으로 인하여 환경오염 문제가 발생하였다. 결국에는 지역사회와 환경단체가 상급법원(superior court)에 소송을 제기하게 되었으며, 법원이 이를 받아들여 보스톤 지역 내의 하수처리장의 운영중단 명령을 내렸다.

이러한 문제로 1984년 하수처리장의 운영, 보수 및 건설을 책임지는 MWRA가 구성되었다. 본 기관이 구성된 이후인 1986년 5월 미국 지방법원은 「Clean Water Act」의 위반을 근거로 1990년까지 1차 처리시설의 건설하고, 1999년까지는 2차 처리시설을 건설하라는 법원명령을 내렸다.

이러한 법정공방에 따른 하수처리시설의 건설지연으로 메사추세츠(Massachusetts) 주는 연방정부에서 하수처리장의 건설을 위하여 제공하는 자금의 유치기회를 상실하게 되었으며, 그 부담은 지방의 납세자에게 돌아가게 되었다. 그 결과 1985년에 연 USD100 이하였던 하수도세가 1990년까지 400%가 인상되었으며, 2차 하수처리장이 완공되는 2000년에는 가구당 USD1,200 이상의 하수세를 부담해야 하는 결과를 초래하였다. 따라서 주민들의 강력한 저항에 부딪히게 되었으며, Boston Harbor 프로젝트에 대한 주민들의 강력한 공개조사 요구로 인한 투명성 확보의 필요성과 건설비용을 줄이라는 압력에 따른 경제적인 필요성으로 프로젝트 매니지먼트를 적용하게 되었다.

● ● ● 2. PM/CM 적용 방안의 벤치마킹

2.1 MWRA의 문제점

법원 명령에 의한 공기준수 의무, 투명한 공사비 집행에 대한 강력한 공개압력, 부지사용의 문제점 등으로 인하여 **MWRA**는 즉시 프로젝트의 계획, 설계, 시공 및 시운전단계에 대한 효율적인 관리구조(management structure) 구성에 착수하였다. 그러나 새로 구성된 자체 조직의 특성과 한계로 인하여 **MWRA**는 제 **2**차 처리시설의 계획에 대한 대부분의 업무를 컨설턴트에 의지하였다.

초기에는 기존 시설의 개선공사와 법원명령에 의한 신규 처리시설의 설계와 시공을 책임진 엔지니어링 사업본부(engineering division)를 **MWRA**조직 내에 두고 있었으나 **40**억불의 공사비가 소요되는 프로젝트의 계획업무에 단지 **2**명만을 배치하였다. 이러한 조직으로 초기 계획단계에는 운영이 가능하였으나 설계와 시공의 착수단계에서는 아래와 같은 심각한 문제에 직면하게 되었다.

- 어떻게 MWRA가 법원명령에 따른 신규 프로젝트의 설계와 시공을 적절하게 관리할 것인가? MWRA가 효과적인 프로젝트의 감독기능을 수행하기 위하여 적합한 조직구조(preferred organizational structure)는 무엇인가?
- 40억불에 달하는 Boston Harbor 프로젝트 공사비와 매년 1억불씩 집행되는 기존 하수처리시설의 개선공사비를 효율적으로 관리할 수 있는 방안은 무엇인가?
- 건설업체의 역할은 무엇이며, 어떻게 조직해야 하는가? 공공기관인 MWRA의 내부 인력(in-house resources)과 건설업체의 관계는 어떻게 조정해야 할 것인가?

이러한 문제점에 대한 효과적인 대안을 찾기 위하여 MWRA는 뉴욕의 North River Water Pollution Control Plant와 보스톤의 Central Artery/Third Harbor Tunnel Project에 적용된 실적이 있는 PM기법에 대한 검토에 착수하였다.

2.2 타 프로젝트의 벤치마킹

1) North River Water Pollution Control Plant

MWRA는 그 당시 건설중인 하수처리장 중에서 가장 공사금액이 크고 복잡한 건설관리를 필요로 하는 뉴욕의 North River Water Pollution Control Plant를 벤치마킹 대상으로 선정하였다.

본 프로젝트는 공사비가 11억달러에 이르는 대규모 공사였으며, Boston Harbor 프로젝트와 마찬가지로 협소한 공사부지라는 특성과 고속도로개선공사로 인하여 매우 제한된 진입도로를 이용해야 하는 조건도 유사하였다. 또한 연방법원의 명령에 의하여 지정된 기간 내에 공사를 끝내야 한다는 조건까지도 동일한 프로젝트였다.

본 프로젝트에 적용된 관리기법의 특징은 다음과 같다.

- 처리장의 설계와 시공을 위한 컨설턴트 이용: 이러한 결정은 프로젝트의 복잡성과 기존시설의 운영책임으로 인력의 배치가 제한적인 해당기관(The New York City Department of Environmental Protection or NYC/DEP)의 내부사정 때문이었음. 이미 내부 기술진으로 일일 300만 갤론의 처리용량을 가진 하수처리장을 건설한 실적을 보유한 NYC/DEP가 프로젝트의 설계 및 시공을 컨설턴트에 의뢰했다는 것은 매우 주목할 만한 사실임.
- 주요 업무는 해당기관이 관리권한 보유: 비록 설계 및 시공관리의 권한을 컨설턴트에게 위임하였지만 NYC/DEP는 전체적인 관리기능을 유지하였으며, 자사의 기술자를 배치하여 설계관리를 수행하고 입찰, 시공사 선정, 계약변경 및 기성지급 등 주요업무에 대하여는 권한을 보유하였음. 컨설턴트도 이러한 업무를 같이 수행하였지만 최종적인 결정은 NYC/DEP의 서면승인에 의하여 이루어지도록 조직 및 의사결정구조를 설계하였음.
- 시공지식과 설계의 통합: NYC/DEP는 프로젝트의 계획과 설계가 시공성에 직접적인 영향을 미친다는 것을 인식하고 프로젝트 초기에 시공전문가들을 설계검토, VE, 공정표 작성, 견적업무에 투입하였음.

2) Central Artery 프로젝트 & Third Harbor Tunnel 프로젝트

Central Artery 프로젝트와 Third Harbor Tunnel 프로젝트의 경우는 규모, 지질적 특성, 인력 및 자재조달, 건설자재의 적치를 위한 조건들이 Boston Harbor 프로젝트와 유사하여 벤치마킹 대상으로 지정되었다. Central Artery 프로젝트는 이 지역의 통행량을 2배로 증대시킨다는 목표와 함께 서남부 보스톤 지역에서 Logan비행장까지를 복잡한 보스톤 시내와 동보스턴 지역을 통과하지 않고 갈 수 있도록 하기 위해 건설되는 프로젝트로 그 당시 공사금액은 약 44억 달러였다.

본 프로젝트에서 관계기관(Massachusetts Department of Public Works, MDPW)이 적용한 접근방식은 North River Water Pollution Control Plant 프로젝트와 유사한 점이 있는 반면 몇 가지 다른 특성을 가지고 있었다.

먼저 유사한 점을 살펴보면 다음과 같다.

- 설계와 시공에 내부기술자보다는 외부 컨설턴트 투입
- 시공사 선정, 계약변경, 기성지급 등의 주요 업무에 대한 권한 보유
- 시공지식과 설계의 통합

두 프로젝트의 서로 다른 접근 방식은 아래와 같다.

- MDPW 내 프로그램 매니지먼트 오피스의 설치: MDPW는 컨설턴트의 감독과 모니터링을 위하여 내부에 프로그램 매니지먼트 그룹을 설치하였으며, 본 그룹은 관리, 기술 및 지원인력 등 40명으로 구성되었음. 내부 그룹의 조직과 책임사항은 상호 협조를 증대시키기 위하여 컨설턴트 조직과 동일하게 하였음.
- 설계 및 시공관리를 담당할 단일회사(single firm)의 조기 선정: MDPW와 NYC/DEP는 각 프로젝트의 설계와 시공을 관리하기 위하여 단일팀을 이용하였음. MDPW는 설계 착수 시점에 이러한 결정을 내렸으며, 여러 능력(multiple capabilities)을 보유한 팀들의 통합을 추구하였음. NYC/DEP는 2차 처리시설과 관련된 보다 전문화된 설계 요구조건 때문에 초기에 최고의 설계, 엔지니어링 능력을 가진 팀으로 설계관리 조직을 구성하였으며, 또한 이 팀이 시공단계의 관리업무도 담당하게 하였음.
- 설계업무의 분장: Central Artery 프로젝트와 Third Harbor Tunnel 프로젝트 내의 주컨설턴트 팀(prime consultant team)은 설계에 대한 전반적인 책임이 있었지만 모든 설계를 다 수행하지는 않았음. 즉, 주컨설턴트는 개념설계(conceptual design)를 수행하고, 다양한 프로젝트 요소에 대한 상세설계는 MDPW가 전문설계회사(section designers)와 직접 계약을 통해서 업무를 수행하였음.

Central Artery 프로젝트와 Third Harbor Tunnel 프로젝트의 설계 및 설계관리를 위한 조직 구성은 〈그림 2-1〉과 같다.

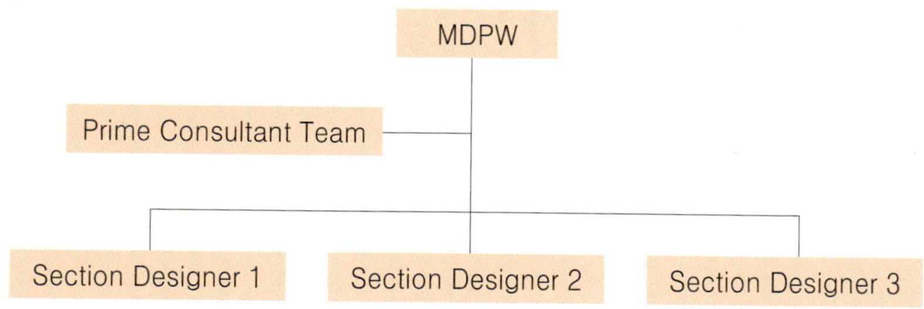

그림 2-1 Central Artery 프로젝트 & Third Harbor 프로젝트의 설계조직도

3. Boston Harbor 프로젝트의 접근 방안

3.1 조직 구성

1987년 11월 MWRA이사회는 Boston Harbor 프로젝트를 관리하기 위하여 다음과 같이 구성된 관리팀(management team)을 조직할 것을 승인하였다.

- 새로 설치된 내부조직의 인력(in-house staff)은 프로그램 매니지먼트 부서의 업무에 전념한다.
- 컨설턴트 팀은 프로그램 매니저 / 시공 매니저의 역할을 수행한다.
- 또 다른 한 팀의 컨설턴트는 주설계사(lead design engineer) 업무를 수행한다.

이러한 관리조직의 구성은 North River Water Pollution Control Plant, Central Artery 및 Third Harbor Tunnel 프로젝트에서 얻은 아이디어를 반영한 것이었으나 여러 방면에서 서로 다른 점을 가지고 있었다. 가장 뚜렷한 차이점은 설계와 시공의 관리책임을 명확하게 분리한 것이라고 하겠다.

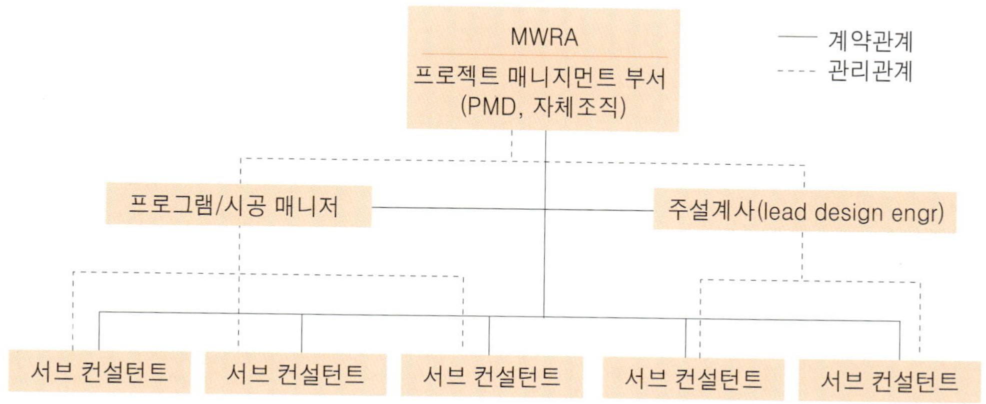

그림 3-1 Boston Harbor 프로젝트의 매니지먼트 팀 조직도

1) 프로그램 매니지먼트 부서(PMD)

MWRA의 프로그램 매니지먼트 부서(PMD)의 임무는 Boston Harbor 프로젝트를 총괄 관리, 감독하는 것이다. PMD는 각각의 프로젝트에 대한 진행방향을 제시하고, 관리(management)하고, 조정(coordination)할 책임을 진다. 또한 입찰 및 낙찰자의 결정, 컨설턴트 선정, 계약변경, 기성지급 및 클레임 관련 업무는 PMD를 이용하여 MWRA가 직접 수행하였다. 주목할 점은 MWRA가 컨설턴트의 업무를 검토할 수 있는 자체 능력도 보유하고 있었지만 이를 PM/CM 조직에 일임하였다는 것이다.

Central Artery 및 Third Harbor Tunnel 프로젝트 사례분석을 통하여 MWRA는 아래와 같은 이점을 가질 수 있었다.

- 시설관리(1억 달러/년 집행)에 투입되어 있는 기존 기술인력의 낭비 제거
- 자사 직원들에게 여러 책임을 부과하지 않고 전문적인 능력을 가진 그룹이 Boston Harbor 프로젝트의 집중적인 관리를 수행할 수 있도록 조정
- MWRA 내 · 외에서 프로그램 매니지먼트에 필요한 전문적인 능력을 보유한 전문가 선발 기회 부여

초기에 PMD는 설계, 엔지니어링, 시공, 자금조달 및 예산관리(finance and budgeting), 계약관리, 프로그램 관리, 정보시스템, 환경계획 및 지역사회 관계개선 등의 경력을 가진 전

문가로 구성되었다. 약 85%의 인원을 외부에서 선발하였으며, 초기 PMD의 60%의 인원이 민간부문의 업무경험을 보유하였다.

설계단계에서 최대 51명의 직원을 보유했던 PMD는 시공단계에는 22명으로 인력을 감소하였다. 프로젝트가 진행되면서 관리에 필요한 전문성도 달라졌으며, 프로젝트 후기에는 시공관리, 계약관리, 클레임 및 소송관리에 대한 중요성이 높아졌고 이에 따라 전문인력의 비율도 변하였다. 현재의 직원구성을 보면 3분의 2가 MWRA의 외부에서 선발한 인원이며, 잔여인원의 60%가 민간부문의 업무경험 즉, 엔지니어링 업체의 경험을 보유한 조직으로 바뀌었다.

2) Program/Construction Manager

Program/Construction Manager(PM/CM)는 프로젝트의 기획, 설계, 시공, 시운전 및 인수인계 작업을 관리하기 위한 조직적이고, 체계적인 업무수행을 위하여 관리팀 내에 포함시켰다. PMD가 전반적인 업무의 관리를 담당하는 반면 PM/CM의 임무는 매일 발생하는 전반적인 프로젝트 관리업무를 담당한다.

기 언급한 바와 같이 법원 명령에 의한 공기의 긴급성과 제한된 공사부지 내에서 작업하는 여러 주계약자, 하도 컨설턴트, 장비공급자의 조정업무의 필요성 및 프로젝트가 가진 지역적인 문제점으로 인하여 경험 있는 민간의 PM/CM 전문업체를 선정하게 되었다. 또한 이러한 PM/CM업체의 활용은 프로젝트의 공기준수, 명확한 공사예산 관리 및 시공관련 지식을 설계에 반영할 수 있는 기회를 증대시키는 효율적인 방안으로 간주되었다.

주(主)컨설턴트인 PM/CM의 주요 책임사항은 검사(inspection), 공정관리(project scheduling), 견적(cost estimating), 계약관리(contract administration), 문서 및 정보관리(document control and information systems), 대민업무(community relations) 환경관리(environmental permitting), 공사용수(water transportation) 및 주요 자재(bulk materials)관리, VE, 사전 구입장비관리(pre-purchased equipment), 시험(facility testing), 시운전(start-up), 직원교육(staff training) 업무와 상주 기술자로서의 역할이었다. 주컨설턴트의 주간사는 Earth Tech. Inc. 선정되었으며, 하도 컨설턴트는 Stone & Webster사로

1988년 4월부터 투입되었다.

3) 주설계사(lead design engineer)

관리팀의 또 다른 조직으로 프로젝트의 주요 요소의 설계에 대한 관리책임을 맡고 있는 Lead Design Engineer(LDE)가 있다. LDE는 설계관리절차서를 포함한 설계기준을 작성하고, 표준화된 CADD시스템의 적용을 관리하고, 모든 시설에 대한 개념설계(설계의 10~15% 정도 수준)와 조기완료가 필수적인 공종에 대한 최종 설계(final design)를 직접 수행 하였다. 또한 각 요소 프로젝트의 설계를 담당하는 설계업체의 조정업무를 담당하였다.

설계와 시공이 진행되면서 LDE의 주요 임무는 설계 및 시공사가 제출하는 각종 도서가 프로젝트의 전반적인 설계와 부합여부의 검토, 시공단계의 검사 및 시운전으로 그 업무가 확대되었다. LDE는 Metcalf and Eddy Inc.가 담당하였으며, 업무기간은 1988년 8월부터 1998년 7월까지 10년간 이었다.

표 3-1 매니지먼트 팀의 업무분장

조직명	담당업무
PMD	- Boston Harbor Project의 전체적인 관리, 감독 - 프로젝트의 수행 방향 제시 - 입찰 및 낙찰자의 결정, 컨설턴트 선정, 계약변경, 기성지급 및 클레임
PM/CM	- 프로젝트의 기획, 설계, 시공, 시운전 및 인수인계 업무관리 - 매일(day-to-day) 발생하는 전반적인 프로젝트 관리업무 - 공정관리, 견적, 계약관리, 문서 및 정보관리, 대민업무, 환경관리, 공사용수 및 주요 자재관리, 사전구입장비관리, 시험, 시운전, 직원교육 등 - VE
LDE	- 설계관리절차서, 설계기준 작성 - 개념설계(설계의 10~15% 정도 수준) - 표준화된 CADD시스템 관리 - 설계 및 시공사가 제출한 도서 검토 - 시공단계의 검사, 시운전 관리

3.2 Boston Harbor 프로젝트에 적용된 PM/CM의 특징

MWRA가 뉴욕의 North River Water Pollution Control Plant와 보스톤의 Central Artery/Third Harbor Tunnel 프로젝트를 벤치마킹하여 적용한 PM/CM 업무의 주요 특징을 살펴보면 아래와 같다.

- **설계사 선정 전 PM/CM업체 선정:** 발주자 내의 핵심 조직인 PMD 구성 즉시 MWRA는 PM/CM업체 선정에 착수하였음. 이는 매일 발생하는 전반적인 프로젝트 관리업무를 담당해야 하는 PM/CM업체의 업무 성격상 설계사(LDE) 선정 전에 P/CM업체 선정의 필요성을 느꼈기 때문이었음. PM/CM업체의 주요 업무는 시공계획, 설계공정표 작성, 설계의 시공성(constructibility) 및 운영성(operability)의 검토 등 이었음.
- **PM/CM사와 분리한 LDE 선정:** 능력 있는 PM/CM업체 및 설계사를 선정하기 위하여 별개의 입찰절차를 통하여 PM/CM 및 LDE를 선정 하였다. 이는 설계와 PM/CM업무를 담당할 업체를 공동도급 형태로 선정할 경우 최고의 능력을 보유한 업체선정이 어렵다는 우려에서 기인된 것이었음.
- **설계사의 조정업무에 대하여는 LDE에 최종 책임 부과:** 설계사의 조정업무 책임을 LDE가 담당하게 하고 LDE는 PMD에 직접 업무 보고를 하는 형태로 운영하였음.
- **다수의 설계회사 선정:** MWRA는 여러 프로젝트의 상세설계를 위하여 다수의 설계사와 직접 계약을 체결하고 시공단계에 까지 엔지니어링 서비스를 제공하도록 하였으며, 조정업무(coordination)는 LDE가 담당하도록 하였음.
- **PM/CM은 시공성 및 운영효율의 증대를 위한 설계검토 및 VE 담당:** PM/CM의 시공성 및 완공 후 운영의 효율성에 대한 집중검토를 통하여 설계단계의 품질관리 향상 및 처리시설의 시공 및 운영관련 지식이 설계단계에 반영되어 추가적인 업무효율이 발생하였음.
- **PM/CM에는 공정 및 예산관리를 위한 전반적인 업무 수행 책임 부과:** PM/CM업체의 예산 및 공정에 대한 분석과 모니터링을 위하여 모든 설계 및 시공관련 업체들은 예산 및 공정관련 정보를 PM/CM에 제출토록 하여 체계적인 예산 및 공정관리가 이루어지도록 하였음.
- **PM/CM은 발주자의 대리인 역할 수행:** 계약서에 명확히 언급된 VE 및 시공성 검토 업무의 책임은 PM/CM업체가 부담하나 설계에 대한 책임은 없는 것으로 하였음. 따라서 PM/CM업체는 설계, 기자재 및 시공업무의 관리에 많은 시간을 할애하지 않아도 되었으며, 신규 처리시설의 검사, 시운전 및 상주 기술자로서 발주자의 대리 업무에 전념할 수 있었음.

3.3 CM의 관리기법 및 적용효과

1992년 CMAA가 주최한 National Construction Management Conference에 발표된 보고서에 의하면 관리의 유효성을 증대시키기 위한 여러 기법들이 검토되었다. 본 장에서는 프로젝트의 수행결과 성과가 높고, 정량화가 가능한 CM의 관리기법에 대하여 논하고자 한다.

1) 설계관리(Design Management)

프로젝트 예산관리 목표는 PM/CM업체의 업무영역인 설계 표준화, LDE가 간과한 문제의 검토, CADD기술의 적용, 독립적인 VE의 수행, 시공성과 운영성의 검토 등을 통하여 부분적으로 달성되었다.

PM/CM업체에 의한 표준 설계관리 절차서의 작성 및 적용, 프로젝트 차원에서 수행된 개념설계는 상세설계를 수행하는 업체(LDE 및 하도설계사)들의 초기 의문점을 해소하여 설계금액 및 기간을 감소시켜 효율성을 증대시켰으며, LDE에게는 제한된 시간 내에 개념설계를 향상시키기 위한 방안을 제안할 수 있도록 하였다. 따라서 LDE의 제안 즉시 상세설계를 위한 기준을 확정할 수 있었으며, 업무를 신속히 진행할 수 있었다.

모든 설계사들이 동일한 CADD시스템을 이용하게 함으로써 설계 표준화를 향상시킬 수 있었다. MWRA의 적극적인 조치로 동일한 CADD 시스템을 사용할 수 있도록 결정하였으며, 설계사에게는 해당 설계업체에 적합한 하드웨어와 소프트웨어를 제공하였다. 이러한 특별조치는 아래와 같은 문제점 및 필요성을 해결하기 위하여 도입되었다.

- 여러 설계사들이 서로 다른 설계를 동시에 수행하여 많은 양의 설계를 적기에 완료해야 할 필요성
- 여러 설계사를 이용하여 설계가 진행되므로 설계에 대한 일관성(consistency)의 확보 및 효율적인 품질관리(quality control)의 필요성
- 완공 후 효율적인 시설운영을 위한 기본적인 정보시스템의 설치

프로젝트 예산관리와 같은 수준의 중요도를 가진 설계 VE, 시공성 및 완공 시설에 대한 운영성의 검토를 위하여 PM/CM 조직 내에 독립적인 팀을 구성하였다. 이 팀은 LDE가 수행한 개념설계와 상세설계가 60% 정도 진행되는 시점에서 여러 설계사가 수행한 설계에 대하여 독립적인 VE를 수행하였으며, 시공성 및 운영성의 검토는 제반 설계도서가 30%, 60%, 90% 제출된 시점에서 3번 수행되었다. 운영성에 대한 검토는 상호 연관성에 대한 심도 있는 검토를 위하여 시공전문가 그룹에 의해서도 수행되었다.

프로젝트 초기에 설계비의 관리목표를 시공금액의 5~7%로 제한하는 목표가 설정되었

다. PM/CM의 관리를 통하여 설계가 완료되고 시공이 99% 완료된 시점에서 설계비의 비율은 시공금액 대비 5.2%로 성공적인 결과를 도출하였다.

상세설계 비용 외에 시공단계의 엔지니어링 서비스 비용도 발생하였다. 즉, PM/CM이 Boston Harbor 프로젝트의 관리팀 내에서 상주기술자(resident engineer)의 역할과 검사업무를 수행하였지만 상세설계를 담당한 설계사 또한 설계도서의 완전성과 시공사가 제출하는 기술자료, 시공상세도(shop drawing) 등의 검토 및 각종 시험에 지원업무를 수행하기 위하여 시공기간 내내 서비스를 제공하였다.

현재까지 소요된 시공기간 동안의 엔지니어링 서비스 비용은 시공금액의 4.0% 정도이며, 이 또한 당초에 목표로 한 엔지니어링 비용인 시공금액의 4~6% 수준을 만족시키는 수치였다. 설계를 포함한 Boston Harbor 프로젝트의 전체적인 엔지니어링 서비스 비용은 당초 목표인 9~13%를 만족시키는 9.2%로 프로젝트를 완료할 수 있었다.

독립적인 VE조직 구성을 위한 투입비는 2백만불 정도로 산정되었으며, 이는 1994년 KPMG Peat Marwick, Lewis & Zimmerman의 독립적인 VE를 통해서 얻은 원가절감액인 2억불에 상쇄되고도 남는 금액이었다.

VE의 대표적인 예는 Deer Island의 North System Tunnels의 재설계를 들을 수 있다. 본 터널은 성능개선공사가 수행되는 펌프실(pump station)에서 처리시설 입구를 연결하는 길이 2,250ft 직경 약 10.5ft의 2열 터널로 당초에는 개착공법으로 시공하게 되어 있었다. 그러나 개착공법을 적용할 경우 제한된 공사부지 내에서 다른 공종에 미치는 영향이 매우 커서 VE팀은 Tunnel Boring Machine(TBM)을 이용한 공법으로 변경할 것을 제안하였다. 심도 있는 분석 및 타당성을 검토한 결과 TBM을 이용하는 것으로 결론을 내렸으며, VE를 통한 공법 변경으로 1000만불의 원가절감과 다른 공종의 원활한 추진에도 기여하였다.

효율적인 설계관리는 시공사의 선정에도 기여하였으며, 다음에 논의할 시공 시 설계변경 비용의 관리에도 기여하였다.

2) 패키징(Packaging)을 통한 입찰경쟁의 제고

MWRA는 입찰경쟁을 제고시키기 위하여 36억 달러의 거대한 프로젝트를 공정에 맞게 논리적으로 패키징하여 공사금액이 적게는 100만불에서 많게는 2억불에 이르는 133개의 패키지로 분리하여 발주하였다.

본 패키징의 목적은 1개 패키지의 공사금액을 지역업체의 보증이 가능한 금액 이하로 조정함으로써 지역 업체간 경쟁을 제고시키는 목적도 있었지만 본 프로젝트와 동시에 수행되는 주변의 Central Artery & Third Harbor 프로젝트와의 공사중복으로 인한 시공사 선정의 어려움을 회피하기 위한 것이 주목적이었다. 또한 지역 연고업체의 공사물량을 증대시켜 1990년부터 하락하기 시작한 지역 경제의 활성화에도 그 목적이 있었다고 하겠다.

효율적인 프로젝트의 패키징과 지역경제가 하락하기 시작한 1990년 후반부터 1992년까지에 이르는 적기의 공사입찰로 인하여 설계 시 예상금액 대비 10.4% 낮은 금액으로 시공사를 선정할 수 있었으며, 이로 인한 절감금액은 총 공사금액의 6.3%에 달하는 2.25억불이었다.

3) 공정 진척도에 따른 공사계약으로 원가절감 및 예비비 최소화에 기여

대형 프로젝트 발주자의 경우 지반조건의 상이로 인한 모든 위험을 시공사에게 부담시키는 예가 종종 있다. 이러한 방식을 적용할 경우 시공사는 입찰금액에 이로 인한 예비비를 반영하게 되어 입찰금액이 상승하기 마련이다.

15,300m의 해저 방류터널과 7,725m의 연결터널을 감안하여 MWRA는 예비비를 최소화할 수 있는 방안을 모색하게 되었다. 이를 위하여 전체적인 지반조사를 수행하고, UTRC(Underground Technology Research Council)가 제안한 지반조건의 상이에 따른 위험공유 조항을 계약에 삽입하기로 결정하였다.

이러한 결정에 따라 터널공사에 대한 입찰이 진행되는 2년간의 하절기에 MWRA는 2000만 달러를 투입하여 터널예정지의 지반조사를 실시하였으며, 보링 자료 및 기타 관련 자료를 입찰에 참여하는 모든 업체가 이용할 수 있도록 하였다.

패키징과 입찰안내서에 포함된 지반조사 자료 및 위험 공유조항에 대한 규정으로 인하여 입찰금액에 포함되는 예비비를 최소화할 수 있었다. 그러나 이러한 사전준비에도 불구하고 터널공사 중 발생한 지반조건의 상이와 또 다른 불확실성으로 인한 공사비 증액으로 인하여 입찰 당시 2.74억불이던 터널공사비가 4.51억불로 증가하였다.

MWRA는 터널공사에 대한 위험공유 조항을 삽입하여 입찰 시 예비비를 최소화시키는 한편 모든 공사계약에 VE조항을 규정하여 원가절감을 꾀하였다. VE는 혁신적인 신공법 및 신기술의 적용을 촉진시키기 위하여 인센티브 조항을 삽입하였다.

본 조항에 따르면 만일 시공사가 보다 비용효과성(cost-effectiveness)이 높은 시공방안을 제시하여 MWRA와 설계사의 승인을 득할 경우, MWRA와 시공사는 협상에 의하여 절감비용에 대한 분배비율을 정하는 것으로 규정되었다. 시공사가 제안한 대표적인 VE로서는 계란모양의 digester의 기초에 대한 재설계를 들을 수 있으며, 본 VE는 원가절감은 물론 AGC(Associated General Contractors)지부로부터 상을 받는 좋은 결과를 얻었다.

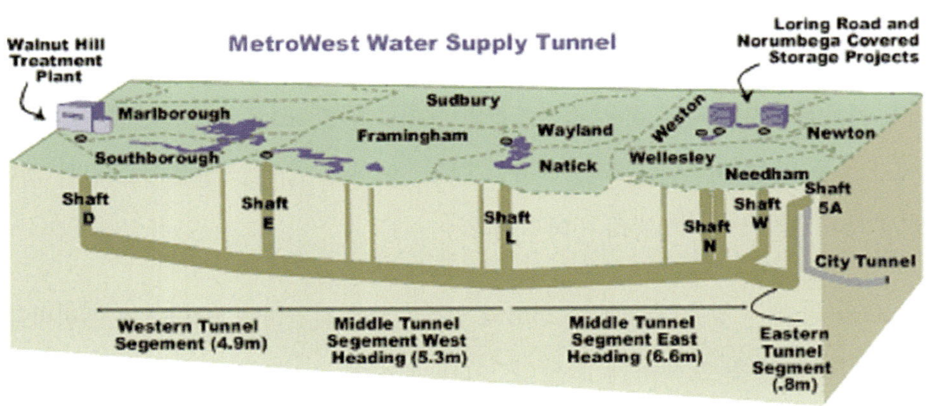

그림 3-2 Metro West Water Supply Tunnel

4) 프로젝트 단위의 고용계약을 통한 화합의 실현

Boston Harbor 프로젝트에 근무할 노무자에 대한 고용계약 정책을 계획하면서 MWRA의 가장 큰 걱정은 공기지연을 회피하기 위한 방안을 마련하는 것이었다.

공기의 지연은 프로젝트의 실질적인 비용을 증가시키게 된다. 초기에 산정한 자료에 따르면 시공단계에서 1주일 간의 공기지연은 2백만 달러의 비용증가를 유발시켰다. 또한 본 프로젝트의 지역적 특성상 노무자들이 같은 배 또는 버스를 이용하여 출퇴근함으로써 파업의 파급효과가 크고, 특히 제한된 진입로 때문에 선착장, 바지선(barge) 터미널 등 몇 개의 진입지점에서 농성을 벌일 경우 프로젝트에 미치는 영향은 지대하였다.

따라서 PM/CM업체는 15개 전국노조와 25개 지역노조 대표자와 함께 전 노무자를 대상으로 노사화합을 위한 Project Labor Agreement(PLA)를 작성하게 되었다. PLA는 분규의 발생을 최소화할 수 있도록 작성되었으며, 분규가 발생하여도 최단시간 내에 효율적으로 해결할 수 있도록 규정함으로써 1989년 PLA가 체결된 이후 300여 건의 의견대립이 있었음에도 불구하고 2,300백만의 노무시간 동안 분규로 인한 손실은 단 하루도 발생하지 않았다.

5) 안전에 대한 CM의 적극적인 역할

비록 시공사가 안전관리 프로그램을 작성, 적용할 1차적인 책임을 지고 있지만 PM/CM업체는 모든 시공사가 준수해야 하는 프로젝트 차원의 안전 프로그램을 개발하였다.

PM/CM에 의하여 운영되는 안전 프로그램은 신규 채용인력의 오리엔테이션부터 안전의식의 향상을 위한 초기 6개월 간의 안전지시 확인절차를 포함하고 있다. PM/CM은 비상사태 시 대응방안, 위험물질 발견 시 대응방안, 사고 시 대처방안 및 안전사무소의 설치 방법에 대한 운영절차서를 개발하여 적용하였다. 또한 MWRA와 시공사 간의 계약서에는 안전계획서 작성의무를 명문화하였다. 계획서의 일관성과 이행여부를 확인하기 위하여 PM/CM의 검토를 받도록 하였으며 현장적용 여부 또한 PM/CM이 모니터링 하는 것으로 규정하였다. 이러한 노력의 결과로 3,600백만 시간이 지난 현재까지 사고로 인한 시간손실비율은 국가 평균손실율의 40% 정도로 성공적인 결과를 얻었다.

안전 프로그램의 또 다른 특징은 마약의 사용에 대한 사전 검사 조항을 들을 수 있다. 관련기관과 PM/CM의 협상에 의하여 Boston Harbor 프로젝트에 고용되는 모든 노무자는 고용 전 마약 복용검사를 받도록 규정하였으며, 사고발생 시 또는 근무 중에도 마약복용의 의심이 가는 경우 추가 조사할 수 있도록 하였다. 이를 통하여 8년간 4.6%의 근로자를 마약복용 검사에서 탈락시켰다.

6) 효과적인 계약변경 절차서의 개발 및 관리

Boston Harbor 프로젝트의 주요 관리 목표의 하나는 계약변경 및 클레임으로 인한 공사금액의 변경을 계약금액의 10% 이내로 관리하는 것이었다(2개소의 터널공사 제외). 이것은 본 프로젝트의 설계 및 CM의 충실도를 측정하는 척도가 될 수 있어 매우 중요한 목표였다. 따라서 PM/CM과 MWRA는 공적자금의 사용에 대한 철저한 관리와 균형있는 집행을 위한 보호수단으로 계약변경 및 클레임의 관리에 적지 않은 노력을 기울였다.

PM/CM이 개발한 계약변경절차서(change order procedures)에는 제안된 계약변경 사항의 적법성과 규모를 파악하기 위한 초기 분석단계와 공정한 변경금액산출과 공정의 영향을 독립적으로 산출하는 상세분석단계로 구성되었다. 초기단계의 모든 계약변경사항은 설계자, Cost 전문가, 공정전문가의 협조 하에 현장에 상주하는 PM/CM 조직 내의 계약전문가의 검토를 받도록 하였으며, 최종 승인은 MWRA가 하는 것으로 규정하였다. 이러한 조직적인 노력을 통하여 최종 계약변경 금액은 시공사가 제시한 금액의 37% 선에서 확정되었다.

2개소의 터널을 제외한 처리시설의 낙찰금액은 20.4억불이었다. 공사가 99.3% 완료된 시점에서 본 프로젝트의 계약금액 변경 비율은 당초 목표를 상회하는 입찰금액의 12.3%를 기록하였다. 이러한 결과는 몇 개의 대형 시공계약에서 발생한 계약변경에서 기인되었다. 즉, Boston Harbor 프로젝트의 계약변경은 주로 기존 펌프실 성능개선공사와 신규 화력발전소 건설에서 불균형적으로 발생하였다. 펌프실 성능개선공사의 경우 수년간의 유지관리 업무의 소홀로 시공 중 많은 예상치 못한 문제점이 발생하여 당초 5,900만 달러의 계약금액이 9,600만 달러로 증가하였다.

화력발전소의 경우 또한 메사추세츠(massachusetts) 입찰관련 법에 의하여 수행된 몇 개 안되는 대형프로젝트의 하나였기 때문에 수행에 많은 장애가 발생하였으며, 그 결과 당초 5,400만 달러의 계약금액이 9,800만 달러로 증가하였다. 상기 2개 프로젝트를 제외할 경우 계약금액 변경비율은 낙찰가의 8.9%였다. 당초 목표 설정 시 제외시켰던 터널 프로젝트의 경우는 입찰 당시 2.74억불이던 공사비가 4.51억으로 증액되어 64.3% 증가율을 기록하였다.

7) 시공지원 서비스 계획

PM/CM에 의한 주요 업적 가운데 하나는 프로젝트 차원의 시공지원 서비스 계약(construction support services contracts)이다. 본 계약은 공사용수의 공급, 노무자의 출퇴근 업무, 위험물 처리, 보안, 콘크리트 공급, 도로보수, 쓰레기 처리, 연료공급, 설치류 관리, 제설작업 및 간과되기 쉬운 매우 사소한 부분까지 세심한 관리를 제고하기 위한 것이었으며, 계약금액은 약 1.88억불이었다.

본 서비스에 대한 **PM/CM**의 초기조치는 Boston Harbor 프로젝트를 성공적으로 완공하는데 주요한 요인이 되었다. 즉, 외진 곳에 위치하고 있으며 주변 거주자의 영향을 최소화하는 것이 당 사업의 주요 관리항목인 상황 하에서 광범위한 공업용수 수송 시스템의 설치는 이미 복잡할 데로 복잡해진 공사부지를 더욱 혼잡하게 만드는 결과를 초래할 수 있었다. 따라서 **PM/CM**에 의한 초기의 심도 있는 계획은 섬이라는 지역적 특성이 가진 문제점을 극복할 수 있도록 해 주었다.

8) 철저한 품질관리(QA/QC) 활동

Boston Harbor 프로젝트의 품질향상을 위하여 **PM/CM**은 적극적인 **QA/QC** 프로그램을 적용하였다. 품질에 대한 책임은 시공사에 있었지만 **PM/CM**은 시공사의 **QA/QC** 프로그램 이행 여부를 정기적으로 모니터링 하였으며, 주요 활동은 아래와 같다.

- QC프로그램에 규정된 요구조건에 대한 체크리스트의 준비
- 현장 반입 전 검사를 요하는 주요 장비의 목록 작성
- QC프로그램의 적용여부에 대한 감사 수행
- 감사 지적사항에 대한 추적관리
- 감사결과에 대한 경향분석

프로젝트가 진행되면서 **PM/CM**은 36,000회의 검측(observation)이 포함된 185회의 품질감사를 실시하였으며, 이 결과 약 3,230(약 9%)건의 부적합사항을 발견, 시정하였다. **PM/CM**의 **QA/QC**프로그램은 시방에 맞는 공사의 수행과 시공사의 재작업을 방지함으로써 매우 비용효과적인 관리임을 증명할 수 있었다.

3.4 Boston Harbor 프로젝트 관리조직의 유효성 평가

Boston Harbor 프로젝트 관리조직의 전체적인 이행실적을 올바로 평가하기 위해서는 다음 2개의 질문에 대답하여야 한다.

- 관리조직의 구성이 BHP를 효과적으로 관리하는데 적합한 모델이었는가? 즉, 공사비 및 공정관리에 기여하였는가?
- 관리조직의 구성이 BHP를 효율적으로 관리하는데 적합한 모델이었는가? 즉, CM 용역비가 시공금액과 비교하여 과대하지는 않았는가?

1) 관리의 유효성(Management Effectiveness)

1988년 5월, 예비비를 제외한 Boston Harbor 프로젝트의 공사금액은 26억불이었다. 본 공사금액에 매년 7%의 물가상승을 반영하여 준공 시점에는 공사금액이 40억 달러로 예상되었다. 시공의 99%가 완료된 현 시점에의 공사비는 35.5억 달러로 당초 예산보다 4.5억 달러가 낮은 금액으로 공사를 수행하였다. 또 다른 관점에서 보면 지난 12년간 Boston Harbor 프로젝트의 공사금액은 1988년 불변가격으로 산정 시 당초 공사금액인 26억 달러 대비 매년 2.62% 상승한 것으로 나타났다.

Boston Harbor 프로젝트의 예산관리의 주요 성공요인은 시공공정의 철저한 관리에 기인하였다고 할 수 있다. 법원명령에 의하여 공기를 준수해야 하는 본 프로젝트의 특성상 효과적인 공정관리가 MWRA에게는 가장 기본적인 의무였으며, 매우 중요한 관리 요소중의 중의 하나였다. 그러나 Boston Harbor 프로젝트의 관리팀은 15년 전에 설정한 달성하기 힘든 이 공기조건을 성공적으로 이행하였다.

- 법원 명령에서 제시된 17개의 주요 목표공정 중 11개를 준수 또는 단축
- 8.8억 달러의 공사비, 17개의 시공 패키지, 32,000개소의 요소시설을 보유한 1차 처리시설의 1단계 시운전을 혹독한 겨울 날씨를 극복하고 목표공정 보다 6개월 늦은 시점에 성공적으로 수행
- 매우 복잡한 2차 처리시설의 1단계 시운전은 목표공정 보다 7개월 늦게 실시하였으며, 제2기 단계 시운전은 목표공정 이전에 완료
- 2차 처리시설의 제3기 시설의 완료와 함께 당초 거의 15년으로 계획된 36억 달러가 투자된 프로젝트의 최종 목표공기는 기존 목표일 보다 1년 늦은 시점에 준공

그러나 본 프로젝트에서 매우 큰 실패도 경험하였다. 섬을 연결하는 터널 프로젝트는 잘못된 목표공정의 설정으로 예정보다 3년이나 지연되었으며, 보다 난공사였던 15,300m의 해저 방류터널공사는 당초 1995년 완공예정 이였으나 5년이 늦어진 2000년 9월에야 통수할 수 있었다.

공사지연 요인에는 여러 가지가 있으나 터널 공사계약 전에 수행된 전반적인 지반조사에도 불구하고 터널굴착과 라이닝(lining)작업에 영향을 미치는 암질의 변화 및 지하수의 발생으로 인하여 공기가 지연되었다. 더욱이 보스톤 지역에 최초로 수행된 암반 터널의 경우는 그릇된 기획으로 인하여 공기의 지연은 물론 인력관리에도 악영향을 끼쳤다.

2차 처리시설의 제3기 시설의 공기지연은 당초 충분히 예상하였고, 회피할 수 있었던 문제에 봉착하게 되었다. 즉, 공기지연으로 인근의 Central Artery & Third Harbor 프로젝트와 공사가 중복되어 인력, 자재, 장비 수급에 문제가 발생하였다. 이로 인하여 기초 콘크리트 타설이 늦어지고 후속 공정인 기계, 전기작업이 늦어져 여유시간을 낭비하는 결과를 초래하였다.

2) 관리의 효율성(Management Efficiency)

주요 공종의 시공 착수 전인 1992년 초, PMD는 PM비용의 관리 목표를 프로젝트 총비용의 10%로 설정하였다. Boston Harbor 프로젝트의 경우, PM/CM의 용역비에는 PMD의 운영예산, PM/CM 및 LDE의 용역비가 포함되었다. 또한 PM/CM의 관리를 필요로 하는 대량의 발주자 업무와 많은 숫자의 시공사와 하도급자가 있어 이 목표는 다소 애매모호한 면이 있었다. 그러나 시공의 99%가 완료된 지금 PM/CM 용역비는 총 프로젝트 금액의 10% 수준이며, 모든 공사가 완료되는 시점에서 10.3%로 예상되고 있어 비교적 성공적으로 관리되었다고 할 수 있다.

4. 프로젝트 시사점

CM 적용을 통한 프로젝트의 성공은 예산내의 공사비 관리와 15년 전에 설정된 달성하기 힘든 공기를 거의 준수했다는 사실로 증명할 수 있다. 상기 목표를 달성하는데 특히 중요한 사항은 다음과 같다.

- **MWCA의 역량 있는 내부 기술자 모집능력:** 역량 있는 내부기술자로 자체 관리팀을 구성하여 팀원들이 같은 목표를 향해 나아갈 수 있도록 리드한 발주자의 능력이 주효하였다.
- **프로젝트에 적합한 관리를 수행하는 MWRA의 능력:** PMD는 프로젝트의 주요 공종을 담당하는 컨설턴트를 관리하고, 지시하기에 적정한 규모였으며, 담당자별로 업무를 명확히 분장하고, 그들이 맡고 있는 분야의 진행사항을 모니터링 하기에 적합한 규모의 조직을 운영하였다.
- **필요한 경험과 자원을 보유한 PM/CM 및 설계사의 능력:** PM/CM 및 설계사는 피크 시 500명의 PMD, PM/CM, LDE 인원 중 450명을 공급하였으며, 이러한 숫자의 전문기술자를 적기에 자체 공급한다는 것은 MWRA로서는 매우 어려운 일이였다. 더욱이 PM/CM, LDE는 대형 프로젝트의 PM/CM 및 설계분야에 세계적인 경험을 보유한 선임기술자를 공급한 것 또한 성공 요인이었다.
- **시공성 향상 및 운영 효율 향상기술의 설계 접목:** PM/CM이 주도한 VE의 적용은 설계에 대하여 가치 있는 식견을 제공하였으며, 시공 중 발생할 수 있는 문제점을 사전에 해결할 수 있었다.
- **프로젝트의 주요 요소에 대한 논리적인 계획:** 프로젝트 초기의 PM/CM업체 선정으로 공사계획, 시방서, 운송시스템, 배치플랜트 및 기타 시공지원 서비스를 조기에 확정할 수 있었으며, 이러한 노력은 제한된 공사부지 및 주변 거주자에 미치는 영향을 최소화하여 프로젝트의 성공적인 수행에 주요한 역할을 하였다.

MWRA는 공사비의 절감을 위하여 여러 종류의 관리기법과 예산관리 기법을 적용하였다. PM/CM과 LDE의 지원 하에 MWRA는 법원이 명령한 공기를 준수하기 위하여 공기단축을 위한 혁신적인 방안을 운영하였다. 공기지연으로 인한 비용은 주당 2백만 달러로 산정되어 공기준수를 위한 능력이 프로젝트관리의 가장 중요한 요소가 되었다.

창의적이고 상상력이 풍부한 설계, 계획 및 관리기법 또한 원가절감에 기여하였다. 프로젝트 차원의 설계기준의 규정과 CADD시스템의 성공적인 적용으로 설계비는 시공금액의 약 4.3% 정도로 건설산업의 평균보다 낮았으며, 또한 VE를 통하여 현재까지 1.95억불을 절감하였다.

실질적인 원가절감은 입찰경쟁의 극대화를 통하여 달성되었다. 모든 입찰이 완료된 시점에서 평균 입찰가는 예산의 90%를 기록하고 있다. 이는 1980에서 1990년대 초 건설산업의 경기침체와 공격적인 입찰방식의 적용, 패키징을 통한 프로젝트의 분할로 경쟁을 극대화시킨 MWRA의 노력에서 기인되었다. 더욱이 자체적인 지반조사와 지반조건의 상이에 따른 위험공유 조항을 계약에 삽입하는 등 예비비를 낮추기 위한 MWRA의 노력도 기여한 바가 크다.

많은 성공에도 불구하고 관리기법의 적용 시 문제점도 발생하였다. 한 예로 PM/CM업체와 설계사가 사전에 컨소시움을 구성하여 들어온 것이 아니라 각기 따로 선정되었기 때문에 PM/CM과 LDE의 효율적이고 원활한 관계조성을 위하여 조정기간이 필요하였다. 또한 발주자에 의해서 구성된 조직특성으로 PM/CM업체와 설계사는 조직특성에 적합한 보고체계와 업무관계를 확립해야만 했다. 특히 PM/CM의 역할은 제한적이나 VE, 시공성 및 운영성을 검토하는 매우 중요한 업무로, 설계사와 원활한 관계형성을 할 수 있는 능력이 요구되었다. PM/CM사와 설계사의 관계는 처리시설의 착수 시 최고조에 달했다.

새로 구성된 PMD와 기존 조직과의 관계정립에도 문제점이 발생하였다. PMD는 민간기업과 MWRA내의 다른 부서에서 선발된 소규모 인원으로 관리팀을 구성하였다. 따라서 PMD내에 지역사회 담당자 1명이 관련 부서와의 모든 업무를 수행해야 했으며, 재무담당자도 1명이 배치되어 재무팀 관련 모든 업무를 수행해야 했다. 또한 MWRA의 다른 부서들은 Boston Harbor 프로젝트 뿐만 아니라 기존시설의 관리업무도 수행해야 했기 때문에 어려움이 있었다. 또한 PMD, PM/CM, LDE간의 보고체계로 인하여 효율적이고 원활한 관계조성을 위하여는 PMD와 기존부서와의 역할 및 책임한계가 보다 명확히 구분되어야 했다.

시설 운영자를 조직에 통합하려는 노력도 좋은 결과를 도출할 수 있었을 것이다. 그러나 운영지식의 설계반영은 전에는 없었던 일이였으며, 실제로 시설운영자들은 기존 시설을 운영해야 하는 업무부담으로 참여할 수가 없었다. 비록 1992~1993년 사이 선임관리팀이 시설운영 경력자를 모집한 적이 있으나 이들의 관심 또한 자연히 기존시설의 운영에 모아 졌으며, 신규 처리시설의 설계와 시공에는 많은 시간을 할애할 수 없었다. 따라서 시설운영자는 대부분 시설의 점검과 시험단계에 관여하게 되었으며, 시공이 진행된 이후 의견이 반영되어 결국은 변경으로 이어졌다. 이에 대한 대안으로 시설운영의 첫해에는 외부로부터 시설운영자를 고용하여 시설이 제대로 작동될 때까지 내부기술자의 훈련과 시설운영을 담당하게 하였으며, 이러한 접근방식으로 기존 운영기술자의 부담을 줄여 주었으며, 직원의 훈련성과도 높일 수 있었다.

또 다른 교훈은 시공기간 내내 운영성(operability)을 검토하는 노력이 있어야 했다는 사실이다. 설계기간 동안 여러 차례에 걸친 검토에도 불구하고 최초로 시운전을 행하는 시설의 경우에는 부분적인 설계오류와 누락으로 문제가 발생하였다. 따라서 시스템 통합을 위한 추가적인 설계검토가 기계 및 전기 설비 설치 전에 수행되었으며, 이러한 검토 작업은 시운전에서 발생하는 일상적인 문제점을 제거하는데 매우 효과적이었다. 비록 이러한 검토로 뒤늦게 설계변경이 발생하였으나 이를 통하여 문제발생을 줄일 수 있었으며, 추가비용의 발생과 더욱 심각한 설계변경을 예방할 수 있었다.

마지막으로 시운전관련 또 다른 문제점으로 복잡한 처리시설의 시운전을 위해서는 점검팀이 상주기술자를 지원해야 했다는 필요성이 초기시설의 점검 후에 분명하게 지적되었다. 시운전 팀은 대규모 산업 플랜트의 시운전에 많은 경험을 보유한 전문가로 구성된 팀에 의하여 수행되었으며, 본 팀은 각 시설이 시운전에 대한 전문화된 기술적 경험의 이전 뿐만 아니라 차기 시설의 시운전에 유용한 교훈을 주었다.

●●● 5. 맺음말

Boston Harbor 프로젝트에 적용된 PM/CM은 대형의 복잡한 프로젝트를 완료해야 하는 책임을 지고 구성된 신규 조직 또는 자체 능력 부족한 공공발주자가 적용할 수 있는 매우 적합한 예가 될 것이다. 본 성공사례가 국내 CM시장에 주는 시사점은 매우 크다고 하겠다.

첫째, Boston Harbor 프로젝트의 경우 PM/CM의 적용을 위하여 철저한 사전조사를 수행하였다. 프로젝트의 발주자인 MWRA는 자사 조직이 보유한 능력을 점검하고, 유사한 특성을 가지고 있는 다른 프로젝트에 대한 평가를 통하여 최적의 조직구성 방안을 수립하였다. 특히, 같은 주에서 수행되는 프로젝트의 영향까지 분석하여 프로젝트의 목표를 달성하기 위한 전략을 수립함으로써 발주자로서의 탁월한 능력을 발휘하였다. 무조건 CM을 적용하는 것이 프로젝트의 성공을 보장하는 것은 아니다. 국내의 경우도 MWRA와 같이 자신이 보유한 능력을 정확히 평가하고 필요한 능력을 CM을 통해 확보한다면 프로젝트의 성공가능성을 향상시킬 수 있을 것이다.

둘째, 과감한 아웃소싱이다. MWRA는 철저한 사전 분석을 통하여 프로젝트의 기획, 설계, 시공, 시운전 및 인수인계 업무의 관리는 PM/CM에 위임하고, 설계관리절차서를 포함한 설계기준의 작성, 표준화된 CADD시스템의 적용, 개념설계 및 각 요소 프로젝트의 설계업체의 조정업무는 Lead Design Engineer(LDE)에 위임하였다. 이러한 과감한 아웃소싱으로 민간기업의 근무경험과 프로젝트 관리에 다양한 경험을 보유한 외부인력을 성공적으로 활용할 수 있었으며, 발주자는 기존의 업무에 전념할 수 있었다. 국내의 경우 아웃소싱에 거부감이 적은 민간부분에는 CM이 적극적으로 도입되어 성공을 거두고 있다. 또한 건설 전문인력이 부족하고, 아웃소싱을 통해 관리기능을 강화하려는 과학기술부, 정보통신부 등 중앙 부처와 광진구청, 강남구청, 무안군 등 선도적인 지방정부의 경우는 적극적으로 CM을 활용하고 있다. 그러나 민간에 권한의 일부를 위임하는 것에 거부감을 가지고 있는 정부 및 정부투자기관의 경우 CM의 활용을 꺼리고 있어 국내 건설시장의 발전에 장애가 되고 있다.

셋째, 프로젝트 초기에 PM/CM업체를 선정하였다. 특히 설계사 선정 전에 PM/CM업체를 선정하였다. MWRA는 발주자 내의 핵심 조직인 PMD 구성 즉시 PM/CM업체 선정에 착수하였으며, PM/CM을 통하여 매일(day-to-day) 발생하는 전반적인 프로젝트 관리업무를 담당하도록 하였다. 또한 PM/CM업체는 시공계획, 설계공정표 작성, 설계검토, VE 업무를 담당하게 하였다. 프로젝트의 효율성을 높이기 위해서는 가능한 프로젝트의 초기단계에 CM을 도입하여 기획, 타당성조사, 설계업체의 선정 및 설계관리 등을 CM이 일관되게 추진해야 한다. 국내의 경우 CM의 도입 시기를 놓쳐 프로젝트의 효율성이 저하되는 경우가 있으며, 일부 정부공사의 경우 시공단계에 CM을 적용하기도 한다. 이러한 상황에서 CM이 가진 장점을 극대화하기에는 어려움이 많다. CM적용의 성과를 높이기 위해서는 최소한 설계업체선정 전에 CM을 선정하고, CM을 통하여 프로젝트의 특성에 맞는 설계자를 선정토록 하는 것이 바람직하다.

넷째, 분할발주가 가능한 미국식 용역형 CM(CM for fee)의 적용이다. Boston Harbor 프로젝트의 경우 입찰경쟁을 제고시키기 위하여 36억 달러의 거대한 프로젝트를 공정에 맞게 논리적으로 패키징하여 공사금액이 적게는 100만 달러에서 많게는 2억불에 이르는 133개의 패키지로 분리하여 발주하였다. 이를 통하여 입찰경쟁을 제고시킴은 물론 공사금액을 지역업체의 보증이 가능한 금액 이하로 조정함으로써 지역 업체에 수주기회를 부여하기도 하였다. 또한 PM/CM와 프로젝트 차원의 시공지원 서비스 계약을 체결하여 공사용수의 공급, 노무자의 출퇴근 업무, 위험물 처리, 보안, 콘크리트 공급, 도로보수, 쓰레기 처리, 연료공급, 설치류 관리, 제설작업 및 간과되기 쉬운 매우 사소한 부분까지 세심한 관리를 하였다. 이를 위하여 약 1.88억 달러의 용역비를 추가적으로 지급하였으나 프로젝트의 각종 문제점을 사전에 해결하여 매우 성공적인 결과를 얻을 수 있었다. 국내의 경우 국가계약법의 분할금지 및 업역관련 조항으로 인하여 분할발주가 어려운 실정이며, CM의 장점을 발휘하는 데에도 한계가 있다. 또한 계약에 의거 정해져야할 관련법과 CM의 업무범위도 건설사업관리 지침으로 규정하고 있어 CM의 발전을 저해하고 있다. 국내 CM의 발전을 위해서는 분할발주가 가능하고, 발주자와의 계약을 통하여 다양한 권한이 위임될 수 있는 조치가 필수적이다.

마지막으로 10%에 달하는 CM용역비의 지급이다. CMAA(Construction Management Association of America)의 조사에 의하면 미국의 시공금액 대비 CM용역비는 4 ~ 5%라고 한다. 본 프로젝트의 경우 CM에 많은 권한을 위임하면서 CM의 업무범위에 상응하는 높은 용역비를 지급하였다. CM의 업무범위와 용역비는 계약에 의해서 정해져야 한다. 그러나 국내의 경우 CM의 업무범위와 책임은 큰데 반하여 CM용역비는 2 ~ 3%에 지나지 않는 실정이다. 따라서 외국과 같이 CM의 기본업무를 규정하고 이에 대해서는 표준용역비를 지급하고 추가되는 업무에 대해서는 그에 상응한 추가적인 용역비를 지급하는 계약관행이 정착되어야 할 것이다.

본 프로젝트는 성공적인 CM활용을 통하여 법원명령에 의한 공기를 준수하고 원가를 절감할 수 있었으며, 프로젝트를 성공적으로 추진할 수 있었다. 이러한 성공에는 CM노력도 필수적인 요인이었으나 무엇보다도 중요한 것은 발주자의 탁월한 능력에서 기인되었다고 할 수 있다. 국내의 경우도 프로젝트의 성공적인 수행을 위하여 철저한 사전계획, 과감한 권한위임 및 혁신적인 건설사업관리기법을 적용하려는 탁월한 공공 및 민간발주자의 출현을 기대한다.

<부록>

한미글로벌 수행프로젝트

<부록> 한미글로벌 수행프로젝트

1996. 7 ~ 2011. 8

No	프로젝트	발주처	계약일자	유형
1	삼성생명 노블카운티실버타운	삼성생명보험㈜	1996. 10. 19	CS
2	도곡 시너지파크	삼성전자㈜ 외	1996. 11.	CM
3	삼성코닝 Star Project	삼성코닝㈜	1996. 11. 26	CM
4	삼성생명 보정리 휴먼센터	삼성생명보험㈜	1996. 12. 27	CS
5	순화동 재개발빌딩	삼성생명보험㈜	1997. 01. 03	CS
6	삼양 본사사옥	삼양사	1997. 01. 20	CM
7	에스원 천안연수원	에스원	1997. 01. 27	CS
8	삼성전자 구주본사사옥	삼성전자㈜	1997. 02. 03	CM
9	삼성생명 제주사옥	삼성생명보험㈜	1997. 03. 24	CM+CS
10	삼성생명 원주사옥	삼성생명보험㈜	1997. 03. 24	CM+CS
11	삼성화재 대구범어동사옥	삼성화재해상보험㈜	1997. 04. 16	CS
12	삼성생명 포항사옥	삼성생명보험㈜	1997. 05.	CS
13	보광 휘닉스파크	㈜보광	1997. 07.	CM
14	캐리비언 베이 호텔	중앙개발㈜	1997. 08.	CM
15	원주 E-Mart	㈜신세계	1997. 08. 01	CM+CS
16	성균관대 의과대학	성균관대	1997. 09.	CM+CS
17	주택공사 을지로2가 도심재개발빌딩	대한주택공사	1997. 09. 20	DM
18	시화 E-Mart	㈜성담	1997. 10. 06	CM+CS
19	국민은행 본점신축	㈜국민은행	1997. 10. 23	DM
20	교보 군산사옥	교보생명	1998. 01. 06	CS
21	전주 E-Mart	㈜신세계	1998. 04. 30	CM+CS
22	서초프로젝트 C 신축공사	삼성중공업㈜	1998. 05. 01	CS
23	남대문 Fashion MESA	미성교역㈜	1998. 05. 18	CM+CS
24	국세청 청사신축 설계기술관리용역	국세청	1998. 07. 16	DM
25	상암동 월드컵 주경기장	서울특별시	1998. 09. 07	CM+CS
26	의주로 원방빌딩	원방도시개발㈜	1998. 12. 11	CM
27	분당 금곡동 코오롱 트리폴리스	코오롱건설㈜	1998. 12. 14	CM
28	도곡동 타워팰리스 II	삼성중공업㈜	1999. 04. 08	CM
29	부산신항만 개발사업	부산신항만㈜	1999. 05.	CM

CM : Construction Management	CS : Construction Supervision
PM : Project Management	DM : Design Management
R&R : Reconstruction & Remodeling (정비사업)	FMS : Facility Management System (시설관리시스템구축 용역)
DD : Due Diligence (건물기술심사)	LTA : Lender's Technical Advisor (대주단 기술자문)
PF : Project Financing (금융조달 컨설팅)	OTH : Others (기타 기술용역)

No	프로젝트	발주처	계약일자	유형
30	수원축구전용경기장 및 종합스포츠센터	(재)경기도 2002년 월드컵 수원경기 추진위원회	1999. 05. 07	CM+CS
31	해운대 E-Mart	㈜신세계	1999. 05. 10	CS
32	㈜강원랜드	㈜강원랜드	1999. 05. 11	CM
33	도곡동 타워팰리스 I	삼성전자/삼성SDI	1999. 05. 30	CS
34	수원정보통신연구개발센터	삼성전자㈜	1999. 07. 28	CM
35	농심메가마켓 동래점	삼성중공업㈜	1999. 08. 01	CS
36	까르푸 가양점	한국까르푸㈜	1999. 10. 31	CM+CS
37	삼성동 현대 I-Park	현대산업개발㈜	1999. 12.	CM
38	콘티낭 목동점	콘티낭코리아	2000.02.	CM
39	홈플러스 김해점	삼성테스코㈜	2000.03. 31	CM+CS
40	홈플러스 안산점	삼성테스코㈜	2000.03. 31	CM+CS
41	홈플러스 영통점	삼성테스코㈜	2000.03. 31	CM+CS
42	부산 Marriot Hotel 리노베이션	Archon Group	2000.04.	CM
43	홈플러스 김포점	삼성테스코㈜	2000.07. 15	CM+CS
44	PDP공장 신축공사	삼성SDI㈜	2000.07. 16	CM
45	월마트 울산점	월마트코리아	2000.08.	CS
46	홈플러스 간석점	삼성테스코㈜	2000.08. 01	CM+CS
47	홈플러스 성서점	삼성테스코㈜	2000.08. 01	CM+CS
48	홈플러스 작전점	삼성테스코㈜	2000.08. 01	CM+CS
49	서울대 연구동 설계검토용역	SK텔레콤㈜	2000.08. 28	CM
50	전지2공장 증축공사	삼성SDI㈜	2000.09. 01	CM
51	탕정 테크노컴플렉스 지방산업단지	삼성전자㈜	2000.09. 25	CM+CS
52	까르푸 시흥점	한국까르푸㈜	2000. 10. 01	CM+CS
53	SK C&C 연구동	SK C&C㈜	2000. 11. 28	CM
54	동천리전원주택	생보부동산신탁	2000. 12.	CM
55	유화빌딩	유화개발	2000. 12.	CM
56	아산정밀유리공장	삼성코닝정밀유리㈜	2000. 12. 01	CM+CS
57	홈플러스 영등포점	삼성테스코㈜	2000. 12. 01	CM+CS
58	홈플러스 울산점	삼성테스코㈜	2000. 12. 01	CM+CS
59	SK 을지로빌딩 설계감리용역	SK텔레콤㈜	2000. 12. 19	CM
60	분당 미켈란쉐르빌	삼성중공업㈜	2000. 12. 29	CM
61	삼성SDI 연구소 신축이전	삼성SDI㈜	2001. 01. 04	CM+CS

CM : Construction Management
PM : Project Management
R&R : Reconstruction & Remodeling (정비사업)
DD : Due Diligence (건물기술심사)
PF : Project Financing (금융조달 컨설팅)
CS : Construction Supervision
DM : Design Management
FMS : Facility Management System (시설관리시스템구축 용역)
LTA : Lender's Technical Advisor (대주단 기술자문)
OTH : Others (기타 기술용역)

No	프로젝트	발주처	계약일자	유형
62	분당 로얄팰리스 하우스빌	㈜신영	2001. 01. 19	CS
63	새한종금빌딩	명동개발㈜	2001. 02.	CM
64	동덕여자대학교 공연예술센터	동덕여자대학교	2001. 02. 05	CM+CS
65	까르푸 문화점	한국까르푸㈜	2001. 02. 06	CM+CS
66	까르푸 안산점	한국까르푸㈜	2001. 02. 06	CM+CS
67	홈플러스 대구칠곡점	삼성테스코㈜	2001. 03. 08	CM+CS
68	삼성SDI 복지동	삼성SDI㈜	2001. 03. 16	CM
69	광림교회 교육관/목자관	광림교회	2001. 03. 31	CM+CS
70	장천생활관 신축공사	광림교회	2001. 03. 31	e집
71	도곡동 타워팰리스 III	삼성생명보험㈜	2001. 04. 01	CS
72	헤이리아트밸리 단지조성	헤이리아트밸리	2001. 04. 16	CM
73	홈플러스 수원인계점	삼성테스코㈜	2001. 04. 25	CM+CS
74	로담코 인사동 프로젝트	㈜로담코 인사	2001. 05. 30	CM+CS
75	논노빌딩	Archon Korea	2001. 06. 30	CM
76	홈플러스 수영만점	삼성테스코㈜	2001. 06. 30	CM+CS
77	분당 파크뷰	SK/POSEC	2001. 07. 31	CM
78	삼성화재 부천사옥 신축공사	삼성화재해상보험㈜	2001. 07. 31	CS
79	센터블 스파	영진개발㈜	2001. 08. 14	CM+CS
80	안양 Project 500&240 Tower 신축	㈜일번가	2001. 09. 01	CM+CS
81	홈플러스 광주두암점	삼성테스코㈜	2001. 10. 01	CM+CS
82	홈플러스 부산가야점	삼성테스코㈜	2001. 10. 01	CM+CS
83	중앙하이츠 뚝섬	중앙건설	2001. 10. 19	CM
84	중앙하이츠 신사동	중앙건설	2001. 10. 19	CM
85	잠실한화갤러리아팰리스	㈜한화	2001. 10. 04	CS
86	경인정밀 아파트형공장	경인정밀㈜	2001. 10. 10	CM+CS
87	문래동 메가트리움	벽산건설㈜	2001. 10. 11	CM
88	서초동 복합빌딩 신축	삼성물산㈜, 삼성전자㈜, 제일모직㈜, 삼성코닝㈜	2001. 10. 19	CM+CS
89	파주 출판문화정보산업단지 2차 상업지구(이채쇼핑몰)	㈜파펙	2001. 10. 23	CM+CS
90	금강대학교	금강불교학원	2001. 11.	CM
91	울산 달천동 아파트	대한토지신탁㈜	2001. 11. 01	CM
92	인천 만수동 근린상가 신축	개인	2001. 11. 06	e집
93	SK Telecom 을지로빌딩	SK텔레콤㈜	2001. 11. 22	CM

CM : Construction Management
PM : Project Management
R&R : Reconstruction & Remodeling (정비사업)
DD : Due Diligence (건물기술심사)
PF : Project Financing (금융조달 컨설팅)
CS : Construction Supervision
DM : Design Management
FMS : Facility Management System (시설관리시스템구축 용역)
LTA : Lender's Technical Advisor (대주단 기술자문)
OTH : Others (기타 기술용역)

No	프로젝트	발주처	계약일자	유형
94	BAT 사천공장 신축	BAT Korea Ltd.	2001. 11. 26	CM+CS
95	FMI 기숙사 증축공사	SK C&C㈜	2001. 12. 10	CM+CS
96	부산 Marriot Hotel	Marriot Hotel	2002. 01. 24	CM
97	한림포스빌	포스코개발㈜	2002. 01. 30	CS
98	강남 아카데미타워	라성건설㈜	2002. 01. 31	CM+CS
99	그랜드 하얏트호텔	그랜드하이야트호텔	2002. 01. 31	CM
100	SK 을지로빌딩 신축공사수행계획 수립 컨설팅	SK건설㈜	2002. 02. 01	CM
101	양평동 E-Biz Center	우림건설㈜	2002. 02. 26	CM+CS
102	성균관대 기숙사	성균관대	2002. 02. 28	CS
103	르노삼성자동차 물류센타 증축	르노삼성자동차㈜	2002. 03. 08	CM
104	부산센텀시티아파트 설계 및 공정관리용역	㈜포스코건설	2002. 03. 20	CM
105	툴랜드 신축공사	툴랜드㈜	2002. 03. 20	CM+CS
106	홈플러스 동대문점	삼성테스코㈜	2002. 04. 01	CM+CS
107	왕십리 민자역사	비트플랙스	2002. 04. 30	CM
108	홈플러스 부천상동점	삼성테스코㈜	2002. 04. 30	CM+CS
109	드림멀티프라자	드림멀티프라자	2002. 05. 15	CM+CS
110	까르푸 방학점	한국까르푸㈜	2002. 05. 30	CM+CS
111	까르푸 유성점	한국까르푸㈜	2002. 05. 30	CM+CS
112	빈첸시오 클리닉빌딩	김보용	2002. 06. 19	e집
113	단성사 신축공사	㈜단성사	2002. 07. 18	CM+CS
114	가산동 아파트형공장	㈜마리오	2002. 07. 25	CM+CS
115	한강로 메가트리움	벽산건설㈜	2002. 08. 20	CM
116	부천 로담코 플라자	로담코부천㈜	2002. 09. 01	CM+CS
117	이수역 주상복합 프로젝트	델코디자인	2002. 09. 03	CM+CS
118	기독교 TV 멀티미디어센터 신축현장	조은닷컴	2002. 09. 06	CM+CS
119	전지 2기동 증축	삼성SDI㈜	2002. 09. 10	CM
120	신세계본점 본점 재개발	㈜신세계건설	2002. 09. 23	CM+CS
121	한국훼스토㈜ 사옥신축	한국훼스토㈜	2002. 10. 02	CM+CS
122	신세계본점 본점 재개발	㈜신세계	2002. 10. 15	CM+CS
123	the# 센텀파크 아파트	㈜포스코건설	2002. 10. 22	CM
124	거평빌딩 D/D	KSO Securitization Specialty	2002. 10. 31	DD
125	파크스위트 주상복합	리앤리에셋㈜	2002. 11. 01	CM+CS
126	하비에르 국제학교	하비에르 국제학교	2002. 12. 05	CM+CS

CM : Construction Management
PM : Project Management
R&R : Reconstruction & Remodeling (정비사업)
DD : Due Diligence (건물기술심사)
PF : Project Financing (금융조달 컨설팅)
CS : Construction Supervision
DM : Design Management
FMS : Facility Management System (시설관리시스템구축 용역)
LTA : Lender's Technical Advisor (대주단 기술자문)
OTH : Others (기타 기술용역)

No	프로젝트	발주처	계약일자	유형
127	부산 온천동 SK Hub Sky 신축 시공관련 컨설팅	SK건설㈜	2002. 12. 12	CM
128	구리 조여성병원	조여성병원	2002. 12. 24	e집
129	서울 센츄럴빌딩 엔지니어링 실사	한국수출보험공사	2002. 12. 27	DD
130	박경웅 의원 신축공사	박경웅	2003. 01. 06	e집
131	삼성정밀화학 울산공장 메셀로스 D공장 부지 사면안정공사	삼성정밀화학㈜	2003. 01. 06	CM+CS
132	역삼동 601-24 다세대신축공사	송기환	2003. 01. 07	e집
133	(구)아크리스백화점 리모델링공사	㈜나우타건설	2003. 01. 17	CM+CS
134	KTF 대전사업본부 사옥신축 설계CM용역	㈜케이티프리텔 대전사업본부	2003. 01. 20	CM
135	광현교회 교육관 증축 및 성전 확장공사	광현교회	2003. 01. 27	CM+CS
136	조선대 전자정보 공과대학 신축공사 설계검토 및 VE 제안	금호산업㈜	2003. 01. 29	OTH
137	굿모닝시티 개발사업	㈜굿모닝시티	2003. 01. 30	CM
138	울산 제2약사초등학교 부지조성 공사 중 그린월	삼성정밀화학㈜	2003. 02. 04	CS
139	KO4 C/R 용해로 개보수	삼성코닝㈜	2003. 02. 15	CS
140	수지광림교회 증축공사	기독교 대한감리회 광림교회	2003. 02. 23	CM+CS
141	사당동 상가빌딩	방명혜 외	2003. 02. 24	e집
142	용문동 오피스텔	장옥환	2003. 02. 25	e집
143	the# 해운대 아델리스	포스코건설㈜	2003. 02. 25	CM+CS
144	삼성화재 청량리사옥	삼성화재해상보험㈜	2003. 02. 28	CS
145	SSG 삼성코닝 심천공장	삼성코닝㈜	2003. 02. 28	CM
146	마산 메디컬센터 Project 사업관리(PM) 용역	㈜KCD	2003. 03. 03	PF
147	앙스모드사옥 신축공사	㈜한아인터내셔날	2003. 03. 11	e집
148	중곡동 근린상가 신축공사	이영미	2003. 03. 11	e집
149	삼성생명 HSBC빌딩/삼성동빌딩/여의도빌딩 /충무로빌딩 엔지니어링 실사용역	삼성생명보험㈜ Deutsche Bank AG.	2003. 03. 14	DD
150	대전 신사옥	SK텔레콤㈜	2003. 03. 24	CM+CS
151	포천자혜원 자혜의집 노인전문요양시설	포천자혜원 자혜의집	2003. 03. 28	e집
152	PDP #2Line 증설공사	삼성SDI㈜	2003. 04. 01	CM
153	홍대 멀티미디어타워 설계검토 및 시공계획 수립	삼성물산㈜ 건설부문	2003. 04. 24	OTH
154	서초동 1618-58 주택	이태구	2003. 04. 25	e집
155	국립과학관 설계, 시공일괄 입찰안내서 작성용역	과학기술부	2003. 04. 30	OTH
156	까르푸 상암점	한국까르푸㈜	2003. 04. 30	CM+CS
157	북경 한샘공장	㈜한샘	2003. 04. 30	CM
158	여의도 하나증권빌딩 엔지니어링 실사용역	에이오엔어드바이저(유)	2003. 05. 06	DD

CM : Construction Management
PM : Project Management
R&R : Reconstruction & Remodeling (정비사업)
DD : Due Diligence (건물기술심사)
PF : Project Financing (금융조달 컨설팅)
CS : Construction Supervision
DM : Design Management
FMS : Facility Management System (시설관리시스템구축 용역)
LTA : Lender's Technical Advisor (대주단 기술자문)
OTH : Others (기타 기술용역)

No	프로젝트	발주처	계약일자	유형
159	KTB Network 빌딩 엔지니어링 실사용역	에이오엔어드바이저(유)	2003.05. 06	DD
160	동진빌딩 D/D	GE Capital	2003.05. 14	DD
161	길동 양병원	양병원, 양형규	2003.05. 26	e집
162	Desktop Study for Hana Bank Bldg.	MSPK	2003.05. 31	DD
163	대치동 다세대 주택	김성훈, 김진영	2003.06. 01	e집
164	해운대 우동 프로젝트 해외 COST DATA 조사용역	현대산업개발㈜	2003.06. 01	OTH
165	마포 대흥동 오피스텔 프로젝트 신축공사 PM용역	테크하우징㈜	2003.06. 09	PM
166	U-FMS 통합구축 컨설팅	삼성SDS㈜	2003.06. 19	FMS
167	MBC 기적의도서관 신축공사	책읽는사회만들기 국민운동	2003.06. 23	e집
168	서울 돈암동일하이빌 주상복합	㈜동일하이빌	2003.06. 25	CM
169	초고층기술구축 용역	LG건설㈜	2003.06. 25	OTH
170	신 배광교회	배광교회	2003.06. 26	CM+CS
171	부산-거제간 연결도로 민간투자사업 사업관리 기술지원	랜드마크디벨럽먼트㈜	2003.06. 30	CM
172	분당 타워팰리스	삼성전자㈜	2003.06. 30	CM
173	Project Monitoring on Behalf of Funding Consortium for the Venetian Macau	Venetian Macau Ltd.	2003.07. 08	LTA
174	건축, 토목공사 일반시방서 및 건축공사 시공기술표준지침서 작성기술용역	삼성물산㈜ 건설부문	2003.07. 09	OTH
175	리젠트 화재빌딩 엔지니어링실사용역	케이원기업구조조정 부동산투자㈜	2003.07. 22	DD
176	한국생활환경시험연구원	(재)한국생활환경시험연구원	2003.07. 23	e집
177	일산 로데오존 신축공사	로진산업개발	2003.07. 28	CM+CS
178	일산 로데오탑 신축공사	로진산업개발	2003.07. 28	CM+CS
179	일산 MBC부지개발사업 설계컨설팅용역	SK건설㈜	2003.07. 28	CM
180	정립회관 수영장 신축	정립회관	2003.07. 29	CS
181	수원 매산로 아파텔 신축공사 도급내역서 검토 및 기성실사용역	㈜상륜개발	2003.08. 18	OTH
182	신림동 오피스텔 신축공사 기성실사용역	㈜상륜개발	2003.08. 18	OTH
183	건국대 CM	㈜포스코건설	2003.08. 21	CM
184	the# 스타시티 주상복합	㈜포스코건설	2003.08. 21	CM
185	공덕동 한신빌딩 엔지니어링 실사용역	별정우체국연합회	2003.08. 25	DD
186	중국심양 SR 신성 개발사업 사업성분석 및 금융자문 용역	㈜SR개발	2003.08. 29	OTH
187	마포 현석동 아파트 프로젝트 신축공사 PM용역	현석개발㈜	2003.08. 31	PM
188	부산위브포세이돈 II 신축공사 기술연구용역	두산건설㈜	2003.09. 18	OTH

CM : Construction Management
PM : Project Management
R&R : Reconstruction & Remodeling (정비사업)
DD : Due Diligence (건물기술심사)
PF : Project Financing (금융조달 컨설팅)
CS : Construction Supervision
DM : Design Management
FMS : Facility Management System (시설관리시스템구축 용역)
LTA : Lender's Technical Advisor (대주단 기술자문)
OTH : Others (기타 기술용역)

No	프로젝트	발주처	계약일자	유형
189	중국 심양 SR신성개발사업	㈜SR개발	2003.09. 24	CM
190	송파동 주상복합	랜드마크디벨럽먼트㈜	2003.09. 30	CM+CS
191	팬택계열 R&D Center(중앙연구소)	㈜팬택, ㈜팬택앤큐리텔	2003.09. 30	CM+CS
192	Fraser Suites Serviced Residences Alterations	Firaser Suites	2003.09. 30	CM
193	Renovation of the Israel Embassy in Seoul	이스라엘 대사관	2003.09. 30	CM
194	광주메디컬센터 신축공사	㈜메디프렌드	2003. 10. 01	e집
195	Lin Yi 프로젝트의 건물실사 및 엔지니어링실사	㈜한백알앤씨	2003. 10. 01	DD
196	마리오 디지털밸리	㈜마리오	2003. 10. 08	CM+CS
197	골드빌딩 D/D	㈜맥쿼리인터내셔날자산운용	2003. 10. 10	DD
198	과테말라 기술교육훈련원 건립사업	한국국제협력단	2003. 10. 10	CM
199	극동빌딩 D/D	㈜맥쿼리인터내셔날자산운용	2003. 10. 10	DD
200	맥쿼리인터내셔날 거양빌딩 D/D	㈜맥쿼리인터내셔날자산운용	2003. 10. 10	DD
201	분당 정자동 주상복합	㈜포스코건설	2003. 10. 10	CM
202	송도 신도시 부지검토용역	GMAC	2003. 10. 10	DD
203	코오롱빌딩 D/D	㈜맥쿼리인터내셔날자산운용	2003. 10. 10	DD
204	해운대 온천 Project	박말불	2003. 10. 10	e집
205	천안사업장 증설	삼성코닝정밀유리㈜	2003. 10. 13	CS
206	삼성생명 도곡주상복합 육교설치공사	삼성생명보험㈜	2003. 10. 14	CS
207	까르푸 중계동점 Refurbishment	Carrefour-Korea Limited	2003. 10. 16	CM
208	대흥빌딩 & 시그마타워 엔지니어링 실사용역	케이원기업구조조정 부동산투자㈜	2003. 10. 16	DD
209	모건스탠리 거양빌딩 부지검토	모건스탠리	2003. 10. 16	DD
210	한 · 필리핀 다바오시 직업훈련원	한국국제협력단	2003. 10. 18	CM
211	자혜의집 노인전문요양시설	사회복지법인 포천자혜원	2003. 10. 21	e집
212	스포타임 증축공사	삼정건설㈜	2003. 10. 22	CM+CS
213	강남 Merto Bldg. D/D	HBS investments	2003. 10. 29	DD
214	삼성전자 수원 DM연구소(R4 Project)	삼성전자㈜	2003. 10. 29	CM
215	요소창고 대수선공사	삼성정밀화학㈜	2003. 10. 29	CS
216	한 · 인니 스포츠센타 건립사업	한국국제협력단	2003. 10. 29	FMS
217	탕정 T/C 지방산업단지 폐수종말처리시설 FMS 컨설팅	삼성SDS㈜	2003. 10. 30	OTH
218	장천생활관	광림교회	2003. 11. 05	CM+CS
219	Engineering Survey of Daewoo Telecom Bldg.	MSPK	2003. 11. 06	OTH
220	사회복지법인 순애원 신양전문요양원	순애원	2003. 11. 07	e집
221	홈플러스 소사점	삼성테스코㈜	2003. 11. 11	CM+CS

CM : Construction Management
PM : Project Management
R&R : Reconstruction & Remodeling (정비사업)
DD : Due Diligence (건물기술심사)
PF : Project Financing (금융조달 컨설팅)
CS : Construction Supervision
DM : Design Management
FMS : Facility Management System (시설관리시스템구축 용역)
LTA : Lender's Technical Advisor (대주단 기술자문)
OTH : Others (기타 기술용역)

No	프로젝트	발주처	계약일자	유형
222	문화콘텐츠콤플렉스 및 종합영상아카이브센터 조성사업	한국문화콘텐츠진흥원 외	2003. 11. 17	CM+CS
223	광명 파보레쇼핑 리모델링	부림비엠㈜	2003. 11. 19	CM+CS
224	남한강연수원시설 리모델링방안 계획 수립	한국방송광고공사	2003. 11. 20	OTH
225	삼성화재 광주사옥	삼성화재해상보험㈜	2003. 11. 20	CS
226	Engineering Survey of Star World Bldg.-Bundang	Westbrook Acquisitions	2003. 12. 01	DD
227	PDP #3Line 증설	삼성SDI㈜	2003. 12. 01	CM
228	한·라오스 직업훈련원 건립사업 전문가 파견	한국국제협력단	2003. 12. 03	OTH
229	대구 대봉동부지 공동개발사업	대아건설㈜	2003. 12. 04	CM
230	Engineering Survey of NARA Bldg.	Prudential Assurance	2003. 12. 07	DD
231	주거용 건축물의 리모델링을 위한 시공지침 개발	(재)포항산업과학연구원	2003. 12. 08	OTH
232	제칠일 안식일 예수재림교 묵동교회	재단법인제칠일안식일 예수재림교	2003. 12. 11	e집
233	광진구민체육센터	광진구청	2003. 12. 15	CM+CS
234	세원빌딩 엔지니어링 실사용역	케이원기업구조조정 부동산투자㈜	2003. 12. 15	DD
235	부산 신호동 월더하임 아파트	대한토지신탁㈜	2003. 12. 16	CM
236	탕정 확장단지 프로젝트	삼성전자㈜	2003. 12. 24	CM+CS
237	탕정 T.C 지방산업단지 용수공급시설공사	삼성전자㈜	2003. 12. 24	CM+CS
238	헤이리 The Step 신축공사	헤이리프라자㈜	2003. 12. 29	e집
239	거양빌딩 엔지니어링 실사용역	㈜거원	2003. 12. 31	DD
240	방배동 주상복합 신축공사 기술검토용역	파스텔 CM	2004. 01. 06	OTH
241	수원 서둔동아파트 신축공사 기술용역	㈜중앙건설	2004. 01. 06	OTH
242	명륜극장 신축공사	강화산업㈜	2004. 01. 14	CM+CS
243	용인동백지구 쇼핑몰	㈜쥬네브	2004. 01. 19	CM
244	Hannam Hill Side Apartment Remodeling CM&CS	GE Capital	2004. 01. 30	CM+CS
245	Engineering Survey of 2 BRIDGE Security Bldgs.	GE Real Estate	2004. 02. 05	DD
246	방배동 주상복합 구조/토목 설계 VE용역	파스텔 CM	2004. 02. 09	OTH
247	이마트 고잔점 건설관련 건물실사용역	㈜신세계	2004. 02. 11	DD
248	광명 파보레쇼핑 지하철연결통로	부림비엠㈜	2004. 02. 17	CM+CS
249	사회복지법인 순애원 관산동 의료시설	사회복지법인순애원	2004. 02. 18	e집
250	㈜중앙교육진흥연구소 왕십리사옥	㈜중앙교육진흥연구소	2004. 02. 20	CM+CS
251	파주출판유통센터 프로젝트	㈜북센	2004. 02. 27	CM+CS
252	부산부암랜드빌 신축공사 설계검토 및 VE 기술용역	랜드원㈜	2004. 03. 02	OTH
253	삼성에버랜드 마성리 콘도 설계단계 CM	삼성에버랜드㈜	2004. 03. 10	CM
254	대치동 오피스빌딩	이혜원	2004. 03. 11	e집

CM : Construction Management
PM : Project Management
R&R : Reconstruction & Remodeling (정비사업)
DD : Due Diligence (건물기술심사)
PF : Project Financing (금융조달 컨설팅)
CS : Construction Supervision
DM : Design Management
FMS : Facility Management System (시설관리시스템구축 용역)
LTA : Lender's Technical Advisor (대주단 기술자문)
OTH : Others (기타 기술용역)

No	프로젝트	발주처	계약일자	유형
255	목동 현대 프라자 프로젝트 사업구도화 용역	코리아산업개발㈜	2004.03. 15	PF
256	서초동 오키즈 리모델링	㈜지플랜	2004.03. 17	CM
257	역삼동 641 신축공사	배동진	2004.03. 18	e집
258	삼성코닝 BLU Project	삼성코닝㈜	2004.03. 25	CM+CS
259	로얄 C.C 클럽하우스	로얄C.C	2004.03. 31	CM+CS
260	Kukdong Bldg. Remodeling CM	㈜맥쿼리센트럴오피스 기업구조조정부동산투자회사	2004.04. 06	CM
261	남한강연수원 리모델링	한국방송광고공사	2004.04. 14	CM+CS
262	천안사업장 PHASE IV 증설	삼성코닝정밀유리㈜	2004.04. 16	CS
263	이디오피아 참전용사마을 학교 건립사업 건축자문	한국국제협력단	2004.04. 20	CM
264	논현동 231-9 하오롱센터	벤앤피㈜	2004.04. 30	CM
265	한 · 필리핀 IT 훈련원 건립공사	한국국제협력단	2004.05. 11	CM
266	상해한국인학교	상해한국학교	2004.05. 12	CM
267	방배동 삼호빌라 재건축 추가공사비 검증용역	방배동삼호빌라 재건축조합	2004.05. 17	OTH
268	천안 성황동 주택재건축정비사업	천안 성황동 주택재건축 정비사업조합	2004.05. 19	R&R
269	Engineering Survey of Gangnam Metro Bldg.	GE Real Estate	2004.05. 20	DD
270	부천 중동 위브더스테이트	두산산업개발㈜	2004.05. 24	CM
271	Homeplus 대구점 Refit & Extension	삼성테스코㈜	2004.05. 28	CM+CS
272	SCG그룹 충주연수원 설계검토 및 공사비검토 기술용역	서울도시가스㈜	2004.06. 04	OTH
273	Management of BAT office relocation	BAT Korea Ltd.	2004.06. 10	CM
274	푸르덴셜타워 로비 리모델링	푸르덴셜생명보험㈜	2004.06. 11	CM
275	대구 중구 남일동 개발사업	㈜하우저만	2004.06. 17	PM
276	남양주 호평지구 금강아파트	㈜금강주택	2004.06. 25	OTH
277	까르푸 전주/까르푸 인천	한국까르푸㈜	2004.07. 01	OTH
278	대구 대봉동부지 공동개발사업 건설 내역검토	대아건설㈜	2004.07. 01	CM
279	한나라당사 건물실사	한나라당	2004.07. 01	DD
280	China Building Survey	Goldman Sachs	2004.07. 01	DD
281	신안 엘도라도 리조트	㈜한백R&C	2004.07. 07	CM
282	SDI 전지공장 III	삼성SDI㈜	2004.07. 13	CM
283	태안성당 신축공사	(재)대전천주교	2004.07. 14	e집
284	SDI 부산, TR교체(초고압설비 공사)	삼성SDI㈜	2004.07. 21	CM+CS
285	롯데백화점 리모델링 공사비 검토	㈜롯데쇼핑	2004.07. 22	OTH

CM : Construction Management
PM : Project Management
R&R : Reconstruction & Remodeling (정비사업)
DD : Due Diligence (건물기술심사)
PF : Project Financing (금융조달 컨설팅)
CS : Construction Supervision
DM : Design Management
FMS : Facility Management System (시설관리시스템구축 용역)
LTA : Lender's Technical Advisor (대주단 기술자문)
OTH : Others (기타 기술용역)

No	프로젝트	발주처	계약일자	유형
286	벽산 아스타 프로젝트	벽산건설㈜	2004. 07. 23	CM
287	화성동탄 4-1 Block 주택 건설사업	경기지방공사	2004. 07. 23	CM+CS
288	창동 아카데미 파크 개발사업	삼영씨앤이㈜	2004. 07. 28	PM
289	송도 신도시 GIK 기술지원 용역	송도신도시 개발 LLC	2004. 08. 01	OTH
290	GE 20 건물 실사용역	GE Real Estate	2004. 08. 05	DD
291	Best Western 국도호텔	㈜국도	2004. 08. 10	CM+CS
292	BAT 본사 이전공사	BAT Korea Ltd.	2004. 08. 10	CM
293	SK 품질지도점검용역	SK건설㈜	2004. 08. 23	OTH
294	홈플러스 강서점	삼성테스코㈜	2004. 08. 30	CM+CS
295	홈플러스 대구남구점	삼성테스코㈜	2004. 08. 30	CM+CS
296	2001 아웃렛 건물실사용역	㈜이천일아웃렛	2004. 09. 01	DD
297	광주 풍향동 주택재개발 정비사업	조합설립추진위원회	2004. 09. 01	R&R
298	보그워너TTS오창 공장신축공사	보그워너티티에스오창㈜	2004. 09. 20	CM+CS
299	T-Tower 빌딩 건물실사용역	미근개발㈜	2004. 09. 20	DD
300	삼성탈레스 용인연구소	㈜삼성탈레스	2004. 09. 21	CM+CS
301	롯데백화점 관악점 리모델링 공사비검토	롯데쇼핑㈜	2004. 09. 23	OTH
302	동남정밀공업 충주공장 신축공사	동남정밀공업㈜	2004. 10. 01	CM+CS
303	송도 125블럭 주상복합 및 36블럭 컨벤션 착공전 CM기술용역	㈜포스코건설	2004. 10. 01	CM
304	청암미디어 사옥	㈜청암미디어	2004. 10. 01	e집
305	여수 신정일 치과병원 신축공사	정미나	2004. 10. 05	e집
306	진하 Blue SPA Condo	㈜대훈종합건설	2004. 10. 13	OTH
307	현대자동차 양재동 Y-프로젝트 증축공사	현대자동차㈜	2004. 10. 14	CM+CS
308	프레이져스위트, Ph.3 Works	로담코인사㈜	2004. 10. 18	CM
309	2001 Outlet 점 건물(2동) 보수 및 보강공사 CM	㈜이천일아울렛	2004. 10. 20	CM
310	명동 복합시설 리모델링	㈜하나랜드	2004. 10. 20	CM
311	㈜푸드머스 물류센터	엑소후레쉬물류㈜	2004. 10. 26	CM+CS
312	외국기업창업지원연구센터(IKP)	대한무역투자진흥공사	2004. 10. 28	CM
313	하와이 고층아파트 사업의 CM 컨설팅 서비스	POSCO E&C Co., Ltd	2004. 11. 04	CM
314	부산 초량 수산하버빌 신축공사, 도면검토 및 VE 용역	㈜장훈건설	2004. 11. 09	OTH
315	한국도심공항터미널 푸드코트 인테리어공사	번영회	2004. 11. 16	e집
316	국립과학관	과학기술부	2004. 11. 24	CM+CS
317	비컨물류 물류센터	비컨물류㈜	2004. 11. 30	CM+CS
318	홈플러스 서귀포점	삼성테스코㈜	2004. 11. 30	CM+CS

CM : Construction Management
PM : Project Management
R&R : Reconstruction & Remodeling (정비사업)
DD : Due Diligence (건물기술심사)
PF : Project Financing (금융조달 컨설팅)

CS : Construction Supervision
DM : Design Management
FMS : Facility Management System (시설관리시스템구축 용역)
LTA : Lender's Technical Advisor (대주단 기술자문)
OTH : Others (기타 기술용역)

No	프로젝트	발주처	계약일자	유형
319	Changsu Zhongjiang Holiday Plaza	Changshu Zhongjiang Propoerty Co.	2004. 12.	CM
320	홈플러스 기획 CM	삼성테스코㈜	2004. 12.	CM
321	Engineering Survey for 13 Bldg.	Cushman & Wakefield	2004. 12. 14	DD
322	Photronics Phatamask 공장 신축	Photronics	2004. 12. 17	CM
323	Engineering Survey of Hanmi Bldg.	ASCENDAS Korea	2004. 12. 21	DD
324	요르단 보건소 건립사업 건축관리 및 기자재공급용역	한국국제협력단	2004. 12. 28	CM
325	한-베 친선 IT대학 설립사업	한국국제협력단	2004. 12. 28	CM
326	센텀스타 주상복합아파트 신축	㈜포스코건설	2004. 12. 30	CM
327	부산신항만 기술지원	파슨스	2004. 12. 31	OTH
328	첨단 IT 콤플렉스 신축공사	한국소프트웨어진흥원	2004. 12. 31	CM+CS
329	탕정 T.C 지방산업단지 용수공급시설	삼성전자㈜	2004. 12. 31	CM+CS
330	탕정 T.C 지방산업단지 폐수종말 처리시설(II)	삼성전자㈜	2004. 12. 31	CM+CS
331	DBPA(HSBC, 충무로, 삼성동, 여의도)		2004. 12. 31	DD
332	Kangnam DD	Macquaire	2004. 12. 31	DD
333	이디오피아 참전용사마을 학교 건립사업(II)	한국국제협력단	2005. 01. 17	CM
334	Engineerinf Survey for Shinyoung Securities Bldg.	Moran Stanley Properties	2005. 01. 20	DD
335	무안 건강보양특구 조성사업 DM용역	서우㈜	2005. 01. 21	PM
336	극동빌딩 수전시설 교체공사 내역검토	맥쿼리 센트럴오피스기업 구조조정부동산투자회사	2005. 01. 24	OTH
337	극동빌딩 수전지설 교체공사	맥쿼리 센트럴오피스기업 구조조정부동산투자회사	2005. 01. 24	CM+CS
338	푸르덴셜 빌딩 실사용역	LG투자증권	2005. 01. 24	DD
339	Engineerinf Survey for Myeongdong Tower Bldg.	Achates Korea Co., Ltd	2005. 01. 27	DD
340	순천향정보직업전문학교 리모델링 기술검토	(사)경찰공제회	2005. 01. 28	OTH
341	삼성전자 R4연구소 FMS 구축 프로젝트 컨설팅	우리젠㈜	2005. 01. 31	FMS
342	인천월드아쿠아리움신축공사 DM용역	동광건설㈜	2005. 01. 31	DM
343	Office Bldg. in Puxi Shanghai, China	Goldman Sachs	2005. 02. 16	DD
344	파주 주차빌딩 신축공사	㈜박영사	2005. 02. 21	e집
345	안산 선부마트	유동근 외	2005. 02. 22	CM+CS
346	홈플러스 구미점	삼성테스코㈜	2005. 02. 24	CM+CS
347	송도 컨벤션센터 신축공사	송도신도시개발유한회사	2005. 02. 28	CS
348	밀양 내이동 신도시 롯데인벤스가	㈜에스앤지	2005. 03. 09	CM
349	장지동 오피스 신축공사	새세대육영회	2005. 03. 10	CM+CS

CM : Construction Management
PM : Project Management
R&R : Reconstruction & Remodeling (정비사업)
DD : Due Diligence (건물기술심사)
PF : Project Financing (금융조달 컨설팅)
CS : Construction Supervision
DM : Design Management
FMS : Facility Management System (시설관리시스템구축 용역)
LTA : Lender's Technical Advisor (대주단 기술자문)
OTH : Others (기타 기술용역)

No	프로젝트	발주처	계약일자	유형
350	오륙도 SK VIEW 아파트	SK건설㈜	2005.03. 14	CM
351	명동빌딩 구조검토	Achates Korea Co., Ltd	2005.03. 14	OTH
352	신세계백화점 죽전점	㈜그린시티	2005.03. 14	CS
353	㈜팬택 김포공장 기숙사	㈜팬택	2005.03. 14	CM+CS
354	다음커뮤니케이션 미디어센터 부설연구소	㈜다음커뮤니케이션	2005.03. 15	CM+CS
355	중국심양 한국신성 주상복합	한단성 방지산개발(유)	2005.03. 15	CM
356	중앙기독초등학교 증축공사	학교법인 중앙학원	2005.03. 19	CM+CS
357	캄보디아 국립소아병원 현대화사업	한국국제협력단	2005.03. 19	CM
358	SK M City	SK건설㈜	2005.03. 24	CM
359	관광휴양 펜션형 콘도 조성사업 DM	㈜대원주택	2005.03. 31	PM
360	인천북항 다목적부두(2-1단계) 민간투자사업 기술자문용역	㈜국민은행	2005.04. 01	OTH
361	Hwasung Factory & Office Survey	Hepco-Korea	2005.04. 15	DD
362	2005년 건축프로젝트 일괄 건축관리용역	한국국제협력단	2005.04. 21	CM
363	제칠일안식일 예수재림교 묵동교회	재단법인제칠일안식일예수재림교 한국연합회유지재단	2005.04. 21	e집
364	복합개발 프로젝트 Pre-Con단계	삼성테스코㈜	2005.04. 22	CM
365	Engineering Survey of Rodamco Center Bldg.	Chilbong Industries, LLC	2005.04. 22	DD
366	Engineering Survey of Rodamco Place Bldg.	Rodamco Insa Co., Ltd	2005.04. 22	DD
367	Engineering Survey of Rodamco Tower Bldg.	Rodamco Yeoksam Co., Ltd	2005.04. 22	DD
368	탕정 T.C 지방산업단지 용수공급시설	삼성전자㈜	2005.05. 01	CM+CS
369	125블럭 주상복합 & 36블럭 컨벤션센타 CM기술용역	㈜포스코건설	2005.05. 03	CM
370	성북동 15주택 보수공사	이원형	2005.05. 10	e집
371	성북동 330 주택	안재홍 이예승	2005.05. 10	e집
372	알펜시아 조성사업	강원개발공사	2005.05. 13	CM+CS
373	화성동탄 복합단지 건설사업	메타폴리스㈜	2005.05. 16	CM
374	내외빌딩 DD	DBPA	2005.05. 20	DD
375	공동주택 시공단계별 리모델링 최적화 방안연구	㈜포스코건설	2005.05. 30	OTH
376	대전 엑스포 컨벤션복합센터 개발사업	㈜스마트시티	2005.05. 30	CM
377	스리랑카 함반토타 종합행정단지 건설사업, 마타라 도시개발 3개 사업	한국수출입은행	2005.06. 13	OTH
378	캐슬스파월드 신축공사	㈜셀파인	2005.06. 13	CM+CS
379	상암 DMC(E2-1) 입주신청용 사업계획서 작성용역	㈜그라비티	2005.06. 15	OTH
380	에이스침대 사옥 신축공사	㈜에이스침대	2005.06. 16	CM+CS

CM : Construction Management
PM : Project Management
R&R : Reconstruction & Remodeling (정비사업)
DD : Due Diligence (건물기술심사)
PF : Project Financing (금융조달 컨설팅)
CS : Construction Supervision
DM : Design Management
FMS : Facility Management System (시설관리시스템구축 용역)
LTA : Lender's Technical Advisor (대주단 기술자문)
OTH : Others (기타 기술용역)

No	프로젝트	발주처	계약일자	유형
381	여이도 아일렉스 타워 실사용역	㈜아일렉스아이앤디	2005.06. 21	DD
382	Engineering Survey of CJGLS Bilg.	Ascendas Korea	2005.06. 29	DD
383	삼성IT밸리 신축공사	㈜금성디지탈밸리	2005.07. 13	CM
384	주차빌딩 신축공사	㈜그린시티	2005.07. 18	CM+CS
385	천안사업장 증설공사(KC21~26外)	삼성코닝정밀유리㈜	2005.07. 25	CS
386	FED 121st Hospital Renewal Phase 2	㈜유일엔지니어링	2005.07. 28	CM
387	극동빌딩 입상배관 및 공조배관 교체공사 입찰견적검토 및 품질점검 CM	맥쿼리 센트럴오피스기업 구조조정부동산투자회사	2005.08. 01	OTH
388	홈플러스 신내점	삼성테스코㈜	2005.08. 01	CM+CS
389	Technical Due Diligence Services in Project Trophy	Morgan Stanley Properties Ltd.	2005.08. 01	DD
390	전경련회관 신축방안 컨설팅	전국경제인연합회	2005.08. 12	OTH
391	신세계백화점 죽전점 공사비검토 용역	㈜신세계	2005.08. 24	OTH
392	대우증권 빌딩(여의도) Elevator 교체공사비	엠와이오피일차유동화 전문유한회사	2005.08. 25	OTH
393	무안 통합의학단지 조성사업 PM	서우㈜	2005.08. 26	PM
394	진합 문평동공장 신축공사	㈜진합	2005.08. 30	CM+CS
395	홈플러스 소사점 Refit	삼성테스코㈜	2005.08. 31	CM+CS
396	장항동 청석골 신축공사	김근배	2005.09. 06	e집
397	스리랑카 함반토타 행정단지 건설사업 타당성조사지원 등	한국수출입은행	2005.09. 12	OTH
398	건축공사 공기산정 표준화 및 S/W 개발	㈜포스코건설	2005.09. 22	OTH
399	SKY 텔레텍 여의도 사옥 리모델링	주식회사 SKY 텔레텍	2005.09. 01	CM
400	ING Bldg. Elevator Replacement Cost Reviewing	로담코 역삼 Co., Ltd	2005.09. 01	OTH
401	Building Survey of SK Daesang Building	DB Real Estate Investment GmbH.	2005.09. 02	DD
402	분당 NHN 벤처타워	NHN㈜	2005.09. 28	CM+CS
403	Pusan New Port Consulting	Parsons Overseas Company	2005.10. 06	CM
404	New Moog Korea Factory & Office Facility	Moog Korea Ltd.	2005.10. 11	CM+CS
405	경방 K-Project	㈜경방	2005.10. 12	CM+CS
406	Eng Survey for Exchange, Beijing and CITIC Plaza Secviced Apartment Guangzhou China	Goldman Sachs	2005.10. 12	DD
407	부산 신호/명지지구 공동주택 개발사업 대주단 사업관리 및 기술자문	㈜영조주택 외	2005.10. 13	LTA
408	홈플러스 김포풍무점	삼성테스코㈜	2005.10. 14	CM+CS
409	동일빌딩 실사용역	㈜양진양행	2005.10. 14	DD
410	여의도 대우증권 빌딩 전력설비 개선공사 내역검토	엠와이오피일차유동화전문유한회사	2005.10. 15	OTH

CM : Construction Management
PM : Project Management
R&R : Reconstruction & Remodeling (정비사업)
DD : Due Diligence (건물기술심사)
PF : Project Financing (금융조달 컨설팅)
CS : Construction Supervision
DM : Design Management
FMS : Facility Management System (시설관리시스템구축 용역)
LTA : Lender's Technical Advisor (대주단 기술자문)
OTH : Others (기타 기술용역)

No	프로젝트	발주처	계약일자	유형
411	Engineering Survey of 명동타워빌딩	Asia Pacific Land Ltd.	2005. 10. 20	DD
412	제일모직 의왕연구동 신축공사	제일모직㈜	2005. 10. 24	CM
413	대현 제2구역 주택재개발정비사업 신축	유리츠개발㈜	2005. 11.	OTH
414	대한예수교장로회 화성교회 새교회당 신축	화성교회	2005. 11.	e집
415	부산 제2롯데월드 프로젝트 수행계획서 작성용역	롯데건설㈜	2005. 11. 01	OTH
416	홈플러스 삼척점	삼성테스코㈜	2005. 11. 03	CM
417	대구 달서구 죽전동 273-25 외 개발기획자문	Honeybee&Co.	2005. 11. 10	PM
418	the # 해운대 아델리스 건설기록지외 2품목 제작	㈜포스코건설	2005. 11. 23	OTH
419	무안기업도시개발사업을 위한 사업관리	무안기업도시개발㈜	2005. 11. 30	PM
420	LVS MACAU Project	The Goldman Sachs Group, INC	2005. 12.	LTA
421	교보생명 본사사옥 리모델링	교보생명보험	2005. 12.	CM
422	대치동 D-Project 신축공사	에이치에스비피에프브이원㈜	2005. 12. 06	CM+CS
423	송도 D13, 14, 15블럭	㈜포스코건설	2005. 12. 07	CM
424	홈플러스 부산감만점	삼성테스코㈜	2005. 12. 15	CM
425	홈플러스 밀양점	삼성테스코㈜	2005. 12. 15	CM
426	대구수성 SK 리더스뷰	SK건설㈜	2005. 12. 15	CM
427	TTL ZONE 및 NEW SHOP	SK텔레콤㈜	2005. 12. 15	e집
428	대전 은행동 도심개발	은행1구역도시환경정비사업 조합설립추진위원회	2005. 12. 22	R&R
429	신세계백화점본관 RM공사 구조감리용역	㈜신세계백화점부문	2005. 12. 26	CS
430	강서그랜드백화점 본동 및 주차장동 빌딩 실사용역	산은캐피탈	2005. 12. 28	DD
431	센텀시티 신세계 UEC 신축 설계단계 원가관리	㈜신세계	2006. 01. 18	OTH
432	홈플러스 청주 중원점 신축공사	삼성테스코㈜	2006. 01. 25	CM at Risk
433	인천 월드아쿠아리움 프로젝트	인천월드아쿠아리움㈜	2006. 01. 26	CM+CS
434	아시아출판문화정보센터 2단계사업 교육연수지원시설	(재)출판도시문화재단	2006. 02. 15	CM+CS
435	다목적체육센터 및 작은도서관 건립공사 입찰안내서 작성용역	광진구청	2006. 02. 16	OTH
436	KOCCA 용도변경 프로젝트	KOCCA	2006. 02. 20	CM
437	역삼동 723 근린생활시설 신축공사	영기획	2006. 02. 22	e집
438	ING Tower Lobby Remodeling	ING Korea Property Investments	2006. 02. 27	OTH
439	신세계백화점 죽전점 인테리어 및 광주점 리뉴얼 설계검토 및 예산검토 기술용역	㈜신세계백화점부문	2006. 02. 28	OTH
440	AM OLED 양산 LINE 건설공사	삼성SDI㈜	2006. 03. 06	CM
441	역삼동빌딩 신축공사	세기정공㈜	2006. 03. 07	CM+CS

CM : Construction Management
PM : Project Management
R&R : Reconstruction & Remodeling (정비사업)
DD : Due Diligence (건물기술심사)
PF : Project Financing (금융조달 컨설팅)
CS : Construction Supervision
DM : Design Management
FMS : Facility Management System (시설관리시스템구축 용역)
LTA : Lender's Technical Advisor (대주단 기술자문)
OTH : Others (기타 기술용역)

No	프로젝트	발주처	계약일자	유형
442	제주성안교회 100주년 기념성전 신축공사	제주성안교회	2006.03. 15	e집
443	Devis Tower 신축공사	디비스코리아㈜외	2006.03. 22	CM+CS
444	대구 수성 두산 위브 더 제니스 신축공사	두산산업개발㈜	2006.03. 23	CM
445	제주 Golden Park 개발사업	㈜JDS	2006.03. 24	PM
446	서초동 1588 업무시설 신축공사	이동준	2006.03. 27	e집
447	중국 COSMAX Factory	COSMAX	2006. 04.	CM
448	Yangdong Project	AJIA	2006.04. 05	OTH
449	삼부빌딩 DD	CPI Asia	2006.04 10	DD
450	Motown Project	Bank of Ireland	2006.04. 17	DD
451	중국 Shidai Plaza	Shinil Yueda	2006.04. 19	OTH
452	삼육대학교 종합행정관 및 국제문화교육원 신축	삼육대학교	2006.05. 02	CM+CS
453	팬택계열 R&D센터 신축공사 인테리어 컨설팅	㈜중앙디자인	2006.05. 23	OTH
454	성남 모란 복합상가 개발사업 PM용역	㈜아이샵	2006.05. 31	PM
455	삼성전자 R4 연구소 FMS 프로젝트 컨설팅 용역(추가계약)	우리젠㈜	2006.05.	FMS
456	기흥 Total Distribution Center	프롤로지스평택 유한회사	2007.06.	DD
457	HKC담배공장 구조안전진단	HKC담배㈜	2007. 11.	OTH
458	탕정 T.C 지방산업단지 폐수종말처리시설공사	삼성전자㈜	2007. 11.	CS
459	신세계 UEC 건설지 작성용역신	세계건설㈜	2008.01.	CM+CS
460	Yantai School	YKS	2006.06.	PM
461	센텀시티 신세계 UEC 신축공사 CM형 감리용역	㈜신세계	2006.06.	CS
462	Cosmax Cosmetic Factory	Cosmax Cosmatic, Shanghai	2006.06. 01.	CM
463	삼성코닝 BLU 주건물 증축공사 CM 및 감리용역	삼성코닝㈜	2006.06. 01.	CM+CS
464	홈플러스 안산선부점 대수선공사 CM용역	유동근 외 4인	2006.06. 05.	CM
465	SPC 한남동 빌딩 신축공사 CM용역	에스피씨㈜	2006.06. 12.	e집
466	홈플러스 거제점 CM용역	삼성테스코㈜	2006.06. 13.	CM
467	오만 조선소 프로젝트 시공업체 조사용역	㈜대우조선해양	2006.06. 14.	OTH
468	개봉동 근린생활시설 신축공사 건설사업관리(CM)용역	대흥공사	2006.06. 20	e집
469	한-인니 기술문화협력센터 건립사업	한국국제협력단	2006.06. 26	CM
470	홈플러스 포천송우점 CM 및 소방감리용역	삼성테스코㈜	2006.06. 26	CM+CS
471	여의도 S-Trenue공사 감리용역	SK네트웍스㈜	2006.07. 04	CS
472	역삼동 오피스빌딩 신축공사 CM 및 감리용역	㈜F&F	2006.07. 11	CM+CS
473	강남, 동산물류 RACK 설비 및 부대공사	㈜SAMS	2006.07. 13	CM+CS
474	송도 125블럭 기술지원 용역	포스코	2006.07. 26	CM

CM : Construction Management
PM : Project Management
R&R : Reconstruction & Remodeling (정비사업)
DD : Due Diligence (건물기술심사)
PF : Project Financing (금융조달 컨설팅)
CS : Construction Supervision
DM : Design Management
FMS : Facility Management System (시설관리시스템구축 용역)
LTA : Lender's Technical Advisor (대주단 기술자문)
OTH : Others (기타 기술용역)

No	프로젝트	발주처	계약일자	유형
475	홈플러스 진주점 CM용역	삼성테스코㈜	2006.08. 01	CM
476	앙스모드 사옥 신축공사 CM용역	㈜한아인터내셔날	2006.08. 05	CM
477	동강리조트조성사업계획.설계단계 건설사업관리용역	㈜동강리조트	2006.08. 08	CM
478	제일모직 의왕 연구소 및 삼성전자 서초사옥 FMS 프로젝트 CONSULTING용역	㈜우리젠	2006.08. 08	FMS
479	㈜천일국제보세창고 평택 제2물류센터 설계단계 CM	㈜천일국제보세창고	2006.08. 10	CM
480	제일모직 의왕 MCR 실험동 증축공사 CM용역	제일모직㈜	2006.08. 11	CM
481	G-Project	Gongpyung RFV	2006.08. 18	CM+CS
482	발리 덴파사르 국제공항 기전부문 엔지니어링 실사	㈜EG아이엔케이	2006.08. 23	DD
483	우한 Minseng		2006.08. 23	DD
484	사랑의 집 신축공사 CM 및 감리용역	대한건설단체총연합회	2006.08. 28	CM+CS
485	㈜풍강 화성공장 신축공사 CM 및 감리용역	㈜풍강	2006.08. 28	CM+CS
486	남경 LGE HUB 물류센터 CM용역	남경LG전자	2006.09. 01	CM
487	중국현지법인-연대LG INNOTECK CM용역	LG INNOTEK, YANTA	2006.09. 01	CM
488	천일국제보세창고 신축공사	㈜천일국제보세창고	2006.09. 07	CM at Risk
489	양재동 Trust Tower 증축공사	㈜골든브릿지자산운용 ㈜국민은행	2006.09. 07	CM
490	제주 테디밸리골프앤리조트 개발사업 기성실사등 용역	㈜제이에스개발	2006.09. 12	OTH
491	공평2지구 건물실사용역	ING Real Estate Investment Management Korea, L.L.C	2006.09. 12	DD
492	대한간호복지재단 노인전문요양시설 신축공사 CM용역	사회복지법인 대한간호복지재단	2006.09. 18	CM
493	대한간호협회 KNA 연수원 리모델링공사 CM용역	대한간호협회	2006.09. 18	CM
494	탕정T.C지방산업단지 폐수종말처리시설공사책임감리용역(3-2단계)	삼성전자㈜	2006.09. 20	CS
495	다산금속 류팅공장 건설 프로젝트 Monitoring Service용역	㈜다산	2006.09. 22	OTH
496	Xiamen Crowne Plaza	Xiamen	2006.09. 26	DD
497	홈플러스 영주점 CM 및 소방감리용역	삼성테스코㈜	2006.10. 10	CM+CS
498	에콰도르 사전조사 용역	㈜다우데이타시스템	2006.10. 13	OTH
499	KC23~24 증설공사 설계변경 감리용역	삼성코닝정밀유리㈜	2006.10. 17	CS
500	신우 CGV 복합상가 개발사업 PM+CM 용역	주식회사 신우D&C	2006.10. 24	PM
501	SIFC공사감리용역 (AIG Project)	SIFC Tower One Development YH	2006.10. 24	CS
502	동양제철화학공장부지 도시개발사업 설계조정관리(DC)용역	동양제철화학주식회사	2006. 11.	DM

CM : Construction Management	CS : Construction Supervision
PM : Project Management	DM : Design Management
R&R : Reconstruction & Remodeling (정비사업)	FMS : Facility Management System (시설관리시스템구축 용역)
DD : Due Diligence (건물기술심사)	LTA : Lender's Technical Advisor (대주단 기술자문)
PF : Project Financing (금융조달 컨설팅)	OTH : Others (기타 기술용역)

No	프로젝트	발주처	계약일자	유형
503	오만 조선소 프로젝트 오만 수리조선소 프로젝트 입찰단계 CM용역	㈜대우조선해양	2006. 11. 09	CM
504	서울 금천구 S-Project 개발계획관리용역	㈜영조, ㈜대완기획	2006. 11. 15	DM
505	홈에버 CM용역	㈜이랜드리테일	2006. 11. 20	CM
506	문정동 콜렉티드빌딩 신축공사 감리 및 CM용역	F&F Co.Ltd.	2006. 11. 22	CM+CS
507	Bundang Office Property (Engineering Survey)	Morgan Stanley Properties korea ltd.	2006. 11. 27	DD
508	Seocho-dong Office (1544)	New City Korea	2006. 11. 27	DD
509	PARC 1 Project	Y22 Project Financing Investment Ltd./ Skylan Properties Korea Ltd.	2006. 11. 28	CM+CS
510	탕정 삼성 트라팰리스 신축공사	삼성전자㈜	2006. 12.	CM
511	화성 주상복합부지 개발사업 CM용역	㈜포스코건설	2006. 12. 06	CM
512	우리물류센터 엔지니어링 실사 용역	삼성생명보험㈜	2006. 12. 06	DD
513	KNN 신사옥개발 사업계획 및 현사옥 활용방안 수립용역	㈜KNN	2006. 12. 13	OTH
514	이라크 기획개발협력부 청사개보수사업 CM용역	한국국제협력단	2006. 12. 15	CM
515	기업은행 종합연수원 건설사업관리용역	중소기업은행	2006. 12. 20	CM
516	천안 제3 지방산업단지 확장 조성공사 CM 및 감리	㈜차암사업단	2006. 12. 27	CM+CS
517	송도국제도시 D22블럭 주상복합건립공사 CM기술용역	㈜포스코건설	2006. 12. 28	CM
518	Glostar 청계 Square Garden 신축공사 CM 및 감리	㈜글로스타	2006. 12. 28	CM+CS
519	삼성전자 인도 첸나이 공장 신축사업 CM	삼성전자㈜	2006. 12. 31	CM
520	스리랑카 자히라 칼리지 초등학교	한국국제협력단	2006. 12. 31	CM
521	홈플러스 창원점 증축공사	삼성테스코㈜	2007. 01.	CM+CS
522	홈플러스 영통점 증축공사	삼성테스코㈜	2007. 01.	CM
523	BAT Korea Distribution Center	BAT Korea	2007. 01. 02	CM at Risk
524	홈플러스 논산점 신축공사	삼성테스코㈜	2007. 01. 02	CM at Risk
525	은성교회 성전	다인종합건설㈜	2007. 01. 03	CM
526	삼성전자 헝가리 공장 프로젝트	삼성전자㈜	2007. 01. 03	CM
527	수원농협 하나로마트 봉담점	수원농업협동조합	2007. 01. 05	CM+CS
528	팬택계열 R&D Center CM 및 감리	㈜팬택,㈜팬택앤큐리텔	2007. 01. 05	CM+CS
529	송도 the# 1st World 주상복합	㈜포스코건설	2007. 01. 26	CM
530	홈플러스 밀양점 대수선공사	삼성테스코㈜	2007. 02. 01	CM+CS

CM : Construction Management
PM : Project Management
R&R : Reconstruction & Remodeling (정비사업)
DD : Due Diligence (건물기술심사)
PF : Project Financing (금융조달 컨설팅)
CS : Construction Supervision
DM : Design Management
FMS : Facility Management System (시설관리시스템구축 용역)
LTA : Lender's Technical Advisor (대주단 기술자문)
OTH : Others (기타 기술용역)

No	프로젝트	발주처	계약일자	유형
531	홈플러스 감만점 증축공사	삼성테스코㈜	2007. 02. 01	CM+CS
532	남대문교회 리모델링공사	남대문교회	2007. 02. 05	e집
533	삼성탈레스 용인연구소 2단계	삼성탈레스㈜	2007. 02. 14	CM+CS
534	Daewoo,Tongyang Securities Building	DB Real Estate Investment GmbH	2007. 02. 16	DD
535	전북 부안 아파트	㈜두꺼비 R&C	2007. 02. 21	CM
536	우면동 B주택 신축공사	방준혁	2007. 02. 21	e집
537	효동기계공업㈜ 화성공장	효동기계공업㈜	2007. 02. 23	CM+CS
538	유천3구역 도시환경정비사업 CM용역	유천3구역 조합추진위	2007. 02. 28	CM
539	방글라데시 국가직업훈련역량강화사업	한국국제협력단	2007. 02. 28	OTH
540	교보생명 본사 외벽타일 개보수 자문	교보생명보험㈜	2007. 03. 02	OTH
541	에콰도르 사전조사 용역	㈜다우데이타시스템	2007. 03. 05	OTH
542	홈에버 리뉴얼 공사비 검토	㈜코크렙엔피엔스제2호 기업구조조정부동산투자회사	2007. 03. 06	OTH
543	미래에셋 판교 벤처빌딩	미래비아이주식회사	2007. 03. 19	CM
544	서울국제금융센터(Ph.1) 기술컨설팅용역	GS건설㈜/㈜포스코건설	2007. 03. 21	OTH
545	극동빌딩 공용부 리노베이션	㈜맥쿼리센트럴오피스 기업구조조정부동산투자회사	2007. 03. 23	CM
546	경향신문사옥 재개발 계획 컨설팅	㈜경향신문	2007. 03. 26	OTH
547	고양 종합터미널 신축공사	종합터미널고양㈜	2007. 03. 29	CM+CS
548	부산남천동 풍림엑슬루타워 신축공사 CM 용역	풍림산업㈜	2007. 03. 30	CM
549	신호명지 C2블럭 사업관리형 CM	㈜영조주택	2007. 03. 30	CM
550	서면 the# 센트럴스타	㈜포스코건설	2007. 03. 30	CM
551	인천 용현학익지구 엑슬루타워	풍림산업㈜	2007. 03. 30	CM
552	홈플러스 삼천포점	삼성테스코㈜	2007. 04.	CM+CS
553	홈플러스 상인점	삼성테스코㈜	2007. 04.	CM+CS
554	울란바타르 주상복합 PF 컨설팅 용역	주식회사 한미테코	2007. 04.	OTH
555	리츠칼튼 호텔 신관 Renewal	전원산업㈜	2007. 04. 05	CM
556	인왕산 휴플러스 설계검토 및 VE	한신공영㈜	2007. 04. 09	DM
557	푸르덴셜타워 지하2층 리모델링공사 PM	푸르덴셜생명보험㈜	2007. 04. 10	CM
558	성남 시청사 및 의회 건립공사	조달청	2007. 04. 13	CM+CS
559	포승 경평종합물류 창고 신축공사	㈜경평종합물류	2007. 04. 19	CM

CM : Construction Management
PM : Project Management
R&R : Reconstruction & Remodeling (정비사업)
DD : Due Diligence (건물기술심사)
PF : Project Financing (금융조달 컨설팅)
CS : Construction Supervision
DM : Design Management
FMS : Facility Management System (시설관리시스템구축 용역)
LTA : Lender's Technical Advisor (대주단 기술자문)
OTH : Others (기타 기술용역)

No	프로젝트	발주처	계약일자	유형
560	중계동 2001 아울렛 철골주차장 설계도서 검토 및 공사점검용역	분당중계유동화전문 유한회사	2007. 04. 25	DM
561	송도 중앙공원 기술시공	㈜포스코건설	2007. 04. 30	CM
562	신세계 의정부역사 프로젝트	㈜신세계	2007. 05. 01	CM
563	탕정 SCP R PROJECT 증설공사	삼성코닝정밀유리㈜	2007. 05. 01	CS
564	LA Wilshire Hoover 주상복합 개발사업		2007. 05. 03	DM
565	하이닉스 A PROJECT 신축공사	㈜하이닉스반도체	2007. 05. 04	CM+CS
566	China Sunrise Resort(영성욱일 도가촌회관)	영성욱일도가촌유한회사	2007. 05. 08	CM
567	Daewoo Building	MPAK	2007. 05. 10	DD
568	부산 토성동 아쿠아팰리스 신축공사	현대알앤씨건설㈜	2007. 05. 22	CM
569	신도림 복합센터	대성산업㈜	2007. 05. 30	CM
570	설계검토 및 VE용역	금호산업㈜	2007. 05. 31	CM
571	신성건설 두바이 Silicon Gates	신성건설㈜	2007. 06. 01	CM
572	LA & Las Vegas 복합개발	장광훈	2007. 06. 01	PM
573	하나은행 본점 리모델링	㈜하나은행	2007. 06. 01	CM
574	베트남 Binh Duong 경마장 개발사업	㈜VITCO	2007. 06. 01	DM
575	카자흐스탄 성원 상떼빌	(유)상떼빌케이제트티	2007. 06. 01	OTH
576	스리랑카 자프나 기능대학 개선사업	한국국제협력단	2007. 06. 05	CM
577	롯데마트 신규점 설계표준화용역	롯데건설㈜	2007. 06. 10	DM
578	동성고등공민학교 생활관개축 (e집)	(재)동성회 동성고등공민학교	2007. 06. 15	e집
579	LG패션 양지연수원	㈜LG패션	2007. 06. 19	CM+CS
580	해태제과 천안공장 엔지니어링 실사 용역	피엘디천안 유한회사	2007. 06. 21	DD
581	SK 부산 화물차 전용휴게소	SK에너지㈜	2007. 06. 22	CM at Risk
582	SK Cargo Complex @ Risk	SK㈜	2007. 06. 22	CM at Risk
583	KOICA Indonesia ICT	한국국제협력단	2007. 06. 28	CM
584	스탠포드호텔 신축공사	스탠포드코리아㈜	2007. 06. 29	CM+CS
585	홈플러스 잠실점	삼성테스코㈜	2007. 06. 30	CM at Risk
586	엘살바도르 교육환경 개선사업	한국국제협력단	2007. 07. 02	CM
587	서안성농협 농수산물유통센터 및 청사 CM용역	서안성농업협동조합	2007. 07. 06	CM
588	포스코 글로벌 R&D센터 CM기술용역	포스코건설㈜	2007. 07. 19	CM
589	중동 주상복합 프로젝트 기술용역	금호산업㈜	2007. 07. 31	CM
590	대한주택공사 Leading up Program CM용역	대한주택공사	2007. 08. 01	CM

CM : Construction Management
PM : Project Management
R&R : Reconstruction & Remodeling (정비사업)
DD : Due Diligence (건물기술심사)
PF : Project Financing (금융조달 컨설팅)
CS : Construction Supervision
DM : Design Management
FMS : Facility Management System (시설관리시스템구축 용역)
LTA : Lender's Technical Advisor (대주단 기술자문)
OTH : Others (기타 기술용역)

No	프로젝트	발주처	계약일자	유형
591	아산배방지구 PF사업	SK건설㈜	2007. 08. 01	CM
592	제칠일안식일 예수재림교 동중한합회 선교본부 신축공사	제칠일안식일 예수재림교 동중한합회	2007. 08. 07	CM
593	인도네시아 ICT 구축 컨설팅 프로젝트	대영유비텍㈜	2007. 08. 16	CM
594	아모레퍼시픽 ABC프로젝트 CM 및 감리용역 기술제안서 작성 용역	㈜아모레퍼시픽	2007. 08. 16	CM+CS
595	삼환기업 베트남 Bitexco Financial Tower	삼환기업	2007. 08. 17	OTH
596	화성동탄복합단지 건설공사CM(2단계) 용역	포스코건설㈜	2007. 08. 20	CM
597	아제르바이잔 바쿠 프로젝트 DM 용역	바쿠프라이드 주식회사	2007. 08. 24	DM
598	호텔 리츠칼튼 서울 객실 Renovation 건설사업관리용역	전원산업㈜	2007. 08. 25	CM
599	삼육대학교 음악관 신축공사 감리 및 사업관리(CM)용역	삼육대학교	2007. 08. 28	CM+CS
600	홈플러스 대구 상인점 신축공사	삼성테스코㈜	2007. 08. 29	CM+CS
601	인천국제공항 신라면세점 CM 용역계약	㈜호텔신라	2007. 09. 01	CM
602	극동빌딩 옥상 전기실 및 저압반 판넬 교체공사 설계도 및 공사비검토 위탁계약	맥쿼리센트럴오피스기업 조정부동산투자회사	2007. 09. 01	DM
603	판교 실리콘 파크 A-1-4-1 블록 사옥 신축공사 CM 및 감리용역	코아로직㈜/ 테크노세미켐㈜	2007. 09. 07	CM
604	마포빌딩 건립공사 건설사업관리용역	경찰공제회	2007. 09. 13	CM
605	몽골 울란바토르 이스트 주상복합 개발사업용역	주식회사 한미테코	2007. 09. 21	PM
606	기술연구원 제2연구동 증축공사 CM및 감리용역	㈜아모레퍼시픽	2007. 09. 27	CM+CS
607	남서울교회 성전 신축공사 감리 및 사업관리용역	대한예수교 장로회 남서울교회	2007. 09. 30	CM+CS
608	Logit Building Due Diligence	ING	2007. 09. 05	DD
609	해운대관광리조트 개발사업 민간사업자 공모 용역	㈜호라이즌 I&D	2007. 10. 05	PM
610	인천공항 신라호텔 면세점 물류창고 신축공사	㈜호텔신라	2007. 10. 12	CM
611	메릴린치 도심 재개발 프로젝트	㈜ SH캐피탈사모부동산 투자신탁6호	2007. 10. 15	CM
612	대구 이시아폴리스 조성사업	㈜이시아폴리스	2007. 10. 16	CM+CS
613	사랑의 집(2차사업) CM및 감리용역 계약	대한건설단체총연합회	2007. 10. 17	e집
614	홈플러스 문경	삼성테스코㈜	2007. 10. 22	CM+CS
615	잠실운동장 관광단지 개발사업 사업기획	Citydream㈜	2007. 10. 24	PM
616	교보생명 본사사옥 리모델링공사 시공관리	교보생명보험㈜	2007. 10. 24	CM+CS
617	동국제강 사옥 신축공사	동국제강㈜	2007. 10. 26	CM

CM : Construction Management
PM : Project Management
R&R : Reconstruction & Remodeling (정비사업)
DD : Due Diligence (건물기술심사)
PF : Project Financing (금융조달 컨설팅)
CS : Construction Supervision
DM : Design Management
FMS : Facility Management System (시설관리시스템구축 용역)
LTA : Lender's Technical Advisor (대주단 기술자문)
OTH : Others (기타 기술용역)

No	프로젝트	발주처	계약일자	유형
618	인천세계도시엑스포 기념관 건립공사 CM기술용역(공사전단계)	㈜포스코건설	2007. 10. 29	CM
619	향린공원 개발사업 발주관리(Order Management) 지원용역계약	향린공영회	2007. 10. 29	OTH
620	해운대 I-PARK 프로젝트	현대산업개발㈜	2007. 10. 30	CM
621	ING Lotte Mart DD	롯데건설㈜	2007. 10. 31	DD
622	삼성테크윈 R&D 센터 건립공사 건설사업관리용역	삼성테크윈 주식회사	2007. 10. 31	CM
623	싱가포르 마리나베이샌즈 프로젝트		2007. 11. 01	CM
624	T-Project(Process Plant Pre-con CM)		2007. 11. 16	CM
625	천안 전지5기 1차 공사 CM 용역	삼성 SDI㈜	2007. 11. 16	CM
626	알펜시아 조성사업(추가용역)	강원도개발공사	2007. 11. 30	CM
627	판교 실리콘 파크 A-1-2 블록 사옥 신축공사 CM 및 감리	㈜성도이엔지 외4	2007. 12. 03	CM+CS
628	HM Global Partners Financing Consulting	HM Global Partners	2007. 12. 05	PM
629	SK Communications 판교사옥 신축공사	SK커뮤니케이션즈㈜	2007. 12. 06	CM+CS
630	부산해운대 위브더제니스 기술용역(CM)	두산건설㈜	2007. 12. 06	CM
631	팔레스타인 Jenin시 기술고등학교 건립사업 CM용역	한국국제협력단	2007. 12. 07	CM
632	345KV 신탕정 변전소 건설공사 CM 및 책임감리용역	삼성전자㈜	2007. 12. 07	CM+CS
633	삼성코닝정밀 R-Project Phase 1-2증설공사 감리용역	삼성코닝정밀유리㈜	2007. 12. 10	CS
634	KONITEC 사업기획단계 자문용역	㈜인터호라이즌	2007. 12. 13	OTH
635	제천 백운 골프리조트 개발사업관리(PM)	㈜엔바이저코리아	2007. 12. 21	PM
636	송도)D1~4BL근린상가 신축공사 CM용역	㈜포스코건설	2007. 12. 26	CM
637	LG가산디지털 센터 CM형 감리용역	㈜LG	2007. 12. 27	CS
638	송도125기술지원(추가계약) & 송도 1st World	㈜포스코건설	2008. 01. 01	CM
639	분당 First Tower 빌딩 실사용역	㈜골든브릿지자산운용 골든브릿지사모부동산투자신탁3	2008. 01. 02	DD
640	반달마을 리모델링 건설사업관리	반달마을리모델링조합	2008. 01. 07	CM
641	군산신공장 건축공사 CM 및 감리용역	두산인프라코어㈜	2008. 01. 11	CM+CS
642	청진동 오피스 프로젝트 설계검토 및 VE용역	금호산업㈜	2008. 01. 14	OTH
643	부산신호명지 대주단 CM(영조주택)	대한리츠㈜	2008. 01. 14	CM
644	용수공급시설 3단계사업 책임감리용역	삼성전자㈜	2008. 01. 21	CM+CS
645	SK에너지 제주 화물자동차 공영정류장	SK에너지㈜	2008. 01. 21	CM+CS
646	Mangrove Place Project DM Service	Oboor Hyodong Construction LLC	2008. 01. 21	OTH
647	비산동 주택 설계 자문 용역	박봉기	2008. 01. 24	DM

CM : Construction Management
PM : Project Management
R&R : Reconstruction & Remodeling (정비사업)
DD : Due Diligence (건물기술심사)
PF : Project Financing (금융조달 컨설팅)

CS : Construction Supervision
DM : Design Management
FMS : Facility Management System (시설관리시스템구축 용역)
LTA : Lender's Technical Advisor (대주단 기술자문)
OTH : Others (기타 기술용역)

No	프로젝트	발주처	계약일자	유형
648	조광요턴 지사 공장 신축공사	조광요턴	2008. 01. 25	CM+CS
649	WBC 부산 센텀시티 24블록 오피스텔	경남기업㈜	2008. 01. 28	CM
650	홈플러스 조치원점 신축공사	삼성테스코㈜	2008. 01. 31	CM
651	밀양 TSGL 물류창고	프로로지스기흥 유한회사	2008. 02. 01	DD
652	대흥물류센터 DD	프로로지스코리안매니지먼트 유한회사	2008. 02. 08	DD
653	삼성레포츠센터 리모델링	㈜삼성라이온즈레포츠센터	2008. 02. 15	CM
654	동강시스타 조성사업 건축설계분야 건설사업관리 용역(연장)	주식회사 동강시스타	2008. 02. 25	CM
655	KONITEC 개발사업 2단계 자문용역	㈜에미레이츠앤디씨	2008. 02. 27	DM
656	KR-2호 프로젝트 평가 보고서 작성용역	케이알제2호 개발전문 위탁관리부동산투자회사	2008. 02. 27	OTH
657	송도 D1 to 5 Canal Street Mixed Use Housing	송도국제도시개발(유)	2008. 02. 29	CM+CS
658	소주 태양광장 CM용역	Suzhou Poly Sujing Real Estate Co., Ltd.	2008. 02. 29	CM
659	가산동/구로동 아파트형공장 건설사업관리(CM)용역계약	㈜케이리츠앤파트너스	2008. 02. 29	CM
660	탕정T.C지방산업단지 폐수종말처리시설공사 책임감리용역(5단계)	삼성전자㈜	2008. 03. 01	CS
661	아제르바이잔 바쿠 S-Tower개발사업 PM용역	㈜바쿠프라이드	2008. 03. 01	PM
662	Hanoi City Complex(하노이시티 컴플렉스)	CORALIS VIETNAM CO.,LTD	2008. 03. 03	CM
663	성북동 330-377 주택 실사용역	사이토 노리코	2008. 03. 03	DD
664	아사상요가구(광주)2기공장 CM용역	아사상요가구(광주)유한공사	2008. 03. 06	CM
665	서울과학종합대학원대학교 춘천 제2캠퍼스 본관 신축공사	학교법인 서울아카데미	2008. 03. 10	CM at Risk
666	펜타포트 건물 유지관리 컨설팅(SK 아산배방)	㈜펜타포트 개발	2008. 03. 18	FMS
667	필로스 CC 시니어타운 신축공사 CM용역	㈜선운	2008. 03. 25	CM
668	동티모르 우체국본부 건립사업 등 행정제도분야 3개사업 CM용역	한국국제협력단	2008. 03. 27	CM
669	홈플러스 잠실점 대수선공사	삼성테스코㈜	2008. 03. 28	CM at Risk
670	송도 D19 블록 CM 용역	송도국제도시개발(유)	2008. 03. 31	CM+CS
671	판교 안철수연구소 R&D Center	㈜안철수연구소	2008. 03. 31	CM+CS
672	알펜시아 조성사업	강원도개발공사	2008. 04. 01	CM+CS
673	동양파라곤 아파트 설계검토 용역	동양건설산업	2008. 04. 01	DM
674	대치동 106빌딩 신축공사 COST & FEE	류시원	2008. 04. 01	CM at Risk

CM : Construction Management
PM : Project Management
R&R : Reconstruction & Remodeling (정비사업)
DD : Due Diligence (건물기술심사)
PF : Project Financing (금융조달 컨설팅)
CS : Construction Supervision
DM : Design Management
FMS : Facility Management System (시설관리시스템구축 용역)
LTA : Lender's Technical Advisor (대주단 기술자문)
OTH : Others (기타 기술용역)

No	프로젝트	발주처	계약일자	유형
675	홈플러스 울산동구점	삼성테스코㈜	2008.04. 10	CM
676	홈플러스 천안점 신축공사	삼성테스코㈜	2008.04. 10	CM
677	홈플러스 안양동안점	삼성테스코㈜	2008.04. 10	CM
678	홈플러스 파주문산점	삼성테스코㈜	2008.04. 10	CM+CS
679	홈플러스 충북오창점	삼성테스코㈜	2008.04. 10	CM+CS
680	대천리조트 관광개발사업 CM 1단계	대천리조트	2008.04. 10	PM
681	천안리조트워터파크&콘도신축공사 감리용역	천안리조트피에프브이㈜	2008.04. 11	CM+CS
682	BCG 백신생산시설 및 결핵연구원 신축공사 CM용역	대한결핵협회결핵연구원	2008.04. 17	CM+CS
683	한화증권빌딩 DD	우리투자증권	2008.04. 17	DD
684	평양 조용기심장전문병원	재단법인 순복음선교회	2008.04. 25	CM
685	T-Project phase 2	Tonen Chemical Corporation	2008.04. 30	CM
686	김해 English City 조성공사 CM용역계약서	피지엘플러스㈜	2008.05. 06	CM+CS
687	프로로지스 남양주 물류센터	피엘디남양주 유한회사	2008.05. 08	CM
688	한화손해보험 건물실사 용역	대한생명	2008.05. 08	DD
689	구로동 근린시설 신축공사	㈜쿼츠라인	2008.05. 08	CM+CS
690	한라 Stackpole 오창공장 신축공사	Stackpole Limited	2008.05. 13	CM
691	GS SQUARE 안양점	GS 리테일㈜	2008.05. 15	CM
692	삼육대학교 제3과학관 신축공사	삼육대학교	2008.05. 16	e집
693	EO Techinics Sozhou Project	EO Techinics Co. Ltd. in Korea	2008.05. 21	CM
694	YGS Wuxi Factory	Young Gwang Stainless Steel Co., Ltd	2008.05. 26	CM
695	이시아폴리스 패션스트리트	㈜이시아폴리스	2008.05. 29	CM+CS
696	호텔신라 일류화 프로젝트	㈜호텔신라	2008.05. 30	CM
697	LG 신문로 업무시설 신축공사 CM형감리용역	㈜LG	2008.05. 31	CM+CS
698	Kumho Abu Dhabi Control Tower	금호산업㈜	2008.06. 02	CM
699	Venetian Macau Casino (Extension)	Venetian Macau Ltd.	2008.06. 03	CM
700	대방감리교회 리모델링 e-Jip	대방교회	2008.06. 03	e집
701	풍림 청라지구 주상복합	풍림산업㈜	2008.06. 04	CM
702	삼성테크윈㈜ 창원공장증설공사설계단계 CM용역	삼성테크윈㈜	2008.06. 05	CM
703	ING TOWER 외벽 및 공개공지 Renovation CM 용역	ING Real Estate Investment Management Ko	2008.06. 05	CM+CS
704	홈플러스 송탄점 신축공사	삼성테스코㈜	2008.06. 11	CM at Risk
705	K1 Building	Ajia Korea	2008.06. 26	DD

CM : Construction Management
PM : Project Management
R&R : Reconstruction & Remodeling (정비사업)
DD : Due Diligence (건물기술심사)
PF : Project Financing (금융조달 컨설팅)
CS : Construction Supervision
DM : Design Management
FMS : Facility Management System (시설관리시스템구축 용역)
LTA : Lender's Technical Advisor (대주단 기술자문)
OTH : Others (기타 기술용역)

No	프로젝트	발주처	계약일자	유형
706	(변경)하나은행 재건축	주식회사 하나은행	2008.06. 27	CM+CS
707	청담동 주거시설개발PM	㈜소나무숲	2008.06. 27	PM
708	프로로지스 남양주 물류센터 시공단계 CM 및 감리용역	피엘디남양주 유한회사	2008.06. 30	CM+CS
709	한류우드 공기산정 기술성검토	일산프로젝트주식회사	2008.07. 01	OTH
710	양주 특화 청소년수련관 BTO사업	㈜제이에스원	2008.07. 03	DM
711	오만 조선소 시공단계	대우조선해양㈜	2008.07. 04	CM+CS
712	삼성에버랜드김천태양광발전소건설사업관리	삼성에버랜드㈜이앤에이사업부	2008.07. 10	CM
713	송도 U-City 홍보체험관 및 환승센터	주식회사 웨이브시티개발	2008.07. 14	CM
714	LG패션 서관 신축공사	LG패션	2008.07. 18	CM
715	LocknLock Suzhou 2nd Factory	LocknLock	2008.07. 23	CM
716	Saudi Arabia ITCC	PPA	2008.07. 24	PM
717	삼화인쇄사옥 신축 사업	삼화인쇄	2008.07. 25	CM
718	초당대학교 기숙사D동 증축공사 내역검토	김기운	2008.07. 29	OTH
719	다음 R&D Center	㈜다음커뮤니케이션	2008.07. 31	CM+CS
720	천안제3일반산업단지(PM)	주식회사 케이유피	2008.08. 01	PM
721	대진합긴곤건(곤산)유한공사증축공사설계및CM(JINHAP)	JINHAP	2008.08. 04	CM
722	BTX Korea 군산공장 신축공사	신한BNP파리바자산운용 ㈜SH캐피탈사모부동산투신10호	2008.08. 12	CM
723	부산신항만 남컨테이너 터미널 2-3단계	CH2M HILL	2008.08. 20	OTH
724	초당대학교 체육관 내역/구조검토용역	김기운	2008.08. 22	OTH
725	홈에버 Refit PM기술지원용역	홈플러스테스코㈜	2008.08. 29	CM
726	부산 K병원 신축공사	K병원	2008.09.	CM at Risk
727	T-Project construction phase1	ExxonMobil	2008.09. 09	CM+CS
728	하이퐁 송지아리조트개발 PM	AMCO - MIBAEK VINA	2008.09. 09	PM
729	BHP코리아 C92 Project LTA	세빌스코리아주식회사	2008.09. 11	OTH
730	롯데마트 3개점 하자보수 확인실사	ING Real Estate Investment Management Ko	2008.09. 12	DD
731	삼성전자 멕시코 공장	삼성전자㈜	2008.09. 20	CM
732	과천화훼종합센터 건립공사	과천시청	2008.09. 24	CM+CS
733	남대문 메사빌딩 실사용역	Kayla II Jersey Limited	2008.09. 24	DD
734	홈플러스 천안점 DD	ING Real Estate Investment Management Ko	2008.09. 26	DD

CM : Construction Management
PM : Project Management
R&R : Reconstruction & Remodeling (정비사업)
DD : Due Diligence (건물기술심사)
PF : Project Financing (금융조달 컨설팅)
CS : Construction Supervision
DM : Design Management
FMS : Facility Management System (시설관리시스템구축 용역)
LTA : Lender's Technical Advisor (대주단 기술자문)
OTH : Others (기타 기술용역)

No	프로젝트	발주처	계약일자	유형
735	신송 디오빌딩 DD	SH 자산운용 ㈜ SH캐피탈사모 부동산투자신탁제6호	2008.09. 26	DD
736	몽골 GRAND 레지던스 CM	몽골 Grand	2008. 10. 02	CM
737	송도 GIK Pre-con CM	게일 코리아	2008. 10. 06	CM
738	오만 조선소 프로젝트 DM	대우조선해양㈜	2008. 10. 07	DM
739	금정공업 광주공장 신축공사	금정공업㈜	2008. 10. 17	e집
740	대성산업(소주)액압기계	대성산업(소주)액압기계	2008. 10. 22	CM
741	판교 상업시설	주식회사 알파돔시티	2008. 10. 30	CM+CS
742	대치동 베스티안병원 DD	Angelo. Gordon&Co.	2008. 10. 30	DD
743	Libya Housing & Infrastructure Project	Housing & Infrastructure Board	2008. 10. 31	CM
744	메릴린치 분당 구미동 업무시설	신한BNP파리바자산운용㈜ 캐피탈사모부동산투자신탁5호	2008. 10. 31	CM
745	과천복합관광단지 개발사업	과천시청	2008. 11. 14	PM
746	동소문동 오피스 실사용역	롯데자산개발㈜동소문점	2008. 11. 21	DD
747	장암 아일랜드 캐슬 리츠	㈜피닉스에이엠씨	2008. 11. 24	OTH
748	신세계 영등포점 리모델링 CM	㈜신세계 백화점 영등포점	2008. 11. 26	CM
749	MODA 아울렛 DD	도란캐피탈	2008. 12. 05	DD
750	LG패션 양지연수원 리모델링 및 마스터플랜설계관리	㈜LG패션	2008. 12. 09	DM
751	요르단 수질모니터링 시스템 구축사업	주식회사 엔디에스	2008. 12. 11	CM
752	메타폴리스 2단계	메타폴리스주식회사	2008. 12. 12	CM
753	공세지구 ING Complex 도급계약서 검토용역	ING RE AVF Management Limited	2008. 12. 16	OTH
754	SCFB 실사용역	스탠다드차타드	2008. 12. 17	DD
755	서울대병원 지하공간 개발	서울대학교병원	2008. 12. 30	DM
756	잠실 제2 롯데월드 초고층 공사비 및 공기검토용역	롯데물산㈜	2009. 01. 07	OTH
757	Kunwon Abu Dhabi Navi-Soho	㈜건축사사무소 건원엔지니어링	2009. 01. 14	CS
758	금산군 국민건강보험공단 연수원 유치	금산군청	2009. 01. 19	DM
759	센터원(글로스타) LEED인증 타당성 검토용역	주식회사 글로스타	2009. 01. 22	CM
760	만민기도원 신축공사	만민중앙교회	2009. 01. 22	e집
761	판교 테크노밸리 도시 4-5,4-6,4-7블럭 공사비 검토 용역	주식회사 유원시피엠	2009.02. 02	OTH
762	홈플러스 남양주 진접점	삼성테스코㈜	2009.02. 04	CM+CS
763	삼미건설 아부다비 빌라&학교	㈜삼미건설	2009.02. 16	CM

CM : Construction Management
PM : Project Management
R&R : Reconstruction & Remodeling (정비사업)
DD : Due Diligence (건물기술심사)
PF : Project Financing (금융조달 컨설팅)
CS : Construction Supervision
DM : Design Management
FMS : Facility Management System (시설관리시스템구축 용역)
LTA : Lender's Technical Advisor (대주단 기술자문)
OTH : Others (기타 기술용역)

No	프로젝트	발주처	계약일자	유형
764	길동 양병원 리모델링 e-Jip용역	길동 양병원	2009.02. 19	e집
765	포항 동빈내항 개발사업	신원리모델링	2009.02. 26	DM
766	홈플러스 분당 오리점	삼성테스코㈜	2009.02. 27	CM+CS
767	LA Wilshire Hoover Shopping Center CM	DAVID CHANG DC PARTNER LLC.	2009.02. 27	CM
768	남한강골프장 사업검토	벽산건설㈜	2009.03. 04	OTH
769	길음동 척병원 신축공사 시공전단계 CM용역	서울척병원	2009.03. 18	e집
770	한남 더힐 신축공사	㈜한스자람D&CM	2009.03. 19	CM
771	죽전 이니지오 신축공사	어반웍스	2009.03. 25	e집
772	마포로 3-3구역 도시환경정비사업	마포로 3-3구역 도시환경정비사업조합	2009.03. 27	CM
773	미군 Housing 설계 CM	U.S. Army Corps of Engineers District	2009.03. 30	CM
774	아일랜드캐슬(캐슬스파월드) 신축공사	㈜유니온브릿지홀딩스	2009.04. 03	CM+CS
775	유니버셜스튜디오리조트개발사업 공사비산정용역	유니버셜스튜디오리조트개발㈜	2009.04. 06	CM
776	동국대 기숙사 BTO 신축	동국대학교	2009.04. 14	DM
777	원광대학교 의과대학병원 설계내역 검토 및 공사비 정산 용역	원광대학교의과대학병원	2009.04. 21	OTH
778	우진빌딩 신축공사 e-Jip용역	이승준	2009.04. 21	e집
779	국립생태원	환경부	2009.04. 27	CM
780	러시아 삼성전자 공장	삼성전자㈜	2009.04. 28	CM
781	초동교회 대수리공사 e-Jip용역	한국기독교장로회초동교회	2009.04. 28	e집
782	한샘 송파전시장 리모델링	㈜한샘	2009.04. 29	CM
783	SK순화빌딩 엔지니어링 실사업무	도이치자산운용주식회사	2009.04. 30	DD
784	GIK 송도아트센터	게일 코리아	2009.05. 06	CM
785	(KOICA)파라과이 교육 및 보건분야 3개사업 CM용역	한국국제협력단	2009.05. 08	CM
786	안양 상쾌한항외과 신축공사 e-Jip 용역	상쾌한항외과	2009.05. 08	e집
787	항공우주박물관	제주국제자유도시개발센터	2009.05. 20	CM
788	락앤락소주공장 개보수 공사관리	락앤락	2009.05. 26	CM at Risk
789	길음동 척병원 Cost+Fee용역	서울척병원	2009.05. 26	CM at Risk
790	진합 대덕공장 증축공사	주식회사진합	2009.05. 29	CM+CS
791	홈플러스 익스프레스 기획CM(09년도)	삼성테스코㈜	2009.05. 29	CM
792	아제르바이잔 S-Tower 2차 PM용역	㈜바쿠프라이드	2009.05. 29	PM

CM : Construction Management
PM : Project Management
R&R : Reconstruction & Remodeling (정비사업)
DD : Due Diligence (건물기술심사)
PF : Project Financing (금융조달 컨설팅)
CS : Construction Supervision
DM : Design Management
FMS : Facility Management System (시설관리시스템구축 용역)
LTA : Lender's Technical Advisor (대주단 기술자문)
OTH : Others (기타 기술용역)

No	프로젝트	발주처	계약일자	유형
793	마포구청사부지 개발 DM	STX건설주식회사	2009.05. 29	DM
794	해외건설협회 용역조사	해외건설협회	2009.06. 02	OTH
795	SCFB 압구정동로데오지점(1개소) 악취에 대한 조사	Standard Chartered Bank	2009.06. 03	OTH
796	송도 C8-2 Project	게일 코리아	2009.06. 04	CM+CS
797	송도 the First world 내 상가 전기공사 감리용역	송도국제도시개발(유)	2009.06. 05	CS
798	분당 서현동 업무시설 실사용역	도란캐피탈	2009.06. 10	DD
799	PARC 1 VE용역	Y22 Project Financing Investment	2009.06. 12	CM
800	광안리 주상복합	㈜City Up	2009.06. 15	CM+CS
801	글로스타 문화공원 및 기반시설공사	㈜지엘어소시에이츠	2009.06. 16	CM+CS
802	오산물류센터	㈜오산로지스틱스	2009.06. 16	CM+CS
803	남해 장포 골프리조트	㈜한섬피엔디	2009.06. 22	CM+CS
804	(KOICA) 팔레스타인 헤브론시, 제닌시 프로젝트	한국국제협력단	2009.06. 24	CM+CS
805	두큼 프론티어 타운 프로젝트	대우조선해양㈜	2009.06. 30	PM
806	중국 위해 장보고CC 호텔신축 프로젝트		2009.07. 01	CM
807	삼성동 OTC빌딩 신축공사	김희언	2009.07. 02	e집
808	콜롬비아 초코주 기초보건의료 향상사업 건축부문 실시협의	한국국제협력단	2009.07. 06	DM
809	2010 상해엑스포 한국관 감리용역	Massstudies	2009.07. 13	CS
810	포항 삼정피앤에이공장 엔지니어링 실사용역	시그노드코리아㈜	2009.07. 13	DD
811	안성 용설리 주택 신축공사(Cost+Fee)	김희숙	2009.07. 15	CM at Risk
812	오만 Dry Dock 대우건설 지원 CTA 용역	㈜대우건설	2009.07. 22	CM
813	제주도 드림타워 사업계획서 작성 용역	동화투자개발㈜	2009.07. 27	PM
814	여수 화물자동차 휴게소 제안서 PM용역	SK에너지㈜	2009.07. 30	PM
815	간석동 주상복합 기성실사		2009.07. 31	CM
816	홈플러스 동탄점	삼성테스코㈜	2009.07. 31	CM
817	송도 G4-1블럭 OK센터 호텔복합시설 신축	에이치앤비디엔씨주식회사	2009.08. 03	CM
818	4대강 살리기 통합사업관리 시스템 구축	국토해양부	2009.08. 17	CM
819	사우디 ERM Project	ZFP	2009.08. 18	PM
820	중국곤산대진합 열처리동 증축공사	JINHAP	2009.08. 21	CM
821	베트남 락앤락 2기 공장신축공사	락앤락	2009.08. 24	PM
822	상암동 조선일보 컨소시엄		2009.08. 31	CM+CS
823	SDS 쿠웨이트 유정관리 Security System	삼성에스디에스㈜	2009.09. 01	OTH
824	Jing An Kerry Centre PMIS - China	Shanghai Ji Xiang	2009.09. 01	OTH

CM : Construction Management	CS : Construction Supervision
PM : Project Management	DM : Design Management
R&R : Reconstruction & Remodeling (정비사업)	FMS : Facility Management System (시설관리시스템구축 용역)
DD : Due Diligence (건물기술심사)	LTA : Lender's Technical Advisor (대주단 기술자문)
PF : Project Financing (금융조달 컨설팅)	OTH : Others (기타 기술용역)

No	프로젝트	발주처	계약일자	유형
825	부산 신항 북컨테이너 터미널 1단계 실사	부산신항만㈜	2009. 09. 07	DD
826	MMHE Yard Optimization PJ	MMHE	2009. 09. 11	PM
827	유한양행 본사부지 개발 컨설팅 용역	유한양행	2009. 09. 14	DM
828	구로동 세인스톤 신축공사 기성실사용역	㈜하나종합개발	2009. 09. 16	OTH
829	삼성테크윈 창원 신공장 증설 프로젝트	삼성테크윈㈜	2009. 09. 18	CM
830	삼천리 오산 기술연구소	㈜삼천리	2009. 09. 18	CM+CS
831	태백시 종합레져타운 조성 사업타당성 조사	㈜태안디앤아이	2009. 09. 18	DM
832	역삼동 707-4 업무시설 및 근린생활시설	정수부동산	2009. 10. 09	CM+CS
833	역삼동 KTB빌딩 Renovation공사 CM용역	세빌스코리아주식회사	2009. 10. 14	CM
834	회현동 00빌딩 리모델링 DD 용역	코람코자산신탁	2009. 10. 16	PM
835	오스템임플란트 신사옥 신축공사	오스템임플란트 주식회사	2009. 10. 16	CM
836	잠실 교통회관 재건축 컨설팅	서울시 교통회관	2009. 10. 20	DM
837	서울스퀘어 대수선 및 용도변경공사 CM at Risk (대우센터빌딩)	케이원기업구조조정 부동산투자㈜	2009. 10. 20	CM at Risk
838	신세계 인천점 증축공사	㈜신세계	2009. 10. 26	CM
839	남산 엘리시안 힐(싱글즈하우스)	㈜도시에빛	2009. 10. 27	CM
840	삼성테크윈 창원공장 LEED 인증용역	삼성테크윈㈜	2009. 10. 29	OTH
841	부산 모라동 아파트형공장 신축공사	부산벤처산업단지개발㈜	2009. 11. 06	e집
842	2010 상해엑스포 한국기업관 CS용역	해안건축	2009. 11. 11	CS
843	B-PJT 토건축/유틸리티 부문	에스비리모티브주식회사	2009. 11. 16	CM
844	영산 칼리아 주상복합아파트 신축공사 기성실사용역	㈜영산종합건설	2009. 11. 16	e집
845	서울 팔래스 호텔 객실 리노베이션	서주관광개발㈜	2009. 11. 17	CM
846	쿠웨이트 대사관 PJ	외교통상부 기획조정실 국유재산팀	2009. 11. 19	CM
847	홈플러스 서울 월곡점	삼성테스코㈜	2009. 11. 23	CM
848	스리랑카 교육분야 2개사업 건축부분 전문가 파견 용역	한국국제협력단	2009. 11. 25	CM
849	천안 폐수이송관로 이설공사	삼성전자㈜	2009. 11. 25	CM+CS
850	휴네스트 골프리조트 CM 및 감리용역	미래에셋컨설팅	2009. 11. 30	CM+CS
851	MACAO SOW3	Goldman Sachs (Asia) L.L.C.	2009. 11. 30	CM
852	인의동 오피스 프로젝트 실사보고서 작성용역	한국투자신탁운용㈜ 한국투자사모종로플레이스 부동산 투자신탁 32호	2009. 11. 30	DM
853	NHN 춘천 연구소/연수원 설계관리 및 실시설계 용역	엔에이치엔㈜	2009. 12. 01	CM+CS

CM : Construction Management
PM : Project Management
R&R : Reconstruction & Remodeling (정비사업)
DD : Due Diligence (건물기술심사)
PF : Project Financing (금융조달 컨설팅)
CS : Construction Supervision
DM : Design Management
FMS : Facility Management System (시설관리시스템구축 용역)
LTA : Lender' s Technical Advisor (대주단 기술자문)
OTH : Others (기타 기술용역)

No	프로젝트	발주처	계약일자	유형
854	경도 해양관광단지 조성사업	전남개발공사	2009. 12. 02	CM+CS
855	탕정 북측 확장단지 조성공사 CM용역	삼성전자㈜	2009. 12. 07	CM+CS
856	전남여수 국동 1단지 재건축 사업	국민은행광주여신관리센터	2009. 12. 17	CM8
857	미군 Housing 1단계 CM	HFC	2009. 12. 17	CM+CS
858	나렛테크노 인테리어 증축공사 건설사업관리(CM)용역	나렛테크노	2009. 12. 18	CM
859	평택 · 당진항 서부두 5번선석(시멘트 전용 부두) 설계감리 및 설계 VE	㈜삼표	2009. 12. 22	CM
860	상암동 T3엔터테인먼트	T3 엔터테인먼트	2009. 12. 24	CM+CS
861	R5 Project	삼성전자㈜	2009. 12. 24	CM
862	ABB코리아 Demo Room 전시관 신축공사	㈜ABB 코리아	2009. 12. 28	CM
863	4대강 살리기 통합사업관리 기술지원용역	국토해양부	2009. 12. 31	CM+CS
864	잠실 제2 롯데월드	롯데물산㈜	2009. 12. 31	CM
865	상해 포동 미래에셋 빌딩 구조검토 용역	미래에셋컨설팅	2009. 12. 31	CM
866	Libya 10000 Housing Units & Service BLDG	Hanmiparsons Company Ltd. Tripoli Branch	2009. 12. 31	CM+CS
867	오산 도시관리계획 중 교량경간장 형식 적정성 검토	㈜효성	2009. 12. 31	CM
868	우리들 교회 신축공사	우리들교회	2009. 12. 31	CM+CS
869	탕정 사원아파트 2단계 CM용역	삼성전자㈜ 탕정공장	2009. 12. 31	CM+CS
870	인천 용현학익 지구 1BL 실시설계 관리(PM)	동양제철화학㈜	2009. 12. 31	CM+CS
871	용산 센트레빌 신축공사 CM용역	동부건설㈜	2009. 12. 31	CM
872	봉천동 소형 주택 및 근생시설 개발 PM	㈜한미파슨스마에스트로PFV1차	2010. 01. 07	PM
873	안산돔구장	안산도시공사	2010. 01. 12	CM+CS
874	NH투자증권 필리핀 수빅 에듀펠리스 프로젝트	주식회사 에듀팰리스	2010. 01. 20	CM+CS
875	포항 기쁨의 교회 신축공사	기쁨의교회	2010. 01. 29	CM+CS
876	Suzhou Sun Plaza 추가 연장 계약	SUNGROUP	2010. 01. 29	CM
877	포스코 공정혁신 프로젝트	㈜포스코건설	2010. 02. 04	CM
878	서초동 EWR 빌딩 신축공사 CM/CS 용역	EWR빌딩	2010. 02. 08	CM+CS
879	북경 LG생활건강 공장 신축공사	북경LG생활건강	2010. 02. 10	CM
880	부평 오피스텔 신축(LTA)	한국투자신탁운용㈜ 한국투자사모	2010. 02. 19	CM
881	대우자판송도테마파크	㈜ 대우자동차판매	2010. 02. 26	CM+CS
882	SDS카타르 MPLS 네트워크 구축 제안 관련 건설 CM자문용역	삼성에스디에스㈜	2010. 03. 04	CM

CM : Construction Management
PM : Project Management
R&R : Reconstruction & Remodeling (정비사업)
DD : Due Diligence (건물기술심사)
PF : Project Financing (금융조달 컨설팅)
CS : Construction Supervision
DM : Design Management
FMS : Facility Management System (시설관리시스템구축 용역)
LTA : Lender's Technical Advisor (대주단 기술자문)
OTH : Others (기타 기술용역)

No	프로젝트	발주처	계약일자	유형
883	중학동 업무시설	중학 PFV	2010. 03. 11	CM+CS
884	웅진에너지 대덕2공장 프로젝트 LEED 인증용역	웅진에너지주식회사	2010. 03. 16	OTH
885	송도 애니파크 건립공사	송도애니파크주식회사	2010. 03. 19	CM+CS
886	SK 김천 화물차휴게소	SK에너지 주식회사	2010. 03. 19	CM at Risk
887	락앤락 아산자동화창고 프로젝트	㈜락앤락	2010. 03. 23	CM+CS
888	홈플러스 부천 상동점 증축공사	삼성테스코㈜	2010. 03. 26	CM+CS
889	안암동 근생 및 주거시설 신축	㈜리첸카운티	2010. 03. 26	CM+CS
890	판교테크노벨리 D-4블럭 FMS구축	하니웰	2010. 03. 29	CM+CS
891	영종도 운서역 복합개발 프로젝트	주식회사 피닉스에이엠씨	2010. 03. 31	PM
892	삼성테스코 무의 연수원	삼성테스코㈜	2010. 03. 31	CM+CS
893	사우디 리야드 1111 하우징	EBRAM	2010. 04. 07	CM
894	경인운하(아라뱃길) 조성사업 CM 용역	현대건설㈜	2010. 04. 09	CM
895	쿠웨이트 유정감시 구축사업 본공사 CM(쿠웨이트 유정감시 공정 관리용역)	삼성에스디에스㈜	2010. 04. 09	CM
896	마장동 474-5 근생/오피스텔 신축 공사 기성실사 용역	고운타워	2010. 04. 12	CM
897	중국 소주 CAS Weight Machine 공장 신축 Project	cas	2010. 04. 15	CM
898	현대백화점 청주점 신축공사	한무쇼핑㈜	2010. 04. 19	CM+CS
899	H-Center 건립사업	재단법인 행복나눔재단	2010. 04. 22	CM+CS
900	홈플러스 일산 KINTEX점	삼성테스코㈜	2010. 04. 23	CM+CS
901	국립낙동강생물자원관 건립공사	국립생물자원관	2010. 04. 23	CM+CS
902	가평 타운하우스 개발사업 PM용역	IMA	2010. 04. 23	PM
903	울산 매곡동 공동주택 건립사업 대주단(국민은행) CM용역	울산개발㈜	2010. 04. 27	CM
904	SK케미칼연구소 IPMVP수행용역	에스케이건설㈜	2010. 04. 30	CM
905	KAIST 기초과학동 신축공사	KAIST	2010. 05. 06	CM+CS
906	대치동 961-10 근생시설 사전 타당성 검토	남상우	2010. 05. 06	OTH
907	홈플러스 화성향남점 신축공사	삼성테스코㈜	2010. 05. 10	CM+CS
908	글로스타 대주단 CM 용역	주식회사 글로스타	2010. 05. 12	LTA
909	한국금융연수원 리모델링	한국금융연수원	2010. 05. 13	CM+CS
910	용설리 스튜디오 한옥 신축	김희숙	2010. 05. 14	CM
911	구로동 97-4 하나세인스톤(2차) 기성실사 용역	주식회사 하나종합개발	2010. 05. 14	LTA
912	구로동 46-4 하나세인스톤(3차) 기성실사 용역	주식회사 하나종합개발	2010. 05. 14	LTA
913	오만조선소 시설장비 감리 용역	대우조선해양㈜	2010. 05. 18	CS
914	김포공항 Sky Park 조성사업	롯데자산개발㈜	2010. 05. 18	OTH

CM : Construction Management
PM : Project Management
R&R : Reconstruction & Remodeling (정비사업)
DD : Due Diligence (건물기술심사)
PF : Project Financing (금융조달 컨설팅)
CS : Construction Supervision
DM : Design Management
FMS : Facility Management System (시설관리시스템구축 용역)
LTA : Lender's Technical Advisor (대주단 기술자문)
OTH : Others (기타 기술용역)

No	프로젝트	발주처	계약일자	유형
915	현대미술관 서울관	현대미술관	2010. 05. 19	CM+CS
916	SK케미칼연구소 BEMS 구축용역	에스케이씨앤씨㈜	2010. 05. 20	OTH
917	탕정 TC 일반산업단지 폐수재이용시설공사(1단계)	삼성전자㈜ 탕정공장	2010. 05. 27	CM
918	경주 폐기물매립장 개발사업 CM	경주산업개발	2010. 05. 27	CM+CS
919	송도 BRC 조성사업	BRC주식회사	2010. 05. 31	CM+CS
920	우리기업 성수동 콜센터 신축공사	우리기업	2010. 05. 31	CM+CS
921	정성노인의 집 리모델링 공사	(복)양친사회복지회 정성노인의집	2010. 05. 31	CM
922	헤이리갤러리 신축공사	갤러리 화이트블럭	2010. 06. 07	CM at Risk
923	아모레퍼시픽 대전사업장 증축 및 리모델링 공사	㈜아모레퍼시픽	2010. 06. 07	CM+CS
924	게이트웨이타워 건물실사 용역	동부건설㈜	2010. 06. 15	DD
925	홈플러스 Refit CM	삼성테스코㈜	2010. 06. 16	CM
926	제일모직여수공장 R&D센터 신축	제일모직㈜	2010. 06. 17	CM at Risk
927	핀크스 비오토피아 엔지니어링실사	SK 네트웍스㈜	2010. 06. 18	DD
928	수원정자동 TSP 프로젝트	에스케이건설㈜	2010. 06. 22	CM
929	안산 상록구 사동 주상복합 LTA	㈜한덕개발	2010. 06. 22	LTA
930	서초동 1538-3 근생/주거시설 신축 사전 타당성 검토	오은석	2010. 06. 23	OTH
931	파리크라상 성남공장 신축 CM	㈜파리크라상	2010. 06. 24	CM
932	탕정TC일반산업단지 폐수종말처리시설공사 책임감리용역6단계	삼성전자㈜ 탕정공장	2010. 06. 25	CS
933	포일 인텔리전트 타운 C2블록	디지프리즘㈜	2010. 06. 28	CM+CS
934	PARC 1 현장 기술검토용역	삼성물산㈜	2010. 06. 28	OTH
935	탕정트라팰리스2,3단계	삼성전자㈜ 탕정공장	2010. 06. 30	CM
936	홈플러스 익스프레스 CM(10년도)	삼성테스코㈜	2010. 06. 30	CM
937	판교아이포타 건립사업	아이포타 조성사업 컨소시엄	2010. 06. 30	CM+CS
938	여수 대명리조트 복합개발사업	대명건설	2010. 06. 30	CM+CS
939	NHN 용인 동천동 어린이집 신축	엔에이치엔㈜	2010. 07. 06	CM+CS
940	한국몰렉스 안산공장 증축공사	한국몰렉스㈜	2010. 07. 09	CM
941	덕이 신동아 건설 아파트 신축사업 LTA	드림리츠㈜	2010. 07. 12	LTA
942	미래생활㈜ 창원공장 신축	미래생활㈜	2010. 07. 14	CM+CS
943	맥도날드 매장 공사비 검토 용역	한국맥도날드유한회사	2010. 07. 21	CM
944	한국감정원 대구사옥 신축공사	한국감정원	2010. 07. 28	CM+CS
945	가산동 한국훼스토 공장 증축 및 보수공사	한국훼스토㈜	2010. 07. 30	CM

CM : Construction Management
PM : Project Management
R&R : Reconstruction & Remodeling (정비사업)
DD : Due Diligence (건물기술심사)
PF : Project Financing (금융조달 컨설팅)
CS : Construction Supervision
DM : Design Management
FMS : Facility Management System (시설관리시스템구축 용역)
LTA : Lender's Technical Advisor (대주단 기술자문)
OTH : Others (기타 기술용역)

No	프로젝트	발주처	계약일자	유형
946	이천 Continental Automotive system 사무동 신축	㈜Continental Automotive system	2010. 07. 30	CM
947	학동 홈플러스 익스프레스	삼성테스코㈜	2010. 07. 30	CM
948	기업은행 종합연수원 FMS설비개발 및 구축 컨설팅	중소기업은행	2010. 08. 17	CM
949	키르키즈스탄 아파트 PM 및 LTA	Diplomatic city	2010. 08. 18	PM
950	Jabal Omar Development, Mecca	mecca	2010. 08. 30	CM
951	이태원동 128-13 프로젝트	민생빌딩	2010. 08. 30	CM
952	봉천동 소형주택 개발 CM at Risk	㈜한미파슨스마에스트로PFV1차	2010. 08. 31	CM at Risk
953	부천 심곡동 도시형생활주택	㈜에이치앤디	2010. 09. 13	CM at Risk
954	푸르메재단 프로젝트	재단법인 푸르메	2010. 09. 14	CM
955	동화기업 베트남 MDF공장 프로젝트	동화기업	2010. 09. 15	CM
956	역삼동 678-10 테넌트유치 대행 용역	비엠와이(BMY)역삼타워	2010. 09. 30	PM
957	춘천 더존 디지털벤처단지 조성 사업	주식회사 더존이디원	2010. 10. 06	CM
958	Center 1 에너지 관리 시스템 구축공사	㈜이일엔지니어링	2010. 10. 11	FMS
959	삼성동 나라키움 위탁사업	한국자산관리공사	2010. 10. 14	CM+CS
960	농촌진흥청	농촌진흥청	2010. 10. 15	CM+CS
961	울산 강변 센트럴하이츠 대주단 CM용역	㈜중앙건설	2010. 10. 18	CM
962	동선동 오피스텔 신축공사	동선타워	2010. 10. 18	CM at Risk
963	삼성코닝정밀소재 복지동 LEED 인증 용역	삼성코닝정밀소재주식회사	2010. 10. 19	OTH
964	여의시스템 성남사옥	여의시스템	2010. 10. 26	CM+CS
965	GSCP_SZ Plant Project	GS 칼텍스	2010. 10. 27	CM
966	탕정 Parking Park 건축공사	삼성전자㈜ 탕정공장	2010. 10. 29	CM+CS
967	건강보험심사평가원 수원지원 리모델링	건강보험심사평가원	2010. 11. 08	CM+CS
968	락앤락 베트남 유리공장 신축공사 CM용역	㈜락앤락 베트남법인	2010. 11. 08	CM
969	TLI 판교 사옥	㈜티엘아이	2010. 11. 09	CM+CS
970	신한금융그룹데이터센터	신한은행	2010. 11. 11	CM+CS
971	홈플러스 연산점	삼성테스코㈜	2010. 11. 15	CM+CS
972	제주 드림타워 DM	동화투자개발㈜	2010. 11. 15	DM
973	동대문 JW Marriot Hotel 신축공사	㈜동승	2010. 11. 18	CM+CS
974	남극 제2기지 건설공사	극지연구소	2010. 11. 19	CM+CS
975	다우케미컬 천안공장 신축	다우케미컬	2010. 11. 19	CM
976	여수 엑스포 기술제안서 분석용역	여수 엑스포	2010. 11. 22	OTH
977	유진기업 송도 쇼핑몰	유진기업	2010. 11. 24	CM

CM : Construction Management
PM : Project Management
R&R : Reconstruction & Remodeling (정비사업)
DD : Due Diligence (건물기술심사)
PF : Project Financing (금융조달 컨설팅)
CS : Construction Supervision
DM : Design Management
FMS : Facility Management System (시설관리시스템구축 용역)
LTA : Lender's Technical Advisor (대주단 기술자문)
OTH : Others (기타 기술용역)

No	Project	Client	Contract Date	Type
978	월곡동 유니버스 하우징	유니버스하우징	2010. 11. 25	CM
979	삼성테크윈 창원1공장 ELF증설공사	삼성테크윈㈜	2010. 11. 26	CM+CS
980	NHN 판교 신사옥	엔에이치엔㈜	2010. 11. 30	CM+CS
981	Rusk 부산병원 증축공사 CM용역	러스크 병원	2010. 11. 30	CM
982	한국산업단지 공단 사옥이전	한국산업단지 공단	2010. 12. 06	CM+CS
983	만도 헬라 일렉트로닉스	만도	2010. 12. 09	CM
984	KAIST 기초과학동 LEED	KAIST	2010. 12. 14	CM
985	국방부 T/F CM 용역	국방부	2010. 12. 16	OTH
986	HISEM 공장	HISEM	2010. 12. 17	CM
987	기업은행 남동지점	기업은행	2010. 12. 20	CM+CS
988	롯데마트(인천항동점,제주점) 하자관련 실사용역	롯데마트	2010. 12. 20	PM
989	4대강 살리기 통합사업관리 기술지원용역 2차	국토해양부	2010. 12. 23	CM
990	샘표 식품 오송기술연구원	샘표식품	2010. 12. 24	CM+CS
991	삼성동 업무시설	개인	2010. 12. 27	CM+CS
992	형제전기	형제전기	2010. 12. 30	CM
993	현대비철금속 본사사옥 및 공장동 신축공사	㈜에이치엠시	2011. 01. 07	CM+CS
994	INZI Display 멕시코 공장 CM 프로젝트	INZI Display	2011. 01. 14	CM
995	Suzhou Sun Plaza 증액계약	SUNGROUP	2011. 01. 24	CM
996	팜스그린 청북 생란사업장 CM용역	농업회사법인 ㈜팜스그린	2011. 01. 27	CM
997	늘편한집 리모델링공사 CM용역	늘편한집	2011. 01. 28	CM
998	kt광화문사옥	주식회사 케이티	2011. 01. 31	CM+CS
999	호텔신라 면세점(서울) 매장 확장 공사	㈜호텔신라	2011. 02. 09	CM
1000	대한적십자 헌혈의 집(일산,신도림) 인테리어공사 CM	대한적십자사 서울서부혈액원	2011. 02. 21	CM
1001	홈플러스 평택안중점	홈플러스㈜	2011. 02. 25	CM+CS
1002	북경 MOBIS공장 건설	AMCO 중국법인	2011. 02. 28	OTH
1003	평택 화인물류단지 개발프로젝트	주식회사 화인파트너스	2011. 02. 28	PM
1004	정립회관 교육관 증축공사	사회복지법인 한국소아마비협회 정립회관	2011. 02. 28	CM+CS
1005	호텔신라 가이드라인 작성을 위한 기술검토 용역	㈜호텔신라	2011. 03. 03	CM
1006	묵동 아파트 LTA 용역	㈜프름에씨앤씨	2011. 03. 03	LTA
1007	안산시 식물박물관 신축공사 설계단계 CM용역	이풀식물박물관	2011. 03. 03	CM
1008	말레이시아 고려제강 연구소 신축공사	고려제강㈜	2011. 03. 04	CM
1009	ROCKBUND INTERIOR CM SERVICE	ROCKBUND (SHANGHAI)	2011. 03. 07	CM

CM : Construction Management
PM : Project Management
R&R : Reconstruction & Remodeling (정비사업)
DD : Due Diligence (건물기술심사)
PF : Project Financing (금융조달 컨설팅)
CS : Construction Supervision
DM : Design Management
FMS : Facility Management System (시설관리시스템구축 용역)
LTA : Lender's Technical Advisor (대주단 기술자문)
OTH : Others (기타 기술용역)

No	Project	Client	Contract Date	Type
1010	포천 송우리 원룸 LTA 용역	청정	2011. 03. 07	LTA
1011	㈜델코 구미공장 증설 신축공사 CM용역	㈜델코	2011. 03. 08	CM+CS
1012	역삼동 677-4 복합시설 신축공사	김창환	2011. 03. 11	CM at Risk
1013	OB맥주 청원공장 Inventory 구축	OB	2011. 03. 15	OTH
1014	신광초등학교 인테리어 공사 건설사업관리 용역	신광초등학교	2011. 03. 23	CM
1015	SL&C 방배동 근린생활시설 설계검토 및 내역서 검토	㈜에스엘앤씨	2011. 03. 28	CM
1016	부산 광복동 YZ파크 신축공사	에이엠플러스자산개발㈜	2011. 03. 29	CM
1017	연합뉴스사옥재건축	㈜연합뉴스	2011. 03. 30	CM+CS
1018	송도 GIK 통합관리 CM	게일 코리아	2011. 03. 31	CM+CS
1019	마에스트로 캠퍼스타운	㈜대화앤유	2011. 03. 31	OTH
1020	훼미리마트 도시락 공장	㈜훼미리에프앤비	2011. 04. 04	CM
1021	안성 일죽창고 DD용역	Mapletree logistics	2011. 04. 04	DD
1022	광림교회 사회복지관 신축공사	광림교회 기독교 대한감리회	2011. 04. 11	CM
1023	경남 김해시 어방동 도시형 생활주택 신축공사	㈜고구려씨엔디	2011. 04. 18	CM
1024	용인 구성 리가 아파트 건립사업	㈜프리미어빌	2011. 04. 22	CM
1025	홈플러스 안산점 증축공사	홈플러스㈜	2011. 04. 22	CM+CS
1026	이마트 광명소하점 구조안전 진단 용역	신세계건설㈜	2011. 04. 22	CM
1027	세종마을 푸르메센터 시공단계 CM 및 감리용역	재단법인 푸르메	2011. 04. 22	CM+CS
1028	역삼마에스트로 홍보지원 용역	김창환	2011. 04. 25	OTH
1029	용인드림타워 개발사업 기성실사 용역	드림타워상가조합	2011. 04. 25	LTA
1030	강일지구 상업용지 C4-2 개발사업 기성실사 용역	조양건설㈜	2011. 04. 25	LTA
1031	김포공항 신라 면세점 리모델링	㈜호텔신라	2011. 04. 29	CM
1032	LG패션 양주공장 프로젝트 토목공사	주식회사 LG패션	2011. 04. 29	CM+CS
1033	연신내역 마에스트로 개발사업 AMC	㈜한미글로벌마에스트로PFV2차	2011. 04. 29	PM
1034	신논현역 마에스트로 신축공사(Cost+Fee)	유영	2011. 04. 29	OTH
1035	망우동 LIG 리가 아파트 대주단 CM	㈜다올유씨엘	2011. 05. 02	CM
1036	동탄 DNSC 호텔	㈜비오스	2011. 05. 04	CM+CS
1037	KAIST김병호 IT신축공사 감리용역	KAIST	2011. 05. 09	CM+CS
1038	SK 케미칼연구소 BEMS UPGrade	선진콘트롤엔엑세스	2011. 05. 09	OTH
1039	현대아반시스 오창 태양전지 공장	현대아반시스주식회사	2011. 05. 11	CM+CS
1040	별내지구 준8-3블럭 근린생활시설 기성실사 용역	주식회사 별내도시	2011. 05. 13	LTA
1041	별내지구 5-1/16-1블럭 근린생활시설 기성실가 용역	주식회사 별내공영	2011. 05. 13	LTA

CM : Construction Management
PM : Project Management
R&R : Reconstruction & Remodeling (정비사업)
DD : Due Diligence (건물기술심사)
PF : Project Financing (금융조달 컨설팅)
CS : Construction Supervision
DM : Design Management
FMS : Facility Management System (시설관리시스템구축 용역)
LTA : Lender's Technical Advisor (대주단 기술자문)
OTH : Others (기타 기술용역)

No	Project	Client	Contract Date	Type
1042	시흥사거리 와이즈플레이스 신축공사 도급공사비검토 용역	에이엠플러스자산개발㈜	2011. 05. 17	CM
1043	자유로 아쿠아랜드 콘도미니엄 신축공사 사업기획 용역	진천건설 주식회사	2011. 05. 19	OTH
1044	연신내역 마에스트로 설계단계 CM	㈜한미글로벌마에스트로PFV2차	2011. 05. 20	CM
1045	이대역 마에스트로 설계단계 CM	㈜한미글로벌마에스트로PFV2차	2011. 05. 20	CM
1046	부산 북항 국제여객터미날 건립사업 CM+CS	부산항만공사	2011. 05. 26	CM+CS
1047	한국소비자원 사옥이전	한국소비자원	2011. 05. 30	CM+CS
1048	현대오일 뱅크 인벤토리 구축 컨설팅	㈜세인인포테크	2011. 06. 02	OTH
1049	부산점 리노베이션공사 설계단계 CM 용역	그랜드코리아레저㈜ 부산롯데점	2011. 06. 03	CM
1050	국립생태원 에너지관리	GS네오텍㈜	2011. 06. 08	OTH
1051	연길 고려 홍삼공장 신축	중국천력고려홍삼	2011. 06. 15	CM
1052	청진 12-16지구 도시환경정비사업	GS건설(주)	2011. 06. 21	CM
1053	청송군 객주문학테마파크	청송군	2011. 06. 22	CM+CS
1054	방배동 근린생활시설 신축공사	(주)에스엘앤씨	2011. 06. 27	CM
1055	삼성전자 화성저장소 신축공사 설계단계 CM	삼성전자	2011. 06. 29	CM
1056	청진동 지하공간개발 PM사업	(주)케이티	2011. 06. 30	CM
1057	SK에너지 순천 화물자동차 휴게소	SK에너지(주)	2011. 06. 30	CM at Risk
1058	판교 디지털 컨텐츠 파크 조성사업	판교 디지털 컨텐츠 파크 컨소시움	2011. 06. 30	CM
1059	송도 IBD F14,15,16 블록 LEED	NSIC	2011. 06. 30	OTH
1060	송도 D17-1, 18 블록 LEED	NSIC	2011. 06. 30	OTH
1061	K은행 토지매입자문용역	K은행	2011. 07.	OTH
1062	공덕동 115-45 오피스텔 신축공사 기성실사 용역	아르테	2011. 07. 01	LTA
1063	동대문교회 신축공사	기독교대한감리회동대문교회	2011. 07. 01	CM+CS
1064	유비쿼스 판교사옥	유비쿼스	2011. 07. 01	CM+CS
1065	LB세미콘 평택공장 신축공사	LB 세미콘	2011. 07. 01	CM+CS
1066	홈플러스 Express Refresh 현장	홈플러스(주)	2011. 07. 01	CM
1067	훼미리마트 나주/진주 물류센터	(주)훼미리에프앤비	2011. 07. 01	CM
1068	백두대간 테라피단지 조성사업	산림청	2011. 07. 06	CM
1069	연세 사회복지관 신축공사	연세사회복지재단	2011. 07. 07	e집
1070	늘편한집 리모델링공사	늘편한집	2011. 07. 15	CS
1071	R5 프로젝트 Utility 공급공동구 신축	삼성전자(주)	2011. 07. 11	CS
1072	에이스침대 대전사옥 신축	(주)에이스침대	2011. 07. 14	CM+CS
1073	상해 롯데크리스피크림 매장 인테리어 설계용역	롯데크리스피크림	2011. 07. 25	OTH

CM : Construction Management
PM : Project Management
R&R : Reconstruction & Remodeling (정비사업)
DD : Due Diligence (건물기술심사)
PF : Project Financing (금융조달 컨설팅)
CS : Construction Supervision
DM : Design Management
FMS : Facility Management System (시설관리시스템구축 용역)
LTA : Lender's Technical Advisor (대주단 기술자문)
OTH : Others (기타 기술용역)

No	Project	Client	Contract Date	Type
1074	한화빌딩 기술심사	대한생명보험(주)	2011. 07. 26	DD
1075	여의도 순복음교회 성전 건립	여의도 순복음교회	2011. 08. 01	CM+CS
1076	하이파킹 신림동 오피스텔	하이파킹	2011. 08. 01	PM
1077	심천 락번드 호텔인테리어	Shanghai Rockbund	2011. 08. 01	CM
1078	유스페이스 신축공사	(주)유스페이스	2011. 08. 01	DD+CM
1079	현대캐피탈 천안배구연습장 신축공사	현대캐피탈	2011. 08. 01	CM+CS
1080	홈플러스 원주관설점 신축공사	홈플러스(주)	2011. 08. 08	CM+CS
1081	판교 아이코닉스 컨소시엄 사옥	아이코닉스 엔터테인먼트	2011. 08. 16	CM+CS

참 / 고 / 문 / 헌

1장 | 한국문화콘텐츠진흥원(KOCCA) 프로젝트

1. 한국건설일보사 건설뉴스 5면, 2006.2.8.
2. 이영범 외 4인(2003), "문화콘텐츠콤플렉스조성사업 개발기본계획", 한국문화콘텐츠진흥원.
3. 서용칠(2003), "대형 공공건설사업의 발주방식 선정모델 개발", 서울시립대학교대학원, 공학박사학위논문.

3장 | 서울월드컵경기장 프로젝트

1. 건설교통부(1995), "건설기술개발 및 관리에 관한 운영규정".
2. 건설교통부(1998), "턴키내실화를 위한 제도개선 방안연구".
3. 과학기술처(1998), "설계관리 실무매뉴얼".
4. "공사계약의 일반조건 제3조(계약문서)", 회계예규 2200.04-104-10, 2002.9.
5. 김종훈(2001), "공공사업에서 CM 적용사례", 건설기술인 5월호 기고문
6. 대한상사중재원, 중재판정 2003.5, 중재 제02111-0009호
7. 매일경제신문, 2006.1.13, A33면
8. 서울특별시(1998), "월드컵주경기장 건설사업관리용역 입찰안내서".
9. 서울특별시(1998), "월드컵주경기장 건설공사 설계 · 시공일괄입찰안내서".
10. 임병훈(1997), "건설업의 VE기법 이론과 실제(상)", 건설문화사.
11. 한미글로벌(1998), "설계단계사업관리 과업수행계획서".

12. 한미글로벌(1999), "공사단계사업관리 과업수행계획서".
13. 한미글로벌(1998), "사업관리용역입찰 기술제안서".
14. 한미글로벌(2002), "서울월드컵경기장 건설사업관리보고서-II".

5장 | 해운대 아델리스 프로젝트

1. 한미글로벌 CM단(2003), "해운대 아델리스 프로젝트 초기업무수행계획서".
2. 한미글로벌 CM단(2003), "해운대 아델리스 프로젝트 종합시공계획서".
3. 한미글로벌 CM단(2003), "해운대 아델리스 프로젝트 CM/감리보고서".
4. 해운대 아델리스 프로젝트 구조설계사(2004), "해운대 아델리스 프로젝트 구조설계설명서".
5. 한미글로벌 CM단(2004), "해운대 아델리스 프로젝트 공정관리계획서".
6. 한미글로벌 CM단(2004), "해운대 아델리스 프로젝트 설계완료보고서".
7. 한미글로벌(2004), "해운대 아델리스 프로젝트 시공계획".
8. 한미글로벌 CM단(2004), "해운대 아델리스 현장 시공사례".
9. 포스코건설(2005), "해운대 아델리스 현장 운영사례".
10. 한미글로벌 CM단(2005), "해운대 아델리스 프로젝트 현장통합설계실 운영".
11. 한미글로벌 CM단(2005), "해운대 아델리스 프로젝트 Flat Plate Slab 시공사례".

6장 | 홈 플러스 프로젝트

1. 김종훈(2001), "Construction Management(CM)제도의 국내 정착전략", 서강대학교 경영대학원.
2. 한국프로젝트관리기술회(2003), "한국의 프로젝트 매니지먼트".
3. 한미글로벌(2002,2003,2004,2005), "건설사업관리용역 기술제안서".
4. 한미글로벌(2002,2003,2004,2005), "설계단계사업관리 과업수행계획서".
5. 한미글로벌(2002,2003,2004,2005), "공사단계사업관리 과업수행계획서".

6. 한미글로벌(2002,2003,2004), "홈 플러스 프로젝트 종료보고서".

7. CMAA(2002), "CM Standard of Practice".

8. CMAA, "Cost management Procedure".

9. CMAA, "Quality management Guideline".

10. CMAA, "Time Management Procedure".

11. CMAA(2005), "Agency CM Standard Form Contracts".

12. PMI(2005), "A Guide to Project Management Body Of Knowledge, 3rd Edition".

10장 | 말레이시아 KLCC 프로젝트

1. 김종훈, 존 던스포드(1997), "말레이시아 KLCC 프로젝트 CM 적용 사례분석", 대한건축학회지, v.41 n.10.

2. Spiro Pollalis, The Petronas Towers, Kuala Lumpur, Malaysia, Center for Design Informatics, Harvard Design School, CDI-#971105-031.

11장 | 미국 Boston Harbor 프로젝트

1. Walter G. Armstrong and Ralph M. Wallace(2001), "A Case Study of Construction Management on the Boston Harbor Project Reflections at Project Completion", CM eJOURNAL, CMAA.